Karl Werner Wagner
Gerold Patzak

Performance Excellence – Der Praxisleitfaden zum effektiven Prozessmanagement

AF792913

Karl Werner Wagner
Gerold Patzak

Performance Excellence – Der Praxisleitfaden zum effektiven Prozessmanagement

3., überarbeitete und erweiterte Auflage

HANSER

Die Autoren:
Karl Werner Wagner, Wien
Gerold Patzak, Wien

Bibliografische Information der Deutschen Nationalbibliothek:

Die Deutsche Nationalbibliothek verzeichnet diese Publikation in der Deutschen Nationalbibliografie; detaillierte bibliografische Daten sind im Internet über <http://dnb.ddb.de> abrufbar.

Print-ISBN 978-3-446-45741-6
E-Book-ISBN 978-3-446-46193-2
ePub-ISBN 978-3-446-46463-6

www.hanser-fachbuch.de
Lektorat: Lisa Hoffmann-Bäuml, Damaris Kriegs
Herstellung: Carolin Benedix
Satz: Kösel Media GmbH, Krugzell
Coverrealisation: Max Kostopoulos, Titelmotiv: © istockphoto.com/steinphoto
Druck und Bindung: Hubert & Co. GmbH und Co. KG BuchPartner, Göttingen
Printed in Germany

MIX
Papier aus verantwortungsvollen Quellen
FSC® C016439

Existieren heißt sich verändern.
Sich verändern heißt reifen.
Reifen heißt sich selbst endlos neu erschaffen.
Henri Bergson

Vorwort

Unternehmensführung ohne Prozessmanagement ist in langfristig erfolgreichen Unternehmen nicht mehr vorstellbar.

Nach zahlreichen kurzfristigen Optimierungen kommen viele Unternehmen heute wieder auf den Kern nachhaltiger Unternehmensgestaltung zurück. Im Fokus steht nicht das Optimieren finanzwirtschaftlicher Kennzahlen, sondern die langfristige Lebensfähigkeit des Unternehmens und der Organisation. **Performance Excellence** steht für effektives Prozessmanagement im Rahmen der kontinuierlichen Unternehmensentwicklung. Von entscheidender Bedeutung dabei ist, wie die Strategie richtig und effektiv in Prozesse umgesetzt wird und wie daraus Organisationsstrukturen abgeleitet werden. Auch dem systematischen und professionellen „Mangement of Change" ist hierbei ein entsprechender Stellenwert zu geben.

Performance Excellence ist hierbei die Ausrichtung, um **Innovation, Produktivität und wirtschaftliches Ergebnis** einer Organisation **nachhaltig zu steigern.**

Die Zufriedenstellung der „Stakeholder" und die Konzentration auf die Kernkompetenzen verlangen den Übergang vom Denken in Funktionen zum Denken in Prozessen. Geschäftsprozesse überbrücken horizontal die einzelnen Funktionsbereiche, sind auf die Befriedigung interner und/oder externer Kunden gerichtet, schaffen Werte, optimieren die Organisation als Ganzes und werden von durchsetzungsstarken Führungskräften geleitet. Zukunftsorientierte Unternehmen haben diesen Übergang von der innenorientierten Denkungsweise in Abteilungsgrenzen zur außen- und damit kundenorientierten Handlungsweise erfolgreich proaktiv vollzogen.

Dieses Buch unterstützt bei der **methodischen Umsetzung des Prozessmanagements** und erhebt den Anspruch, hierin Standards zu setzen. Dieses Buch wird auch als Grundlage für Normen im PzM und als Standard der Gesellschaft für Prozessmanagement genutzt.

Der im Buch beschriebene Ansatz des Prozessmanagements unterscheidet sich von anderen nicht nur durch seine fundierte Aufbereitung und methodische Absicherung, sondern vor allem durch seinen in vielen Projekten **umgesetzten Praxisbezug**. Deshalb richtet sich das Buch an Anwender und Führungskräfte in den Unternehmen sowie an Leser in Forschung und Lehre gleichermaßen.

Das Buch erläutert als Basis die Entwicklung des Prozessmanagementprinzips, dessen Bedeutung im Rahmen der Unternehmensführung, die Regelkreise und den Bezug zur Prozesslandschaft des Unternehmens sowie die Auswirkung von Prozessmanagement auf die Unternehmensorganisation. Als zentrale Struktur von **Performance Excellence** versteht sich der „Process Life Cycle", der ausgehend von der Prozesslandschaft über die 4-Schritte-Methodik der Prozessdefinition hin zur Prozessregelung führt. Das Prozessmonitoring schließt den Prozesslebenszyklus mit der Rückkopplung zur Prozesslandschaft. Besonders die 4-Schritte-Methodik zur Prozessdefinition ist mit umfangreichen Vorgehensprinzipien und Umsetzungsbeispielen aufbereitet und vermittelt dadurch ein vollständiges Bild des theoretischen Fundaments und dessen praktischer Umsetzung.

Ein weiterer Schwerpunkt des Buchs liegt im aktiven Leben von Prozessmanagement und dem Einfluss des Menschen und des sozialen Systems auf die Gestaltung von Prozessmanagementsystemen. Dem Anwender wird dabei eine Fülle von Umsetzungsunterstützungen an die Hand gegeben.

Aktuellste Entwicklungen im Prozessmanagement, die Integration von Prozessmanagement im exzellenten Unternehmen, die Berücksichtigung von Bewertungsmodellen bei Prozessoptimierungen, die Verbindung mit der Balanced Scorecard zur Prozesszieldefinition und pragmatische Ansätze der Prozesskostenrechnung finden Berücksichtigung.

Der in vielen Projekten in verschiedenen Branchen angewendete und erprobte Projektablauf bildet einen methodischen Vorgehensrahmen zur Einführung des Prozessmanagements in Organisationen – unabhängig von deren wirtschaftlicher Ausrichtung, ob Profit- oder Non-Profit-Unternehmen. Er bildet in Form von Umsetzungsbeispielen den Abschluss des Buchs.

Der Bedeutung von **Performance Excellence** in der praktischen Unternehmensführung wird in den letzten Jahren durch die Rolle bzw. durch das **Berufsbild** des **Prozessmanagers** verstärkt Rechnung getragen. Das Buch ist somit ein „**B**ody **of** **K**nowledge" für das Prozessmanagement und ist auch Ausbildungsgrundlage für die **Zertifizierung** von **Prozessmanagern** („PcM" und „SPcM") gemäß ISO 17024.

Herzlich danken möchten wir DI Dr. Roman Käfer für seine Beiträge zu den Kapiteln 10 und 11. DI Stephan Kunz sei gedankt für die Überarbeitung der Kapitel 3 und 4. Das Kapitel 7 „Wertstromorientiertes Prozessmanagement" erfuhr durch den Beitrag von DI Stephan Dolnik eine sehr wichtige Aktualisierung. Auch Kapitel 5 und 11 erfuhren durch Ihn entscheidende Impulse. Hierbei gebührt ihm unser besonderer Dank für seine vorbildliche Unterstützung.

Herzlich danken dürfen wir Ing. Julia Steiner MSc. und DI Dr. Monika Kerbl für ihre Beiträge zu Prozesse leben und Prozesse der Veränderung managen. Dem gesamten Team der Procon sei gedankt für die unermüdliche und geduldige Überarbeitung, Ergänzung und Finalisierung des Werks.

Unser ausdrücklicher Dank ist an dieser Stelle an DI Stephan Dolnik gerichtet, der mit seinen Beiträgen, seinem Einsatz bei der inhaltlichen Konzeption und Gliederung des Buchs sowie seiner kontinuierlichen Projektverfolgung dieses Werk entscheidend unterstützt hat.

Dank gesagt sei auch dem Carl Hanser Verlag in München für die sorgfältige Drucklegung des Werks.

Wien, im Frühjahr 2020

Karl W. Wagner
Gerold Patzak

Die Autoren haben sich in diesem Buch darum bemüht, dem Anwender einen komprimierten und dennoch umfassenden Überblick über **Performance Excellence** zu geben. Zweifellos gibt es noch weitere Vertiefungen in den dargestellten Inhalten. Es würde uns freuen, wenn Sie uns Ihre Anregungen und etwaigen inhaltlichen Erweiterungen mitteilen würden:

Procon Unternehmensberatung GmbH

Saarplatz 17
A-1190 Wien
Tel.: +43-1-367 91 91-0

office@procon.at
www.procon.at

Inhalt

1 Prozesse und Unternehmensführung

Unternehmensführung ohne Prozessmanagement (PzM) ist in marktstarken, langfristig erfolgreichen Unternehmen nicht mehr vorstellbar. Um einerseits den Zusammenhang und die Verbindung der beiden Themen zu zeigen und andererseits die Basis für ein umfassendes Prozessmanagement zu umreißen, wird im Folgenden den grundlegenden Inhalten dieser Begriffe Raum gewidmet (Jeston/Nelis, 2006).

1.1 Management und Unternehmensführung

Management und Unternehmensführung werden in der Literatur in einem institutionellen und einem funktionalen Sinn behandelt. Institutionell sind Personen Träger der Managementtätigkeiten, und funktional wird die Tätigkeit des Managements als Prozess der Willensbildung und Willensdurchsetzung verstanden (vgl. Winkelmann, 2008).

Im deutschsprachigen Raum wird Management als Funktion oft in sachbezogene und personenbezogene Aufgaben unterteilt. Sachbezogene Aufgaben beinhalten die Planung, Steuerung und Kontrolle zur Erfüllung bestimmter strategischer und operativer Aufgaben. Personenbezogene Aufgaben dagegen zielen auf die Beeinflussung des Mitarbeiterverhaltens zur Erreichung gemeinsam akzeptierter Ziele und der damit verbundenen Probleme (Feldbrügge, 2008).

Management umfasst damit auch die Gestaltung und Lenkung von Abläufen im Unternehmen. Bei der Erforschung und Darstellung von Managementwissen lassen sich grundsätzlich verschiedene Vorgehensweisen abgrenzen. Zum einen ein analytisch funktionsorientierter Ansatz und zum anderen ein empirisch handlungsorientierter Ansatz.

Der erste, historisch ältere Ansatz geht auf die funktionale Gliederung des Unternehmens nach Fayol (1916) zurück. Fayol definierte als grundlegende Managementaufgaben im Sinne der Unternehmensführung: Planung und Zielsetzung, Organisation und Strukturierung, Führung, Mittelbereitstellung und -disposition, Steuerung und Lenkung sowie Optimierung und Verbesserung (Fayol, 1929).

Der zweite, handlungsorientierte Ansatz hat seinen Ursprung in einer empirischen Studie von Carlson (1951). Prozessansätze stellen eine Erweiterung der funktionalen Ansätze insofern dar, als sie in Abhängigkeit von der Zeit verschiedene Phasen eines Managementprozesses betrachten. Das Management wird dabei in den Phasen Planung, Organisation, Durchsetzung und Überwachung beschrieben.

Die wesentlichen, heute bekannten Ansätze werden in Kapitel 1.3.3 gegenübergestellt und kritisch beleuchtet.

Bild 1.1 zeigt die grundlegenden Aufgaben des Managements.

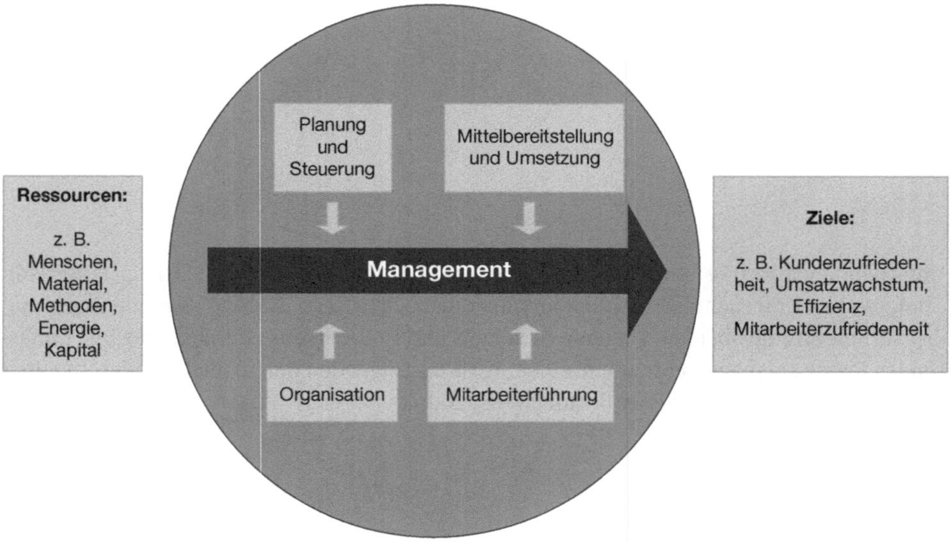

Bild 1.1 Grundlegende Aufgaben des Managements

Einen weiteren Zugang liefert das Ebenenmodell als Gliederung der Unternehmensführung in folgende drei Ebenen:

- Normative Ebene
  Diese Ebene beschäftigt sich mit den grundsätzlichen Zielen der Unternehmung, mit Prinzipien, Normen und Spielregeln, die darauf ausgerichtet sind, die Lebens- und Entwicklungsfähigkeit der Unternehmung zu ermöglichen (Bleicher, 2011). Auf der normativen Managementebene legt eine Organisation ihre Mission, Vision, Unternehmenspolitik, Leitsätze/Leitlinien, Grundsätze und Unternehmensstandards fest.
  Das normative Management ist an der Nutzenstiftung für die relevanten Interessengruppen (Stakeholder) orientiert und bestimmt die Grundlage jeglichen Handelns im Unternehmen.

- Strategische Ebene
  Auf der strategischen Managementebene entwickelt eine Organisation Vorgehensweisen, um ihre im normativen Management definierten Leitsätze zu verfolgen und Ziele zu erreichen. Solche Geschäftsstrategien werden beispielsweise in einem Geschäftsplan formuliert.
  Strategie ist die prinzipielle Aufstellung der Potenziale und Ressourcen in der Auseinandersetzung mit der Umwelt.
  Strategisches Management umfasst den Aufbau, die Entwicklung und die Nutzung von Erfolgspotenzialen im Unternehmen. Die Erfolgspotenziale müssen erfasst werden, um darauf aufbauend Kernprozesse des Unternehmens in einer zukunftsorientierten Sichtweise zu entwickeln.
  Generelles Ziel ist es, optimale Strukturen in den Abläufen und im Aufbau des Unterneh-

mens zur Verfolgung der Unternehmensziele zu besitzen und diese in der Auseinandersetzung mit einer sich ändernden Unternehmensumwelt zu nutzen.

- Operative Ebene

  Auf der operativen Managementebene einer Organisation erfolgen die Führung der Mitarbeiter, die Bereitstellung der Mittel (Ressourcen) sowie die Planung, Steuerung und Überwachung von Prozessen, Maßnahmen und Projekten.

  Das operative Management betreut auch den sozialen Aspekt des Mitarbeiterverhaltens, welcher für die Unternehmenskultur sowie in der vertikalen und horizontalen Kommunikation eine Rolle spielt.

  Operatives, taktisches Management muss sich im Rahmen der strategischen Vorgaben bzw. Gegebenheiten mit den aktuellen Umwelteinflüssen auseinandersetzen und durch permanente Feinsteuerung einen stabilen Prozess der Leistungserbringung gewährleisten.

  Der Zusammenhang der Ebenen und die Fragen, die in der jeweiligen Ebene beantwortet werden müssen, sind in Bild 1.2 dargestellt.

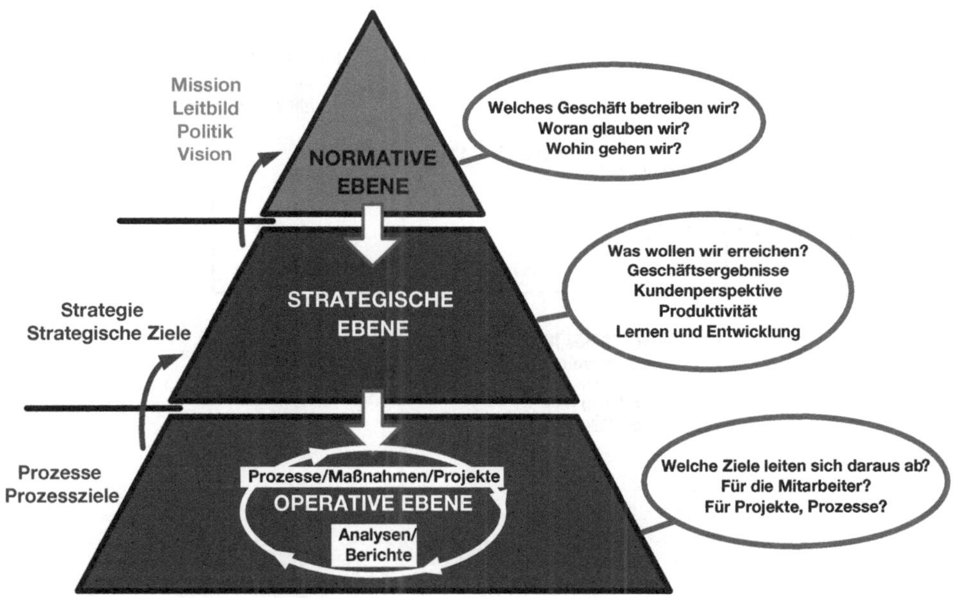

Bild 1.2 Ebenen der Unternehmensführung

Von Bedeutung ist, dass dieses Konzept nicht als starres Modell gesehen wird, sondern erst durch die dynamische Vernetzung und den wiederkehrenden Top-down- und Bottom-up-Austausch im Sinne einer kontinuierlichen Unternehmensentwicklung die volle Wirkung entfaltet.

Es lässt sich somit ein Regelkreis der Unternehmensführung skizzieren: Ausgehend von der normativen Ebene werden in der strategischen Planung die Strategie, die strategischen Ziele und die strategischen Maßnahmen samt deren Beziehungen und Abhängigkeiten definiert (dargestellt z. B. in der Balanced Scorecard). Die Ziele werden in Form der Prozesse, Projekte und Linienaufgaben operationalisiert und im Rahmen des „Deployment“ abgestimmt. Im Zuge der Umsetzung wird regelmäßig die Zielerreichung überwacht, und im

Review, der Bewertung der Zielerreichung, wird die Gesamteffektivität und -effizienz festgestellt. Es wird hinterfragt, ob die strategische und normative Ebene noch den Anforderungen der Unternehmensumwelt gerecht wird (Bild 1.3), und es werden die neuen operativen Ziele und Maßnahmen abgeleitet.

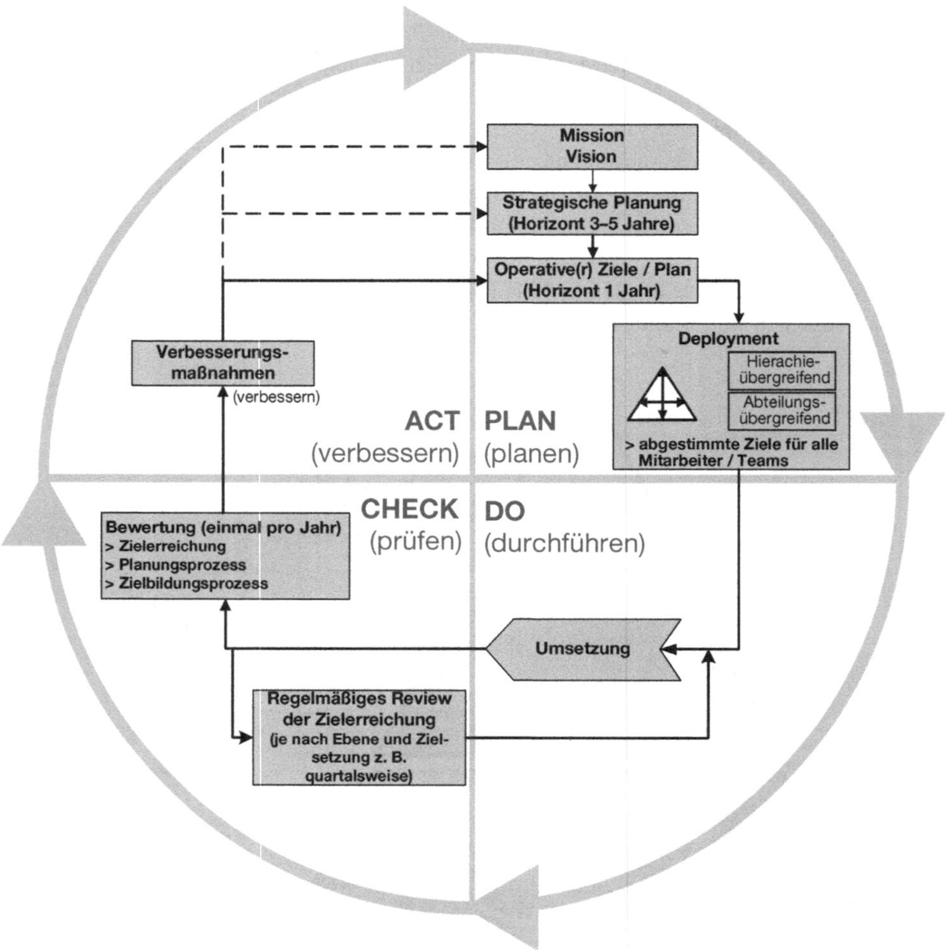

Bild 1.3 Regelkreis der Unternehmensführung vor dem Hintergrund des PDCA-Zyklus

Während die Erstellung der strategischen Pläne maßgeblich durch die Geschäftsverantwortlichen zu erfolgen hat, sind an deren Umsetzung viele Mitarbeiter beteiligt. Diese können nur dann ihren Beitrag leisten, wenn sie die für sie relevanten Inhalte des strategischen Plans kennen bzw. mittragen und die Organisationsstruktur dies wirksam unterstützt. Nur so kann erreicht werden, dass die strategische Planung die gesamte Organisation auf gemeinsame Ziele und Strategien ausrichtet (Bild 1.4).

Die Organisation als ein System von Aufgaben, Befugnissen, Verantwortlichkeiten und gegenseitigen Informationen innerhalb der Unternehmensprozesse steht in direktem Zusammenhang mit der strategischen Positionierung. Eine prozessorientierte Organisation ermöglicht die Fokussierung auf die strategisch relevanten Unternehmensprozesse und stellt somit den optimalen organisatorischen Rahmen dar. Entscheidend ist dabei, dass mit der Prozessverantwortung auch die Ergebnisverantwortung für den jeweiligen Prozess verbunden ist. Dies bedeutet, dass die Verantwortung für erfolgskritische Prozesse in der Führungsebene anzusiedeln ist.

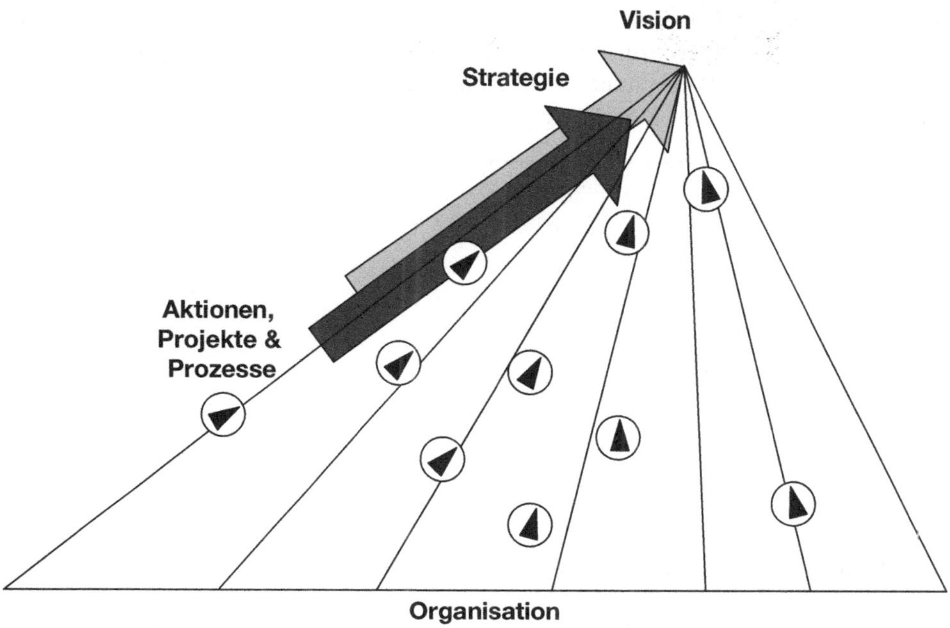

Bild 1.4 Zielorientierte Ausrichtung der Organisation

Sinnvollerweise werden alle Aktivitäten, Prozesse und Projekte an der normativen und strategischen Ebene ausgerichtet, um so die Maximierung der Effektivität der Organisation zu gewährleisten und um den Mitteleinsatz zu minimieren. Somit wird die Wirtschaftlichkeit der Organisation nachhaltig gesteigert.

1.2 Unternehmensführung und Prozessmanagement

1.2.1 Mission eines Unternehmens

Von entscheidender Bedeutung für die Unternehmensführung ist die Kernfrage, die sich jedes Unternehmen im Rahmen der Formulierung der **Mission** (Bild 1.5) stellen muss: *„Wozu sind wir da?“* Die Mission eines Unternehmens soll Antwort auf folgende Fragen geben:

- Wer sind wir?
- Warum gibt es uns?

- Was tun wir?
- Wo stehen wir in der Wertschöpfungskette?
- Welche Kompetenzfelder decken wir ab?

Diese Fragen langfristig stabil und umfassend zu beantworten, soll nicht nur ein gemeinsames Verständnis schaffen, sondern bildet auch die Basis für die Identität des Unternehmens und damit auch die Abgrenzung zum Mitbewerb. Der Mission kommt somit eine starke Rolle im Rahmen der Sinnstiftung der Organisation zu und bildet damit eine wesentliche Identifikationsbasis für die Mitarbeiter (vgl. Watzlawick, 2004).

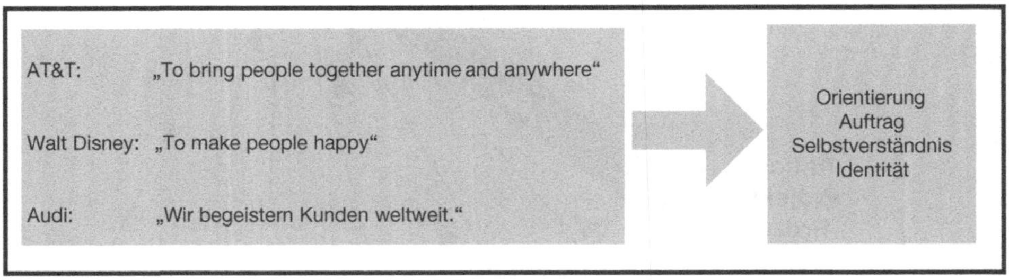

Bild 1.5 Beispiele für Missionen

1.2.2 Bedeutung des Unternehmensleitbilds

Das Leitbild (Bild 1.6), im angelsächsischen Raum auch als „Mission Statement“ bezeichnet, legt in schriftlicher Form fest, welche Unternehmensgrundsätze für das Unternehmen gelten und auch welche Ziele bzw. Werte dem unternehmerischen Handeln zugrunde liegen sollen. Es beschreibt somit die Grundhaltung, das Wertegefüge des Unternehmens und bildet damit den Orientierungsrahmen für die tägliche Arbeit (Kohlöffel, 2000).

Das gelebte Leitbild, manchmal auch als Unternehmenspolitik bezeichnet, schafft eine starke Identität für ein Unternehmen, die viele Vorteile mit sich bringt:

- Es gibt einem Unternehmen einen unverwechselbaren Charakter und macht es damit für Mitarbeiter und Externe begreifbar, einschätzbar und erkennbar. Dies wirkt sich positiv auf das Selbstbewusstsein der Mitarbeiter aus, macht das Unternehmen attraktiv und kalkulierbar für neue Mitarbeiter und erleichtert die Positionierung am Markt. Kunden werden sich eher für Produkte aus Unternehmen mit positivem Image entscheiden als für Produkte, die von Unternehmen mit schlechter Reputation stammen.
- Das Leitbild gibt inneren Halt, schafft eine gemeinsame Vertrauensbasis und bietet eine langfristige Orientierung. Diese Funktion sichert in Zeiten permanenter Änderungen, wie wir sie derzeit erleben, ein Grundmaß an Stabilität und Kontinuität. Sie ermöglicht eine grobe und schnelle Auskunft in unklaren Fällen und unterstützt damit auch die Verfolgung gemeinsamer Ziele. Wird das Leitbild im täglichen Geschäftsalltag beachtet und gelebt, kann es nicht zu wesentlichem Fehlverhalten Einzelner kommen.
- Das Leitbild ist die gemeinsame Basis, die für alle gleichermaßen gilt. Sie bildet somit die „Heimat“ der Menschen, die oftmals nur virtuell miteinander verbunden in großen weltweit vernetzten Unternehmensstrukturen arbeiten.

- Schließlich minimiert das Leitbild interne Reibungsverluste und verbessert das gegenseitige Verstehen. Denn bei gleichen Wertvorstellungen werden ähnliche Sachverhalte auch ähnlich beurteilt werden. Diese Eigenschaft erhöht die Teameffizienz, fördert das gemeinsame Lernen in wissensbasierten Organisationen und sorgt für schnellere Prozesse.

Bild 1.6 Beispiel für ein Unternehmensleitbild (Quelle: vgl. www.roteskreuz.at, 18.06.2014)

1.2.3 Kultur und Werthaltungen im Unternehmen

Die Unternehmenskultur und Werte (Bild 1.7) sind die Gesamtheit der in der Unternehmung vorherrschenden Wertvorstellungen, Traditionen, Überlieferungen, Mythen, Normen und Denkhaltungen, die von der Führung und den Mitarbeitern als solche wahrgenommen bzw. gelebt werden. Sie sind Ausdruck der ethischen und moralischen Werthaltungen. Eine detaillierte Besprechung der Unternehmenskultur und deren Beeinflussungsmöglichkeiten finden sich in Kapitel 8.8.

Die Unternehmenskultur ist etwas in der Zeit Gewachsenes, das in einem langen Zeitraum aufgebaut, in kurzer Zeit jedoch zerstört werden kann – sie ist ganz wesentlich durch die Vision und das Vorbild der Unternehmensleitung geprägt.

Zum Unterschied zu den von der Unternehmensleitung vorgelebten Wertvorstellungen (Offenheit gegenüber Neuem, Flexibilität, Integrität etc.) und dem schriftlich formulierten Leitbild ist die Unternehmenskultur, die in der Organisation verkörpert wird, vergangenheitsbezogen. Sie hängt davon ab, wie die Mitarbeiter die Wertvorstellungen und Beweggründe der Unternehmensleitung interpretiert haben.

Die Ergebnisse, die ein Unternehmen erzielen kann, sind umso günstiger, je besser es der Unternehmensleitung gelingt,

- die Strategien im Einklang mit der im Lauf der Zeit gewachsenen Unternehmenskultur zu formulieren oder
- die Unternehmenskultur den Strategien anzupassen.

Bei der Werteermittlung geht es in erster Linie um die Frage, inwieweit die durch das Leitbild formulierten Unternehmensgrundsätze von der Führung und den Mitarbeitern bereits verinnerlicht sind. Diese Verinnerlichung ist vielfach mit der Notwendigkeit eines Wandlungsprozesses verbunden (Velthuis/Wesner, 2005).

1 Zukunft- und Ertragsorientierung
Zur kraftvollen Entwicklung unseres Unternehmens und zur Sicherung unseres langfristigen Unternehmenserfolgs gestalten wir Veränderungen im Markt und Technik aktiv mit und bieten damit auch in Zukunft unseren Kunden innovative Lösungen und unseren Mitarbeitern attraktive Arbeitsplätze. Wir handeln und entscheiden dabei ertragsorientiert, dadurch sichern wir Wachstum und finanzielle Unabhängigkeit. Mit unserer Dividende finanziert die Robert Bosch Stiftung gemeinnützige Vorhaben.

2 Verantwortlichkeit
Wir sind uns bewußt, dass unser unternehmerisches Handeln im Einklang mit den Interessen der Gesellschaft stehen muss. Unsere Erzeugnisse und Leistungen dienen vor allem der Sicherheit des Menschen, dem sparsamen Umgang mit den Ressourcen und der Sauberkeit der Umwelt.

3 Initiative und Konsequenz
Wir handeln aus eigener Initiative, in unternehmerischer Verantwortung und sind konsequent bei der Verfolgung unserer Ziele.

4 Offenheit und Vertrauen
Wir informieren unsere Mitarbeiter, Geschäftspartner und Kapitalgeber rechtzeitig und offen über wichtige Entwicklungen im Unternehmen und schaffen dadurch die Basis für vertrauensvolle Zusammenarbeit.

5 Fairness
Wir betrachten gegenseitige Fairness in der Zusammenarbeit untereinander und mit Geschäftspartnern als Voraussetzung für unseren Erfolg.

6 Zuverlässigkeit, Glaubwürdigkeit und Legalität
Wir versprechen nur, was wir halten können, sehen Zusagen als eine Verpflichtung und beachten Recht und Gesetz.

7 Kulturelle Vielfalt
Wir bekennen uns zu unserer regionalen und kulturellen Herkunft und betrachten zugleich Vielfalt als Zugewinn und als Voraussetzung für unseren weltweiten Erfolg.

Bild 1.7 Beispiel für Unternehmenswerte (http://www.bosch.com/de/com/sustainability/corporatemanagement/global_culture/values/values.php, 19.06.2014)

1.2.4 Entwicklung der unternehmerischen Vision

Am Anfang einer jeden unternehmerischen Tätigkeit steht eine Vision (Bild 1.8). Die Vision hat die Aufgabe, ein klares Bild zu vermitteln, wohin sich das Unternehmen bewegen soll. Es handelt sich dabei um das „Fernziel" des Unternehmens, um ein zentrales Motiv, das aus der Mission abgeleitet ist. Die Vision soll nicht nur die Vorstellung vom gesamten Unternehmen einfangen, sondern trägt darüber hinaus auch dazu bei, die Einflussgrenzen so weit wie möglich nach außen zu verschieben.

Henry Ford, John F. Kennedy oder der Apple-Gründer Steve Jobs beispielsweise hatten Visionen, die nicht nur deren unmittelbares Umfeld prägten, sondern die Überzeugungskraft besaßen, ganze Gesellschaften zu verändern.

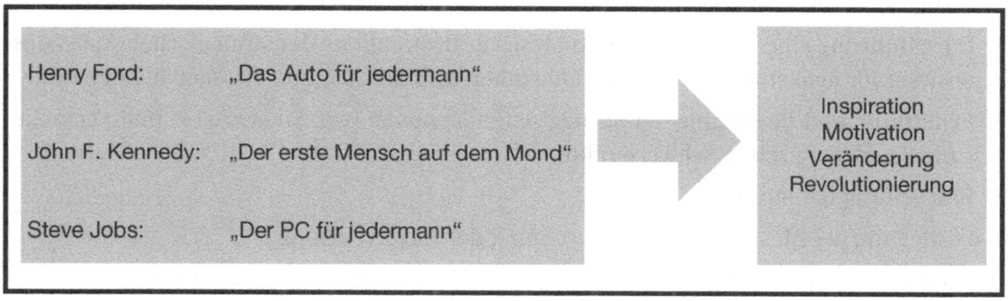

Bild 1.8 Berühmte Beispiele für Visionen

Mit der Vision ist das Ziel des Unternehmens vorgegeben, vergleichbar mit jenem eines Seglers, der eine ferne Insel erreichen möchte. Die gelebte Vision fokussiert Kräfte und bietet dadurch die größte Chance, selbst bei Störungseinflüssen, die auf das Unternehmen einwirken, die Unternehmensziele zu erreichen.

In diesem Bild bleibend, ist die Strategie der Weg zur Vision: Die strategischen Ziele sind wichtige, quantifizierte Zielsetzungen auf diesem langfristigen Weg. Dies hat aber auch zur Folge, dass sich Strategien und strategische Ziele ändern müssen, wenn durch Einflüsse aus dem Umfeld des Unternehmens die Ziele nicht erreicht werden können oder nicht mehr erstrebenswert sind (Bild 1.9).

Bild 1.9 Vision als richtungsweisende Fokussierung

1.2.5 Strategiefindung und Definition von strategischen Zielen

Die Strategie dient dazu, die vom Management gesetzten Unternehmensziele unter bestmöglicher Verwendung der verfügbaren Ressourcen zu erreichen (vgl. Bogaschewsky/Rollberg, 1998). Eine Definition gemäß der ÖNORM A 9009:2013 (Österreichisches Normungsinstitut, 2013) bietet folgenden Zugang: Eine Strategie ist ein Plan für die langfristige Entwicklung der gesamten Organisation, der den wirksamen Einsatz der Ressourcen für deren zukünftige Aktivitäten berücksichtigt.

Die Fragestellung im Rahmen der Strategiefindung lautet dabei: „Auf welchem Wege erreichen wir das in der Vision definierte Fernziel am besten?"

Der Strategiefindungs- und -zielsetzungsprozess (Bild 1.10) umfasst **fünf wesentliche Schritte** (vgl. Stöger, 2005):

1. Durchführung einer strategischen Analyse zur Bestimmung der strategischen Ausgangsposition für jede strategische Geschäftseinheit und für das Unternehmen als Ganzes,
2. Ermittlung und Bewertung der strategischen Optionen (vgl. Liker, 2014) und Formulierung der strategischen Schwerpunkte,
3. Erarbeitung der strategischen Ziele,
4. Festlegung der Messgrößen zur Beurteilung der Zielerreichung,
5. Formulierung eines Maßnahmenplans/einer Roadmap zur Strategieumsetzung.

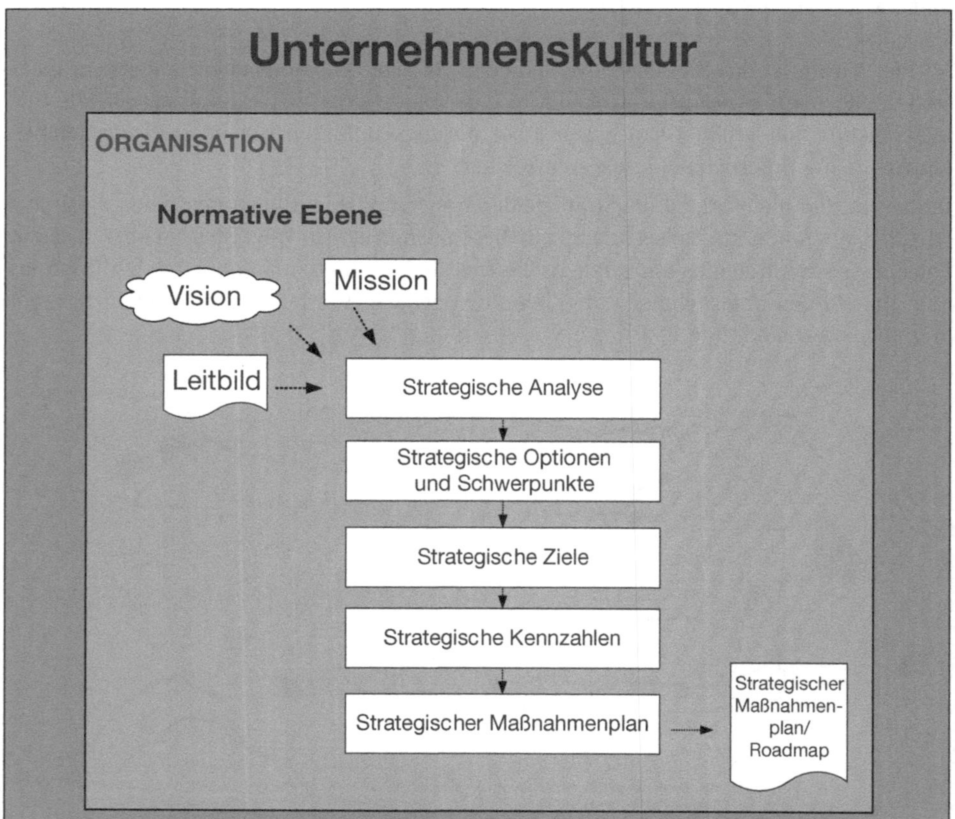

Bild 1.10 Strategiefindungs- und -zielsetzungsprozess

Durchführung einer strategischen Analyse zur Bestimmung der strategischen Ausgangsposition

Ein klares Verständnis der Ausgangsposition des Unternehmens, d. h. seines gegenwärtigen Zustands und seiner Strategie, ist erforderlich, wenn zu einem späteren Zeitpunkt der Vergleich mit neuen alternativen Strategien durchgeführt und das Ausmaß der Neuorientierung des Unternehmens bestimmt werden soll (Vahs/Burmester, 2013). Bild 1.11 zeigt erprobte Instrumente zur strategischen Analyse.

STRATEGISCHE ANALYSEMETHODEN

Analysemethoden	Anwendung
SWOT Analyse (strengths, weaknesses, opportunities, threats) nach Henry Mintzberg	Ziel: Überblick über die eigenen Stärken und Schwächen und damit verbundenen Chancen und Bedrohungen zu erhalten.
FiveForces Analyse nach Michael Eugene Porter	Ziel: Bedrohung am Markt herausfinden und welche Wettbewerbskräfte auf uns wirken.
Produktportfolioanalyse nach Boston Consulting Group	Ziel: Erkennen, welchen Reifegrad die eigenen Produkte haben, wo sie im Produktzyklus stehen und mit welchen Produkten wie viel Umsatz gemacht wird.
Benchmark/Vergleichsanalyse	Ziel: Direkter Vergleich mit den anderen Mitbewerbern in Bezug auf die wesentlichen Erfolgsfaktoren.
Produkt Markt Matrix nach Harry Igor Ansoff	Ziel: Erkennen, welche Produkte ich in welchen Märkten erziele.
Wettbewerbsmatrix nach Michael Eugene Porter (Marktpositionierungsanalyse)	Ziel: Wie positioniere ich mein Unternehmen am Markt?

Bild 1.11 Strategische Analysemethoden – Ermittlung und Bewertung der strategischen Optionen sowie Formulierung von strategischen Schwerpunkten

Aufbauend auf den Ergebnissen der strategischen Analyse werden die strategischen Optionen ermittelt und bewertet. Die Strategie wird dann in groben Schwerpunkten formuliert, die im Nachgang konkretisiert werden müssen. Die Vorgehensweise zur Ermittlung der strategischen Optionen gestaltet sich wie in Bild 1.12 gezeigt.

Dabei ist die Konzentration auf die Kernkompetenzen als Quelle von Wettbewerbsvorteilen wichtig, um die strategischen Geschäftseinheiten und die Unternehmung als Ganzes in die gewünschte Richtung zu bewegen.

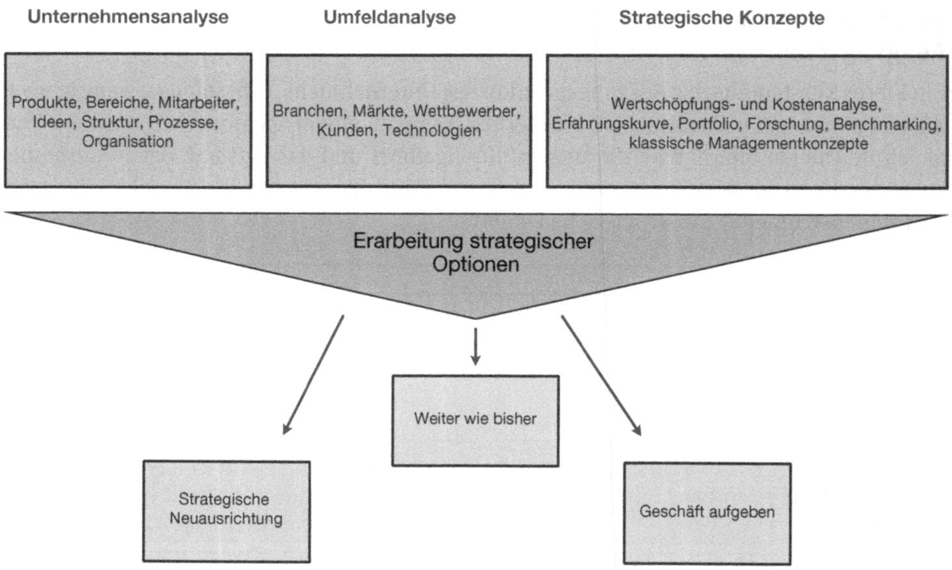

Bild 1.12 Ermittlung strategischer Optionen

Mögliche Fragestellungen hinsichtlich der Kernkompetenzen:

- Verfügt das Unternehmen über Technologien, Know-how oder Prozesse, die den Nutzen oder die Wettbewerbsfähigkeit der Kunden in einem Ausmaß steigern, das über dem der Konkurrenten liegt (vgl. Wecht, 2006)?
- Sind die Kernkompetenzen so abgeschirmt, dass sie von den Konkurrenten nicht oder nur schwer imitierbar sind?
- Dienen die Kernkompetenzen mehreren Geschäftseinheiten?
- Eröffnen die Kernkompetenzen den Zugang zu neuen Geschäftsfeldern?

Mithilfe einer **Strategievariantenmatrix** werden anhand von diversen Aspekten optional die naheliegenden strategischen Optionen auf ihre Auswirkungen und Maßnahmen überprüft. Dies dient zum Review vor der finalen Strategieformulierung (Bild 1.13).

Aufgrund der Bewertungen der strategischen Optionen werden in weiterer Folge die Grundstrategie (vgl. Schuh/Friedli/Kurr, 2007) und die daraus resultierenden strategischen Schwerpunkte festgelegt (Bild 1.14). Aufgabe des Managements ist es, über diese zu entscheiden. Da in jedem Unternehmen nur begrenzte Ressourcen zur Verfügung stehen, ist diese Entscheidung, in welchen Weg die vorhandenen Ressourcen investiert werden sollen, von entscheidender Wichtigkeit.

Strategievariantenmatrix

Bewertung strategischer Optionen durch eine Strategievariantenmatrix

Strategiefelder / Strategievarianten		Konsolidierungsstrategie	Differenzierungsstrategie	Wachstumsstrategie
		Belassen, bewahren, konservativ, stabilisieren	Differenzieren, Kontur zeigen, Richtung einschlagen	Große Veränderung, Neuausrichtung, fortschrittlich
Leistungen/ Produkte/Image	Produktpalette	Konsolidieren, Bewährtes stabilisieren	Schwerpunkte setzen, pro Segment 2–3 Hauptwerkstoffe, Rest mitziehen	Nischen suchen, Markteintritte forcieren, Ballast abwerfen
	Image	Tradition, großer Name, Vergangenheit fortsetzen	Image ausbauen als Nischenhersteller, Speziallösungsanbieter, Differenzierung zu Massenanbietern	Neupositionierung bei neuen Kunden (dort den Namen nutzen), Image von Tradition zu Innovation
	Positionierung Qualität	„nur" qualitativ	hochqualitativ	hochqualitativ, termintreu, mengentreu
Finanz	Wirtschaftlichkeit der Leistung	Produktkosten stabilisieren, Bewährtes nutzen	Produktionskosten sukzessive senken, Bewährtes muss billiger werden, Kraft auf Neues setzen; Produktportfolio hinsichtlich Deckungsbeitrag straffen, neue Produkte auf Wirtschaftlichkeit durch Business Case überprüfen	Wertschöpfungstiefe bei Produkten erhöhen durch höherpreisiges Segment
	EBIT	5 %	8 %	10 %–15 %
	Preise	Preise stabilisieren, solide Leistung hat ihren Preis, auf Gewohnheit setzen	für Neuentwicklungen Marken aufbauen	Preise mit Produktkostenreduktion mitziehen, dynamisieren, aktives Prinzip betreiben

Bild 1.13 Bewertung strategischer Optionen durch eine Strategievariantenmatrix

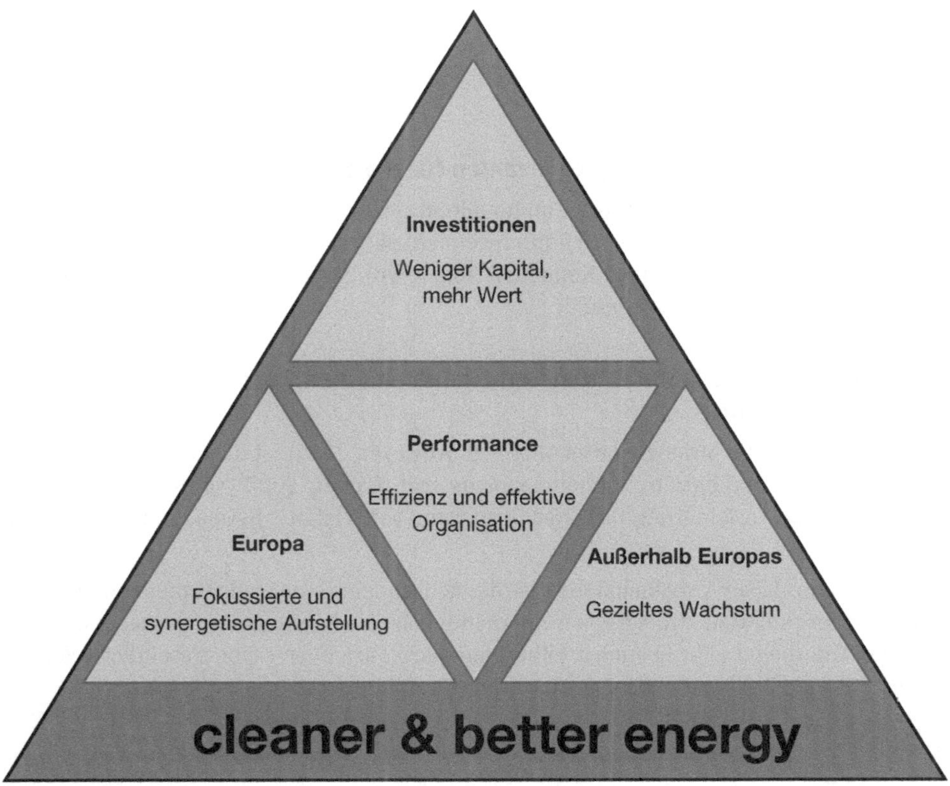

Bild 1.14 Beispiele für strategische Schwerpunkte (http://www.eon.com/de/ueber-uns/strategie/strategische-schwerpunkte.html 19.06.2014)

Bestimmung und Konkretisierung der strategischen Ziele

Mit ständigem Fokus auf die Unternehmensvision und die Strategie (vgl. Scheer et al., 2006) sind im nächsten Schritt die für die Organisation relevanten strategischen Ziele abzuleiten und zu konkretisieren (vgl. Hax/Majluf, 1996). Ein hierfür geeignetes Instrument ist die Strategy Map (vgl. Kaplan/Norton, 1996; Bild 1.15), da bei dieser Vorgehensweise mögliche Synergieeffekte zwischen den strategischen Zielen berücksichtigt und forciert werden.

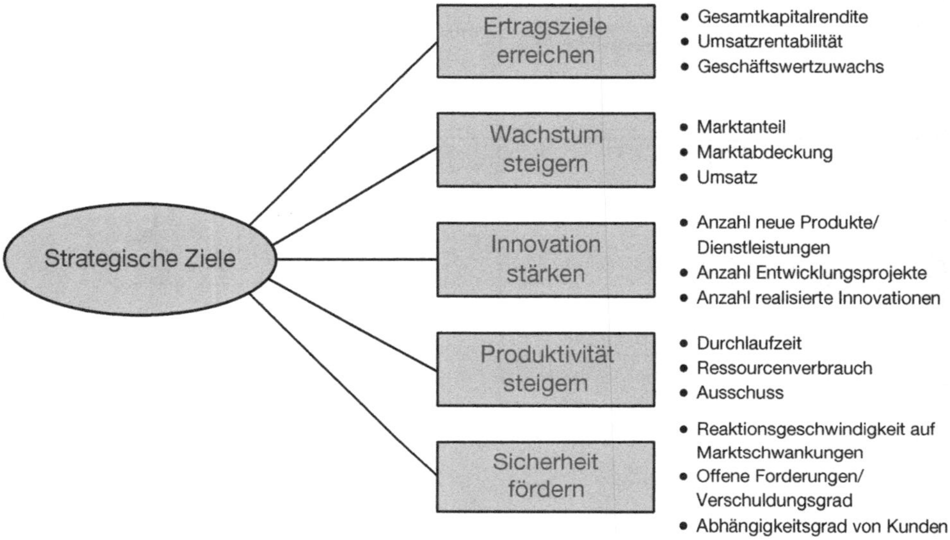

Bild 1.15 Beispiele für Kategorien strategischer Ziele und zugehörige Kenngrößen

Festlegung der Messgrößen/Kennzahlen für die strategischen Ziele

Auf Basis der Strategy Map werden dann für alle strategischen Ziele ein oder mehrere Messgrößen festgelegt, um die Zielerreichung regelmäßig überprüfen zu können. Das Ergebnis ist eine Balanced Scorecard (vgl. Kaplan/Norton, 1996). Strategy Map und BSC werden in Kapitel 6 noch ausführlich vorgestellt.

Formulierung eines Maßnahmenplans/einer Roadmap zur Strategieumsetzung

Entscheidend für die Strategieumsetzung (vgl. Allweyer, 2005) ist die Formulierung eines konkreten und detaillierten Maßnahmenplans (vgl. Cassel, 2007) sowie bei Bedarf die daraus folgende Verfeinerung bzw. Nachjustierung von Vision, Mission, Leitbild etc. (Bild 1.16).

Der Vorteil an dieser Vorgehensweise ist die konsequente Konkretisierung von zunächst allgemein formulierten strategischen Ausrichtungen. Die Konkretisierung macht die Strategie für Mitarbeiter aller Ebenen greifbar und nachvollziehbar – eine wesentliche Voraussetzung für den Beitrag eines jeden zur Strategieerfüllung.

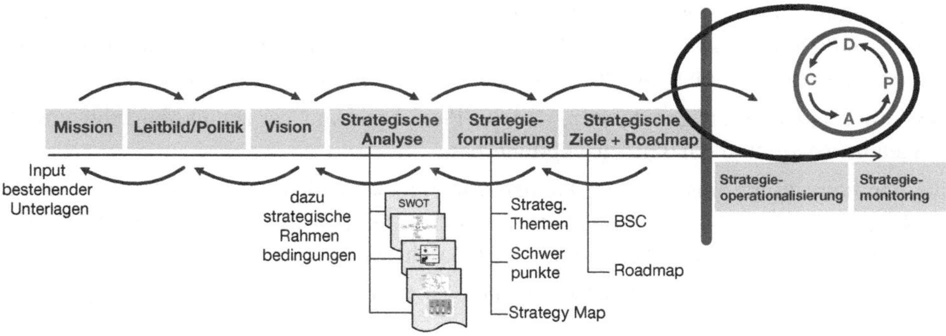

Bild 1.16 Gesamtüberblick Vorgehensweise

1.3 Das Unternehmen als System

1.3.1 Der Systemansatz

Die allgemeine Systemtheorie ist eine Formalwissenschaft, die sich zum Ziel gesetzt hat, die Prinzipien von Ganzheiten (Systemen) zu untersuchen, unabhängig von der Art der Elemente und der Beziehungen sowie der jeweiligen Systemumwelt.

Die instrumentale Basis hierzu als grundlegende Denkweise ist der **Systemansatz**. Er hat unter anderem folgende Forderungen zu erfüllen:

- Inhaltliche Abstraktheit: Der Ansatz muss formaler Natur und von Restriktionen einer disziplinären Terminologie frei sein.
- Strukturierende Wirkung: Bei Anwendung soll eine kategorisierende Wirkung erzielt und sollen Zusammenhänge sichtbar werden.
- Möglichkeiten zu interdisziplinärem Wissensaustausch: Bei komplexen Problemstellungen ist eine interdisziplinäre Zusammenarbeit der einzelnen Fachdisziplinen erforderlich, was einer allgemein verständlichen Sprache bedarf.

Um diese Forderungen erfüllen zu können, ist demnach eine bestimmte Art zu denken, zu strukturieren und vorzugehen vonnöten:

Systemdenken ist eine systemorientierte, ganzheitliche Sichtweise auf Objekte und Sachverhalte, ein Denken in Kategorien und mittels Begriffen der Systemtheorie. Dies garantiert ein abstraktes, objektunabhängiges, ganzheitliches Behandeln beliebiger Problemstellungen.

Der Einsatz elementarer Denkmodelle der Systemtheorie fördert als **Strukturierungshilfe** ein Formalisieren und Kategorisieren der Problemzusammenhänge. Erst dadurch werden das Arbeiten mit komplexen Modellen und Wirkungsweisen und ein darauf aufbauendes effizientes Zerlegen des Gesamtproblems in Teilprobleme ermöglicht.

Ein **interdisziplinärer Wissensaustausch**, der durch die komplexen, einzelne Wissensgebiete überschreitenden Problemstellungen gefordert ist, muss als integrierender Bestandteil im Problemlösungsprozess enthalten sein, d.h. fachlich, kompetenzmäßig und nicht zuletzt zeitlich organisiert werden. Dies ist durch ein systemorientiertes, klar strukturiertes Vorgehen in effizienter, auf ein Zielsystem ausgerichteter Weise gegeben.

Erst durch einen derartigen **Ansatz** wird ein Planungsablauf bei komplexen Problemstellungen transparent und damit auch optimierbar.

Bei der Betrachtung unserer Welt können wir unterschiedliche gedankliche Zusammenfassungen bzw. Abgrenzungen vornehmen, um Strukturen sichtbar zu machen und die Zusammenhänge einem besseren Verständnis zuzuführen.

Derartige zweckorientierte Konstrukte nennen wir **Systeme**.

Definition:

Ein System ist eine Zusammenfassung aus Elementen, die Eigenschaften besitzen und die durch Beziehungen untereinander verknüpft sind (vgl. Patzak, 1982).

Handelt es sich um künstliche Systeme, so dient diese Verknüpfung der Verfolgung von Zielen (Zielorientierung). Handelt es sich um offene Systeme, so bestehen mit der zugehörigen Systemumwelt Beziehungen (Schnittstellen).

Um eine Struktur für die unbekannt vielen Systeme unserer Welt zu gewinnen, könnte man die in Bild 1.17 gezeigten Kategorien bilden.

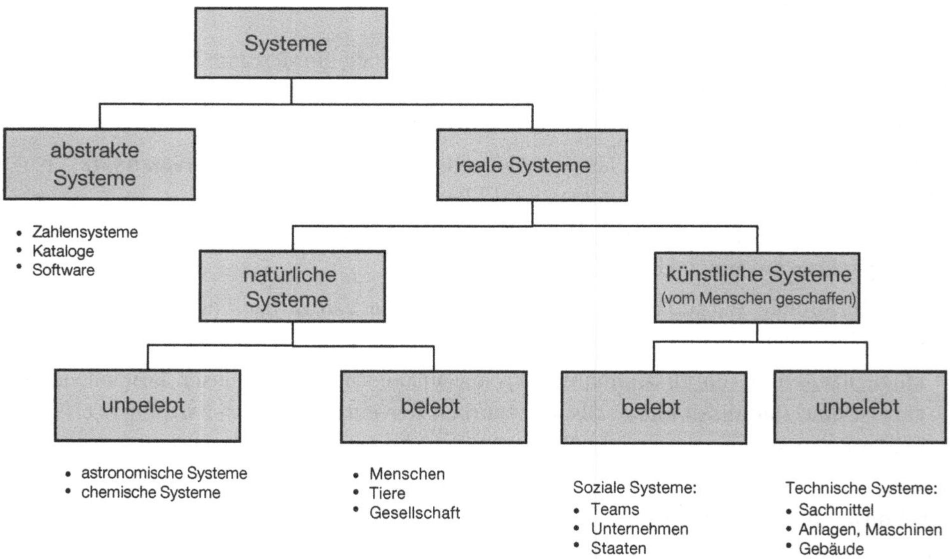

Bild 1.17 Kategorien von Systemen

Bei Verwendung des Systemansatzes findet zugleich ein **Paradigmenwechsel** statt, der zu einem besseren Verständnis unserer Welt beiträgt und sich wie folgt manifestiert:

1. Vom Reduktionismus zum **Expansionismus**
   Nicht durch das gedankliche Zerlegen der komplexen Gegenstände unserer Betrachtung kommen wir zu einem Verstehen derselben, sondern durch die Sicht des Ganzen (Holismus) und dessen Einbettung in seine spezifische Umwelt. Dabei ist jedoch – bei aller Gefahr der Irreleitung – die Zerlegung nach wie vor erforderlich!

2. Von der Kausalität zum **Evolutionismus**
   Das lineare Ursache-Wirkungs-Prinzip ist nur bei einfachsten Sachverhalten als Erklärungsmodell ausreichend, bei komplexen Betrachtungsobjekten beliebiger Art, insbesondere bei belebten Systemen, geht es um zum Teil selbst gesteuerte Entwicklung (Autopoiese). So ist etwa schon bei der Betrachtung eines Regelkreises die Ursache zugleich auch Wirkung und umgekehrt!

Damit ergeben sich die in Bild 1.18 dargestellten Ansätze der erforderlichen Denkänderung betreffend System**zustand**, System**funktion** und System**verhalten**.

statisch	→ dynamisch
gesetzmäßig	→ eigene Regeln sich schaffend, selbstorganisierend
deterministisch	→ stochastisch, zufallsbedingt
linear	→ nicht linear (z. B.:exponentiell)
monokausal	→ polykausal (viele Ursachen)
unidirektional	→ kybernetisch (Regelkreis)
geschlossen	→ offen (in Wechselwirkung mit der Umwelt stehend)
im Gleichgewicht	→ im Fließgleichgewicht, das nur durch Gegensteuerung aufrechterhalten werden kann

Bild 1.18 Paradigmenwechsel

Insbesondere im Umgang mit Organisationen als soziale (soziotechnische) Systeme ist dieser Übergang auf den Systemansatz erforderlich.

Der Systemansatz gliedert sich in folgende drei Aspekte:

- **Systemdenken** = das Verwenden der Begriffe und Denkweisen der Systemtheorie beim Umgang mit komplexen Sachverhalten.
- **Systemstrukturieren** = das Verwenden gängiger Modelle der Systemtheorie zur Abbildung von Sachverhalten.
- **Systemvorgehen** = Top-down-Strategie (vom Ganzen zum Teil) als Vorgehensweise bei der Analyse, Synthese und Optimierung von Sachverhalten.

Damit liefert der Systemansatz folgende Vorteile:

- Eine **gemeinsame, vorurteilsfreie Sprache** bei der Beschreibung von Realität sowie eine einheitliche Begriffsbildung (Terminologie), trotz interdisziplinärer Arbeit.
- Eine Hilfestellung beim Aufspüren und dem Behandeln **neuer Erkenntnisse**, indem Gemeinsamkeiten unterschiedlicher Phänomene herausgearbeitet werden. Es geht um die **Generalisierung und Übertragbarkeit** von Verhaltensweisen.
- Eine Ausrichtung auf Zusammenhänge und Wechselwirkungen und nicht auf das Erfassen statischer Tatbestände, d. h. das Denken in Netzwerken anstatt in rein kausalen Ursache-Wirkungs-Beziehungen.

Das im Zentrum der Betrachtungen dieses Buchs stehende System **Unternehmen** weist in ausgeprägter Weise folgende **Systemeigenschaften** auf:

- **Komplex:** Das Unternehmen besteht aus einer Vielzahl von Elementen (Komponenten), die untereinander in einer Vielzahl von Beziehungen stehen.

- **Offen:** Das Unternehmen steht mit seiner ebenfalls komplexen, spezifischen Umwelt in einer Vielzahl von Austauschbeziehungen (Schnittstellen), womit die Systemhüllfläche durchlässig ist.
- **Dynamisch:** Das Unternehmen verändert seinen Inhalt (innere Dynamik), um auf eine sich verändernde Umwelt zu antworten (reagierend) bzw. diese vorwegzunehmen (proagierend), sowie sein Verhalten gegenüber der Umwelt (äußere Dynamik).
- **Selbstorganisierend:** Die Änderungen im System werden im gegebenen Rahmen von innen heraus entwickelt und umgesetzt, um eine Multistabilität in der Auseinandersetzung mit der Umwelt aufrechtzuerhalten.
- **Probabilistisch:** Wegen der Unmöglichkeit, menschliches Verhalten mit Sicherheit vorherzusagen, sind Unternehmen als soziale Systeme nie deterministisch, d.h. immer wahrscheinlichkeitsbehaftet.
- **Selbsterhaltend:** Um Überlebensfähigkeit zu besitzen, muss das Unternehmen nutzenstiftend, zumindest kostendeckend im weiteren Sinne agieren.
- **Adaptiv, lernend:** Das Unternehmen mit seinen ständigen Veränderungsprozessen als Antwort auf externe und interne Auslöser lernt, d.h. reflektiert, bewertet und speichert. Bei antizipativem Verhalten sprechen wir von lernfähigen Systemen (vgl. Unternehmenskultur, die lernende Organisation).

Die bei der Erfassung wie auch Gestaltung von Organisationen am stärksten problemverursachende Eigenschaft ist dabei die **Komplexität**.

Um den Umgang mit Komplexität zu erleichtern, sei nachfolgend ein Beschreibungsmodell derselben angeboten.

Komplexität wird umgangssprachlich etwa mit folgenden Begriffen beschrieben:

- unübersichtliche Erscheinung,
- undurchschaubares Verhalten,
- schlecht fassbar und nicht gezielt beeinflussbar.

Letztlich geht es bei den permanent anstehenden Aufgaben der Problemlösung in unserer Welt immer um Defizite im Umgang mit Komplexität; Ansätze der gedanklichen Komplexitätsreduktion sind gefragt.

Der erste Zugang ist dabei das **Verständnis** von Komplexität.

Komplexität sei im Folgenden verstanden als das gleichzeitige Vorliegen von:

- Varietät: **Elementevielfalt**, Vielfalt der Bestandteile.
- Konnektivität: **Beziehungsvielfalt**, Vielfalt der Interaktionen.

Wobei beide, die Komplexität bestimmenden Größen jeweils in folgende Aspekte zerfallen:

- Mengenaspekt: Anzahl der Elemente bzw. Anzahl der Beziehungen.
- Qualitätsaspekt: Art der Elemente bzw. Art der Beziehungen.

Damit ergibt sich der „Begriffsbaum“ wie in Bild 1.19.

Komplexität ist damit zunächst ein statisches Phänomen, eine Momentaufnahme eines beliebigen Systems (auch statische Systeme wie etwa ein Zahlensystem weisen Komplexität auf). Wird hingegen Varietät als Vielfalt der **möglichen Zustände** der Elemente und Beziehungen aufgefasst und nicht, wie in statischer Betrachtung, bloß als Vielfalt des Bestands, so kommt in den Begriff der Komplexität die **Dynamik** mit ins Spiel, die damit die Komplexität faktoriell erhöht.

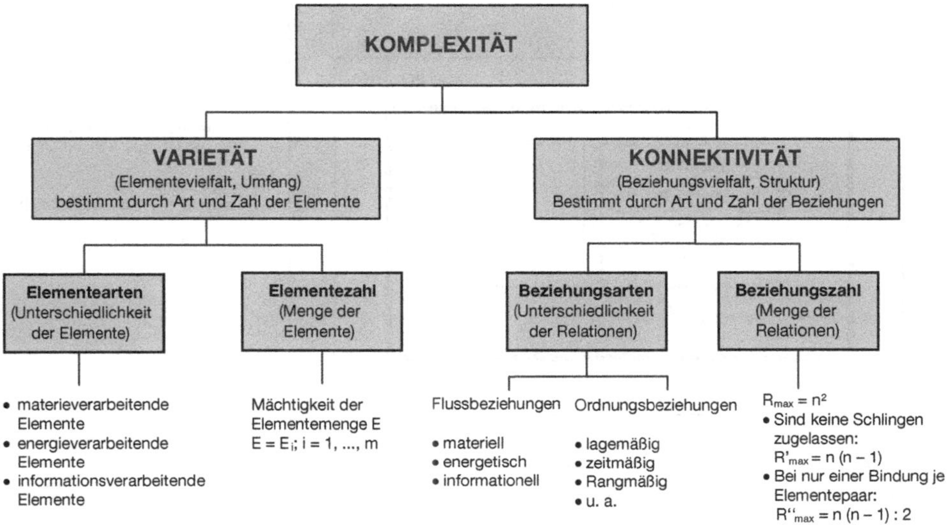

Bild 1.19 Bestimmungsgrößen der Komplexität

1.3.2 Betrachtungsobjekt Unternehmen

Obwohl Prozessmanagement nicht gezwungenermaßen unternehmensweit eingeführt werden muss, ist die Abgrenzung des ganzen Unternehmens als Untersuchungsobjekt prinzipiell als zweckmäßig anzusehen, da auftretende Schnittstellen z. B. zu Kunden, Lieferanten oder Behörden klar und verhältnismäßig einfach definiert werden können. Außerdem wird damit der Ganzheitlichkeit Rechnung getragen. Im Fall einer spezifischen, nicht unternehmensweiten Verwendung ist eine Anpassung der Vorgehenslogik leicht durchzuführen.

Als **Unternehmen** sei hier jede Organisation betrachtet, die eine Leistung erbringt. Als Kunden wiederum gelten alle Subjekte, die eine Leistung des Unternehmens beanspruchen. Somit inkludiert der Begriff des Unternehmens z. B. auch staatliche Institutionen oder Zulieferbetriebe.

Das Unternehmen als das Objekt unseres Interesses kann demgemäß ebenfalls als System aufgefasst und dargestellt werden, wobei man je nach Betrachtungszweck unterschiedliche Zugänge treffen kann:

- das Unternehmen als **soziales System,**
- das Unternehmen als **soziotechnisches System** (Einbeziehung der Sachgüter und Einsatzmittel als Systemkomponenten),
- das Unternehmen als **soziotechnisch-informationelles System** (bei einschließender Betrachtung von abstrakten Beständen wie Wissen als Systemkomponente).

Das in Bild 1.20 dargestellte Zwiebelschalenmodell dient zum Verständnis und zur besseren Einordnung des Systems Unternehmen.

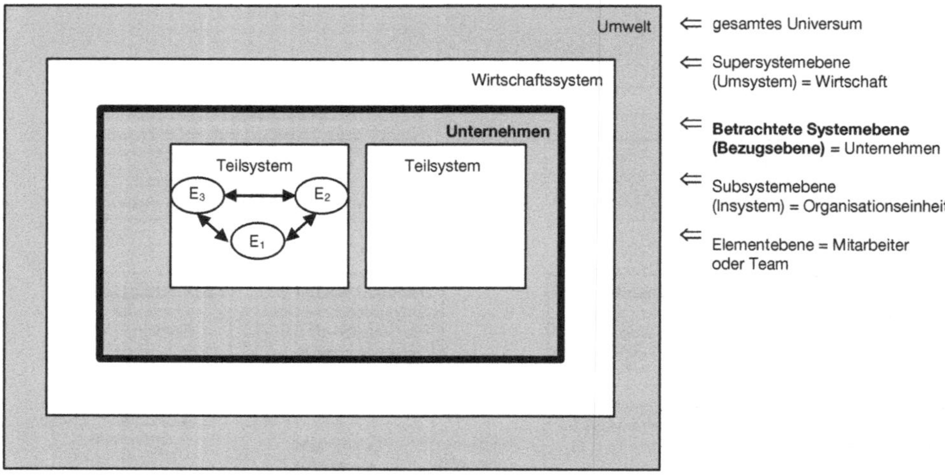

Bild 1.20 Zwiebelschalenmodell (Systemhierarchie)

Das Legen der Systemgrenzen wird durch den Zweck der Betrachtung bestimmt. Oft ist es erforderlich, um Erklärungen des Systemverhaltens zu liefern, die Systemgrenzen kurzzeitig zu erweitern und dadurch eine neue Sichtweise, erkauft durch höhere Komplexität, zu erlangen.

Als die wesentlichsten Merkmale des Systems „Unternehmen", insbesondere bei Betrachtung des Managements von Systemen, wurden bereits

- die Komplexität und
- die Dynamik

festgehalten:

Je **komplexer** ein Unternehmen aufgebaut ist, desto vielfältiger sind die Entscheidungsmöglichkeiten des Managements. Auf der anderen Seite gibt das **dynamische Verhalten** des Unternehmens Auskunft darüber, wie schnell diese Entscheidungsmöglichkeiten bearbeitet werden können.

Was trägt nun im Einzelnen zur Komplexität des Systems „Unternehmen" bei?

Folgende Auflistung der die Komplexität beeinflussenden Größen möge zur Klärung dienen:

- **Unternehmenskultur:** Werthaltungen, Regeln, Verhaltensweisen.
- **Unternehmenszielsetzung:** Zielhierarchie, Gewichtungen, Abhängigkeiten.
- **Soziales Umfeld (Stakeholder):** Interessengruppen, Konfliktpotenziale, Einflüsse.
- **Sachliches Umfeld:** relevante Einflüsse (natürlich, künstlich).
- **Leistungsspektrum:** Produkte (Sach-/Dienstleistungen).
- **Prozesse:** Abläufe und deren Vernetzung.
- **Leitungssystem:** Informations- und Entscheidungswege, Unternehmensorganisation.
- **Personen:** Bestand an Personal (Mitarbeiter, Teams) nach Kompetenzen.

- **Sachmittel:** Bestand an Betriebsmitteln, Software, Geräten, Anlagen, Gebäuden.
- **Know-how:** Bestand an Wissen, Verfahren, Methoden, Techniken, Datenbeständen.
- **Finanzmittel:** Struktur der Ausstattung mit Zahlungsmitteln.

Die genannten Komponenten, die mit ihrer Komplexität zur Komplexität des Gesamtsystems Unternehmen beitragen, sind als Subsysteme (Aspektsysteme) des Unternehmens zu sehen. Zu beachten ist, dass die zeitliche Veränderung (Dynamik) der Einflüsse die Komplexität noch wesentlich erhöht.

Die **Unternehmensgröße** als signifikantes Merkmal des Systems „Unternehmen" wirkt – wie vorhin aufgezeigt – auf die Systemmerkmale **Komplexität** sowie **Dynamik** ein, wobei anhand dieser Wirkkette sehr deutlich die Problemstellung für ein prozessorientiertes Management wie folgt aufgezeigt wird:

Mit zunehmender Unternehmensgröße steigt die Komplexität exponentiell. Um diesen Umstand zu kompensieren, wird meist, der klassischen Auffassung von Management folgend, die Anzahl der Abteilungen/Bereiche erhöht.

Dies verbessert vordergründig die Übersichtlichkeit und verringert die Lenkungsspanne; die Abteilungen können für sich optimal arbeiten. Allerdings erhöht sich dadurch die Anzahl der Schnittstellen, und die Ineffizienz steigt. Die dafür erforderliche Aufbauorganisation verursacht durch eine Vermehrung der Hierarchieebenen eine Reduktion der Dynamik. Letztlich besteht die Gefahr, über der Verfolgung des jeweiligen Bereichsziels das Unternehmensziel aus den Augen zu verlieren!

Das **Prozessmanagement** versucht nun, dieses Problem dadurch zu lösen, dass nicht die Vermehrung der Abteilungen, sondern die Unternehmensprozesse selbst die Aufgabe der **Komplexitätssteuerung** übernehmen.

Durch eine „90-Grad-Drehung" als Übergang von der Abteilungssicht zur Prozesssicht, die quer durch das Unternehmen den Prozessen folgt, sollen Schnittstellen bewusster gesteuert und soll damit eine Steuerung der Dynamik ermöglicht werden (Bild 1.21).

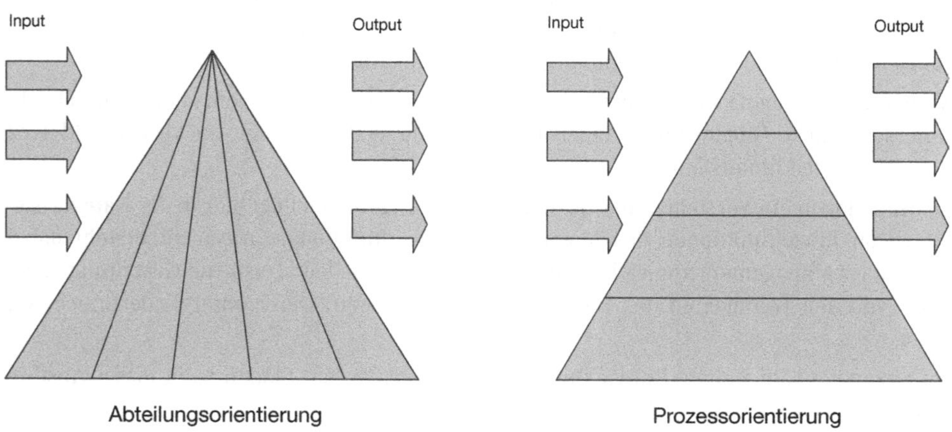

Bild 1.21 Der Übergang von der Abteilungsorientierung zur Prozessorientierung

1.3.3 Management aus Systemsicht

In der Beschreibung und Analyse des Phänomens **Management** haben sich mehrere Denkschulen gebildet. Ihre gedanklichen Ansätze legen den Betrachtungsschwerpunkt auf jeweils unterschiedliche **Aspekte von Management**.

Vorweg sei festgehalten, dass sich diese Zugänge zum Teil durchaus überdecken, somit ergänzen und sich dadurch keineswegs gegenseitig ausschließen. Alle beschriebenen Managementansätze finden gleichzeitig in sinnvoller Weise Platz und liefern wesentliche Erkenntnisse zum Gesamtverständnis von Management sowie zur speziellen Ausprägung, dem im Zentrum der Betrachtung stehenden Prozessmanagement. Es sind dies folgende Ansätze:

1. Funktionaler Ansatz – Schule des klassischen Managements.
2. Erfahrungsansatz – Schule des Empirismus.
3. Verhaltensansatz – Schule des Human Behavior.
4. Systemisch-evolutionärer Ansatz – Schule der sozialen Systeme.
5. Entscheidungsansatz – Schule der Entscheidungstheorie.
6. Systemansatz – Schule des Systems Engineering.

Der funktionale Ansatz

Der funktionale Ansatz baut auf der Schule des klassischen Managements auf und stellt einen traditionellen, für die Gestaltung und Optimierung jedoch sehr praktikablen Zugang dar. **Management** wird dabei als „das Bewältigen von Aufgaben mit und durch andere" (management is getting things done with and through people) definiert.

Diese Definition greift noch auf die ursprüngliche Bedeutung des italienischen Wortes „maneggiare" zurück, was so viel bedeutet wie „mit der Hand führen".

Der auf das Scientific Management zurückführende Ansatz legt sein Hauptgewicht auf das Verständnis der **Einzelfunktionen**, die das Management ausmachen. Dabei werden allerdings die Humanaspekte der Handlungsträger eher vernachlässigt.

Viele Autoren haben sich mit dem funktionalen Ansatz des Managements befasst und leicht unterschiedliche Gliederungen angeboten, wobei es letztlich immer auf das in Bild 1.22 gezeigte Modell hinausläuft.

Der Einstieg in ein Verstehen und Gestalten des Managements liegt hier in der Kategorisierung von Einzelfunktionen des Managements. Der funktionale Ansatz übersieht dabei nicht, dass Management zugleich auch eine Kunst ist – wie jede Form von Gestaltung –, die stark von den Fähigkeiten des Handlungsträgers abhängt. Diese untergliedern sich wie folgt:

- Konzeptive Fähigkeiten: Entwicklung von Visionen, Zielen, Plänen samt deren Abstimmung (Wissenskompetenz).
- Soziale Fähigkeiten: Gestaltung der zwischenmenschlichen Beziehungen (Sozialkompetenz).
- Entscheidungsfähigkeit: Handeln unter Unsicherheit und Zeitdruck bei unvollständiger Information (Individualkompetenz).

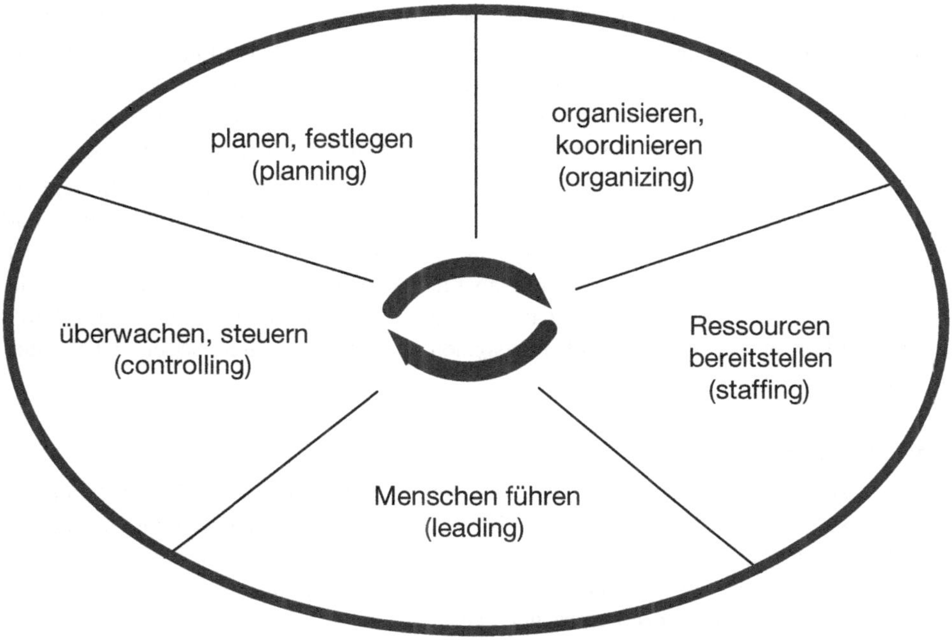

Bild 1.22 Hauptfunktionen des Managements

Management ist aus Sicht der Langfristigkeit (Zeithorizont) in seiner Ganzheit in folgende Ebenen zu untergliedern (vgl. Kapitel 1.1):

- Normatives Management: Unternehmensleitbild.
- Strategisches Management: prinzipielle Umsetzungsrichtlinien.
- Operatives Management: Detailplanung Umsetzung

Normatives und strategisches Management sind auf die Rahmengestaltung ausgerichtet, in denen sich der operative Vollzug des situativen Führungsgeschehens im „day-to-day business" abspielt. Während dem Normativen und Strategischen eher eine Gestaltungsfunktion zukommt, ist es Aufgabe des Operativen, lenkend in die Unternehmensentwicklung einzugreifen.

Für eine optimale Gestaltung des Systems „Unternehmen" ist der funktionale Ansatz am zweckmäßigsten. Trotzdem seien nachfolgend kurz die weiteren Ansätze erläutert.

Der Erfahrungsansatz

Er baut auf der Schule des Empirismus auf und besagt, dass ein Verständnis von Management zum Zwecke der Entwicklung von Managementfähigkeiten ausschließlich durch **Beobachtung** von Managern bei der Arbeit möglich ist.

Eine Vergleichbarkeit der Fälle ist nicht wesentlich; das Erstellen einer allgemeinen Theorie des Managements wird (zunächst) nicht angestrebt und letztlich als gar nicht möglich angesehen. Die Herleitung von generalisierten Aussagen ist kein Anliegen des empirischen Ansatzes, sondern vielmehr das Lernen an Einzelfällen durch persönliche Erfahrung sowie durch Weitergabe der Erfahrungen erfolgreicher Manager.

Das **Fallbeispiel** in der Praxis und im Labor ist zentraler Gegenstand der Beschäftigung.

Kritisch sei hier angemerkt, dass jede wissenschaftliche Beobachtung zum Zweck der Erfahrungserweiterung auch zur Generalisierung von Aussagen beitragen sollte. Neo-empirische Ansätze erkennen daher an, dass zur wissenschaftlichen Beschäftigung auch Theoriebildung durch Generalisierung sowie Entwicklung von Handlungsanleitungen gehört.

Zugleich steckt in der geforderten Verwertung von Erfahrungen (durch Beobachtung oder durch eigenes Erleben) auch eine beachtliche **Gefahr**: Es wird allzu leicht die Dynamik und die Zufallsabhängigkeit im Unternehmen und seinem Umfeld übersehen: Wertewandel, geänderte Anforderungen und permanent ablaufende Lernprozesse erfordern eine jeweils **neue** Sicht einer – oberflächlich betrachtet – analogen Problemstellung. Eine Ex-post-Rationalität wird dabei den analysierten Fallbeispielen unterstellt, was eine bequeme Fehlinterpretation darstellt.

Der Verhaltensansatz

Unter diesem Ansatz zur Erfassung des Phänomens „Management" sind die Schulen des Human Behavior, des Behaviorismus, der Human-Relations-Konzepte und der Gruppendynamik zusammengefasst. Sie basieren auf der Überzeugung, dass sich die Managementlehre mit dem **Menschen** zu beschäftigen hat, da Management als das Erbringen von Leistungen mit und **durch andere** zu verstehen ist.

Der Ansatz konzentriert sich demgemäß auf den Menschen im System, d.h. auf interpersonelle wie intrapersonelle Phänomene des Menschen, von der Persönlichkeitstypologie bis zur umfassenden Unternehmenskultur.

Dort wo Menschen bzw. Gruppen von Menschen zur Erreichung von Zielen tätig sind, muss der Mensch den **Menschen und sein Verhalten** in seinem spezifischen sozialen Kontext verstehen.

Beobachtungsgegenstand sind die zwischenmenschlichen Beziehungen (Human Relations) und die Verhaltensweisen bzw. Verhaltensmuster in Organisationen, insbesondere die Kommunikation. Das Studium des sozialen Verhaltens, d.h. der wechselseitigen Einflüsse von Individuum und Gruppe, wird als Grundlage für das Verständnis von Management angesehen.

Die Human-Relations-Konzepte gehen dabei über das Konzept des Behaviorismus hinaus, indem sie als wesentliches Betrachtungsobjekt die Motivation des Menschen mit einbeziehen, womit der sichere Boden des direkt Wahrnehmbaren verlassen wird und sich keine Gestaltungsregeln ableiten lassen.

Die hier angeführten Ansätze unterscheiden sich in der Intensität, mit der Erkenntnisse über das Verhalten des Menschen in Organisationen zur Verbesserung bei der Wahrnehmung der Managementaufgabe herangezogen werden können. Die Spannweite reicht dabei von der bloßen Beobachtung mit schwacher Interventionsmöglichkeit bis zur systematischen Verhaltenssteuerung (Behavioral Engineering).

Als Kritik sei hier angemerkt, dass die Gleichsetzung von Management mit dem Management interpersoneller Beziehungen als eine unzulässige Einschränkung angesehen werden muss.

Der systemisch-evolutionäre Ansatz

Der Ansatz der **sozialen Systeme**, auch systemisch-evolutionärer Ansatz genannt, verbindet das verhaltenstheoretische Konzept mit dem Systemkonzept: Das Management wird als ein sich von innen heraus entwickelndes System kultureller Beziehungen aufgefasst, das sich in den Handlungen bzw. Rollen oder Entscheidungen manifestiert. Es ist dies eine Art „Theorie der Kooperation" zum Zweck der Effizienzsteigerung des Managements.

Der Entscheidungsansatz

Dieser Ansatz sieht im Vordergrund die Entscheidungsaufgabe des Managers samt zugehörigem Prozess.

Managen ist demnach eine komplexe Folge von Einzelentscheidungen, die möglichst rational und methodengestützt vorgenommen werden sollten.

Unterschiede in den Konzepten ergeben sich danach, ob die Entscheidung als Ergebnis, die Entscheidungsfindung als Prozess oder der Entscheidungsträger selbst betrachtet wird:

- Wird die rationale, ökonomisch optimale Entscheidung im Zentrum gesehen, wobei formale/mathematische Instrumente des Operations Research, der Nutzentheorie und des Scientific Management Verwendung finden, handelt es sich um den **Entscheidungsansatz in der ursprünglichen Form**.
- Zentrales Instrument sind das Modell im Allgemeinen und dessen quantitative Auswertung: Ist Management ein rationaler Prozess, so müssen modellmäßige Abbildungen desselben möglich sein.
- Wird jeweils der Gesamtentscheidungsprozess, untergliedert in Phasen wie Problemerkennung, Situationsanalyse, Problemdefinition, Alternativenentwicklung, Bewertung und Auswahlentscheidung, gesehen, so sollte doch besser von **Problemlösungsprozess** gesprochen werden, da es sich hier um eine Vielzahl von Entscheidungen handelt.
- Wird der Mensch als Entscheidungsträger betrachtet, d. h. sein rationales und intuitives Verhalten bei der Entscheidungsfindung, so kommt man dem Ansatz sozialer Systeme (Handlungssysteme) sehr nahe.

Abschließend sei hier angemerkt, dass Management wesentlich mehr umfasst, als in einem Entscheidungsmodell abgebildet werden kann, soll das Modell realitätsbezogen bleiben. Des Weiteren liegt die Versuchung nahe, die Sicht der Wirklichkeit an verfügbare Modelle „anzupassen", etwa durch das Vernachlässigen von Parametern oder zumindest von deren Dynamik, Nichtlinearität, Stochastik und Unabhängigkeit, anstatt das Modell der Wirklichkeit entsprechend abzuändern.

Systemansatz

Dieser Ansatz baut auf der Systemtheorie auf und versucht, Management in Bezug zum Gesamtsystem „Unternehmen" und in Wechselwirkung mit seiner spezifischen Umwelt zu sehen.

Er arbeitet mit formalen Modellen (Graphentheorie, Kybernetik) und bildet die Managementaufgabe als komplexe Übertragungsfunktion von Inputs in Outputs ab, die als Regler der Flüsse im System (Materie, Energie und Information) wirkt.

Aufgabe des Managements ist es, dieses System so zu planen und zu regeln, dass die von den Systemzielen abgeleiteten Einzelziele möglichst optimal erfüllt werden.

Kritisch sei hier angemerkt, dass zwar alle Ansätze in der jeweils vorliegenden Problemstellung bzw. Managementsituation wertvoll sind und eingesetzt werden sollten, jedoch nur ein **systemorientierter** Ansatz der Komplexität und Interdisziplinarität des Phänomens „Management" gerecht wird und somit der Systemansatz immer als **Rahmen** dienen sollte.

1.3.4 Der Regelkreis als grundlegendes Modell der Systemtechnik

Die Art und Weise, wie die Elemente eines Systems zusammenwirken, macht letztlich die Komplexität der Systeme aus, wie es die vorherigen Ausführungen dargelegt haben. Dabei lässt sich die Vernetzung im System auf ein **Grundmodell** des Austausches von Information, Materie und Energie zurückführen, nämlich auf den Regelkreis (Bild 1.23).

Der Regelkreis ist die einzig mögliche Weise, um in einem System Ziele zu verfolgen und zugleich den Bestand/das Überleben des Systems abzusichern. Der Regelkreis stellt den Baustein aller kybernetischen Strukturen dar.

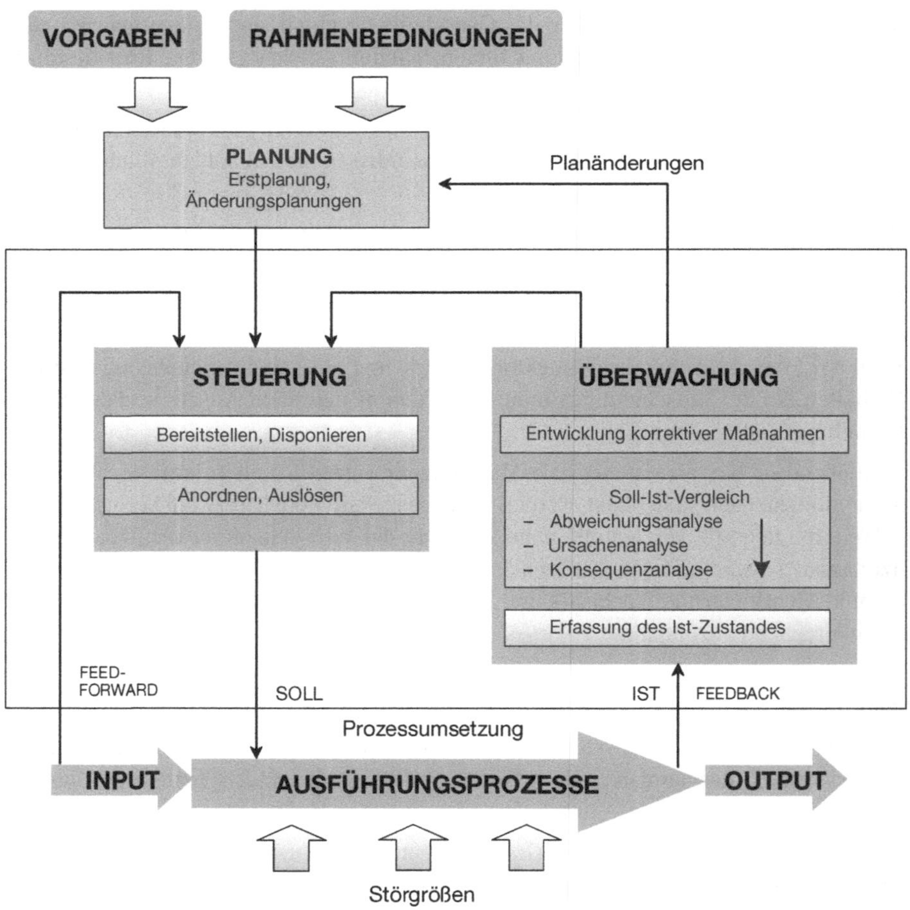

Bild 1.23 Der Regelkreis als prinzipielle Struktur des Unternehmensmanagements

Als konstituierendes Prinzip weist der Regelkreis die **Rückkopplung (Feedback)** auf sowie, insbesondere bei sozialen Systemen, die sogenannte **Vorkopplung (Feedforward)**. Beide Vernetzungsprinzipien scheinen im Regelkreismodell des Unternehmensmanagements auf, sie werden nachfolgend detailliert besprochen.

Erläuterungen zum Bild 1.23:

Die **Rückkopplung (Feedback)** liefert Information über den ablaufenden Prozess an die Regeleinheit zurück. Theoretisch könnte das System in der Verfolgung der gesetzten Ziele auch ohne Rückkopplung auskommen – es handelt sich dann um eine reine Steuerstrecke, wenn es nicht folgende in der Realität **immer** auftretende Einflüsse gäbe:

- Es treten aus der Systemumwelt immer Einwirkungen in Form von **Störgrößen** auf.
- Diese Störgrößen stammen aus der **sachlichen** Umwelt (Änderungen am Markt, im Rechtssystem, im Stand des Wissens bis zu Wettereinflüssen und vieles mehr) oder auch aus der **sozialen** Umwelt (Änderungen der Einstellungen, Erwartungen, Befürchtungen relevanter Interessengruppen/Stakeholder).
- Im Laufe des Lebenszyklus eines sozialen Systems kommt es unweigerlich zu **Zieländerungen** von innen, d.h. aus dem System heraus, das ja mehr oder minder stark selbstorganisierend ist, die in geregelter Form als neue Vorgaben zu berücksichtigen sind.
- Handelt es sich bei dem System um ein künstliches, von Menschen zweckorientiert geschaffenes, so zeigen sich immer wieder im Zuge der Planumsetzung Fehler, denen durch Regelung entgegengewirkt werden muss. Diese **Planungsfehle**r stellen sich bei gewissenhafter Überwachung heraus und müssen an die Steuerung bzw. auch an die Planung zurückgemeldet werden.
- Insbesondere im Management liegt nie eine vollständige Information vor, man muss immer auch **Annahmen** und **Schätzungen** vornehmen, um handlungsfähig zu bleiben. Im Zuge der Ausführung stellt sich dann heraus, dass Schätzungen eher nur im Ausnahmefall punktgenau zutreffen, sodass nachgeregelt werden muss.

Aus all diesen Gründen ist das Regelkreisprinzip für ein langfristiges Bestehen von offenen Systemen essenziell.

Die **Überwachung** des Ausführungsprozesses hinsichtlich seiner Zielparameter

- Leistung (Sachergebnis),
- Termine,
- Kosten sowie
- Zufriedenheit der Stakeholder (Prozessziele)

kann in einzelne logische Schritte untergliedert werden. Es sind dies aus Prozesssicht folgende drei Schritte:

1. Erfassung des **Ist-Zustands:**
   Dies kann im Einzelnen situativ unterschiedlich ablaufen, sollte jedoch unbedingt organisatorisch geplant werden.
   Die erfassten sogenannten Ist-Daten, die vor allem vollständig, richtig, aktuell, rückverfolgbar und letztlich relevant sein sollten, sind die Basis für den nächsten Schritt, den
2. **Soll-Ist-Vergleich,** der sich streng logisch in folgende Analysen untergliedert:
   - Analyse des Ausmaßes von Abweichung des Ist vom Soll,

- Analyse der Ursachen für die eingetretene Abweichung,
- Analyse der Auswirkungen/Konsequenzen auf die Zielerreichung.

3. Entwicklung von **korrektiven Maßnahmen.** Von diesen ist, der Situation entsprechend, die jeweils optimale Steuerungsmaßnahme auszuwählen und anzuordnen, was demgemäß nicht mehr zur Kompetenz der Überwachung selbst gehört.

Im Sinne von Zieländerungen kann jedoch auch eine Abänderung der Planung vorgenommen werden, sodass keine Steuerungsmaßnahmen im Sinne einer sukzessiven Anpassung des Ist-Zustands an die Vorgabe des Soll gesetzt werden, sondern eine neue Planversion ermittelt wird, um die eingetretene, nicht akzeptable Differenz zwischen Ist und Soll zum Verschwinden zu bringen.

Die **Vorkopplung (Feedforward)** ergänzt die Rückkopplung: Das bisher beschriebene Nachführen als **reaktive** Maßnahme der Steuerung eines Systems wird bei komplexen Systemen, wie es ein Unternehmen darstellt, nicht ausreichen. Es würde zu inakzeptablen Zustandsschwankungen führen. Es muss zugleich auch **proaktiv** auf die Umwelteinwirkungen eingegangen werden, dies im Sinne des in Bild 1.23 eingetragenen Feedforward: Es handelt sich dabei nicht um die Erhebung und Verwertung von Ist-Daten als Fakten zur Beschreibung des aktuellen Zustands des Ausführungsprozesses, sondern um Daten betreffend die vielfältig zu erwartenden Inputs im Sinne von Prognosen, d.h. absehbaren Entwicklungen der unmittelbaren Zukunft, die mit Wahrscheinlichkeit eintreten werden bzw. abgeschätzt werden können.

Zwar sind dies ebenfalls Fakten, die jedoch nur als mehr oder minder zutreffende Indikatoren für das Vorhersagen zukünftiger Entwicklungen von Einflüssen anzusehen sind. Jede davon abgeleitete Prognose ist dem Wesen nach unsicher, trotzdem dienen derartige Informationen als dringend benötigte Signale für die vorausschauende Steuerung von sozialen Systemen. Es sind demgemäß **Frühwarnsysteme** einzurichten, wobei sogenannte **schwache Signale** auszuwählen und zu verfolgen sind.

Das beschriebene Regelsystem dient im Weiteren als Grundlage zur Beschreibung und Erklärung des Managements von Unternehmen.

Ganzheitliches Regelkreismodell des Unternehmensmanagements

Zur Verdeutlichung des Managements der Unternehmensprozesse in Form eines vernetzten Regelkreissystems sei in einer weiteren Konkretisierungsstufe, basierend auf den Begriffen von Kapitel 1.1, das in Bild 1.24 dargestellte Modell präsentiert. Dabei werden, wie bereits erläutert, drei Ebenen des Managements unterschieden, die den nachfolgenden Kriterien entsprechend unterschiedliche Ausprägungen aufweisen:

Zeithorizont:	von langfristig	bis kurzfristig
Betrachtungstiefe:	von generell	bis detailliert
Zentralisierung:	von zentral	bis dezentral (Bereiche, Abteilungen)
Verhaltensstrategie:	von proaktiv	bis reaktiv

Die drei Ebenen des Managements (vgl. Bild 1.24) stellen sich als untereinander vermischte Regelkreisstrukturen mit Rückkopplungen dar, wodurch sowohl notwendige, sich wiederholende Arbeitsschritte als auch die Dynamik der sich ändernden Umweltbedingungen berücksichtigt werden. An den Entscheidungspunkten wird beurteilt, ob das Unternehmen dieser sich ändernden Umwelt mit der vorliegenden Struktur gewachsen ist oder ob ein gestalterischer Eingriff notwendig ist.

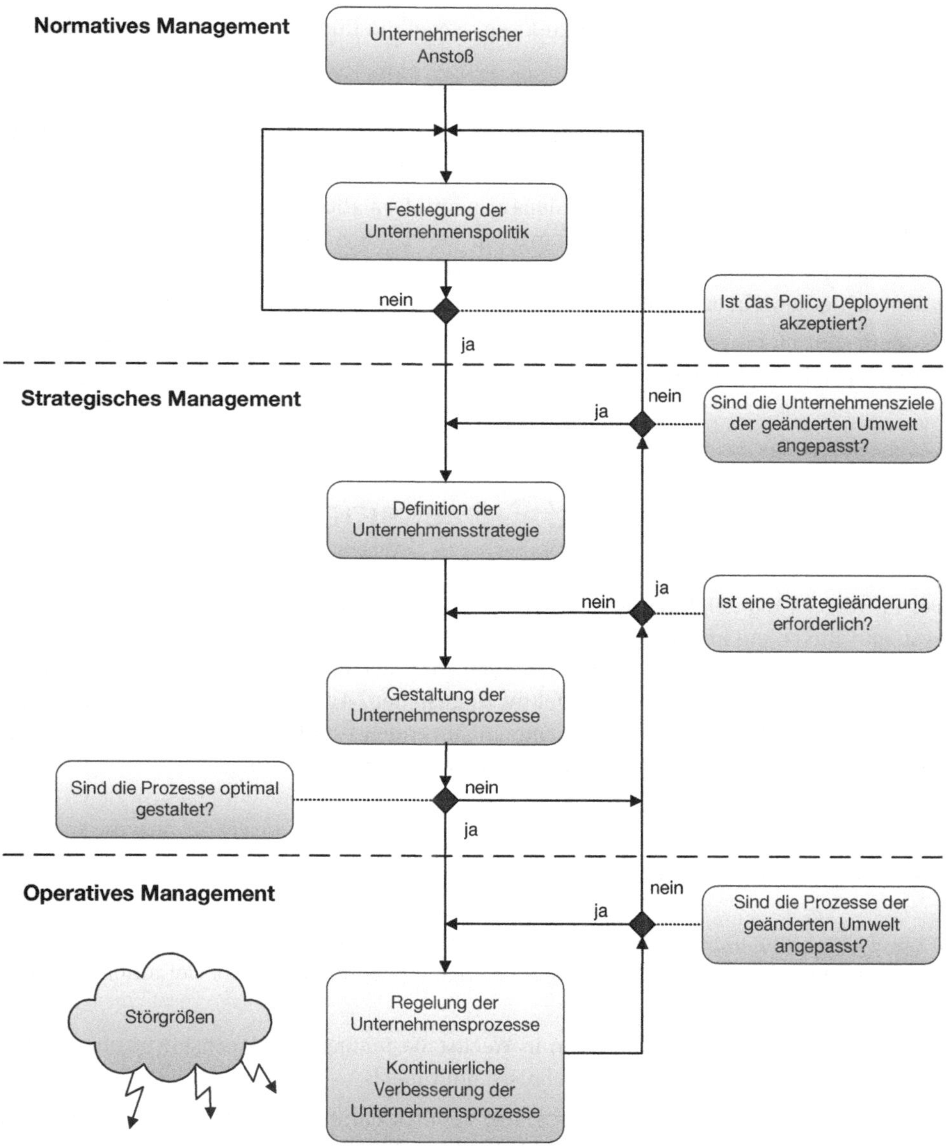

Bild 1.24 Das Regelsystem „Unternehmensmanagement"

Die Vernetzung der drei Managementebenen, der Struktur des vorhin gebrachten Regelkreisprinzips folgend, manifestiert sich – ausgehend von der operativen Ebene – vor allem in folgenden Rückkopplungen:

Wenn die Feinsteuerung der Prozesse nicht mehr den gewünschten zielorientierten Output erbringt, so ist in die Prozessgestaltung laufend einzugreifen, was sich als **Kontinuierlicher Verbesserungsprozess** (KVP) auf der operativen Managementebene realisiert.

Sollte das Feintuning der Prozesse wegen zu großer Änderungsausschläge der Umwelt nicht ausreichen, d. h., sind grundsätzliche Prozessänderungen erforderlich, so stellt dies einen Eskalationsfall dar: Das Problem ist auf der darüber liegenden Ebene der **Prozessgestaltung** bzw. **Strategiegestaltung** zu lösen, wobei die Rückkopplung die informationelle Basis liefert.

Die grundlegendste Form der Anpassung an eine sich ändernde Unternehmensumwelt ist die Eskalation auf die oberste Managementebene im Sinne einer Adaptierung der **Unternehmensziele** oder sogar der **Unternehmensmission.**

Wesentlich für ein funktionierendes Managementinformationssystem auf allen drei Ebenen sind die richtige Wahl und Verwendung von Messgrößen in Form eines Kennzahlensystems, das, nach oben aggregierbar, zur Steuerung und Überwachung der einzelnen Prozesse auf der jeweiligen Ebene die relevanten Managementinformationen liefert.

Systemtechnisch gesprochen geht es dabei um die Forderung nach **Beobachtbarkeit** und **Steuerbarkeit** von komplexen Regelsystemen.

1.4 Prozesse und Prozessmanagement

Der im vorigen Kapitel dargestellte Ansatz des Regelkreises als grundlegendes Modell der Systemtechnik dient im Wesentlichen dazu, Prozesse sichtbar und dadurch steuer- und optimierbar zu machen. Prozesse gilt es im Rahmen des Managements trotz externer und interner Einflussfaktoren effizient und effektiv zu gestalten. An dieser Stelle soll zunächst auf den Prozessbegriff und die damit zusammenhängenden Überlegungen hinsichtlich dessen Bestimmungselemente und Schnittstellen näher eingegangen werden.

1.4.1 Prozessdefinition

Im gröbsten Sinne umschreibt der Begriff Prozess jene Tätigkeiten, die aus einem vordefinierten Input einen gewünschten Output erzeugen. Eine umfassendere Definition ist in der EN ISO 9000:2015 zu finden:

„Ein Prozess ist definiert als Satz von in Wechselbeziehung oder Wechselwirkung stehenden Tätigkeiten, der Eingaben in Ergebnisse umwandelt."

Um die Struktur eines jeden Prozesses übersichtlich darstellen zu können, vermittelt das aus dem Six Sigma stammende SIPOC-Modell (Supplier, Input, Process, Output, Customer) ein grundlegendes Verständnis (Bild 1.25).

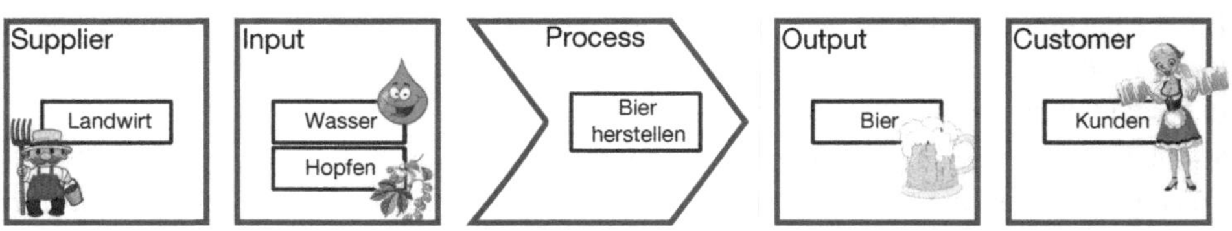

Bild 1.25 Prozessdarstellung mittels SIPOC-Modell

Zentraler Bestandteil des SIPOC-Modells ist der betrachtete Prozess, im dargestellten Beispiel der Prozess „Bier herstellen". Um den Prozess ausführen zu können, benötigt es vordefinierte Inputs (Wasser, Hopfen etc.). Diese werden im Zuge des Prozesses in den gewünschten Output (Bier) umgewandelt. Das SIPOC-Modell bezieht neben den In- und Outputs auch die Lieferanten (Landwirt), die den Input liefern, sowie die Kunden des Prozesses, an die der Output geht, mit ein. Dadurch ergibt sich eine klar strukturierte Übersicht der benötigten Ressourcen bzw. Informationen sowie der beteiligten Lieferanten bzw. Kunden.

Des Weiteren werden bei der Betrachtung eines Prozesses gewisse Bestimmungselemente charakterisiert wie in Bild 1.26 ersichtlich.

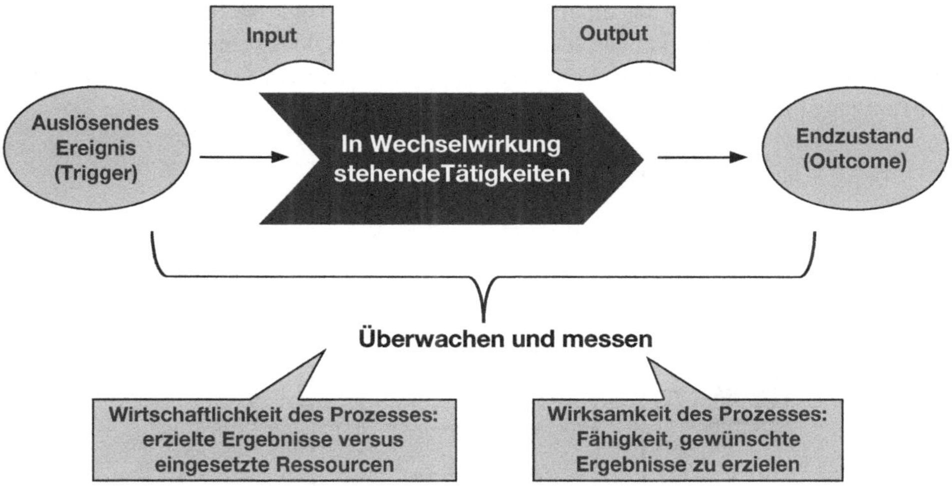

Bild 1.26 Prinzip eines Prozesses (Österreichisches Normungsinstitut, 2013)

Diese Bestimmungselemente, über die ein Prozess dementsprechend sowohl beschrieben als auch von Vorgänger- und Nachfolgeprozess abgegrenzt werden kann, lassen sich wie folgt erläutern und ergänzen:

- **Prozesszweck,**
- klar definierter Anfangszeitpunkt = **Auslöser** bzw. **Trigger,**
- **Input,**
- klar definierter Ergebniszustand = **Outcome,**
- **Output,**
- **Prozessablauf** in Form von Prozessschritten (Tätigkeiten und Aktivitäten, die nach Vorliegen des Inputs in definierter Reihenfolge ablaufen, bis der Output des Prozesses vorliegt),
- **Schnittstellen,**
- **Prozessziel** (sowie zugehörige Messgröße),
- **Prozessverantwortung** (Prozessverantwortlicher und Prozessteam).

Prozesszweck

Der Zweck steht sinnbildlich für das berechtigte Dasein eines Prozesses, da Prozesse ohne Zweck umgehend abzuschaffen sind. Der Prozesszweck sollte Aufschluss darüber geben, was mit einem spezifischen Prozess erreicht werden soll und wozu dieser Prozess notwendig und/oder wichtig ist. Hierbei ist es hilfreich, eine möglichst detaillierte Beschreibung des Zweckes zu formulieren, um ähnliche Prozesse klar voneinander abzugrenzen.

Input versus Trigger (Auslöser)

Der Trigger eines Prozesses ist als auslösendes Ereignis zu verstehen, welches den Startschuss für den Ablauf des Prozesses darstellt. Im unten angeführten Beispiel ist der Trigger das Eintreffen eines kaputten Autos, welches den Prozess „Auto reparieren" anstößt. Im Gegensatz zum Trigger ist der Input eines Prozesses eine konkrete Ressource oder Information, die benötigt wird, um das erwünschte Endergebnis des Prozesses zu erreichen. In diesem Beispiel ist der Input des Prozesses ein physischer Gegenstand, nämlich ein defektes Fahrzeug (Bild 1.27).

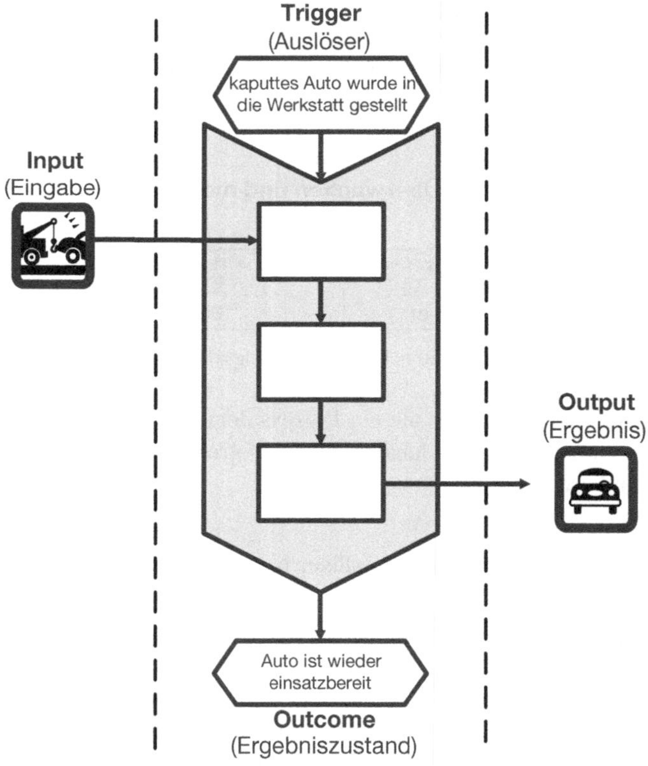

Bild 1.27 Input – Output versus Trigger – Outcome

Output versus Outcome

Der Unterschied zwischen Output und Outcome lässt sich ähnlich differenzieren wie Input und Trigger. Der Outcome ist als charakteristisches Endergebnis oder Ergebniszustand definiert, der nach jedem Durchlauf des Prozesses vorliegt (z. B. Ware steht zur Auslieferung bereit). Der Output ist das (materielle) Artefakt oder der Arbeitsgegenstand, anhand dessen sich der Outcome manifestiert oder nachprüfen lässt (z. B. die Ware selbst).

Prozessablauf

Der Prozessablauf wird häufig in Form von Ablaufdiagrammen dargestellt (siehe Kapitel 4). Hierbei wird der Prozess (oder Teilprozess) in sogenannte Prozessschritte aufgelöst. Die Prozessschritte können als Summe von Tätigkeiten und Entscheidungen aufgefasst werden – z. B. „Angebotsunterlagen erstellen“ oder „Rechnung prüfen“ etc. Die Prozessschritte sind die feinste Granularität der Gliederung im Rahmen der Prozessdarstellung. Sind Prozessschritte näher zu beschreiben, so geschieht das mithilfe von zusätzlichen Dokumenten in weiteren Gliederungs- bzw. Darstellungsebenen. Details dazu sind in Kapitel 2 (Detaillierungsebenen der Prozesse im Unternehmen) angegeben.

Schnittstellen

Als Schnittstelle bezeichnet man in unternehmerischen Abläufen jene Zeitpunkte, bei denen ein Verantwortungswechsel stattfindet und/oder Informationen, Ressourcen oder (Teil-)Arbeitsergebnisse von einer an die nächste handelnde Person übergeben werden (Österreichisches Normungsinstitut, 2013).

Um die Schnittstellen eines Prozesses zu definieren, ist für jeden Prozess festzuhalten, welches Ergebnis in welcher Form vom vorhergehenden Prozess übergeben wird, wie dieses Ergebnis weiterverarbeitet wird und in welcher Form das weiterverarbeitete Ergebnis an den anschließenden Prozess weitergegeben wird. Das hier betrachtete Ergebnis muss aber nicht unbedingt materieller Art (Produkte, Werkstoffe, Halbfertigprodukte etc.) sein, es kann sich auch um Informationen, Dienstleistungen oder Ähnliches handeln (Picot/Reichwald/Wigand, 2009).

Prozessziele

Die **Prozessziele** (Roy, 1999) sind top-down aus den Unternehmenszielen abzuleiten und können Qualitätsaspekte ebenso abdecken wie Kosten- und Zeitaspekte. Die Festlegung der **Prozessverantwortung** rundet die erforderlichen Bestimmungselemente eines Prozesses ab.

1.4.2 Prozessmanagement

Aufbauend auf dem beschriebenen SIPOC-Modell soll an dieser Stelle eine kurze Erläuterung zum Wesen des Prozessmanagements erfolgen.

Das Management von Prozessen lässt sich nicht nur durch die Erreichung von kürzeren Durchlaufzeiten und das Optimieren der Prozessabläufe begründen. Vielmehr liegt die Motivation, Prozesse zu managen, in der Auseinandersetzung mit folgenden Aspekten:

Kunden eines Prozesses

Als Kunde eines Prozesses wird derjenige gesehen, der eine berechtigte Erwartung an den Prozess hat. Erstrebenswert ist eine Kunden-Lieferanten-Beziehung auch auf interner Ebene, d. h., dass sich auch bei internen Prozessen die Qualität des Outputs an den Kundenerwartungen des Folgeprozesses ausrichten muss.

Der Kunde des Prozesses „Bier brauen“ hat offensichtlich eine Erwartung, wie der Output dieses Prozesses, in diesem Fall das Bier, beschaffen sein soll. Des Weiteren hat der Kunde auch eine Erwartung an den Prozess selbst und fordert z. B. das Einhalten des Reinheitsgebots. Hinzu kommt die Erwartung an den Input, da der Kunde eventuell nur nachhaltig angebaute Ressourcen in seinem Produkt wiederfinden möchte. Prinzipiell kann der Kunde auch eine Erwartung an die beteiligten Lieferanten bezüglich fairer Arbeitsbedingungen für dessen Mitarbeiter haben. Zugleich haben auch andere Kunden des gleichen Prozesses Erwartungen. Beispielsweise der Folgeprozess „Bier versenden“, welcher pünktliche Lieferung in der vereinbarten Menge und Qualität fordert.

Dieses Beispiel soll zeigen, dass der Kunde an unterschiedliche Aspekte eines Prozesses eine Erwartungshaltung haben kann und dass es bei mehreren Kunden zu unterschiedlichen Erwartungen kommen kann, die konfliktär und einander widersprechend sein können. Um diese Anforderungen und Erwartungen aller Kunden des Prozesses bestmöglich zu befriedigen, ist es notwendig, die Prozesse zu managen.

Zentraler Bestandteil des Prozessmanagements ist daher die Klärung der Frage nach den Kunden eines Prozesses. Da Prozesse gesteuert werden, um die Erwartungen der Kunden zu befriedigen, ist es essenziell, der Frage „Wer sind Kunden dieses Prozesses und welche Anforderungen werden an den Prozess gestellt?“ besondere Aufmerksamkeit zu schenken.

Schnittstellen eines Prozesses

Die Übergänge zwischen den einzelnen Prozessschritten stellen Schnittstellen dar, an denen es zu einer Übergabe von Ressourcen, Informationen und Verantwortungen kommt. Ein Prozess weist in der Regel eine Vielzahl von Schnittstellen mit einer Vielzahl von Beteiligten auf. Hierbei gilt, je unterschiedlicher die beiden Partner einer Schnittstelle sind, desto höher die Gefahr eines Missverständnisses und dadurch eines Informations- bzw. Wissensverlusts, der sich negativ auf den Prozess und/oder sein Ergebnis auswirken kann.

Das Management von Prozessen ist ein wesentlicher Erfolgsfaktor, um sicherzustellen, dass Prozesse auch an Schnittstellen effizient und vor allem effektiv ablaufen.

Abteilungsübergreifendes Wesen eines Prozesses

Schlussendlich ist der Prozessablauf innerhalb des Unternehmens und vor allem durch mehrere Abteilungen zu beleuchten. Wie in Bild 1.28 erkenntlich wird, verlaufen Prozesse im Zuge der Erfüllung des Kundenwunsches oftmals durch mehrere Abteilungen. Dies birgt Konfliktpotenzial, da die beteiligten Mitarbeiter primär über Abteilungsziele gesteuert werden. Dies kann unter Umständen auf Kosten des Gesamtoptimums passieren, da beim Verfolgen der Abteilungsziele der Blick für die Gesamtheit der Prozesse schnell verloren geht.

Um diese Aspekte zu berücksichtigen und trotz dieser Gegebenheiten effiziente und effektive Prozesse zu gewährleisten, ist das Management der Prozesse unabdingbar. Hierbei sind folgende Tätigkeiten im Rahmen des Prozessmanagements besonders hervorzuheben:

- Prozessziele planen und festlegen,
- Führen und Motivieren,
- Messen und Korrekturmaßnahmen definieren,
- Hinterfragen und Verbessern,
- Ressourcen bereitstellen,
- Organisationsstrukturen bereitstellen.

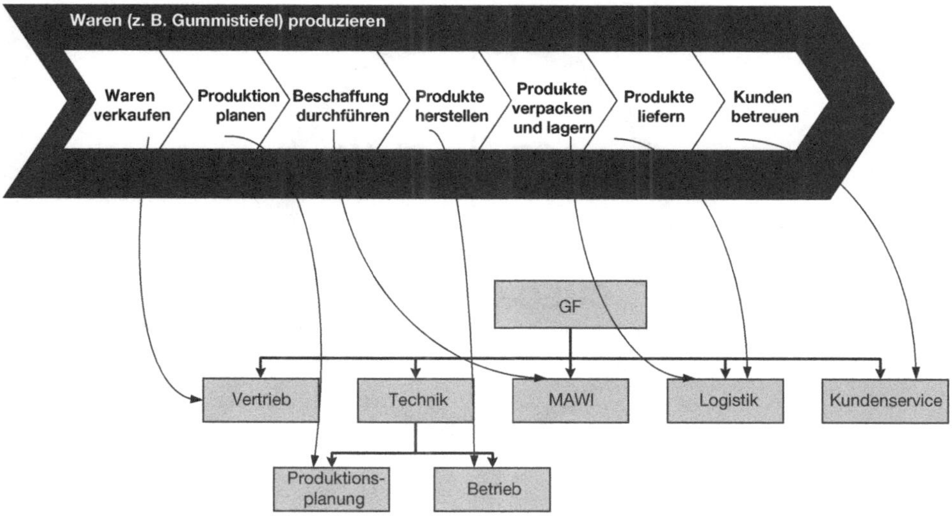

Bild 1.28 Prozessablauf mit involvierten Abteilungen

Das Prozessmanagement lässt sich demnach definieren als aufeinander abgestimmte bzw. koordinierte Tätigkeiten zum Leiten und Lenken der Prozesse einer Organisation (Österreichisches Normungsinstitut, 2013).

Es umfasst somit die Planung, Durchführung, Kontrolle und Steuerung der Prozesse sowie deren Umfeld.

Die Managementtätigkeiten, die im Rahmen des Prozessmanagements auf das Objekt „Prozess" zur Anwendung kommen, finden sich in den vier Phasen des Deming-Zyklus (PDCA-Kreislauf) wieder (Bild 1.29):

1. Planen (Plan): In dieser Phase wird der Prozess konzeptionell erarbeitet bzw. geplant. Offensichtliche Verbesserungspotenziale sollten hierbei bereits erkannt und in die Planung mit einbezogen werden.
2. Durchführen (Do): Die Durchführungsphase beinhaltet das Umsetzen des geplanten Prozesses. Mit möglichst einfachen Mitteln soll in dieser Phase der Prozess schnell realisiert werden, um schnelles Feedback zu generieren.
3. Kontrollieren (Check): Messung und Überprüfung des durchgeführten Prozesses.
4. Verbessern (Act): Optimierungspotenziale werden in dieser Phase aus den Messergebnissen abgeleitet und systematisch in die weitere Planung mit einbezogen. Sobald der Prozess als optimiert gilt, wird dieser als neuer Standard unternehmensweit eingesetzt.

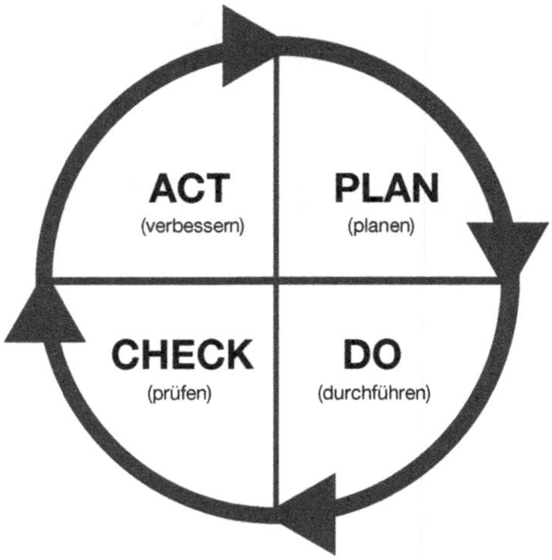

Bild 1.29 Deming-Zyklus (PDCA-Kreislauf)

Das Modell zum Management eines Prozesses

Der Deming-Zyklus als grundlegender Zugang des Verbesserungsmanagements lässt sich nun speziell im Hinblick auf das Prozessmanagement in das Modell zum Management eines Prozesses überführen (Bild 1.30).

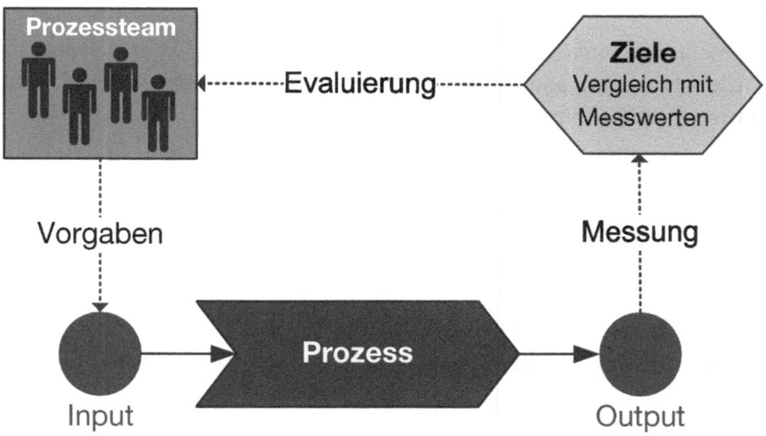

Bild 1.30 Das Modell zum Management eines Prozesses

Der Prozess wird gemäß SIPOC umgesetzt und wandelt den Input in Output um **(Do).** Um über die Güte bzw. den Erfolg eines Prozesses eine Aussage zu treffen, muss der Prozess einer Messung (**Check**) und folglich einer Evaluierung bzw. Analyse **(Act)** zugeführt werden. Dies kann beispielsweise im Rahmen eines fix installierten regelmäßigen Prozess-Jour-fixe erfolgen, wobei auch prozessfremde Personen mit eingebunden werden können. Weitere Aspekte des Prozess-Jour-fixe werden in Kapitel 5 erörtert.

Aus diesen Analysen und Evaluierungen werden vom Prozessverantwortlichen (Rosenstiel, 2003) und seinem Prozessteam Vorgaben und Maßnahmen **(Plan)** zur Verbesserung der

Zielerreichung getroffen. Der Prozessverantwortliche ist derjenige, der den Prozess festlegt, die Freigabe veranlasst und für dessen Umsetzung sorgt – somit die Verantwortung für den Prozess trägt und auch gegenüber der Unternehmensleitung Rechenschaft darüber ablegen muss.

Das Prozessteam ist zur Unterstützung des Prozessverantwortlichen eingesetzt und kann sowohl Personen, die die Tätigkeiten im Prozess selbst erbringen, als auch Schnittstellenpartner anderer Prozesse umfassen. Eine umfassende Betrachtung der Rollen im Prozessmanagement findet sich in Kapitel 3.3.

Das Prozessmanagementsystem

Die ÖNORM A 9009:2013 (Österreichisches Normungsinstitut, 2013) definiert ein Managementsystem als

„zusammenhängende und sich gegenseitig beeinflussende Elemente einer Organisation zur Festlegung sowohl von Leitlinien und Zielsetzungen als auch von Prozessen zur Erreichung dieser Zielsetzungen".

Unter einem Prozessmanagementsystem soll daher ein ebensolches Managementsystem zur Organisation von Prozessen und deren Management verstanden werden. Der Begriff geht also über das Modell für das Management von Prozessen hinaus und beschreibt die Systematik im Hintergrund, die das Zusammenspiel und das Zusammenwirken dieser Regelkreise regelt und steuert.

Vor dem Hintergrund des Regelsystems aus Bild 1.24 ist auch die ständige Weiterentwicklung im Zuge des Abgleichs über die strategischen Ebenen des Unternehmensmanagements ein wichtiger Bestandteil des Prozessmanagementsystems.

1.4.3 Prozessorientierung versus Funktionsorientierung

„Die einzige Konstante im Geschäftsleben ist jene der ständigen Veränderung."

Neben den Gedanken zur Ausrichtung des Unternehmens auf den Kunden sind globaler Wettbewerb, steigender Konkurrenzdruck, höher werdende Kundenerwartungen und rascher werdender technologischer Fortschritt nur einige der Herausforderungen, die sich den Unternehmen in immer stärker werdendem Ausmaß und immer rasanterer Geschwindigkeit stellen (Simon, 1997). Sich darauf einzustellen heißt, das eigene Geschäft besser als andere zu beherrschen und sich rechtzeitig den Veränderungen anzupassen (Womack, 1997).

Die Notwendigkeit von Prozessorientierung bzw. Prozessmanagement in einem Unternehmen kann an dem in Bild 1.31 gezeigten Beispiel verdeutlicht werden.

Ein Kunde ruft im Unternehmen an. Nach einigen Minuten Verharrens in der Warteschleife gelangt er in die Telefonzentrale. Von dort aus wird er mit der Verkaufsabteilung verbunden. In der Verkaufsabteilung ist die zuständige Person gerade nicht anwesend. Aufgrund der Wichtigkeit der Anfrage wird nun die Geschäftsleitung eingeschaltet. Dabei ergeben sich Rückfragen mit der Einkaufsabteilung …

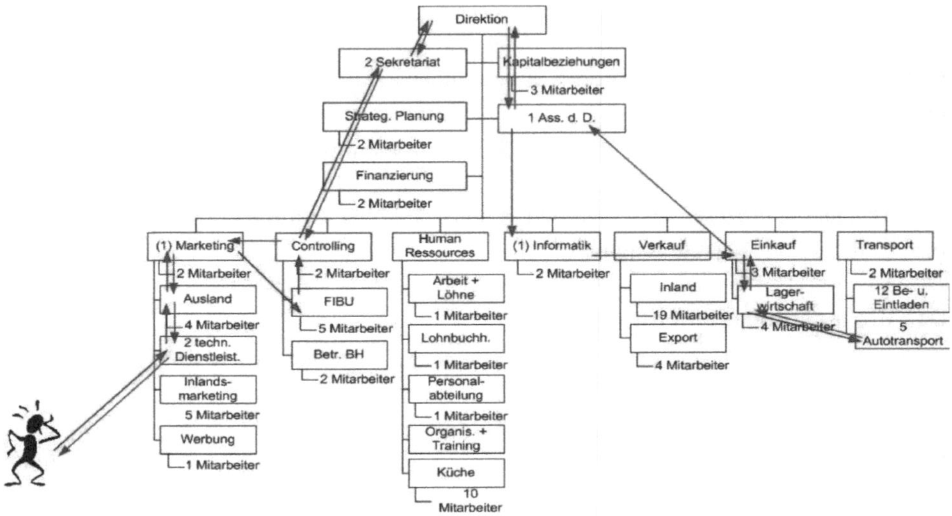

Bild 1.31 Fehlende Prozessorientierung

An jeder Schnittstelle kommt es zwangsläufig sowohl zu Zeit- als auch zu Informationsverlusten. Schnittstellen sind mitunter vergleichbar mit „Mauern" zwischen einzelnen Abteilungen/Bereichen (Bild 1.32).

Bild 1.32 Schnittstellenproblematik

Prozessorientierung bedeutet – wie in den nachfolgenden Kapiteln dargestellt – die Abkehr vom Abteilungsdenken hin zur abteilungsübergreifenden Zusammenarbeit.

Auf die Frage „Können Sie mir ein Bild von Ihrem Unternehmen geben?" wird von der Geschäftsleitung eines Unternehmens vielfach die Aufbauorganisation in Form eines Organigramms präsentiert (Bogaschewsky/Rollberg, 1998). Die Ausbeute an Informationen, die sich aus einem Organigramm extrahieren lassen, hat, ohne jede Frage, ihre Berechtigung, aber bietet doch nur sehr wenig Aussagekraft über die Funktionsweise des Unternehmens. Erstens fehlt der Kunde in diesem Bild. Zweitens sind weder Produkte noch Dienstleistungen ersichtlich, und drittens gibt das Organigramm keine Vorstellung darüber, wie der Arbeitsfluss vor sich geht, aufgrund dessen die Produkte und Dienstleistungen zustande kommen (Bleicher, 2011).

Durch ein Organigramm verschafft man sich zwar ein gutes Bild darüber, wie effizient sich die Entscheidungsstrukturen darstellen, und schließt damit wiederum auf die Entscheidungsgeschwindigkeiten und die Flexibilität des Unternehmens. Weiterhin erfährt man aus dem Organigramm, welche Abteilungen im Unternehmen existieren. Aber das beantwortet die Frage zur Funktionsweise der Abläufe des Unternehmens nur rudimentär. Denn man hat nur Informationen über das „Was" gewonnen, nicht aber über das „Wie". Um Entscheidungen richtig treffen zu können, reicht es nicht aus, zu wissen, welche Abteilungen es gibt und wie diese hierarchisch verbunden sind, sondern es ist wichtig zu wissen, wie die einzelnen Abteilungen bei der Aneinanderreihung ihrer Leistungen ineinandergreifen und damit zum Endergebnis im Sinne des Kunden beitragen.

Das Problem erstreckt sich auf alle hierarchischen Ebenen: Ist auch jedem Mitarbeiter der Abteilungen klar, wie er als Individuum an der Leistungserstellung beteiligt ist? Oder enden die Erkenntnisse der Zusammenhänge der einzelnen Tätigkeiten an der Abteilungsgrenze? Ist jedem Mitarbeiter klar, was die im Ablauf folgende Abteilung wirklich wünscht? Und sind die Schnittstellen zwischen den einzelnen Tätigkeiten so weit definiert und festgelegt, dass die Übergänge keine Quelle für Fehlerentstehung mehr sind. In diesem traditionellen funktionsorientierten organisatorischen Umfeld entsteht oftmals ein Effekt, der sich als „Siloeffekt" beschreiben lässt. Das bedeutet im übertragenen Sinn, dass hohe, dicke und fensterlose Strukturen rund um die jeweilige Abteilung hochgezogen werden.

Die Funktionsorientierung ist daher als die Spezialisierung von Personen auf deren Kernkompetenzen zu verstehen. Dies kann zwar erheblich zur Steigerung der Effizienz beitragen, jedoch geht durch die lineare Ausrichtung der Organisationseinheiten häufig der Blick auf das Gesamte verloren.

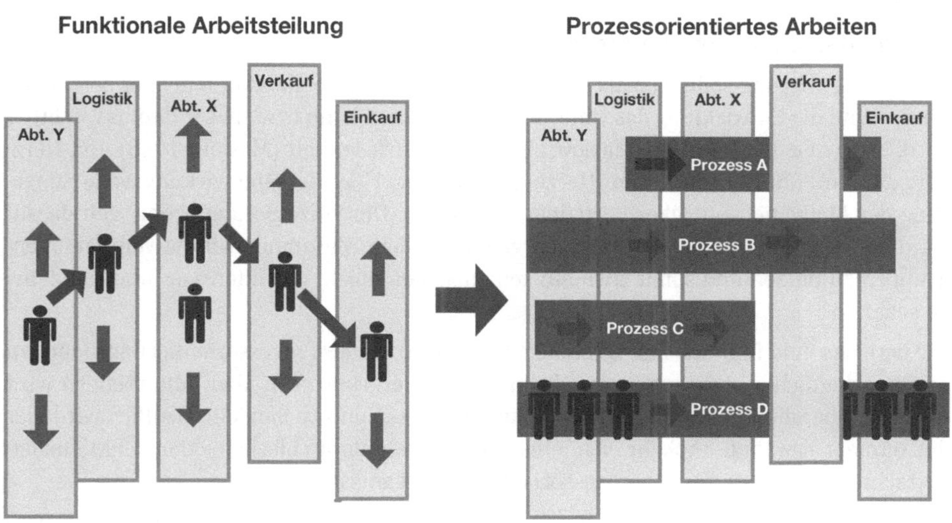

Bild 1.33 Funktionsorientierung gegenüber Prozessorientierung

In Bezug auf die angesprochene Schnittstellenthematik wird klar, dass vor allem bei stark arbeitsteilig ausgerichteten Unternehmen die internen Schnittstellen zwischen Abteilungen eine große Gefahr hinsichtlich Informations- und Wissensverlusten bergen. Es wird funktionsorientiert agiert, d.h., nur auf die eigene Abteilung Rücksicht genommen (Bild 1.33).

Durch den Ansatz der Prozessorientierung kommt man weg von diesem Denken in „Silos" – dem Arbeiten innerhalb der Kompetenzbereiche, die über Jahre aufgebaut wurden und deren oberste Maxime die eigene Budgeterreichung ist, auch wenn dies auf Kosten anderer Unternehmensbereiche geht (Bogaschewsky/Rollberg, 1998).

Die ÖNORM A 9009:2013 (Österreichisches Normungsinstitut, 2013) definiert Prozessorientierung als die Fähigkeit einer Organisation, die Tätigkeiten innerhalb einer Organisation als zusammenhängende, funktionsübergreifende Prozesse wahrzunehmen, um sie mittels ablauforientierter Sichtweise zu steuern und zu verbessern. Das Wesen von Prozessorientierung ist die Betrachtung der Prozessabläufe am Wunsch des Kunden. Hierbei sind sowohl externe als auch interne Kunden mit einbezogen. Besonderer Bedeutung kommt hierbei dem Verständnis des internen Kunden zu und welche Anforderungen dieser an den Vorprozess hat.

Das Ziel der Prozessorientierung ist, einen bestmöglichen Nutzen für den Kunden und andere Interessenpartner zu erwirken. Ein weiteres Ziel der Prozessorientierung ist, dass die Mitarbeiter das Geschehen im Unternehmen nicht nur in Form von Abteilungen verstehen, sondern sich der Prozessabläufe im Unternehmen und der angesprochenen Schnittstellen auch über die Abteilungsgrenzen hinaus bewusst werden (Bild 1.33). Dieses Bewusstsein im Unternehmen zu etablieren, ist ein Prozess, der Umdenken und langfristiges Engagement bedeutet. Wenn die Mitarbeiter verstanden haben, dass der Blick über den Tellerrand hinaus nicht nur die Voraussetzung für zufriedene Kunden ist, sondern auch das Arbeitsleben durch klare Verantwortung und gemanagte Schnittstellen leichter wird, werden die vielfältigen Nutzenaspekte einer prozessorientierten Unternehmensführung die Motivation aller Beteiligten steigern.

Mitarbeiterbeteiligung im Prozessmanagement

Prozessorientierung stellt sich als ein Angebot an den Mitarbeiter dar, indem er persönlich Einfluss auf die Entwicklung des Unternehmens nehmen kann bzw. dieser Einfluss sichtbar wird. Nach den Theorien von Maslow zur Arbeitszufriedenheit (Maslow, 1943) und Herzberg zu den Führungsmethoden (Herzberg/Mausner, 1959) ist eine wirkungsvolle Steigerung der Motivation nur über Partizipation möglich. Die Prozessorientierung zielt darauf ab, die Motivationspotenziale und Synergieeffekte beim Zusammenwirken von Personengruppen zu nutzen und somit auch ein gemeinsames Objekt des Interesses und Handelns zu schaffen.

Die bereichs- und funktionsübergreifende Sichtweise bei der Prozessorientierung stellt den gemeinschaftlichen, proaktiven Aspekt in den Vordergrund. Von allen Mitarbeitern wird erwartet, über die Abteilungsgrenzen hinaus zu denken und zu handeln. Deutlich wird hier die oftmals erwähnte Abkehr von einer traditionell-hierarchischen oder funktionellen Betrachtung zugunsten einer prozessorientierten Organisation.

Dieser erweiterte Verantwortungsbereich erfordert in zunehmendem Maße die Partizipation und Kooperation aller am Unternehmensprozess Beteiligten. Die partizipative Führung erlaubt nicht nur Mitsprache, sondern verlangt Initiative zu Veränderung, Informationsaustausch und Interaktion der Führungskräfte und Mitarbeiter. Aufgabe der Führung ist es, das partizipative Führungsmodell einzuhalten und umzusetzen.

Die Eigenverantwortung ist ein wesentliches notwendiges Element innerhalb der Prozessorientierung. Aufgrund der genannten Elemente entsteht für Führungskräfte wie auch Mitarbeiter eine veränderte Beziehung zum Ausmaß der Verantwortung. Über eine Veränderung der Sichtweise soll eine Bereitschaft zur periodischen Messung und objektivierten Kontrolle der Qualität der eigenen Arbeit hergestellt werden.

Durch bereichsübergreifendes Denken, partizipative Führung und Eigenverantwortung werden den Beteiligten eine größere Übersicht und bessere Einordnung ihrer eigenen Leistung in den Gesamtzusammenhang geboten. Im Interesse des Einzelnen muss die Bereitschaft zur Selbstbeurteilung, also der kritischen Betrachtung des eigenen Leistungsbeitrags, geweckt werden. Sehr präzise drückt es folgender Satz aus: „Die Motivation zur Selbstbeurteilung unterstellt, dass Arbeitszufriedenheit und potenzielle Leistungssteigerung ihre wesentliche Quelle im Arbeitsinhalt selbst haben, also intrinsische Motive aktiviert werden." Das heißt, eine positive Beurteilung der eigenen Tätigkeit ist abhängig von dem qualitativen Arbeitsergebnis. Je komplexer und selbstbestimmter der Arbeitsinhalt ist, desto höher ist die Motivation und damit die Bereitschaft zur Selbstbeurteilung.

„Bei gelebter Prozessorientierung ist davon auszugehen, dass sich der Mitarbeiter ein Urteil über die Qualität der Prozesse, Produkte oder Dienstleistungen seines Verantwortungsbereichs bzw. seiner Aufgaben bildet und seine Einschätzungen in schriftlich festgehaltener Form zum Ausdruck bringt." Dies ist auch Voraussetzung, um die Leistungen transparent und messbar gestalten zu können, was für die Prozesssteuerung eine wesentliche Rolle spielt. Operativ erfolgt die Selbsteinschätzung beispielsweise über sogenannte „Self Assessment Checklists", bei denen die Eigenleistung über kritische Fragen bezüglich der Qualität und Verbesserungen geprüft wird.

Aufgedeckte Schwachstellen liefern Transparenz und geben Anlass zu selbst gesteuerten Verbesserungen. Die Aufforderung zur bewussten Urteilsfindung der eigenen Leistungen ist Ausdruck von Mündigkeit des Mitarbeiters. Bild 1.34 illustriert den Zusammenhang zwischen Arbeitsinhalt, Eigenverantwortlichkeit und Arbeitszufriedenheit: Je eigenverantwortlicher ein Mitarbeiter handeln kann, desto zufriedener ist er.

Die Umsetzung solcher Gedanken schafft notwendigerweise ein neues Rollenverständnis und eine andere Auffassung der Arbeitsaufgaben. Insgesamt wird durch diese Art der Eigenverantwortung ein stärkeres unternehmerisches Denken gefördert, was zunächst von allen im Unternehmen verstanden und akzeptiert werden muss. Unbedingt wichtig bei der Eigenverantwortung und Selbstbestimmung sind die gegenseitige Informationsbereitschaft in Form einer Hol- und Bringschuld sowie die uneingeschränkte Kooperationsfähigkeit und -bereitschaft. Sobald diese Formen der Mitarbeiterbeteiligung angenommen und umgesetzt werden, ist es erheblich einfacher, Prozessorientierung umzusetzen.

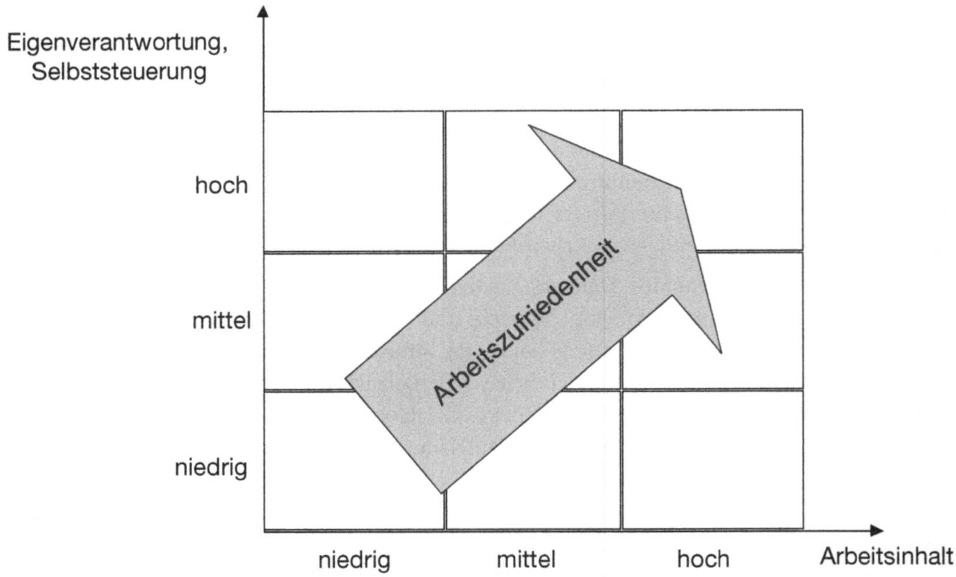

Bild 1.34 Abhängigkeit der Arbeitszufriedenheit von Arbeitsinhalt und Eigenverantwortung

1.5 Nutzen eines Prozessmanagementsystems

Das Prozessmanagementsystem ist das Instrument zur Realisierung der umfassenden Prozessorientierung im Unternehmen und dient als Organisationsgestaltungswerkzeug der erfolgreichen Unternehmensführung im Spannungsfeld zwischen Ermittlung und Erfüllung der Kundenforderungen, Renditewünschen der Kapitalgeber, Beschaffung von Ressourcen, Beherrschung der Lieferpartnerschaften, Erfüllung von Normen, Auflagen und Gesetzen und den ständig wechselnden Rahmenbedingungen seitens des Markts und des Mitbewerbs.

Ziele im Rahmen des Aufbaus eines Prozessmanagementsystems sind dabei unter anderem:

- Verbesserung der Ablauftransparenz und der Kostentransparenz,
- Steigerung der Produktivität durch kontinuierliche Prozessverbesserung,
- Erhöhung der Kundenzufriedenheit, d. h. Steigerung der Produkt- und Servicequalität mit besonderer Berücksichtigung eines systematischen und flächendeckenden Feedbacks der Kunden auf Basis messbarer Kriterien,
- Schaffung eines überschaubaren und umfassenden Prozessmanagementsystems mit definierten Kennzahlen und Messgrößen, es dient als Ansatz zur Klärung sowie Verbesserung der Leistungserstellungsprozesse, der Verantwortungen, Kompetenzen und Befugnisse in Abstimmung mit der strategischen Ausrichtung des Unternehmens,

- übersichtliche und leicht handhabbare Gestaltung der Dokumentation zum Prozessmanagementsystem in Form einer Intranetlösung bzw. mit Unterstützung eines Prozessmodellierungstools,
- Erreichung hoher Akzeptanz des Prozessmanagementsystems und Stärkung der Bewusstseinsbildung für die Qualität bei den Mitarbeitern durch Lernen und Eigenerleben von Prozessmanagement.

Der konkrete Nutzen eines prozessorientierten Managementsystems stellt sich für jede Organisation individuell verschieden dar. Entscheidend ist, dass der Nutzen sowohl für den einzelnen Mitarbeiter als auch für die gesamte Organisation transparent und merkbar wird. Konkrete Erfolge (z. B. Steigerung der Kundenzufriedenheit, Reduktion der Durchlaufzeit etc.) sollten dementsprechend auch von der Unternehmensleitung kommuniziert werden (vgl. Schmelzer/Sesselmann, 2013).

Prozesse zu „managen" bedeutet somit, einerseits Zielsetzungen in einem immer besser werdenden Ausmaß zu erfüllen, andererseits aber auch möglichen unternehmerischen Krisen rechtzeitig und richtig entgegenzuwirken bzw. diesen überhaupt vorzubeugen (Bild 1.35).

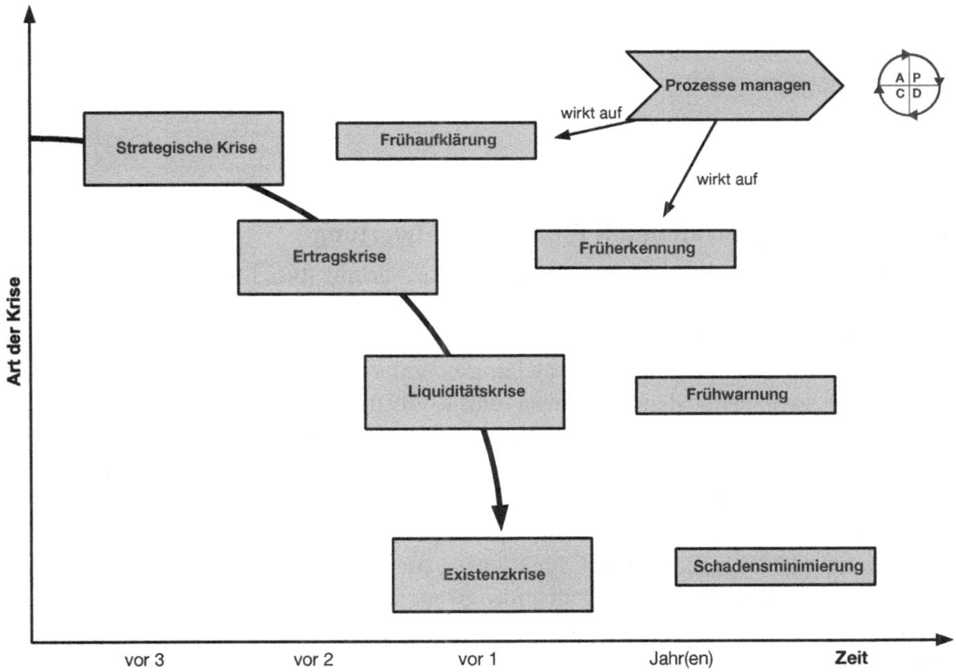

Bild 1.35 Unternehmerische Krisen und Begegnungsmaßnahmen

1.6 Auswirkung der Prozessorientierung auf die Organisation

Das Management von Prozessen kann Auswirkungen auf die Aufbauorganisation haben, denn mit der Optimierung von Schnittstellen, der Klärung von Zuständigkeiten und Kompetenzen sind organisatorische und strukturelle Fragen verbunden.

Chandler formulierte: „Structure follows strategy" (vgl. Chandler, 1962). Dies wäre in Richtung „Organizational structure follows process and process structure follows strategy" zu erweitern, damit der Bedeutung von Prozessmanagement bei der Organisationsgestaltung Rechnung getragen wird. Diese finale Konsequenz im Sinne der prozessorientierten Organisationsgestaltung führt zum prozessorientierten Denken und Handeln im Unternehmen.

Die Ablauforganisation und gegebenenfalls auch die Aufbauorganisation werden verändert, und ein prozessorientiertes Verständnis wird aufgebaut. Geht man von einer Auswirkung von Prozessorientierung auf die funktionale Gliederung eines Unternehmens aus, kann die Entwicklung eines Unternehmens mit steigender Prozessorientierung in vier Stufen dargestellt werden:

- funktionale Organisation mit Prozessverantwortung,
- Matrixorganisation mit Prozessverantwortung
- prozessorientierte Organisation,
- Prozessorganisation.

Funktionale Organisation mit Prozessverantwortung

Bei der funktionalen Organisation mit Prozessverantwortung (Bild 1.36) bleiben die wesentlichen Verantwortlichkeiten und die Weisungsbefugnis in der funktionalen Linie. Die Prozessorientierung ist hier zunächst als Strukturierungsinstrument zu sehen, um die alteingesessenen Abläufe innerhalb einer Abteilung zu hinterfragen. Die Ergebnisverantwortung für die Prozesse endet an den Abteilungsgrenzen. Ziel der Prozessorientierung ist in erster Linie nicht, flexible Strukturen zu schaffen, sondern Gemeinkosten und Unwirtschaftlichkeiten in den Abläufen aufzudecken. Die Durchführung von Reorganisationsmaßnahmen erfolgt eher über grundsätzliche Programme, wie das Einführen von Standardsoftware. Für wesentliche Geschäftsprozesse, wie beispielsweise die Auftragsabwicklung, werden Prozessverantwortliche eingesetzt, die funktions- bzw. abteilungs- oder auch standortübergreifend die Gesamtziele der Geschäftsprozesse verfolgen. Der Prozessverantwortliche ist an allen Entscheidungen beratend beteiligt und trägt für die gesamte Prozesskette die Koordinationsverantwortung (achtet auf Zusammenspiel und Methodik). Vorteil dieser Form ist es, dass die Veränderung für die Mitarbeiter nicht so groß ist und die Prozesssichtweise langsam etabliert wird (vgl. Franz/Scholz, 1996).

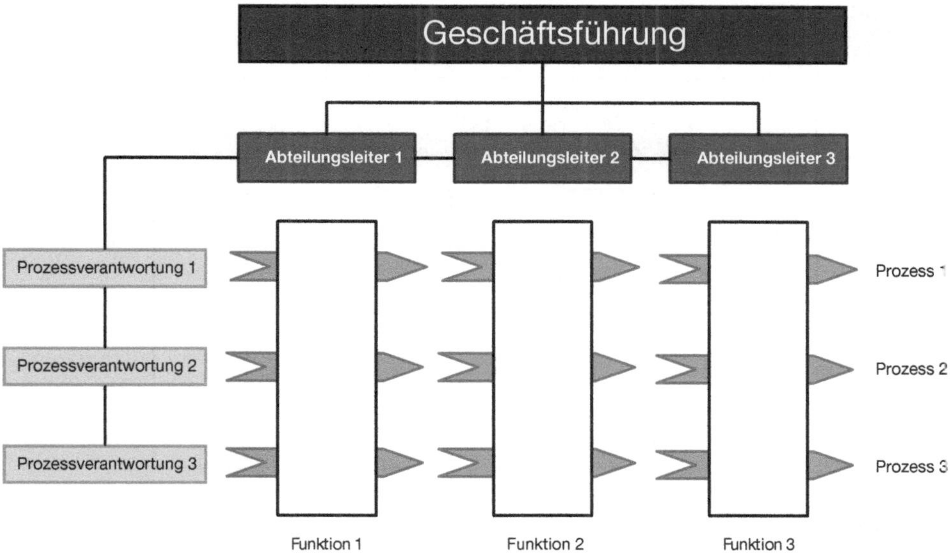

Bild 1.36 Funktionale Organisation mit Prozessverantwortung

Matrixorganisation mit Prozessverantwortung

Die zweitstärkste Umsetzung der Prozessorientierung erfolgt in der Struktur einer Matrixorganisation mit Prozessverantwortung (Bild 1.37). In dieser Organisationsform existieren die funktionale und die prozessorientierte Form nebeneinander. Die Prozessorganisation ergänzt die Funktionen, ersetzt sie aber nicht. Der Prozessverantwortliche vertritt gegenüber den Funktions- bzw. Abteilungsverantwortlichen die Prozessziele. Sein Aufgabenbereich ist es, die Zufriedenheit des Endkunden zu sichern, sich daraus ergebende organisatorische Maßnahmen abzuleiten und anzustoßen. In dieser Organisationsform werden die Aspekte der Organisationseinheiten und die der Prozesse betrachtet.

Aufgrund der Matrixorganisation können Konflikte bei Verantwortung und Entscheidung entstehen. Daher muss im Voraus genau geregelt werden, wer bei einzelnen Entscheidungstypen (z. B. Budgetierung, Verabschiedung von Projekten, Auswahl von Mitarbeitern) welche Entscheidungs- und Weisungsbefugnis hat. Die Ergebnisverantwortung sollte – wenn möglich – von Prozess- und Linienverantwortlichen gemeinsam getragen werden. Im Fokus sollte die Frage stehen: „Was braucht der Kunde und wie können wir das Problem gemeinsam lösen?“ Eine Matrixorganisation im Prozessmanagement verlangt einen kooperativen Führungsstil und exakt abgestimmte Ziele.

Vorteil dieser Organisationsform ist die Vereinigung von funktionsspezifischem Fachwissen und abteilungsübergreifender Prozesserfahrung. Durch die Prozessorientierung werden die Kundenorientierung und die Ganzheitlichkeit der Betrachtung von Geschäftsprozessen sichergestellt. Nachteile dieser Organisationsform dagegen sind der erhöhte Einsatz von Führungskräften, der höhere Kommunikations- und Koordinationsbedarf sowie ein eventueller Zeitverlust und Kompromiss bei Entscheidungen. Insgesamt ist die Prozessorientierung in diesem Zusammenhang als eine funktionsübergreifende Sichtweise auf die Geschäftsprozesse zu verstehen.

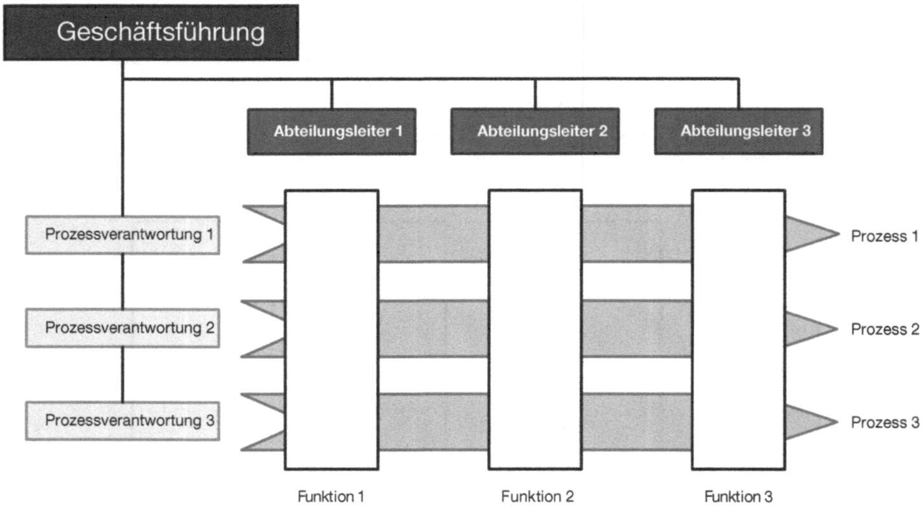

Bild 1.37 Matrixorganisation mit Prozessverantwortung

Prozessorientierte Organisation

Eine noch weiter gehende Realisierungsmöglichkeit des Gedankens der Prozessorientierung ist eine prozessorientierte Organisation (Bild 1.38). Diese Struktur verlangt eine konsequente Ausrichtung der Organisation auf die Geschäftsprozesse. Konsequente Prozessausrichtung beinhaltet, dass die Gesamtverantwortung für die Prozesse bei einem Prozessverantwortlichen liegt und dieser zu entscheiden hat, wie die Prozesse umgesetzt werden. Die Funktionen/Abteilungsleiter sind operativ als Spezialisten für die Ausführung des Prozesses und die Führung der ihnen unterstellten Mitarbeiter zuständig, sind aber an die Vorgaben des Prozessverantwortlichen gebunden. Die direkte Führungsfunktion ist noch immer beim Abteilungsleiter, aber nach welchen Kriterien und Vorgaben, wird durch den Prozess bestimmt.

Das Unternehmen könnte in Form einer Holding verstanden werden, in der die kundenorientierten Geschäftsprozesse die Tochterunternehmen bilden, die an die Holding über den Verlauf der Prozesse zu berichten haben. Das Unternehmen wird als Menge untereinander vernetzter Prozesse verstanden, die jeweils eine organisatorisch selbständige Einheit bilden. Aufgabe des Managements in dieser Organisationsform ist es, die identifizierten Geschäfts- und Teilprozesse optimal zu planen, zu steuern und zu kontrollieren. Dazu werden allerdings veränderte Methoden, Verfahren und Instrumente des Managements benötigt. Beispielsweise werden das Planungs- und Kontrollsystem sowie die Informationssysteme verändert, und eine Schulung der Mitarbeiter und Führungskräfte ist notwendig. Letztlich stellt sich die Aufbau- und Ablauforganisation anders dar. Das Planungs- und Kontrollsystem ist intensiver auf Prozesse auszurichten. Die Informationssysteme sollten in der Lage sein, Daten über prozessorientierte Instrumente zu erfassen. Dies beinhaltet eine veränderte Informationsversorgung bezüglich der Kosten-, Zeit- und Qualitätsdaten.

Aber auch die Anforderungen an die Führungskräfte verändern sich. Es werden hohe Kommunikationsfähigkeiten erwartet, um die Grundgedanken Kundenorientierung, Prozessorientierung und Mitarbeiterorientierung umsetzen und vermitteln zu können. In dieser Organisationsform erhalten die Prozessverantwortlichen die größte Kompetenz. Gegen derartig radikale Veränderungen sind starke Widerstände zu erwarten, und um solch eine Reorganisation zur prozessorientierten Primärstruktur vollziehen zu können, sind der Wille und die Unterstützung der Geschäftsleitung und der Unternehmenseigentümer unbedingt erforderlich. Der Aufwand für eine grundlegende Reorganisation ist nicht zu unterschätzen. Von der Unternehmensphilosophie bis zur Kostenstellenstruktur ergeben sich Veränderungen, die auch einen Richtungswechsel im Verhalten der Mitarbeiter verlangen.

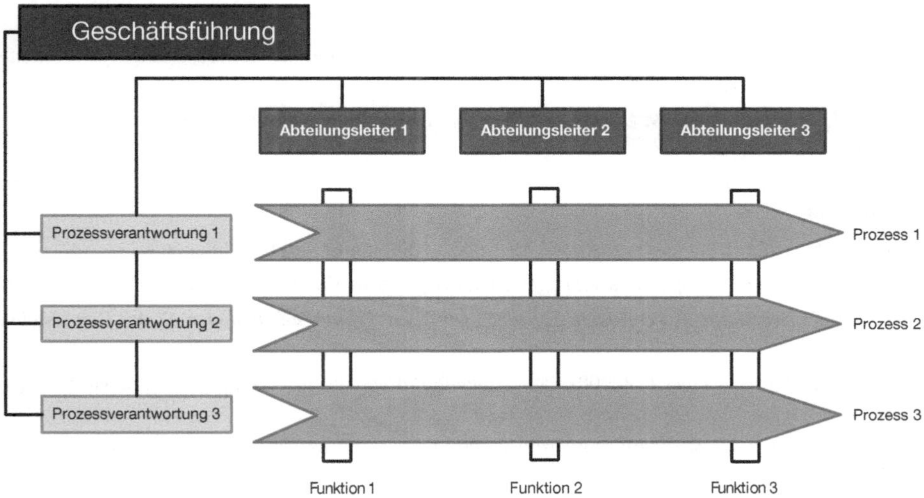

Bild 1.38 Prozessorientierte Organisation

Prozessorganisation

In der Prozessorganisation entspricht der Prozess der Organisationseinheit, d. h., es gibt einen Linienverantwortlichen, der für den Durchlauf eines ganzen Geschäftsprozesses die Verantwortung hat. Funktionen werden aufgelöst bzw. entsprechen den Prozessen (Bild 1.39). Es gibt also nur linienkonforme Prozesse. Diese Art der Organisation ist in der Praxis jedoch eher selten zu finden, da hier die Synergien und Vorteile eines Spezialistentums à la Taylor nicht genutzt werden.

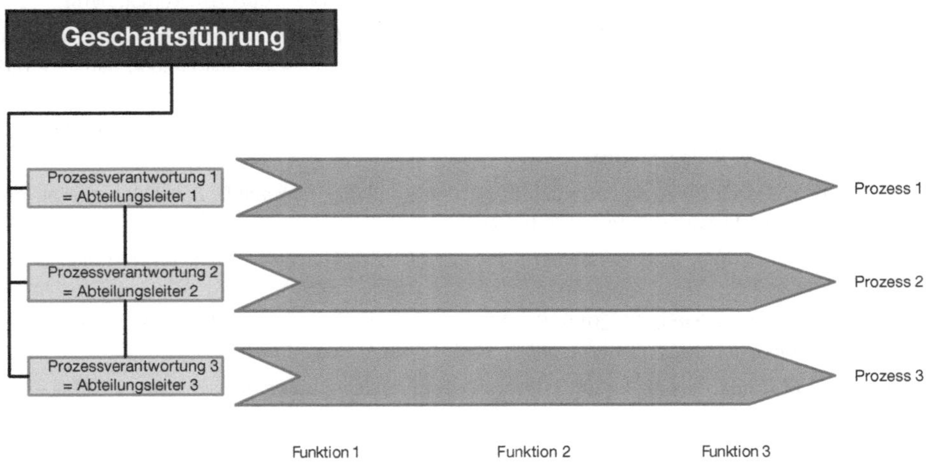

Bild 1.39 Prozessorganisation

1.7 Literatur

Allweyer T. (2005): *Geschäftsprozessmanagement. Strategie, Entwurf, Implementierung, Controlling.* W3L-Verlag, Herdecke, Bochum

Bleicher K. (2011): *Das Konzept integriertes Management. Visionen – Missionen – Programme.* Campus Verlag, Frankfurt am Main, New York

Bogaschewsky R. und *Rollberg R.* (1998): *Prozessorientiertes Management.* Springer-Verlag, Berlin, Heidelberg

Carlson S. (1951): *Executive Behaviour: A Study of the Work Load and the Working Methods of Managing Directors.* Arno Press, New York

Cassel M. (2007): *ISO/TS 16949. Qualitätsmanagement in der Automobilindustrie umsetzen.* Carl Hanser Verlag, München, S. 15

Chandler A. (1962): *Strategy and structure: Chapters in the history of industrial enterprise.* Doubleday, New York

Fayol H. (1929): *Allgemeine und industrielle Verwaltung.* Oldenburg Verlag, München

Franz S. und *Scholz R.* (1996): *Prozessmanagement leicht gemacht.* Carl Hanser Verlag, München, S. 170 ff.

Glasl F. (2007): *Selbsthilfe in Konflikten. Konzepte. Übungen. Praktische Methoden.* Freies Geistesleben, Stuttgart

Glasl F., Kalcher T. und *Piber H.* (2008): *Professionelle Prozessberatung.* Haupt Verlag, Bern, Stuttgart, Wien

Hax A. C. und *Majluf N. S.* (1996): *The Strategy Concept And Process. A Pragmatic Approach.* Prentice Hall, New Jersey

Herzberg F. und *Mausner B.* (1959): *The Motivation to Work.* Wiley, New York

Jeston J. und *Nelis N.* (2006): *Business Process Management: Practical Guidelines to Successful Implementations.* Butterworth-Heinemann, Oxford

Kaplan R. und *Norton D.* (1996): *The Balanced Scorecard.* Harvard Business School, Boston

Kohlöffel K. M. (2000): *Strategisches Management.* Carl Hanser Verlag, München

Liker J. K. (2014): *Der Toyota Weg.* Finanz Buch Verlag, München

Maslow A. (1943): „A Theory of Human Motivation". In: *Psychological Review* Vol. 50/4

Österreichisches Normungsinstitut (2013): *ÖNORM A 9009:2013. Prozesse in Managementsystemen – Anleitungen.* Wien

Patzak G. (1982): *Systemtechnik. Planung komplexer innovativer Systeme.* Springer-Verlag, Berlin

Picot A., Reichwald R. und *Wigand R. T.* (2009): *Die grenzenlose Unternehmung. Information, Organisation und Management. Lehrbuch zur Unternehmensführung im Informationszeitalter.* Gabler Verlag, Wiesbaden

Rosenstiel L. v. (2003): *Grundlagen der Organisationspsychologie. Basiswissen und Anwendungshinweise.* Schäffer-Poeschel Verlag, Stuttgart

Roy K.-P. (1999): „Durch Prozesskennzahlen fit für den Kunden – Durchlaufzeiten halbieren mit prozessbezogenen Messungen". In: *QZ* 44 (1999) 9

Scheer A.-W. et al. (2006): *Prozessorientiertes Product Lifecycle Management.* Springer-Verlag, Berlin, Heidelberg, S. 7–9

Schmelzer H. J. und *Sesselmann W.* (2013): *Geschäftsprozessmanagement in der Praxis. Kunden zufrieden stellen. Produktivität steigern. Wert erhöhen.* Carl Hanser Verlag, München

Schuh G., Friedli T. und *Kurr M. A.* (2007): *Prozessorientierte Reorganisation.* Carl Hanser Verlag, München, S. 23–30

Simon H. (1997): *Die heimlichen Gewinner (Hidden Champions). Die Erfolgsstrategie unbekannter Weltmarktführer.* Campus Verlag, Frankfurt am Main, New York

Stöger R. (2005): *Geschäftsprozesse erarbeiten – gestalten – nutzen. Qualität, Produktivität, Konkurrenzfähigkeit.* Schäffer-Poeschel Verlag, Stuttgart

Vahs D. und *Burmester R.* (2013): *Innovationsmanagement. Von der Produktidee zur erfolgreichen Vermarktung.* Schäffer-Poeschel Verlag, Stuttgart

Velthuis L.J. und *Wesner P.* (2005): *Value Based Management.* Schäffer-Poeschel Verlag, Stuttgart, S. 11–35

Watzlawick P. (2004): *Wie wirklich ist die Wirklichkeit?.* Piper Verlag, München, S. 92

Wecht C.H. (2006): *Das Management aktiver Kundenintegration in der Frühphase des Innovationsprozesses.* Gabler Edition Wissenschaft, Wiesbaden, S. 109ff.

Winkelmann P. (2008): *Vertriebskonzeption und Vertriebssteuerung. Die Instrumente des integrierten Kundenmanagements (CRM).* Verlag Franz Vahlen, München

Womack J. (1997): *Auf dem Weg zum perfekten Unternehmen (Lean Thinking).* Campus Verlag, Frankfurt am Main, New York

2 Prozesse im Unternehmen erkennen und verstehen

Prozesse können im Unternehmen nur richtig verstanden werden, wenn konsequent die Kundensicht eingenommen wird. Dies bedeutet aber auch, dass sich das Unternehmen von einer Innenorientierung hin zu einer Außenorientierung verändern muss. Prozessmanagement ernst genommen bringt auch die umfassende Integration des Kunden des Prozesses in die Organisationsgestaltung. Verbunden mit der Definition der Zuständigkeiten und Verantwortlichkeiten sowie des Informationsflusses lässt sich somit die Ablauforganisationsgestaltung hinsichtlich der Ausrichtung an den Kunden optimieren.

Eine überzogene Außenorientierung vor dem Hintergrund der immer stärker werdenden Dynamisierung der Märkte und der raschen Änderung der Kundenbedürfnisse birgt aber auch die Gefahr, dass Prozesse in eine stark operative und kurzfristige Sicht abrutschen. Es ist daher von entscheidender Bedeutung, dass im Rahmen der Prozessorientierung niemals die strategische und normative Perspektive verloren geht. Hilfreich dabei ist die Fragestellung im Rahmen des Mission Statement „Wozu sind wir da?", um die richtige Fokussierung und Ausrichtung im Prozessmanagement zu finden (siehe Kapitel 1).

2.1 Prozesse des Unternehmens

In Unternehmen setzt sich die Erkenntnis durch, dass erfolgreiche Unternehmen Segmente im Zielmarkt und im Zielkundenbereich auswählen und diese zum Mittelpunkt ihrer Strategie und Prozesse machen. Dieser Kundenfokus ist erfolgskritisch in einer Welt, in der nicht mehr die Produkte, sondern die Kunden knapp sind. Damit wird die Disziplin „Marketing" immer entscheidender, da die Differenzierung, die Einzigartigkeit und die klare Aussage, wofür das Unternehmen steht, immer mehr an Bedeutung gewinnen (Winkelmann, 2008).

Marketing ist nach Kotler (2005) die Wissenschaft und die Kunst, Wert zu untersuchen, zu schaffen und zu liefern und so die Bedürfnisse eines Zielmarkts mit Gewinn zu befriedigen. Damit wird augenscheinlich, dass Prozessmanagement im Sinne der Verstärkung der Kundenorientierung eine starke Perspektive aus dem Marketing erhält. Wenn wir diese Überlegung aus dem Marketing ins Prozessmanagement transferieren, bedeutet dies, dass erstens die Identifikation von Chancen, zweitens die Entwicklung neuer Produkte, drittens Kundengewinnung, viertens Kundenbindung und Aufbau von Kundentreue und fünftens Auftragsabwicklung Hinweise für die Identifikation der Kernprozesse der Geschäftstätigkeit liefern.

Kotler erweitert das klassische 4-P-Modell (**P**rodukt, **P**reis, **P**latzierung und **P**romotion) zur Analyse der Märkte, der Produkte und Dienstleistungen zur Entwicklung der Marketingstrategie in jüngster Zeit um weitere P: **P**ersonal und **P**rozess. Er fordert weiterhin: „Die Mitarbeiter sollten sich nicht mehr auf ihre Abteilung konzentrieren, sondern auf das Prozessergebnis“ (Kotler, 2005).

Die folgenden Kapitel bereiten diese Zugänge zum Prozessmanagement auf.

2.1.1 Grundlegender Zugang zu den Prozessen eines Unternehmens

Die Einnahme der Kundenperspektive und die daraus abgeleitete Aufgabe jedes Unternehmens, gewinnbringend Kundennutzen zu liefern, sind nicht nur die Existenzberechtigung jedes Unternehmens, sondern auch fundamentale Voraussetzung für das Verständnis der Kernprozesse des Unternehmens.

Um den Kundennutzen zu schaffen und zu erbringen, erfordert es folgende Aufgaben:

1. **Kundennutzen verstehen**
   Dies sind alle Aktivitäten, die in Zusammenhang stehen mit
   - dem Sammeln und unternehmensweiten Verbreiten von Kunden- und Marktinformationen und
   - dem entsprechenden Planen und Handeln (Segmentieren von Kundengruppen, Verstehen des jeweiligen Kundenbedürfnisses, Verstehen des Wettbewerbsumfelds und der eigenen Situation, Abschätzen der jeweiligen zukünftigen Entwicklungen, Auswahl der Zielkundengruppen und Festlegung des Angebots bzw. des Nutzenpaketes).
2. **Kundennutzen kreieren**
   Dies sind alle Aktivitäten, die in Zusammenhang stehen mit dem Erforschen, Entwickeln und Einführen von neuen, hochqualitativen Angeboten (Produkte entwickeln, Serviceleistungen entwickeln, Preise festlegen, Produzieren bzw. Beschaffen, Vertriebswege festlegen und Kundendienst bereitstellen).
3. **Kundennutzen kommunizieren**
   Dies sind alle Aktivitäten, die in Zusammenhang stehen mit
   - dem Identifizieren von Zielkunden (Zielkundenanalyse und Marktanalyse) und
   - dem Ansprechen von Zielkunden (Markenaufbau und -führung, Vertriebsorganisation, Werbung und Verkaufsförderung).
4. **Kundennutzen liefern**
   Dies sind alle Aktivitäten, die in Zusammenhang stehen mit
   - dem Erhalten und Annehmen von Kundenaufträgen,
   - dem Abwickeln und Liefern von Kundenaufträgen und
   - dem ordnungsgemäßen Fakturieren.
5. **Kundennutzen sichern**
   Dies sind alle Aktivitäten, die in Zusammenhang stehen mit der Pflege einer Beziehung zum Kunden (Feststellen der Kundenzufriedenheit, Service erbringen, kontinuierlicher Geschäftsverlauf bzw. Weiterempfehlung erwirken und persönliche Beziehung verstärken).

Diese Aufgaben werden durch drei übergeordnete Kernprozesse abgebildet:

- **Customer Relationship Management (CRM):** Definiert den Prozess zwischen dem Kundenbedürfnis und der Kundenzufriedenheit, der Fokus liegt auf der Kundenbeziehungsgestaltung.
- **Supply Chain Management (SCM):** Definiert den Prozess zwischen dem Kundenauftrag und der Fakturierung der Leistungen, der Fokus liegt auf der Auftragsabwicklung.
- **Product Life Cycle Management (PLM):** Definiert den Prozess zwischen der Produktidee und dem Produktauslauf, der Fokus liegt auf dem Produktlebenszyklus.

Diese Kernprozesse folgen dem Prozessmanagementgrundkonzept vom Kunden zum Kunden. Die Verbindung der Aufgaben mit den Kernprozessen ist in Bild 2.1 dargestellt.

Neben den Kernprozessen werden noch Prozesse der Unternehmensführung und -steuerung sowie unterstützende Prozesse als Bestandteil eines umfassenden prozessorientierten Unternehmensmodells dargestellt und in Form einer Prozesslandkarte integriert.

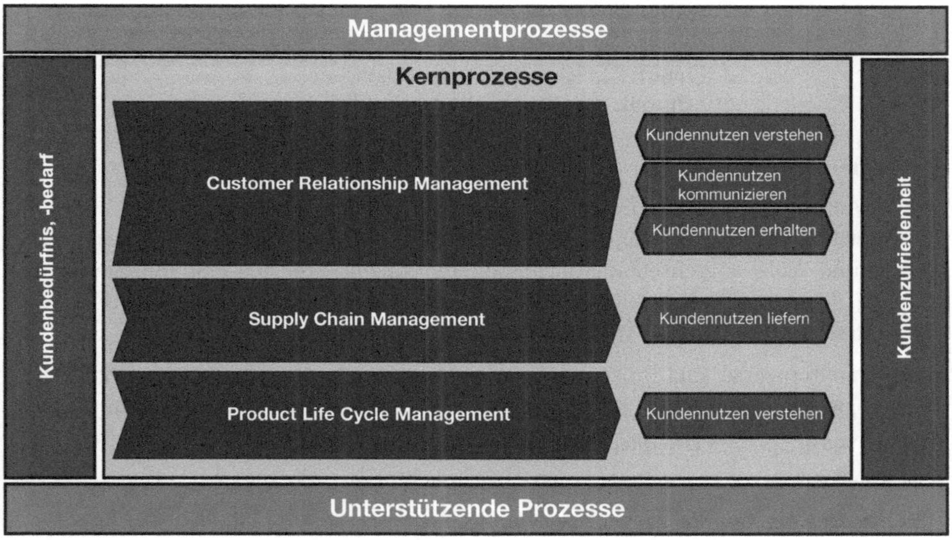

Bild 2.1 Zuordnung der Kernprozesse zu Aspekten des Kundennutzens

Diese Darstellung ist lediglich als Übersicht und als Spitze des Ebenenmodells zu sehen (Kapitel 2.2.2). Sie liefert Orientierung darüber, bei welchen Kernprozessen welche Schwerpunkte zu setzen sind.

2.1.2 Zuordnung von Prozessen zu Prozesskategorien

Die Prozesslandkarte (PLK) ist unter Einbeziehung der Unternehmensleitung zu Beginn des Projekts zum Aufbau des Prozessmanagementsystems zu erstellen. Die Identifikation und Zuordnung der Prozesse zu den Prozesskategorien stellt dabei den ersten Schritt dar. Nachfolgend werden anhand von Kurzbeschreibungen die vier grundlegenden Prozesskategorien erläutert.

Geschäfts- bzw. Kernprozesse

Geschäftsprozesse sind Prozesse, die der Wertsteigerung im Rahmen der Erstellung von Produkten bzw. Erbringung von Dienstleistungen dienen (Österreichisches Normungsinstitut, 2013). Sie sind am Kundenwunsch orientiert und bilden eine Kette vom Wunsch des Kunden bis zur Erfüllung des Kundenwunsches. Anhand der Kernprozesse lässt sich die Mission eines Unternehmens erkennen. Tabelle 2.1 zeigt einige Beispiele für Geschäftsprozesse.

Tabelle 2.1 Ausgewählte Geschäftsprozesse

Geschäftsprozesse	Kurzbeschreibung
Anfragen bearbeiten	**Zweck:** Entgegennahme und Erfassung der Kundenanfragen. Kompetente Beratung des Kunden. **Input:** Kundenanfragen, Marktdaten etc. **Output:** Gesprächsunterlagen, ausgefüllte Checkliste Kundenanfrage.
Angebot legen	**Zweck:** Durchführung der Kalkulation und Erstellung sowie Nachverfolgung eines Angebots. **Input:** Kundenanfragen, Marktdaten etc. **Output:** Kalkulationsunterlagen, Angebot.

Managementprozesse

Zu den Aufgaben des strategischen Managements gehören die grundlegende Gestaltung des Unternehmens und die langfristige Planung (Allweyer, 2005). Die Aspekte der Willensbildung und Willensdurchsetzung im Besonderen in den Bereichen Planung, Zielsetzung, Führung, Ressourcenbereitstellung, Ressourcendisposition, Strukturgebung, Controlling und Optimierung sind in den **Managementprozessen** zu berücksichtigen.

Managementprozesse sind Prozesse, die der strategischen Ausrichtung der Organisation dienen bzw. den strukturellen Rahmen bilden (Österreichisches Normungsinstitut, 2013).

Garvin (1998), der die Organisation als komplexe soziale Institution versteht, charakterisiert innerhalb der Managementprozesse folgende drei Ausprägungen:

- **richtungsweisende Prozesse** (Direction-Setting Processes),
- **Vereinbarungs- und Verhandlungsprozesse** (Negotiating and Selling Processes),
- **Überwachungs- und Steuerungsprozesse** (Monitoring and Control Processes).

Richtungsweisende Prozesse dienen der Etablierung von Zielen und Ausrichtung der Organisation. Beispielprozesse: Unternehmen planen, Investitionen managen.

Vereinbarungs- und Verhandlungsprozesse treten ein, sobald die Richtung festgelegt ist. Im Grunde geht es bei diesen Prozessen darum, andere für die eigenen Ziele zu begeistern und die erforderliche Unterstützung zu deren Umsetzung zu erhalten. Beispielprozesse: Kommunikation managen, Personal managen.

Überwachungs- und Steuerungsprozesse stellen sicher, dass die geplanten Leistungen auch erbracht und die Ziele erreicht werden. Hierbei ist es ihre Aufgabe, die laufenden Aktivitäten und Leistungen zu verfolgen und zu überwachen. Beispielprozesse: Operativ planen und kontrollieren, Prozesse managen.

In Tabelle 2.2 finden sich einige Beispiele von Managementprozessen. Für weitere Beispiele sei an dieser Stelle auf den Anhang A der ÖNORM A 9009:2013 verwiesen.

Tabelle 2.2 Ausgewählte Managementprozesse

Managementprozesse	Kurzbeschreibung
Strategie entwickeln	**Zweck:** Ausrichtung des Unternehmens entsprechend den Erfordernissen des Markts und der Vision, Reflexion der Aufbauorganisation. Basierend auf aktuellen Informationen werden die langfristige Unternehmensstrategie und die damit verbundene Zielsetzung abgeleitet. **Input:** Marketingdaten, Unternehmensvision, Leitbild, Mission, Ziele, Verkaufszahlen, Markttrends, Vorgaben des Eigentümers. **Output:** Unternehmenskonzept, Geschäftsplan, Vorgaben für Investitionsentscheidungen, Vorgaben für Budgetierung.
Operativ planen	**Zweck:** Die strategischen Ziele werden auf messbare Ziele für ein Bilanz- bzw. Kalenderjahr heruntergebrochen. Überleitung der Strategie in konkrete Aktionen. Zielvereinbarung mit den Bereichen. **Input:** Strategiepapier, Vorgaben, Input aus den Bereichen. **Output:** Wirtschaftsplan, Budgets, quantifizierte, messbare Ziele auf Bereichs- bzw. Prozessebene.
Unternehmen steuern	**Zweck:** Definition von Steuerungsgrößen. Laufender Soll-Ist-Abgleich und Setzen von Maßnahmen. **Input:** Ziele in Form von Kennzahlen (Volumen, Qualität, Produktivität). **Output:** Maßnahmen, um bei Abweichungen von den Zielen gegenzusteuern, Gesamtübersicht für Managementreview.

Unterstützende Prozesse

Unterstützende Prozesse dienen dazu, eine reibungslose Leistungserbringung zu gewährleisten (vgl. Österreichisches Normungsinstitut, 2013). Den unterstützenden Prozessen kommt eine besondere Rolle zu, da diese sicherstellen, dass die anderen Prozesse des Unternehmens überhaupt arbeiten können. Beispielsweise kann ein Unternehmen hervorragende Kern- und Managementprozesse besitzen, funktioniert aber die Lohnabrechnung nicht, wird es schwer sein, die Mitarbeiter des Unternehmens zu halten. Tabelle 2.3 zeigt entsprechende Beispiele.

Tabelle 2.3 Ausgewählte unterstützende Prozesse

Unterstützende Prozesse	Kurzbeschreibung
Beschaffung durchführen	**Zweck:** bedarfsgerechte und rechtzeitige Bestellung von Betriebs- und Hilfsstoffen, Büromaterial etc. **Input:** Bestellung, Lieferschein. **Output:** zur Verfügung stehende Waren und Dienstleistungen.
Hotline betreiben	**Zweck:** EDV-Unterstützung der User (am Telefon, am Arbeitsplatz, von der EDV-Zentrale), Serverbetreuung, Aufstellung von PCs, Installation von Software. **Input:** Useranforderung. **Output:** Ticket.
Infrastruktur bereitstellen	**Zweck:** ganzheitliches Optimieren eines Gebäudes von der Planung bis zum Abbruch, Einbeziehung des Facility-Managements bei der Planung. **Input:** Anforderungen, Planungsunterlagen. **Output:** ausgefüllte Wartungslisten.

Die hier als unterstützend bezeichneten Prozesse können je nach Kerngeschäft des Unternehmens auch als Geschäftsprozesse betrachtet werden. Erfolgt die Beschaffung beispielsweise projekt- bzw. auftragsbezogen, kann dieser Prozess den Geschäftsprozessen zugeordnet werden. Wird die EDV-Hotline für andere Unternehmen als Service angeboten, dann handelt es sich dabei ebenfalls um einen Geschäftsprozess. Darüber hinaus sind **unterstützende Prozesse** dadurch gekennzeichnet, dass sie dem externen Kunden nicht direkt sichtbar werden.

Von Bedeutung ist bei dieser Betrachtung, dass eine hierarchielose Beziehung zwischen den Kern-, Management- und unterstützenden Prozessen vorliegt und die Differenzierung aufgrund der Funktionalität der Prozesse gewählt wird.

Mess-, Analyse- und Verbesserungsprozesse

Mess-, Analyse- und Verbesserungsprozesse dienen der Messung, Überwachung und kontinuierlichen Verbesserung des Unternehmens, der Prozesse sowie der Produkte bzw. Dienstleistungen des Unternehmens. Je nach Unternehmen sind diese sogenannten MAV-Prozesse entweder als eigene Kategorie dargestellt oder werden den Management- oder Supportprozessen zugeordnet. Tabelle 2.4 zeigt entsprechende Beispiele.

Tabelle 2.4 Ausgewählte Mess-, Analyse- und Verbesserungsprozesse

Mess-, Analyse-, Verbesserungsprozesse	Kurzbeschreibung
Kundenzufriedenheit ermitteln	**Zweck:** Beschaffung und Auswertung von Informationen zur Messung der Kundenzufriedenheit. **Input:** Ergebnisse Kundenbefragungen; direktes Feedback vom Kunden (z. B. in Verkaufsgesprächen, im Rahmen von Serviceeinsätzen etc.). **Output:** Auswertung der Kundenzufriedenheit sowie Maßnahmenliste zu deren Steigerung.
Prozesse messen	**Zweck:** Erarbeiten von Prozesskennzahlen zur Beurteilung der Prozessleistung. **Input:** Daten zur Prozesszielerreichung. **Output:** Prozessreports etc.
Interne Audits durchführen	**Zweck:** Dienen zur Überprüfung der Wirksamkeit des Managementsystems und um Möglichkeiten für deren Verbesserung aufzuzeigen. **Input:** Ergebnisse vorangegangener Audits, Auditplan etc. **Output:** Auditbericht, Maßnahmenkatalog.
Kontinuierliche Verbesserung durchführen	**Zweck:** Sicherstellung, dass sich die Organisation ständig weiterentwickelt. Sie sollte die Qualität, den Service und den Wert, die dem Kunden geboten werden, kontinuierlich verbessern. **Input:** Ideen, Zielvorgaben. **Output:** Maßnahmenplan, Informationen zu erreichten Verbesserungen.

Die Prozesskategorien sind miteinander eng verwoben, und es sind viele Verknüpfungen zwischen den Prozessen gegeben. Es könnte im Sinne eines systemischen Organisationsverständnisses sogar von einem geschlossenen Prozesssystem gesprochen werden, in dem die einzelnen Prozesse die interagierenden Systemelemente sind und auch Außenbeziehungen zur Systemumwelt (z. B. durch Verbindungen und Beziehungen außerhalb des Unternehmens) durch Schnittstellen vorhanden sind (vgl. Patzak, 1982).

2.2 Phase 1: Prozesse in die Prozesslandkarte aufnehmen

Die Phase 1 des Prozesslebenszyklus beschäftigt sich mit der Aufnahme von Prozessen in die Prozesslandkarte (Bild 2.2). Hierbei gilt es insbesondere zu klären, für welche Abläufe es sinnvoll ist, den Prozess in das Managementsystem aufzunehmen und somit auch in die Prozesslandkarte zu integrieren. Die folgenden Kapitel illustrieren die verschiedenen Zugänge zur Prozesslandkarte und legen einen Schwerpunkt auf die Aufnahmekriterien eines Prozesses (Stichwort Prozesswürdigkeit).

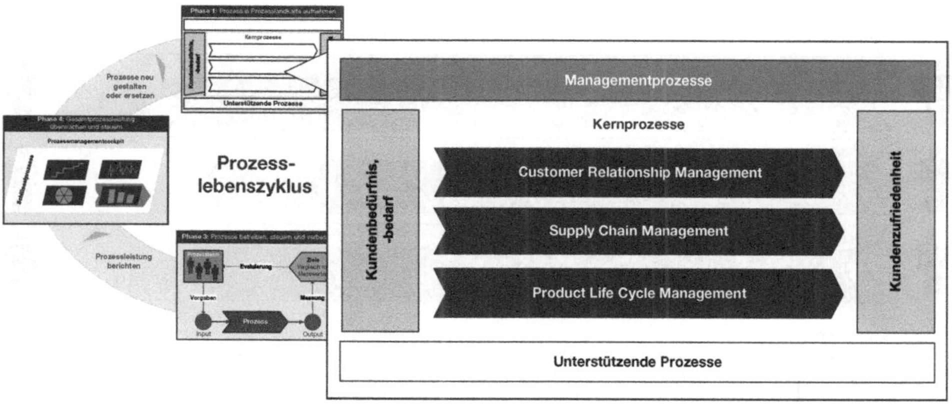

Bild 2.2 Phase 1 des Prozesslebenszyklus

2.2.1 Erstellung einer Prozesslandkarte

Die Prozesslandkarte stellt den Überblick über die in einer Organisation existierenden Prozesse dar. In einer Prozesslandkarte sind jene Prozesse dargestellt, die einerseits die Leistung für den Kunden erbringen, und andererseits auch alle Prozesse, die diese Leistungserbringung steuern, unterstützen und verbessern. Im Vergleich zu einem Organigramm steht hier das Gedankengut einer durchgängigen Prozesskette im Vordergrund. Im Unterschied zum Bereichs- und Abteilungsdenken wird dadurch eindeutig das „Was wird getan?“ dargestellt und nicht das „Wer tut was?“. Prozesslandkarten sind immer unternehmensspezifisch gestaltet, da sie die Besonderheiten und Zusammenhänge des Unternehmens darstellen (siehe dazu Kapitel 2.1).

2.2.1.1 Ansätze für die Darstellung von Prozesslandkarten

Die wesentlichen Ansätze zur Gliederung der Prozesslandkarte sind im Nachfolgenden erläutert und beziehen sich einerseits auf die gesamte Prozesslandkarte und andererseits auf die Darstellungsmöglichkeit der Kernprozesse.

1. **Gesamtgliederung der Prozesslandkarte**

a) Vier Kategorien (Bild 2.3)

In Anlehnung an die ISO 9001 lassen sich die Prozesse eines Unternehmens in folgende Kategorien einteilen:

- Managementprozesse,
- Kernprozesse (Geschäftsprozesse),
- unterstützende Prozesse (Supportprozesse),
- Mess-, Analyse- und Verbesserungsprozesse (MAV-Prozesse).

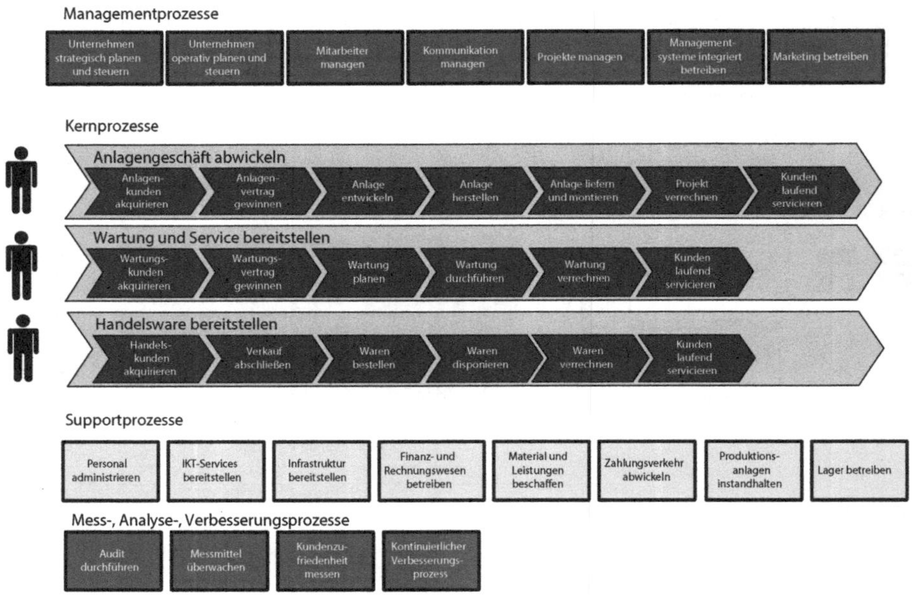

Bild 2.3 Darstellung der PLK mit vier Kategorien

b) Drei Kategorien (Bild 2.4)

Auf die Kategorie der Mess-, Analyse- und Verbesserungsprozesse wird verzichtet, weil deren übliche qualitätssteuernde Aspekte (Messungen durchführen, Audits durchführen, kontinuierliche Verbesserung sicherstellen etc.) in der Gesamtsystematik von Prozess- bzw. Qualitätsmanagement enthalten sind und im Zuge der Managementprozesse beschrieben werden. Im angeführten Beispiel können die MAV-Prozesse in den Managementprozess „Managementsysteme integriert betreiben" vereint werden und erscheinen somit nicht als eigene Kategorie in der Prozesslandkarte.

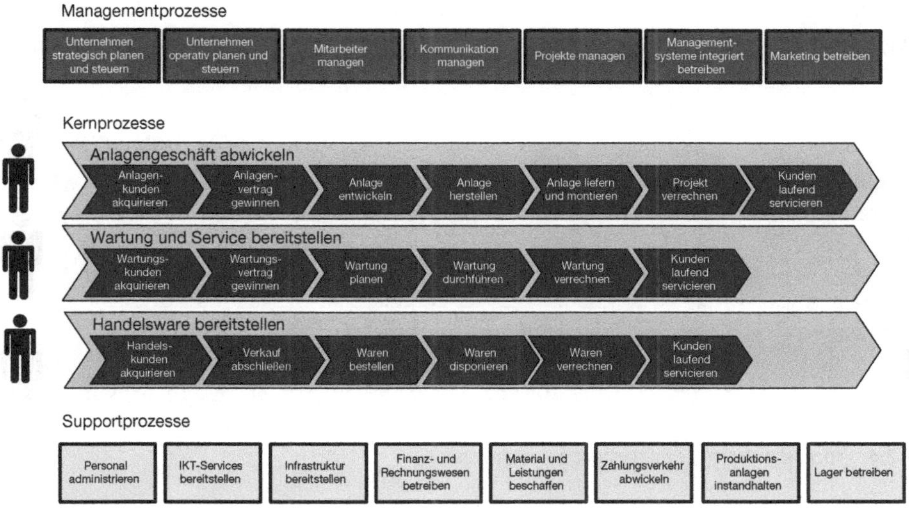

Bild 2.4 Darstellung der PLK mit drei Kategorien

c) Zwei Kategorien (Bild 2.5)

Es gibt auch die Möglichkeit, auf die Unterscheidung von Management- und Supportprozessen zu verzichten und lediglich **Primär-** und **Sekundärprozesse** zu unterschieden. Die Kategorie der Primärprozesse ist den Kernprozessen gleichzusetzen, während die Kategorie der Sekundärprozesse die Management- und Supportprozesse zusammenfasst.

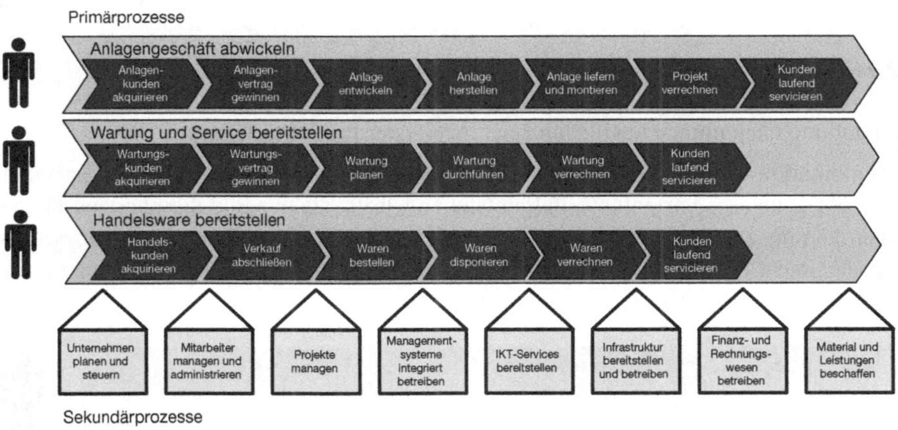

Bild 2.5 Darstellung der PLK mit zwei Kategorien

2. Gliederung der Kernprozesse

Bei der Gliederung der Kernprozesse wird in der Praxis von zwei verschiedenen und komplementären Ansätzen Gebrauch gemacht. Einerseits lassen sich Kernprozesse nach ihrem jeweiligen Inhalt gliedern, andererseits besteht auch die Möglichkeit, eine Gliederung anhand des Detaillierungsgrades vorzunehmen.

a) Inhaltliche Gliederung

I. Darstellung auf Grundlage der aus dem Kundennutzen abgeleiteten drei Kernprozesse (vgl. Kapitel 2.1.1)

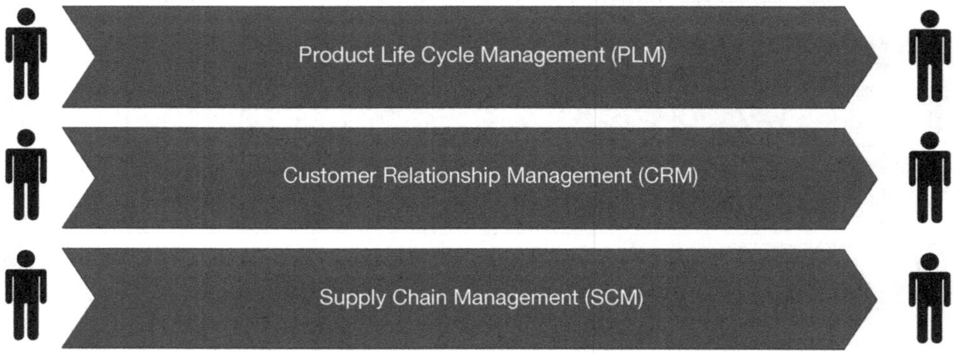

Bild 2.6 Prozesslandkarte gegliedert nach Kernprozessen

II. Darstellung der gesamten Wertschöpfungskette

Meist wird die Wertschöpfungskette in einer derart generischen Form dargestellt, dass die Elemente für jegliche Ausprägung des Geschäfts anwendbar werden. Entweder existiert tatsächlich nur eine Art der Leistung, wodurch eine vertikale Differenzierung nach Leistungs- bzw. Produktarten nicht notwendig ist, oder die Differenzierung erfolgt in den tieferen Ebenen der Prozessdarstellung.

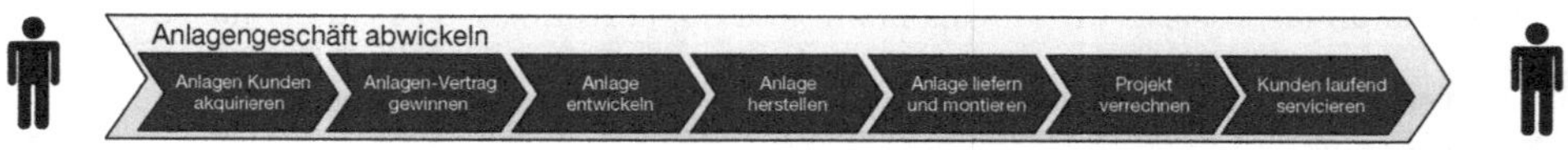

Bild 2.7 Darstellung der gesamten Wertschöpfungskette

III. Darstellung nach unterschiedlichen Leistungen oder Produktgruppen

Eine Kombination von b. und c. ist gebräuchlich, eine Kombination von a. und c. gestaltet sich schwierig, da eine Variantenvielfalt entstehen würde, die das Bild der obersten Ebene sprengen könnte. Die vertikale Differenzierung nach Leistungs- bzw. Produktgruppen erfolgt in der Regel erst in den Detaillierungsebenen darunter. In diesem Zusammenhang kann eine Prozessauswahlmatrix zum Einsatz kommen.

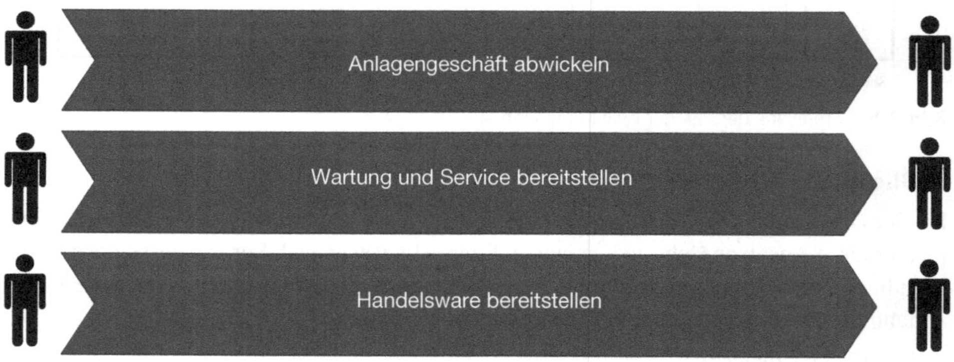

Bild 2.8 Prozessdarstellung nach Leistung bzw. Produktgruppe

b) Von Detaillierung geprägte Gliederung

I. Kernprozesse mit Darstellung einer Detaillierungsebene

Auf der Ebene der Prozesslandkarte wird nur eine Detaillierungsebene dargestellt. Auf die Anzeige der horizontalen Differenzierung auf Ebene der Prozesslandkarte wird verzichtet.

Bild 2.9 Darstellung des Kernprozesses in nur einer Detaillierungsebene

II. Kernprozesse mit Darstellung einer zweiten Detaillierungsebene

Unabhängig von der vertikalen Differenzierung (nach unterschiedlichen Leistungs- bzw. Produktarten) wird in der Prozesslandkarte bereits eine weitere Detaillierung der Wertschöpfungskette vorgenommen (horizontale Differenzierung).

Bild 2.10 Darstellung des Kernprozesses mit zusätzlicher Detaillierungsebene

III. Kernprozessdarstellung mit Verzicht auf übergeordneter Gesamtprozesssicht

Bild 2.11 Darstellung des Kernprozesses ohne übergeordnete Gesamtprozesssicht

In der Regel verzichtet man bei dieser Darstellung auch auf die Verantwortung für den Gesamtprozess und beschränkt sich auf die Prozessverantwortungen der einzelnen Glieder der gesamten Wertschöpfungskette.

Auch hier sind Kombinationsmöglichkeiten der Darstellungen der horizontalen und vertikalen Differenzierung denkbar und kommen in der Praxis zur Anwendung.

2.2.1.2 Vorgehensweise bei der Erstellung der Prozesslandkarte

Die in Bild 2.12 dargestellte Prozesslandkarte teilt die Prozesse in die Kategorien Managementprozesse, Geschäftsprozesse, unterstützende Prozesse und Mess-, Analyse- und Verbesserungsprozesse ein. Zusätzlich können, wie in diesem Beispiel gezeigt, die Anforderungen der Kunden, die Produkte bzw. Dienstleistungen und die Kundengruppen dargestellt werden. Die Prozesslandkarte erfüllt die Funktion eines Inhaltsverzeichnisses des Prozessmanagementsystems in bildlicher Form und ist der Ausgangspunkt für dessen Aufbau.

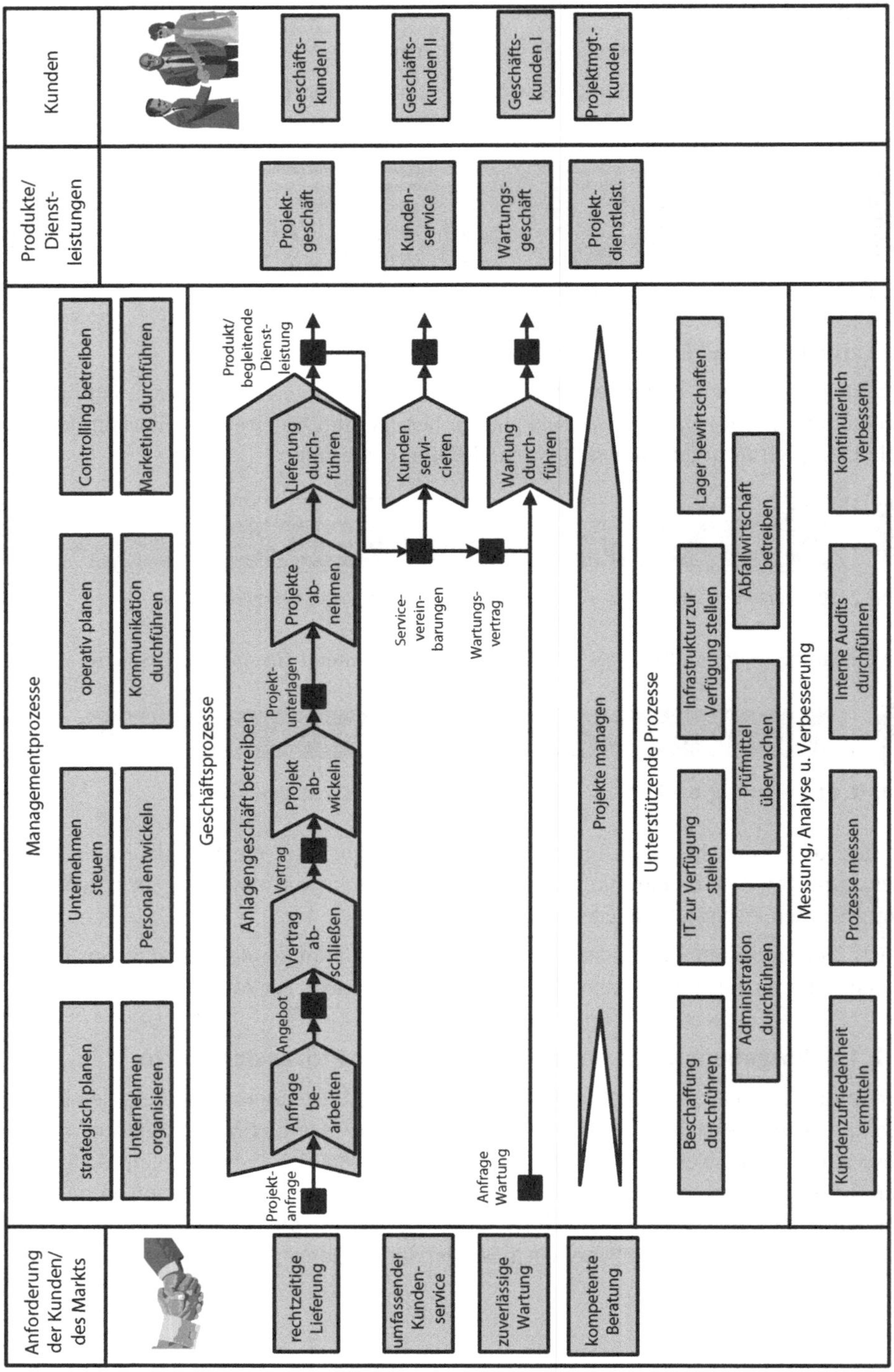

Bild 2.12 Beispiel einer Prozesslandkarte

Bei der Erstellung der Prozesslandkarte hat sich das in Bild 2.13 dargestellte Konzept bewährt, auf das an dieser Stelle näher eingegangen werden soll.

Bild 2.13 Vorgehensmodell zur Erstellung einer Prozesslandkarte

Zuerst sollte die Einbindung der Führungsriege des Unternehmens – also Topmanagement und Abteilungsleiter – bei der Erarbeitung sichergestellt werden. Damit wird gewährleistet, dass sich alle mit dem erarbeiteten Ergebnis auseinandergesetzt haben und die Prozesslandkarte vom Management getragen wird.

Eine gemeinsame Sprache und dasselbe Verständnis für die Begriffe zu finden, die in der Prozesslandkarte verwendet werden, ist ebenfalls manchmal eine Herausforderung. Das Wort „Marketing“ z.B. löst unterschiedliche Vorstellungen aus. Einerseits wird darunter nur Werbung verstanden, andererseits werden sehr stark strategische Entscheidungen über Produktmix, Vertriebskanäle, Kundensegmentierungen und vieles mehr im Prozess „Marketing betreiben“ subsumiert.

Zu Beginn des Erstellungsprozesses sind nicht nur die Einbindung des Topmanagements und die Festlegung einer gemeinsamen Sprache von besonderer Wichtigkeit, sondern auch die Auswahl eines Zugangs bzw. einer Darstellungsform (siehe vorheriges Kapitel). Nach der Auswahl eines für das Unternehmen sinnvollen Zugangs beginnt die Erstellung der Prozesslandkarte mit dem Erarbeiten der Kernprozesse des Unternehmens. Im Anschluss an diesen oft zeitaufwendigen Schritt folgt die Erhebung der Management-, Support- und gegebenenfalls auch der MAV-Prozesse.

Der nächste Vorgehensschritt umfasst die Erstellung des Prozesssteckbriefs, welcher auch zum Finden einer gemeinsamen Sprache und zum allgemeinen Verständnis äußerst hilfreich ist. Darin wird neben dem festgelegten Prozessnamen (Diskussionen darüber können sich sehr langwierig gestalten) auch der Zweck des Prozesses dokumentiert und der Gruppe vorgestellt. Dazu reicht eine Excel-Tabelle wie in Tabelle 2.5 vollkommen aus.

Tabelle 2.5 Prozesssteckbrief – Auszug

Beispiel: Prozesssteckbrief (Beispiele)

Hauptprozess	**Definition (Zweck) des Prozesses** Auslöser Outcome	**Prozess-verantwortung**
Kunden akquirieren	Schaffen von Interesse an Leistungen und Produkten des Unternehmens, um neue Kunden und Verträge zu gewinnen **Auslöser**: strategische Zielkundensegmente sind definiert **Outcome**: konkrete Kundenanfrage nach Leistung/Produkt liegt vor	Huber
Vertrag gewinnen	Erheben des Kunden-Bedarfes, Beratung und Angebotslegung samt Verhandlungen bis zur gegenseitige Unterzeichnung des Vertrages, um die Grundlagen für die Abwicklung der wertschöpfenden Leistung und damit des Unternehmensgewinns zu schaffen **Auslöser**: konkrete Kundenanfrage nach Leistung/Produkt liegt vor **Outcome:** unterfertigter Vertrag liegt vor	Mayer
Produkt entwickeln	.....	.....

Besonderes Augenmerk ist auf die Namenskonvention bei der Bezeichnung von Prozessen zu legen. Hier empfiehlt es sich, eine Kombination aus Substantiv (Hauptwort) und Verb (Zeitwort) zu wählen, um den Prozesscharakter bereits im Namen zu indizieren (z.B. „Unternehmen steuern“ anstatt „Unternehmenssteuerung“). Auf alle Fälle ist die Namensgleichheit von Prozessen und Abteilungen oder anderen Organisationseinheiten zu vermeiden. Durch die konstante Verwendung von Haupt- und Zeitwort erspart man sich im weiteren Verlauf die Situation, einen Prozess mit der Beschreibung „Rechnung“ vorliegen zu haben, dessen Sinn und Zweck nicht ersichtlich ist.

Der fünfte Schritt beinhaltet die Finalisierung der grafischen Darstellung und generiert als Output eine vollständige Prozesslandkarte. Diese gilt es im Rahmen des sechsten Schritts auf Vollständigkeit zu prüfen und insbesondere mit der Mission des Unternehmens abzugleichen, um sicherzustellen, dass es aufgrund der Prozesszuteilung zu keinen Konflikten zwischen etwaigen Abteilungen kommt.

Bei der Gestaltung der Prozesslandkarte gibt es eine Vielzahl von Ansätzen, die bereits in Kapitel 2.1 vorgestellt wurden. Das Beispiel in Bild 2.14 zeigt die Möglichkeit, die Prozesslandkarte eines Transportunternehmens in einer an den Unternehmenszweck angepassten Art und Weise darzustellen. Hier sind die Managementprozesse in Form eines Führerhauses, die Geschäftsprozesse in Form einer Lkw-Mulde etc. zusammengefasst.

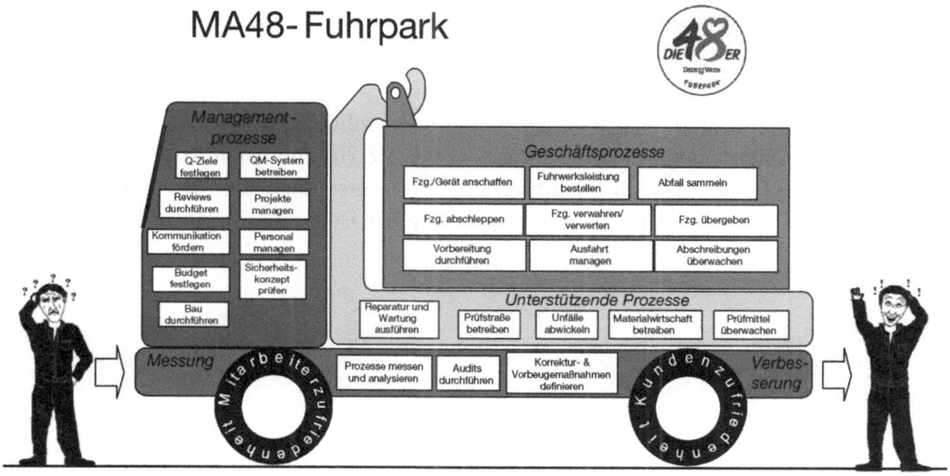

Bild 2.14 Prozesslandkarte – Beispiel (Quelle: vgl. Thon & Badstöber)

2.2.2 Ebenenmodell des Prozessmanagements

Die Prozesslandkarte ist der Ausgangspunkt für die gesamthafte Darstellung des Prozessmanagementsystems und zeigt das Zusammenwirken der Prozesse auf oberster Ebene (Vogelperspektive).

Ausgehend von dieser Übersichtsdarstellung können beliebig viele Darstellungs- bzw. Detaillierungsebenen verwendet werden, um die Prozessgruppen, die Prozesse, Teilprozesse, Prozessschritte (dies sind Tätigkeiten im Prozessablauf) sowie die Prozessdetails (z. B. Arbeits- und Prüfanweisungen) darzustellen. Das Ebenenmodell kann beispielhaft mit Google Maps verglichen werden: Mit jeder tieferen Ebene wird der betrachtete Ausschnitt kleiner, aber man erhält mehr Informationen und Details (Analog zum Vergrößern einer Karte bei Google Maps). Das kleinste visualisierte Element ist hierbei ein Prozessschritt. Bild 2.15 verdeutlicht den zunehmenden Detaillierungsgrad in der entsprechenden Darstellungsebene.

Dabei gilt es sicherzustellen, dass dieser Ansatz zwischen der ersten Ebene der Prozesslandkarte und den Detailunterlagen bzw. Dokumenten offen ist – sprich je nach Komplexität der betrachtenden Organisation erweiterbar ist (weitere Ebenen).

Es sei darauf hingewiesen, dass die Wahl der angemessenen Darstellungstiefe und -struktur ein wichtiger Erfolgsfaktor für das Prozessmanagementsystem ist. Zu wenig detaillierte Dokumentation verhindert Klarheit und schafft Interpretationsspielraum; zu viel Dokumentation und Detailliertheit schafft Unlust und Akzeptanzprobleme bei den Mitarbeitern in der Anwendung.

Dieses Konzept der Darstellungsebenen sollte auch gleichzeitig die Dokumentationsstruktur des Prozessmanagementsystems bilden. Die Prozesslandkarte kann beispielsweise die Startseite im Intranet sein, von der aus auf sämtliche weiteren Unterlagen zugegriffen werden kann. Die Einfachheit und Klarheit dieses Zugangs steht dabei im Mittelpunkt (Bild 2.16).

Damit hat jeder Mitarbeiter – bzw. diejenigen, die mit den entsprechenden Zugriffsberechtigungen ausgestattet sind – die Möglichkeit, in übersichtlicher Form rasch und zuverlässig die benötigten Unterlagen aufrufen zu können. Benutzerfreundlich konzipiert wird somit das Prozessmanagementsystem im Intranet bald ein unverzichtbares Hilfsmittel für alle Mitarbeiter und gewährleistet, dass immer alle aktuellen Dokumente zur Verfügung stehen.

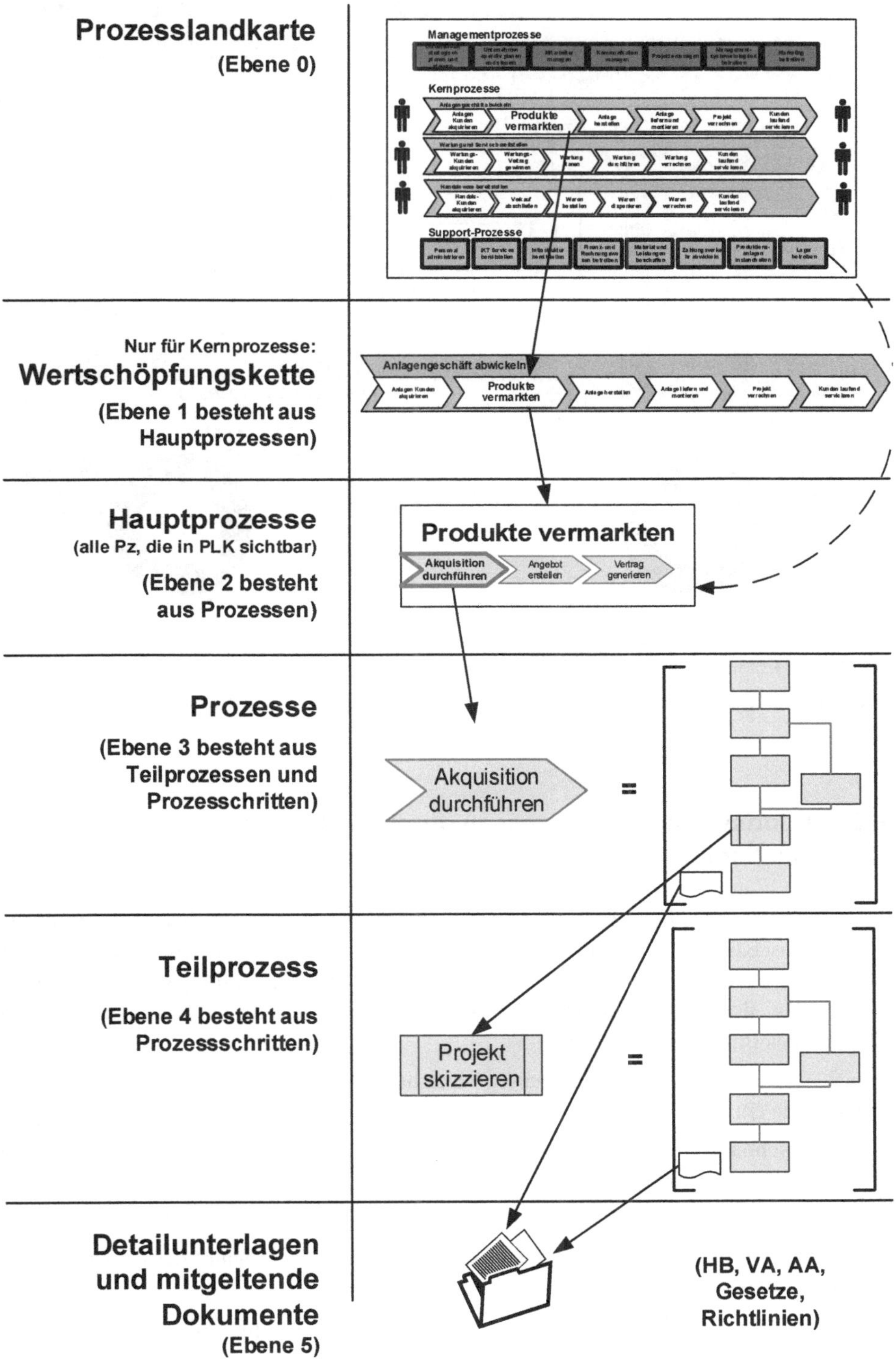

Bild 2.15 Detaillierungsebenen eines Prozessmanagementsystems

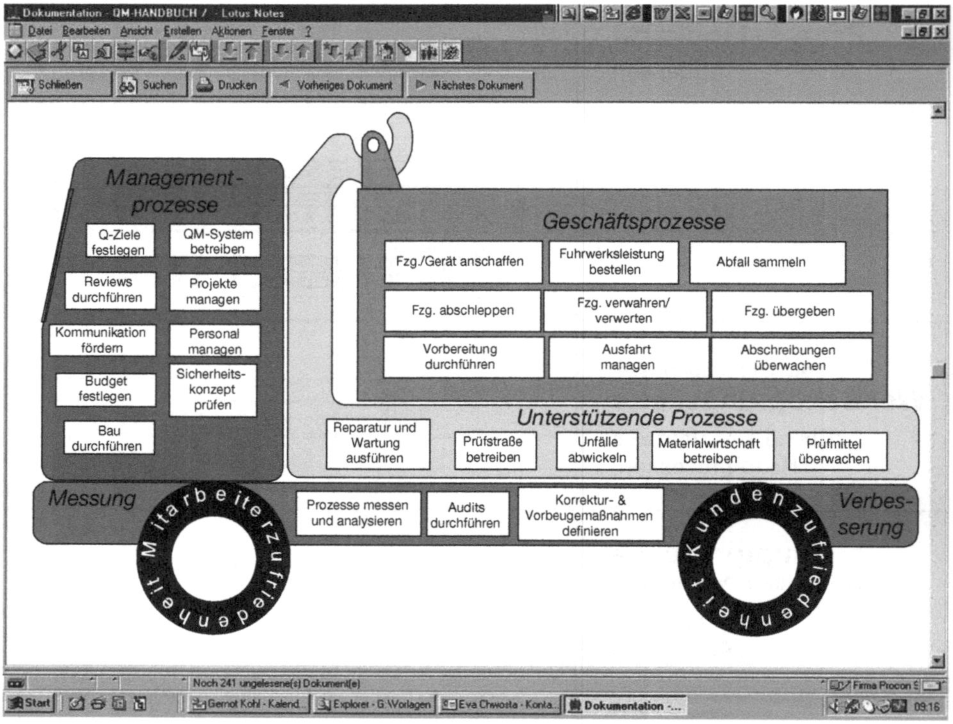

Bild 2.16 Beispiel einer Prozesslandkarte im Intranet (Quelle: vgl. Thon & Badstöber)

2.2.3 Priorisierung von Prozessen durch die Definition von Schlüsselprozessen

Die Definition von Schlüsselprozessen ist für eine Organisation von höchster Bedeutung, da sich das Geschäftsmodell auf diese Prozesse stützt. Schlüsselprozesse sind in der Literatur in mehrfacher Bedeutung anzutreffen. So sieht Stöger (vgl. Stöger, 2005) Schlüsselprozesse als Prozesse, die einen wesentlichen Beitrag für den Erfolg und für die langfristige Lebensfähigkeit des Unternehmens leisten.

Je nach Zugang zum Prozessmanagement bezeichnen sie jene Prozesse im gesamten Unternehmen, die ein oder mehrere der folgenden Kriterien erfüllen:

- **Strategische Relevanz:** Schlüsselprozesse leisten einen besonderen Beitrag zur Strategie (Vision, Mission und Strategie) der Organisation.
- **Kundennutzen:** Schlüsselprozesse generieren besonderen Kundennutzen.
- **Ressourceneinsatz:** Besonders viel Personalressourcen oder andere Ressourcen sind in diesem Prozess gebunden.
- **Unternehmensspezifisch:** Schlüsselprozesse stellen den Unique Selling Point (USP) dar und machen das Unternehmen einzigartig.

- **Nicht leicht substituierbar:** Schlüsselprozesse sind weder durch Outsourcing noch durch andere Prozesse ersetzbar, ohne im Verband mit anderen Prozessen die Kernkompetenz der Organisation aufzugeben.
- **Sehr schwer imitierbar:** Schlüsselprozesse sind kurzfristig nicht vom Mitbewerb zu imitieren.

Kennzeichnend ist dabei, dass sich dies nicht nur für Kern- bzw. Geschäftsprozesse anwenden lässt, sondern ebenso Management- oder Unterstützungsprozesse betrifft.

Die Auswahl der Schlüsselprozesse eines Unternehmens erfolgt erst nach der Erstellung der Prozesslandkarte und ist eng an die strategische Ausrichtung gekoppelt. Weiterführende Erläuterungen zur strategischen Ausrichtung und Identifikation von Schlüsselprozessen finden sich in Kapitel 6.

2.2.4 Prozesswürdigkeit

Bevor in der Darstellung des Prozesslebenszyklus auf die einzelnen Phasen im Prozessmanagement weiter eingegangen wird, sei geklärt, wann es Sinn macht, einen Prozess in ein Managementsystem aufzunehmen. Es stellt sich die Frage nach der Prozesswürdigkeit.

Die Frage nach der Prozesswürdigkeit von Abläufen im Unternehmen ist nicht mathematisch genau zu beantworten und nicht durch eine festgelegte Arithmetik zu berechnen. Vielmehr erfolgt die Beantwortung durch Aufwand-Nutzen-Abwägungen, bevor die permanente Aufnahme eines neuen Prozesses in das Prozessmanagementsystem vollzogen wird.

Einen Prozess zu modellieren und ihn zu steuern bedeutet eine Zeitinvestition (Aufwand) in Meetings, Prozess-Jours-fixes, Kommunikation, Abstimmung, Messung der Prozessergebnisse, Maßnahmensetzung und -nachverfolgung, Dokumentation und vieles mehr. Dieser Investition stehen der Nutzen durch Kostenreduktion, Qualitätsverbesserung, Kundenzufriedenheit, mehr Struktur und Klarheit für die Mitarbeiter sowie Beschleunigung der Prozesse und andere Aspekte gegenüber. Die Entscheidung über die Aufnahme eines Prozesses in das Prozessmanagementsystem wird top-down im Ebenenmodell ausgehend von der Prozesslandkarte zu treffen sein.

Die wesentlichen Kriterien für die Beantwortung der Frage nach der Prozesswürdigkeit sind:

- Beeinflussung von Kundenbeziehungen,
- Ressourcenbindung im Prozess,
- Anzahl der Schnittstellen,
- strategische Relevanz,
- fach- bzw. organisationsübergreifendes Zusammenarbeiten,
- hohes Risikopotenzial,
- Nachweispflicht.

Je nachdem, um welchen Prozess es sich bei der Betrachtung der Prozesswürdigkeit handelt, werden die einzelnen Kriterien in unterschiedlichem Maß für oder gegen die Definition und Implementierung sprechen. Im Folgenden sind die Kriterien näher beschrieben.

Beeinflussung von Kundenbeziehungen

Einen zentralen Punkt in der Prozesswürdigkeitsbewertung stellt die Einflussnahme auf die Kundenbeziehung dar. Darunter ist der Einfluss des Prozesses auf die Wahrnehmung von Produkten und dem Unternehmen durch den Kunden zu verstehen. Einen wichtigen Anteil leisten damit alle Prozesse, die eine unmittelbare Wirkung auf die Qualität der Produkte und Dienstleistungen sowie deren Wahrnehmung durch den Kunden haben. Ebenso sind aber auch Prozesse mit vielen Kundenkontaktpunkten sowie mit bedeutsamen Gestaltungsmöglichkeiten der Kundenbeziehung (z. B. Reklamationen abwickeln) zu berücksichtigen.

Ressourcenbindung im Prozess

Die Ressourcenbindung in einem Prozess (Hauptprozess, Prozess oder Teilprozess gemäß Ebenenmodell) spielt eine Haupt-, aber nicht die einzige Rolle. In den meisten Fällen stellen die Personalressourcen den wesentlichen Anteil der gebundenen Ressourcen in einem Prozess dar. Sollten andere Kostenfaktoren – wobei hierunter die IT eine immer größere Rolle spielt – signifikant sein, sind auch diese zu berücksichtigen.

Durch eine Grobeinschätzung der Ressourcenbindung pro Durchlauf und eine Multiplikation der Anzahl der Durchläufe im Jahr lässt sich die Ressourcenbindung in Personenjahren leicht bestimmen. Als grobe Faustregel ist eine Prozesswürdigkeit bei Ressourcenbindung unter 0,5 Mitarbeiterjahren nicht gegeben. Selbstverständlich relativiert die Unternehmensgröße diese Aussage.

Anzahl der Schnittstellen

Eine weitere Relativierung erfährt die getroffene Aussage, wenn es im fraglichen Prozess sehr viele Schnittstellen zu anderen Prozessen oder zwischen Abteilungen gibt und ein fehlerfreier Durchlauf ohne Informationsverlust von besonderer Bedeutung für nachfolgende Prozesse ist.

Strategische Relevanz

Wenn der fragliche Prozess die Erreichung eines strategischen Ziels oder die Umsetzung einer Strategie direkt unterstützt, muss man auch ohne Vorliegen einer signifikanten Ressourcenbindung von der Prozesswürdigkeit ausgehen.

Fach- bzw. organisationsübergreifendes Zusammenarbeiten

Die Koordinationsspanne und die Anzahl der im Prozess beteiligten Mitarbeiter und Fachexperten sind von Bedeutung, um einerseits die Varianten im Prozess ausreichend zu berücksichtigen und andererseits die Reduktion auf sinnvolle Prozessvarianten sicherzustellen, damit Prozesse nicht überbürokratisiert oder unterorganisiert werden. Dies gewährleistet zusätzlich das richtige Maß an Granularität im Rahmen der Prozessmodellierung. Praktischer Vorteil: Prozesse werden im angemessenen Detaillierungsgrad dargestellt.

Hohes Risikopotenzial

Wenn durch die Definition von Prozessen und den damit verbundenen Regeln Organisationsrisiken reduziert bzw. eliminiert werden können, ist ein weiterer Indikator für die Prozesswürdigkeit gegeben. In letzter Zeit wird gerade durch die Automatisierung und IT-Unterstützung von Prozessen dieser Entwicklung Rechnung getragen. Bekannte Prinzipien z. B. der Fehlhandlungsvermeidung Poka Yoke (Sondermann, 2013) können hierbei entscheidende Beiträge zur Risikominimierung liefern (Brunner/Wagner, 2010).

Nachweispflicht

Ein Ablauf ist auch dann als prozesswürdig einzustufen, wenn das Unternehmen aufgrund von internen wie auch externen Anforderungen verpflichtet ist, einen Ablauf in bestimmter definierter Art und Weise umzusetzen (z. B. Rückrufaktion von fehlerhaften Produkten). Die Dokumentation des Prozesses dient in diesem Fall als Nachweis für die Umsetzung der Anforderungen gegenüber der anfordernden Stelle sowie als interne Vorgabe für die Mitarbeiter, um die definierte Vorgehensweise sicherzustellen. Die Steuerung des Prozesses garantiert, dass der gelebte Prozess die Anforderungen auch wirklich umsetzt.

Prozesswürdigkeitstabelle

Ein einfaches und übersichtliches Tool zum Festhalten und Protokollieren der Phase 1 ist die Prozesswürdigkeitstabelle wie beispielhaft in Bild 2.17 dargestellt. Bei der Verwendung der Prozesswürdigkeitstabelle gilt es, die genannten Kriterien der Prozesswürdigkeit auf die Gegebenheiten jedes einzelnen Prozesses anzupassen. Treffen mehr als 80 % der in der Checkliste gestellten Fragen auf einen Prozess zu, signalisiert dies einen würdigen Prozess.

Checkliste zur Überprüfung der Prozesswürdigkeit eines Prozesses und Bestätigung des Prozessverantwortlichen über Einsetzung in diesen Prozess

Name des Prozesses:

Checkliste Prozesswürdigkeit:

Nr.	Tätigkeit	ja	nein	n. a.
1	Ist die Ressourcenbindung / -beeinflussung des Ablaufs hoch?			
2	Sind mehrere Stellen / Gruppen / Organisationseinheiten betroffen?			
3	Bestehen viele Schnittstellen zu weiteren Prozessen?			
4	Gibt es bereits eine Regelung für den fraglichen Ablauf? (Checklisten, Handbuch etc.)			
5	Passt die Detailtiefe der Darstellung mit der Prozesslandkarte?			
6	Wird der Ablauf häufig durchlaufen?			
7	Gibt es einen Zusammenhang mit den Unternehmenszielen?			
8	Ist der Ablauf in der Prozesslandkarte einordbar?			
9	Ist ein Prozessverantwortlicher nominierbar?			
10	Ist der Prozess vorgelagert vor anderen und könnte zum Engpass werden?			
...	...			

Prozesswürdigkeit gegeben? ☒ ja ☒ nein

Bild 2.17 Beispiel einer Checkliste für Prozesswürdigkeit

2.3 Literatur

Allweyer T. (2005): *Geschäftsprozessmanagement. Strategie, Entwurf, Implementierung, Controlling.* W3L-Verlag, Herdecke, Bochum

Brunner F. J. und *Wagner K. W.* (2010): *Qualitätsmanagement. Leitfaden für Studium und Praxis.* Carl Hanser Verlag, München

Garvin D. (1998): „The Processes of Organisation and Management". In: *Sloan Management Review*, Summer 1998

Kotler P. (2005): *FAQs zum Marketing. Was Sie über Marketing wissen sollten.* Carl Hanser Verlag, München

Österreichisches Normungsinstitut (2013): *ÖNORM A 9009:2013. Prozesse in Managementsystemen – Anleitungen.* Wien

Patzak G. (1982): *Systemtechnik. Planung komplexer innovativer Systeme.* Springer-Verlag, Berlin

Sondermann J. P. (2013): *Poka Yoke.* Carl Hanser Verlag, München

Stöger R. (2005): *Geschäftsprozesse erarbeiten – gestalten – nutzen. Qualität, Produktivität, Konkurrenzfähigkeit.* Schäffer-Poeschel Verlag, Stuttgart

Winkelmann P. (2008): *Vertriebskonzeption und Vertriebssteuerung. Die Instrumente des integrierten Kundenmanagements (CRM).* Verlag Franz Vahlen, München

3 Der Prozesslebenszyklus

3.1 Prozesslebenszyklus – die Phasen des Prozessmanagements im Überblick

Der Prozesslebenszyklus definiert in Form von Phasen und Phasenübergängen den Lebenszyklus eines Prozesses von der Aufnahme in die Prozesslandkarte bis zur Neugestaltung bzw. Stilllegung.

Die Phasen 1 und 2 definieren die Gestaltungsarbeit zur Konzeption von Prozessen. Die Phasen 3 und 4 bestimmen die Inhalte der Umsetzungsarbeit von Prozessen. Der gesamte Prozesslebenszyklus kann auch als Hauptprozess („Prozesse managen") gesehen werden, der sich in zwei Prozesse („Prozesse gestalten" und „Prozesse steuern") gemäß den beschriebenen Phasen teilen lässt.

Des Weiteren kann der Prozesslebenszyklus hinsichtlich der verschiedenen Betrachtungsschwerpunkte folgendermaßen aufgeteilt werden: Der Hauptfokus der Phasen 2 und 3 liegt auf einzelnen Prozessen und deren Erarbeitung, Steuerung und Verbesserung. Die Phasen 1 und 4 hingegen setzen die Wechselwirkungen und Abhängigkeiten aller Prozesse einer Organisation in den Mittelpunkt. Diese unterschiedlichen Sichtweisen auf den Prozesslebenszyklus werden in Kapitel 3.2 aufgearbeitet.

Bild 3.1 zeigt den Prozesslebenszyklus mit seinen Phasen und Phasenübergängen.

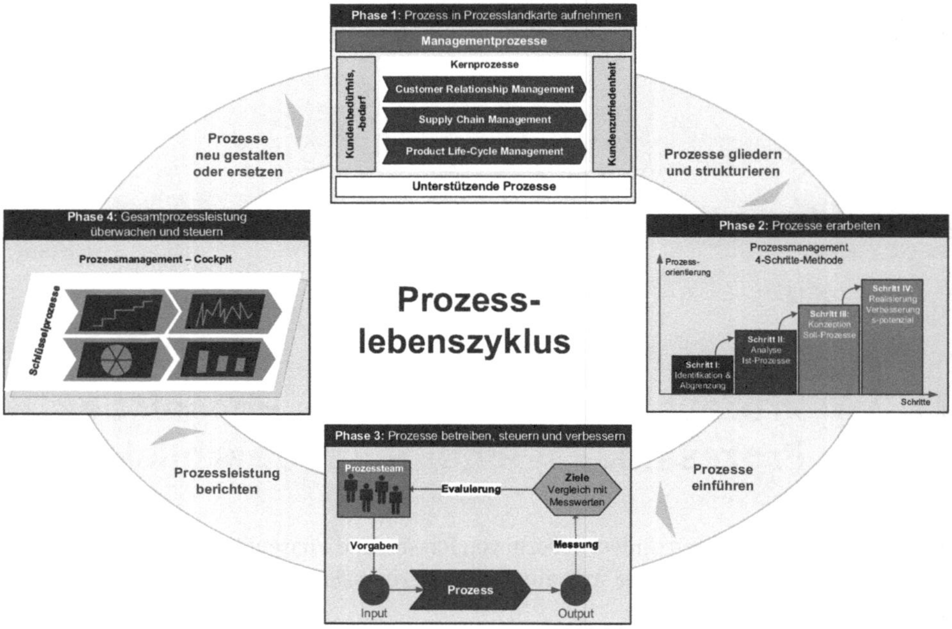

Bild 3.1 Der Prozesslebenszyklus

3.1.1 Phase 1: Prozess in Prozesslandkarte aufnehmen

Der erste Schritt des Prozesslebenszyklus ist die Aufnahme eines Prozesses in die Prozesslandkarte. Als Aufnahmekriterium gilt es, für den betrachteten Prozess eine Aufwand-Nutzen-Abwägung durchzuführen, um die Prozesswürdigkeit zu bestimmen (siehe vorheriges Kapitel 2.2.4). Außerdem ist der neue Prozess von den anderen Prozessen eindeutig abzugrenzen und sind die Auswirkungen auf andere Prozesse zu untersuchen (Bild 3.2).

Für als prozesswürdig eingestufte Prozesse ist nun zu entscheiden, in welcher Kategorie und in welcher Gliederungsebene diese in die Prozesslandkarte einzuordnen sind. Im Folgenden wird als Beispiel der Prozess „Produkte entwickeln" in die Managementprozesse mitaufgenommen und werden dessen Wechselwirkungen auf die bestehende Prozesslandkarte dargestellt.

Wird der Prozess später einmal geändert, dann kann dies ebenfalls Auswirkungen auf die Prozesslandkarte und andere Prozesse haben und eine Änderung derselben notwendig machen.

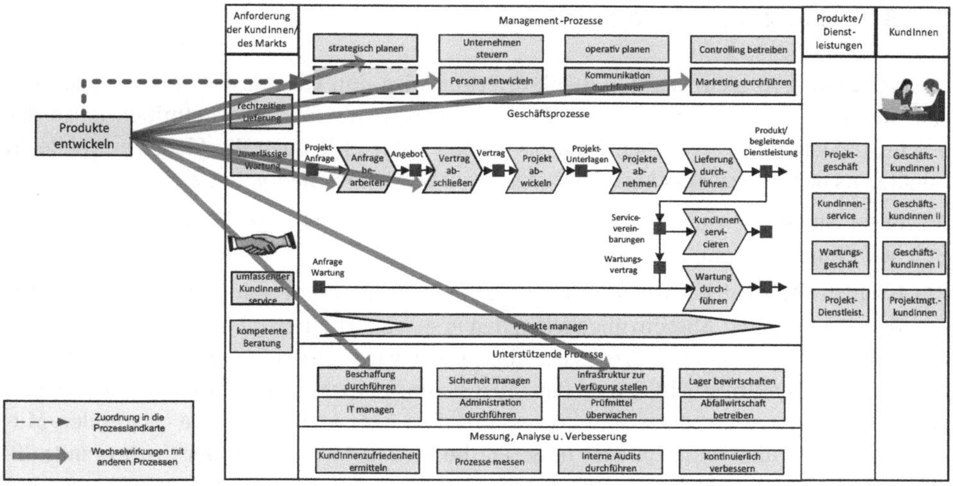

Bild 3.2 Phase 1 des Prozesslebenszyklus

3.1.2 Übergang 1: Prozesse gliedern und strukturieren

Sobald der neue Prozess identifiziert, eingeordnet und die Wechselwirkung mit den anderen Prozessen geklärt ist, kann im nächsten Schritt die Frage der Prozesswürdigkeit (feine Beurteilung) abgeklärt werden. Die Prozesswürdigkeit ist die Voraussetzung dafür, dass ein neuer Prozess definiert wird. Allerdings stehen erst nach Phase 1 ausreichend detaillierte Informationen zur Verfügung, um die Frage der Prozesswürdigkeit final zu beantworten. Dies kennzeichnet das iterative Vorgehen bei der Erarbeitung von Prozessen. Ist die Prozesswürdigkeit gegeben, so wird mit Phase 2, der Definition des Prozesses in vollem Umfang, fortgesetzt. Falls nicht, so wird die Definition eines eigenständigen Prozesses verworfen. Nun besteht die Möglichkeit, die relevanten Tätigkeiten oder Prozessschritte anderen Prozessen zuzuordnen. Die Gliederung und grobe Strukturierung einzelner aufeinanderfolgender Prozesse ist in Bild 3.3 dargestellt.

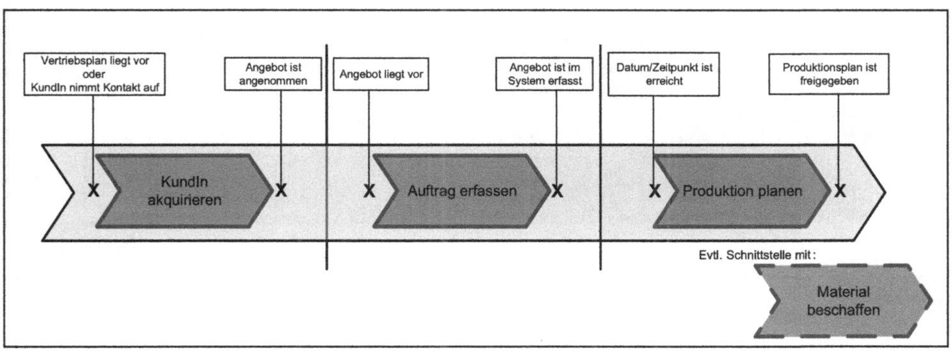

Bild 3.3 Grobe Abgrenzung und Strukturierung einer Prozesskette

3.1.3 Phase 2: Prozesse erarbeiten

Aus der groben Abgrenzung und Strukturierung wird nun ein Prozess herausgelöst, welcher definiert werden muss. Das methodische Vorgehen zur Prozessdefinition ist in der 4-Schritte-Methodik vorgegeben (Bild 3.4). Unterstützend können die bisher erarbeiteten Inhalte aus dem Prozesssteckbrief herangezogen werden (siehe Kapitel 2).

An dieser Stelle soll eine fokussierte Beschreibung der 4-Schritte-Methodik anschließen, welche in Kapitel 4 detailliert ausgearbeitet wird.

Die 4-Schritte-Methodik wird zur Erarbeitung und Verbesserung von Prozessen eingesetzt. Die Identifikation und Abgrenzung stellen den ersten Schritt dieser Methode dar, wobei der Prozess gegenüber anderen Prozessen abgegrenzt wird und seine wesentlichen Inhalte bestimmt werden. In Schritt 2 wird der Prozess hinsichtlich seiner aktuellen Ausprägung beschrieben, indem der derzeitige Prozessablauf so dargestellt wird, wie er von den Mitarbeitern ausgeführt wird. Im Anschluss an die Visualisierung wird der Prozess mithilfe von Analysewerkzeugen auf Verbesserungspotenziale untersucht. In Schritt 3 wird die Prozessbeschreibung erarbeitet. Dieses Vorgabedokument beschreibt den strukturierten Prozessablauf samt allen relevanten Informationen und legt fest, mit welchen Zielen die Prozessleistung überprüft werden soll. In Schritt 4 ist die Umsetzung des erarbeiteten Soll-Konzepts vorzubereiten. Hierfür wird der sogenannte Maßnahmenplan eingesetzt, welcher vorgesehene Verbesserungen mit Erledigungsterminen und Verantwortlichkeiten verknüpft (vgl. Österreichisches Normungsinstitut, 2013).

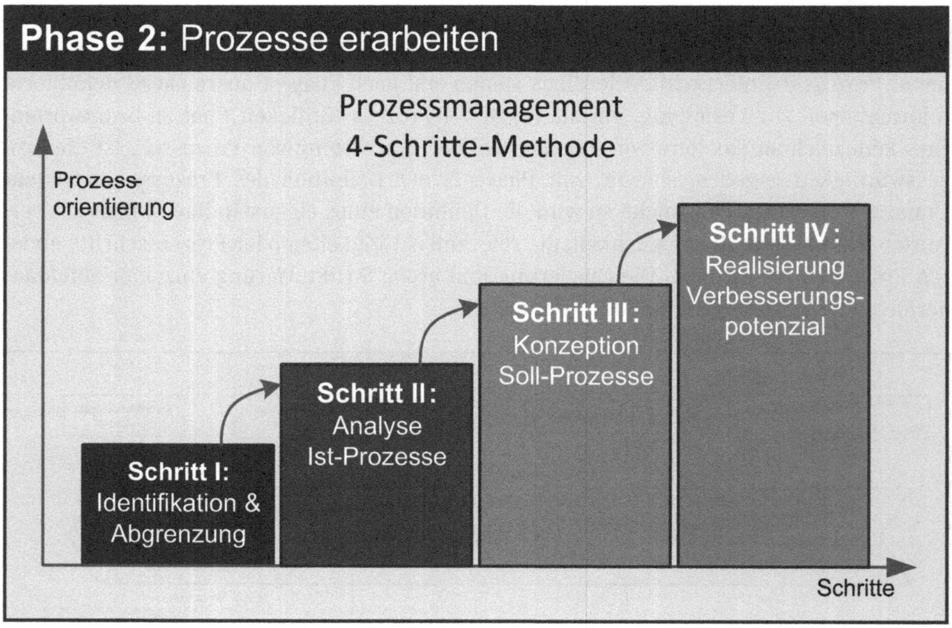

Bild 3.4 Phase 2 des Prozesslebenszyklus

3.1.4 Übergang 2: Prozesse einführen

Nach abgeschlossener Definition und Freigabe des Prozesses ist es erforderlich, den Prozess abschließend zu implementieren, um eine systematische Umsetzung und Inbetriebnahme des Prozesses sicherzustellen.

3.1.5 Phase 3: Prozesse betreiben, steuern und verbessern

Mit dem regelmäßigen Umsetzen des Prozesses ist die Aufbauphase beendet und die Lebensphase des Prozesses beginnt. Bei dieser Phase steht das tagtägliche Leben des Prozessmanagementgedankens im Mittelpunkt. Bei der Ausführung des Prozesses sind einerseits die Vorgaben im Rahmen der Prozessbeschreibung und aller referenzierten Vorgaben sowie andererseits die festgelegten Prozessziele zu beachten. Der Prozessverantwortliche trägt diesbezüglich die Koordinationsverantwortung und muss bei Bedarf steuernd eingreifen. Regelmäßiges Messen und Abgleichen mit den Prozesszielen ist für die Steuerung des Prozesses unabdingbar und wird in der Praxis durch wiederkehrende Prozessbesprechungen – Prozess-Jour-fixe (siehe Kapitel 5) – flankiert. Bei Unzulänglichkeiten im Prozess bzw. bei erkannten Verbesserungspotenzialen, die eine Änderung bzw. Optimierung des Prozessablaufs erforderlich machen, werden Optimierungsmaßnahmen im Rahmen des KVP festgelegt, die auf ihre Erfüllung regelmäßig geprüft werden (Bild 3.5).

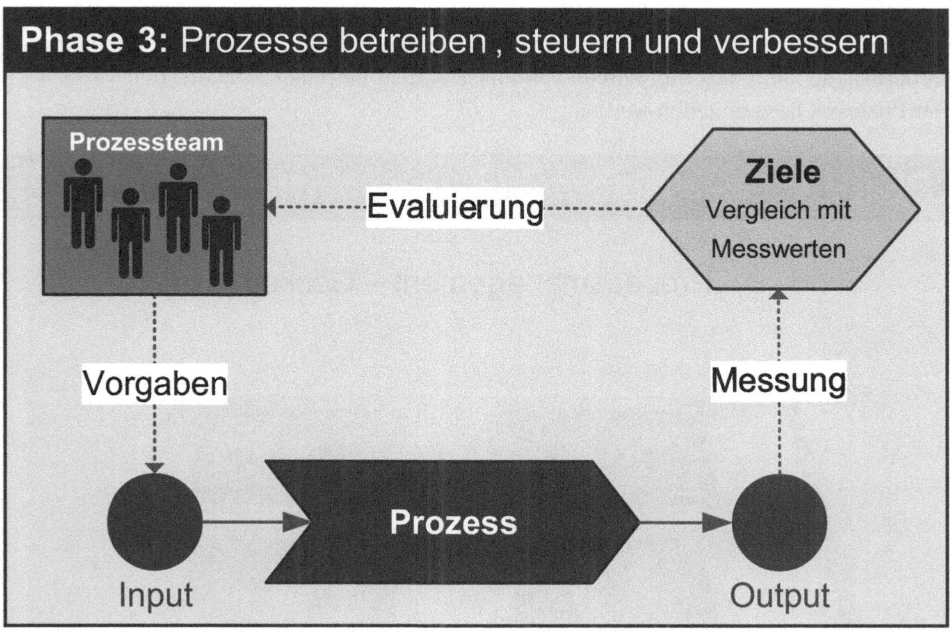

Bild 3.5 Phase 3 des Prozesslebenszyklus

3.1.6 Übergang 3: Prozessleistung berichten

Werden für den Prozess Ziele vereinbart, so ist deren Erreichung oder Nichterreichung nicht nur in Form der Prozessausführung und Regelung periodisch zu evaluieren, um Maßnahmen und somit eine kontinuierliche Verbesserung zu gewährleisten. Darüber hinaus müssen dem Management in einem Prozessbericht die Ergebnisse der Prozesszielüberwachung regelmäßig zur Verfügung gestellt werden (Prozessreporting), damit vor allem strategische Überlegungen in die Betrachtung und Entscheidungen mit einbezogen werden.

3.1.7 Phase 4: Gesamtprozessleistung überwachen und steuern

Phase 4 des Prozesslebenszyklus beschreibt die Betrachtung aller Prozesse eines Unternehmens und deren Steuerung auf Basis von Prozessdaten (Bild 3.6).

Der Abgleich und die Steuerung des Zusammenwirkens der verschiedenen Prozessziele, mögliche Änderungen oder die Adaptierung von Zielen und Zielwerten sowie die Entscheidung zu Maßnahmen werden als Prozessmonitoring bezeichnet (siehe auch Kapitel 6). Überdies können im Rahmen des Monitorings Maßnahmen wie Prozessaudits und -assessments festgelegt werden (siehe Kapitel 10.5), um detaillierte Informationen zur gezielten Weiterentwicklung des Prozesses zu erlangen.

Entsprechend den Resultaten und Entscheidungen im Rahmen des Prozessmonitorings sind Übergänge zu verschiedenen Phasen des Lebenszyklus möglich. Sind keine Eingriffe oder nur geringe Veränderungen oder Anpassungen im oder zu anderen Prozessen erforderlich, so kann dies im Rahmen von Phase 3, dem Betreiben, Steuern und Verbessern der Prozesse, bewerkstelligt werden.

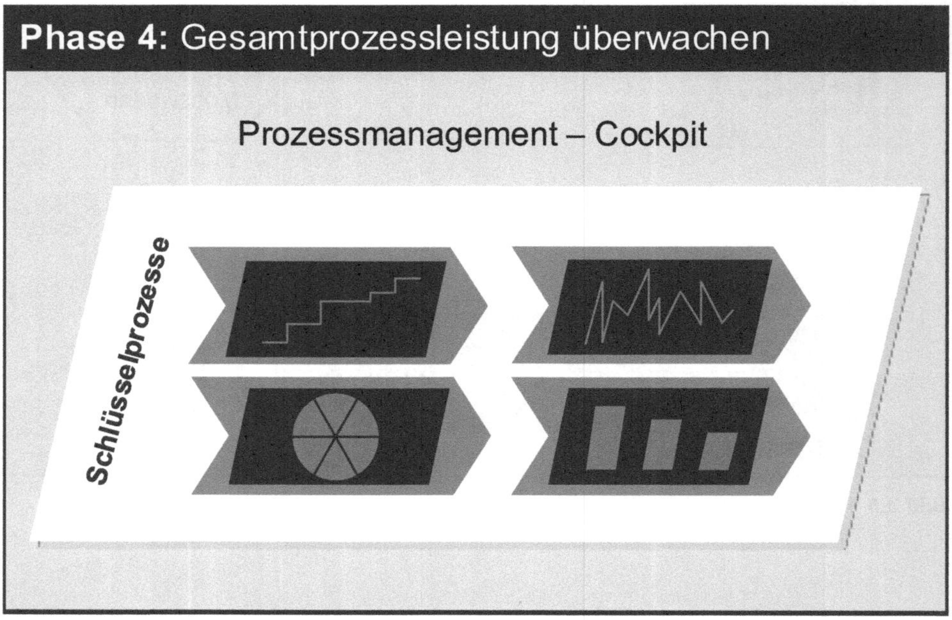

Bild 3.6 Phase 4 des Prozesslebenszyklus

3.1.8 Übergang 4: Prozesse neu gestalten oder ersetzen

Ist der Prozess allerdings am Ende seines Lebenszyklus angelangt, z. B. wenn tief greifende technologische Veränderungen erforderlich sind oder bei Outsourcing oder Stilllegung von Prozessen, so findet der Übergang zur Phase 1 statt.

Da Prozesse in der Regel mit anderen Prozessen in Wechselwirkungen stehen, hat die Auslagerung eines Prozesses meist Auswirkungen auf andere Prozesse. Anhand der Prozesslandkarte gilt es, diese Wechselwirkungen zu untersuchen und notwendige Anpassungen an die bestehenden Prozesse zu identifizieren (Bild 3.7). Die Prozesslandkarte ist dementsprechend anzupassen.

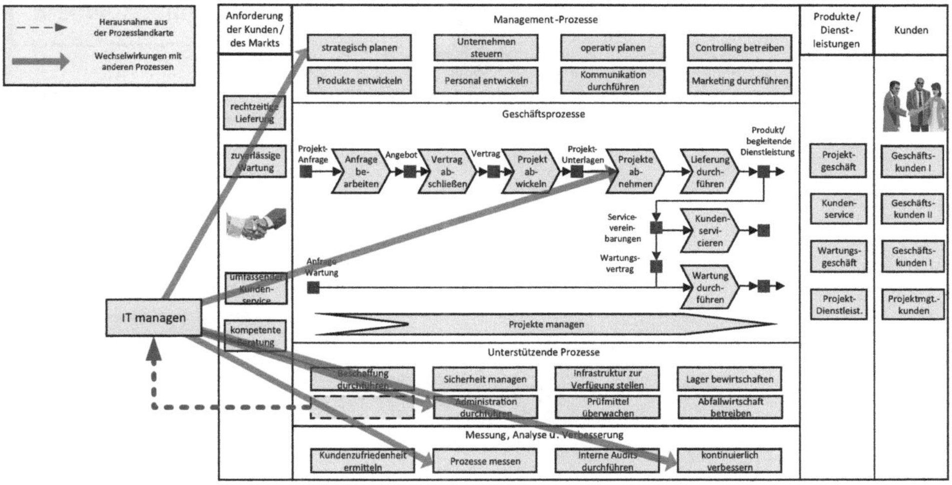

Bild 3.7 Beispielhafte Auslagerung des Prozesses „IT managen“

■ 3.2 Sichtweisen auf den Prozesslebenszyklus

Neben dem erläuterten Zugang gibt es noch weitere Betrachtungsweisen des Prozesslebenszyklus, die an dieser Stelle kurz erläutert werden sollen. Prinzipiell lassen sich die einzelnen Phasen des Prozesslebenszyklus gruppieren und in unterschiedlichen Konstellationen voneinander abgrenzen.

3.2.1 Strategisches und operatives Prozessmanagement

Der Prozesslebenszyklus lässt sich in die Perspektiven des strategischen und operativen Prozessmanagements teilen. Die strategische Ebene ist dem Prozesslebenszyklus vor- und übergelagert; aus der Vision, Mission und Strategie werden Vorgaben für die Prozesse des Unternehmens abgeleitet (Bild 3.8).

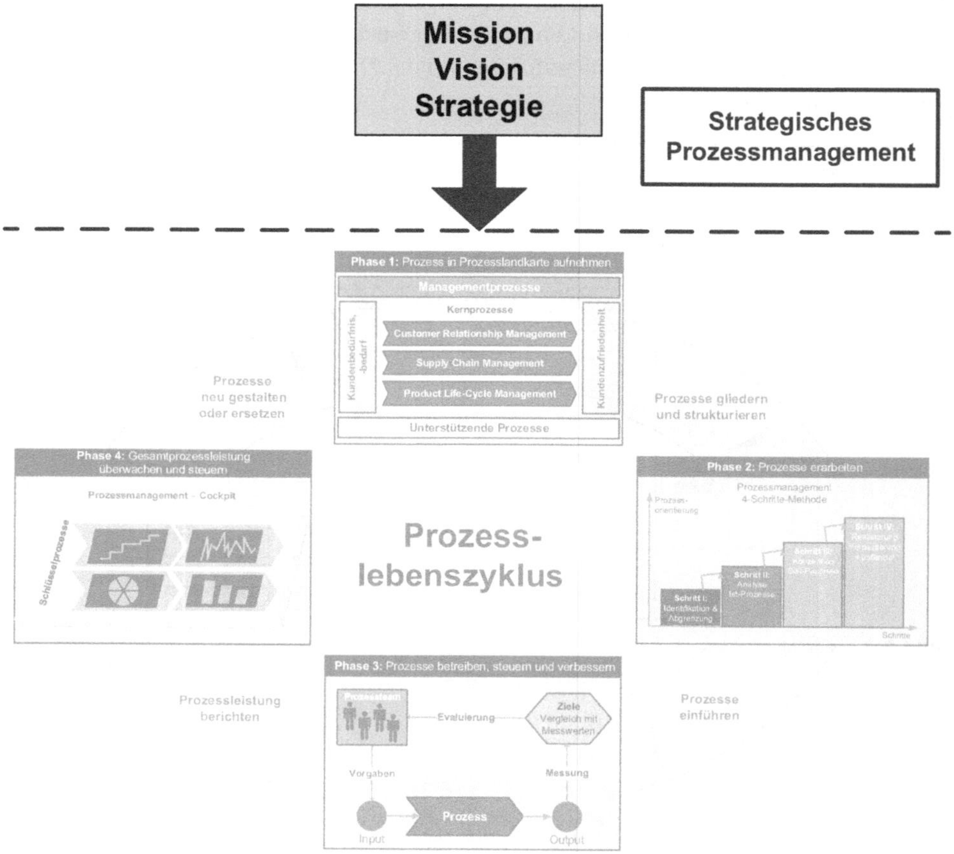

Bild 3.8 Strategisches Prozessmanagement

Das operative Prozessmanagement stellt den bereits erläuterten Prozesslebenszyklus dar, von der Aufnahme eines Prozesses in die Prozesslandkarte über dessen Betreiben, Steuern und Überwachen bis hin zu dessen Neugestaltung bzw. Ersatz durch einen neuen Prozess (Bild 3.9).

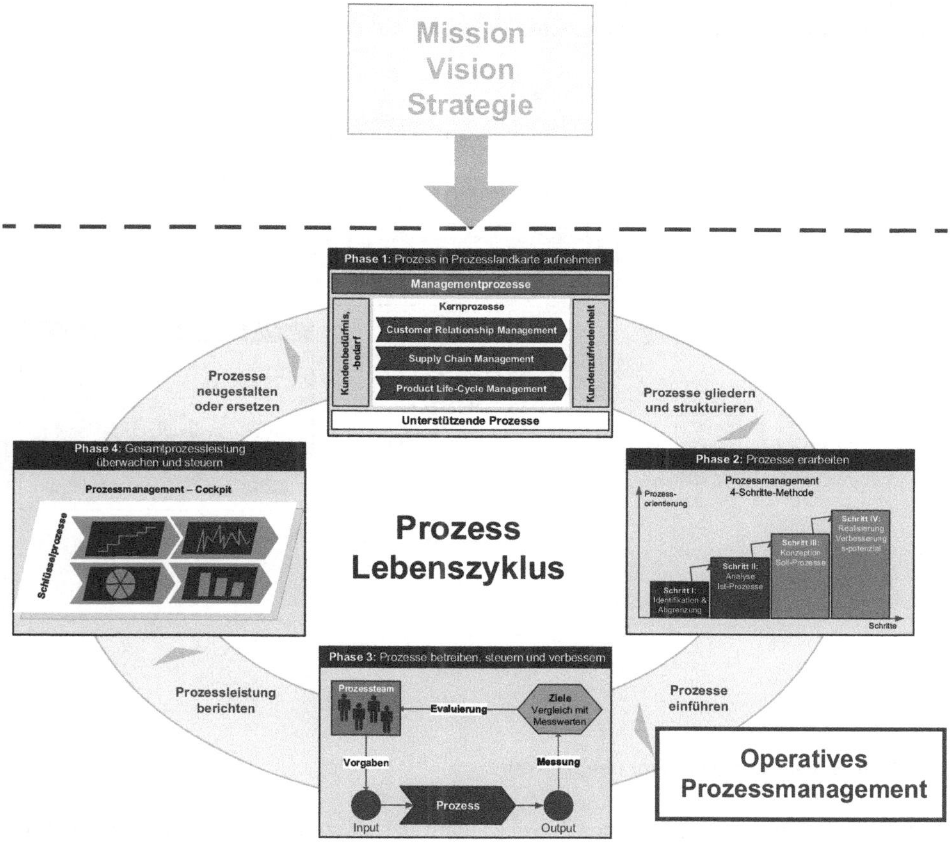

Bild 3.9 Operatives Prozessmanagement

3.2.2 Prozesse gestalten und Prozesse leben

Bei dieser Betrachtungsweise werden die Phasen 1 und 2 gemeinsam betrachtet und es wird verdeutlicht, dass die ersten beiden Phasen des Prozesslebenszyklus dem Aufbau des Prozessmanagementsystems dienen. Dies umfasst die Planung und Konzeption der Prozesslandkarte sowie die Erarbeitung einzelner Prozesse mittels 4-Schritte-Methodik (Bild 3.10).

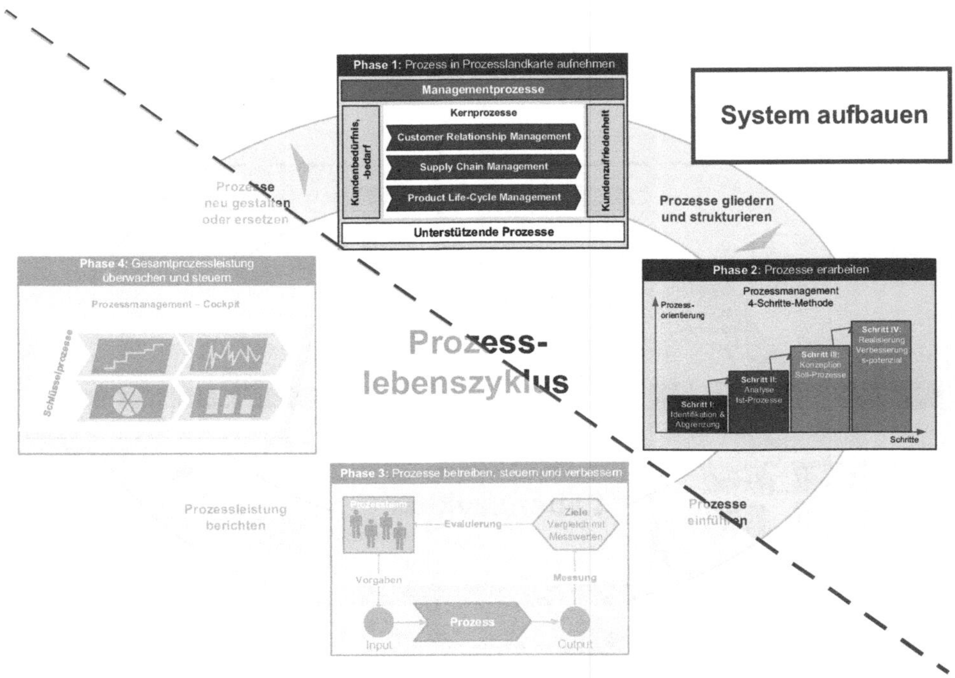

Bild 3.10 System aufbauen - Prozesse gestalten

Bild 3.11 und Bild 3.12 zeigen den Prozessablauf des Prozesses „Prozesse gestalten" mit Hervorhebung der 4-Schritte-Methodik.

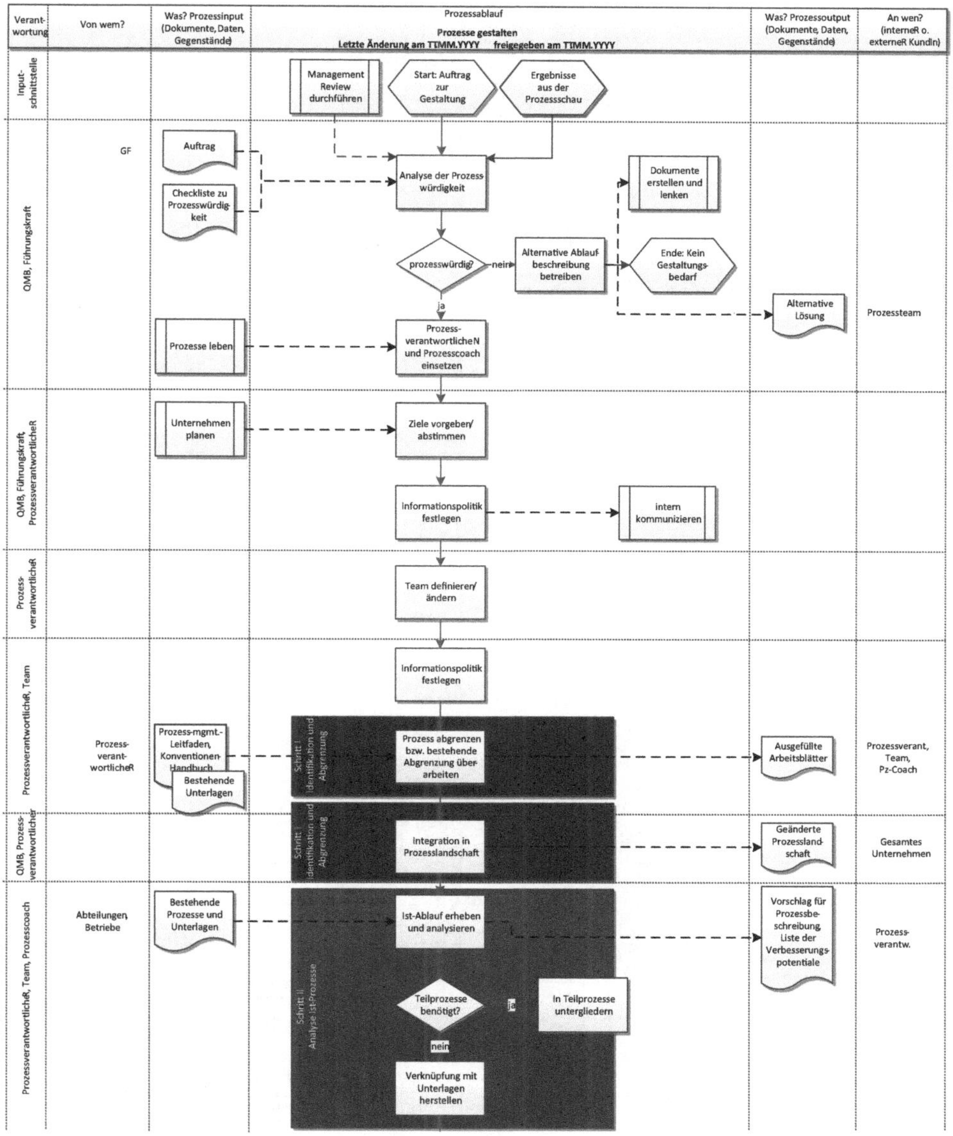

Bild 3.11 Prozess gestalten, Teil 1

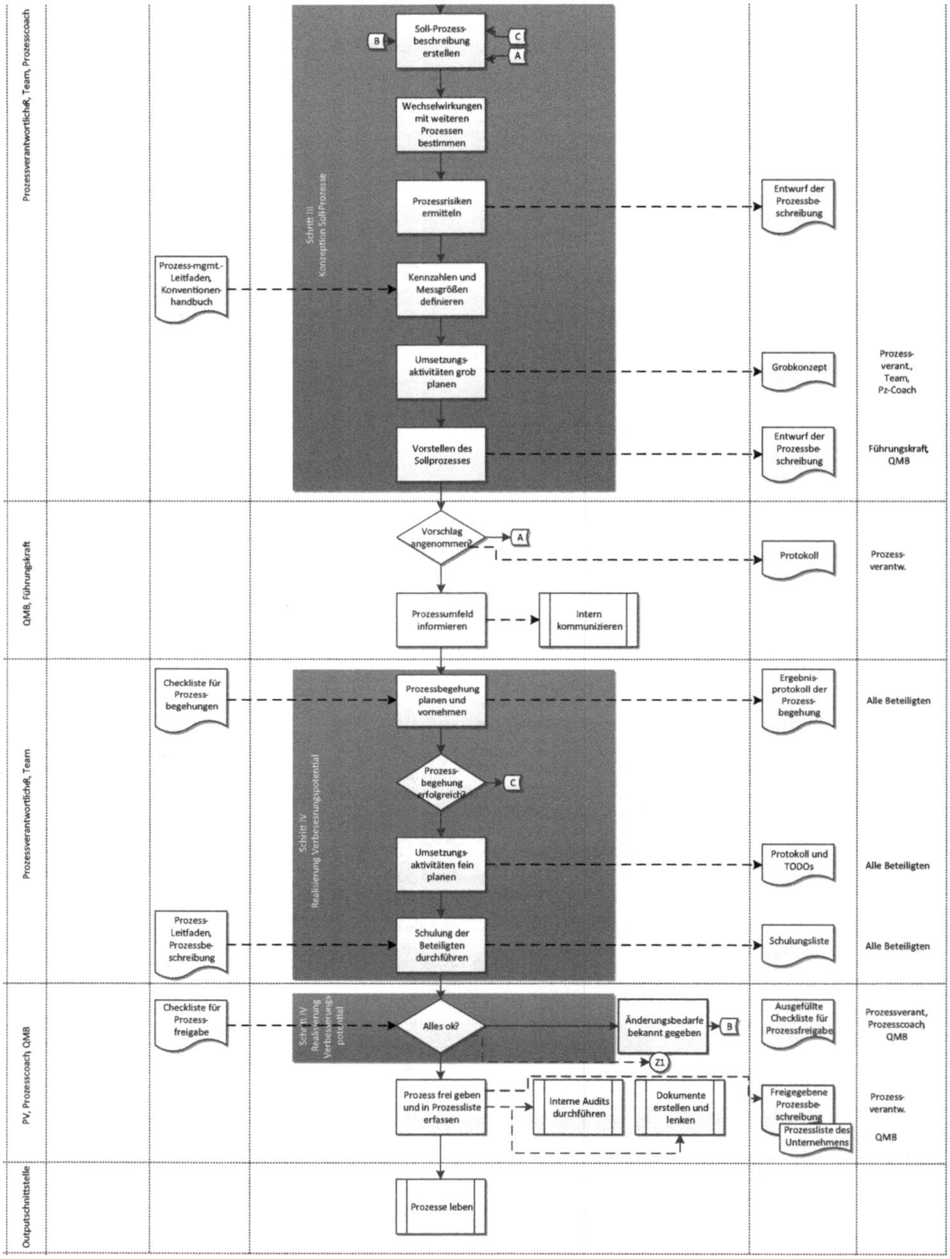

Bild 3.12 Prozesse gestalten, Teil 2

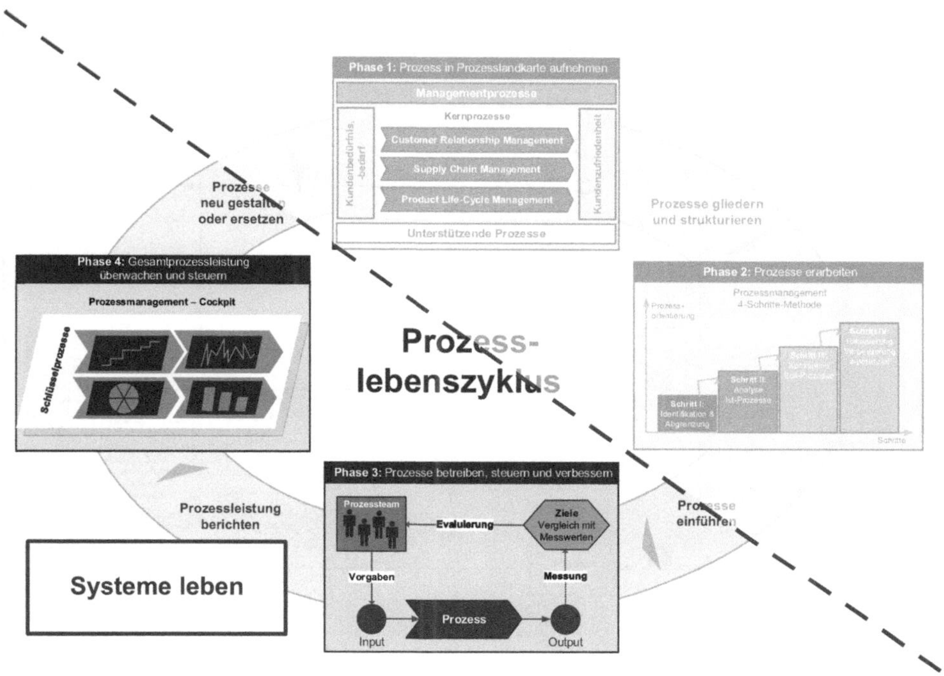

Bild 3.13 Systeme leben - Prozesse leben

Der Prozess „Prozesse leben“ findet sich in den Phasen 3 bzw. 4 und enthält die Umsetzung des aufgebauten Systems (Bild 3.13). Darunter fallen das Betreiben, Steuern und Verbessern von einzelnen Prozessen sowie die Steuerung und Überwachung der Leistung aller Prozesse inklusive ihrer Wechselwirkungen. „Prozesse leben“ heißt auch, dass im Zuge der Überwachung korrektiv eingegriffen werden kann.

Bild 3.14 illustriert den beispielhaften Prozessablauf des Prozesses „Prozesse leben“.

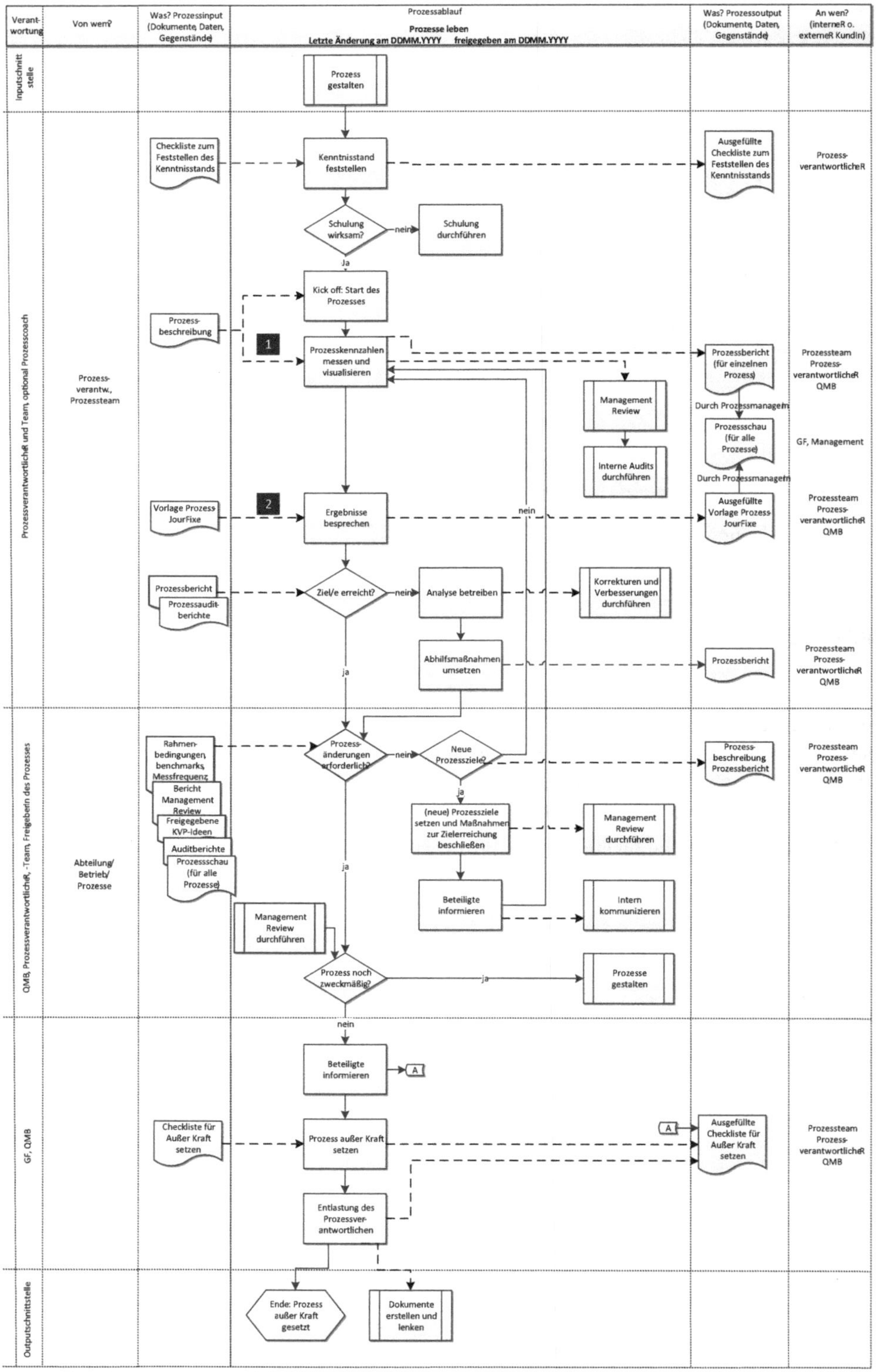

Bild 3.14 Prozesse leben

3.2.3 Betrachtung Einzelprozess oder Prozessgesamtheit

Eine weitere Sichtweise ist die Unterteilung in Phasen, wo ein einzelner Prozess im Fokus steht (Einzelprozessmanagement), im Vergleich zu Phasen des Prozesslebenszyklus, wo eine Gesamtheit an Prozessen betrachtet wird (Multiprozessmanagement). Die Phasen 2 und 3 befassen sich - wie in Bild 3.15 ersichtlich - mit der Betrachtung einzelner Prozesse und wie diese erarbeitet und betrieben werden.

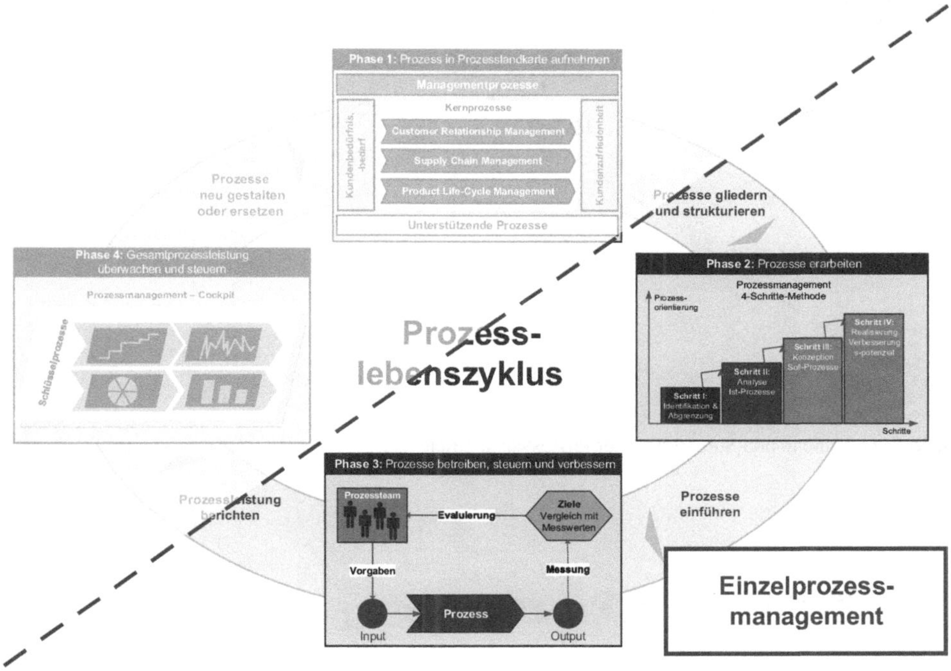

Bild 3.15 Aufbau und Steuerung eines einzelnen Prozesses

Die Phasen 1 und 4 haben den Aufbau und die Steuerung der gesamten Prozesse im Fokus, es kommt hier also das Prozessmanagement für das gesamte Unternehmen zur Anwendung. Phase 1 stellt dabei die Übersicht aller Prozesse eines Unternehmens dar und wird durch die Überwachung und Steuerung der Phase 4 stets aktualisiert (Bild 3.16).

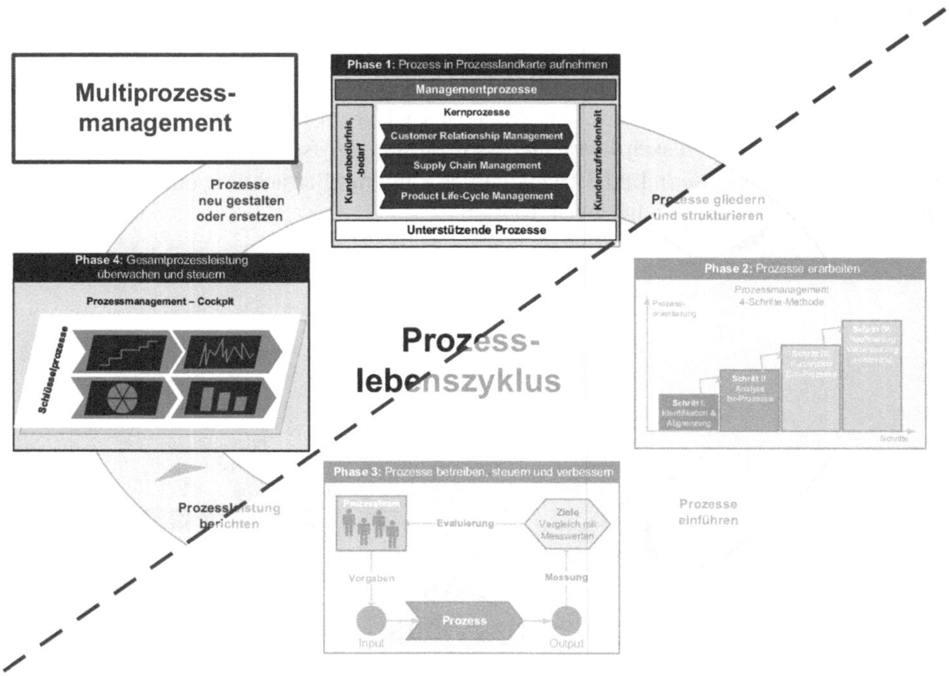

Bild 3.16 Aufbau und Steuerung einer Prozessgesamtheit

3.3 Rollen im Prozessmanagement

Um den bislang skizzierten Aufgaben im Prozessmanagement gerecht zu werden, ist es notwendig, das Verständnis für die beteiligten Rollen im Unternehmen zu schaffen und zu fördern. Es ist an dieser Stelle wichtig, darauf hinzuweisen, dass in unterschiedlichen Zugängen und Best-Practice-Ansätzen (z. B. ÖNORM A 9009:2013, ITIL, SCORE, ISO 33000, CMMI, eTOM) zu Prozessmanagement die Rollen anders definiert oder benannt sind. Die hier dargestellte Benennung und Aufgabenverteilung spiegeln aber die häufigste Verwendung der Begriffe wider. Bild 3.17 illustriert den groben Überblick der Rollen- und Verantwortlichkeitsverteilung im Prozessmanagement in Anlehnung an den beschriebenen Prozesslebenszyklus.

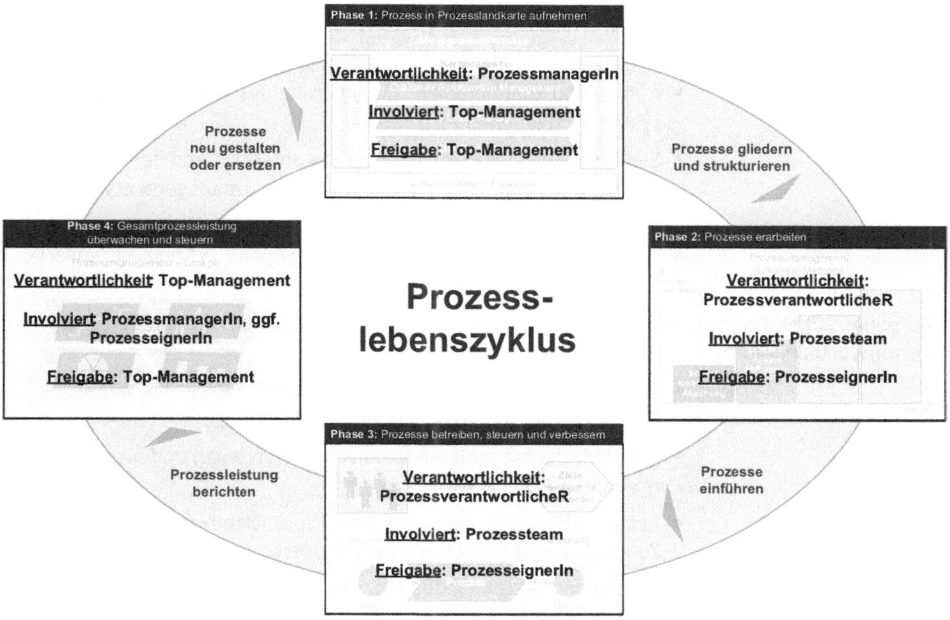

Bild 3.17 Übersicht der Rollen im Prozessmanagement

Im Mittelpunkt der Tätigkeiten des Prozessmanagements steht das Prozessteam unter der Führung des Prozessverantwortlichen. Das Prozessteam ist nicht als „Vollversammlung" aller am Prozess Beteiligten zu verstehen, sondern als Gruppe (vier bis acht Personen) von fachlich wie sozial geeigneten Mitarbeitern mit dem Willen zur (kontinuierlichen) Veränderung.

Nachfolgend werden die wesentlichen Rollen im Prozessmanagement umrissen:

- **Prozessmanager** (Mitglied des Führungskreises),
- **Prozessverantwortlicher** (Koordinationsverantwortung für den Prozess),
- **Prozesseigner** (Ergebnisverantwortung für den Prozess),
- **Prozessteammitglied** (Fachexperte im Prozessteam),
- **Prozesscoach** (Methodenspezialist und prozessübergreifende Unterstützung der Prozessteams).

3.3.1 Rollenbeschreibung des Prozessmanagers

Der Prozessmanager hat die Aufgabe, das Prozessmanagementsystem der Unternehmensleitung als Managementinstrument zur Verfügung zu stellen.

Eine beispielhafte Rollenbeschreibung des Prozessmanagers ist in Tabelle 3.1 aufgeführt.

Tabelle 3.1 Rollenbeschreibung Prozessmanager

Rollenbeschreibung Prozessmanager	
Zweck der Rolle	▪ Aufbau und kontinuierliche Optimierung des Prozessmanagementsystems (treibende Kraft) ▪ Sicherstellung der Prozesssteuerung entsprechend dem Prozesslebenszyklus samt Anknüpfung des Prozessmanagements an die Unternehmensstrategie ▪ Verbindungsstelle zwischen Topmanagement, Prozessverantwortlichen und Prozesseignern
Aufgaben/Pflichten/ Verantwortlichkeiten	▪ Aufbau, kontinuierliche Verbesserung und Dokumentation des Prozessmanagementsystems ▪ Schaffung von unternehmensweit geltenden PzM-Standards (Konventionen, Vorgehensmethodik, Werkzeuge) ▪ Abstimmung mit anderen Managementsystemen und prozessrelevanten Projekten ▪ Aufbau, Pflege und Überblick über Prozesslandkarte samt Zuordnung und Vernetzung aller Prozesse ▪ Aufbau und Betreiben des Prozessreportings ▪ Methodische Unterstützung der Prozesseigner und Prozessverantwortlichen sowie methodisches Führen der Prozesscoachs ▪ Übergeordnete Überwachung und Einforderung der Umsetzung der Prozessverbesserungsmaßnahmen ▪ Übergeordnete Überwachung und Einforderung der Durchführung der Prozess-Jour-fixes durch Prozessverantwortlichen ▪ Sicherstellung, dass alle Rollen des Prozessmanagements in Bezug auf die jeweilige Anforderung in PzM-Methodik geschult und weitergebildet werden ▪ Aufbau und Betrieb einer Systematik zur sinnvollen Verknüpfung von Prozesszielen und strategischen Zielen
Verhaltenserwartungen	▪ Laufender Impuls, Initiator und Begleitung von Veränderungsprozessen ▪ Treibende Kraft für den Anstoß zur kontinuierlichen Prozessverbesserung auf Unternehmensebene ▪ Moderation und Konfliktmanagement zwischen Linien- und Prozessverantwortung ▪ Kooperationsfördernde Kommunikation
Kompetenzen/Rechte	▪ Vergabe von Aufgaben innerhalb des Prozessmanagementsystems in Absprache mit Linienverantwortlichen ▪ Einforderung vereinbarter Aufgaben und Maßnahmen ▪ Einforderung der vorgegebenen Standards ▪ Hinweis- und Aufzeigepflicht und -recht ▪ Recht und Pflicht zur kontinuierlichen Weiterbildung und -entwicklung der Fähigkeiten

3.3.2 Rollenbeschreibung des Prozessverantwortlichen

Die Verantwortung des Prozessverantwortlichen bezieht sich grundsätzlich auf einen einzelnen Prozess. Er trägt wesentlich zur laufenden Verbesserung und Steuerung dieses Prozesses bei.

Die Rollenbeschreibung des Prozessverantwortlichen in einem prozessorientierten Unternehmen kann wie in Tabelle 3.2 aussehen.

Tabelle 3.2 Rollenbeschreibung Prozessverantwortlicher

Rollenbeschreibung Prozessverantwortlicher	
Zweck der Rolle	▪ Treibende Kraft hinter dem Prozess ▪ Festlegung und Dokumentation des Prozesses gemeinsam mit Prozessteam ▪ Kontinuierliche Verbesserung des Prozesses ▪ Einbettung der Ziele von Prozessen in die übergeordneten Ziele
Aufgaben/Pflichten/ Verantwortlichkeiten	▪ Definition und Dokumentation des Prozesses ▪ Laufende Abstimmung und Schnittstellenoptimierung im Sinne des Gesamtprozesses ▪ Laufende Steuerung des Prozesses im Rahmen der Vorgaben ▪ Aufrechterhaltung der kontinuierlichen Prozessverbesserung (Erarbeiten von Verbesserungsvorschlägen mit dem Prozessteam) ▪ Anpassung der Prozessdokumentation bei Änderungen ▪ Reporting und Berichterstattung zur Prozesszielerreichung ▪ Koordination und Einberufung von laufenden und regelmäßigen internen Treffen des Prozessteams (z. B. Prozessteam-Jour-fixe) ▪ Unterstützung der Führungskraft bei der Einschulung neuer Mitarbeiter hinsichtlich des Prozesses und seiner Vorgaben
Verhaltenserwartungen	▪ Aktive Führung des Prozessteams ▪ Treibende Kraft für den Anstoß zur kontinuierlichen Prozessverbesserung des Einzelprozesses ▪ Transfer der erforderlichen PzM-Kenntnisse an das Prozessteam
Kompetenzen/Rechte	▪ Vorschlagsrecht hinsichtlich der Zusammensetzung des Prozessteams ▪ Vergabe von Aufgaben innerhalb des Prozessteams ▪ Einforderung vereinbarter Aufgaben und Maßnahmen

3.3.3 Rollenbeschreibung des Prozesseigners

Die Abgrenzung des Prozesseigners zum Prozessverantwortlichen liegt in der Ergebnisverantwortung für die Prozesszielerreichung sowie in der Entscheidungs- und Freigabekompetenz.

Diese Ergebnis- bzw. Entscheidungsverantwortung liegt in der Regel bei einzelnen Linienverantwortlichen oder bei einer Gruppe von Linienverantwortlichen (im Fall von linienübergreifenden Prozessen), da auch die Anordnungskompetenz bei den Linienverantwortlichen liegt. Die Rolle des Prozesseigners (Tabelle 3.3) kann demnach als Einzelperson oder als Gruppe definiert sein, die gemeinsam ergebnisverantwortlich für linienübergreifende Prozessziele ist.

Ergebnisverantwortung bedeutet die Erreichung von definierten und abgestimmten Prozesszielen (Qualität, Zeit, Kosten).

Die Unternehmensführung fordert die Zusammenarbeit und Lösungsfindung von Prozessverantwortlichen und allen Linienverantwortlichen im Sinne der Gesamtprozesszielerreichung ein und stellt nur in Ausnahmefällen die Entscheidungsinstanz für Veränderungen am Prozess dar.

Tabelle 3.3 Rollenbeschreibung Prozesseigner

Rollenbeschreibung Prozesseigner	
Zweck der Rolle	▪ Übernahme der Ergebnisverantwortung gegenüber der Unternehmensleitung für das Erreichen von definierten Prozesszielen ▪ Kontinuierliche Verbesserung des Gesamtprozesses ▪ Sicherstellen der Ausführung der Prozesse gemäß den Vorgaben ▪ Steuerung der Prozesse zur Erreichung der Prozessziele
Aufgaben/Pflichten/ Verantwortlichkeiten	▪ Treiben und Einfordern von regelmäßigen Prozessabstimmungen im Prozessteam (Prozessteam-Jour-fixe) ▪ Einberufung von regelmäßigen und/oder ad hoc notwendigen Meetings der beteiligten Prozessverantwortlichen ▪ Fördern und Treiben der Gesamtprozesssicht ▪ Freigabe/Abnahme von definierten Prozessen ▪ Entscheiden und Freigabe von Prozessänderungen (gegebenenfalls unter Abstimmung in der Gruppe) und somit Beauftragung von Änderungsmaßnahmen (meist nach Vorschlägen aus dem Prozessteam) ▪ Freigabe und Vorgabe von Prozesszielen, die in Übereinstimmung mit übergeordneten Zielen stehen
Verhaltens-erwartungen	▪ Kooperationsbereitschaft im Sinne des Gesamtprozesses und Gesamtunternehmens ▪ Konstruktives Aufzeigen von wahrgenommenen Zielkonflikten zwischen Linie und Prozess ▪ Führung der Mitarbeiter in Richtung Prozesszielerreichung, laufender Prozessverbesserung und Ausführung des definierten Prozesses
Kompetenzen/Rechte	▪ Entscheidungs-, Weisungs- und Freigabekompetenz ▪ Vergabe von Aufgaben an die Prozessverantwortlichen ▪ Einforderung vereinbarter Aufgaben und Maßnahmen ▪ Nominierung des/der Prozessverantwortlichen und Prozessteams (nach Vorschlag der Prozessverantwortlichen)

3.3.4 Rollenbeschreibung der Prozessteammitglieder

Die Aufgabe der Prozessteammitglieder ist es, gemeinsam mit dem Prozessverantwortlichen einen optimalen und umsetzbaren Prozess zu designen und laufend zu optimieren. Die Rollenbeschreibung eines Prozessteammitglieds in einem prozessorientierten Unternehmen kann wie in Tabelle 3.4 aussehen.

Tabelle 3.4 Rollenbeschreibung Prozessteammitglied

Rollenbeschreibung Prozessteammitglied	
Zweck der Rolle	▪ Jedes Prozessteammitglied hat in seiner Rolle die Zielsetzung, durch aktives Einbringen der persönlichen Qualifikation und des persönlichen Prozess-Know-hows dafür zu sorgen, dass für die dem Prozessteam zugeteilten Prozesse möglichst viele Verbesserungspotenziale erkannt und umgesetzt werden
Aufgaben/Pflichten/ Verantwortlichkeiten	▪ Einbringung des spezifischen Fachwissens ▪ Mitarbeit im Rahmen der Festlegung von Maßnahmen zur Prozessoptimierung ▪ Aktives Einbringen von Vorschlägen und Verbesserungsmöglichkeiten ▪ Ausarbeitung bzw. Anpassung von Checklisten und Arbeitsanweisungen entsprechend den Vorgaben des Prozessverantwortlichen ▪ Teilnahme an internen Treffen des Prozessteams (Prozessteam-Jour-fixe)
Verhaltenserwartungen	▪ Abstimmung mit den anderen Teammitgliedern ▪ Akzeptanz der Entscheidungen
Kompetenzen/Rechte	▪ Einholung prozessrelevanter Informationen ▪ Vertretung der Interessen des eigenen Verantwortungsbereichs

3.3.5 Rollenbeschreibung des Prozesscoachs

Der Prozesscoach handelt im Namen und im Sinne des Prozessmanagers und nimmt vor allem dessen unterstützende Agenda wahr und stellt somit den Lerntransfer des Prozessmanagementsystems sicher. Der Prozesscoach unterstützt in der Regel mehrere Prozesse (z. B. einer Prozessgruppe oder einer Prozesskategorie) und stellt die Methodenkonsistenz sicher. Die Rollenbeschreibung des Prozesscoachs in einem prozessorientierten Unternehmen kann wie in Tabelle 3.5 aussehen.

Tabelle 3.5 Rollenbeschreibung Prozesscoach

Rollenbeschreibung Prozesscoach	
Zweck der Rolle	▪ Sicherstellung, dass die vom Prozessteam verbesserten Prozesse den Vorgaben der Methodik entsprechen ▪ Unterstützung des Prozessmanagers in dessen methodischer Supportfunktion ▪ Sicherstellung der Methodenkonsistenz ▪ Synergienutzung zwischen vertikal differenzierten Prozessen
Aufgaben/Pflichten Verantwortlichkeiten	▪ Begleitung und Unterstützung des Prozessverantwortlichen und des Prozessteams bei der Anwendung der Prozessmanagement-methodik ▪ Einbringung von Vorschlägen und Verbesserungsmöglichkeiten für die Prozesse innerhalb der Prozessgruppe ▪ Methodische Unterstützung der Prozessverantwortlichen und des Prozessteams bei der Erarbeitung der Prozessabläufe ▪ Einbringung von Vorschlägen und Verbesserungsmöglichkeiten für die Prozesse innerhalb der Prozessgruppe ▪ Teilnahme an Meetings von Prozessverantwortlichen ▪ Kontakt halten mit Prozessverantwortlichen
Verhaltens-erwartungen	▪ Zusammenarbeit und Abstimmung mit dem Prozessteam ▪ Methodischer Support des Prozessteams ▪ Erfahrungsaustausch mit anderen Prozesscoachs die Prozess-optimierung betreffend
Kompetenzen/Rechte	▪ Mitsprache im Rahmen der Freigabe verbesserter Prozess-beschreibungen ▪ Recht auf Einforderung von Methodenkonformität ▪ Zeigt Ressourcenbedarf für Prozessmanagement in der Linie auf

Entscheidend ist, dass der Prozessverantwortliche seine Aufgabe als die treibende Kraft hinter dem Prozess aktiv wahrnimmt. Prozessteam-Jour-fixes sind beispielsweise eine Möglichkeit, um Aktuelles zum Prozess zu diskutieren, Abweichungen festzustellen bzw. Probleme aufzuzeigen und Maßnahmen zur Prozesssteuerung zu ergreifen (siehe Kapitel 5).

3.4 Literatur

Österreichisches Normungsinstitut (2013): *ÖNORM A 9009:2013. Prozesse in Managementsystemen - Anleitungen.* Wien

4 Prozesse analysieren und konzipieren

Für die Gestaltung von Abläufen gibt es in der Literatur und in der Praxis viele verschiedene Modelle, Vorgehensweisen und Theorien. Im Folgenden sollen einige der am weitesten verbreiteten Ansätze beschrieben werden.

Business Process Reengineering

Unter Business Process Reengineering (BPR) versteht man das fundamentale Überarbeiten und Umstrukturieren der Geschäftsprozesse eines Unternehmens, um schnelle Verbesserungen zu realisieren. Hierbei werden jene Prozesse, die einen Wert für den Kunden des Unternehmens liefern (Geschäftsprozesse), identifiziert und die komplette Ablauf- und Aufbaustruktur an diesen Prozessen ausgerichtet. Durch fundamental veränderte Unternehmensprozesse wird vorhandenes Potenzial im Wettbewerbsumfeld optimal genutzt, und zwar kundenorientiert und profitabel. Hauptmerkmale des BPR umfassen folgende Aspekte (Schmelzer/Sesselmann 2013):

- kunden- und prozessorientiert,
- fundamentales Überdenken aller Aufgaben und Abläufe,
- radikales Redesign aller Strukturen und Verfahrensweisen.

Individuelle Unternehmensstrategie, optimierte Arbeitsabläufe und modernste Informationssysteme bilden eine flexible Einheit. So kann man sich dem schnellen Wandel nicht nur anpassen, sondern ihn aktiv mitgestalten. Dadurch wird jedoch nur eine momentane und keine kontinuierliche Ausrichtung auf die Kundenwünsche erzielt, weil die Ablaufgestaltung einmalig in Form eines Projekts umgesetzt wird. Erarbeitet wird die Top-down-Konzeption ohne Mitarbeiterbeteiligung und oft mit externer Unterstützung.

Six Sigma

Das wesentliche Ziel des aus dem Qualitätsmanagement stammenden Six-Sigma-Zugangs besteht darin, durch fähige und beherrschte Prozesse nahezu keine fehlerhaften Produkte herzustellen. Six Sigma setzt insbesondere auf eine ausführliche Analyse des Ist-Prozesses, um die für den Prozess wichtigen Parameter, Fehlermöglichkeiten und Prozesskennzahlen zu erkennen und einer objektiven statistischen Analyse zugänglich zu machen. Eine detaillierte Datenanalyse und verschiedenste statistische Werkzeuge bilden einen zentralen Bestandteil von Six Sigma.

Die Vorgehensweise basiert auf den fünf Phasen Define, Measure, Analyse, Improve, Control (DMAIC; Bild 4.1). Für die Prozessoptimierung werden Teams aus Spezialisten gebildet.

Im Zuge der Erarbeitung wird auf diverse, jeweils für die Phase und Aufgabenstellung passende Analyse- und Optimierungswerkzeuge zurückgegriffen. Die Nachvollziehbarkeit bei der Analyse, der Entscheidungsfindung und beim Nachweis des Projekterfolgs nimmt bei Six Sigma einen besonderen Stellenwert ein.

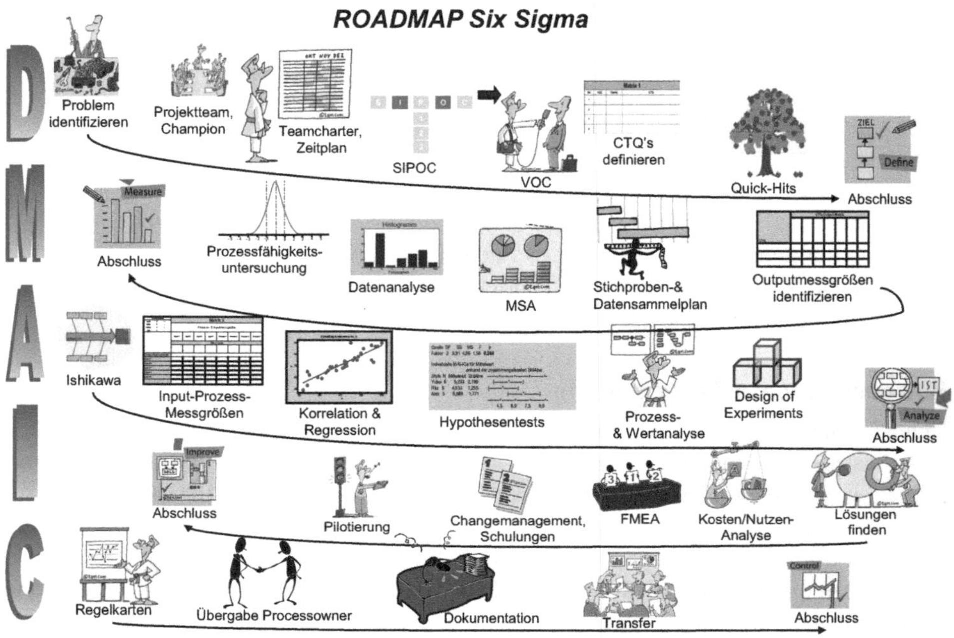

Bild 4.1 Six-Sigma-Roadmap

Six Sigma ist ein Konzept zur Prozessverbesserung und Mitarbeiterausbildung rund um die DMAIC-Vorgehensweise. Da keine Unternehmensphilosophie angeboten wird bzw. das kontinuierliche, nachhaltige Streben nach Verbesserungen nicht ausreichend verankert ist, wird zunehmend versucht, Six Sigma mit anderen Ansätzen, wie beispielsweise Lean Management, zu verknüpfen (Lean Six Sigma). Durch den hohen Anteil an spezialisierten, teilweise komplizierten Methoden und Auswertungen sowie die fehlende Einbindung der Mitarbeiter vor Ort können die Mitarbeiterakzeptanz und der Kundenbezug verloren gehen.

Lean Management

Lean Management kann frei übersetzt als „schlankes Management" bezeichnet werden und beschreibt eine Unternehmensphilosophie hin zu schlankeren und verschwendungsarmen Strukturen, Produkten und Dienstleistungen. Es steht für den Abbau von Hierarchieebenen, die Delegation der Verantwortung in die Leistungsbereiche, eine ablaufoptimierte Organisation und die Arbeit in Gruppen ohne hierarchische Führung. Schlankes Management bedeutet ebenso Steigerung von Effizienz, um dem Kunden Leistungen zu bieten, die er wirklich will, in der richtigen Qualität und zum niedrigstmöglichen Preis.

Zentrales Ziel der Optimierung ist es, die Durchlaufzeit sämtlicher materiellen und immateriellen Produkte im Unternehmen Schritt für Schritt zu reduzieren. Bekannte und häufig genutzte Werkzeuge im Rahmen des Lean Managements sind die Wertstromanalyse, das

5-S- bzw. 5-A-Konzept und Poka Yoke. Es wird aber auch auf bekannte Methoden und Werkzeuge aus dem Qualitäts- und Prozessmanagement zurückgegriffen, wie z.B. die sieben Qualitätswerkzeuge.

Lean Management lässt sich jedoch nicht nur durch einzelne Werkzeuge und Methoden definieren. Der Erfolg dieses Ansatzes hängt essenziell von der Verankerung der Einstellung aller Mitarbeiter zu kontinuierlicher Verbesserung und dem Umgang mit Verschwendung in der Kultur eines Unternehmens ab. Lean Management ist als kontinuierliches Streben nach Perfektion zu verstehen, wohingegen BPR oder Six-Sigma-Projekte einen definierten Anfangs- und Endzeitpunkt vorweisen.

Kaizen/Kontinuierlicher Verbesserungsprozess (KVP)

Das japanische Wort Kaizen hat etwa die Bedeutung von „Verändern zum Besseren". In Japan zählt Kaizen zu den am meisten gebrauchten Begriffen. Im Geschäftsleben bedeutet Kaizen, dass alle Beschäftigten ständig einen Beitrag zur Verbesserung der Geschäftsabläufe leisten, und zwar als Einzelner für den eigenen Arbeitsplatz, in der Gruppe für den erweiterten Gruppenarbeitsbereich und in der Unternehmensorganisation für die Veränderung an Systemen und Prozessen. Im Prinzip ist Kaizen eine permanente Reise in PDCA-Zyklen (Bild 4.2). Gearbeitet wird meist mit einfachen, aber wirkungsvollen Werkzeugen.

Kontinuierliche Verbesserungsprozesse sind vermutlich teils eine eigenständige Entwicklung im deutschsprachigen Raum, teils eine Abwandlung von Qualitätszirkelarbeit und Kaizen. Die Einordnung und Systematisierung ist nicht leicht, weil viele Unternehmen ihre eigenen KVP-Konzepte entwickeln. Das ist eine durchaus begrüßenswerte Entwicklung, da Verbesserungsprozesse maßgeschneidert am besten funktionieren.

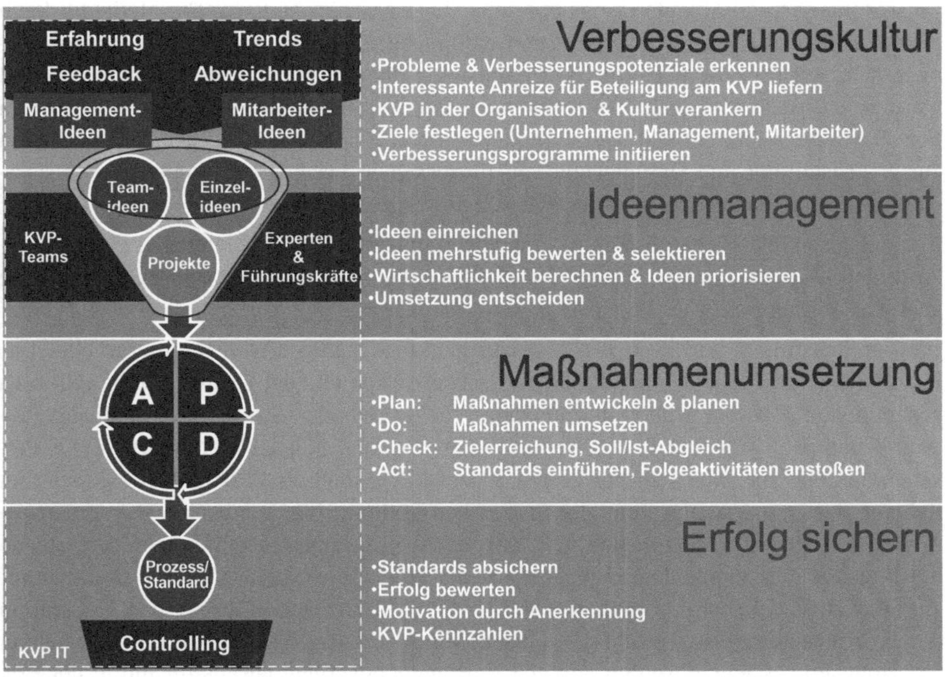

Bild 4.2 Umfassender KVP-Ansatz

Prozessmanagement – 4-Schritte-Methodik und Prozesslebenszyklus

Ziel ist es, ein Unternehmen prozessorientiert zu gestalten, sich auf die Abläufe im Unternehmen zu fokussieren und diese abteilungsübergreifend zu verstehen sowie zu optimieren. Dabei steht das Durchführen von Aufgaben, aber auch zeitliche und räumliche Aspekte, im Mittelpunkt der Betrachtung. Im Gegensatz zum BPR baut der Ansatz des Prozessmanagements auf bestehenden Prozessen eines Unternehmens auf und optimiert diese. Dadurch ist die Einbindung möglichst vieler Mitarbeiter direkt aus den bestehenden Prozessen essenziell.

Das Prozessmanagement dient jedoch nicht nur der effizienten und effektiven Prozessgestaltung, sondern ebenso deren Integration in ein homogenes Managementsystem sowie der kontinuierlichen Weiterentwicklung des Systems. Dieses System ist im Gegensatz zum Lean Management auch organisatorisch im Unternehmen verankert.

Die 4-Schritte-Methodik, eine strukturierte Vorgehensweise zur Gestaltung und Optimierung von Prozessen, soll im Folgenden näher beschrieben werden.

4.1 Phase 2 des Prozesslebenszyklus: Prozesse erarbeiten

Dieses Kapitel beschäftigt sich ausführlich mit der 4-Schritte-Methodik, welche alle wichtigen Punkte von der eindeutigen Abgrenzung des Prozesses von dessen Umfeld bis zur Umsetzung des Soll-Ablaufs in das operative Tagesgeschäft abdeckt. Die Methodik kann einerseits beim Aufbau von Prozess- oder Qualitätsmanagementsystemen zum Einsatz kommen, d. h., wenn in der betrachteten Organisation bis dato noch keine Prozesse definiert wurden. Sie ist dabei bereits beim Erkennen und Verstehen von Prozessen von großem Vorteil. Andererseits hat sich die Methodik entsprechend dem Prozesslebenszyklus auch zur Neugestaltung und Optimierung von Prozessen in bestehenden (lebenden) Prozess- oder QM-Systemen bestens bewährt (Phase 2 des Prozesslebenszyklus).

Anhand der in Bild 4.3 dargestellten 4-Schritte-Methodik kann für jeden in der Prozesslandkarte dargestellten Prozess dessen Verbesserungspotenzial erhoben und zur Umsetzung gebracht werden.

Die vier Schritte werden durch das Prozessteam in regelmäßigen Workshops erarbeitet. Das Prozessteam setzt sich aus dem Prozessverantwortlichen und den Prozessteammitgliedern zusammen, die sowohl Mitarbeiter aus dem Prozess sein als auch von außerhalb des Prozesses kommen können (z. B. interne oder auch externe Kunden/Lieferanten). Gerade Personen aus den vor- oder nachgelagerten Prozessen können oft wertvolle Anregungen im Rahmen der Prozessanalyse und der Prozesskonzeption bringen. Für eine ressourcensparende und vor allem erfolgreiche Durchführung ist es speziell bei den ersten Prozessteammeetings sehr zu empfehlen, dem Prozessteam einen Prozesscoach bzw. Prozessberater zur Seite zu stellen, der das methodische Know-how für die Durchführung und Moderation der Prozessteammeetings sowie den Einsatz von Methoden zur Analyse und Konzeption einbringt. Prozessteams werden, je nach Unternehmensgröße, jeweils für die in der Prozesslandkarte angeführten Prozessgruppen bzw. für einzelne Prozesse gebildet. Mehrere

Prozessteams können zu Arbeitsgruppen zusammengefasst werden (z. B. Arbeitsgruppe Managementprozesse).

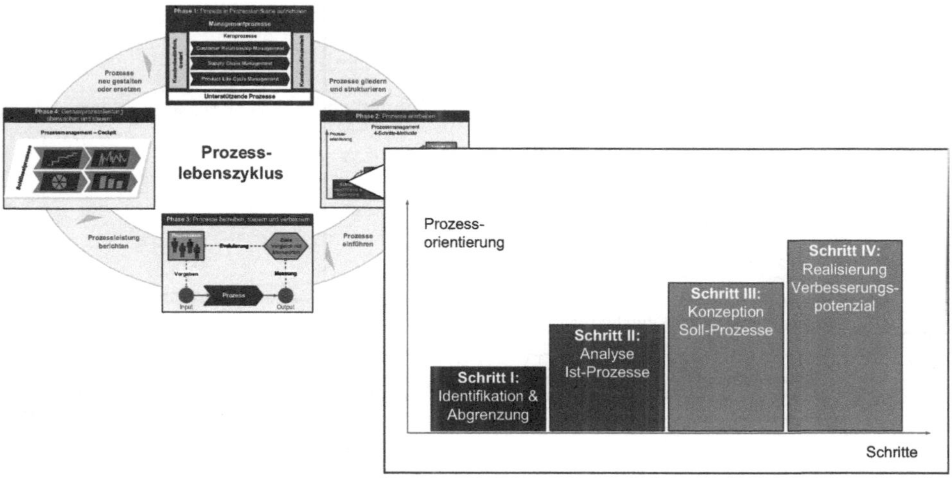

Bild 4.3 Die 4-Schritte-Methodik im Rahmen des Prozesslebenszyklus (vgl. Österreichisches Normungsinstitut, 2013)

Die 4-Schritte-Methodik ist nur sehr selten ein linearer Ablauf, eine Einbahnstraße, sondern oft ein iterativer Prozess, bei dem es auch notwendig werden kann, wieder einen Schritt zurückzugehen und Annahmen auf Basis neuer Erkenntnisse anzupassen.

Übergang 1: Prozesse gliedern und strukturieren – Anknüpfung an Phase 1 „Prozesse in Prozesslandkarte aufnehmen“

Um die Ausgangsposition speziell vor der erstmaligen Anwendung der 4-Schritte-Methodik besser erfassen zu können, soll einleitend die Anknüpfung an Phase 1 beschrieben werden.

Nachdem ein neuer Hauptprozess in die Prozesslandkarte aufgenommen wurde (im Beispiel aus Bild 4.4 ist das der Prozess „Beschaffung durchführen“), wird dieser auf der nächsten Detaillierungsebene in passende Teilabschnitte (Prozesse) untergliedert und somit grob strukturiert (siehe Kapitel 3.1.2). Hier werden bereits die Schnittstellen/„Stage Gates“ zwischen den Prozessen grob definiert. Die einzelnen Prozesse werden im Anschluss jeweils separat mit der 4-Schritte-Methodik erarbeitet. Dabei werden die grob definierten Schnittstellen auf der nächsten Detaillierungsebene weiter präzisiert (Auslöser, Input, erster Prozessschritt etc.).

In kleinen Unternehmen kann die Gliederung und Strukturierung entfallen, und der Prozess in der Landkarte wird direkt mit der 4-Schritte-Methodik erarbeitet. Bei sehr großen Unternehmen kann auch noch eine weitere Gliederungsebene hinzukommen.

In der Abbildung ist dies beispielhaft für den Prozess „Bestellung durchführen“ realisiert, den es nun im Rahmen des ersten Schritts der 4-Schritte-Methodik genauer abzugrenzen und mittels eines standardisierten Arbeitsblatts zu dokumentieren gilt.

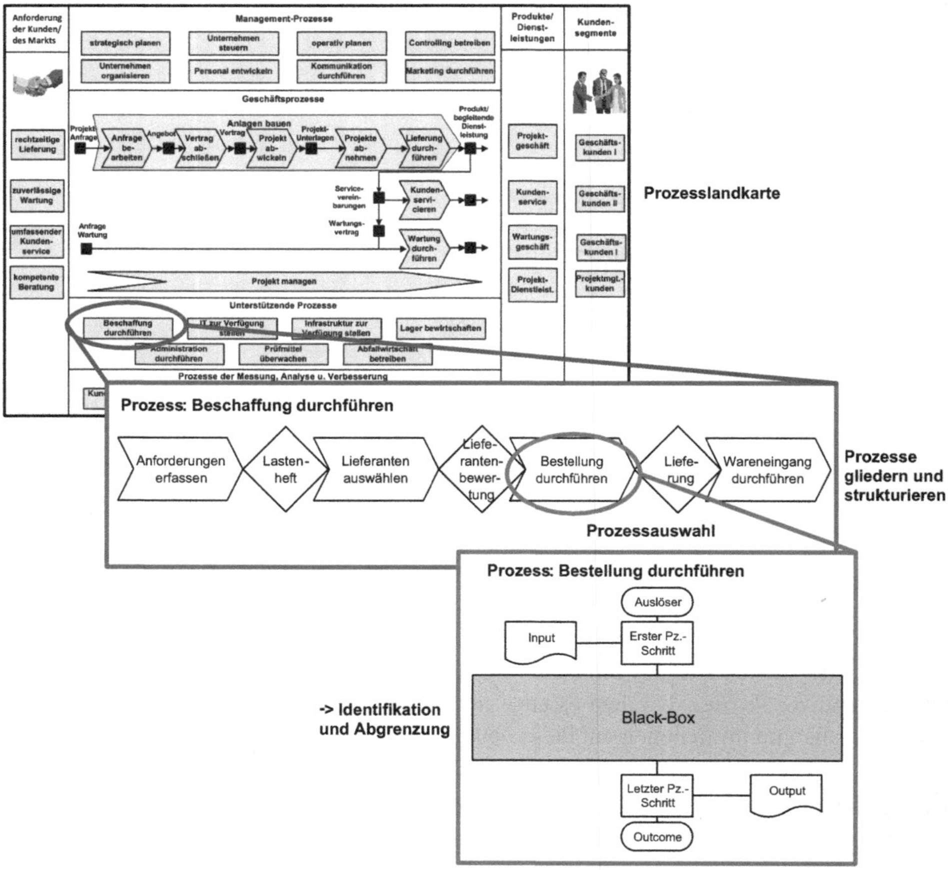

Bild 4.4 Prinzip der Prozessgliederung und -strukturierung

■ 4.2 Schritt I: Identifikation und Abgrenzung

Bevor eine Visualisierung des Prozessablaufs in Angriff genommen werden kann, ist es erforderlich, den ersten Schritt der 4-Schritte-Methodik vollständig durchzuführen (Bild 4.5). Die Aufgabe besteht darin, den Prozess zu erkennen und von der Umwelt und anderen Prozessen eindeutig abzugrenzen. Damit sind einerseits der Zweck, der grundlegende Auftrag sowie die Kunden und deren Anforderungen an den Prozess zu identifizieren. Andererseits sind für den Ablauf Startpunkte (Auslöser), Schnittstellen und Endpunkte (Outcome) zu definieren. Je genauer der Prozess beschrieben und je detaillierter er abgegrenzt wird, desto schneller ist die Erarbeitung und qualitativ hochwertiger das Ergebnis der 4-Schritte-Methodik.

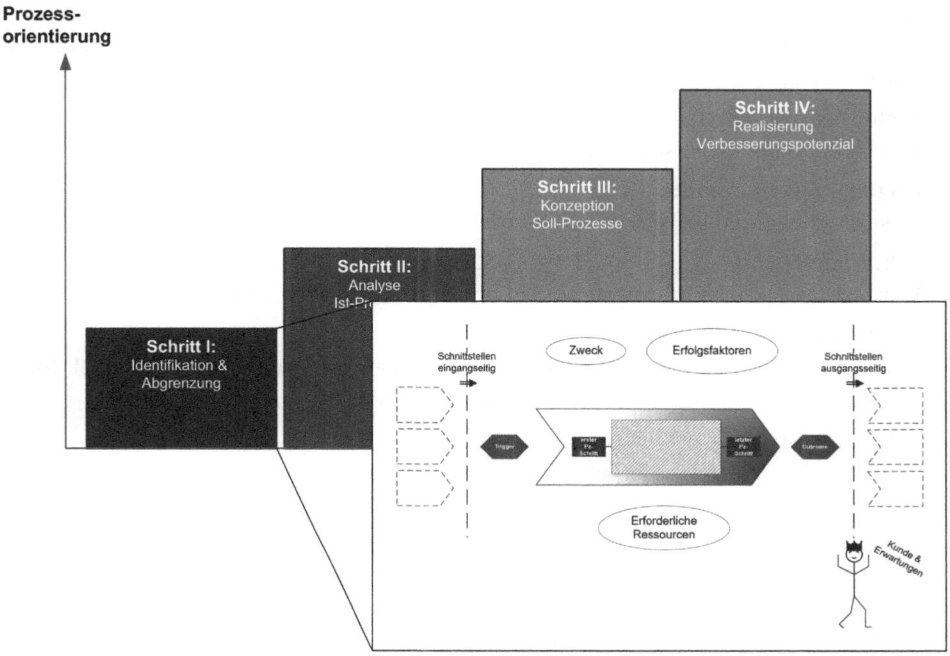

Bild 4.5 Schritt I der 4-Schritte-Methodik

Ziel und Nutzen dieses ersten Schritts ist es, dass sich das Prozessteam ein einheitliches Bild vom Prozess verschafft, wichtige Eckpfeiler des Ablaufs gemeinsam definiert und diese auch dokumentiert. So kann im weiteren Verlauf auf der gleichen Basis aufgebaut werden.

4.2.1 Vorgehensweise bei der Identifikation und Abgrenzung

Zu Beginn ist ein eindeutiger, aussagekräftiger Prozessname zu definieren, um stets eindeutig auf einen Ablauf referenzieren zu können. Deshalb ist es auch wichtig, in allen weiteren Schritten der 4-Schritte-Methodik und allen Phasen des Prozesslebenszyklus exakt denselben Namen zu verwenden.

Zur soliden Identifikation und Abgrenzung hat sich in der Praxis die Beschreibung folgender Bestimmungselemente bewährt (siehe auch Kapitel 1.4.1):

- **Prozesszweck:**
  Was soll mit diesem Prozess erreicht werden und warum ist dieser Prozess für die Organisation wichtig bzw. welchen Einfluss hat der Prozess?
- **Kunden des Prozesses** sowie **deren Erwartungen:**
  Wer hat eine Erwartungshaltung an den Prozess (extern und intern) und was sind diese spezifischen Erwartungshaltungen pro Kundengruppe?
- **Outcome:**
  Was ist der charakteristische Endergebniszustand dieses Prozesses, der bei jedem Prozessdurchlauf entsteht?

- **Auslöser:**
  Welches Startereignis (oder welche Startereignisse) löst diesen Prozess charakteristischerweise bei jedem Durchlauf aus?
- **Erster Prozessschritt:**
  Was ist der erste Ablaufschritt in diesem Prozess?
- **Letzter Prozessschritt:**
  Was ist der letzte Ablaufschritt in diesem Prozess?
- **Schnittstellen:**
  Welche Prozesse oder Stellen stehen vor bzw. nach dem betrachteten Prozess?
- **Erforderliche Ressourcen:**
  In welcher Arbeitsumgebung findet der Prozess statt und welche Betriebsmittel, Infrastruktur, Informationen, Unterlagen etc. werden benötigt?
- **Erfolgsfaktoren:**
  Aspekt 1: Was sind die wichtigsten Voraussetzungen, damit der Prozess zu voller Zufriedenheit abläuft?
  Aspekt 2: Woran würden wir in Zukunft messen, ob der Prozess erfolgreich ist?

Die Kundenorientierung bei der Definition von Prozessen ist ein wesentliches Kriterium. Die Einbindung von Schnittstellenpartnern kann bei der Erarbeitung sehr hilfreich sein und für den momentan in Bearbeitung befindlichen Prozess als auch den Schnittstellenprozess von Vorteil sein. In der Praxis überschneiden sich beispielsweise die Erfolgsfaktoren eines Prozesses mit den Erwartungen des Kunden eines anderen Prozesses. Somit können gleich zu Beginn der Prozesserarbeitung die genauen Prozessbedingungen erarbeitet und kommuniziert werden.

Zu beachten ist, dass der detaillierte Ablauf mit seinen einzelnen Tätigkeitsschritten und Verantwortungen erst im nächsten Schritt betrachtet wird. Detaillierte inhaltliche Diskussionen sollten vermieden werden. Falls bereits jetzt Verbesserungspotenziale erkannt werden, sind diese in die Liste der Verbesserungspotenziale (LVP), eine Liste mit sämtlichen Ansatzpunkten zur Verbesserung des Ablaufs und des Prozesses, einzutragen, aber noch nicht in diesem Schritt zu diskutieren. Die LVP wird in Kapitel 4.3.5 „Analyse von Prozessen“ noch näher vorgestellt.

4.2.2 Dokumentation des Schritts I

Um ein einheitliches Vorgehen zu gewährleisten und sicherzugehen, dass alle relevanten Informationen erfasst werden und für alle weiteren Schritte bzw. Prozessteammeetings zur Verfügung stehen, werden alle Punkte in das „Arbeitsblatt Schritt I: Prozessidentifikation und -abgrenzung“ (Bild 4.6) eingetragen. Diese Information sollte auch den anderen Prozessen, vor allem den Schnittstellenprozessen, bei der Erarbeitung in schreibgeschützter Form unterstützend zur Verfügung gestellt werden.

Arbeitsblatt Schritt I: Prozessidentifikation und -abgrenzung

Prozessname: BESCHAFFUNG DURCHFÜHREN

Aussagekräftiger Prozessname, der Art und Inhalt des Prozesses selbsterklärend darstellt.
Namenskonvetion: *Substantiv + Verb*

Zweck: Die Beschaffungsaktivitäten sollen sicherstellen, dass sämtliche von der Organisation benötigten externen Produkte bzw. Dienstleistungen zeitgerecht und in der geforderten Qualität zur Verfügung stehen.

Was soll mit diesem Prozess erreicht werden und warum ist dieser Prozess für die Organisation wichtig, bzw. welchen Einfluss hat der Prozess?

KundInnen des Prozesses:	**Erwartungen der KundInnen:**
• Anfordernde Person	• Zeitgerechte, wirtschaftliche und vollständige Zurverfügungstellung
***Für wen** – wer sind die Hauptkunden des Prozesses?*	*Was sind die spezifischen Erwartungen der KundInnen des Prozesses?*

Outcome: Gelieferte Ware oder Leistung liegt bei der anfordernden Person vor
Was ist(sind) der charakteristische Ergebniszustand(zustände) dieses Prozesses, der bei jedem Prozessdurchlauf entsteht?

Auslöser: Genehmigte Anforderung ist eingetroffen

Welches Startereignis oder -ereignisse löst diesen Prozess charakteristischerweise bei jedem Durchlauf aus?

Erster Prozessschritt: Anforderung kategorisieren (Lagerentnahme, Standardprodukt, Rahmenvertrag...)

Was ist der erste Ablaufschritt in diesem Prozess?

Letzter Prozessschritt: Ware oder Dienstleistung an die anfordernde Person liefern

Was ist der letzte Ablaufschritt in diesem Prozess?

Schnittstellen – eingangsseitig:

Genehmigungsprozess

Prozesse oder Stellen (KundInnen, LieferantInnen, Abteilungen, MitarbeiterInnen ...), die im Ablauf vor dem abzugrenzenden Prozess liegen und mit ihrem Outcome den abzugrenzenden Prozess anstoßen oder ihren Output dem abzugrenzenden Prozess initial anliefern.

Schnittstellen – outcomeseitig:

Installations- und Rechnungslegungsprozess

Prozesse oder Stellen (KundInnen, LieferantInnen, Abteilungen, MitarbeiterInnen ...), die durch den Outcome dieses Prozesses angestoßen werden oder an die der Output dieses Prozesses (Produkte, Unterlagen, Informationen, Dienstleistungen...) als Input übergeben werden.

Erforderliche Ressourcen:

- **Mensch:**

EinkäuferIn, LogistikerIn und WarenübernehmerIn

Jene MitarbeiterInnen, die im Prozess tätig sind, und jene Personen, die für die Prozessdurchführung unbedingt erforderlich sind.

- **Information, Unterlagen & Know-how:**

Beschaffungsrichtlinien, LieferantInnenbewertung, Standards, Rahmenverträge

Jene Informationen & Unterlagen, welche standardmäßig für die Durchführung des Prozesses benötigt werden.

- **Arbeitsumgebung, Betriebsmittel, Infrastruktur:**

Beschaffungssystem

In welcher Arbeitsumgebung findet der Prozess statt und welche Betriebsmittel, Infrastruktur etc. werden benötigt?

Erfolgsfaktoren

Auswahl geeigneter LieferantInnen, zeitnahe Bestellnachverfolgung

Aspekt 1: Was sind die wichtigsten Voraussetzungen, damit der Prozess zu voller Zufriedenheit abläuft?

Aspekt 2: Woran würden wir in Zukunft messen, ob der Prozess erfolgreich ist? (Denken in Richtung Pz-Ziele)

Bild 4.6 Auszug aus einem „Arbeitsblatt zur Identifikation und Abgrenzung“

4.3 Schritt II: Analyse Ist-Prozesse

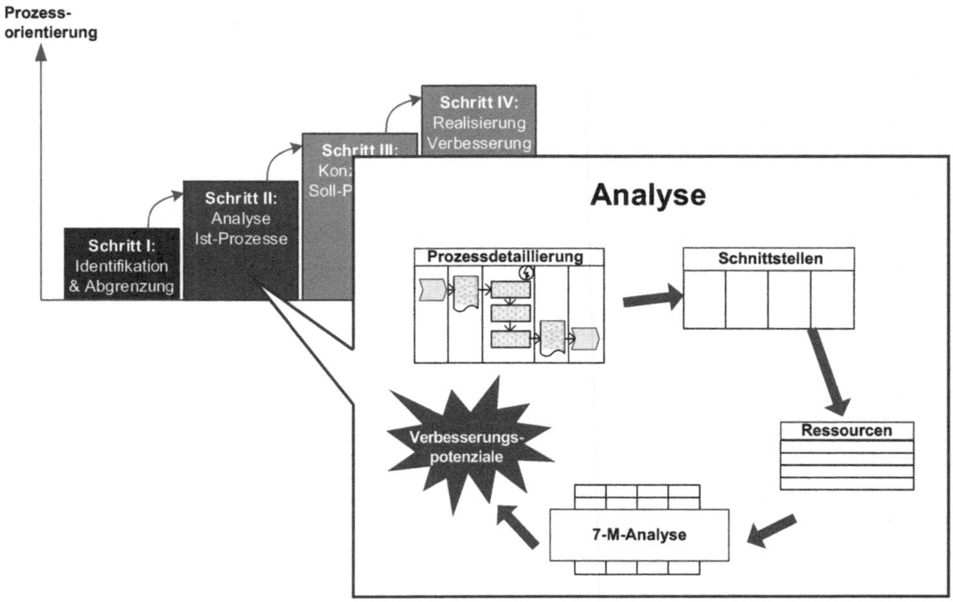

Bild 4.7 Schritt II der 4-Schritte-Methodik

Schritt II der 4-Schritte-Methodik teilt sich in zwei grundlegende Aspekte: Zunächst gilt es, den Prozess aufzunehmen, d.h. in eine Abbildungsform zu bringen, die jedem Mitarbeiter verständlich ist (Bild 4.7). Hierfür gibt es eine Vielzahl an Visualisierungstechniken und -methoden. Eine textuelle Beschreibung ist auch denkbar (z.B. in einer Rechtsanwaltskanzlei), jedoch nicht verbreitet. In der Praxis hat sich die grafische Darstellung etabliert, da es dem Prozessteam anhand des visualisierten Ablaufs einfacher möglich ist, den Prozess klar zu strukturieren und folglich zu analysieren. Erst nach vollständiger Prozessaufnahme findet die Prozessanalyse statt. Es gibt zur Visualisierung und Analyse folgende sechs Dimensionen der Prozessqualität:

- Kundensicht,
- Wirtschaftlichkeitssicht,
- Risikosicht,
- Informationssicht,
- Organisationssicht,
- Fähigkeitssicht.

Bei der Analyse und Optimierung von Prozessen kann der gesamte Prozess betrachtet werden. Anhand der aufgeführten Perspektiven können aber auch eindeutige Schwerpunkte gesetzt werden.

4.3.1 Visualisierungsarten von Prozessen

Ziel der Prozessvisualisierung ist es, Prozessabläufe grafisch übersichtlich und somit für das Auge leicht erfassbar darzustellen. Besonders Verzweigungen im Prozessfluss, In- und Outputs für die einzelnen Prozessschritte, Schnittstellen und Verantwortungen lassen sich durch eine grafische Darstellung und die Verwendung von unterschiedlichen Symbolen einfach abbilden.

Die am weitesten verbreiteten Darstellungsformen für Prozessabläufe sind:

- Pfeilformdarstellung,
- Prozessablaufdiagramm (Flussdiagramm),
- ereignisgesteuerte Prozesskette (EPK),
- Business Process Model and Notation (BPMN),
- Swimlane-Darstellung.

Zu diesen Hauptformen findet man in der Praxis eine ganze Reihe von Darstellungsvarianten. Unterschiede zeigen sich hier beispielsweise bei der Verwendung unterschiedlicher Symbole, der Festlegung von Verantwortlichkeiten oder dem Darstellungsumfang von zusätzlichen Informationen wie verwendeten Dokumenten, IT-Systemen oder Informationsquellen. Ohne Anspruch auf Vollständigkeit erheben zu wollen, sind im Folgenden diese Darstellungsformen kurz dargestellt und mit Beispielen ergänzt.

4.3.1.1 Pfeilformdarstellung

Die Pfeilformdarstellung (Bild 4.8) eignet sich sehr gut, um umfangreiche Prozesse stark vereinfacht auf einer Überblicksebene darzustellen. Sie wird in erster Linie für die Darstellung von Geschäftsprozessketten verwendet und in diesem Zusammenhang auch als Wertschöpfungskettendarstellung bezeichnet.

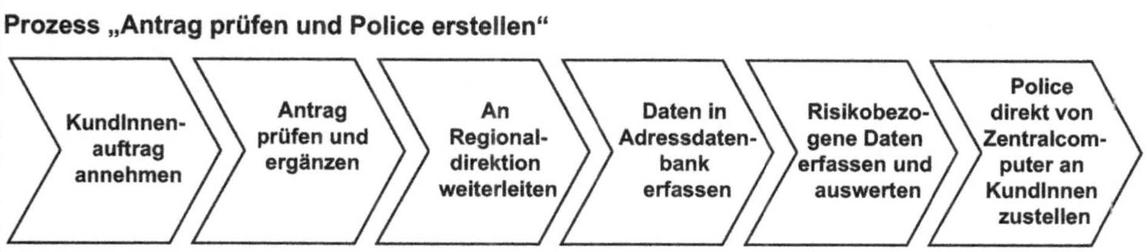

Bild 4.8 Pfeilformdarstellung

Der Informationsgehalt dieser Darstellungsform ist allerdings gering, weshalb umfangreichere und detailliertere Prozesse wegen der umfassenden Darstellungsmöglichkeiten und aus Gründen der Übersichtlichkeit in Form einer der folgenden Darstellungsarten abgebildet werden sollten.

4.3.1.2 Prozessablaufdiagramm (Flussdiagramm)

Bei dieser Visualisierungsform wird die Abfolge der Ereignisse, Tätigkeiten und Entscheidungen über die vertikale Achse dargestellt. Dabei ist es möglich, Tätigkeiten und Entscheidungen unterschiedliche Verantwortlichkeiten zuzuweisen. Die ein- und ausgehenden Dokumente und Aufzeichnungen sind in den Input- und Output-Spalten angeführt. Ein- und ausgangsseitige Schnittstellen können ebenso festgehalten werden wie Übergänge zu detaillierteren Subprozessen oder extern ausgelagerten Abläufen. Mittels Buchstaben oder Zahlen sind weiterführende Erläuterungen oder Verweise auf bestehende Regulative angeführt. Für die Darstellung werden häufig die in Bild 4.9 gezeigten Symbole verwendet.

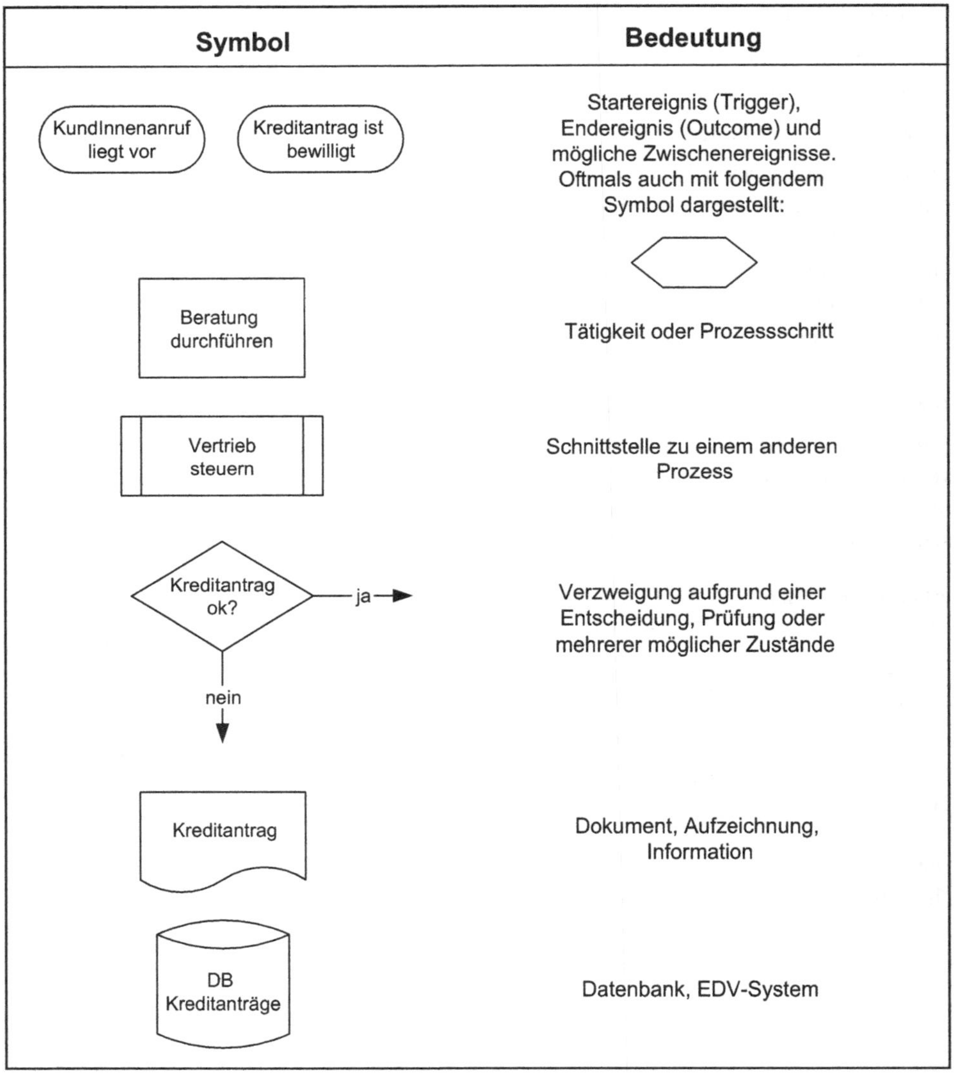

Bild 4.9 Mögliche Symbole für das Prozessablaufdiagramm

Im Folgenden einige bewährte Empfehlungen zum Prozessablaufdiagramm:

Der Prozess sollte mit einem Ereignis (Trigger) starten und mit einem Ergebnis (Outcome) enden. Optional ist es auch möglich, dass mehrere Trigger oder Outcome den Prozess starten bzw. den Abschluss markieren. Nur Tätigkeiten können Inputs und Outputs bzw. Rollenzuordnungen/Verantwortungen besitzen. Inputs und Outputs sollten über eine gestrichelte Linie mit der Tätigkeit verbunden sein, damit sie eindeutig zugeordnet werden können. Wird ein Prozess von einem Input angestoßen, so sollte der Input trotzdem der Aktivität, in der dieser Input verarbeitet wird, zugeordnet werden. Der Zustand, dass der Input vorliegt, sollte als Trigger dargestellt werden.

Entscheidungen sollten reine Weichen im Prozessablauf sein und keine Tätigkeiten beschreiben. Damit sind ihnen weder Input und Output noch Rollen zuordenbar. Sie müssen mindestens zwei Ausgänge besitzen.

Schnittstellen zu detaillierteren Subprozessen sowie zu ausgelagerten Abläufen sind in den Ablauf zu integrieren, Schnittstellen zu vor- und nachgelagerten Prozessen können vor Trigger oder nach Outcome mit dem gleichen Symbol dargestellt werden.

Verantwortliche Rollen können beispielsweise mit der DEMI-Logik den Tätigkeiten zugeordnet werden (Durchführung, Ergebnis- bzw. Entscheidungsverantwortung, Mitarbeit, Informationsrecht). Grundsätzlich ist der Durchführende „D“ für das Ergebnis eines Prozessschritts verantwortlich. Insbesondere wenn die Durchführung der Tätigkeit delegiert wurde, kann auch ein Ergebnisverantwortlicher „E“ definiert werden (vgl. RACI-Logik). Dies kann auch Formen von zu treffenden Entscheidungen beinhalten (siehe Kapitel 4.3.3.5). In Bild 4.10 ist nur die Rolle des Durchführenden dokumentiert.

Darstellungsvariante „SIPOC“

Zusätzlich besteht im Sinne der SIPOC-Systematik (siehe Kapitel 1.4) die Möglichkeit, die Lieferanten und Quellen der Inputs (Input-Schnittstelle) sowie die Kunden und Bestimmungsorte der Outputs (Output-Schnittstelle) in einer separaten Spalte anzugeben. Diese Variante ist ebenfalls in Bild 4.10 dargestellt.

In der Praxis können sich sowohl die Notationen, die Variation der verwendeten Symbole als auch die Modellierungskonventionen von den hier vorgestellten Inhalten unterscheiden (vgl. z. B. Füermann, 2014). Die Symbole und Richtlinien sind nicht genormt und daher für jedes Unternehmen frei wähl- und festlegbar. Dadurch kann auf unternehmensspezifische Gegebenheiten und Gepflogenheiten eingegangen werden. Es ist jedoch unbedingt erforderlich, dass konzern- bzw. unternehmensweit dieselbe Notation und dieselben Konventionen einheitlich festgelegt und verbindlich verwendet werden.

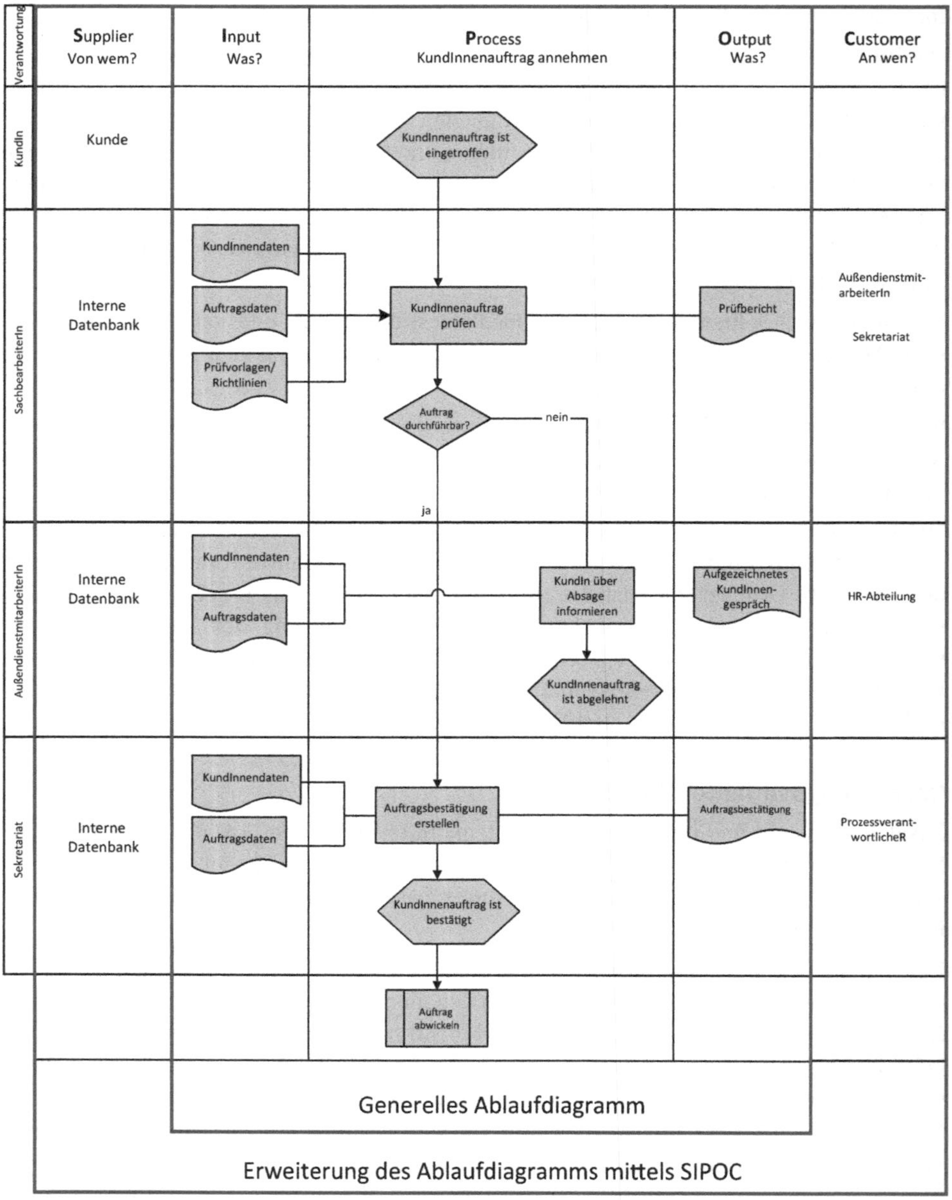

Bild 4.10 Beispielprozess „Kundenauftrag erstellen“ als Prozessablaufdiagramm

4.3.1.3 Ereignisgesteuerte Prozesskette (EPK)

Die Ereignisgesteuerte Prozesskette (Bild 4.11) unterscheidet sich von der allgemeinen Prozessablaufdarstellung dadurch, dass auf jeden Prozessschritt ein Ereignis folgt, das den Abschluss des vorangegangenen Schritts angibt. Entscheidungen im Prozessablauf werden bei der EPK mithilfe dieser Ereignisse und unter Zuhilfenahme von logischen Operatoren an den Prozessverzweigungen modelliert. In unten stehendem Beispiel folgen auf den Prozessschritt „Kundenauftrag prüfen" die Ereignisse „Kundenauftrag ist durchführbar" und „Kundenauftrag ist nicht durchführbar", von denen nur eines eintreten kann.

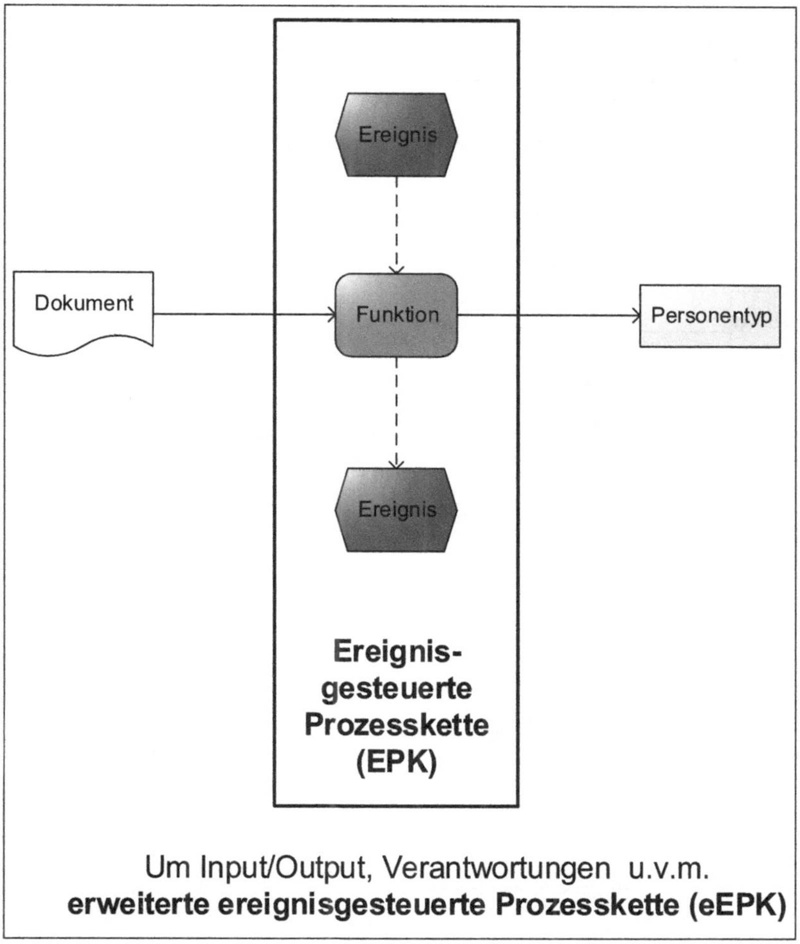

Bild 4.11 Ereignisgesteuerte Prozesskette (EPK)

Die EPK im engeren Sinn kann um weitere Elemente wie In- und Outputs, Verantwortungen und Schnittstellen ergänzt werden. Diese Form wird als erweiterte Ereignisgesteuerte Prozesskette (eEPK) bezeichnet. Bild 4.12 zeigt die Symbolik der EPK und eEPK, Bild 4.13 zeigt einen Beispielprozess als eEPK.

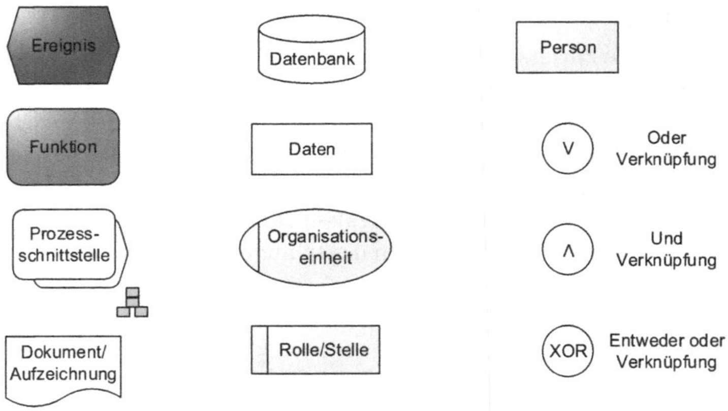

Bild 4.12 Symbolik der EPK und eEPK

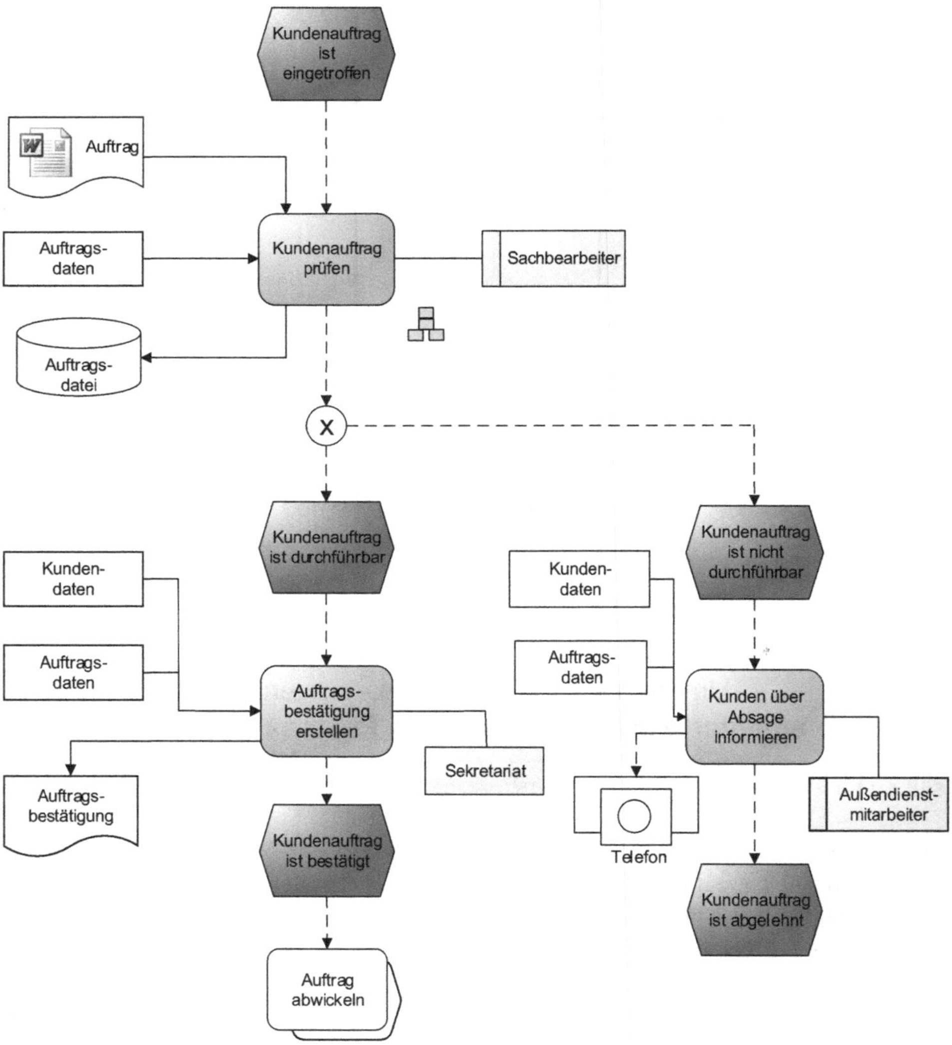

Bild 4.13 Beispielprozess „Kundenauftrag erstellen“ als eEPK

4.3.1.4 Business Process Model and Notation (BPMN)

BPMN stellt Symbole zur Verfügung, mit denen Fach- und Informationsspezialisten Geschäftsprozesse und Arbeitsabläufe (Workflows) sehr detailliert und exakt modellieren und dokumentieren können. Die BPMN wurde 2002 durch den IBM-Mitarbeiter Stephen A. White erarbeitet und später von der Business Process Management Initiative (BPMI), einer Organisation, die Standards im Bereich der Geschäftsprozessmodellierung definiert hatte, veröffentlicht. Seit Januar 2011 ist die neue, aktuelle Version BPMN 2.0 am Markt erhältlich. Die Weiterentwicklung dieser Modellierungskonvention lässt sich auch anhand der Veröffentlichung einer BPMN-2.0-ISO-Norm ableiten, welche 2013 erschien. Die Norm umfasst 507 Seiten, ist nur in einer englischen Version erhältlich und hat die Bezeichnung ISO/IEC 19510:2013.

BPMN 2.0 verfolgt das Ziel, durch eine definierte Palette an Symbolen und bestimmten Regeln, wie diese Symbole miteinander verbunden werden, Prozessmodelle so darzustellen, dass sie von Programmen (Workflow Engines) gelesen, verstanden und in weiterer Folge automatisiert durchgeführt werden können. Durch den BPMN-2.0-Modellierungsstandard wird versucht, die Verständnislücke zwischen Prozessanwendern und IT-Umsetzern möglichst weit zu schließen und dadurch für jegliche Betrachtungsweisen verständlich, analysierbar und somit umsetzbar zu machen. Die methodisch richtige Anwendung der Modellierungskonvention BPMN 2.0, die Syntax, reicht aber nicht aus, damit automatisiert Prozessabläufe funktionieren. Zusätzlich muss die Semantik, d. h. die richtige inhaltliche Bedeutung des Prozessmodells, stimmen. Die Herausforderung liegt also darin, die Syntax und die Semantik eines Prozesses richtig darzustellen.

Die BPMN 2.0 teilt sich in folgende fünf Basiskategorien (vgl. http://www.omg.org/spec/BPMN/2.0, 13.05.2019), welche auch in Bild 4.14 schematisch dargestellt sind:

- **Flussobjekte** (Knoten in den Geschäftsprozessdiagrammen)
  Flussobjekte werden in Tätigkeiten, Gateways und Ereignisse unterteilt. Tätigkeiten entsprechen Prozessschritten. Es gibt verschiedene Arten von Tätigkeiten, welche zur Feinheit der Prozessmodellierung unterstützend wirken. Diesen Tätigkeiten können gewisse Zustände, sogenannte Ereignisse, vor- bzw. nachgelagert sein. Ereignisse in BPMN 2.0 sind Zustände, die vor, während oder am Ende eines Prozesses vorliegen und von wesentlicher Bedeutung für den Prozess sind. Es wird zwischen Start-, Zwischen-, und Endereignissen unterschieden. Verbindungen zwischen den Tätigkeiten werden zum Teil auf Basis vorgegebener Bedingungen gesteuert - sogenannten Gateways.
- **Verbindende Objekte** (Verbindungen der Geschäftsprozessdiagramme)
  Die Verbindungen innerhalb eines Prozesses bzw. über die Grenzen hinaus werden in Sequenzflüsse, Nachrichtenflüsse und Assoziationen unterteilt. Sequenzflüsse folgen der Abfolge der Aktivitäten des Prozesses und entsprechen der Verbindung zwischen Aktivitäten, Ereignissen und Gateways innerhalb eines Pools oder einer Lane. Ist eine Verbindung über die Grenzen des Pools notwendig, so wird dies mit Nachrichtenflüssen dargestellt. Assoziationen weisen den einzelnen Elementen Datenobjekte wie Informationen, Ressourcen etc. zu.
- **Teilnehmer** (Interaktionen und Verantwortlichkeiten)
  Teilnehmer bzw. die Grenzen eines Prozesses werden durch Lanes und Pools umfasst. Lanes in BPMN geben an, wer welche Tätigkeiten durchführt - entspricht der Verantwortlichkeit für die jeweilige Tätigkeit. Lanes könne Rollen, Organisationen oder Systeme dar-

stellen. Pools in BPMN umfassen eine bestimmte Anzahl von Lanes und repräsentieren Teile einer Organisation (z. B. Prozesse, Organisationseinheiten, Teams, Bereiche, ...). Jeder Pool hat einen vollständigen Prozess. Prozesse können durch sogenannte „Message Flows/Nachrichtenflüsse" Informationen austauschen.

- **Artefakte** (Zusatzobjekte)
  Artefakte sind Zusatzinformationen, wie ergänzende Hinweise oder Gruppierungen, um zusätzliche Unterstützung bei der Durchführung der Tätigkeiten zu liefern. Artefakte haben keinen Einfluss auf die semantische Korrektheit der Prozessmodellierung.
- **Daten** (Informationen)
  In BPMN repräsentieren Datenobjekte jegliche Art von Information unabhängig von dem Medium, auf dem die Information transportiert wird, und werden prinzipiell über Assoziationen mit Aktivitäten verknüpft (vgl. Freund, Rücker, 2017).

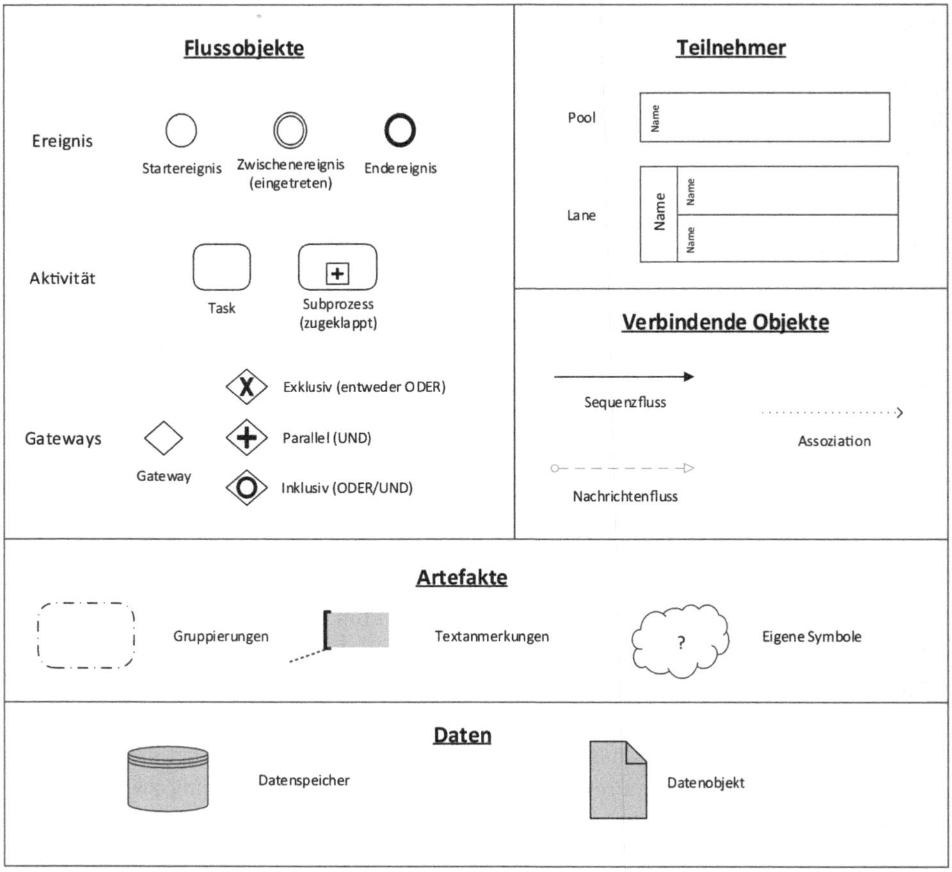

Bild 4.14 Grundlegende Symbolik der BPMN 2.0 (Freund, Rücker, 2017)

4.3.1.5 Swimlane-Darstellung

Die Swimlane-Darstellung (Bild 4.15) zeigt die Abfolge der Tätigkeiten über eine horizontale Zeitachse und macht vor allem den abteilungsübergreifenden Prozess- und Informationsfluss ersichtlich. Die einzelnen in den Prozessfluss integrierten Mitarbeiter, Rollen oder Abteilungen werden als horizontal verlaufende Bahnen dargestellt. Die Schnittstellen zwischen Organisationseinheiten und die Anzahl der Funktionswechsel können mittels Swimlane-Darstellung übersichtlich dargestellt werden.

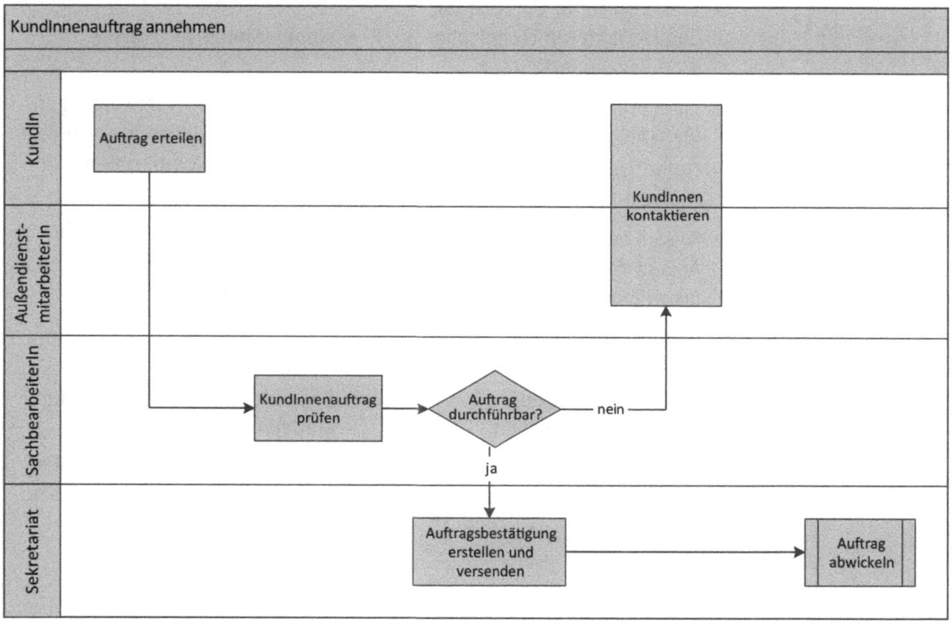

Bild 4.15 Beispielprozess „Kundenauftrag erstellen" als Swimlane-Darstellung

4.3.1.6 Vor- und Nachteile der verschiedenen Darstellungsformen

Tabelle 4.1 Vor- und Nachteile der verschiedenen Darstellungsformen

Darstellungsform	Vorteile	Nachteile
Pfeilform	▪ Übersicht schnell gegeben ▪ Prozessabhängigkeiten leicht ersichtlich ▪ Auf Prozesslandkartenebene einsetzbar	▪ Verzweigungen schwer darstellbar ▪ Zuständigkeiten schwierig anzugeben ▪ Detailliertere Informationen kaum visualisierbar
Prozessablauf	▪ Klare Zuständigkeiten (Durchführung, Mitwirkung etc.) ▪ Verzweigungen leicht nachvollziehbar ▪ „Gewohnte" Leserichtung von links nach rechts und oben nach unten in Flussrichtung	▪ Stellenübergreifende Prozessschritte unübersichtlich ▪ Funktionswechsel nicht bildlich erkennbar

Tabelle 4.1 Vor- und Nachteile der verschiedenen Darstellungsformen *(Fortsetzung)*

Darstellungsform	Vorteile	Nachteile
EPK	▪ Ergebniszustände sind klar definierbar ▪ Art der Verzweigung über logische Operatoren darstellbar ▪ Sehr genaue Darstellung möglich ▪ Standardisierte Sprache und damit leichter in technische Workflows überführbar	▪ Sehr umfangreiche Darstellungsmöglichkeit ▪ Kann schnell unübersichtlich werden (an Tätigkeiten angehängte Symbole) ▪ Oft schwer ausdruckbar ▪ Weniger intuitiver Zugang
Swimlane	▪ Funktions- und Abteilungsübergänge deutlich sichtbar ▪ Gute Übersicht über involvierte Stellen ▪ Anzahl beteiligter Stellen und Anzahl der Schnittstellen leicht erkennbar ▪ Möglichkeit der einfachen zeitlichen Darstellung	▪ Darstellung von Verzweigungen reduziert die Übersichtlichkeit, vor allem bei komplexeren Darstellungen ▪ Input und Output sowie zusätzliche Informationen (z. B. IT-Systeme) nur sehr schwer darstellbar
BPMN	▪ Sehr genaue Prozessmodellierung möglich ▪ Lesbarkeit für Work-Flow-Engines ▪ Vorbereitung zur Prozessautomatisierung möglich	▪ Schulungsaufwand für korrekte Modellierung ▪ Komplexe Darstellung für Unerfahrene teilweise schwer lesbar

4.3.1.7 Gründe für Prozessdarstellungen

Kenntnis des aktuellen organisatorischen Stands

Die Darstellung von Abläufen liefert einen außerordentlichen Beitrag zur Transparenz im Unternehmen und zum Verständnis der Mitarbeiter für den Prozess durch die Beschäftigung mit den eigenen Abläufen. Die grafische Aufbereitung erleichtert die Erarbeitung der Prozesse und die Auseinandersetzung mit der Thematik. Ablaufdarstellungen liefern eine Dokumentation der gemeinsamen Vorgehensweise, einen Schulungsbehelf für neue Mitarbeiter und eine Diskussionsplattform für Prozessverbesserungen (siehe auch „Wunsch nach Prozessoptimierung").

Zertifizierungen

Der Wunsch nach einer Zertifizierung, z. B. nach ISO 9001, IATF 16949, führt zu Beginn oft zu einer Auseinandersetzung mit den bestehenden Prozessen und somit auch zu einer detaillierten Prozessdarstellung, meist in grafischer Form. Für einige Prozesse wird in diversen Normen explizit eine Dokumentation gefordert.

Wunsch nach Prozessoptimierung

Grundbaustein für die Prozessoptimierung ist das Vorliegen eines aktuellen organisatorischen Stands. Hierfür wird zunächst der Ist-Zustand festgehalten und die daraus resultierende Prozessdarstellung als Grundlage für Prozessoptimierungen herangezogen.

Bei der Visualisierung von Prozessen können somit grundsätzlich zwei Zielsetzungen unterschieden werden:

- Visualisierung von Prozessen zur Information, Kommunikation oder Dokumentation,
- Visualisierung von Prozessen zur Analyse und Optimierung.

Die unterschiedlichen Anforderungen dieser zwei Arten von Visualisierung in Bezug auf Detailliertheit, Informationsgehalt etc. werden in den folgenden Kapiteln näher ausgeführt.

Behördliche Vorgaben

Ein weiterer Grund, um Prozesse in einem Unternehmen darzustellen und die Tätigkeiten über ein Prozessmanagementsystem abbildbar und steuerbar zu machen, sind regulatorische und behördliche Vorgaben.

Dies trifft unter anderem bei Finanzdienstleistern zu, welche seitens der staatlichen Kontrollorgane dazu verpflichtet sind, gesteuerte Prozesse in ihrem Unternehmen einzuführen.

Anforderungen des Kunden

Nicht nur Behörden, sondern auch spezifische Branchen wissen um die Vorteile von gesteuerten und dokumentierten Prozessen. So ist es beispielsweise in der Automotiveindustrie oder in der Luftfahrtindustrie eine Vorgabe an die Lieferanten, Prozesse auf Basis spezifischer Standards (IATF, VDA, ISO EN 9100 etc.) im Unternehmen zu erheben und zu betreiben. Dies wird unter anderem auch durch sogenannte Lieferantenaudits überprüft.

4.3.2 Prozessvisualisierung zur Information, Kommunikation und Dokumentation von Prozessen

Die Visualisierung von Prozessen mit dem Ziel der anschließenden Information oder Kommunikation einer Gruppe von Mitarbeitern ist eine klassische Aufgabe beim Aufbau von Prozess- oder Qualitätsmanagementsystemen. Die primäre Zielsetzung ist, die Prozessdokumentation so übersichtlich wie möglich und so detailliert wie nötig zu gestalten, um sie den Mitarbeitern als sinnvolles Hilfsmittel im operativen Betrieb zur Verfügung zu stellen und um die betrieblichen Abläufe in Form von Prozessen gut regeln zu können. Für die Einschulung neuer Mitarbeiter kann diese Art der Visualisierung ebenfalls eine sehr hilfreiche Unterstützung sein.

Die Zielgruppe für die Kommunikation der Prozesse sind die Mitarbeiter der Organisation, deren Aufgabe es ist, die Prozesse umzusetzen und zu leben. Deshalb sollten begleitende Schulungen zum grundlegenden Prozessverständnis, zur verwendeten Notation und zu den Modellierungskonventionen durchgeführt werden, um sicherzustellen, dass die Mitarbeiter im Prozess die Darstellung des Ablaufs richtig lesen können. Zielsetzungen für Kommunikation sind z. B.:

- ausreichende Detailliertheit für die Anwendung der Prozesse in der täglichen Arbeit am Arbeitsplatz,
- übersichtliche Aufbereitung der Prozesse für Schulungen,
- Dokumentation der Prozesse in Form von Prozessbeschreibungen, Verfahrensanweisungen, QM-Handbüchern etc.,
- einfacher Zugriff auf die Prozesse und mitgeltenden Unterlagen für die Mitarbeiter z. B. über Intranetlösungen: Zugriff auf alle Prozesse ausgehend von der Prozesslandkarte und die einzelnen Gliederungsebenen bis auf die Ebene der einzelnen Prozessabläufe (Praxisbeispiel siehe Kapitel 11.3).

Im Wesentlichen sind bei der Visualisierung von Prozessabläufen im Hinblick auf die anschließende Information, Kommunikation und Dokumentation die folgenden Punkte von Interesse:

- Schritte des Prozesses und ihre Abfolge,
- Verzweigungen im Prozessablauf und zugehörige Entscheidungskriterien,
- Schnittstellen im Rahmen des Prozessablaufs,
- Verantwortlichkeiten und Kompetenzen für die einzelnen Prozessschritte,
- In- und Outputs für die einzelnen Prozessschritte.

4.3.2.1 Dokumentation im Prozessmanagementsystem

Die Visualisierung von Prozessen ist für die Arbeit in den einzelnen Abläufen ein zentrales Element. Parallel zur Dokumentation von einzelnen Prozessen müssen aber ebenso Strukturen, Kompetenzen, Zweck und Ziele sowie Konventionen und Richtlinien für das Managementsystem definiert und festgehalten werden. An die Dokumentation eines Prozessmanagementsystems insgesamt ergeben sich folgende Anforderungen bzw. sie gibt Aufschluss über die folgenden wesentlichen Punkte:

- Aufbau und Struktur des Prozessmanagementsystems: Gliederung der Prozesse ausgehend von der Prozesslandkarte über die einzelnen Gliederungsebenen bis hin zur Abfolge der einzelnen Prozesse und Teilprozesse.
- Beschreibung der Prozesse: Prozessablauf, Verantwortlichkeiten, Inputs und Outputs etc.
- Festlegungen zu den Prozesszielen und zur Prozessmessung: Prozessziele, Zielwerte, Messgrößen, Angaben zur Datensammlung und -auswertung sowie zugehörige Verantwortlichkeiten.

Die Struktur der prozessmanagementbezogenen Dokumentation kann in Ebenen unterteilt und schematisch mit einer Pyramide dargestellt werden (Bild 4.16).

Die übergeordneten Dokumente wirken normativ auf die untergeordneten Inhalte und geben somit Richtlinien für die Erarbeitung der Inhalte in den untergeordneten Dokumenten vor. Das bedeutet auch, dass die Dokumentation mit jeder Ebene zunehmend detaillierter, präziser und spezifischer wird. Die Anzahl der Ebenen ist unternehmensspezifisch zu diskutieren und festzulegen. Sie kann sowohl mehr als auch weniger Ebenen umfassen. So können beispielsweise Prozessmanagementhandbücher zusammengefasst werden, wodurch drei Ebenen entstehen. Bestehen im Unternehmen andere Managementsysteme zu Qualität, Umwelt, Arbeitssicherheit etc., dann macht es meist Sinn, diese Handbücher in ein IMS-Handbuch (Integriertes Managementsystem-Handbuch) zusammenzuführen. Im Folgenden werden die vier Ebenen kurz vorgestellt.

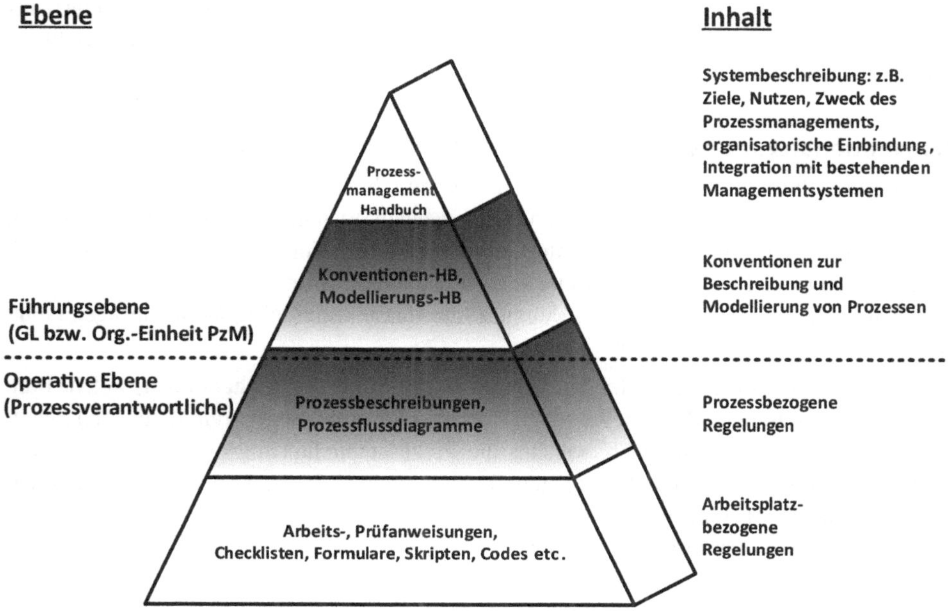

Bild 4.16 Dokumentationshierarchie

Systembeschreibungen: Prozessmanagementhandbuch

Im Prozessmanagementhandbuch wird das Prozessmanagementsystem eines Unternehmens mit seinen Elementen und Spielregeln festgehalten (konkrete Umsetzung des Prozesslebenszyklus, Kontinuierlicher Verbesserungsprozess, Rollen, Methoden und Instrumente etc.) sowie dessen organisatorische Einbindung in das Unternehmen festgelegt. Es umfasst somit für alle Prozesse geltende Informationen und Regelungen. Neben dem Ziel, Zweck und Nutzen des Prozessmanagementsystems können beispielsweise Vorgaben zur Dokumentation festgehalten und die Planung und Steuerung des Systems oder Standards für die operative Ausführung des Prozessmanagements, z. B. die Arbeit in den Prozessteams, dargestellt werden. Ebenso werden die Rollen im Managementsystem und die Integration bzw. die Schnittstellen zu anderen Managementsystemen dargestellt.

Für die Erstellung werden meist Arbeitsgruppen aus ausgewählten Spezialisten zu den unterschiedlichen Themenstellungen zusammengestellt. In den Arbeitsgruppen werden die Inhalte ausgearbeitet, abgestimmt und der Geschäftsführung zur Freigabe vorgelegt. Ebenso müssen der Status und das Ergebnis passend kommuniziert werden. Die Erarbeitung erfolgt iterativ in Zyklen. Das Handbuch kann entweder beim Aufbau des Managementsystems erstellt werden, wodurch das Handbuch mit dem System mitwächst, oder es wird erst nach dem Aufbau erstellt und dokumentiert somit den aktuellen Letztstand des Systems.

Bei der Erstellung ist wichtig, die Zielgruppen und die vorgesehene Art der Nutzung abzuklären. Je nachdem sind der Detailgrad, die Inhalte und die Gestaltung bis hin zur verwendeten Sprache bzw. den verwendeten Formulierungen anzupassen. Als Schulungsunterlage ist ein Handbuch im Allgemeinen nicht geeignet. Ebenso ist die Abstimmung mit anderen Managementsystemen zu beachten. Das Wichtigste ist jedoch, dass das Handbuch unbedingt unternehmensspezifisch erstellt wird, um die individuellen Strukturen, Inhalte und

Festlegungen abzubilden. Das Handbuch sollte keinesfalls von der Stange sein, sondern das ebenso maßgeschneiderte Managementsystem des Unternehmens mit seinen jeweiligen Elementen und Spielregeln widerspiegeln.

Konventionen zur Beschreibung und Modellierung von Prozessen

Ziel dieser Dokumentationsebene ist es, eine einheitliche Prozessdokumentation im Unternehmen sicherzustellen. Hier ist festzulegen, welche Visualisierungsarten, Notationen, Modellierungsrichtlinien etc. im Unternehmen bzw. im Konzern zu verwenden sind. Dadurch soll erreicht werden, dass Visualisierungen von Prozessen in der gesamten Organisation problemlos gelesen werden können und darstellungsseitig keine Unregelmäßigkeiten und Unschärfen auftreten.

Dabei kann bei Bedarf unterschieden werden in ein Konventionenhandbuch, welches die Prozessbeschreibungen (Layout, Vorgehen, Vorlagen für Prozessbeschreibungen etc.) regelt, und ein Modellierungshandbuch, welches die Prozessmodellierung mit einem speziellen Softwaretool regelt. Das Modellierungshandbuch kann auch in das Konventionenhandbuch integriert werden. Die besprochenen Handbücher können aber eben auch in das Prozessmanagementhandbuch integriert werden.

Prozessbezogene Regelungen: Prozessbeschreibungen, Prozessflussdiagramme

Im Gegensatz zu den vorigen zwei Ebenen, die den Vertretern der Geschäftsleitung bzw. der für das Prozessmanagement zuständigen Organisationseinheit zugeschrieben werden können, sind diese und die nächste Ebene dezentral organisiert und im Verantwortungsbereich der Prozesseigner und -verantwortlichen angesiedelt.

Dokumentationen auf dieser Ebene regeln also jeweils einen einzigen Prozess. Sie können Prozesszweck, Prozessverantwortlichen/Prozessteam, Prozessablauf inklusive Erläuterungen, Schnittstellen, Prozessziele und -messgrößen, Auflistungen der relevanten Dokumente etc. enthalten. Diese Aspekte sind ebenfalls unternehmensspezifisch und im Konventionenhandbuch definiert. Die Prozessbeschreibung wird in Schritt III der 4-Schritte-Methodik erstellt und dort noch ausführlich beschrieben.

Arbeitsplatzbezogene Regelungen

Auf dieser Dokumentationsebene sind mitgeltende Dokumente zu den Prozessen zu finden (Arbeits- und Prüfanweisungen, Checklisten, Formulare etc.), die Vorgaben aus der Prozessdarstellung weiter detaillieren und zur inhaltlichen Unterstützung der Mitarbeiter am Arbeitsplatz dienen sollen. Sie stellen das qualitätsorientierte Verhalten der Mitarbeiter am Arbeitsplatz sicher. Auch wenn eine Tätigkeit bzw. ein Prozessschritt automatisiert durchgeführt wird, braucht es eine genaue Vorgehensweise. In diesem Fall sind das beispielsweise Skripte in unterschiedlichsten Programmiersprachen, welche von der ausführenden Maschine, dem Roboter oder Ähnlichem als Vorgabe und Unterstützung verwendet werden.

4.3.2.2 Dokumentationsanforderungen der Mitarbeiter

Entsprechend ihren Rollen und Aufgaben im Prozessmanagementsystem lassen sich die in Tabelle 4.2 aufgelisteten Gruppen von Mitarbeitern mit Informationsansprüchen an die Dokumentation des Prozessmanagementsystems bilden.

Entsprechend dem Digitalisierungsgrad eines Unternehmens kann eine Maschine, Software oder Roboter sehr ähnliche Anforderungen haben wie ein Mitarbeiter, der den Prozess ausführt. Die Anforderungen an die Dokumentation sind in diesem Fall viel genauer und beziehen sich auf exakt definierte Abläufe sowie programmierte Codes oder Skripte.

Tabelle 4.2 Dokumentationsanforderungen der Mitarbeiter

Mitarbeitergruppen	Aufgabe	Anforderungen an die Dokumentation
Mitarbeiter, die die Prozesse ausführen	Ausführen der Prozesse entsprechend den dokumentierten Standards	Informationen und Unterlagen, die Prozessdurchführung betreffend: ▪ Verweise auf erforderliche Unterlagen, Informationen und Kompetenzen ▪ Schnelle Verfügbarkeit, übersichtliche, strukturierte, aber ausreichend detaillierte Darstellung
Prozesseigner, Prozessverantwortlicher und Prozessteams	Prozessausführung und -steuerung: Messung, Steuerung und Verbesserung der Prozesse, Durchführung des Prozessreportings Prozessplanung und Prozessdesign durchführen	▪ Aufzeichnungen zur Prozessmessung und -zielerreichung ▪ Handbücher: Konventionen und Regelungen ▪ Aufzeichnungen zu Prozessanalysen und -verbesserungen ▪ Änderungshistorien etc.
Prozessmanager	Monitoring der Prozesse: z. B. Zusammenführung der Reportingdaten zu einem Prozesscockpit, Abgleich mit strategischen Zielen etc. (siehe Kapitel 6)	▪ Zugriff auf strategische Ziele, auf aktuelle Prozessreports, Leistungskennzahlen, Maßnahmenmonitoring sowie Verbesserungsvorschläge und auf Prozessmessdetailergebnisse

4.3.2.3 IT-Werkzeuge zur Umsetzung der Dokumentation

Bei der Dokumentation einzelner Prozesse können zwei verschiedene Wege gegangen werden:

- **Verwendung von Visualisierungstools:** Die dazu verwendeten Werkzeuge (ein weitverbreiteter Vertreter ist Microsoft Visio) dienen ausschließlich der Visualisierung des Prozesses. Diese Abbildung des Prozesses wird anschließend meist in eine Prozessbeschreibung eingefügt und um entsprechende Informationen ergänzt (siehe Schritt III der 4-Schritte-Methode). Diese Variante wird sehr oft in kleinen und mittleren Unternehmen verwendet, weil sie einerseits kostengünstig ist, andererseits die Möglichkeiten eines GPO-Tools ohnehin nicht genutzt werden.
- **Verwendung von GPO-Tools:** Hierbei handelt es sich um datenbankbasierte Softwarepakete zur Modellierung von Prozessen und Prozessmanagementsystemen. Es bestehen umfangreiche Möglichkeiten, Objekte wie Tätigkeiten, Prozesse, Rollen oder Dokumente miteinander zu vernetzen, diese Objekte mit Daten zu hinterlegen und die Daten im Anschluss über verschiedenste Werkzeuge auszuwerten (statische Modellierungswerkzeuge). Dynamische Modellierungstools haben zusätzlich eine Simulationsfunktion integriert.

4.3.2.4 Geschäftsprozessoptimierungstools (GPO-Tools)

GPO-Tools verfolgen das Ziel einer EDV-gestützten strukturellen Optimierung sowohl der Ablauf- als auch der Aufbauorganisation von Unternehmen. Mithilfe der Tools können Daten und Informationen wie Arbeitsinhalte, Personaleinsatz, Stellendefinition, Informationsflüsse, Durchlaufzeiten etc. erfasst werden. Ergebnis dieser Erfassung ist ein Modell, in dem Aufgaben, Funktionsträger und Informationen auf vielfältige Weise miteinander verknüpfbar und visuell darstellbar gemacht werden. GPO-Tools dienen damit einerseits zur grafischen Darstellung von Prozessabläufen, ermöglichen darüber hinaus jedoch auch Auswertungen und deren grafische Darstellung.

Der Vorteil der GPO-Tools liegt daher darin, dass das gesamte Prozessmanagementsystem ausgehend von der Prozesslandkarte bis zu Prozessen und Teilprozesse in einem Softwarepaket modelliert werden kann.

Vorgehensweise zur Toolauswahl

Die vielzähligen Möglichkeiten an hilfreichen Tools gilt es zu analysieren und für das Unternehmen sind maßgeschneiderte Werkzeuge zu finden. Bei der Auswahl eines geeigneten GPO-Tools ist den in Bild 4.17 dargestellten drei Aspekten besondere Aufmerksamkeit zu schenken.

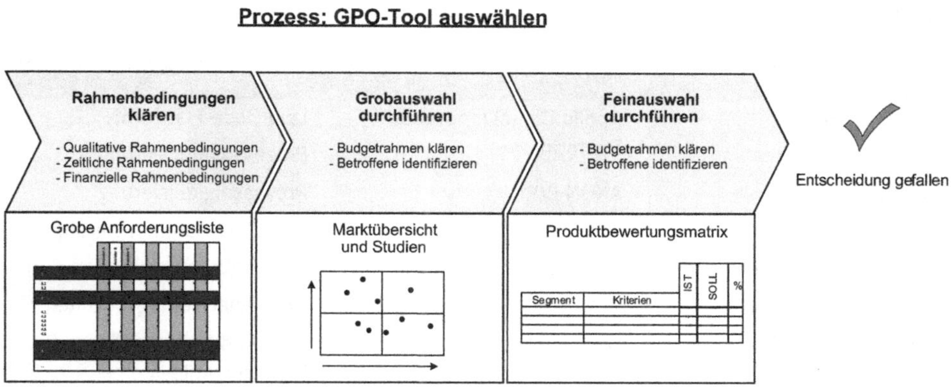

Bild 4.17 Vorgehensweise bei der GPO-Toolauswahl

Klärung der Rahmenbedingungen: Unter ständiger Berücksichtigung des Kontextes der Organisation und seiner strategischen Ausrichtung müssen sowohl die qualitativen und zeitlichen als auch die finanziellen Rahmenbedingungen geklärt werden. Beteiligte und betroffenen Schnittstellen und Abteilungen sind bereits in der Anfangsphase der Tool-Auswahl mitzuberücksichtigen und einzubeziehen. Qualitative Aspekte fokussieren primär auf den groben Anforderungen des Unternehmens an die Software und sollten Aufschluss über die benötigte Komplexität des Tools geben. Zeitliche Rahmenbedingungen umfassen vor allem die Auswahl der Software, die Installation, die Anpassung sowie die Einschulung der Mitarbeiter. Schlussendlich wird mittels finanzieller Rahmenbedingungen geklärt, welche Kosten im Zuge des Erwerbs, des Customizing, der Einführung und der Weiterentwicklung entstehen.

Grobauswahl durchführen: Aufgrund der Größe des GPO-Toolmarkts (Tabelle 4.3) kann durch die Definition von Muss-Kriterien die Auswahl an Tools reduziert werden. Dadurch wird das gesamte Auswahlverfahren beschleunigt, da nur passende Tools einer genaueren Analyse unterzogen werden. Eine wesentliche Hilfe bei der Auswahl eines Tools stellen hierbei Marktübersichten, Studien oder Informationen aus Fachveranstaltungen dar. So wird beispielsweise seitens der Gesellschaft für Prozessmanagement (www.prozesse.at) in regelmäßigen Abständen ein „Tool Masters“ veranstaltet, an dem etwa sechs bis sieben Hersteller von PzM-Tools teilnehmen. Die Tool-Anbieter stellen sich kurz vor und arbeiten dann einen Prozess aus, der die Stärken des jeweiligen Tools am besten zeigt. Im Anschluss bieten die Toolhersteller vor Ort die Möglichkeit, im Sinne von „look and feel“ die gezeigten Tools selbst auszuprobieren.

Feinauswahl durchführen: Für die Feinauswahl werden die Anforderungen an die Software im Team diskutiert und nach Wichtigkeit bewertet. Diese Teams sollten möglichst interdisziplinär zusammengesetzt sein und insbesondere auch die späteren Nutzer des Systems, die eigenen Mitarbeiter, mit einbeziehen. Die Feinauswahl sollte eine Präsentation im eigenen Unternehmen beinhalten und anhand eines praktischen Beispiels eine Erfahrungssammlung vorsehen. Die final ausgewählten Tool-Anbieter können dann anhand der fein abgestimmten Anforderungen in einem „proof of concept“ die Vorteile und das Können der jeweiligen Software präsentieren, was den Input für die endgültige Entscheidung liefert.

Tabelle 4.3 Auswahl aktueller GPO-Tools

Anbieter	Produkt	Auszug Schwerpunkte/ Eigenschaften
Apollo Systems	Apollo Digital Innovation Platform	Low-Code-Plattform Prozessdigitalisierung
AXON Ivy AG	AXON IVY	Prozessdigitalisierung Workflow-Automatisierung
BOC Information Technologies Consulting GmbH	ADONIS	Webveröffentlichung Viele Analysemöglichkeiten
ConSense GmbH	ConSense	Standard-Softwarelösung für Managementsysteme Personalisierter Einstieg
FireStart GmbH	FireStart BPM Suite	Schnittstellen zu IT-Systemen Workflow-Automatisierung
GBTEC Software + Consulting AG	BIC Platform	Offenes Metamodell Anwenderorientierte Publizierung
iGrafx GmbH	iGrafx Suite	Webveröffentlichung SAP-Prozesse
Inspire Technologies GmbH	BPM Inspire	Simulation und Dokumentation Lösungsvorlagen
Ploetz + Zeller GmbH	Symbio	Einfaches Customizing Modellieren im Browser
Signavio GmbH	Signavio Business Transformation Suite	Kollaboratives Design Simulation
Software AG	ARIS	Dokumentation und Gestaltung der Geschäftsabläufe Szenarien simulieren
ViCon GmbH	ViFlow	Prozessmodellierungstool Auf Basis von MS Visio

Bei den in Tabelle 4.3 angeführten Tools handelt es sich um eine Auswahl. Alle oben genannten Tools bieten einen modularen und somit erweiterbaren Aufbau der Software. Ebenfalls stehen in den unterschiedlichen Softwarelösungen mehrere Notationsmöglichkeiten zu Verfügung (z. B. Flowchart, EPK, Swimlane, BPMN 2.0 usw.).

Bei der Anschaffung eines GPO-Tools kann es vor allem bei ungenügender Betrachtung der Anschaffungskosten und der laufenden Kosten zu bösen Überraschungen kommen. In der Praxis haben sich folgende Stolpersteine gezeigt:

Konfektion statt Maß: Die Mehrzahl der Anbieter hat neben der Software noch inhaltliche Zusatzpakete im Angebot. Diese sind fertige, den Normforderungen genügende Prozesse, welche Referenzmodelle wie beispielsweise SCOR (Supply Chain Operations Reference) abbilden. Der Erfolg eines jeden Tools wird sich jedoch erst einstellen, wenn die Mitarbeiter bei der Prozesserarbeitung mit einbezogen werden und ihnen keine fertigen Prozesse vorgesetzt werden.

Komplexität: Die GPO-Software ist vielschichtig und stellt den Anwender nicht selten vor komplexe Aufgaben. Insbesondere ist die notwendige Einarbeitungszeit eines neuen Mitarbeiters zu berücksichtigen, da für einen langfristigen erfolgreichen Einsatz die einfache und leicht verständliche Anwendung des Tools unabdingbar ist.

Lizenzzahl: Es ist bezüglich der Anwender der Software zu klären, wer die Prozesse ins System aufnimmt, die Prozessdokumentation pflegt und die technische Administration übernimmt. Gerade bei Lizenzzahlen für die Modellierer zeigt sich immer wieder, dass hier oft zu hoch gegriffen wird.

Zusatzfunktionen: Bei einer ungenauen Bewertung in der Evaluierungsphase kann es passieren, dass Zusatzfunktionen wie Kostenrechnung, Simulation oder Balanced Scorecard ein zu hoher Stellenwert eingeräumt wird. Es empfiehlt sich daher, Zusatzmodule erst dann anzuschaffen, wenn deren Einsatz tatsächlich gefordert und notwendig ist.

Tabelle 4.4 zeigt die Vor- und Nachteile beim Einsatz von GPO-Tools im Überblick.

Tabelle 4.4 Grundlegende Vor- und Nachteile beim Einsatz von GPO-Tools

Vorteile	Nachteile
Objektorientierung (z. B. Änderungen an Objekten werden an verlinkten Stellen übernommen)	Hohe Kosten (Basispreis, Customizing, Schulungen, laufende Lizenzkosten etc.)
Benutzerverwaltung	Aufwand für Schulungen
Vielzahl an Möglichkeiten	Laufende Wartung, Administration
Änderungshistorie	
Auswertung (Prozessreports auf Knopfdruck)	
Automatische Verteilung der Informationen	
Basis für Prozessautomatisierung	
Grundlage für Prozessoptimierung über Prozessmining	

Im Folgenden soll ein erster Einblick anhand der weitverbreiteten Tools ADONIS und ARIS gegeben werden.

ADONIS ist ein Geschäftsprozessmanagement-Werkzeug des Unternehmens BOC für die modellbasierte Gestaltung von Geschäftsprozessen, Produkten, Organisationsstrukturen und IT-Systemen.

Neben einer grafischen bzw. tabellarischen Modellierung bietet ADONIS eine Reihe betriebswirtschaftlicher Auswertungsfunktionen, beispielsweise zur Ermittlung des Personalbedarfs, der Prozesskosten und der Durchlaufzeiten von Prozessen. Hierfür stehen auch Simulationskomponenten zur Verfügung.

Den wachsenden Anforderungen entsprechend entwickeln sich die Tools mit ihren zahlreichen Zusatzfunktionen auch weiter – wie bei ADONIS unter anderem szenarienbasierte User-Interfaces, konfigurierbare Freigabe-Workflows, Prozessvalidierungen (BPMN-Syntax, Mod-Richtlinien ...), grafische Webmodellierung, zentrales Repository etc., um nur einige zu nennen.

Für die Modellierung organisatorischer Elemente bietet ADONIS einen umfangreichen Modellierungseditor, der vielfältige Funktionalitäten zur Modellierung bereitstellt (Bild 4.18).

In der Anwendungsbibliothek stehen neben Geschäftsprozessen auch Produktmodelle, Prozesslandkarten, Arbeitsumgebungen (Aufbauorganisation), Dokumentenmodelle, IT-Systemmodelle (Bild 4.19) sowie Anwendungsfalldiagramme in verschiedenen Modellierungsarten zur Verfügung. Zur Modellierung wird ein Modellierungssymbol in der Modellierungsleiste aktiviert und mittels Drag-and-drop auf die Zeichenfläche platziert.

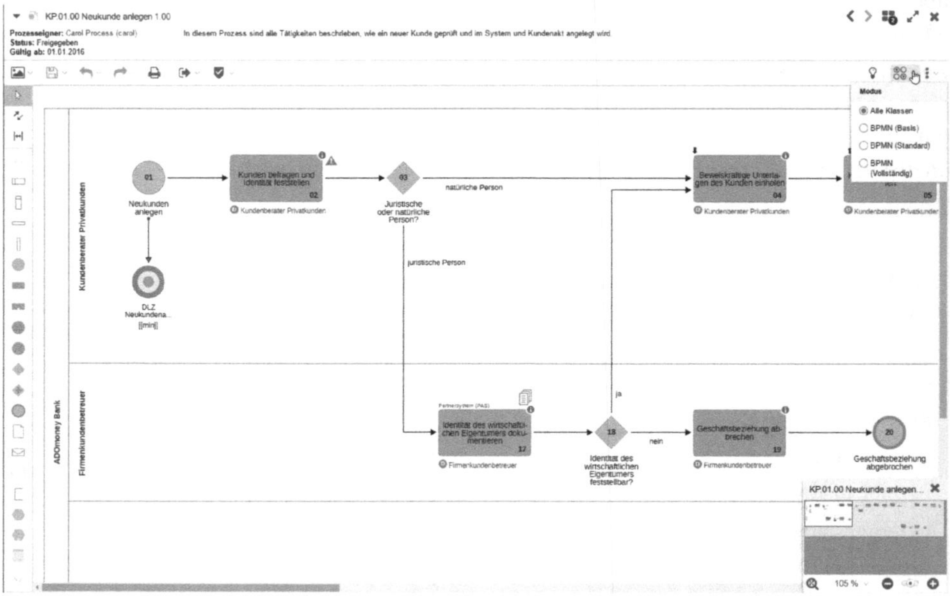

Bild 4.18 Modellierung in ADONIS

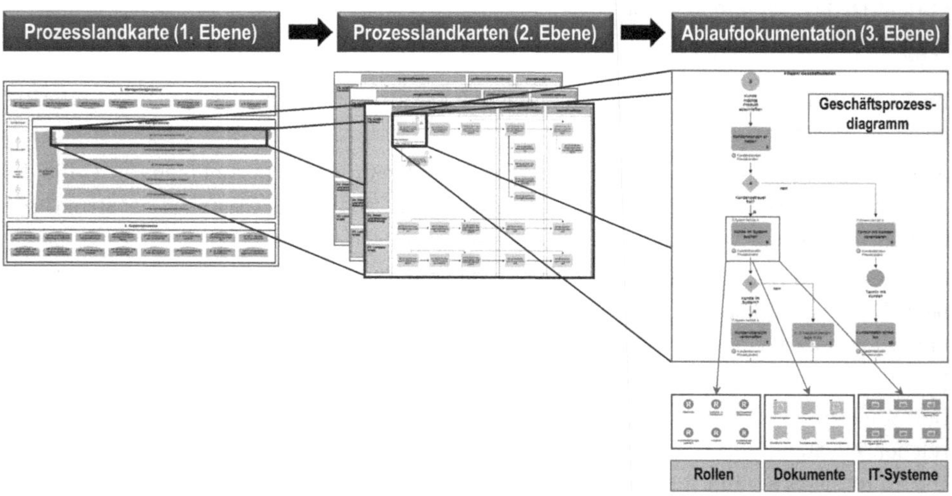

Bild 4.19 Zusammenhang Prozessebenen

Für das Management ist die Verbindung der Geschäftsprozesse mit den Unternehmensstrategien von essenziellem Ausmaß. Hierzu sind effiziente Managementprozesse notwendig, die eine konsequente Umsetzung der Unternehmensstrategien und der strategischen Ziele sowie deren Verwirklichung im Tagesgeschäft anhand operativer Maßnahmen erlauben.

Performancemanagementsysteme wie die Balanced Scorecard ermöglichen sowohl die an den Strategien ausgerichtete Unternehmenssteuerung mit aussagefähigen Performancekennzahlen als auch die Definition strategisch bedeutsamer Maßnahmen.

Durch die automatisierte Generierung von Reports und Controlling-Cockpits und der Verteilung in einem Managementportal werden aktive Steuerung, Transparenz und nachhaltige Strategieumsetzung forciert. Bild 4.20 zeigt Beispiele spezifischer Dashboards.

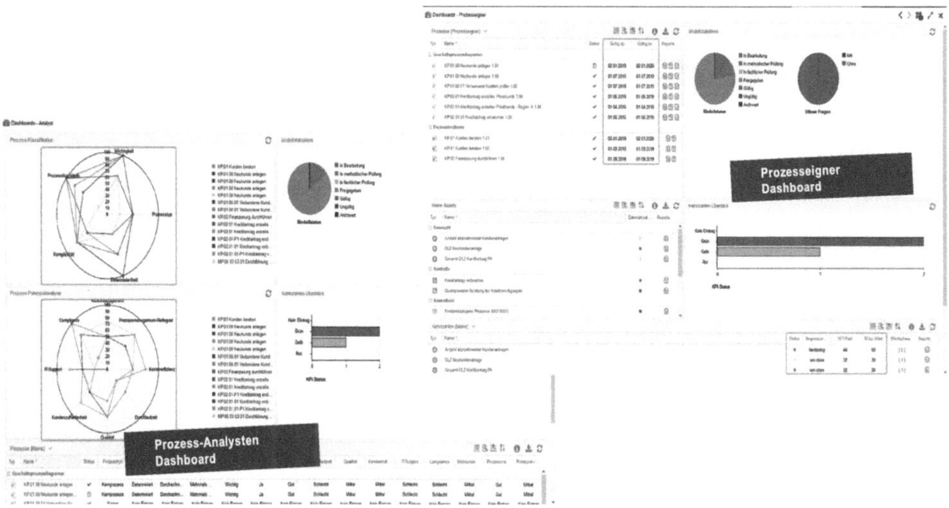

Bild 4.20 Kennzahlenanalyse und Dashboards in ADONIS

ARIS ist ein Geschäftsprozessmanagement-Werkzeug des Herstellers Software AG. Die wachsenden Anforderungen hinsichtlich genauer Modellierungsfunktionen und höheren Anforderungen an die Anwendungs-, Auswertungs-, Bearbeitungs-, Kommunikations- und Darstellungsmöglichkeiten sind auch seitens ARIS sehr vielschichtig.

Ein datenbankgestütztes Geschäftsprozessmanagement-Werkzeug wie ARIS hat vielseitigste Funktionen, die je nach Bedarf des Unternehmens selektiert, angepasst und zur Verfügung gestellt werden können. Dies beginnt bei der Konvention der Prozessgestaltung, sei es BPMN (Business Process Modelling and Notation), EPK (ereignisgesteuerte Prozessketten) oder eine andere über verschiedenste Prozessebenen (Bild 4.21) und setzt sich fort bis zur Freigabe von Prozessänderungen oder Dokumenten über ARIS.

Zudem ist ein Tool wie ARIS im Stande, mit Daten aus SAP-Lösungen oder auch anderen Systemen versorgt zu werden, um so Prozesse, aber auch Projekte, besser implementieren und kontrollieren zu können. Dies ist eine Möglichkeit, die Erreichung der strategischen und unternehmerischen Ziele zu erreichen.

Die automatische Erstellung von Reports oder Dashboards, wie sie in Bild 4.22 (ARIS GRC-Dashboard eines Risikomanagementprozesses) zu sehen ist, ermöglicht auf verschiedensten Ebenen der Prozesse eine Kontrolle des Prozessstatus. Im Genaueren handelt es sich bei dem Bild um das GRC-Dashboard eines Risikomanagementprozesses (GRC steht für Government Risk and Compliance), der die aktuelle Situation durch Anzahl der Risiken, Anzahl der offenen GRC-Maßnahmen oder die Bewertung definierter Risiken darstellt. Dashboards oder Reports ermöglichen hierbei ein schnelles Reagieren, da der momentane Stand des Prozesses durch KPIs und grafische Abbildungen selbsterklärend dargestellt wird.

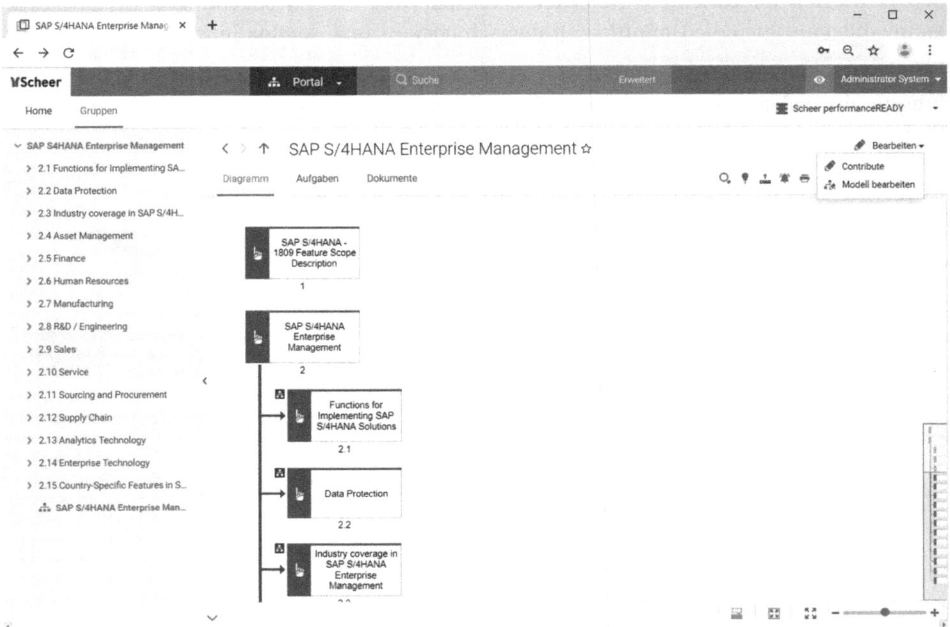

Bild 4.21 ARIS-Darstellung möglicher Prozesszusammenhänge

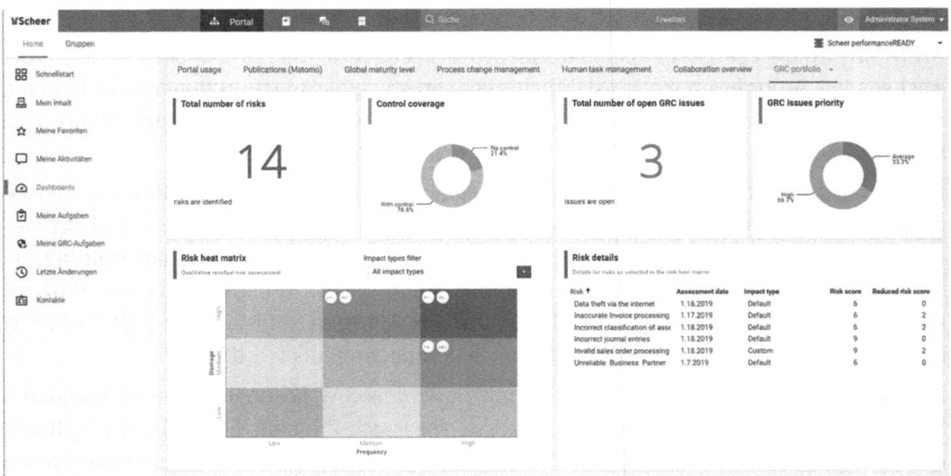

Bild 4.22 ARIS GRC-Dashboard eines Risikoprozesses

Der Input diverser Daten wird verwendet, um das Leistungsvermögen von ARIS ausschöpfen zu können. So sind Features wie Process Mining, Erstellung und Testung von Szenarien, individuelle Dashboards, Lenkung von Dokumenten oder die gelenkte Kommunikation von Prozessinformationen Beispiele, wie ein richtig geführtes und ausgewertetes Geschäftsprozessmanagement-Werkzeug zum Erfolg und zur Kontrolle eines Unternehmens beitragen kann.

Datenbankgestützte Geschäftsprozessmanagement-Werkzeuge haben den Vorteil, dass sie nicht nur die Qualität anhand der definierten Prozesse verbessern oder mehr Transparenz und Prozesseffizienz schaffen, sondern auch eine höhere Prozessagilität durch schnell erstellbare Reports und gerichtete Kommunikation der Inhalte und Maßnahmen ermöglichen.

4.3.3 Prozessvisualisierung als Basis für die Analyse und Optimierung von Prozessen

Bei dieser Art der Visualisierung wird im Gegensatz zur Information, Kommunikation und Dokumentation von Prozessen die Zielsetzung verfolgt, möglichst viel Information über den zu optimierenden Prozess im Hinblick auf ein ausgewähltes Optimierungsziel darzustellen bzw. abzubilden. Als Optimierungsziele können die eingangs erwähnten sechs Dimensionen der Prozessqualität dienen, von denen jede eine spezielle Sichtweise auf den gegenständlichen Prozess darstellt und sowohl der Visualisierung als auch der Analyse dient (Bild 4.23). In den folgenden Abschnitten wird am Beispiel eines Kreditprozesses gezeigt, wie einige dieser (Analyse-)Aspekte grafisch dargestellt werden können. Es bietet sich an, die entsprechenden Detailinformationen wie z. B. Kundenkontaktpunkte, Risikograd von einzelnen Prozessschritten etc. in die Darstellung der Prozesse zu integrieren.

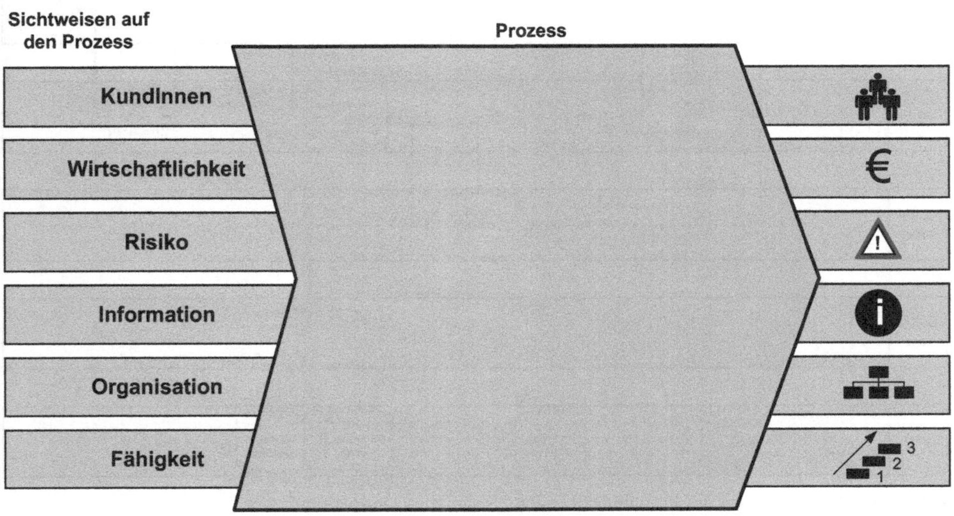

Bild 4.23 Sichtweisen auf einen Prozess hinsichtlich Analyse bzw. Visualisierung

4.3.3.1 Kundensicht

Zur Darstellung der Kundenkontaktpunkte im Prozessablauf bietet sich die Swimlane-Darstellung besonders an. Hierbei wird für den Kunden ein eigener Balken eingezeichnet.

Kundenkontaktpunkte

Die Prozessschritte, in denen der Kundenberater mit dem Kunden in Kontakt tritt bzw. die dieser gemeinsam mit dem Kunden durchführt, werden so eingezeichnet, dass sie über beide Balken reichen.

Wahrnehmung durch den Kunden

Wie der Kunde den gesamten Prozess wahrnimmt oder besser gesagt, welchen Nutzen der Kunde vom gesamten Prozess zum jeweiligen Zeitpunkt wahrnimmt, lässt sich ebenfalls sehr übersichtlich ablesen. Das ist auf der einen Seite das Beratungsgespräch ganz zu Beginn des Prozesses. Alle daran anschließenden (Backoffice-)Leistungen des Kreditinstituts nimmt der Kunde erst wieder zum Zeitpunkt der Unterzeichnung des Kreditvertrags wahr. Die Zeitspanne zwischen diesen beiden Kontaktpunkten kann aus Kundensicht grundsätzlich als Wartezeit eingestuft werden, die durch einen raschen und reibungslosen Ablauf des Prozesses aus diesem Grund so kurz wie möglich gehalten werden sollte. Ein rascher und reibungsloser Ablauf kann durch eine Reduktion der Schnittstellen, Medien- und Systemwechsel auf ein unumgängliches Minimum erreicht werden. Auch Medien- und Systemwechsel können in einer Swimlane-Darstellung abgebildet werden (Bild 4.24).

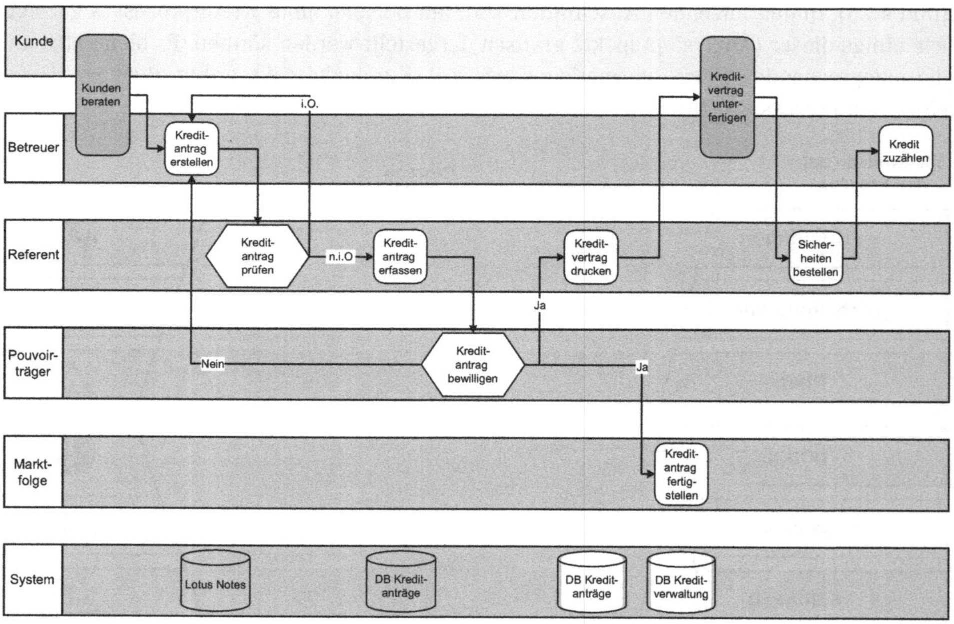

Bild 4.24 Visualisierung der Kundensicht mittels Swimlane-Darstellung

4.3.3.2 Wirtschaftlichkeitssicht

Ein wesentlicher Aspekt sind die Prozesskosten. Ziel der Prozesskostenrechnung ist es, Prozesse kostenmäßig zu bewerten, um einerseits Größen zur Steuerung und Optimierung der Prozesse verfügbar zu haben und andererseits kalkulatorische Bedürfnisse im Unternehmen zu befriedigen.

Bild 4.25 stellt die Prozesskosten dar, Tabelle 4.5 zeigt die dazugehörenden Größen, die bei jedem Prozessschritt des Kreditprozesses anfallen.

Tabelle 4.5 Positionen der Prozesskostenrechnung

(Kosten-)Treiber	Kostentreiber sind jene Prozesseinflussfaktoren und damit Bezugsgrößen, deren Veränderung die Kosten des Prozesses beeinflussen.
Treibermenge	Sie gibt die Anzahl des Auftretens von Kostentreibern in einem definierten Zeitraum an und sagt damit aus, wie oft ein Prozessschritt durchschnittlich durchgeführt werden muss, um den Output des Prozesses zu erreichen. Zum Beispiel durchschnittlich drei Beratungsgespräche für einen unterzeichneten Kreditantrag.
Kosten je Prozessschritt	Kosten, die bei der einmaligen Durchführung des Prozessschritts anfallen.
Beitrag zu gesamten Prozesskosten	Kosten je Prozessschritt multipliziert mit der Treibermenge: Kosten, die die (meist mehrmalige) Durchführung des einzelnen Prozessschritts hervorruft, um den Output des Prozesses zu erreichen.

Durch Summierung der Anteile der Hauptprozesskosten lässt sich jener Aufwand ermitteln, der durchschnittlich für den Abschluss eines Kreditvertrags aufläuft. Im gewählten Beispiel 364,70 Euro.

Die verwendeten Begriffe Prozess und Prozessschritt sind entsprechend der Prozessmanagementdiktion des vorliegenden Buchs verwendet. Es sei darauf hingewiesen, dass in der Literatur zur Prozesskostenrechnung die Synonyme dafür (Hauptprozess und Teilprozess) weitgehende Verbreitung gefunden haben. Die Begriffe Hauptprozess und Teilprozess werden demzufolge in der Prozesskostenrechnung und im Prozessmanagement unterschiedlich verwendet. Die detaillierte Behandlung der Prozesskostenrechnung finden Sie in Kapitel 10.

Ein zweiter wichtiger Aspekt in der Wirtschaftlichkeitssicht sind Prozesszeiten. Die Bearbeitungszeiten bilden meist die Basis für die Errechnung der Kosten je Prozessschritt. Zusätzlich gewinnen Durchlaufzeiten von Prozessen und Prozessschritten laufend an Bedeutung, auch in administrativen Prozessen. Die prozessschrittbezogene Darstellung interessanter Zeiten (z. B. Bearbeitungs-, Liege- und Durchlaufzeiten) kann analog zu den Prozesskosten erfolgen.

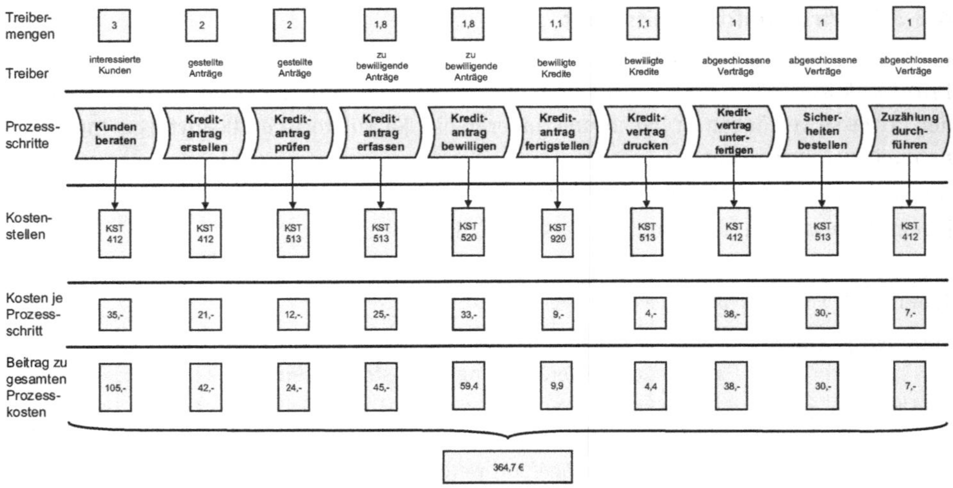

Bild 4.25 Kostensicht auf den Prozess (Prozesskostendarstellung)

4.3.3.3 Risikosicht

Eine gängige Möglichkeit, mit der Ausführung von Prozessen einhergehende Risiken zu erfassen und im Anschluss zu bewerten, ist die Fehlermöglichkeits- und -einflussanalyse (FMEA). Im Sinne der Visualisierung von Prozessrisiken zur Analyse hat sich als Vorbereitung der FMEA ein strukturiertes Brainstorming auf Basis des Prozessablaufs als nützlich erwiesen.

Dabei werden im Prozessteam der Ist-Ablauf systematisch durchgegangen und mögliche Risiken analysiert. Diese können sowohl bereits bekannte Risikoquellen als auch noch nicht erkannte Risiken umfassen. Zentrale Informationsquelle dafür sind die Mitarbeiter im Prozess und deren Erfahrung. Abhängig von der Anzahl der Mitarbeiter können sie zum Brainstorming hinzugezogen oder durch Interviews befragt werden. Sogenannte „Beinaheunfälle" und deren Analyse geben meist sehr gute Hinweise auf Risiken. Zusätzlich hat sich eine Ideensammlung bewährt, die in einem Umfeld ähnlich einem Brainstorming durchgeführt werden sollte.

Erkannte Risiken und Risikoquellen werden in die Visualisierung des Prozessablaufs eingezeichnet und aussagekräftig, aber prägnant benannt. Einige Visualisierungs- und GPO-Tools bieten eigene Symbole dafür an. Bei manchen Tools können Risiken auch als Attribute von Prozessschritten hinterlegt werden. Prinzipiell ist das Symbol wieder frei wählbar, es sollte jedoch eindeutig als Risiko(quelle) erkennbar sein (in Bild 4.26 als Warnsymbol mit kurzer Beschreibung der Risikoquelle verdeutlicht).

Auf Basis dieser Darstellung können die gefundenen Risiken im Anschluss bewertet, analysiert und durch geeignete Maßnahmen abgemildert oder aufgehoben werden. Die Vorgehensweise der FMEA wird nachfolgend in Kapitel 4.3.4.3 ausführlich beschrieben.

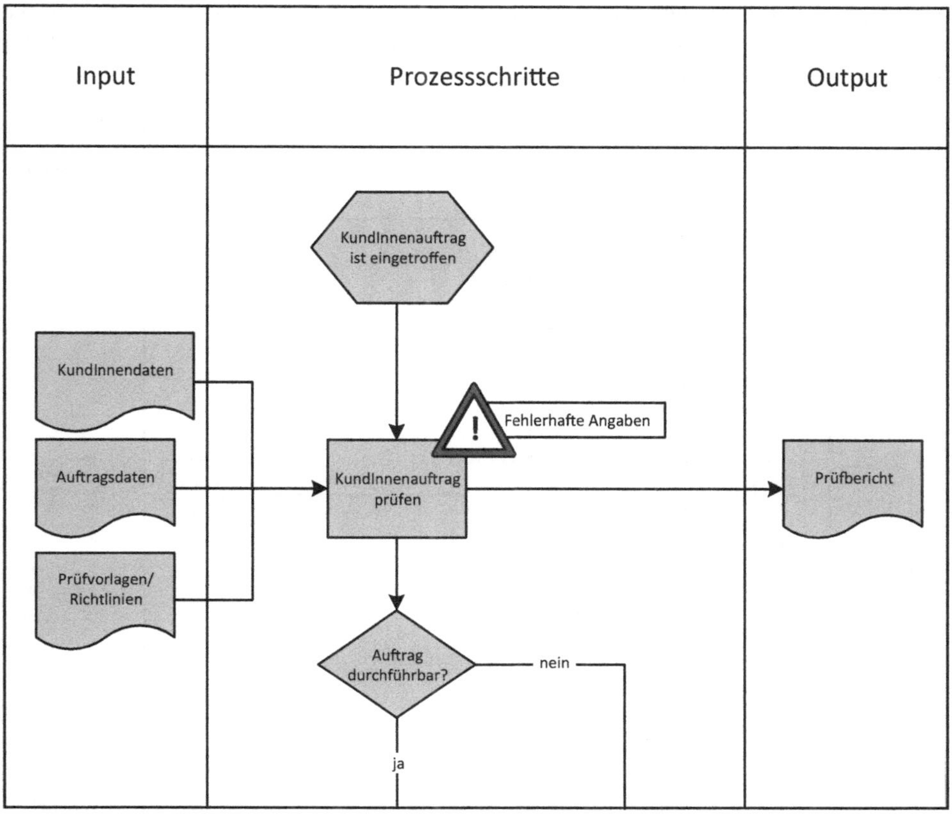

Bild 4.26 Beispielhafte Darstellung des Prozessrisikos

4.3.3.4 Informationssicht

Für eine detaillierte Visualisierung der für den Prozess erforderlichen Daten, Informationen und IT-Systeme bietet sich das Prozessablaufdiagramm mit seinen Input- und Output-Spalten an (Bild 4.27). Hier lassen sich die für die Durchführung jedes einzelnen Prozessschritts erforderlichen Daten und Informationen übersichtlich darstellen. Falls erforderlich, können in zusätzlichen Spalten auch die zugehörigen Systeme abgebildet werden. Damit können auch Medienbrüche (zwischen IT-Systemen, von EDV auf Papier und umgekehrt etc.) gut erkannt werden. Ergänzend können die Quellen der notwendigen Informationen angegeben werden, wodurch eine leichtere Bewertung der Informationsqualität (Abgleich mit Qualifikation, Wissen und Kompetenzen) möglich wird.

Durch die Bezeichnung der Spalten und die Pfeile ist ersichtlich, ob es sich um Inputs oder Outputs handelt und somit auch, welche Daten und Informationen dem Mitarbeiter zur Durchführung des Schritts zur Verfügung gestellt und welche bei der Durchführung des Prozessschritts generiert werden.

Im Prozessschritt „Kreditantrag erstellen“ z. B. wird vom Kundenbetreuer in Lotus Notes (System) ein formloser Kreditantrag (Output) erstellt. Im Schritt „Kreditantrag bewilligen“ nimmt der Handlungsbevollmächtigte den geprüften Kreditantrag (Input) aus der DB für

Kreditanträge (System), führt unter Einhaltung der entsprechenden Vorschriften (siehe weitere Inputs) die Bewilligung durch (Output), welche wiederum in die Datenbank für Kreditanträge eingepflegt wird.

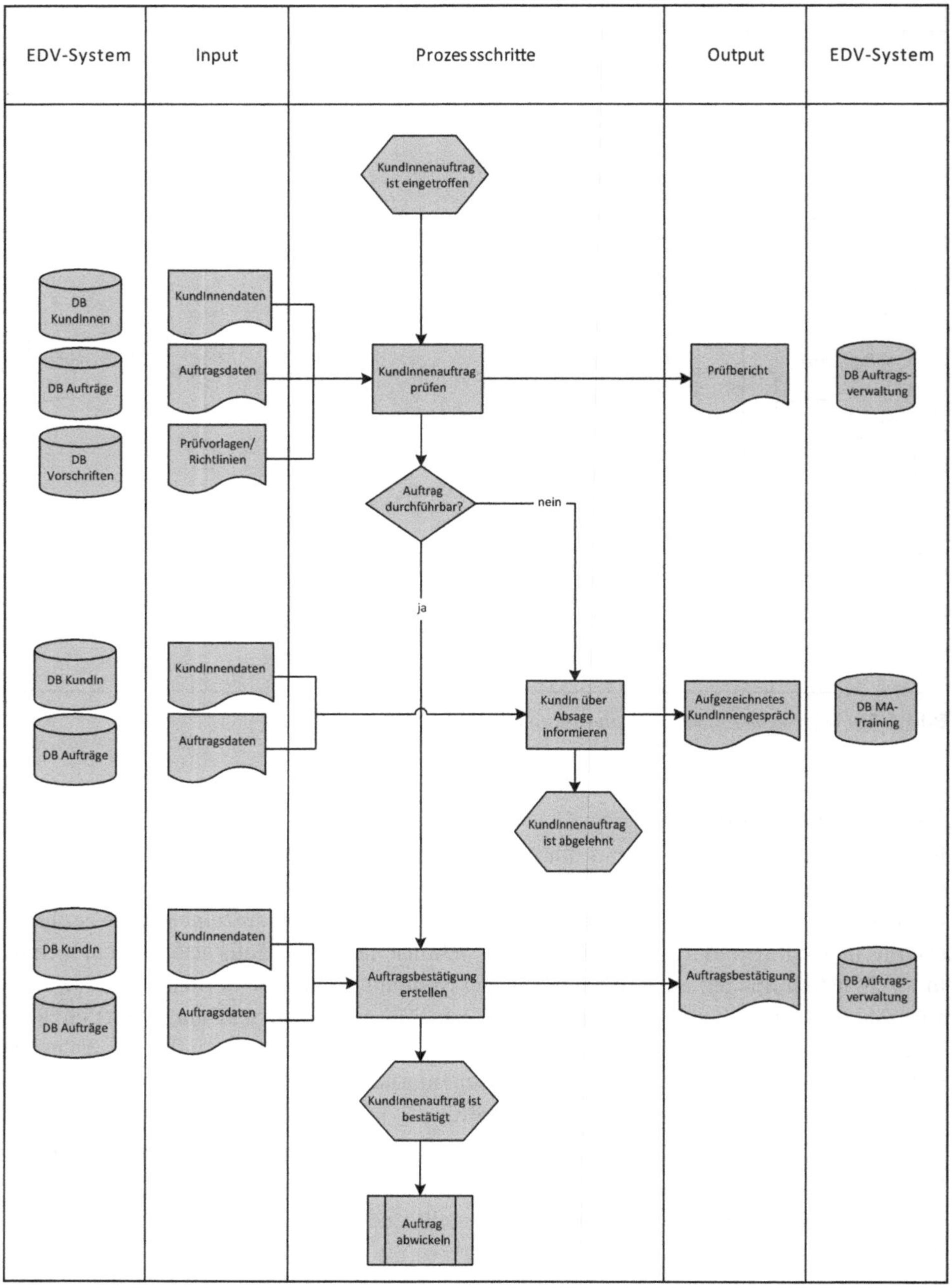

Bild 4.27 Informationssicht auf den Prozess

4.3.3.5 Organisationssicht – Verantwortungen und Kompetenzen im Prozess

Für die Visualisierung der Verantwortungen im Prozessablauf gibt es eine Vielzahl von Möglichkeiten. Bei der Swimlane-Darstellung beispielsweise ist die Verantwortung für die einzelnen Prozessschritte unmittelbar durch die einzelnen Bahnen (Bereiche, Abteilungen, Funktionen) gegeben, denen die Prozessschritte zugeordnet sind. In dem Prozessablaufdiagramm ist die gängigste Darstellungsform die Verwendung separater Spalten entsprechend den unterschiedlichen Verantwortungen:

- D Durchführender
- E Ergebnis- bzw. Entscheidungsverantwortung
- M Mitwirkung bei der Durchführung des Prozessschritts
- I Informationsrecht (wird über das Ergebnis des Prozessschritts informiert)

In den Spalten werden Kurzzeichen von Personen, Rollen oder Stellen eingetragen, die die jeweilige Verantwortung im Prozessablauf für den Prozessschritt tragen (Bild 4.28).

Im Unterschied zur Informationssicht werden bei der Organisationssicht nicht mehr alle Inputs und Outputs zu jedem einzelnen Prozessschritt angegeben, sondern nur noch jene, die über die Grenze des Prozesses – an einen anderen Prozess oder eine andere Stelle – nach außen gehen (z.B. Prüfbericht). Die Systeme zu den Inputs und Outputs werden aus Gründen der Übersichtlichkeit auch nicht dargestellt (Bild 4.28).

Da die detaillierten Darstellungen der Prozesse viele Informationen für die Prozessanalyse enthalten, die für die tägliche Ausführung der Prozesse nicht erforderlich sind, werden für die Kommunikation der optimierten Prozesse wieder die vereinfachten Darstellungen herangezogen.

Eine integrierte Darstellungsform unterschiedlichster Sichten auf den Prozess zum Zweck der Analyse wird in der WPM-Methodik dargestellt. Diese Vorgehensweise zum Wertstrom-orientierten Prozessmanagement ist in Kapitel 7 überblicksmäßig angeführt (vgl. auch Wagner/Lindner, 2017).

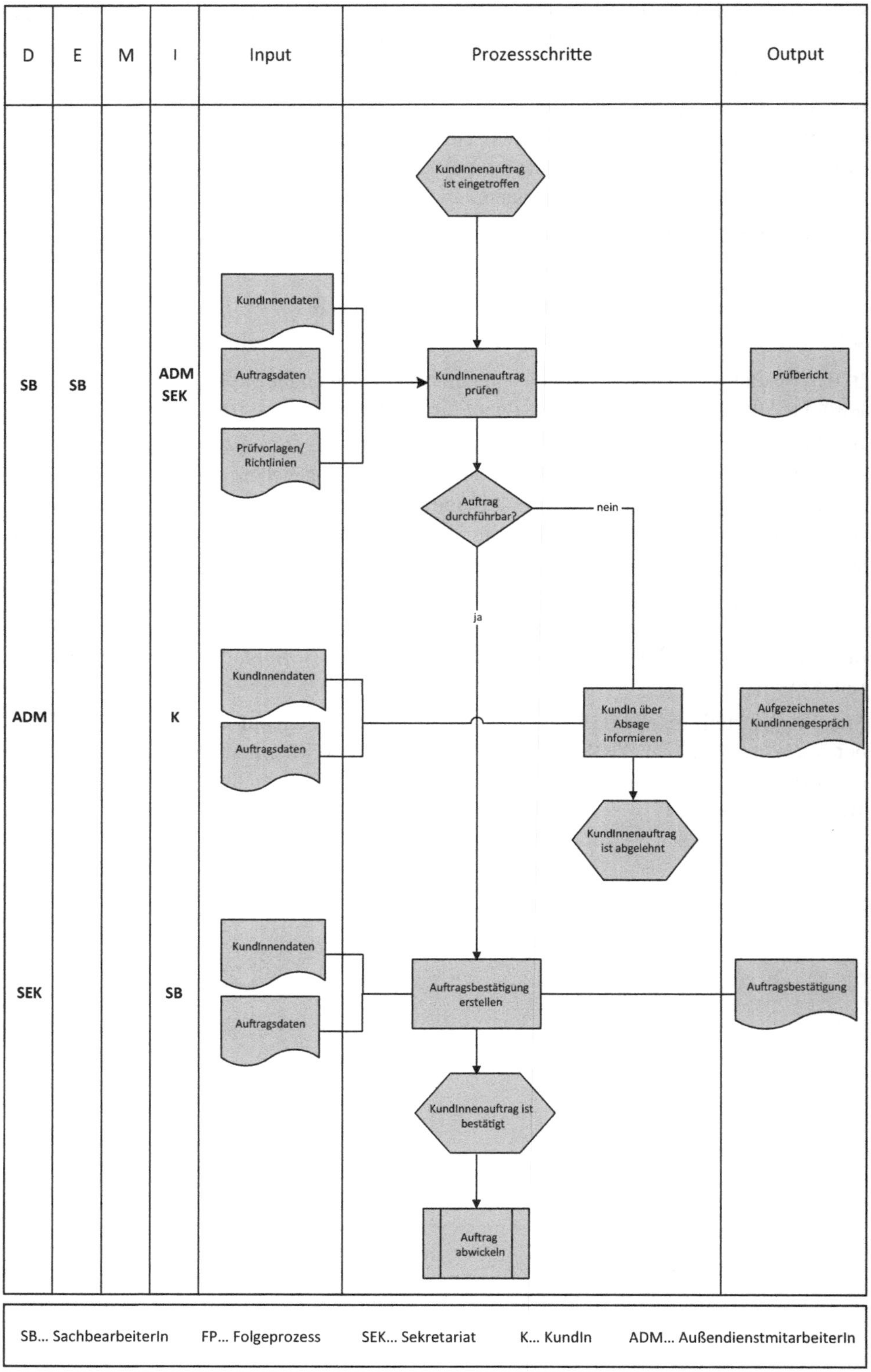

Bild 4.28 Prozessablaufdiagramm aus Organisationssicht

4.3.3.6 Fähigkeitssicht

Die Fähigkeitssicht beschreibt, wie gut der betrachtete Prozess vom Prozesseigner/-verantwortlichen und seinem Team gesteuert werden kann und auch gesteuert wird. Je nach Fähigkeitsgrad eines Prozesses kommen unterschiedliche Visualisierungsformen zum Einsatz. Komplexe Prozessabläufe können beispielsweise nicht mittels Pfeilformdarstellung abgebildet werden und benötigen daher eine umfangreichere Visualisierung. Hierbei sind folgende Fähigkeitsstufen in Anlehnung an die ISO/IEC-33000-Reihe (detaillierte Behandlung in Kapitel 10) angeführt:

- Level 1: Durchgeführter Prozess (performed) - der Zweck des Prozesses wird erreicht.
- Level 2: Geführter Prozess (managed) - der „durchgeführte Prozess“ wird geplant, überwacht und angepasst.
- Level 3: Etablierter Prozess (established) - der „geführte Prozess“ ist implementiert und basiert auf einem Standardprozess.
- Level 4: Vorhersagbarer Prozess (predictable) - der „etablierte Prozess“ fungiert innerhalb definierter Grenzen, um seine Prozessergebnisse zu erreichen.
- Level 5: Innovativer Prozess (Innovating) - der „vorhersagbare Prozess“ ist nun Teil der kontinuierlichen Verbesserung.

Tabelle 4.6 zeigt exemplarisch, wie sich die Anforderungen an Visualisierung und Modellierung mit den Fähigkeitsstufen ändern.

Tabelle 4.6 Anforderung an die Visualisierung aus Sicht der Prozessfähigkeit

Fähigkeitsstufe	Verwendete Dokumentation	Mögliche Visualisierungsarten
Stufe 5 *innovating* 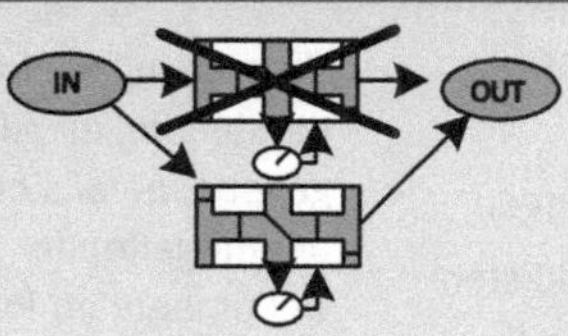	▪ Verweis auf strategisch angebundene Entwicklungsziele ▪ Prozess-Jour-fixes-Protokolle ▪ Maßnahmenlisten ▪ Aufzeichnungen zum Maßnahmenmonitoring und zur Wirksamkeitsprüfung ▪ Auswertungen, Trends, Simulationsergebnisse/-aussagen etc.	Darstellung in den gängigen Ablaufdarstellungen möglich Modellierung in GPO-Tools ist zu empfehlen

Tabelle 4.6 Anforderung an die Visualisierung aus Sicht der Prozessfähigkeit *(Fortsetzung)*

Fähigkeitsstufe	Verwendete Dokumentation	Mögliche Visualisierungsarten
Stufe 4 predictable 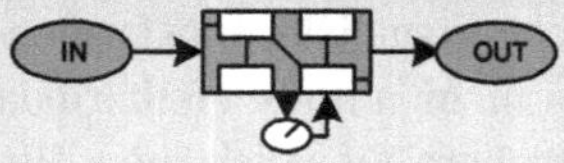	▪ Dokumentierte Prozessziele, die etwas über die Leistungsfähigkeit des Prozesses (Zeit, Qualität, Kosten) aussagen ▪ Standardisierte, regelmäßige Messdatenerhebung sowie Darstellung und Überwachung des Grads der Zielerreichung ▪ Aufzeichnungen und Analyse von Messdatenverläufen (Entwicklungen, Trends, Verläufe)	Darstellung in den gängigen Ablaufdarstellungen möglich Modellierung in GPO-Tools ist zu überlegen
Stufe 3 established 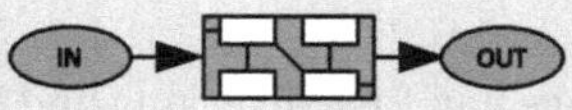	▪ Dokumentierter und für alle zugänglicher Prozessablauf ▪ Definierte Prozessziele und eine standardisierte Prozessmessung ▪ Einzelne Prozessschritte sind exakt definiert	Darstellung in der Basisversion der gängigen Ablaufdarstellungen möglich (Prozessablaufdiagramm, eEPK, Swimlane etc.) Darstellung in Visualisierungstools
Stufe 2 managed 	▪ Diverse Arten von Arbeitsplänen ▪ Arbeitsanweisungen ▪ Vorlagen/Checklisten ▪ Dokumentierte Produktanforderungen ▪ Abgrenzung des Prozesses	Darstellung als Pfeilformdarstellung möglich, gegebenenfalls ergänzt um mitgeltende Dokumente im Prozess
Stufe 1 performed 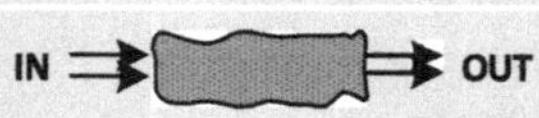	▪ Stücklisten bzw. Input-/Output-Listen ▪ Aufzeichnungen zu Prozess-Inputs und -Outputs ▪ Ganz grobe Dokumentation der Prozessgrenzen	Input-/Output-Liste

4.3.4 Analyse von Prozessen

Nachdem die Ist-Prozesse so aufgenommen wurden, wie sie tatsächlich zurzeit stattfinden, kann auf dieser Basis mit der Prozessanalyse angefangen werden. Die bereits angesprochenen sechs Dimensionen der Prozessqualität bzw. Sichtweisen auf den Prozess haben speziell hier große Bedeutung. Sie stellen wichtige Zugänge im Rahmen der Schwerpunktsetzung bei der Prozessanalyse dar. In der Prozessanalyse können grundsätzlich alle Dimensionen gleichermaßen einbezogen und betrachtet werden. In der Praxis ist es wegen begrenzter Ressourcen jedoch meist notwendig, Schwerpunkte zu setzen. Hier gilt es für jeden Prozess abzuwägen, welche Prozessdimensionen die vom Prozesskunden wahrgenommene Qualität am meisten prägen. Ebenso können Vorgaben aus der strategischen Perspektive des Managements Einfluss auf die Priorisierung nehmen.

4.3.4.1 Kundensicht

Ziel eines jeden Prozesses muss es sein, die Anforderungen der Prozesskunden zu erfüllen. Der im Prozess erstellte Output bzw. Outcome muss den erwarteten Kundennutzen erfüllen, unabhängig davon, ob es sich um einen internen oder externen Kunden handelt. „Die oberste Leitung muss im Hinblick auf die Kundenorientierung Führung und Verpflichtung zeigen, indem sie sicherstellt, dass: a) die Anforderungen der Kunden und zutreffende gesetzliche sowie behördliche Anforderungen bestimmt, verstanden und beständig erfüllt werden [...] c) der Fokus auf die Verbesserung der Kundenzufriedenheit aufrechterhalten wird.“ (ÖNORM EN ISO 9001:2015). Geschäftsprozesse stellen Kunden in das Zentrum der Betrachtung, indem das Denken und Handeln in Geschäftsprozessen an den Anforderungen der Kunden ausgerichtet werden, um eine effiziente Erfüllung der Kundenerwartungen zu gewährleisten. Während Geschäftsprozesse externe Kunden bedienen, erbringen Managementprozesse und unterstützende Prozesse Leistungen an interne Kunden. Aber auch innerhalb eines Geschäftsprozesses werden in Teilprozessen Leistungen erbracht und (Teil-)Produkte erstellt, wodurch zwischen den Teilprozessen ebenfalls eine Lieferanten-Kunden-Beziehung entsteht. Für diese Beziehungen müssen dieselben Qualitätskriterien wie für externe Kunden gelten, da am Ende des gesamten Geschäftsprozesses der externe Kunde steht und eine hohe Qualität des Endprodukts auf einer hohen Qualität der Teilprodukte und -leistungen aufbaut (vgl. Schmelzer/Sesselmann, 2013).

Kundenzufriedenheit

Die Kundenzufriedenheit ist zumeist ein wesentlicher Bestandteil strategischer Pläne und von Qualitätsmanagementsystemen. Sie nimmt daher auch eine bedeutende Rolle hinsichtlich der Gestaltung von Geschäftsprozessen ein. Die Erreichung von Kundenzufriedenheit hängt wesentlich von der Kenntnis der Kundenerwartungen und der Möglichkeiten zu deren Erfüllung ab. Erst wenn die Wünsche, Bedürfnisse, Absichten und Anforderungen der Kunden richtig verstanden werden, können diese in eine Spezifikation der Produkte und Leistungen (Prozess-Outputs) umgelegt werden. Zu unterscheiden sind dabei Erwartungen, die der Kunde an das Produkt stellt (Produktnutzen), und Erwartungen, die der Kunde an die Prozessleistung (Auftragsverfolgung, kompetente Auskunft bei Fragen/Reklamationen, termingerechte Lieferung, Installationsservice etc.) stellt. Beide Faktoren zusammen beeinflussen die Kundenzufriedenheit und tragen zum Gesamtbild des Kunden in Bezug auf das Unternehmen bei. Das Gesamtbild ist Teil des Potenzials (Image, Leistungsvermögen) des Anbieters als dritte Qualitätsdimension. Dieser Aspekt ist insofern wichtig, da die Qualität des Potenzials meist die Grundlage des Zustandekommens von Geschäftsbeziehungen und damit der Wahrnehmung der Produkt- und Prozessqualität ist (Bild 4.29).

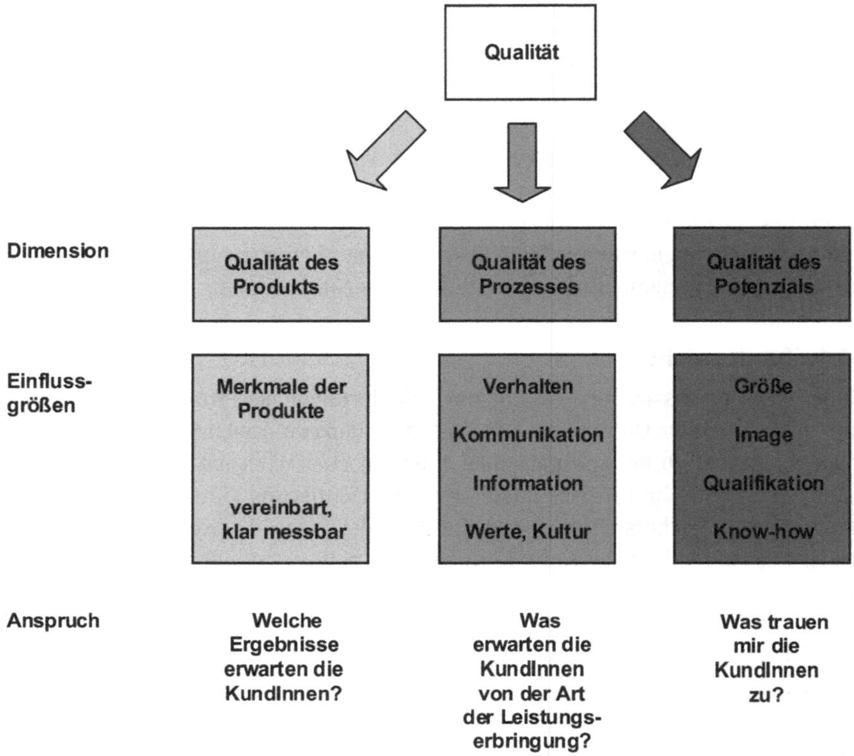

Bild 4.29 Aspekte der Qualität (vgl. Bleicher, 1991)

Die Qualität der Prozessleistung nimmt mit einer zunehmenden Vergleichbarkeit der Produkte zu Konkurrenzprodukten zu. Gerade in einer späteren Phase des Produktlebenszyklus, in der die Konkurrenz bereits vergleichbare Produkte auf denselben Märkten anbietet, können durch Verbesserungen in der Prozessleistung zum einen Kosten eingespart werden und zum anderen ist es möglich, durch die Prozessgestaltung einen Zusatznutzen für den Kunden anzubieten und somit einen Wettbewerbsvorteil zu generieren. Hierbei helfen wiederum die bereits eingangs erwähnten sechs Dimensionen der Prozessqualität, die Ansatzpunkte bzw. Verbesserungsschwerpunkte zur Optimierung der mittleren Säule liefern. Ein Zusatznutzen für den Kunden kann sich aus unterschiedlichen Faktoren ableiten. Beispiele hierfür sind:

- digitale Auftragsübermittlung (Business-to-Business-Lösungen im Internet),
- elektronische Rechnungslegung,
- elektronische Auftragsverfolgung über das Internet,
- schnellere Auftragsabwicklung als die Konkurrenz,
- kürzere Antwortzeiten als die Konkurrenz bei Kundenanfragen,
- 24-Stunden-Service
- laufende Information über den Prozessstatus.

Zur Messung der Kundenzufriedenheit und damit der Zufriedenheit mit der Qualität bieten sich folgende Methoden an (vgl. Schmelzer/Sesselmann, 2013):

Direkte Messung

- Periodische Befragung von Kunden:
  Die Befragung kann mittels eines standardisierten Fragebogens (Papier, Telefonbefragung, online über das Internet) durchgeführt werden oder im Rahmen periodischer Kundenkontakte (z. B. Jahresservice) durch die entsprechenden Mitarbeiter erfolgen.
- Ereignisbezogene Befragung von Kunden:
  Ereignisse, die zum Kontakt mit dem Kunden führen, können dazu genutzt werden, eine Messung der Kundenzufriedenheit durchzuführen. Ereignisse in diesem Zusammenhang können die Bereitstellung von Prozessergebnissen (Fragebogen in der Beilage, Gespräche des Verkaufspersonals), Präsentation neuer Produkte, Kundenveranstaltungen etc. sein.

Indirekte Messung

- Befragung von Mitarbeitern mit häufigem Kundenkontakt:
  Als Alternative zu der direkten Befragung von Kunden können regelmäßig Mitarbeiter mit häufigem Kundenkontakt befragt werden, wie die Stimmung der Kunden ist, welche Probleme und Anfragen am häufigsten auftreten und wie der Kunde die Serviceleistungen bewertet.
- Analyse unternehmensinterner Messgrößen
  Zu den bereits genannten Messmethoden steht mit entsprechender Erfassung und Aufbereitung eine große Zahl an Daten zur Verfügung, die Rückschlüsse auf die Kundenzufriedenheit zulassen. Messwerte, die Aussagen zur Kundenzufriedenheit ermöglichen, sind: Lieferzeit, Termintreue der Lieferungen, Anzahl von Beschwerden, Anzahl von Produkt- und Leistungszurückweisungen, Ausfall- und Fehlerraten, Anzahl von Gewährleistungs- und Garantiefällen, Anzahl von Auftragsverlusten, Kundenzugänge und -abgänge usw.

Der Einsatz von Instrumenten der direkten Messung muss sehr gezielt erfolgen. Zum einen fällt bei Befragungen ein finanzieller Aufwand an, der in einer positiven Relation zum Nutzen stehen muss. Der Aufwand für die Erstellung des Fragebogens, für die Durchführung durch ein Institut oder die eigenen Mitarbeiter, für die Auswertung sowie die Anreizgebung für den Kunden (z. B. Geschenke, Rabatte, Gewinnspiele usw.) ist nicht zu unterschätzen. Zum anderen fällt auch beim Kunden Aufwand (Zeit, Kosten) für die Beantwortung der Befragung an, dem ein Anreiz/Nutzen für den Kunden gegenüberstehen muss. Dieser Anreiz kann zunächst aus der Erwartung einer Leistungsverbesserung gegeben sein, die dann aber für den Kunden auch erkennbar sein muss. In diesem Fall können Befragungen positiv zur Pflege der Kundenbeziehung beitragen. Bei einer regelmäßigen Befragung müssen zusätzliche Anreize geschaffen werden. Generell ist darauf zu achten, dass der Kunde nicht überstrapaziert wird, da sich der positive Effekt schnell in einen negativen umkehren kann, wenn der Kunde zu viel Aufwand in die Beziehung investieren muss.

Momente der Wahrheit

Besondere Beachtung bei der Prozessanalyse ist jenen Prozessen zu schenken, die einen direkten Berührungspunkt mit dem Kunden aufweisen. Hier ist es erforderlich, verstärkt die Kundensicht in die Prozessanalyse und -gestaltung einzubinden. Jeder Berührungspunkt stellt in der Prozessausführung einen Moment der Wahrheit dar.

Ein Moment der Wahrheit („Moment of Truth“) ist definiert als ein beliebiger Zeitpunkt, zu dem ein Kunde eine kritische Bewertung abgibt, die auf einer Erfahrung mit dem Produkt oder mit der Dienstleistung basiert. Diese Momente der Wahrheit sind entscheidend für das Urteil des Kunden über das Produkt bzw. die Dienstleistung hinsichtlich seiner Zufriedenheit und deshalb entscheidend für das Unternehmen. Wenn beispielsweise ein Servicemitarbeiter an einem Punkt der Erfahrungskette des Kunden mit dem Unternehmen etwas falsch macht, dann löscht das möglicherweise all die Erinnerungen an die gute Behandlung, die der Kunde bis zu diesem Zeitpunkt gemacht hat, aus. Besonders negative Erfahrungen verankern sich in der Erinnerung des Menschen und werden dementsprechend oft angesprochen. Positive Erfahrungen werden hingegen meist als selbstverständlich erachtet.

Um Momente der Wahrheit aufzudecken bzw. um diese zu erforschen, können folgende Fragestellungen verwendet werden:

- Was passiert beim ersten Kontakt des Kunden mit dem Unternehmen?
- Was geschieht während der Installation und der ersten Verwendung des Produkts?
- Wie verläuft die Kommunikation (Briefe, Anrufe, Informationsmaterialien) mit dem Kunden und wie ist der Kunde damit zufrieden?
- Welchen Eindruck erhält der Kunde vom Unternehmen und seinen Mitarbeitern?
- Welche Reaktion erhält der Kunde im Fall einer Reklamation oder Beschwerde?

Zweck der Analyse ist es, die derzeitige Gestaltung jener Prozesse und Aktivitäten aufzunehmen, die den Kunden berühren und daher wesentlich zu der Beziehung zum Kunden und dessen Eindruck über das Unternehmen beitragen. Die Erfassung kritischer Äußerungen (Momente der Wahrheit) des Kunden ist ein hilfreicher Input, um die Sichtweise des Kunden in die Analyse einzubeziehen, ohne den Kunden über Instrumente der direkten Messung (z. B. Fragebogen) einzubinden. Dazu wird der modellierte Prozess herangezogen und werden die Kontaktpunkte zum Kunden eruiert. Für jeden Kontaktpunkt (Aktivität im Prozess) sind Qualitätskriterien aus interner und externer Sicht zu definieren. Zum Erreichen der definierten Qualitätskriterien sind die nötigen Maßnahmen festzulegen und gegebenenfalls mit Messkriterien auszustatten, damit eine Steuerung der Umsetzung möglich ist (Bild 4.30).

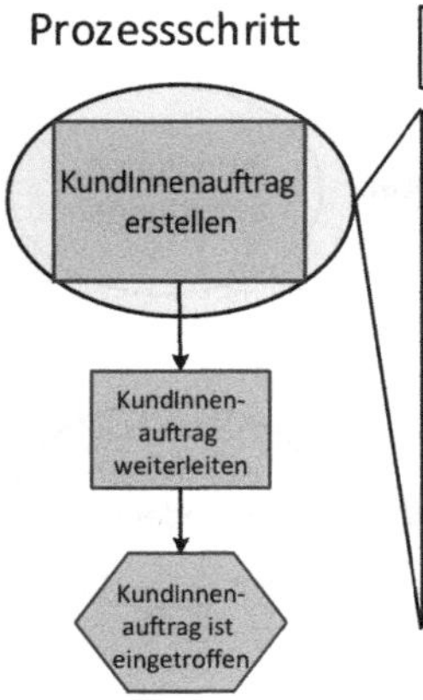

KundInnenkontaktstelle

Auswirkung auf den KundInnen	Qualitätskriterien		Maßnahmen/ Messung
	intern	extern	
Zufriedenheit/ Unzufriedenheit über die Auftragserstellung Zufriedenheit/ Unzufriedenheit bzgl. der Kompetenz der Firma	Rasche, korrekte Abwicklung	KundInnen-formular bereits vollständig ausgefüllt	Stammdaten automatisch im Formular eintragen Formular einfach und verständlich gestalten

Bild 4.30 Identifikation der Momente der Wahrheit

Die Stimme des Kunden („Voice of the Customer")

In der Prozessidentifikation und -abgrenzung werden die externen und internen Kunden eines Prozesses ermittelt. Mit der „Stimme des Kunden" sollen nun deren Erwartungen an das Produkt oder die Leistung sowie der aktuelle Grad der Erfüllung, im Sinne der Wahrnehmung des Produkts durch den Kunden, beschrieben werden (Bild 4.31). Dies kann beispielsweise mittels Befragung der Kunden oder Auswertung vorhandener Kennzahlen erfolgen. Neben primären Daten, die über konkrete Erhebungen gewonnen werden, können auch sekundäre Daten (z.B. Rückmeldungen aus dem Verkauf, Anfragen, Reklamationen) wichtige Hinweise auf die Erfüllung der Kundenerwartungen geben. Um die Sichtweise des Kunden zu erhalten, ist es wichtig, konkretes Feedback anzufordern. Hierzu bieten sich Anrufe durch den Vertrieb, Gespräche von Servicemitarbeitern oder Frage-/Beschwerdebogen als Produktbeilage an (Töpfer, 2000; Kieckhöfel/Schuber, 2001). Eine reine Erhebung dieser Daten und Informationen ist aber nutzlos, wenn es keinen standardisierten Prozess gibt, der die Informationen aus verschiedensten Quellen strukturiert und die gewonnenen Erkenntnisse in die Produkt- und Prozessentwicklung überführt.

Die Stimme des Kunden beinhaltet dabei oft schon einen Hinweis auf die Lösung, wie die Erwartung des Kunden erfüllt werden kann.

Folgende Aussagen zu nicht erfüllten Kundenerwartungen zeigen Beispiele, wie sich die Stimme des Kunden äußert:

- „Das Telefon muss mindestens siebenmal geklingelt haben, bevor jemand abgehoben hat!"
- „Jetzt werde ich schon zum dritten Mal weiterverbunden!"
- „Warum kriegen Sie hier nichts auf die Reihe?"
- „Die Bearbeitung meines Antrags hat ja ewig gedauert!"
- „Jetzt ist das Gerät bereits zum vierten Mal in Reparatur!"

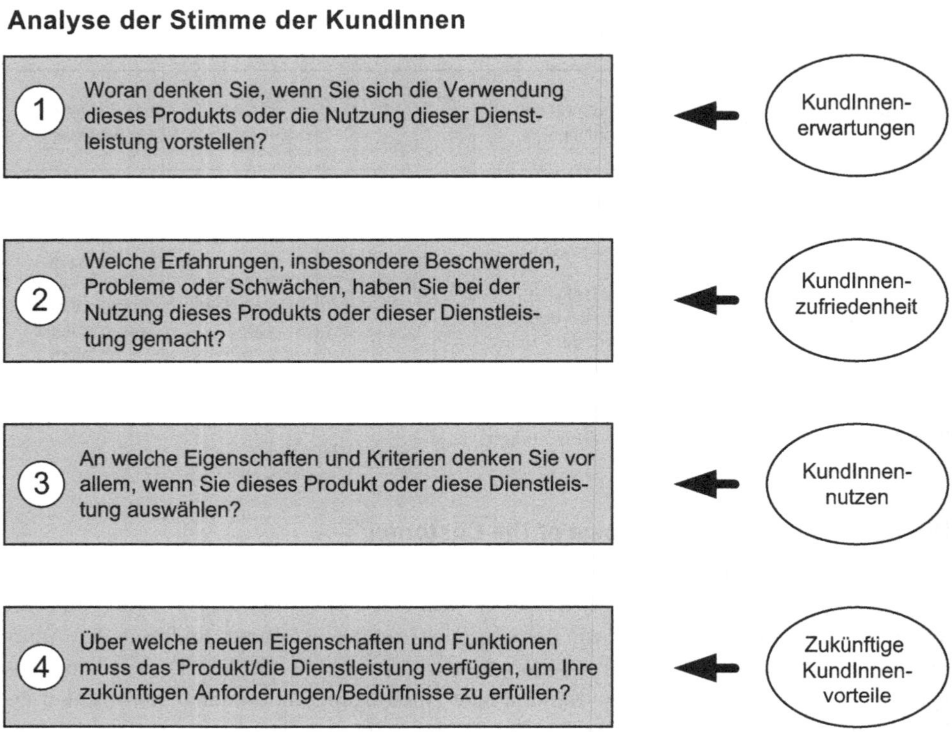

Bild 4.31 Analyse der Stimme des Kunden

Das Hören auf die Kundenbedürfnisse und das umsichtige Übersetzen dieser Kundenbedürfnisse in die Sprache des Prozesses, im Idealfall in konkrete, messbare Anforderungen an den Prozess, stellt den zentralen Nutzen dar. Dadurch wird es möglich, mit der Gestaltung und Weiterentwicklung des Prozesses auf aktuelle und latente Kundenbedürfnisse zu reagieren (Tabelle 4.7).

Tabelle 4.7 Übersetzung der Stimme des Kunden

Stimme des Kunden	Anliegen des Kunden	Prozessanforderung
„Ich habe angerufen und wurde hin und her verbunden wie ein Pingpongball."	Ansprechpartner ist nicht klar definiert oder nicht verfügbar	Ein Anruf – eine Kontaktstelle
„... der Servicetechniker musste dreimal kommen, bis das Gerät repariert war ..."	Servicetechniker war nicht kompetent; falsches Werkzeug dabei	Reparaturen gleich beim ersten Mal richtig machen; gute Ausstattung der Mitarbeiter sicherstellen

Customer Journey

Die Customer Journey beschreibt die „Reiseroute" eines potenziellen Kunden, beginnend mit dem ersten Kontakt zu einem Unternehmen oder einem Produkt bis zu einer möglichen Kaufentscheidung und noch darüber hinaus. Die Analyseergebnisse dieser Reiseroute des Kunden sollen vor allem für Marketing- und Vertriebsprozesse wichtige Verbesserungspotenziale bringen.

Entscheidend ist es, sogenannte Touchpoints (Berührungspunkte) zu definieren und die zu erkennen, welche ein Kunde mit dem Unternehmen hat. Die Touchpoints können sowohl direkt als auch indirekt sein - beispielsweise Websites, Onlineshops, physische Geschäfte, E-Mails und Newsletter, Videos oder geteilte Beiträge in sozialen Netzwerken, Verbraucherforen mit Bewertungen oder Erfahrungsberichte - allgemein die Meinung Dritter auf verschiedensten Wegen und Kanälen. Wie viele und welche Touchpoints des Kunden über welche Kanäle verwendet werden, erfordert eine Analyse von diversen Daten - über Studien, Marktbefragungen, Mitarbeiterbefragungen und vor allem über Trackingtechnologien von Onlinekanälen (Cookies, Web-Analysen, ...) (Sarikaya, 2019). Es sind einige Customer-Journey-Modelle mit unterschiedlicher Anzahl an Phasen in der Theorie und Praxis in Anwendung. Im Allgemeinen können die Phasen in die Bereiche „Erfahrung", „Überlegung", „Erwägung", „Entscheidung", „Verwendung" und wieder „Erfahrungsaustausch" unterteilt werden (Sarikaya, 2019).

Der Analyse vorgelagert, auch um es übersichtlich zu gestalten, ist das Customer Journey Mapping, das gängigste Tool, um die „Reiseroute" darzustellen. Die Darstellung ermöglicht es zu erkennen, in welchen Phasen die Kunden über welche Kanäle (Touchpoints) Informationen verwendet haben. Daraus könnte beispielsweise erkannt werden, dass in der Phase der Informationsbeschaffung (Überlegung) Social-Media-Kanäle öfter genutzt werden und hier die Kundenzufriedenheit höher ist als bei den Informationsinhalten der firmeneigenen Website oder des telefonischen Kundenservice.

Aus diesen Ergebnissen lassen sich dann optimierte Vertriebs- oder Marketingaktivitäten ableiten. Zu betonen sind abschließend noch zwei Punkte. Erstens ist ein Mapping nur als Indikator zu verstehen, der zur Verdeutlichung von Verbesserungspotenzialen dient und nicht automatisch den Lösungsansatz bringt. Zweitens muss die Customer-Journey immer spezifisch auf das Unternehmen sowie den damit in Verbindung stehenden Kunden aufgebaut werden (Richardson, 2010).

Gap-Analyse

Die Gap-Analyse basiert auf einem Modell von Berry, Parasuraman und Zeithaml (vgl. Zeithaml/Parasuraman/Berry, 1992). Gegenstand ist eine Systematisierung der Ursachen einer Diskrepanz zwischen der vom Kunden wahrgenommenen und der vom Kunden erwarteten Leistung. Das Modell hilft bei der Lokalisierung dieser Differenzen (Lücken, Gaps) und leistet somit einen Beitrag in der Planung und Umsetzung von Servicestrategien und Prozessen (Bild 4.32).

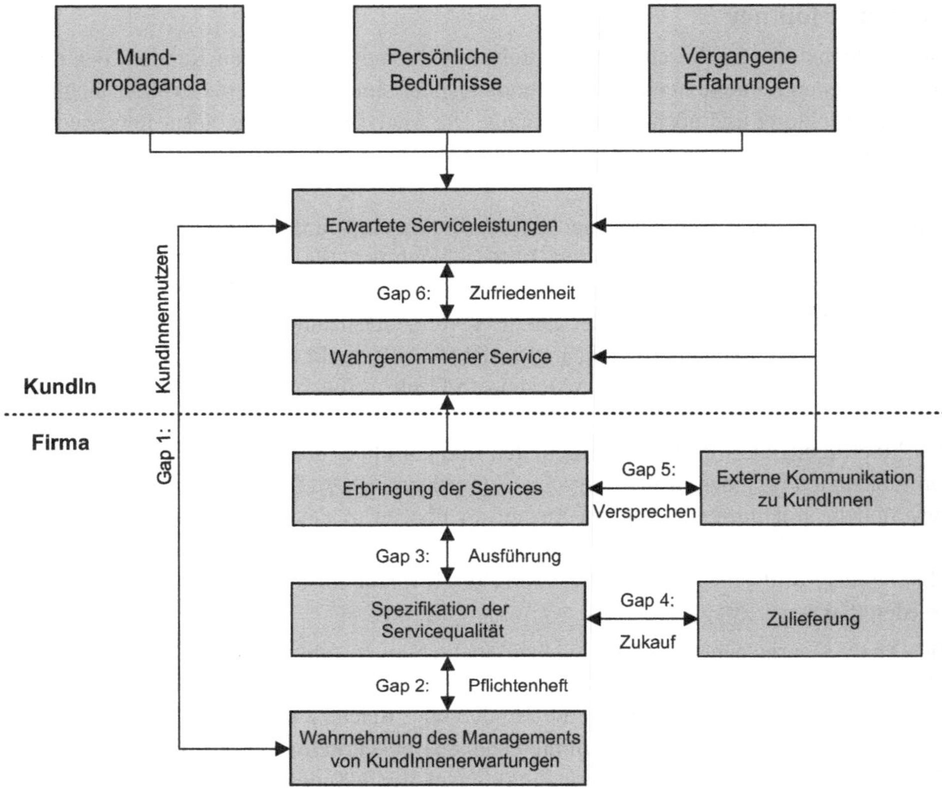

Bild 4.32 Gap-Analyse (vgl. Zeithaml/Parasuraman/Berry, 1992)

Gap 6 – Abweichung zwischen dem erwarteten und dem erlebten Service

Kern des Modells ist die Differenz zwischen den vom Kunden erwarteten und den wahrgenommenen Leistungen. Die erwarteten Leistungen basieren auf mündlichen Empfehlungen, persönlichen Bedürfnissen und vergangenen Erfahrungen. Ziel des Unternehmens muss es sein, diese Lücke so weit zu schließen, dass der Kunde jene Leistung erhält (wahrnimmt), die er sich vom Unternehmen erwartet. Um dies erreichen zu können, sind folgende fünf Lücken zu schließen, da diese die bedeutendsten Ursachen der Lücke 6 ansprechen.

Gap 1 – Abweichung zwischen den Kundenerwartungen und deren Wahrnehmung durch den Anbieter

Das Unternehmen weiß nicht, was der Kunde erwartet, oder interpretiert die Erwartungen falsch. Gap 1 zeigt die Abweichungen der tatsächlichen Kundenerwartungen von den Vorstellungen des Unternehmens hinsichtlich dieser Erwartungen auf. Als Ursachen für diese Lücke werden genannt (vgl. Zeithaml/Parasuraman/Berry, 1992):

- unzureichende Orientierung an Marktforschung:
  - zu geringe Investitionen in Marktforschung,
  - unzureichende Nutzung von Forschungsergebnissen,
  - mangelnde Direktkontakte von Managern zu Kunden,

- unzulängliche Kommunikation vom Kundendienstpersonal zum Management,
- zu viele Managementebenen.

Maßnahmen zum Schließen dieser Lücke sind unter anderem:

- die Erhöhung des direkten Kundenkontakts über alle Ebenen bis zum Topmanagement,
- die Verstärkung von Marktforschung als permanente Informationsgewinnung,
- der Einsatz fundierter Methoden zur Erhebung der Kundenerwartungen,
- die Etablierung klarer Begriffsdefinitionen (z.B. Was heißt Qualität?) zur Förderung zielführender Kommunikation und einer gemeinsamen Wahrnehmung.

Gap 2 – Abweichung zwischen der Wahrnehmung der Kundenerwartungen durch den Anbieter und der Spezifikation der Dienstleistung

Die Lücke entsteht, weil die Umsetzung von Designs und Servicestandards dem Verständnis der Kundenerwartungen nicht gerecht wird. Dies resultiert meist aus einer mangelnden Überzeugung des Managements, den Kundenerwartungen gerecht zu werden, bzw. einer mangelnden Entschlossenheit zur Verbesserung der Servicequalität. Zudem kann eine zu starke Innenorientierung der Qualitätsziele (z.B. reibungsloser Ablauf) zu einer Vernachlässigung der Kundenbedürfnisse führen. Definierte Qualitätsstandards müssen sich am Kunden ausrichten und für diesen auch sichtbar sein und wahrgenommen werden können. Wichtige Voraussetzung für die Umsetzung von Qualitätsstandards sind eine gut funktionierende interne Kommunikation und die entsprechende Motivation der Mitarbeiter, dem Kunden einen herausragenden Service zu bieten.

Gap 3 – Abweichung zwischen der Spezifikation der Qualität und der tatsächlich erbrachten Leistung

Gap 3 entsteht, wenn die Leistung des Unternehmens nicht den definierten Standards entspricht. Grundlage für eine Umsetzung der definierten Standards sind eine ausreichende Ressourcenausstattung (Personal, Technik etc.), eine klare Rollen- und Verantwortungsverteilung, das Beherrschen der Prozesse hinsichtlich Arbeits- und Kommunikationsfluss, ausreichend qualifiziertes Personal sowie eine entsprechende Leistungsmessung.

Gap 4 – Abweichung zwischen der Spezifikation der Qualität und einer zugekauften Leistung

Qualitätsspezifikationen müssen sich nicht nur auf selbst erbrachte Leistungen beziehen, sondern gleichermaßen auch auf zugekaufte (ausgelagerte) Leistungen, da diese wiederum an den Kunden fließen und eine Abweichung nach Gap 6 verursachen können. Einflussfaktoren zur Vermeidung von Gap 4 sind eine exakte Definition und Messung der Prozesse und deren Anforderungen für die Lieferanten (Service Level Agreements), eine eindeutige Festlegung von Verantwortlichkeiten und Eskalationswegen und die Beherrschung der Prozesse hinsichtlich Arbeits- und Kommunikationsfluss.

Gap 5 – Abweichung zwischen der erstellten Leistung und der an den Kunden gerichteten Kommunikation über die Leistung

Gap 5 beschreibt den Unterschied zwischen dem tatsächlich geleisteten Service und dem versprochenen Service. Durch die Kommunikation nach außen (durch Werbung, Aussagen der Außendienstmitarbeiter etc.) können Kundenerwartungen gesteigert werden. Neben übertriebenen Versprechungen an den Kunden ist die Ursache der Lücke vor allem in einer unzureichenden Kommunikation der Marketingaktivitäten, Verkaufsargumentationen und Werbebotschaften innerhalb des Unternehmens gegeben. Wenn das Servicepersonal keine Kenntnis über die am Markt getroffenen Aussagen hat, kann es die gesetzten Versprechen nicht umsetzen. Umgekehrt müssen Versprechen an den Kunden auf den betrieblichen Potenzialen basieren.

4.3.4.2 Wirtschaftlichkeitssicht

Wertschöpfungsanalyse

Die Wertschöpfungsanalyse dient dazu, jene Prozessschritte zu identifizieren, die Kosten und Zeit verursachen, ohne zusätzlichen Wert für den Kunden zu schaffen. Sie untersucht die Aktivitäten eines Prozesses, um diese als wertschöpfend, unterstützend oder verschwendend zu kategorisieren. Wertschöpfende Tätigkeiten tragen zur Erfüllung der Kundenanforderungen bei, wie z. B. das Bohren eines Lochs oder die Kalkulation für ein Angebot. Unterstützende Tätigkeiten tragen zwar, nicht unmittelbar zur Erfüllung der Kundenanforderungen bei, halten aber die Geschäftstätigkeit aufrecht (z. B. Instandhaltung von Maschinen, Einsteuerung von Aufträgen). Alle anderen Tätigkeiten sind nicht zur Erbringung der Leistung gemäß den Kundenanforderungen erforderlich und damit als Verschwendung von Ressourcen zu deklarieren.

Nicht wertschöpfende Aktivitäten sind beispielsweise:

- **Vorbereitung**
  Tätigkeiten, die der Vorbereitung einer nachfolgenden Aktivität dienen (z. B. Aufräumen des Arbeitsplatzes).
- **Verzögerung/Warten/Lagerung**
  Tätigkeiten, bei denen die Arbeit darauf wartet, gemacht zu werden (z. B. Zwischenlagerung, Vorratshaltung).
- **Versagen**
  Tätigkeiten, die durch Fehler in einem Prozessschritt verursacht werden (z. B. Nachbearbeitung, Rückruf).
- **Kontrolle/Prüfung**
  Tätigkeiten zur internen Kontrolle des Prozesses (z. B. Qualitätskontrolle, Überprüfung, Freigabe).

Zur Kategorisierung von Prozessschritten und zur Identifikation nicht wertschöpfender Aktivitäten bietet sich die Beantwortung folgender Fragestellungen an:

- Wird die Prozessleistung bereits in diesem oder einem anderen Prozess bzw. Teilprozess erzeugt?
- Dient der Teilprozess, Prozess- oder Arbeitsschritt der Fehlerverhütung?

- Dient der Teilprozess, Prozess- oder Arbeitsschritt der Schadensminimierung bei Ergebnisabweichungen und Nachbesserungen von Ergebnissen?
- Dient der Teilprozess, Prozess- oder Arbeitsschritt der Planung, Durchführung und Kontrolle von Änderungen?
- Dient der Teilprozess, Prozess- oder Arbeitsschritt der Schnittstellenkoordination?
- Wird der Teilprozess, Prozess- oder Arbeitsschritt mehrmals durchlaufen?
- Resultiert der Teilprozess, Prozess- oder Arbeitsschritt aus überholten, überzogenen oder überflüssigen Vorschriften?
- Kann die Prozessleistung an anderer Stelle effizienter erbracht werden?

Die Dokumentation der Ergebnisse aus der Wertschöpfungsanalyse erfolgt in einem „Value & Cycle Time Worksheet", einer Tabelle, in der die Wertschöpfung und die Zeitverteilung festgehalten werden (Bild 4.33). Für jeden Prozessschritt eines Prozesses findet eine Kategorisierung in wertschöpfend, unterstützend und nicht wertschöpfend statt. In Kombination mit den erfassten Zeiten eines Prozessschritts kann errechnet werden, zu welchem Anteil die Durchlaufzeit eines Prozesses auch tatsächlich wertschöpfend ist.

Prozessschritt		1	2	3	4	5	6	7	8	9	10	Summe	Summe %
Wert												10	100%
wertschöpfend		1					1					2	20%
unterstützend			1			1		1	1			4	40%
nicht wertschöpfend				1	1					1	1	4	40%
Zeit (in min)													
Bearbeitung	ws.	30					30					60	32%
	u.		10			10		30	20			70	38%
	n. ws.			15	10					10	20	55	30%
Summe Bearbeitung		**30**	**10**	**15**	**10**	**10**	**30**	**30**	**20**	**10**	**20**	**185**	
Liegezeit (Warten)		240	180	470	20	520	720	0	460	30	90	2730	
Durchlaufzeit		**270**	**190**	**485**	**30**	**530**	**750**	**30**	**480**	**40**	**110**	**2915**	

Verhältnis wertschöpfend zu Gesamtbearbeitungszeit	32%
Gesamtbearbeitungszeit zu Gesamtdurchlaufzeit	6%

ws...wertschöpfend
u...unterstützend
n.ws...nicht wertschöpfend

Bild 4.33 Value & Cycle Time Worksheet

Prozesszeiten

Prozesszeiten sind ein zentraler Gestaltungsaspekt im Prozessmanagement. Die Reduktion der Prozesszeiten stellt eine bedeutende Zielsetzung dar, weil dadurch die Prozesseffizienz und in weiterer Folge die Prozesseffektivität gesteigert werden. Besonders zur Geltung kommt dies in der Produktentwicklung. Durch eine Verkürzung der Prozesszeit des Entwicklungsprozesses können Produkte früher am Markt platziert werden, was sowohl Vorteile gegenüber Mitbewerbern als auch in der Ressourcenbindung bringt. Die Verkürzung der Prozesszeiten bewirkt gleichzeitig eine Reduktion der Kosten, eine Verbesserung der Qualität, eine Erhöhung der Termin- und Kostentreue sowie eine Reduktion der Risiken (vgl. Schmelzer/Sesselmann, 2013).

Bei der Messung der Prozesszeiten kann sich die Zeitspanne vom Beginn bis zum Ende des Prozesses von der Summe der Durchlaufzeiten der Prozessschritte unterscheiden. Durch Parallelarbeit mehrerer Personen kann ein Prozess, der von Beginn bis Ende z.B. vier Tage dauert, durchaus eine Arbeitszeit von beispielsweise sieben Personentagen beanspruchen. Durch diese Parallelisierung von Teilprozessen und Arbeitsschritten kann so zwar die Dauer des Gesamtprozesses verkürzt werden, jedoch ist dadurch nicht der anfallende Zeitaufwand verkürzt. Zur exakten Berechnung dieser ressourcenbezogenen Zeiten müssen wiederum produktive Arbeitszeiten und Liegezeiten unterschieden werden. Arbeitszeiten zeigen die Ressourcenbindung und können mithilfe von Stunden- oder Tagessätzen in Personalkosten des Prozesses umgerechnet werden.

Beispiele für Prozesszeiten mit unmittelbarer Wirkung auf Kunden und Wirtschaftlichkeit sind die Produkt- und Verfahrensentwicklung (time to market, time to break-even), die Auftragsabwicklung (Antwortzeit für Auftragsbestätigung, Zeit vom Bestellungseingang bis zur Warenübergabe beim Kunden) und die Antwort- und Durchführungszeiten von Kundenanfragen im Rahmen des After Sales Service.

Sind Prozesszeiten aufgrund schwankender Leistungsmengen nicht exakt definierbar, so empfiehlt es sich, mit Durchschnittswerten oder Anteilswerten am Gesamtarbeitsvolumen bezogen auf einen bestimmten Betrachtungszeitraum zu arbeiten. Dafür kann es erforderlich sein, unterschiedliche Berechnungsbasen (Tag, Woche, Monat, Jahr) zu verwenden und diese auf eine gemeinsame Basis umzulegen.

Beispiel: **Telefonate führen.**

Telefonate beanspruchen entsprechend ihrem Inhalt unterschiedliche Zeiten. Daher bietet es sich an, einen Durchschnittswert z.B. bezogen auf den Tag heranzuziehen und diesen auf den Monat hochzurechnen.

Aktivitätenanalyse

Diese Analysemethode kann als detaillierte Aufnahme und Bewertung sämtlicher Tätigkeiten entlang des von Arbeitsplatz zu Arbeitsplatz laufenden Leistungserstellungsprozesses und damit als Detaillierung der Erkenntnisse des Value & Cycle Time Worksheets verstanden werden. Hierbei sind auch Störungen im Ablauf und dadurch entstehende Wartezeiten, Rückfragen, Korrekturen etc. aufzunehmen.

Im ersten Schritt werden im Rahmen der Arbeitsflussaufnahme alle Vorgänge, Aktivitäten und Störungspunkte (z.B. Fehlerquellen, fehlende oder falsche Informationen) erfasst. Durch die Zuordnung von Zeit, Arbeitsvolumen, Wiederholhäufigkeit etc. wird der Ist-Zustand der jeweiligen Untersuchungseinheit sichtbar gemacht. Im zweiten Schritt wird die Wirtschaftlichkeit jeder Aktivität beurteilt. Dabei kann wie im Value & Cycle Time Worksheet in „wertschöpfend“, „unterstützend“ und „verschwendend“ unterschieden werden. Abschließend werden auf Basis dieser Bewertung und den Erkenntnissen zu Störungspunkten mögliche Lösungsvorschläge und Verbesserungsmaßnahmen entwickelt.

Prozesskostenrechnung

Ergänzend kann eine detaillierte Prozesskostenrechnung durchgeführt werden, die sehr umfangreich in Kapitel 10.7 beschrieben wird.

4.3.4.3 Risikosicht

Durch ein formalisiertes Risikomanagement können die Risiken systematisch erfasst und kontrolliert werden. Ist ein Risiko einmal bekannt, können frühzeitig Maßnahmen zur Verringerung des Risikos bzw. zur Minimierung des Schadens getroffen werden. Bei der Risikoanalyse können sehr unterschiedliche Arten von Risiken betrachtet werden. Betrachtungsgegenstände der Risikoanalyse in Prozessen sind Leistungen und Qualität (technologisches Risiko), Zeiten (Terminrisiko), Ressourcen (Verfügbarkeitsrisiko) und Kosten (Kostenrisiko).

Für die Einschätzung und Handhabung sowie die Vergleichbarkeit von Risiken ist eine Bewertung notwendig. Die Bewertung kann anhand verschiedener Modelle (Anzahl der Kriterien, Bewertungsskala etc.) und auf sehr unterschiedlichen Grundlagen erfolgen (entstehende Kosten, Auswirkungen auf Leib und Leben des Kunden, entstehender Imageschaden etc.). Bei einer finanziellen Bewertung ergibt sich das Risiko beispielsweise aus dem potenziellen Schaden, der sich aus der Eintrittswahrscheinlichkeit (Prozent) multipliziert mit dem Schadensausmaß (Euro) ergibt.

FMEA

Die FMEA (Fehlermöglichkeits- und -einflussanalyse) ist eine systematische, halbquantitative Risikoanalysemethode zur präventiven Schwachstellenuntersuchung von Produkten, Prozessen und Systemen. Dabei werden die Funktionen der Betrachtungsobjekte (Produkte, Prozesse oder Systeme) und deren Teilsysteme ermittelt sowie auf mögliche Fehlfunktionen und deren Ursachen untersucht, welche die Funktionsfähigkeit der Teile und damit des Gesamtsystems beeinträchtigen können (vgl. Austrian Standards Institute, 2014). Im Folgenden soll die Prozess-FMEA näher betrachtet werden.

Für die Durchführung einer Prozess-FMEA werden alle Prozessschritte der Ist-Aufnahme zumeist in tabellarischer Form aufgelistet. Jedem Prozessschritt werden mögliche Fehler sowie jeweils mögliche Auswirkungen bzw. Konsequenzen zugeordnet (Bild 4.34). Im Anschluss werden jeweils die Eintrittswahrscheinlichkeit des Risikos, der Grad der Auswirkung und die Entdeckbarkeit des Risikoeintritts auf einer Skala von 1 bis 10 quantifiziert. Werden die drei Bewertungen multipliziert, erhält man die Risikoprioritätszahl (RPZ). Diese kann somit zwischen 1 und 1000 liegen.

Die Risikoprioritätszahl stellt in weiterer Folge den Ausgangspunkt für detailliertere Analysen zur Risikominimierung und zur Definition von Maßnahmen zur Fehlervermeidung dar. Erreicht eine Zeile eine hohe RPZ, so werden mögliche Ursachen gesammelt und geeignete Maßnahmen entwickelt.

Darüber hinaus kann sinnvollerweise auch eine Regel zum Definieren von Maßnahmen beim Auftreten von hohen Einzelbewertungen (z. B. 8 oder 9) in einer der drei Kategorien festgelegt werden. Eine möglicherweise niedrige RPZ signalisiert zwar, dass der Prozess unter Kontrolle ist. Eine hohe Bewertung von 8 für die Auswirkung eines Fehlers ist allerdings ein Hinweis dafür, dass ein Eintreten des Fehlers (trotz geringer Wahrscheinlichkeit und guter Entdeckbarkeit) mit hohen Auswirkungen auf den Prozess verbunden sein kann.

Grenzwerte können und sollten nicht allgemeingültig festgelegt werden, weil sie sehr stark branchen- und unternehmensspezifisch sind. In der Automobil- oder Flugzeugindustrie kommen beispielsweise sehr niedrige Grenzwerte zum Einsatz, weil Fehlfunktionen oft direkte Auswirkungen auf Leib und Leben der Kunden haben.

Die Prozess-FMEA

Prozessschritt	Beschreibung Risiko Was kann passieren?	Auswirkungen/ Konsequenzen	Eintrittswahr-scheinlichkeit (1-10)	Auswirkung (1-10)	Entdeck-barkeit (1-10)	Risiko-Kennzahl	Maßnahmen
Eingabe der Kundendaten	Kunde wird doppelt angelegt	-keine eindeutige Zuordenbarkeit von Aufträgen und Rechnungen =>Kundenhistorie falsch (CRM-Auswertungen falsch) =>Kunde erhält falsche Rabatte	2	5	8	80	Automatische Anzeige von gleichen oder ähnlichen Kundennamen

Bild 4.34 Auszug aus einer beispielhaften Prozess-FMEA

Bei der gezeigten Variante der Prozess-FMEA handelt es sich um eine halbquantitative Methode, weil alle quantitativen Bewertungen Schätzwerte eines Teams sind (Tabelle 4.8). Diese beruhen auf Erfahrungswerten, nicht auf tatsächlich erhobenen Daten wie z. B. Wahrscheinlichkeitswerten für das Auftreten von Fehlern, aus denen ebenfalls die quantitativen Werte für die Häufigkeitsbewertung abgeleitet werden könnten.

Tabelle 4.8 Skalenwerte der Prozess-FMEA bezogen auf die Beurteilungskriterien

	Skalenwert	
Beurteilungs-kriterien	1	10
Auswirkung	Geringe bis keine Auswirkung	Hohe Auswirkung (Kunde ist verärgert oder kann nicht gewonnen werden)
Eintrittshäufigkeit	Geringe Häufigkeit (Fehler tritt selten bis nie auf)	Hohe Häufigkeit (Fehler tritt so gut wie sicher auf)
Entdeckbarkeit	Fehler ist leicht entdeckbar – z. B. beim nachfolgenden Prozessschritt	Fehler ist so gut wie nicht entdeckbar bzw. Fehler wird erst vom Kunden entdeckt

Die hier beschriebene Vorgehensweise zeigt eine vereinfachte Variante einer Prozess-FMEA, wie sie beispielsweise in Workshops rasch, problemlos und mit geringem Einschulungsaufwand für die Teilnehmer zum Einsatz gebracht werden kann, um eine erste Risikoerfassung und -bewertung der einzelnen Prozessschritte durchzuführen. Der große Vorteil liegt hierbei darin, dass mit einem relativ geringen Zeitaufwand eine quantitative Bewertung und somit Reihung der einzelnen Fehler und der mit ihrem Eintritt verbundenen Risiken bewerkstelligt werden kann. In vielen Fällen ist sogar eine Bewertung der Risiken mit 1 bis 4 oder 1 bis 6 ausreichend, weil die Identifizierung von Risiken im Prozess und deren grober Bewertung ein ausreichendes Bild der Prozessrisiken abgibt. Teilweise kann auch die aus der Qualitätssicherung stammende Bewertung hinsichtlich Entdeckbarkeit entfallen.

Zusätzlich kann die Tabelle noch um Umsetzungsverantwortliche und Endtermine erweitert werden. Abschließend sollte die tatsächlich umgesetzte Maßnahme erneut bewertet werden, um die Wirksamkeit der Maßnahme zu bestätigen.

Für weitere Informationen zur FMEA sei auf das Taschenbuch *Qualitätsmanagement* (vgl. Brunner/Wagner, 2010) oder die Publikationen des VDA zu diesem Thema verwiesen. Wenn Sie das Thema Risiko und Risikomanagement vertiefen wollen, sei beispielsweise auf das Buch *Risikomanagement. Praxisleitfaden zur integrativen Umsetzung* (Illetschko/Käfer/Spatzierer, 2014) hingewiesen.

4.3.4.4 Informationssicht

Neben dem Fluss des physischen Produkts ist in Prozessen auch ein Informationsfluss identifizierbar. In der Informationssicht steht dieser Fluss an Informationen durch den Prozess im Zentrum der Betrachtung. Hierbei geht es sowohl um Sicherstellung der Güte der Informationen als auch um die Optimierung von Schnittstellen und Vermeidung von Medienbrüchen, weil diese Ausgangspunkt von Verschwendung und Fehlern sind.

Informationen werden zum einen benötigt, um den Prozess oder einzelne Aktivitäten des Prozesses durchzuführen (Input), und zum anderen stehen nach der Durchführung wiederum Informationen bereit (Output). Bei Input-Informationen ist zu unterscheiden, ob die Information aus einem vorherigen Prozess(schritt) resultiert oder durch den Prozessmitarbeiter zu generieren ist (vgl. Feldbrügge/Brecht-Hadraschek, 2008). Wird die Information aus einem vorgelagerten Prozess übernommen, so ist diese hinsichtlich Relevanz, Vollständigkeit und Art der Übermittlung zu analysieren. Wird die Information im Prozess selbst gewonnen, so ist zu analysieren, welche Informationsquellen zur Verfügung stehen, welche Qualifikationen des Prozessteams erforderlich sind und wie die Informationsqualität sichergestellt werden kann. Bei fehlender Kommunikation und mangelnder Prozessintegration kann es vorkommen, dass Informationen sowohl in einem vorgelagerten als auch im betrachteten Prozess generiert werden. In diesem Fall entsteht nicht nur unnötige Arbeit, sondern auch eine Fehlerquelle, da Informationen aus unterschiedlichen Quellen Abweichungen oder gar Widersprüche aufweisen können. Wird in der Ist-Analyse ein solcher Zustand aufgedeckt, ist dieser im Rahmen der Prozessgestaltung zu korrigieren.

Der Informations-Output sind Informationen, die nach der Durchführung zur Verfügung stehen. Diese können das Prozessergebnis selbst (z. B. erhobene Kundenzufriedenheit), ein Teil des Prozessergebnisses (z. B. Auftragsabwicklung) oder ein Zusatzergebnis für die Durchführung weiterer Prozessschritte (z. B. Ergebnisse einer Qualitätszwischenprüfung im Produktionsprozess) sein.

Generell ist zu erheben, welche Informationen im Prozess benötigt und welche dieser Informationen auch tatsächlich bereitgestellt werden. Im Sinne der Abstimmung des Gesamtprozesses ist auch zu berücksichtigen, welche Informationen aus dem betrachteten Prozess an Folgeprozesse zu geben sind. Zur Analyse des Informationsflusses stellen sich folgende Fragen:

- Welche Informationen sind für die Durchführung des Prozesses bzw. einer Aktivität erforderlich?
- Welche Quellen zur Informationsgewinnung bieten sich an?
- Wer ist für die Informationsgewinnung verantwortlich?
- In welcher Form werden die Informationen bereitgestellt?

- Welche Informationen müssen als Output bereitgestellt werden?
- Welche Anforderungen stellt der Abnehmer der Informationen an diese?

4.3.4.5 Organisationssicht

Kompetenzanalyse

Die Kompetenzanalyse stellt die Frage, welche Kompetenzen für die Durchführung des Prozesses benötigt werden, wenn die festgelegte Prozess- und Produktqualität erreicht werden soll. Im Detail kann so für jede Aufgabe festgelegt werden, welche Qualifikationen die ausführende Person braucht. Diese werden in einer Qualifikations- oder Stellenbeschreibung festgehalten. Qualifikationen sind sowohl fachliche als auch soziale Kompetenzen, die eine einzelne Person bzw. eine Personengruppe vorweisen oder sich aneignen kann. Werden fehlende Kompetenzen identifiziert, so sind in Abstimmung mit der Personalentwicklung entsprechende Maßnahmen zum Aufbau der Qualifikationen zu setzen. Kompetenzen beziehen sich aber nicht ausschließlich auf die Fähigkeit, eine Aufgabe wahrnehmen zu können, sondern auch auf die Befugnis, dies zu tun. Es ist eine Grundvoraussetzung für die Abwicklung von Prozessen, dass die zuständigen Personen neben der nötigen fachlichen Qualifikation auch über die nötigen Handlungs- und Entscheidungsbefugnisse verfügen.

Schnittstellenanalyse

Der Punkt des Übergangs zwischen zwei Prozessen wird als Schnittstelle bezeichnet. Konkret handelt es sich um ein Ereignis, das den vorgelagerten Prozess an diesem Punkt beendet und den nachgelagerten Prozess startet. Als offene Schnittstelle wird eine Schnittstelle bezeichnet, die auf einen Prozess verweist, der noch nicht modelliert ist (vgl. Feldbrügge/ Brecht-Hadraschek, 2008). Die potenziellen Anforderungen dieser Prozesse sollten im Soll-Konzept, soweit möglich, Berücksichtigung finden. Dazu ist es empfehlenswert, zumindest die Identifikation und Abgrenzung des betroffenen Prozesses durchgeführt zu haben.

An allen identifizierten Schnittstellen ist jeweils eindeutig festzulegen, was (Informationen und Daten) an der Schnittstelle übergeben wird sowie in welcher Form (z. B. schriftlich mittels Übergabeformular, mündlich, elektronisch) Informationen und Daten übermittelt werden. Je besser die Produkt- und Informationsübergabe an den Schnittstellen definiert ist, desto geringer ist das Potenzial für Qualitäts- und Zeitverluste. Bei der Schnittstellenanalyse kann wie in Tabelle 4.9 vorgegangen werden.

Tabelle 4.9 Auszug aus einem Formular zur Schnittstellenanalyse

Prozessname: Beschaffung		
Schnittstelle zu (Prozessen oder Stellen)	**Was wird an der Schnittstelle übergeben?**	**In welcher Form findet die Übergabe statt (Mail, Formular, mündlich etc.)?**
Leistung oder Ware genehmigen	Anforderung nach Bereitstellung einer externen Leistung oder Ware	I-Plan-Formular-Anforderung mittels LMS-DB
Lieferant	Bestelldaten	Bestellformular
Rechnungswesen	Bestätigung über erfolgte Leistung oder Lieferung	Originallieferschein

Entscheidend ist, dass jede der Schnittstellen hinsichtlich ihrer Notwendigkeit hinterfragt wird. Von Vorteil ist es, wenn bei der Schnittstellenanalyse die Schnittstellenpartner mit eingebunden werden.

Für eine Schnittstellenübersicht über die gesamte Prozesslandkarte kann eine Matrix gebildet werden, die alle bzw. die wichtigsten Prozesse sowohl in den Spalten als auch in den Zeilen enthält. In der so entstandenen Matrix können die Schnittstellen in den entsprechenden Feldern nicht nur aufgezeigt, sondern auch bewertet werden. Ein möglicher Bewertungsgegenstand ist das Funktionieren des Arbeits- und Informationsflusses über die Schnittstelle. Verbesserungspotenziale in den Schnittstellen werden auf diese Weise über die gesamte Prozesslandkarte ersichtlich.

Ablaufanalyse

Die Ablaufanalyse zeigt Ablaufprobleme und Effizienzpotenziale auf und liefert somit wichtige Hinweise auf Möglichkeiten der Reduktion von Prozesszeiten und der Steigerung der Prozesseffizienz. Grundlage der Analyse ist die Modellierung (Visualisierung) der Prozesse. Der Ist-Ablauf des Prozesses basiert oftmals auf einer nicht mehr nachvollziehbaren Entwicklung, deren Rahmenbedingungen unter Umständen keine Gültigkeit mehr haben. Dieser Ist-Zustand muss in der Ablaufanalyse hinsichtlich der gültigen Rahmenbedingungen analysiert werden, um festzustellen, welche Änderungen zu einer Optimierung des Prozessflusses erforderlich sind.

Zur Nutzung von Optimierungspotenzialen stehen verschiedene Gestaltungsmaßnahmen zur Auswahl (Bild 4.35).

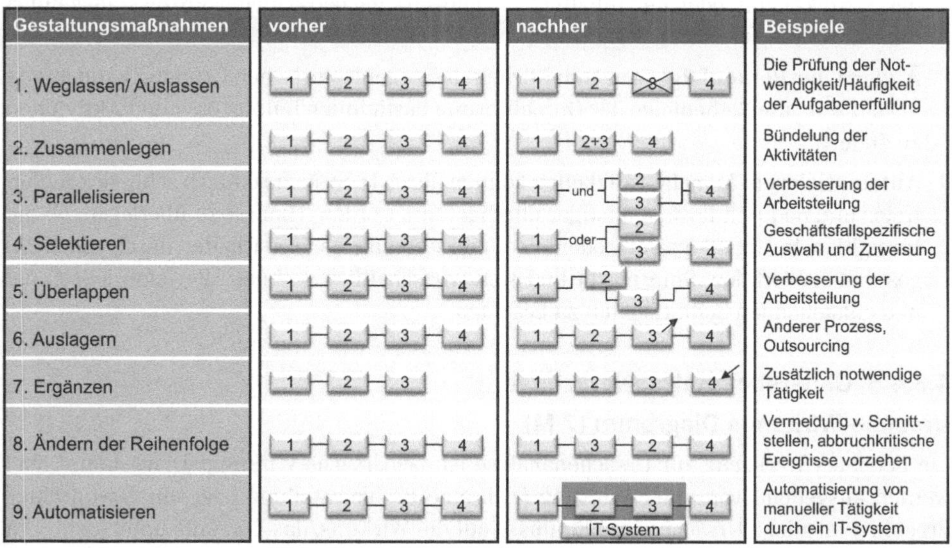

Bild 4.35 Gestaltungsansätze in der Prozessoptimierung

1. **Weglassen:** Nicht wertschöpfende Teilprozesse und Aktivitäten, also jene Schritte, die weder einen direkten Kundennutzen erzeugen noch für dessen Erzeugung erforderlich sind, sollen gestrichen werden. Dies inkludiert auch das Weglassen gesamter nicht wertschöpfender Prozesse.

2. **Zusammenlegen:** Teilprozesse und Aktivitäten, die inhaltlich und aufgrund ihrer organisatorischen Zuordnung zusammenhängend sind, können zusammengelegt werden, um Schnittstellen und Liegezeiten zu reduzieren.
3. **Parallelisieren:** Teilprozesse und Aktivitäten, die keine sequenzielle Durchführung erfordern (aufgrund inhaltlicher, organisatorischer oder personeller Abhängigkeiten), sollen parallelisiert werden. Damit wird eine Reduktion der gesamten Durchlaufzeit erreicht.
4. **Selektieren:** Falls mehrere Produktvarianten bzw. Geschäftsfälle mit dem Prozess erstellt bzw. abgehandelt werden, für die Erstellung der Varianten jedoch nicht immer alle Prozessschritte benötigt werden, können auch Prozessvarianten erstellt werden. Eine vorgelagerte Selektion bewertet ankommende Geschäftsfälle und weist diese an die richtige Prozessvariante weiter.
5. **Überlappen:** Ist aufgrund vorhandener Abhängigkeiten keine komplette Parallelisierung möglich, ist eine Verkürzung der Durchlaufzeit über eine partielle Parallelisierung durch Überlappung anzustreben.
6. **Auslagern:** Teilprozesse und Aktivitäten, die aufgrund der erforderlichen Kompetenzen besser an anderer Stelle (in einem anderen Prozess, in einer anderen Organisationseinheit, beim Kunden oder Lieferanten) ausgeführt werden, sind nach Möglichkeit an diese Stelle auszulagern. In diesem Sinne können Teilprozesse und Aktivitäten vor-, aus- und nachgelagert werden.
7. **Ergänzen:** Teilprozesse und Aktivitäten, deren Ausführung nicht im betrachteten Prozess stattfindet oder die gar nicht ausgeführt werden, aber aufgrund der Kompetenzen des Prozessteams oder der inhaltlichen Relevanz im betrachteten Prozess ausgeführt werden sollten, sind nach Möglichkeit im Prozess zu ergänzen.
8. **Ändern der Reihenfolge:** Aus inhaltlichen und organisatorischen Gründen kann es von Vorteil sein, die Reihenfolge der Durchführung bestimmter Teilprozesse und Aktivitäten zu ändern.
9. **Automatisieren:** Manche Tätigkeiten können durch IT-Systeme einfach schneller, fehlerfreier und dadurch kostengünstiger durchgeführt werden. Hier ist zu überlegen, ob die Investition in ein Programm oder die Unterstützung der Mitarbeiter durch einen IT-gestützten Workflow Sinn macht und sich wirtschaftlich rechnet. Hier sind jedoch die neu entstehenden Schnittstellen zu beachten.

4.3.4.6 Generelle Analysewerkzeuge

Ursache-Wirkungs-Diagramm (7 M)

Ein beliebtes Werkzeug zur Ursachenanalyse ist das Ursache-Wirkungs-Diagramm. Dabei werden ausgehend von einer Wirkung (z.B. eine Problemstellung oder ein gewünschtes Ergebnis) mögliche Ursachen und Einflüsse auf die Wirkung/das Ergebnis untersucht. Um die Prozesseinflüsse zu beherrschen, ist es erforderlich, Prozesse hinsichtlich der folgenden sieben Einflussgrößen (7 M) zu untersuchen:

- **M**anagement (Verbesserung der Planung etc.),
- **M**aschine (bestmögliche Nutzung des EDV-Systems etc.),
- **M**aterial (Verbesserung der effektiven Ausnutzung von Ressourcen etc.),

- **M**ensch (Verbesserung der Mitarbeiterausbildung etc.),
- **M**essung (verbesserte Messung und Darstellung der Leistung etc.),
- **M**ethode (Vereinfachung und Kombination von Arbeit und Materialien etc.),
- **M**itwelt (Verbesserung der Arbeitsumgebung etc.).

Die sieben Schlagwörter und die zugehörigen, allgemein gehaltenen Möglichkeiten zur Verbesserung geben Denkanstöße, um noch unbekannte Verbesserungspotenziale aufzuzeigen. Jedes der sieben M steht dabei für einen Begriff im Rahmen des Ursache-Wirkungs-Prinzips nach Ishikawa (1985), das vielfach auch als Fischgrätendiagramm (Ishikawa, 1989) bezeichnet wird (Bild 4.36).

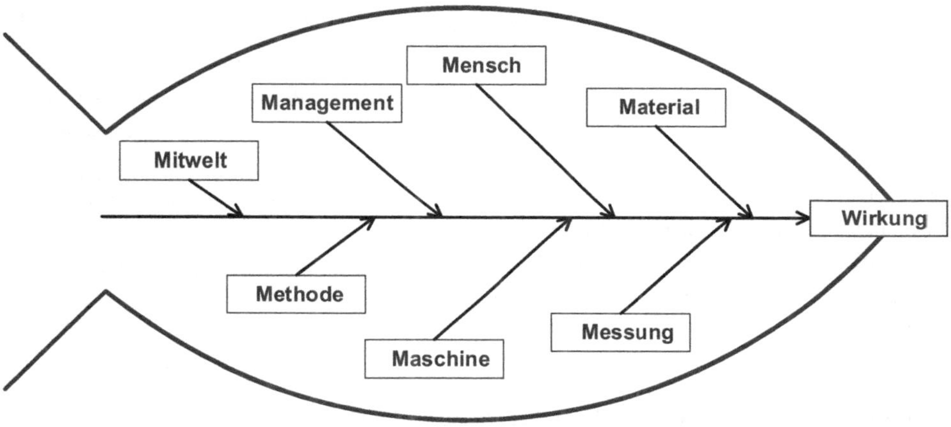

Bild 4.36 Fischgrätendiagramm nach Ishikawa (1994)

6-W-Fragetechnik zur Ortung von Verbesserungsmöglichkeiten

Die 6-W-Fragetechnik dient zur Analyse von Problemen bis zu deren Ursachen. Die gründliche Hinterfragung der Problemstellung soll vermeiden, dass zwar die Auswirkungen, aber nicht die Ursachen Inhalt der Problembehebung sind. Jedes auftretende Problem kann mit folgenden sechs Fragen analysiert werden:

1. Wer?
2. Was?
3. Wo?
4. Wann?
5. Warum?
6. Wie, wie viel?

Diese sechs W können zu einer 6-W-Checkliste erweitert werden, wie sie in Tabelle 4.10 dargestellt wird.

Tabelle 4.10 6-W-Checkliste

Wer?	Was?	Wo?
Wer macht es? Wer macht es gerade? Wer sollte es machen? Wer kann es noch machen? Wer soll es noch machen?	Was ist zu tun? Was wird gerade getan? Was sollte gerade getan werden? Was kann noch gemacht werden? Was soll noch gemacht werden?	Wo soll es getan werden? Wo wird es getan? Wo sollte es getan werden? Wo kann es noch gemacht werden? Wo soll es noch gemacht werden?
Wann?	**Warum?**	**Wie, wie viel?**
Wann wird es gemacht? Wann wird es wirklich gemacht? Wann soll es gemacht werden? Wann kann es sonst gemacht werden? Wann soll es noch gemacht werden?	Warum wird es gemacht? Warum soll es gemacht werden? Warum soll es hier gemacht werden? Warum wird es dann gemacht? Warum wird es so gemacht?	Wie wird es gemacht? Wie wird es wirklich gemacht? Wie soll es gemacht werden? Kann diese Methode auch in anderen Bereichen angewendet werden? Wie kann es noch gemacht werden?

Die sieben elementaren Qualitätswerkzeuge (Q7)

Die sieben elementaren Qualitätswerkzeuge werden an dieser Stelle nur kurz vorgestellt. Eine ausführliche Beschreibung ist in der Literatur weitverbreitet (z. B. Wagner/Käfer, 2017).

- **Fehlersammelliste**
  Die Fehlersammelliste ist eine einfache Methode zur Erfassung und Darstellung attributiver Fehler nach Art und Anzahl.
- **Stratifikation/Datenerfassung**
  Durch die Stratifikation können Fehlerursachen aus Mischverteilungen besser identifiziert und Verbesserungsmaßnahmen abgeleitet werden.
- **Histogramm (Säulendiagramm)**
  Ein Histogramm ist ein Säulendiagramm, in dem gesammelte Daten zu Klassen zusammengefasst werden.
- **Regelkarte (Qualitätsregelkarte)**
  Die Regelkarte dient zur grafischen Darstellung von Verläufen eines Parameters über die zeitliche Achse, die bei der Prüfung von Stichproben aus einem fortlaufenden Prozess eingetragen werden.
- **Korrelationsdiagramm (Streudiagramm)**
  Das Korrelationsdiagramm stellt die Beziehung zwischen zwei veränderlichen Merkmalen grafisch dar, die paarweise an einem Untersuchungsobjekt aufgenommen werden. Die Wertepaare werden in einem Diagramm als Punkte dargestellt, aus deren Form man Rückschlüsse auf die Beziehung der Merkmale ziehen kann.

- **Pareto-Diagramm**
  Das Pareto-Diagramm oder die ABC-Analyse basieren auf dem Pareto-Prinzip, das besagt, dass 20% der Fehlerarten 80% der Fehler bedingen. Das Pareto-Diagramm visualisiert nun den Beitrag der einzelnen Einheiten zur Gesamtwirkung in der Reihenfolge der Bedeutung. Der (relative) Beitrag jeder Einheit kann auf verschiedenen Messzahlen gegründet sein (z. B. Kosten je Einheit, Anzahl des Auftretens usw.).
- **Ursache-Wirkungs-Diagramm (Ishikawa-Diagramm)**
  Ursache-Wirkungs-Diagramme eignen sich besonders gut zur Visualisierung komplexerer Ursache-Wirkungs-Beziehungen und damit auch zur Unterstützung von Gruppenarbeit.

4.3.4.7 Analyse des Managements von Prozessen

Fähigkeitssicht

Mithilfe von Reifegradmodellen, die eine Aussage über die Fähigkeit eines Prozesses treffen, kann auch das Management eines Prozesses bewertet werden. Eines der bekanntesten Reifegradmodelle ist die ISO 33000 Reihe, auch SPICE (**S**oftware **P**rocess **I**mprovement and **C**apability d**E**termination) genannt, die bereits kurz angeschnitten wurde und in Kapitel 10 detailliert beschrieben wird. Auf Basis der Bewertung und der Erkenntnisse aus dem Prozessassessment können Verbesserungsmaßnahmen für den Prozess abgeleitet werden. Aber es können auch Maßnahmen zur Verbesserung des Managements dieses Prozesses definiert werden, um die nächste Fähigkeitsstufe zu erreichen (z. B. Nutzung von Barcode-Scannern, um bessere Ist-Daten zum Produktfluss zu erlangen).

4.3.5 Liste der Verbesserungspotenziale (LVP)

Die Liste der Verbesserungspotenziale ist eine Auflistung und Sammlung an erkannten Schwachstellen, Verbesserungspotenzialen und Ideen entlang der gesamten 4-Schritte-Methodik. Bereits in Schritt I können Potenziale gefunden werden, die zu der Zeit noch nicht diskutiert, jedoch in die LVP aufgenommen werden sollten.

Die wichtigste Rolle spielt die LVP jedoch in Schritt II. Hier werden sämtliche wichtigen Erkenntnisse, wie z. B. bereits bekannte Schwachstellen, Beobachtungen während der Aufnahme und Erkenntnisse bei der Anwendung der Analysetools, zentral dokumentiert.

Eine beispielhafte LVP zeigt Bild 4.37. Wird ein häufiger Fehler, ein offenes Problem oder eine Schwachstelle im Prozess entdeckt, wird diese Erkenntnis in der Spalte „Ansatzpunkt“ vermerkt. Gibt es zum Ausgangspunkt schon einen Lösungsansatz oder wird eine Verbesserungsidee entwickelt, dann wird diese unter „Verbesserungspotenzial/Lösungsansatz“ beschrieben. Da die Liste sehr umfangreich werden kann, hat sich für die Dokumentation und Diskussion eine fortlaufende Nummer bewährt, um eindeutig auf ein Thema referenzieren zu können.

Als Abschluss der Analyse und Vorbereitung der Konzeption werden die erkannten Verbesserungspotenziale hinsichtlich der Bedeutung für den Prozess und den Aufwand für die Umsetzung bewertet. Hier hat sich eine Bewertung von 1 bis 4 als ausreichend herausgestellt. Das Ergebnis ist ein Portfolio an möglichen Verbesserungsmaßnahmen, das auch grafisch dargestellt werden kann (Bild 4.38).

Nr.	Ansatzpunkt	Verbesserungspotenzial/ Lösungsansatz	Bedeutung für den Prozess (1–4)	Aufwand zur Umsetzung (1–4)
1	Die Vorlage ist unübersichtlich und deutlich zu umfangreich	Vorlage klarer strukturieren, Umfang auf das von Normen geforderte und intern notwendige Minimum reduzieren	3	2
2	Reports werden an unterschiedlichen Orten abgelegt, „Profile" und „Prozessziele und -erreichung" in anderen Verzeichnissen gespeichert	Zentrale Ablage in definierten Verzeichnissen für Vorlage und Reports; „Prozessziele und -erreichung" in Verzeichnis verschieben und Verknüpfung zu „Profile" erstellen	3	1

Bild 4.37 Auszug aus einer LVP

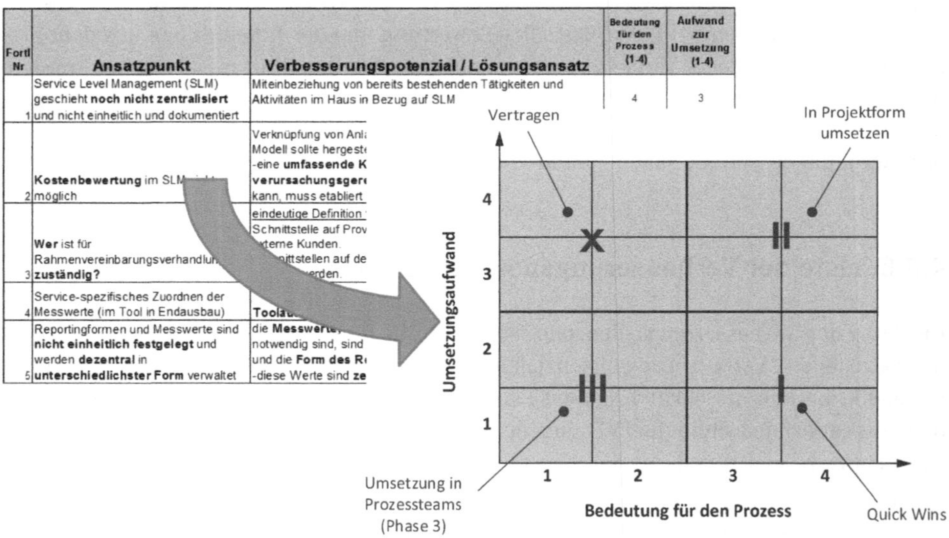

Bild 4.38 Ableitung des Verbesserungsportfolios

In den verbleibenden Schritten fließen die bewerteten Maßnahmen in die Konzeption ein und werden im Anschluss mit konkreten Maßnahmen verknüpft. Auch hier können noch entwickelte Ideen für eine spätere Umsetzung in zukünftigen Soll-Zuständen aufgenommen werden.

4.4 Schritt III: Konzeption Soll-Prozesse

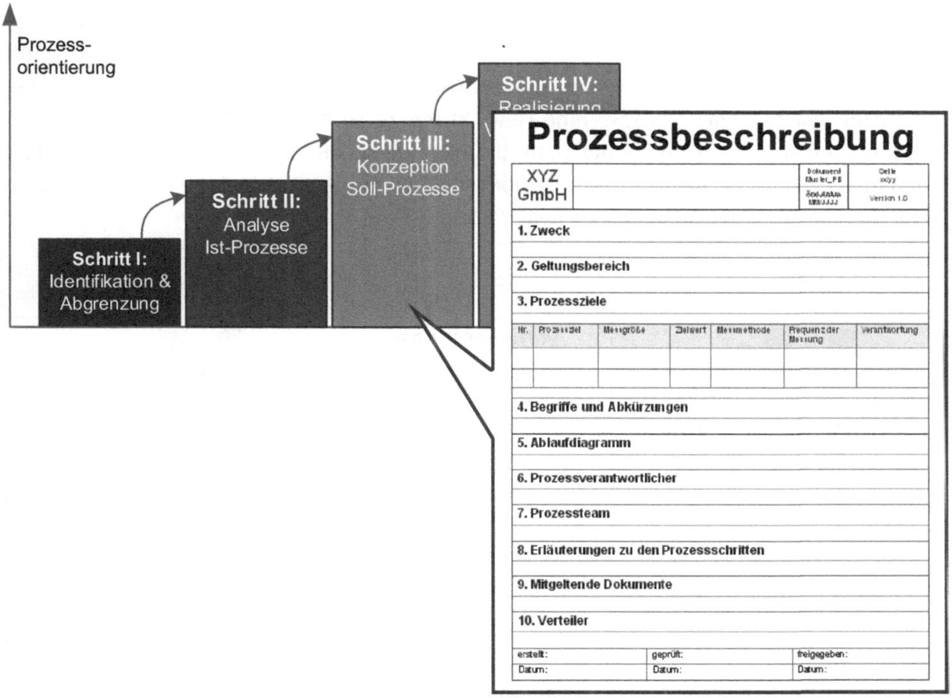

Bild 4.39 Schritt III der 4-Schritte-Methodik

4.4.1 Gestaltung der Soll-Prozesse

Ausgehend vom Ist-Prozess werden insbesondere bei den Analysen Verbesserungspotenziale identifiziert, die dann im Soll-Prozess umgesetzt werden sollen (Bild 4.40). Neben den Punkten aus der LVP haben auch Vorgaben und Zielsetzungen vom Management an das Prozessteam ebenso einen großen Einfluss auf die Konzeption des Soll-Prozesses. Sie geben die Richtung vor, in der die Weiterentwicklung des Prozesses gehen soll. Diese Vorgaben und Zielsetzungen sollten aber bereits bei der Analyse einen Einfluss auf die Schwerpunktsetzung haben, um notwendige Daten und Erkenntnisse für fundierte Entscheidungen in der Konzeption zu haben. Den Ursprung können sie in abgeleiteten, strategischen Zielsetzungen oder anderwärtigen Überlegungen im Unternehmensleitstand haben. Die Zielsetzungen müssen jedenfalls zu den strategischen Vorgaben konform sein!

Schwerpunkte bei der Entwicklung des Prozesses können bezogen auf alle in der Analyse angesprochenen Dimensionen gesetzt werden. Eine hohe Bedeutung sollte immer der Kundendimension zugemessen werden, unabhängig davon, ob es sich um einen externen oder internen Kunden handelt. Grund dafür ist, dass jeder Prozess die Anforderungen der Kunden erfüllen soll, weil der Prozess nur deshalb durchgeführt wird, um dem Kunden das

Produkt oder die Dienstleistung anbieten zu können. Es ist nicht zwangsläufig sinnvoll, in allen Dimensionen eine maximale Qualität zu fordern. Im Zentrum muss daher die Frage nach der richtigen Qualität stehen (vgl. Stöger, 2005). Die richtige Qualität ist über die Kundenanforderungen und die Qualität der Mitbewerber definierbar. Das heißt, die „richtige Qualität" richtet sich nach kaufentscheidenden Qualitätskriterien aus, die so weit erfüllt sein müssen, dass der Kunde das eigene Produkt dem der Mitbewerber vorzieht. Aus diesem Grund ist für jeden Prozess eine Gewichtung zu treffen, um den Grad der Berücksichtigung einer Dimension bei der Definition von Zielsetzungen sowie den erforderlichen Maßnahmen zu deren Realisierung festzulegen. Generell ist zu beachten, dass keine sich widersprechenden Zielsetzungen verfolgt werden.

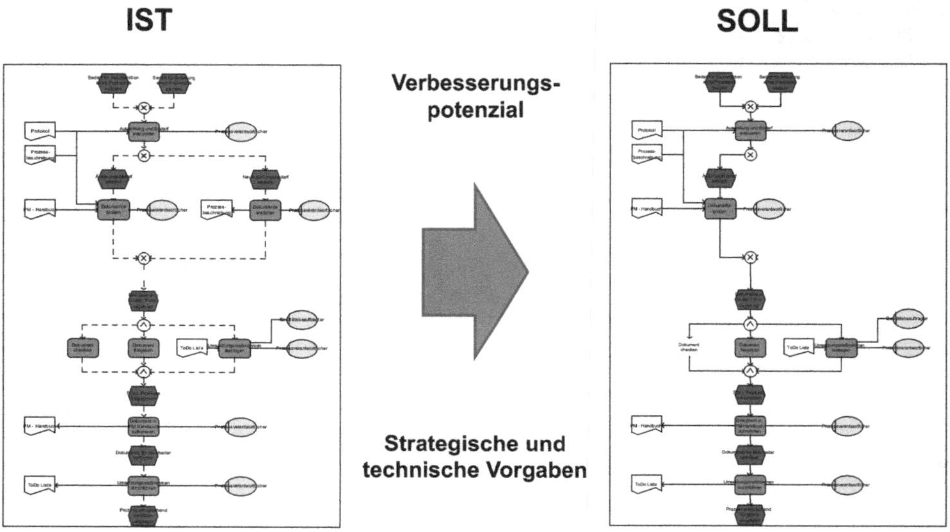

Bild 4.40 Migration vom Ist- zum Soll-Zustand

Kundensicht bei der Prozessgestaltung

Aus der Analyse der Kundendimension geht hervor, welche Anforderungen der Kunde an den Prozess und den Prozess-Output stellt, wie die Kundenkontakte gestaltet sind und welche Ursachen mögliche Lücken (Gaps) in der Erfüllung der Kundenanforderungen haben. Diese Informationen dienen der Festlegung von Qualitätskriterien (Zielvorgaben für den Soll-Prozess), die im Vergleich zum Ist-Zustand eine Definition von konkreten Maßnahmen zur Leistungsverbesserung ermöglichen. Ergänzt durch eine Gewichtung der Relevanz der Maßnahmen in Bezug auf den Prozess und eine Gewichtung des Umsetzungsaufwands ergibt sich das Verbesserungspotenzial eines Prozessschritts. Bild 4.41 zeigt einen Ausschnitt aus einer Dokumentation von Verbesserungspotenzialen in einer Kontaktstellenanalyse für einen Kreditvergabeprozess. Die betreffenden Spalten wurden im Anschluss in die LVP übernommen. Die letzte Spalte bietet die Basis für die Definition eines Prozessziels, anhand dessen die Wirksamkeit der Maßnahme und die Leistungsfähigkeit des Prozesses gemessen werden können.

Wirtschaftlichkeitssicht bei der Prozessgestaltung

Die Dimension der Prozesswirtschaftlichkeit betrachtet die im Prozess anfallenden Aufwände hinsichtlich Zeiten und Kosten. Im Soll-Prozess fließen nun Zielsetzungen zur Reduktion von Prozesszeiten und -kosten ein. Nicht wertschöpfende Aktivitäten sind zu streichen, Liegezeiten zu vermeiden. Für wertschöpfende und unterstützende Aktivitäten ist zu eruieren, wie Kostensenkungen zu erreichen sind.

Risikosicht bei der Prozessgestaltung

Für die Dimension des Prozessrisikos sind im Soll-Prozess Zielsetzungen für die Systemelemente Mensch, Maschine, Material und Mitwelt festzulegen, die eine Aussage darüber treffen, welchen Beitrag diese Elemente für die Vermeidung und Reduktion von Risiken der Betrachtungsgegenstände Technologie, Zeiten, Ressourcen und Kosten beitragen können. Die Berücksichtigung der ausgearbeiteten Maßnahmen erfolgt nach der errechneten Risikoprioritätszahl, die sich aus der Eintrittswahrscheinlichkeit, der Auswirkung und der Entdeckbarkeit zusammensetzt.

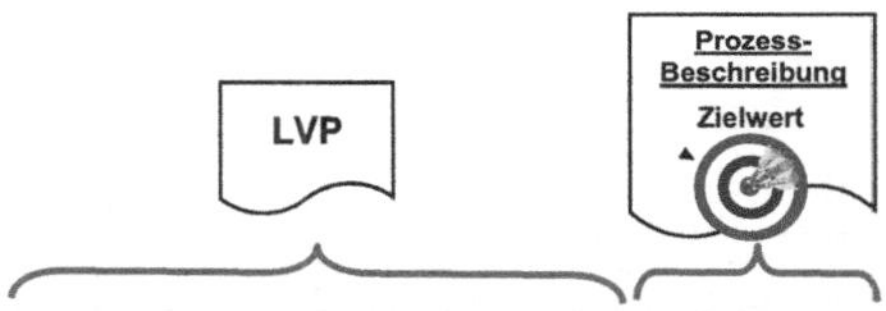

Prozess: Kreditvergabe

Nr	MOT/ Prozess-schritt	Q-Kriterium (intern / extern)	Ge-wichtung (1-10)	Ziele vorhanden ? (ja / nein)	Service-versprechen vorhanden?	Verbesserungs-maßnahmen	Wichtig-keit für den Prozess	Aufwand zur Um-setzung	Service-standard
1	Erst-kontakt mit dem Kunden	Einfühlungs-vermögen (plausibler Grund für Erstkontakt)	7	nein	nein	Verknüpfung der Kundendatenbanken mit Produkteigenschaften (CRM einführen)	4	4	Kunden-zufriedenheit mit Art der Ansprache
2									

Bild 4.41 Kontaktstellenanalyse

Informationssicht bei der Prozessgestaltung

Im Soll-Konzept werden im Rahmen der Dimension der Prozessinformation Zielsetzungen für die Qualität des Informationsflusses festgelegt. Zielsetzung ist es, nur jene Informationen bereitzustellen, die für die Durchführung des jeweiligen Prozesses bzw. einer Aktivität oder für einen Folgeprozess (Informations-Output) erforderlich sind. Gleichzeitig müssen aber auch Vorkehrungen getroffen werden, dass alle notwendigen Informationen vorhanden sind, um Zeit und Kosten zu sparen und Fehler zu vermeiden. Zielsetzung aus dieser Sicht auf den Prozess muss auch eine Minimierung von Schnittstellen und Medienbrüchen sein. Falls sie nicht vermieden werden können, müssen sie möglichst standardisiert werden und es müssen Vorkehrungen getroffen werden, dass keine Fehler und Verzögerungen auftreten. Zudem sollte eine klare Verantwortungsregelung für die Informationsgewinnung und -weitergabe erreicht werden.

Organisationssicht bei der Prozessgestaltung

Die Dimension der Prozessorganisation betrachtet den Prozessfluss (Ablauf), die Schnittstellen zwischen den Teilprozessen und die für die Prozessdurchführung erforderlichen Kompetenzen. Grundsätzlich kann dabei eine komplette Neugestaltung des Prozesses erfolgen oder eine Prozessverbesserung basierend auf den modellierten Ist-Prozessen durchgeführt werden. Wie Bild 4.42 zeigt, können bei Prozessen mit vielen Verbesserungspotenzialen erhebliche Veränderungen im Prozessfluss realisiert werden.

Fähigkeitssicht bei der Prozessgestaltung

Die Prozessfähigkeit wird basierend auf einem Reifegradmodell festgelegt. Zielsetzung für den Soll-Prozess ist es, einen höheren als den derzeitigen Reifegrad zu erreichen. Dazu lassen sich aus den in der zugrunde liegenden Norm festgelegten Anforderungen zur Erreichung eines bestimmten Reifegrads konkrete Zielsetzungen für den Soll-Prozess ableiten (siehe Kapitel 10.5).

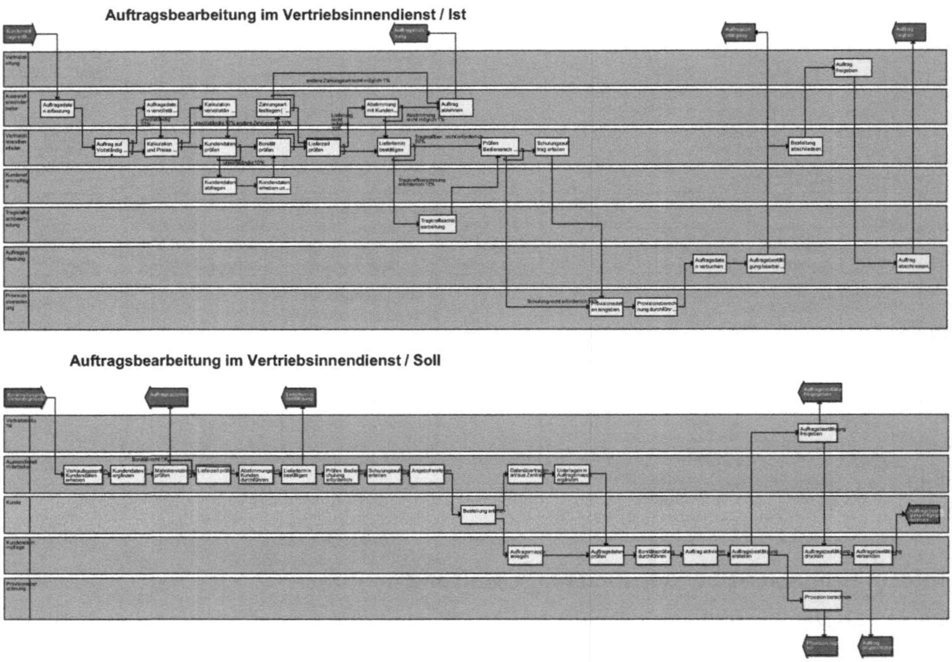

Bild 4.42 Ist-Prozess versus Soll-Prozess

4.4.2 Festlegung der Prozessmessung

Prozessziele

Die Definition der Prozessziele ist die Grundlage zur Steuerung und Kontrolle der Prozesse. Dies sollte unbedingt im Rahmen eines umfassenden Managementsystems auf Basis des Prozessmanagementkonzepts erfolgen.

Die Prozessziele lassen sich in folgende Kategorien einteilen (die Beispiele in Klammer beziehen sich auf ein Callcenter):

- Input-bezogene Prozessziele (Quote der richtig zugewiesenen Kundenanfragen zu Folge vorgeschalteter Routingmechanismen),
- durchführungsbezogene Prozessziele (Erhöhung der beantworteten Anfragen je Mitarbeiter und Tag, Steigerung der Auslastung der Callcenter-Mitarbeiter, Reduktion der durchschnittlichen Dauer je Anruf),
- Output-bezogene Prozessziele (Auftragswert je Anrufer).

Der Fokus der Prozessmessung ergibt sich mit der Gewichtung der Zielsetzungen für die (Neu-)Gestaltung des Prozesses.

Kennzahlen und Messgrößen

Wichtige Voraussetzung für die Messbarkeit ist, dass sich die Kennzahlen quantifizieren lassen. Weiterhin ist es wichtig, dass die Messgrößen auch von den im Prozess tätigen Personen beeinflussbar sind. Für jede Messgröße wird ein Zielwert für den Soll-Prozess definiert, der festlegt, welchen Wert die Messgröße über- oder unterschreiten muss, um das Prozessziel zu erreichen.

Die fünf Prinzipien einer guten Messgröße/Kennzahl lauten:

- Prinzip 1: Die Messgröße/Kennzahl muss wichtig sein.
- Prinzip 2: Die Messgröße/Kennzahl muss verständlich sein.
- Prinzip 3: Die Messgröße/Kennzahl muss die richtige Empfindlichkeit aufweisen.
- Prinzip 4: Die Messgröße/Kennzahl unterstützt Analysen und Aktionen.
- Prinzip 5: Die für die Messgröße/Kennzahl benötigten Daten müssen leicht erfassbar sein.

Frequenzen

Die Messfrequenz gibt an, wie häufig die Messung durchgeführt wird bzw. wie häufig die Kennzahl ausgewertet werden soll. Diese ist abhängig von der Stabilität des Prozesses, den Auswirkungen von Einflussgrößen aus dem Prozessumfeld und der Annahme der Prozesssteuerungsaktivitäten.

Verantwortlichkeit für Zielverfolgung und Messung

Diese gibt an, wer für das Vorhandensein der Messergebnisse verantwortlich ist, wie beispielsweise für das Vorliegen der monatlichen Auswertung zum vereinbarten Zeitpunkt. Hier ist zu beachten, dass die Verantwortung zur Bereitstellung der Messergebnisse und die Verantwortung zur Zielerreichung (liegt beim Prozessverantwortlichen) nicht bei derselben Person liegen müssen.

Die getroffenen Festlegungen zur Prozessmessung werden tabellarisch aufbereitet und an die zuständigen Personen kommuniziert. Bild 4.43 zeigt ein Beispiel einer solchen Informationsaufbereitung (Zielemessbalken).

Für jeden Prozess werden eine oder mehrere **aussagekräftige** Messgrößen festgelegt. Diese machen die vorgenommenen Verbesserungen sichtbar. Dieser Gedanke wird im Rahmen des Prozessmanagements auf sämtliche Prozesse im Unternehmen angewendet.

Mithilfe von Messgrößen kann man Aussagen über den Zustand des Prozesses machen. Will man Aussagen über die Auswirkungen von Verbesserungen machen, so ist es notwendig, die Entwicklung der Messgrößen über einen längeren Zeitraum zu beobachten.

Was wird gemessen?

Wie häufig wird gemessen?

Nr.	Prozess-zielsetzung	Messgröße/ Kennzahl	Zielwert	Mess- / Auswerte-methode	Messfrequenz	Verantwortung
1	Problemlösungs-zeit gering halten	Anteil der Fälle, wo Zeit von der Meldung des Problems bis zur umgesetzten Lösung des Problems < 1 Tag (24h)	> 98 %	Vermerk der Zeitpunkte in der Datenbank	Pro Anlassfall	Hotline-mitarbeiter/Innen

Was soll erreicht werden?

Wie wird gemessen?

Wer ist für die Messung verantwortlich?

Bild 4.43 Prozessziele und Messgrößen

Die Ergebnisse der Messung und der Grad der Zielerreichung müssen regelmäßig in Form von Reportings dokumentiert und kommuniziert werden. Für die Reportings ist festzulegen, welche Informationen von wem an wen in welcher Form und zu welchem Zeitpunkt weiterzuleiten sind. Beim Kommunizieren der Kennzahlen ist darauf zu achten, dass die Form der Darstellung für die Mitarbeiter einfach und verständlich ist.

Eine vertiefende Definition der Begriffe Messgröße und Kennzahl ist in Kapitel 5 zu sehen.

4.4.3 Prozessbeschreibung

Die Konzeption des Soll-Prozesses wird vom Prozessteam gemeinsam durchgeführt. Eine bewährte Möglichkeit, den Soll-Prozess zu dokumentieren, ist die Prozessbeschreibung. In einer Prozessbeschreibung werden der Prozessablauf und alle zugehörigen relevanten Informationen in einem strukturierten Dokument dargestellt. Alle Prozessbeschreibungen sollen einfach, eindeutig und leicht verständlich sein sowie die Ziele und Leistungen des Prozesses widerspiegeln.

Sie sollten alle wichtigen prozessbezogenen Informationen dokumentieren, jedoch mindestens den Zweck, Prozesseigner, -verantwortlichen und das Prozessteam, den Prozessablauf, die Prozessziele (inklusive der Kennzahlen) und alle Elemente der Dokumentenlenkung beinhalten. Bild 4.44 bis Bild 4.46 zeigen eine bewährte Gliederung der Prozessbeschreibung anhand eines Beispiels. Dieses Dokument kann dann beispielsweise per Intranet, durch ein Dokumentenmanagementsystem oder ausgedruckt an den Arbeitsplätzen als Prozessdokumentation zur Verfügung gestellt werden.

Firma XY	**Prozessbeschreibung** Einkauf steuern und durchführen	Einkauf_steuern_und_durchführen.pdf	Version 1.0

1. Zweck

Zweck:

„Planen, Einkaufen bzw. Abrufen von Material, Investitionen und Dienstleistungen sowie Auswahl, Bewertung und Qualifizierung von Lieferanten, um die termingerechte, mengentreue und qualitative Versorgung und Aufrechterhaltung der Produktion sowie des gesamten Unternehmens wirtschaftlich/kostenoptimal sicherzustellen".

Prozessergebnis:

Ware/Dienstleistung ist in der richtigen Zeit, Qualität, Menge zum richtigen Preis am richtigen Ort lt. Anforderung verfügbar

Rechnung ist freigegeben

Lieferantenbewertung und –entwicklungsplan liegt vor

2. Geltungsbereich

Der Prozess gilt für das gesamte Unternehmen

Prozessabhängigkeiten:

- Prozesskategorie: Unterstützungsprozess
- Vorgelagerter Prozess: Unternehmen strategisch planen und steuern (Unternehmensstrategie), Produktionsprozesse (Produktrelevante Beschaffungen), Alle Prozesse (Bedarfe)
- Nachgelagerter Prozess: Produktionsprozesse (Vorprodukte, Vormaterialien, Fremdleistungen…), Alle Prozesse (Waren, Dienstleistungen)

3. Prozessziele

Nr.	Prozessziel	Messgröße	Zielwert	Messmethode	Frequenz der Messung	Verant-wortung
1	Reduktion der aktiven Lieferanten	Anzahl aktive Lieferanten	≤100	Auswertung SAP	quartalsweise	Leiter Einkauf
2	Hohe Pünktlichkeit der eingehenden Lieferungen	Anteil der rechtzeitigen zu Anzahl der gesamt eingehenden Lieferungen	≥95%	Auswertung SAP	monatlich	Leiter Einkauf
3	Hohe Qualität der bestellten Ware	Anteil der positiv bewerteten Eingangskontrollen zu Anzahl der gesamten Eingangskontrollen	≥97%	Auswertung SAP	monatlich	Leiter Einkauf

Bild 4.44 Beispiel einer Prozessbeschreibung, Teil 1

4. Begriffe und Abkürzungen

D........................ Durchführungsverantwortung
E........................ Entscheidungsverantwortung (Ergebnisverantwortung)
M........................ Mitarbeit
I........................ Informationsempfänger
PzV..................... Prozessverantwortlicher
QmB.................. Qualitätsmanagementbeauftragter
GF...................... Geschäftsführung
GJ...................... Geschäftsjahr
Weitere Abkürzungen sind der Prozessdarstellung im Intranet zu entnehmen.

5. Ablaufdiagramm

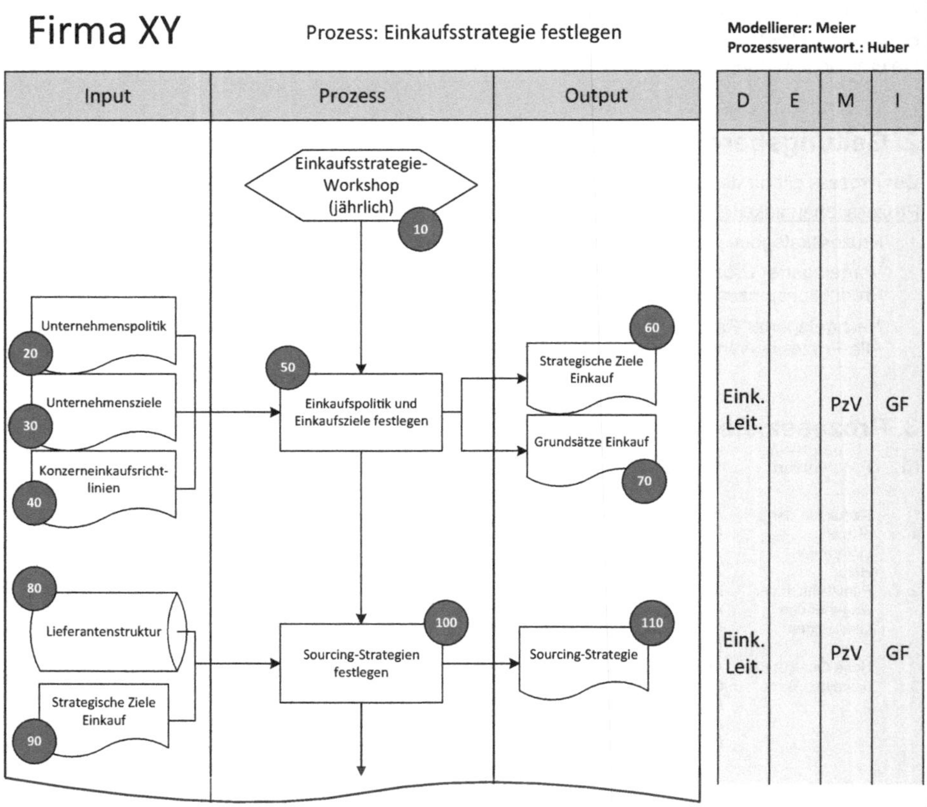

Bild 4.45 Beispiel einer Prozessbeschreibung, Teil 2

6. Prozessverantwortlicher

Huber

7. Prozessteam

Mayer, Müller, Schmidt

8. Beschreibung des Prozesses

Nr.	Element	Erläuterung
10	Einkaufsstrategie-workshop	Der Einkaufsstrategie-Workshop findet jährlich statt und dient dem Austausch der jeweiligen Verantwortungsträger mit der Geschäftsleitung sowie der Festlegung bzw. Anpassung der konzernweiten Einkaufsstrategie.
20	Unternehmenspolitik	...
...		

9. Mitgeltende Dokumente

G:\Managementdokumente\Unterstuezungsprozesse\Einkauf_steuern_und_durchfuehren\Geltende_Dokumente

10. Verteiler

Prozessteilnehmer (DEMI), Schnittstellen, QmB, GF.

Erstellt PzV: Huber	Geprüft QmB: Meier	Freigegeben GF: Schmidt
Datum:	Datum:	Datum:

Bild 4.46 Beispiel einer Prozessbeschreibung, Teil 3

Prozessbeschreibungen gelten je nach Verwendungszweck beispielsweise für das ganze Unternehmen oder für bestimmte Bereiche. Die äußere Form, die groben Inhalte und der Umgang mit Prozessbeschreibungen sind eindeutig festzulegen. Diese sind als „betrieblicher Standard“ für alle Prozessbeschreibungen in gleicher Art und Weise zu verwenden. Der Detaillierungsgrad richtet sich nach den unternehmensspezifischen Gegebenheiten. Das bedeutet, dass gegebenenfalls auch Arbeitsanweisungen, Checklisten und Prüfungsanweisungen zur Prozessbeschreibung erstellt werden können. Unternehmensinterne Überlegungen, spezifische Forderungen des Kunden oder Normforderungen beeinflussen dabei den Detaillierungsgrad.

4.5 Schritt IV: Realisierung Verbesserungspotenzial

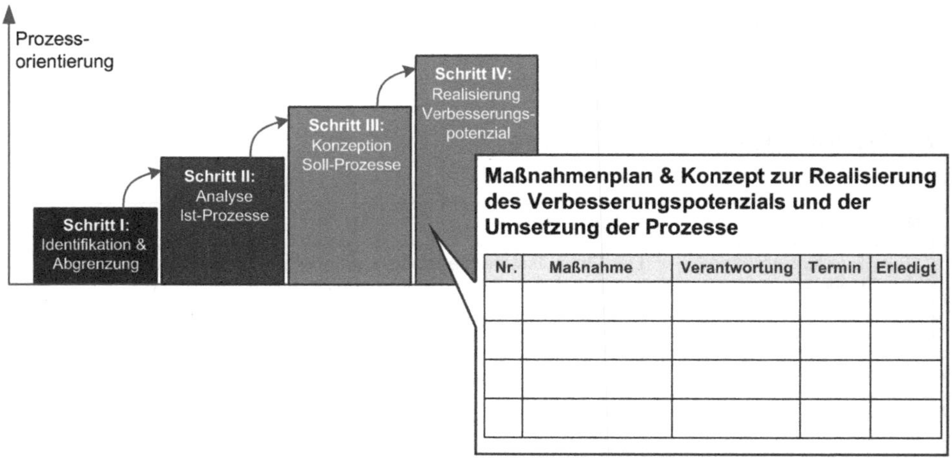

Bild 4.47 Schritt IV der 4-Schritte-Methodik

Mit der Freigabe des Soll-Konzepts starten die Planung und Durchführung der Implementierung. Es ist darauf zu achten, die relevanten Hierarchien und Entscheidungsstrukturen zu berücksichtigen. Grundsätzlich erfolgt die Abnahme der Soll-Prozesse in Form der Prozessbeschreibung durch die oberste Leitung einer Organisation, wodurch eine abgesicherte Grundlage für die Realisierung erreicht wird.

Zunächst ist die Umsetzung des in den vorangegangenen Schritten konzipierten und definierten Soll-Prozesses zu planen. Die Umsetzung bezieht sich dabei auf jene Maßnahmen, die durch die Änderungen des Prozessablaufs vom Ist zum Soll erforderlich sind (z. B. Anpassung der Dokumentation, Beschaffung von IT-Lizenzen, Anpassung des Büro- oder Werkstatt-Layouts). Bei der Umsetzung der Soll-Prozesse empfiehlt es sich, vor allem bei umfassenden Änderungen, eine Vorgehensweise in mehreren Schritten zu wählen:

1. **„Dry run“:** Durchsprechen des Soll-Prozesses mit allen Beteiligten, mit dem Ziel, vorab potenzielle Schwachstellen zu erkennen und zu beseitigen.
2. **„Wet run“:** Probelauf über einen abgegrenzten Zeitraum und innerhalb eines abgegrenzten Bereichs. Abweichungen vom Plan sind zu dokumentieren und im Anschluss mit den Verantwortlichen des Prozesses durchzusprechen. Hierbei gilt es, die Schwachstellen zu beseitigen, bevor der Soll-Prozess endgültig umgesetzt wird.
3. **Installation:** tatsächliche, schrittweise Installation und Umsetzung des Prozesses im Tagesgeschäft. Auch hier ist es wichtig, dass die Umsetzung von einer verantwortlichen Person begleitet wird.

Zur Durchführung der Implementierung der Verbesserungspotenziale haben sich in der Praxis unter anderem folgende Werkzeuge bewährt:

- Prozessbegehungen,
- Aktivitäten- oder Maßnahmenlisten.

4.5.1 Prozessbegehungen

Jede Änderung eines Prozesses sowohl im Rahmen eines einmaligen Redesigns wie auch im Zuge der kontinuierlichen Verbesserung stellt eine spezielle Herausforderung dar. Der Grund dafür liegt darin, dass neu festgelegte Prozesse zwar in der Theorie sehr gut aussehen können, jedoch die Praxis dieser theoretischen Einschätzung in ungünstiger Weise widerspricht. Um dieser Problematik Einhalt zu gebieten, empfiehlt es sich, die Prozesse vor Inkraftsetzung zu „begehen“.

Prozesse zu begehen bedeutet, mit den Mitarbeitern des Prozesses gemeinsam die einzelnen Schritte des Prozesses in der realen Umgebung durchzuführen und explizit die Unterschiede und Abweichungen zum vergangenen Prozess zu erläutern. Es ist darauf zu achten, die Prozessbegehung in einem ausreichenden zeitlichen Abstand zur geplanten Inkraftsetzung durchzuführen, um etwaige Änderungswünsche der Mitarbeiter des Prozesses noch berücksichtigen zu können. Da solche Änderungen bei Produktionsprozessen, aber auch Dienstleistungsprozessen vor- und nachgelagerte Prozesse betreffen können, ist ein entsprechender zeitlicher Rahmen für Abstimmungen bei Verbesserungen und Korrekturen einzuplanen.

Bei der Prozessbegehung empfiehlt sich folgende Vorgehensweise (Bild 4.48):

- Bei der Planung der Prozessbegehung ist festzulegen, wer an der Prozessbegehung teilnehmen soll. Achten Sie darauf, auch jene Mitarbeiter einzuladen, die Schnittstellenpositionen zu anderen Prozessen einnehmen.
- Bei der Vorstellung des geänderten Prozesses und der Dokumentation an die Mitarbeiter ist darauf zu achten, dass alle Mitarbeiter beide Komponenten vollumfänglich verstehen. Dazu ist es notwendig, auf Details einzugehen und vor allem auch die Gründe der Änderung zu erläutern.
- An der Durchführung der Prozessbegehung nehmen alle beteiligten Mitarbeiter teil. Mitarbeiter werden während der Prozessbegehung auf die Änderungen hingewiesen und üben die Änderungen sofort am Arbeitsplatz ein. Dies erleichtert den Einstieg erheblich, steigert die Lernkurve und senkt die anfänglich meist hohen Fehlerquoten. In Prozessen, die an unterschiedlichen Standorten ablaufen, müssen geeignete Personen eingeschult werden, wenn der Prozessverantwortliche die einzelnen Begehungen aus Kapazitätsgründen nicht selbst vornehmen kann. Die Begehung ist ein Wechselspiel zwischen praktischer Tätigkeit und Besprechung der geplanten Änderungen im Prozess.
- Bei der abschließenden Bewertung darf jeder Mitarbeiter seine Änderungswünsche und Bedürfnisse bekannt geben, um durch direktes Feedback der Mitarbeiter den letzten Schliff anzulegen. Änderungsvorschläge werden vom Mitarbeiter direkt an den Prozessverantwortlichen gerichtet und können sehr schnell und effizient einer möglichen Verbesserung zugeführt werden.

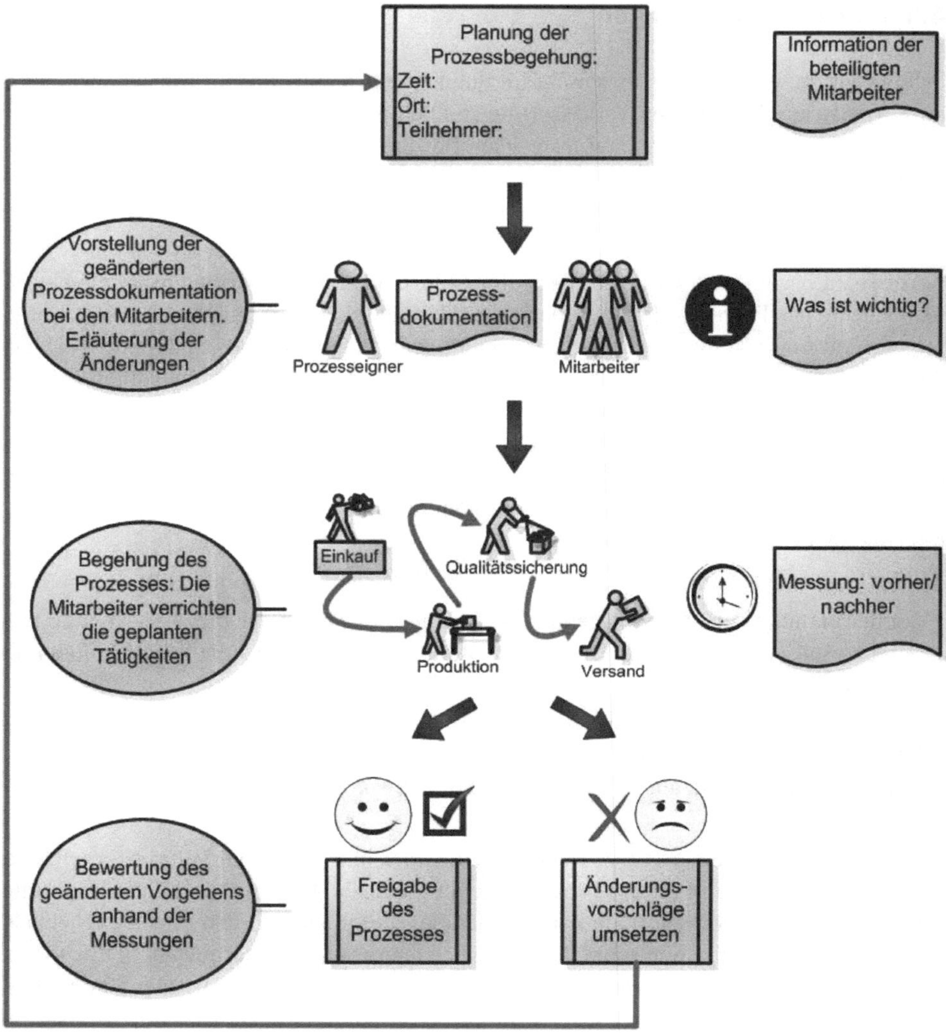

Bild 4.48 Prozessbegehung (Wagner/Zacharnik, 2006)

4.5.2 Aktivitäten- oder Maßnahmenlisten

Zur erfolgreichen Realisierung der Verbesserungspotenziale ist es erforderlich, den Maßnahmen verantwortliche Personen zuzuordnen und mit Terminen zu versehen, an denen die Umsetzung abgeschlossen sein muss. Für jede Maßnahme ist im Nachhinein die Wirksamkeit zu überprüfen und sind gegebenenfalls Folgemaßnahmen zu definieren. Damit den verantwortlichen Personen der zugewiesene Verantwortungsbereich bewusst ist, sind gezielte Informations- und Kommunikationsmaßnahmen zu setzen. Nur wenn allen Beteiligten klar ist, was sie bis zu welchem Zeitpunkt zu leisten haben und welche Zielsetzungen damit verfolgt werden, können die Verbesserungspotenziale auch umgesetzt werden. Als umfassende Kommunikationsplattform kann das Intranet (Projekthomepage) genutzt werden, um Maßnahmenlisten zu veröffentlichen. Somit haben nicht nur die betroffenen Personen selbst Einsicht in ihre Verantwortungsbereiche, sondern auch alle anderen berechtigten Personen im Unternehmen werden über die Aktivitäten zur Realisierung der Verbesserungspotenziale informiert (Tabelle 4.11).

Tabelle 4.11 Maßnahmenliste

Nr.	Maßnahme (Was?)	Wer?	Bis wann?	Status	Wirksamkeit
1	Rechnerleistung erhöhen (IT)	Huber	30. Mai	Erledigt	Wartezeiten um 20% reduziert
2	Mitarbeiter auf Software XY einschulen	Maier	15. Oktober	Erledigt	Alle ausgewählten Mitarbeiter haben am Seminar teilgenommen
3	Prozessverantwortung neu regeln	Müller	30. Juni	Erledigt	Wagner ist ab 1. Juli verantwortlich

4.6 Literatur

Austrian Standards Institute (2014): *ONR 49002-2:2014. Risikomanagement für Organisationen und Systeme. Teil 2: Leitfaden für die Methoden der Risikobeurteilung. Umsetzung von ISO 31000 in die Praxis.* Wien

Bleicher, K. (1991): *Organisation. Strategien - Strukturen - Kulturen.* Gabler Verlag, Wiesbaden

Brunner, F. J.; Wagner, K. W. (2016): *Qualitätsmanagement. Leitfaden für Studium und Praxis.* Carl Hanser Verlag, München, DIN EN ISO 9001:2015 (2015): *Qualitätsmanagement - Anforderungen. Beuth Verlag, Berlin*

Feldbrügge, R.; Brecht-Hadraschek, B. (2008): *Prozessmanagement leicht gemacht. Wie analysiert und gestaltet man Geschäftsprozesse?* Redline Wirtschaft, Heidelberg

Füermann, T. (2014): *Prozessmanagement. Kompaktes Wissen. Konkrete Umsetzung. Praktische Arbeitshilfen.* Carl Hanser Verlag, München

Freund, J.; Rücker, B. (2017): *Praxishandbuch BPMN - Mit Einführung in CMMN und DMN*, Carl Hanser Verlag, München

Illetschko, S; Käfer, R.; Spatzierer, K. (2014): *Risikomanagement. Praxisleitfaden zur integrativen Umsetzung.* Carl Hanser Verlag, München

Ishikawa, K. (1985): *What is Total Quality Control?* Prentice Hall, New York

Ishikawa, K. (1989): „How to apply Company Wide Quality Control". In: *Quality Progress* 1989, Heft 6

Ishikawa, K. (1994): *Introduction to Quality Control.* Quality Resources, London

Kieckhöfel, B.; Schuber, H. (2001): „Weich und wichtig - Business Monitoring weicher Faktoren zeigt der Führung Handlungsbedarf jenseits monetärer Notwendigkeiten". In: *QZ* 46 (2001) 1

Österreichisches Normungsinstitut (2013): *ÖNORM A 9009:2013. Prozesse in Managementsystemen - Anleitungen.* Wien

Österreichisches Normungsinstitut (2015): ÖNORM EN ISO 9001:2015 - Qualitätsmanagementsysteme - Anforderungen, Wien

Richardson, A. (2010): Using Customer Journey Maps to Improve Customer Experience, In: Harvard Business Review

Schmelzer, H. J.; Sesselmann, W. (2013): *Geschäftsprozessmanagement in der Praxis. Kunden zufrieden stellen. Produktivität steigern. Wert erhöhen.* Carl Hanser Verlag, München

Stöger, R. (2005): *Geschäftsprozesse erarbeiten - gestalten - nutzen. Qualität, Produktivität, Konkurrenzfähigkeit.* Schäffer-Poeschel Verlag, Stuttgart

Töpfer, A. (2000): „Kundenbindung gezielt messen und steigern". In: *io management* 4/2000

Sarikaya, S. (2019): „Understanding Customers' Decision-Making, Perceptions, and Evaluations in the Customer Journey". Universität Augsburg

Wagner, K. W.; Käfer, R. (2017):*PQM - Prozessorientiertes Qualitätsmanagement: Leitfaden zur Umsetzung der ISO 9001.* 7. Auflage, Carl Hanser Verlag, München

Wagner, K. W.; Lindner, A. M. (2017): *WPM - Wertstromorientiertes Prozessmanagement.* Carl Hanser Verlag, München

Wagner, K. W.; Zacharnik, M. (2006): *Qualitätsmanagement für KMU.* Carl Hanser Verlag, München

Zeithaml, V. A.; Parasuraman, A.; Berry, L. L. (1992): *Qualitätsservice. Was Ihre Kunden erwarten - was Sie leisten müssen.* Campus Verlag, Frankfurt am Main, New York

5 Prozesse leben und Bericht erstatten

Auf die Konzeption, detaillierte Planung und Implementierung des Prozesses gemäß der in den Vorkapiteln beschriebenen Vorgehensmodelle folgen der Betrieb, die Steuerung und Optimierung der Prozesse und damit ein weiterer wesentlicher Bestandteil des Prozessmanagementsystems.

Neu im Unternehmen zu implementieren ist dabei eine neuartige Sichtweise der Prozesssteuerung: Die implementierten Prozesse werden, jeder für sich, **bewusst** gesteuert und überwacht. Ausgehend vom Begriff der Steuerung wird in diesem Kapitel der Zugang zum Thema gewählt (vgl. Reichmann, 2006). Dabei wird neben der Definition einzelner Begriffe immer auch gleich deren inhaltliche Bedeutung für das Prozessmanagement herausgestrichen und erläutert.

5.1 Phase 3: Prozesse betreiben, steuern und verbessern

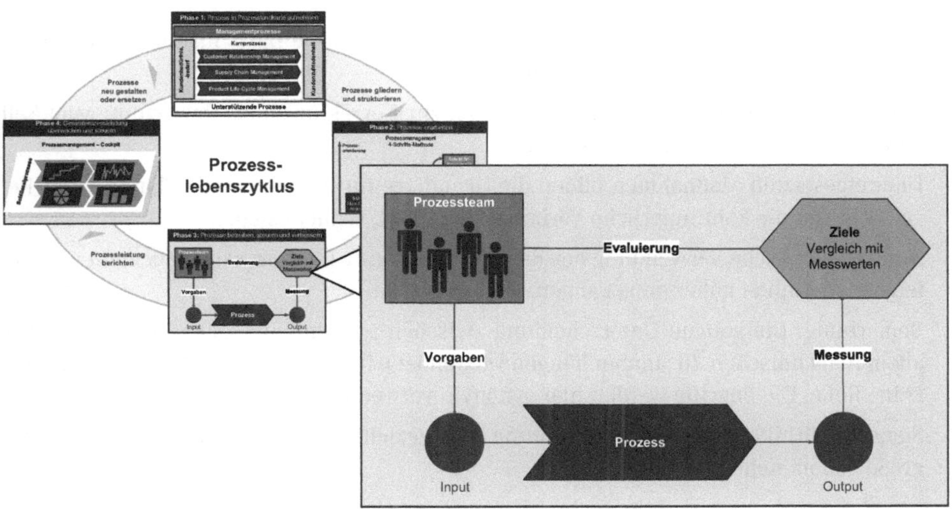

Bild 5.1 Phase 3 des Prozesslebenszyklus

Aufbauend auf dem Konzept des Regelkreises in allgemeiner Form, wie er im Zuge der systemtechnischen Grundlagen in Kapitel 1.3.4 dargestellt wurde, seien nachfolgend die Begriffe eines Regelungssystems in ihrer praktischen Verwendung im Prozessmanagement besprochen.

In der Praxis werden Begriffe im Zusammenhang mit der Prozesssteuerung unterschiedlich und unscharf voneinander abgegrenzt verwendet. Es wird hier versucht, die wesentlichen Begriffe in der sinnvollsten Art zu definieren und in weiterer Folge anzuwenden:

- **Steuerung**, Prozesssteuerung
  Der Begriff Steuerung umfasst eine Reihe von Aspekten zur Umsetzung einer zielorientierten Vorgehensweise. Steuern ist ein wesentlicher Bestandteil des Managements und umfasst folgende Aspekte:
  - Zielsetzung und zielorientierte Planung,
  - Überwachung der Zielerreichung mittels Messung und Soll-Ist-Vergleich,
  - Analyse der Ergebnisse,
  - Definieren und Umsetzen von Maßnahmen zur Zielerreichung.

  Der Aufbau des vorliegenden Kapitels unterwirft sich dieser Gliederung des Steuerungsbegriffs.
- **Monitoring**
  Monitoring wird im Sprachgebrauch einerseits als Synonym für Steuerung verwendet oder meint andererseits lediglich den Aspekt der Überwachung. Damit sind die Erfassung und Auswertung der Auswirkungen der Steuerung, also das Erfassen des jeweiligen Ist-Zustands samt Bewertung desselben im Sinne eines Vergleichs mit den angestrebten Planungswerten gemeint. In einem größeren Kontext verstanden, kommen die weiteren Steuerungsaspekte hinzu. Der Soll-Ist-Vergleich stellt Erreichungsgrad bzw. Abweichungen von der Zielsetzung fest und bildet die Grundlage für die Analyse:
  - Größe der eingetretenen Abweichungen,
  - Ursachen für das Eintreten der Abweichungen,
  - Auswirkungen auf die Zielvorgaben.

  Das Ergebnis des Soll-Ist-Vergleichs und der Analyse ist die Basis für die Ausarbeitung von **korrektiven Steuerungsmaßnahmen**.

  Das Umsetzen dieser Steuerungsmaßnahmen zur Korrektur einer Abweichung vom Soll wird dabei der Steuerung zugerechnet.

  Die umgesetzten Maßnahmen bilden die Grundlage für die neuerliche Planung. Der Regelkreis, der die kontinuierliche Verbesserung treibt, schließt sich.

  Auf die spezifische Verwendung des Begriffs Monitoring im Prozessmanagement wird im folgenden Kapitel näher eingegangen.

  Bemerkung: Die genaue Unterscheidung zwischen „regeln“ und „steuern“, wie sie vor allem in technischen Zusammenhängen verwendet wird, spielt in der Managementpraxis keine Rolle. Die Begriffe werden hier synonym verwendet.

  Steuern: Mithilfe einer Steuereinrichtung wird gezielt Einfluss auf die Prozessausgangsgröße genommen.

Beispiel: Jede Pedalstellung in einem Kfz kann einer bestimmten Drehzahl zugeordnet werden bzw. eine gewünschte Geschwindigkeit veranlassen.

Regeln: Durch Rückführung der Ausgangsgröße und den Vergleich mit dem gewünschten Soll-Wert wird die Steuergröße beeinflusst.

Beispiel: Das Erreichen einer gewünschten Geschwindigkeit ist bei zunehmender Steigung mit der Nachstellung des Gaspedals erreichbar. Somit tritt der Mensch (oder beispielsweise ein Tempomat) in diesem Beispiel als Regler ein (vgl. Hering, 2013).

- **Planung**, Zielplanung und Maßnahmenplanung sind als Vorgabe bzw. als Eingangsgröße im eigentlichen Regelkreis zu sehen, damit aber notwendiger Bestandteil des Regelsystems.
- **Controlling** ist etwa synonym mit dem umgangssprachlichen **Steuern** zu verstehen (englisch to control = steuern, beherrschen). Dabei ist zu beachten, dass aus organisatorischer Sicht der Controller **nicht** die Anordnungskompetenz im Managementprozess besitzt, also eigentlich vor allem die Funktion des Monitorings verbunden mit einer vor- und aufbereitenden Unterstützung zum Linien- bzw. Prozessmanagement ausübt.
- **Reporting** ist dabei ein zentraler Bestandteil des Monitorings, die datenmäßige Auswertung der Ergebnisse des Prozessmonitorings (Soll-Ist-Vergleich) und Weitergabe an das Prozessmanagement.

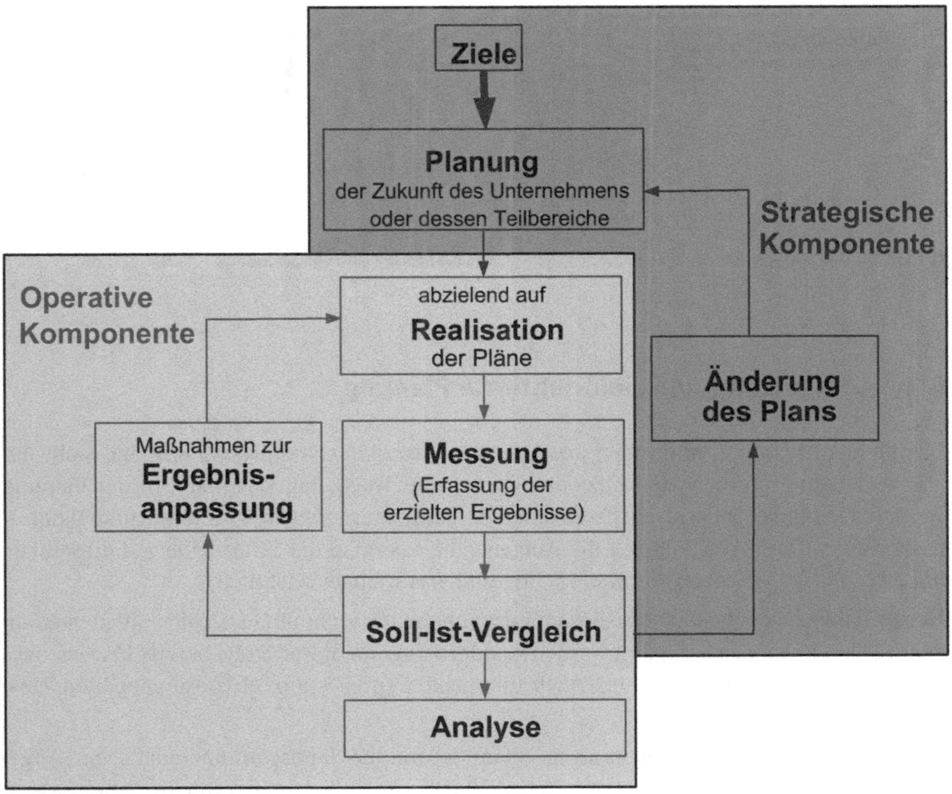

Bild 5.2 Controllingkreislauf

Vor allem sind in diesem Zusammenhang Kennzahlen zur Steuerung anzuführen. Kennzahlen und Kennzahlenbündel sind nur dann aussagekräftig, wenn sie Produkt einer klar formulierten Fragestellung sind und einen eindeutigen Zielbezug haben. Durch den Zielbezug wird die Aussage der Kennzahl konkretisiert und auf eine mit der Aussage verbundene Absicht begrenzt. Traditionelle Kennzahlensysteme im Prozessmanagement sind entweder nicht in ausreichender Form gegeben oder überwiegend auf den operativen Bereich ausgerichtet - eine Berücksichtigung des **strategischen** Bereichs fehlt zur Gänze. Die Hauptfunktion eines nicht auf operative Zwecke gerichteten Kennzahlensystems ist die Quantifizierung von strategischen Zielen (zur Planung und Kontrolle), Leistungsbeurteilung, Wirtschaftlichkeitsanalyse, Erfolgsmessung, Qualitäts- und Prozessmanagementsystementwicklung.

Die Grundlogik des Regelkreises in Bild 5.2 entspricht ebenso dem **PDCA**-Zyklus von Deming (Plan, Do, Check, Act; siehe Kapitel 1) wie allgemeinen Controllingdefinitionen bis hin zur **RADAR**-Logik im Excellence-Modell der EFQM (Results, Approach, Deployment, Assessment, Refinement; weitgehend gleich geblieben im EFQM-Modell 2020) (Bild 5.3).

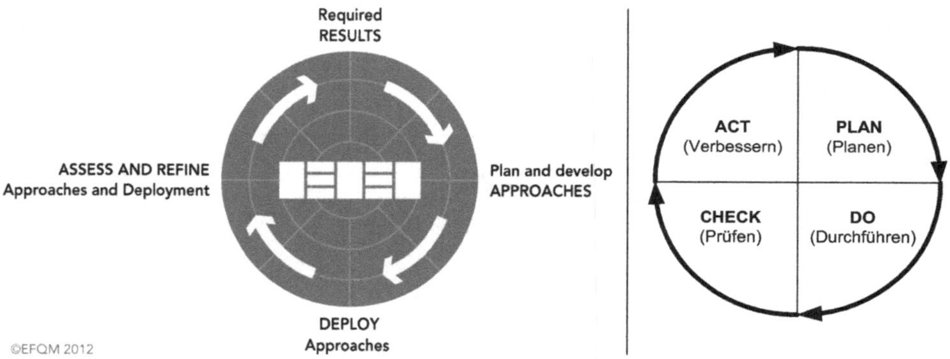

Bild 5.3 Gegenüberstellung von RADAR-Logik im EFQM-Modell und PDCA-Zyklus (EFQM, 2013a)

5.1.1 Zielsetzung und zielorientierte Planung

Das Element Planung nimmt den gewünschten Zustand gedanklich vorweg und stellt ihn als Zielsetzung in einer nachvollziehbaren Art und Weise dar. Das heißt, in der Planung werden Zustände in Form nachvollziehbarer Parameter - meist in Zahlen und Daten - beschrieben. Diese Werte haben die Aufgabe, die Energien der Mitarbeiter auf diese Ziele hin zu bündeln. Sie geben vor, was wichtig und was weniger wichtig ist.

Nachvollziehbarkeit bedeutet in diesem Zusammenhang nicht nur, dass die Zahlen verstanden werden können, die geplant werden, sondern dass an dieser Stelle bereits klar ist, dass und wie in der Ausführung tatsächlich überprüft werden kann, ob diese geplanten Ziele erreicht wurden oder nicht.

Das stellt einige Anforderungen an die Planung und die damit verbundenen Ziele. Allgemein bekannt ist die Forderung, dass Ziele **SMART** zu sein haben: Die Inhalte der einzelnen

Forderungen überdecken sich und ergänzen einander. Die SMART-Formel gilt für alle Arten von Zielen: strategische, operative, Projektziele, Prozessziele, ja sogar für persönliche Ziele.

- **S – Spezifiziert:** Die Planungszahlen müssen eindeutig, nachvollziehbar und somit verständlich sein. Darin versteckt sich der erste Hinweis auf die Kommunikation von Planzahlen - oder anders gesagt das Marketing für die Planung. Wenn in der Zielsetzung nicht klar hervorgeht, worum es sich handelt, und auch, warum der Wert in dieser Form ausgefallen ist, vergibt das Management eine wichtige Chance zur Konzentration der Energien auf die Erreichung der Ziele. Diese Grundsätze gelten für alle Ebenen und Formen der Planung und Zielsetzung, von persönlicher Planung bis hin zu strategischer Planung.
- **M – Messbar:** Das ist die eindeutige Forderung nach Zahlen oder anderwärtig eindeutig kategorisierbaren Fakten und Daten (z.B. Klassenbildung in Nominalskalen oder Ordinalskalen). Eine Zielsetzung ohne Zahlenvorgabe wird niemals nachvollziehbar, denn: Was man nicht messen kann, kann man nicht steuern!
- **A – Anspruchsvoll/Akzeptiert:** Nicht gegen die Überzeugung der Mitarbeiter befohlen, sondern angenommen und damit auch getragen. Dies hängt sehr stark mit der Eindeutigkeit, Erreichbarkeit und Marketingfähigkeit der Ziele zusammen. Gemeinsam vereinbarte Ziele entfalten bei Weitem größere Motivationsfähigkeit als verordnete. Allgemein ist diese Forderung durch ein Gegenstromverfahren der Zieldefinition top-down-bottom-up zu erreichen.
- **R – Realistisch:** Fordernde, aber nicht überfordernde Planzahlen sind das Gebot. Vor allem visionäre Ziele können und sollen hier hart an die Grenzen des derzeit Vorstellbaren gehen. Operative Zielsetzungen müssen den Umfeldbedingungen entsprechen und dürfen nicht zu abgehoben sein. Überfordernde Zielsetzungen führen zu Frustration und Verlust der Glaubwürdigkeit des Zielegebers.
- **T – Terminbezogen:** Beantwortet wird die Frage, bis wann oder in welchen Schritten die gesetzten Ziele zu erreichen sind. In einigen Fällen beantwortet die Struktur der Planung selbst die Frage des eingegrenzten Zeitraums (Quartalsplanung), je längerfristiger Planungen jedoch werden, umso mehr müssen sie zeitlich abgestuft oder gegliedert sein. Prozesse sind immer wiederkehrend und die Prozessziele betreffen alle Durchführungen. Deshalb ist es im Prozesszusammenhang nicht zwingend erforderlich zu definieren, bis wann die Ziele zu erreichen sind. Sobald das Prozessziel freigegeben ist, hat es Gültigkeit und ist laufend zu erreichen. Beispiel Vertriebsprozess: 10 % aller Angebote werden zum Auftrag.

Hält man diese Grundsätze ein, hat man einen wesentlichen Grundstein zur tatsächlichen Erreichung der gesetzten Ziele gelegt.

5.1.2 Überwachung der Zielerreichung

Nach der Definition des Prozesses und der „SMARTen“ Prozesszielsetzung gilt es, den Prozess in seine natürliche Umgebung zu entlassen.

Es folgt die routinemäßige Ausführung der Prozesse nach den vereinbarten Vorgaben ohne direkten steuernden Einfluss einer übergeordneten Managementebene. Dies entspricht dem Gedanken der selbstverantwortlichen Zielerreichung.

Erst durch die konkreten Ergebnisse der Prozessausführung kann ein Bild über die Erreichung der geplanten Ziele erlangt werden. Wichtig scheint der Hinweis, dass sich das Wort „Ergebnisse" nicht ausschließlich auf den Output - also das Endergebnis eines Prozessdurchlaufs - bezieht, sondern auf den Erreichungsgrad aller Ziele, die sich neben dem Prozess-Output auf den Prozess selbst und auf die Folgen des Prozess-Outputs - z.B. Kundenzufriedenheit - beziehen kann. Der Soll-Ist-Vergleich gepaart mit der Analyse von etwaigen Abweichungen ist das zentrale Element in dieser Phase der Steuerung. Ziel ist es, die geeigneten Eingriffs- und Veränderungsmöglichkeiten herauszuarbeiten, um korrektive Maßnahmen zu veranlassen, um letztendlich die gewollten Ziele zu erreichen.

Wichtige Instrumente in der Bewertung der Ergebnisse sind Messgrößen und die entsprechende Messung selbst.

Messgrößen und Kennzahlen

Der Begriff Messgröße ist als jene Größe definiert, für die eine Messung erfolgen soll. Sie bildet die Grundlage zur Definition von Kennzahlen. Wie angesprochen, ist es entscheidend, jene Kennzahlen und dazugehörigen Messgrößen für den Prozess festzulegen, die den Soll-Ist-Vergleich tatsächlich zulassen und aussagekräftige Aufschlüsse über die Zielerreichung erlauben. Diese Steuerungskennzahlen werden durch Informationskennzahlen ergänzt. Der Aufwand des späteren Messens ist immer mit zu berücksichtigen. Dies geschieht in der Konzeptionsphase des Prozesses, ist aber in der Ausführung immer Gegenstand einer kritischen Beobachtung und Hinterfragung.

Die Prozesszielerreichung wird anhand der gemessenen und errechneten Ergebnisse einer definierten Kennzahl erkannt und in Form von Reporting an das Management bzw. an die Mitarbeiter transportiert.

Messung

Die Messung selbst ist aus der Sichtweise des Prozesslebenszyklus eindeutig der Lebensphase Prozessausführung und -regelung zuzuordnen. Die Grundsteine dafür, wie vor allem Messungen zur Erhebung des Status quo, können auch der Konzeptionsphase zugerechnet werden. Die Messung selbst ist wesentlicher Bestandteil der Prozessausführung und verursacht somit auch Aufwand. Dieser ist in der Konzeptionsphase bereits zu bewerten und zu berücksichtigen. Dem Aufwand für die Messung muss eine entsprechende Wichtigkeit und Steuerungsrelevanz der Messgröße gegenüberstehen.

Monitoring

Monitoring soll im Rahmen des Controllingkonzepts Unterstützung sicherstellen durch regelmäßige Berichte, schnelle Verfügbarkeit der Schlüsselkennzahlen, grafische Aufbereitung, Visualisierung und personengerichtete Berichtslegung.

Das regelmäßige, standardisierte Monitoring, also das Beobachten und Verfolgen, geschieht mithilfe von exakt definierten Kennzahlen, die bestimmten Prozessen bzw. Subprozessen eindeutig zuzuordnen sind. Kennzahlen dienen grundsätzlich dazu, im Rahmen der Steuerung Prozesse zu erfassen und die Entwicklung zu dokumentieren. Kennzahlen müssen messbar und reproduzierbar sein und von allen Prozessbeteiligten (Kunden/Lieferanten) verstanden und akzeptiert werden.

Auf den Begriff Monitoring im Zusammenhang mit dem Prozesslebenszyklus wird in Kapitel 6 näher eingegangen.

Das Monitoring der Einzelprozessleistung erfolgt in regelmäßigen Prozess-Jour-fixes.

Prozess-Jour-fixe

Der Prozess-Jour-fixe ist der Motor des Regelkreises zur kontinuierlichen Verbesserung des Prozesses. Der Name suggeriert die Regelmäßigkeit der Durchführung, die für jeden Prozess nach Sinnhaftigkeit definiert wird. Zielsetzung des Prozess-Jour-fixe ist es, im Prozessteam über Verbesserungsmöglichkeiten bzw. -notwendigkeiten nachzudenken, sie zu erkennen und geeignete Maßnahmen und Vorgaben für den Prozess zu definieren. Dabei werden systematisch alle Hinweise von Mitarbeitern, Führungskräften, Kunden und Lieferanten gesucht und in die Überlegungen mit einbezogen.

Bei der systematischen Anregung von Verbesserungshinweisen von Mitarbeitern spricht man vom betrieblichen Vorschlagswesen. Der Begriff Kontinuierlicher Verbesserungsprozess (KVP) wird in der Praxis allzu oft auf das betriebliche Vorschlagswesen reduziert.

Weitere Input-Lieferanten für den Prozess-Jour-fixe sind unter anderem Gesetzes- oder Normänderungen, Vorgaben aus strategischen Entscheidungen, Erkenntnisse aus Audits sowie Ergebnisse von Befragungen von Führung, Personal und Kunden. Vor allem das Beschwerdemanagement ist eine wichtige Quelle von Hinweisen für die Verbesserung des Prozesses.

Der Prozess-Jour-fixe ist vom Prozessverantwortlichen zu planen und vorzubereiten. Checklisten erleichtern die Festlegung der Agenda und die Verteilung von etwaigen Aufgaben an das Prozessteam in Bezug auf Analysen und Auswertungen oder andere vorbereitenden Tätigkeiten.

Nach jeder Durchführung eines Prozess-Jour-fixe ist ein Protokoll zu erstellen, die Freigabe von vorgeschlagenen Maßnahmen anzustoßen und deren Umsetzung zu monitoren (Bild 5.4 und Bild 5.5). Die regelmäßige Überprüfung der Wirksamkeit von beschlossenen Maßnahmen sollte durch die Aufnahme eines entsprechenden Fixpunkts auf der Agenda gewährleistet werden. Im Folgenden ist ein beispielhafter Prozess-Jour-fixe aufgeführt.

Prozess-Jour-fixe-Protokoll – [Nummer des JF]

Prozess:	[Nummer und Name des Prozesses]	**Jour-fixe am:**	[TTMMJJ]
Ersteller:	[Name des PV]	**Ausg.-datum Prozess:**	[TTMMJJ]
Teilnehmer: [Namen der Teilnehmer]			

Ziel des Prozess-Jour-fixe:

Sicherstellen, dass Prozesse eingehalten und ständig optimiert sowie Prozessziele gemessen, erreicht und berichtet werden.
Fördern und Fordern des Prozessdenkens zum Erreichen der Unternehmensziele.

Vorbereitung des JF durch den Prozessverantwortlichen (PV) — erledigt:

Vorbereitungspunkte:	ja	nein	n.a.
Ist das Prozess-Ziel entsprechend Messfrequenz gemessen? Gibt es einen aktuellen Prozessbericht?			
Wurden bei Nichterreichen des Prozessziels Gegenmaßnahmen eingeleitet und auf Wirksamkeit überprüft?			
Bestehen Konflikte der Prozessziele mit weiteren (Linien-)Zielen			
...			

Prozess-JF: — besprochen:

Besprechungspunkte - Agenda:	ja	nein	n.a.
1) Information über Prozessumfeld, Prozesszielabhängigkeiten, etc. durch Prozesscoach			
2) Prozesszweck überprüfen, Prozessdokumentation und Prozessablauf durchgehen			
3) Festlegen des weiteren Vorgehens und Definition der Aufgaben aus dem Prozess-Jour-fixe			
...			

Protokoll:
Ad 1) [Hier können die Besprechungspunkte festgehalten werden]

Vereinbarungen und Entscheidungen:
- [Hier werden Entscheidungen festgehalten]

Todos aus dem aktuellen Prozess-JF:

Was	Wer	Bis wann

Bild 5.4 Vorlage für ein Prozess-Jour-fixe-Protokoll (Seite 1)

Todos aus früheren Prozess-JF:

Was	Wer	Bis wann

Beilagen:
- [Hier werden Beilagen genannt]

Status zum Leben und Fähigkeit des Prozesses:

☐ es gibt KVP-Vorschläge und Vorschläge aus Prozessteambesprechungen
☐ es sind die priorisierten offenen Punkte und Aufgaben in der vereinbarten Zeit abgearbeitet
☐ es gibt Hinweise und Bemerkungen aus internen und externen Audits
☐ es gibt Abweichungen aus internen und externen Audits

Handlungsbedarf für den Prozessmanager:

Schwierigkeiten:	Auswirkungen:	Unterstützungsmaßnahmen bzw. Entscheidungen:

☐ Prozess läuft planmäßig
☐ Schwierigkeiten im Prozess erkennbar
☐ Schwierigkeiten im Prozess vorhanden, aber beherrscht
☐ Schwierigkeiten im Prozess nicht beherrschbar

Nutzen und Erfolge durch die Prozessarbeit:
- [Hier können die Nutzenaspekte festgehalten werden]

Eine Kopie des Prozess-Jour-fixe-Protokolls wird dem Prozess-Manager gesendet.

Bild 5.5 Vorlage für ein Prozess-Jour-fixe-Protokoll (Seite 2)

5.1.3 Analyse der Prozessergebnisse

Bei der Analyse stehen korrektive Fragestellungen im Vordergrund: „Warum wurden Prozessziele nicht erreicht?“, „Warum wird der Prozess nicht in der definierten Art ausgeführt?“, „Warum führen umgesetzte Maßnahmen nicht zum gewünschten Ergebnis?“.

Häufig und berechtigterweise wird von der Abweichungsanalyse gesprochen. Dabei ist zu beachten, dass proaktive Fragestellungen nicht außer Acht gelassen werden: „Was könnte in Zukunft dazu führen, dass Prozessziele nicht erreicht werden?“, „Welche Entwicklungen und Tendenzen sind erkennbar?“.

5.1.4 Definieren und Umsetzen von Maßnahmen zur Zielerreichung

Erst das tatsächliche steuernde Ergreifen und Umsetzen von Maßnahmen bewirkt eine korrigierende Veränderung. Erst dann befindet sich der Prozess, die Organisation oder das gesamte Unternehmen auf dem Weg zum geplanten Ziel. Wie bereits angesprochen, können diese Maßnahmen korrektiver wie proaktiver Natur sein und werden folgende Aspekte beinhalten:

Anpassung der Planung und der Ziele

Durch den Soll-Ist-Vergleich könnte z. B. klar werden, dass die gesteckten Ziele nicht erreichbar sind. Vielleicht hat man in der Planung entscheidende Einflussfaktoren vergessen, möglicherweise haben sich Änderungen im Unternehmens- oder Prozessumfeld ergeben, wie z. B. der Wegfall von wichtigen Know-how-Trägern im Unternehmen, oder eventuell ist man zu pessimistisch an die Einschätzung der eigenen Leistungsfähigkeit gegangen, sodass die Setzung von ambitionierteren Zielen notwendig ist. Alle aufgezählten Fälle sollten nicht als Fehlplanung, sondern als natürliches Lernen mit der Chance der Anpassung gesehen werden.

Wenn man davon ausgeht, dass alle Kennzahlen ein Instrument zur Strategieumsetzung sind, bedeutet eine Anpassung der Prozessziele immer eine Auswirkung auf die Strategie.

Fragen wie „Sind die strategischen Ziele trotz geänderter Prozessziele zu erreichen?“ bzw. „Wie stelle ich sicher, dass sie erreicht werden?“ müssen zu diesem Zeitpunkt gestellt werden. Deren Beantwortung ist Teil des **strategischen** Controllings, dessen Regelkreis nach den grundsätzlich gleichen Schritten abläuft wie das operative Prozesscontrolling.

Anpassung und Umgestalten des Prozesses

Hier stehen einander drei Ebenen von Anpassungsmaßnahmen gegenüber:

Auf **unterster** Ebene sind da einerseits Prozessanpassungen, die aus dem Prozessteam heraus vorgeschlagen werden. Einen Teil dieser kann der Prozessverantwortliche in seiner Verantwortung im Rahmen des kleinen Prozessregelkreises entscheiden und umsetzen. Die Abstimmung und der Konsens mit den betroffenen Linienverantwortlichen sind eine Voraussetzung für das reibungslose Funktionieren des geänderten Prozesses.

Der **andere** Teil der Vorschläge aus dem Prozessteam wird andererseits nur durch eine Entscheidung des übergeordneten Managements umzusetzen sein. Gründe dafür sind das Überschreiten gewisser Budgetgrenzen zur Umsetzung der vorgeschlagenen Maßnahmen oder eine langfristige Auswirkung auf das gesamte Unternehmen und somit Abstimmungsbedarf mit der vorhandenen Strategie. In einem beliebigen Produktionsunternehmen wäre z. B. die Idee des Prozessteams, den Auftragsabwicklungsprozess durch eine geeignete Software zu unterstützen, nur dann sinnvoll, wenn sichergestellt ist, dass sich diese Anwendung in die bestehende Applikationslandschaft integrieren lässt. Grundsätzlich ist zu hinterfragen, ob nicht ohnehin eine integrierte Gesamtlösung für alle Unternehmensbereiche angestrebt wird oder ob andere Unternehmensbereiche und Prozesse ähnliche Vorhaben planen.

Die **dritte** Gruppe der Modifikationen kommt – wie besprochen – nicht aus dem Prozessteam heraus, sondern wird durch das Management aufgrund strategischer Überlegungen angeordnet. Beispiele hierfür sind der Einsatz neuer Technologien, Outsourcing von Prozessen oder Stilllegung ganzer Prozesse oder Geschäftszweige.

Anpassung der Messung

Im Zuge des Monitorings kann sich herausstellen, dass an den falschen Punkten gemessen wird, dass Messgrößen keine Aussagekraft besitzen, die Messmethoden nicht geeignet sind oder bessere Mittel der Messung zur Verfügung stehen. Diese Erkenntnis hat eine Änderung der Messung zur Folge.

Die Durchlaufzeitermittlung im Auftragsabwicklungsprozess im erwähnten Beispiel wurde bislang durch händisches Protokollieren der Eingangszeitpunkte der Aufträge und Ausgangszeitpunkte der Lieferungen gemessen. Eine neuerdings erfolgte Posteingangsautomatisation samt elektronischem Dokumentenmanagementsystem hat zur Folge, dass die Messung der Auftragseingänge jeder Art automatisch erfolgt und in jeder Aggregationsstufe ausgewertet werden kann. Eine Nutzung des gleichen Systems zur Ausgangsprotokollierung bietet sich an und erspart mühsames händisches Eintragen in Listen samt monatlicher Zusammenfassung und Auswertung.

5.1.5 Fortgeschrittene Instrumente zur Prozesssteuerung und -optimierung

Prozessaudit

Unter einem Audit versteht man eine unabhängige und systematische Untersuchung zur Feststellung, ob die tatsächlich ausgeführten Tätigkeiten den festgelegten Anordnungen und Vereinbarungen entsprechen, ob Maßnahmen zur Verbesserung laufend erarbeitet und wirkungsvoll verwirklicht wurden und geeignet sind, die gesetzten Ziele zu erreichen. Unter anderem ist auch zu überprüfen, ob die festgelegten Rollen im Prozess in der Realität den betroffenen Mitarbeitern tatsächlich bekannt sind und die Verantwortlichkeiten tatsächlich gelebt werden.

Prozessassessment

Im Gegensatz zum Prozessaudit vergleicht das Prozessassessment den vorliegenden Prozess gegen ein existierendes Referenzmodell anhand eines detaillierten Bewertungsschemas. Beurteilt wird die Prozessfähigkeit mithilfe von Prozessattributen und Performanceindikatoren, wodurch eine Standortbestimmung für den Prozessverantwortlichen und somit für das Unternehmen möglich wird. Ziel des Prozessassessments ist es einerseits, die Prozessfähigkeit nach außen hin nachzuweisen, was auch durch eine Zertifizierung nach ISO 33000 ermöglicht wird, und andererseits in der Auseinandersetzung mit dem Prozess zu lernen und ihn zu verbessern.

Ein Prozessassessment wird durch externe, dafür ausgebildete Assessoren durchgeführt, die beispielsweise das „capability level model“ auf einer sechsstufigen Skala anwenden. Die Stufen dieser Skala sind genau definiert, wobei standardisierte Kriterien zum Erreichen der einzelnen Stufen eine objektive Bewertungsgrundlage darstellen. Dabei geht man in Anlehnung an bekannte, aus der IT-Branche stammende Referenzmodelle (wie z. B. SPICE oder CMMI) vor. Eine ausführlichere Erläuterung des Prozessassessments findet sich in Kapitel 10.

5.2 Reporting

Das Prozessreporting hat neben der Messung die zentrale Rolle im Monitoring inne: Es stellt das Vehikel der Informationsweitergabe im Unternehmen zur Verfügung und hat mehrere Schwerpunkte. Es ist ein Leistungsnachweis und ein Kommunikationsinstrument des Prozessmanagements zugleich. Neben der Grundlage für das Monitoring und somit das Steuern der Prozesse und des gesamten Unternehmens trägt es in seiner Kommunikationsfunktion wesentlich zur Motivation der Mitarbeiter der Prozesse bei und hilft so, das Denken in Abteilungsmaßstäben zugunsten des durchgängigen Prozesses aufzuweichen. Das Berichten von Daten erfolgt in unterschiedlichen Informationskanälen an unterschiedliche Adressaten in unterschiedlichen Ebenen. Es reicht vom Berichten der aktuellen Messdaten an den Prozessverantwortlichen im Rahmen des kleinen Prozessregelkreises bis zur Lieferung von Daten an das Topmanagement als Entscheidungsgrundlage. Die Information an die Mitarbeiter über die Leistung des eigenen Prozesses ist dabei nicht aus den Augen zu verlieren (Bild 5.6).

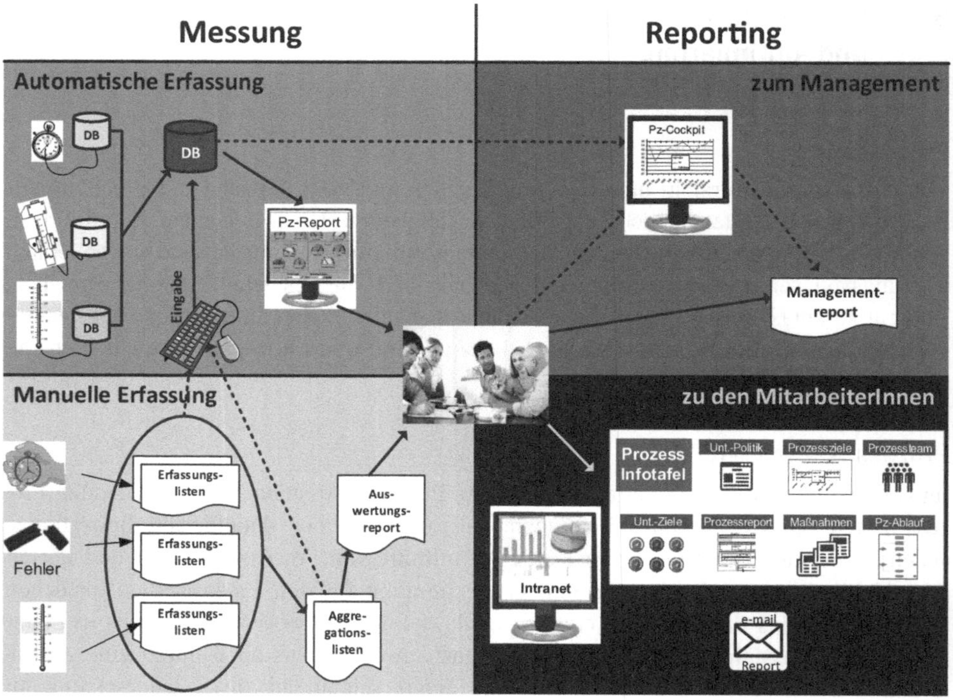

Bild 5.6 Zusammenspiel von Messung und Reporting

5.2.1 Reporting der gemessenen Daten zum Prozessverantwortlichen

Man könnte diesen Ablauf als Teil der Messung selbst sehen, führt man sich aber vor Augen, dass ein und dieselbe Messung an unterschiedlichen Standorten durchgeführt wird, wird klar, dass auch hier eine eindeutige Regelung der Zusammenführung notwendig ist. Dieses Reporting hat entscheidenden Stellenwert bei der Lagebeurteilung der Prozessleistung.

Im Beispiel des erwähnten Produktionsunternehmens wird die Auftragsbearbeitung in drei Produktionsstandorten ausgeführt. Es muss sichergestellt werden, in welcher Form und Regelmäßigkeit die Messdaten an den Prozessverantwortlichen übermittelt werden, damit eine spätere aussagekräftige Auswertung in Bezug auf die Standorte möglich ist. Des Weiteren ist genau zu definieren, wo die Messdaten selbst aufgeschrieben und in welcher Form sie gesammelt und aggregiert werden. Werden Zeitpunkte des Auftragseingangs z. B. in einer Papierliste erfasst, ist zu klären, ob die Daten später in einer elektronischen Form zusammengeführt werden, ob es ein gemeinsames Dokument dazu auf einem Laufwerk gibt oder ob die Daten in Papierform weitergeleitet werden. Es ist auch zu klären, ob und wie „Aufträge in Bearbeitung“ in die Messung eingehen, da es bei uneinheitlichem Umgang zu Doppelzählungen kommen kann, wodurch das Gesamtbild stark verzerrt würde.

5.2.2 Reporting der Prozessleistung zu den Prozessmitarbeitern

Dabei liegt der Schwerpunkt des Reportings in der Kommunikation der Prozesszielerreichung an alle beteiligten Mitarbeiter des Prozesses (Bild 5.7). In Projekten zum Aufbau eines Prozessmanagementsystems werden in der Aufbauphase die Gründe für und der Nutzen von Prozessmanagement gewissenhaft und umfangreich kommuniziert. Später werden Vorgehensweisen und Fortschritte im Prozess dargestellt, wird die Prozesslandkarte samt darunterliegenden Prozessen im Intranet publiziert und in Newsletter und Projektmarketingaktionen darauf hingewiesen. Mitarbeiter werden geschult und ihre neuen Rollen als Prozessmitarbeiter bewusst gemacht. Schließlich werden Prozessziele publiziert und kommuniziert und die Mitarbeiter auf die Erreichung der neuen, selbstverantwortlich zu erreichenden Ziele eingeschworen.

All dies sind richtige und wichtige Maßnahmen der Kommunikation in der Konzeptionsphase des Prozessmanagements – allerdings nur sehr kurzfristig wirksam, wenn die Mitarbeiter nicht regelmäßig Feedback über die Erreichung oder Nichterreichung der gesteckten Ziele erhalten.

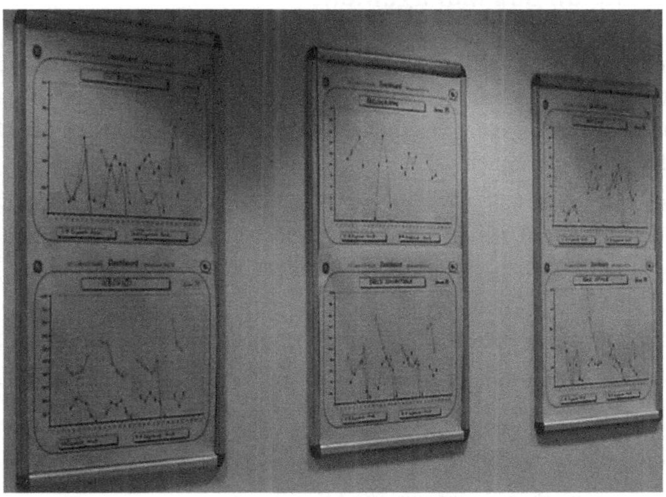

Bild 5.7 Prozessinfotafel mit allen relevanten Aussagen zum Überblick für die Mitarbeiter

Dabei ist zu beachten, dass dieses Feedback immer in einer kommentierten, aber einfachen Form stattfinden sollte. Gründe für das Erreichen oder Nichterreichen sollten kurz erläutert und korrigierende Maßnahmen angeführt werden. Die Formen dieser Art von breiter Berichterstattung sollten immer dem Prozess angepasst sein. Die Möglichkeiten reichen von regelmäßigen Info-Mails bis zu Aushängen, Anzeigetafeln mit Leuchtschrift über der Produktionsstraße, Veröffentlichung im Intranet oder Newsletter (Bild 5.8, vgl. auch Füermann, 2014).

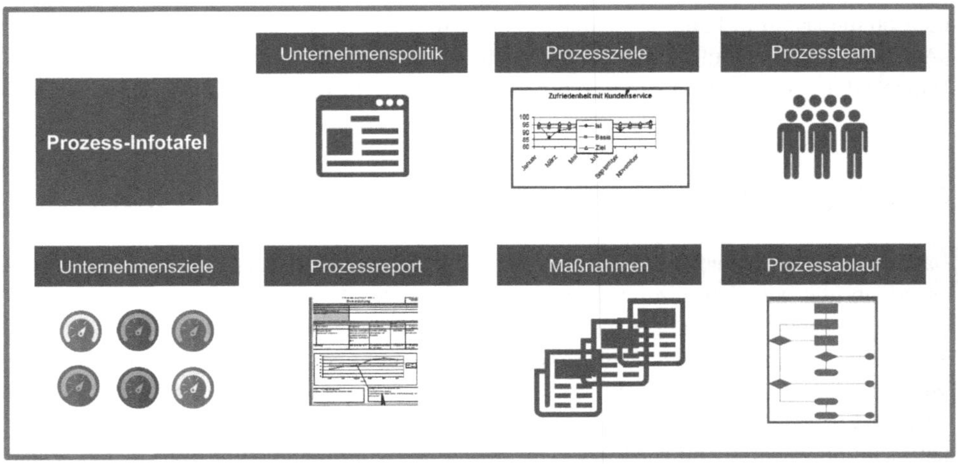

Bild 5.8 Prozessteaminfotafel zur Visualisierung der Prozessleistung in einem Monat

Ein wichtiges Instrument in diesem Zusammenhang ist auch das Mitarbeitergespräch, wo Beiträge des Einzelnen zum Prozessergebnis erörtert werden. Stellt man die Frage nach Hol- oder Bringschuld, ist Letzterer für die breite Information der Vorzug zu geben.

5.2.3 Reporting an das Management

Diesem Reporting im engeren Sinn seien vorweg vertiefende Gedanken in den folgenden Absätzen gewidmet. Dabei stehen Form und Aufbau, der Nutzen von Prozessreporting und die Integration des Prozessreportings in das bisherige Reportingsystem des Unternehmens im Mittelpunkt.

Wenn man sich vor Augen hält, dass die Frage „An wen reportet X?“ eigentlich die Klärung der Hierarchiestellung im Unternehmen zur Absicht hat, wird rasch klar, dass das Thema Reporting eng mit der Aufbauorganisation im Unternehmen verbunden ist.

5.2.3.1 Konzeptionelle Probleme beim Prozessreporting an das Management

Folgende **konzeptionelle** Probleme können sich im Prozessreporting darstellen:

1. Datenbasis
   - zu geringe Detaillierung,
   - Probleme der zeitlichen Zuordenbarkeit der Daten,
   - fehlende Strukturgleichheit zwischen Plan und Ist,

- mangelnde oder verspätete Verfügbarkeit steuerungsrelevanter Informationen,
- fehlende Berücksichtigung der Saisonalität im Plan,
- Planfortschreibung,
- fehlende Normalisierung.

2. Orientierung an den internen Kunden/Entscheidungsrelevanz
   - zu hohe Detaillierung (Zahlenfriedhöfe),
   - keine Reportinghierarchie,
   - dominante Vergangenheitsorientierung (Zeitreihenanalysen),
   - keine Kommentare und Erläuterungen,
   - unklare Begriffsdefinitionen,
   - mangelhafte konzeptionelle Stabilität im Standardberichtswesen,
   - fehlende Verknüpfung der Informationen (Ursache-Wirkungs-Beziehungen),
   - fehlende Anforderungen seitens der internen Reportingkunden.
3. Strukturierung des Berichtswesens
   - strikte Trennung von Finanzreporting und Prozessreporting,
   - fehlende Ursache-Wirkungs-Beziehung zwischen Finanz- und Prozessreporting,
   - fehlende Standardisierung des Berichtswesens,
   - Vielzahl an Berichtselementen und -medien,
   - informelle Berichte überlagern das formale Berichtswesen.
4. Abweichungsanalyse (Feedback)
   - Plan-Ist-Vergleich ist nicht institutionalisiert,
   - Analysen sind nicht institutionalisiert,
   - keine Ursachenforschung,
   - zu viel Detailinformation, um das Wesentliche noch erkennen zu können,
   - keine Kommentare.
5. Erwartungsrechnung (Feedforward)
   - kein Forecast unter Einbeziehung des Umfelds,
   - nur Weiterschreiben des Ist oder Trendextrapolation.
6. Weiße Flecken/fehlender Umfang
   - Fehlen einzelner vitaler Funktionen (z. B. Vertrieb, Personal oder Ähnliches),
   - Fehlen von strategisch relevanten Prozessen oder Teilprozessen,
   - problematische Zeitintervalle (z. B. kein Monatsreporting oder überschneidende Zeitintervalle),
   - fehlende Dokumentation des Berichtswesens,
   - Ausnahmesituationen (Projekte oder Umfeldereignisse) sind nicht abgebildet,
   - keine Kennzahlen,
   - keine Unterscheidung in Leading und Lagging Indicators (Früherkennungssystem).

5.2.3.2 Ablaufprobleme im Prozessreporting

Die wesentlichen Ablaufprobleme des Reportings sind hier zusammengefasst:

1. Vorsysteme
   - zu später Schluss der Vorsysteme,
   - mangelnde Disziplin in Messung, Zusammenfassung und Auswertung der Messdaten,
   - geringer Anteil an (voll)automatisierten Messungen,
   - fragwürdige Datenqualität,
   - manuell zu ergänzende Daten,
   - datentreibende Systeme nicht klar definiert,
   - manuelle Nachbearbeitung aus ERP-Systemen notwendig.
2. EDV-Unterstützung bei Datenzugriff und -aufbereitung
   - kein Management-Information-System-(MIS)-Tool vorhanden,
   - Inhalte nur über Zentralsysteme änderbar,
   - Vielzahl an dezentralen Insellösungen erschwert die Integration von Daten und die Erreichung der Datenqualität, zusätzlich wird die Notwendigkeit manueller Eingriffe erhöht, was die zeitgerechte Verdichtung von Daten erschwert,
   - hoher Aufwand für die Berichterstellung (manuelle Eingriffe nötig; Abstimmung der Daten nötig; Plausibilitätsüberprüfungen der Daten nötig; Systeme nicht integriert),
   - viele Auswertungen aus den Systemen nötig,
   - Zugang zu Detailinformationen großteils nur über Ausdruck möglich,
   - keine grafische Unterstützung,
   - aufwendige Erstellung präsentationsfähiger Unterlagen,
   - zu „quick and dirty" bzw. zu „slow and dirty".
3. Ergebniskommunikation (Selbstcontrolling versus Managementberatung)
   - Informationen vor allem zentral vorhanden,
   - kein Zugang zu den Daten durch die Mitarbeiter,
   - kein Selbstcontrolling möglich,
   - hoher Verarbeitungsaufwand beim Management,
   - Gespräche zwischen Prozessverantwortlichen und Management nicht institutionalisiert.
4. Organisatorische Verankerung
   - unterschiedliches Reportingverständnis (nicht Denken in Prozessebenen, sondern in Abteilungsebenen herrscht vor),
   - hierarchische Wege behindern das zielgerichtete Prozessreporting,
   - Parallelarbeiten,
   - unterschiedliche Berichte aus unterschiedlichen Abteilungen,
   - keine unternehmensweite Akzeptanz,
   - Mehrfacherfassungen,

- Filterung und Schönung von Informationen,
- fehlende konzeptionelle Verantwortung für Prozessreporting,
- nachträgliche Änderung der Daten,
- Zusammenschau von Finanz- und Prozessreporting nicht institutionalisiert.

Die Ursache einer Vielzahl der angeführten Probleme ist in der mangelnden Integration des Prozessreportings in das Unternehmensreporting, wie es traditionellerweise in Unternehmen etabliert ist, zu finden. Die Voraussetzung für eine funktionierende Integration ist eine Durchdringung des Unternehmens mit dem fachübergreifenden Prozessgedanken. Nicht Parallelwelten sollten dadurch im Unternehmen geschaffen werden, sondern integrierte Sichtweisen auf das Ganze.

Zuvor werden die wesentlichen Schritte und die damit zusammenhängenden Fragen bei der Integration des Prozessreportings in das Unternehmensreporting dargestellt. Die beschriebenen Probleme konzeptioneller sowie ablaufmäßiger Natur stellen Hinweise zur Vermeidung von Fehlern dar. Solch eine Integration bedingt auch immer ein Hinterfragen der bestehenden Reportingstrukturen. Verbesserungsmöglichkeiten werden erkannt und umgesetzt.

5.2.4 Grundsätze bei der Integration des Prozessreportings in das Unternehmensreporting

Das **bestehende Unternehmensreporting** muss berücksichtigt werden, mehr noch, das bestehende Reportingsystem, das neben dem reinen Finanzcontrolling Elemente von Prozessreporting beinhalten wird, muss systematisch, sauber und nach gleichen Regeln ablaufend mit dem Prozessreporting verschmolzen werden.

Das Prozessreporting muss sich **an die unternehmensspezifischen Gegebenheiten anpassen**. Das betrifft die Besetzung von Begrifflichkeiten genauso wie die Struktur des Reportings. Insbesondere gilt das für die Zeitpunkte des Prozessreportings, die identisch mit denen des bestehenden Reportings sein müssen. Darüber hinaus müssen sämtliche Vorlaufzeiten berücksichtigt und Reportings aus Untersystemen synchronisiert werden, damit auf oberster Managementebene alle Daten zum richtigen Zeitpunkt vorliegen. Andererseits müssen aber auch Änderungen im bestehenden System herbeigeführt werden, wo diese sinnvoll und unumgänglich sind. Ein neuer Aspekt der Reportingstruktur könnte z. B. sein, dass ungeachtet des bisherigen streng hierarchischen Meldewegs Informationen an diejenige Stelle reportet werden, die unmittelbar die Information zur eigenen Steuerung benötigt. Durch die Pfeile in Bild 5.9 ist zu erkennen, dass Reports eines Teilprozesses im Prozess SLM (Service Level Management) einerseits an den Abteilungsleiter GTM (General Traffic Management) geliefert werden, andererseits direkt dem Prozessverantwortlichen zur Verfügung gestellt werden. In diesem Zusammenhang wird vor allem in streng hierarchisch geführten Unternehmen die neue Sichtweise von Prozessmanagement deutlich. Wichtig ist das sinnvolle Aufweichen der Linienhierarchien einerseits, aber auch die Betonung darauf, dass keine neuen Prozesshierarchien mit allen negativen Konsequenzen auf Kommunikation und Zusammenarbeit entstehen.

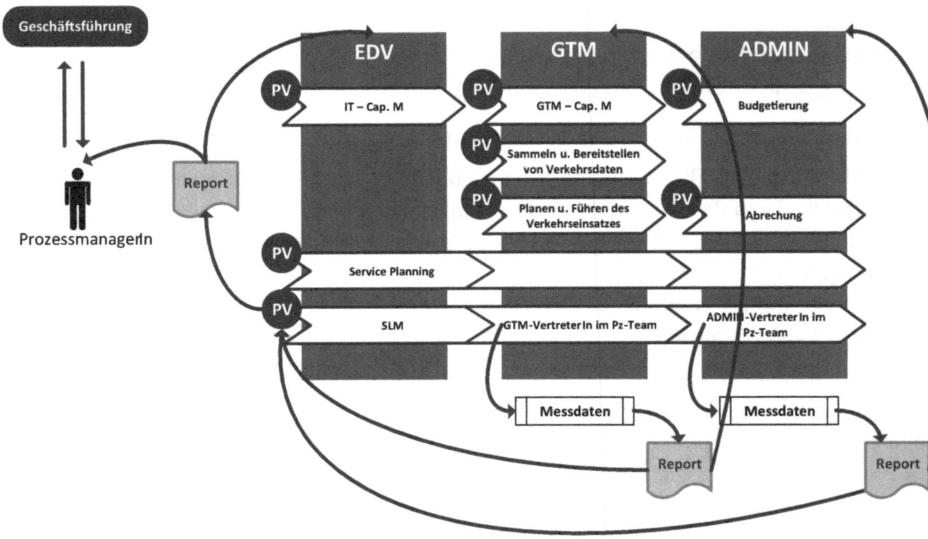

Bild 5.9 Beispiel eines Informationsflusses an die Adressierten im Unternehmen

Der Grundsatz des **Hinterfragens und Verbesserns der bestehenden Struktur** wurde schon erwähnt und sei der Vollständigkeit halber nochmals angeführt.

Ein weiterer Grundsatz ist es, **bestehende Strukturen so weit wie möglich zu nutzen**, um geringstmöglichen Aufwand zu verursachen. Zum Beispiel könnte ein neu zu etablierendes Meeting der Prozessverantwortlichen in unmittelbarem Anschluss oder vor einem Abteilungsleitermeeting anberaumt werden. Vor allem in Unternehmen, wo die Prozessverantwortung der obersten Ebene - also der Prozesslandkarte - vorwiegend in den Händen der Abteilungsleiter liegt, lassen sich solche Meetings in der Regel leichter koordinieren. Selbst in Unternehmen, wo Abteilungsleitung und Prozessverantwortung weitgehend getrennt wahrgenommen werden, ist es notwendig, beide Rollen zusammenzubringen, um gleiche Sichtweisen und koordiniertes Vorgehen sicherzustellen, um Verständnis für die Bedürfnisse des jeweils anderen zu erreichen und um Zielkonflikten samt damit verbundenen persönlichen und fachlichen Konflikten vorzubeugen bzw. sie zu beseitigen.

5.2.5 Vorgehensweise bei der Integration des Prozessreportings

Im Sinne der behandelten Grundsätze ist vor der Integration das bestehende Reportingsystem genauer unter die Lupe zu nehmen (Waniczek, 2002).

5.2.5.1 Fragestellungen zum bestehenden Reportingsystem

a) Sender - Empfänger

- Wer berichtet an wen?
- Folgt die Reportingstruktur exakt den aufbauorganisatorischen Vorgaben?
- Wo werden informelle Kanäle zum Informationsaustausch genutzt?

- Wo werden Daten eingefordert (top-down)?
- Wo gibt es einen Druck von unten (bottom-up)?

b) Inhalte

- Was wird reportet, welche Daten gehen an den Empfänger?
  - Sind diese Daten mit den Bedürfnissen des Empfängers abgestimmt?
  - Wann wurden sie zuletzt hinterfragt und abgestimmt?
  - Welche konkreten Aktionen hat der Empfänger aufgrund der Daten in den letzten zwei Jahren gesetzt?
  - Ist die Information für Empfänger überhaupt nutzbar?
  - Werden zu viele Daten reportet?
  - Gibt es Informationslücken bei den Empfängern?
- Wie sind die Daten aufbereitet?
  - Sind Reports kommentiert?
  - Sind die Begriffe in den Reports eindeutig besetzt und abgegrenzt, z. B. was bedeutet Netto-Ausstoß oder Brutto-Fehlerquote?
  - Gibt es eine eindeutige Beschreibung und Definition der verwendeten Kennzahlen und Messgrößen und kann der Empfänger leicht darauf zugreifen?
- Werden nur Vergangenheitswerte reportet oder wird eine Vorausschau unter den gegebenen Bedingungen eingefordert?

c) Äußere Form

- Excel; Word; Eintrag in eine Datenbank; Standardbericht eines Managementinformationssystems etc.
- Sind Templates vorhanden?

d) Zeitpunkte

- Wann sind Reports abzuliefern?
- Gibt es einheitlich definierte Zeitpunkte für die Unternehmensreports?
- Sind die Reportingzeiträume und Stichtage eindeutig definiert und kommuniziert?
- Liegt genügend Zeit zwischen Stichtag und Abliefern des Reports (abhängig vom Automatisierungsgrad des Reportings)?
- Werden beim Zusammenführen der Daten die Gesichtspunkte
  - zum Zusammenführen mehrerer Ebenen von Daten (vertikale Aggregation) (Teilprozesse zu Prozessen und zu Hauptprozessen) und
  - zum Zusammenführen mehrerer Ausprägungsmöglichkeiten von Daten (horizontale Aggregation) (z. B. Regionen, Produkte, Kunden)

  berücksichtigt?
- Gibt es Probleme bei der Pünktlichkeit der Anlieferung der Daten?

e) Verantwortlichkeiten im Reporting

- Sind die Verantwortungen für das Liefern und die Inhalte der Reports eindeutig festgelegt?
- Sind Stellvertreterregelungen getroffen?

f) Umgang mit Daten

- Wie werden Daten erfasst?
- Werden standardisierte Soll-Ist-Vergleiche eingesetzt?
- Werden Ursache-Wirkungs-Zusammenhänge hinterfragt und dargestellt?
- Ist eine Abweichungsanalyse, die zu geeigneten Maßnahmen hinführt, zwingend eingefordert?
- Werden Reportingergebnisse in regelmäßigen Meetings besprochen und die Sichtweisen koordiniert?
- Sind getroffene Maßnahmen in den Reports angeführt?
- Werden Entscheidungsvorschläge in den Reports geliefert und Entscheidungen des Managements eingefordert?
- Ist eine Aufgliederung der Daten nach unterschiedlichen Gesichtspunkten horizontal und vertikal möglich (z. B. nach Region, Produkt, Kunden etc.)?

g) Dokumentation

- Ist die Ablage der Reports eindeutig geregelt?
- Sind Zeitreihen Teil der Reports oder lassen sich aus den Reports einfach Zeitreihen bilden?
- Ist die Reportingvorgehensweise ausreichend dokumentiert?

Hat man all diese Fragen beantwortet, ergeben sich daraus die entscheidenden Hinweise zur Gestaltung des Prozessreportings.

5.2.5.2 Der Informationsbedarf des Managements bestimmt die Inhalte des Reports

In der Beantwortung der Frage „Wer braucht welche Information?“ sollten – wie bereits beschrieben – hierarchische Überlegungen keine Rolle spielen. Jeder Kunde von Datenlieferanten sollte rechtzeitig und in der richtigen Qualität beliefert werden. In der Realität wird allerdings sehr oft auf eine Einhaltung des Dienstwegs gepocht. Information wird zuerst über den Vorgesetzten gespielt und von dort nach oben oder nach unten weitergegeben. Die Auswirkungen wurden bereits in Kapitel 2 besprochen. Informelle Informationskanäle sind ein Indiz des Leidensdrucks bei Einhaltung des offiziellen, hierarchischen Reportings. Sie haben den Nachteil, dass sie sehr oft zufällig zustande kommen, nicht standardisierbar und dementsprechend unzuverlässig sind. Durch direktes Reporting können die vormals informellen Wege zur formellen Norm erhoben und standardisiert werden.

Zur Feststellung des Datenbedarfs von Empfängern und somit der Inhalte des Reports sollte vorab eine Befragung durchgeführt werden. Diese dient einerseits dazu, die Bedürfnisse des Datenempfängers zu kennen und ihn andererseits auf die neuen Aspekte des Prozessreportings aufmerksam zu machen.

Die Bedürfnisse beziehen sich auf folgende Aspekte und sollten im Reporting ihren Niederschlag finden:

- Datenumfang, Einbeziehung aller relevanten Teilprozesse und Bereiche,
- Genauigkeit bezüglich zeitlicher Abgrenzung und Datendetails,
- Pünktlichkeit,
- Verfügbarkeit von Zeitreihen, um Entwicklungen besser nachvollziehen zu können,
- Möglichkeit des Daten-Drill-downs, um bei Bedarf Detailanalysen durchführen zu können,
- Form und Umfang der Kommentierung der gelieferten Daten samt Ursachenanalyse, um Maßnahmen aus den Daten ableiten zu können (qualitative Zusatzinformation statt Zahlenfriedhöfe),
- ein strukturierter Soll-Ist-Vergleich samt Abweichungsanalyse im Report,
- Ausblicke und Erwartungen der weiteren Entwicklung, die nicht nur aus Trends extrapoliert werden, sondern unter Neueinschätzung der Umfelder und Einflussgrößen des Restjahres erstellt werden, die bereits getroffenen Maßnahmen spielen hier eine wesentliche Rolle,
- Vorschläge und Empfehlungen für Maßnahmen als Entscheidungsgrundlage.

Im laufenden Betrieb sollten Zufriedenheitsmessungen mit dem Berichtswesen durchgeführt werden, die folgende Aspekte beinhalten können:

- *Inhalte*
  - Anzahl der Rückfragen zur Klärung der Berichtsinhalte.
  - Aktualitätsanforderungen immer gegeben?
  - Individuelle Anforderungen berücksichtigt?
  - Alle steuerungsrelevanten Informationen enthalten?
  - Entspricht Verdichtungsgrad der Daten den Anforderungen?
- *Aufbau, Gestaltung, Umfang*
  - Gestaltung nach Anforderungen?
  - Form der Übermittlung den Anforderungen entsprechend (Papier, E-Mail, elektronisch, Intranet etc.)?
  - Aufbau und Struktur des Berichts zufriedenstellend?
  - Berichtsumfang zufriedenstellend?
- *Aktualität und Frequenz*
  - Sind Daten rechtzeitig im Sinne von bedarfsgerecht oder liegt veraltetes Zahlenmaterial vor?
  - Wie rasch sind die Daten an der richtigen Stelle?

Daraus ergibt sich ein Zufriedenheitsindex, aus dem ein eventueller Änderungsbedarf abzuleiten ist.

Bei der Festlegung der Prozessdatenströme ist auf die Struktur der Prozesslandkarte und die damit verbundenen Ebenen Bedacht zu nehmen. Die gemessenen Prozesswerte müssen sinnvoll verdichtet werden und in Abstimmung mit dem Datenempfänger in die richtige Aggregierung gebracht werden (Bild 5.10). Diese ist immer abhängig von den Drill-down-

Möglichkeiten des Systems. Sind diese gegeben, wird sich der Bericht auf einer geringeren Detaillierungsebene bewegen, als wenn alle Informationen in voller Tiefe angeführt werden müssen. Die Gefahr, Reports dabei zu überladen und somit unübersichtlich und unbrauchbar zu machen, ist nicht zu unterschätzen.

Anhand der Datenströme entlang der Prozesslandkarte wird sichtbar, wie wichtig eine Standardisierung des Berichtswesens und eine genaue zeitliche Abstimmung der einzelnen Elemente sind. Die Standardisierung schützt vor allzu häufigen Änderungen von Berichtsstruktur und Inhalten, vor einer unkontrollierten Berichtsflut und ungeplanten Zwischenberichten und stellt sicher, dass konkrete Aktionen abgeleitet werden können.

Die Verantwortung dafür, dass Reports im richtigen Umfang und zum richtigen Zeitpunkt beim Empfänger eintreffen, liegt beim Prozessverantwortlichen der jeweiligen Ebene (siehe auch Kapitel 2.8).

Die Verantwortung für die Vorgehensweise, für die Erstellung eines Handbuchs, für die einheitliche Ablage und Dokumentation, für Templates und Vorgaben bezüglich Illustrierung und Einsatz von Grafiken in Reports, für die Verwendung und Zurverfügungstellung von Zeitreihen - kurz, für den Aufbau und Betrieb des Prozessreportings - liegt beim Prozessmanager. Dies hat in enger Absprache und Zusammenarbeit mit dem Unternehmenscontroller zu geschehen, der bislang die alleinige Verantwortung für das Reporting im Unternehmen innehat und der eine Verbindung zu den strategischen Zielen herstellt. Ob diese Strategieanbindung mithilfe einer Balanced Scorecard (BSC) erfolgt oder nicht, spielt dabei eine untergeordnete Rolle.

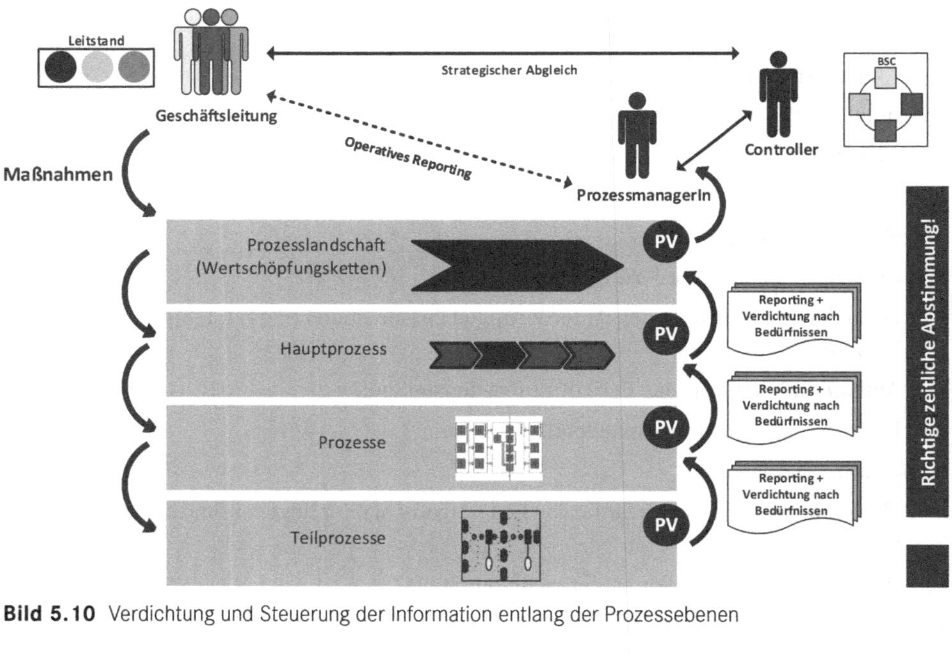

Bild 5.10 Verdichtung und Steuerung der Information entlang der Prozessebenen

Der Prozessmanager selbst stellt keine Berichtsebene dar, sondern fungiert ähnlich dem Controller als sammelnde Stelle, die gegebenenfalls die Daten der obersten Geschäftsleitung in aufbereiteter Form zur Verfügung stellt. Verantwortung für die Prozesszielerreichung ist damit - mit Ausnahme des Prozessmanagementprozesses - nicht verbunden.

5.2.5.3 Nutzen von derzeitigen Meetingstrukturen und Integration des Prozessreportings

Reporting für sich gesehen ist wertlos, wenn nicht eine Auseinandersetzung mit dem Datenmaterial erfolgt, um letztendlich steuernde Maßnahmen setzen zu können. Dies betrifft in erster Linie den Empfänger von Reportingdaten, also den einzelnen Entscheidungsträger. Gerade aber die Prozesssichtweise verlangt eine Koordinierung und Abstimmung von Teams oder Gruppen von einzelnen Entscheidungsträgern, die alle in einer Weise vom vorliegenden Prozess betroffen sind. Deshalb ist der Austausch von Informationen in Meetings unumgänglich. Bestehende Meetingstrukturen sollten genutzt werden, um - unter gegebenenfalls geringfügiger Veränderung der personellen Zusammensetzung - Prozessthemen zu besprechen, Informationen auszutauschen und eine gemeinsam abgestimmte Entscheidung zu treffen.

5.2.5.4 Standardisierte und abgestimmte Zeitpunkte erhöhen die Effektivität des Reportings

Die Frage, mit welcher Häufigkeit Reportingzyklen versehen werden sollten, ist nicht generell zu beantworten und hängt sehr stark von der bisherigen Unternehmenspraxis und von den Notwendigkeiten ab. Reports sollten auf alle Fälle regelmäßig eingefordert werden, wobei eine monatliche, aber auch quartalsmäßige Häufigkeit sinnvoll erscheint. Hierbei ist aber zu bedenken, dass vor allem Managementprozesse tendenziell durch eine geringere Repetitivität gekennzeichnet sind als Prozesse anderer Kategorien. Man denke nur an den Strategieentwicklungsprozess. Gleiches kann auch z. B. für einen Kundenbefragungsprozess gelten. Das kann zur Folge haben, dass zwischen diesen standardisierten Reportingzeitpunkten keine Veränderung stattgefunden hat. Entscheidend ist, dass diese Prozesse sinnvoll in einen Jahreszyklus eingebettet sind und festgelegt ist, wann diese Ergebnisse in Absprachemeetings behandelt und besprochen werden.

Der Umgang mit Bedarfsberichten (Ad-hoc-Berichte) bei speziellem Informationsbedarf des Managements und Abweichungsberichten muss geregelt sein, um der Gefahr vorzubeugen, dass zu viele Reports außerhalb der Standardreports eingefordert bzw. vorgelegt werden.

Bei der Festsetzung der Reportingtermine ist vor allem in Unternehmen mit hohem manuellen Anteil an Zahlenverdichtungstätigkeiten darauf zu achten, dass genügend Zeit dafür vorhanden ist. Besonders sollten die reinen Zahlenberichte durch Kommentare in Les- und Erfassbarkeit unterstützt werden. Auch Ursachenforschung bei Abweichungen sollte in jedem Bericht eingefordert werden und Raum dafür in der Struktur von standardisierten Templates oder Systemberichten vorgesehen sein.

Stichtage sollten gemeinsam mit dem Reportinginhalt kommentiert festgelegt sein. In diesem Zusammenhang ist eindeutig zu klären, was gezählt wird und was nicht. Vor allem bei Tätigkeiten, die länger dauern, als sich der Reportingzeitraum erstreckt, kann es zu Doppelzählungen oder Auslassungen kommen, wenn der Umgang nicht eindeutig definiert ist. Wenn sich die Akquisition eines neuen Kunden z. B. über Monate streckt, könnte es sein, dass dieser Vorgang mehrere Monate hindurch zu den „neuen Akquisitionen" in Bearbeitung zählt. Die Folge wäre eine zu hohe Anzahl dieser Vorgänge, wenn man zur Gesamtanzahlerhebung die einzelnen Monatssummen addiert.

Die Lösung liegt in diesem Fall in der Vergabe von einem Datum für ein Ereignis, das eine genaue Zuordnung der Ereignisse (z. B. „Neuakquisition begonnen") zu Zeiträumen erlaubt.

Das gilt für manuelle Systeme genauso wie für automatisierte, wo diese Erfordernisse in dementsprechenden Eingabefeldern bei den Transaktionsdaten eingefordert werden müssen.

Das Berichtswesen ist abhängig von Vorebenen und Vorsystemen in Bezug auf Zeitnähe, Qualität und Detaillierung der Daten. Zeitgerechtes Reporting bedeutet, dass wenig Zeit vom Datenerfassungsschluss bis zum Vorliegen des Berichts vergehen darf, was Zeitdruck und -mangel bei der Analyse und Interpretation der Daten bedeutet. Der Zeitdruck nimmt mit der Nutzung der im nächsten Abschnitt aufgelisteten Erfassungs- und Verarbeitungsmöglichkeiten ab. Qualität und Datendetaillierung hängen sehr stark von dem ursprünglich geplanten und zur Verfügung stehenden Datenmaterial ab.

5.2.5.5 Die EDV-Unterstützung und die Art der Datenerfassung spielen eine wesentliche Rolle in der Effizienz des Reportings

Folgende grundsätzlichen Möglichkeiten der Erfassung und Verarbeitung von Reportingdaten existieren:

- Erfassung laufend manuell und Eintrag in standardisierte Berichte oder elektronische Dokumente (z. B. Word oder Excel).
- Erfassung laufend manuell und Eintrag in ein System (Reportingsystem oder Datenbanken mit Reportingfunktion).
- Automatische Erfassung der Messdaten und manueller Eintrag in standardisierte Berichte oder Systeme.
- Automatische Erfassung der Messdaten und automatischer Eintrag in ein Reportingsystem, das die Datenaggregation nach einem vordefinierten Regelwerk automatisch durchführt, z. B. Management Information System (MIS) mit OLAP-Front-End (Online Analytical Processing) zur umfassenden Datenauswertung (Stichwort Business Intelligence).

Daraus ergibt sich häufig eine Schnittstellenproblematik zwischen Vorsystemen bzw. von Vorsystemen zum Reporting. Ein Beispiel von vielen benötigten Insellösungen kann das Reporting von Service Level Management sein. Benötigte Daten stammen aus Incident-Systemen, aus Beschwerdesystemen aus Anlagedatenbanken, aus Überwachungssystemen von Anlagen, aus Kundenzufriedenheitsdaten und vielem mehr. Um einen Monatsbericht zu erstellen, müssen Daten aus diesen unterschiedlichen Systemen herausgezogen und in einen Bericht verdichtet werden. Sehr häufig ist damit auch die manuelle Eingabe von Daten aus einem System in ein operatives SLA-Monitoringsystem oder mitunter auch die Verarbeitung von handschriftlichen Aufzeichnungen in ebendieses System verbunden. Stellt man sich vor, dass dieses Unternehmen eine Struktur von unterschiedlichen Servicearten, Anlagengruppen und Kunden aufweist, ist der Zeitaufwand zur Berichterstellung enorm.

Entscheidend ist die Definition der Systematik der Datenerhebung und Erfassung im Vorfeld einer technischen Systemetablierung, wobei eine sinnvolle Anpassung aufgrund von Erkenntnissen in der Praxis sinnvoll und notwendig ist. Besonders in komplexen Bereichen, wo die Qualität des zu erfassenden Datenmaterials entscheidend für Steuerungseingriffe ist, sollte mit Prototypen in abgegrenzten Bereichen mit der Datenerhebung begonnen werden, um mit weitgehend abgeschlossenen Erkenntnissen in einen weiteren Rollout gehen zu können.

Durchgängig automatisch laufende Erfassung und automatisierte Verarbeitung der Daten zu einem Bericht stellen den Idealfall dar, sind aber gleichzeitig eine Herausforderung, die wesentlichen Daten zu erkennen und dadurch die dementsprechende Datenqualität zu liefern. Durch die technische Machbarkeit werden zu viele Daten zur Verfügung gestellt.

Informationsüberflutung ist die Folge. Die Frage „Was hat überhaupt die Möglichkeit, Gehör zu finden?" geht einher mit der Suche nach Möglichkeiten, die Wahrscheinlichkeit zu steigern, dass Aussagen wahrgenommen werden. Die wichtige Möglichkeit von Hervorhebungen in Reports, um wesentliche Aussagen vor Hintergrundinformation zu kennzeichnen, steht in automatisierten Systemen oft nicht zur Verfügung. Um drohendem Reportingwildwuchs entgegenzutreten, sei allen Lieferanten von Daten das Wort von Antoine de Saint-Exupéry in Erinnerung gerufen: „Vollkommenheit entsteht offensichtlich nicht dann, wenn man nichts mehr hinzufügen kann, sondern wenn man nichts mehr wegnehmen kann."

Eine weitere Gefahr von stark automatisierten Managementinformationssystemen liegt in ihrer Komplexität bei der Datenauswertung. Entsprechendes Bediener-Know-how für den Datennutzer kann oft nicht ausreichend aufgebaut werden, was zur Folge hat, dass die Anwender frustriert sind und die Möglichkeiten nicht genutzt werden.

Die vollständige Integration von Systemen ist nicht immer möglich oder wirtschaftlich. Sie hängt neben dem Zeitaufwand pro Messung von der Durchlaufhäufigkeit ab. Die Kosten von Messungen müssen den Kosten möglicher Automatisierungen gegenübergestellt werden. Zuvor ist aber zu prüfen, ob nicht eine stichprobenartige Messung ausreichend signifikant für die Steuerung des Prozesses ist. Damit lassen sich die Kosten der Messung enorm verringern und Fehlentscheidungen bezüglich der Anschaffung kostenintensiver Systeme vermeiden.

Unternehmen mit einer ERP-Software (Enterprise Resource Planning) im Einsatz haben sehr viele Daten verfügbar, die für das Prozessreporting benötigt werden, stoßen aber meist dann an die Grenzen, wenn aufgrund der neuen (abteilungsübergreifenden) Sichtweise des Prozessmanagements zusätzliche Anforderungen nach Daten entstehen. Vor allem die Integration in das bestehende Berichtswesen bereitet die größten Probleme. Unternehmen mit einem Management Information System (MIS) schaffen es leichter, die prozessrelevanten Daten darin zu integrieren, haben aber weiterhin die erwähnten konzeptionellen Probleme.

Die Auswahl von EDV-Tools ist abhängig von der grundsätzlichen Frage, ob die Kennzahlen mittels Pull- oder Push-Prinzip zur Verfügung gestellt werden sollen.

Pull-Prinzip: Aufbereitete Informationen werden zur Nutzung zur Verfügung gestellt, Beispiele dafür sind Intranet oder ein Management Information System. Selbstcontrolling des Datenempfängers, also die selbstständige Beschäftigung mit den Daten und das Ableiten der Aktionen daraus, ist die Voraussetzung.

Push-Prinzip: aktive Verteilung der Daten über Internet, Mail, SMS, Fax oder in persönlichen Meetings. Eine Anpassung der Medien an die Adressatenkreise ist möglich.

In Anbetracht der schwindenden Zeitressourcen des Managements scheint zumindest eine verpflichtende Erinnerungsfunktion gemäß dem Push-Prinzip die Wahrscheinlichkeit der zeitgerechten Auseinandersetzung mit den Daten zu erhöhen, wenn diese gemäß Pull-Prinzip zum Abruf bereitgestellt werden.

Tabelle 5.1 zeigt die Chancen und Gefahren elektronischer Informationspräsentationen im Überblick.

Tabelle 5.1 Chancen und Gefahren elektronischer Informationspräsentationen (Waniczek, 2002)

Tool	Chancen	Gefahren
OLAP-Front-End	▪ volle Analysemöglichkeit vor Ort ▪ intensives Selbstcontrolling ▪ rasche Problemerkennung, Maßnahmendefinition und -umsetzung	▪ intensiver Know-how-Aufbau nötig ▪ Überforderungen der operativen Mitarbeiter ▪ keine ausreichende Nutzung vor Ort ▪ Schwächung des zentralen Controllings ▪ Doppelarbeiten
Tabellenkalkulation	▪ geringerer Einschulungsaufwand ▪ Selbstcontrolling	▪ keine ausreichende Nutzung vor Ort ▪ Schwächung des zentralen Controllings ▪ Doppelarbeiten
Browser	▪ kaum Einschulungsaufwand	▪ keine ausreichende Nutzung vor Ort
elektronisches Berichtsheft	▪ kaum Einschulungsaufwand	▪ wenig Selbstcontrolling ▪ keine ausreichende Nutzung vor Ort
Papierreports	▪ kein Einschulungsaufwand	▪ Aufwand für Wartung und Pflege der Berichtshefte ▪ wenig Selbstcontrolling

Checkliste für die Elemente eines Prozessreports

- Sind die Berichtstiefe und -breite an die Anforderung des Empfängers angepasst?
- Liegt der Schwerpunkt des Zeiteinsatzes bei der Report-Erstellung auf Kommentierung und Interpretation?
- Sind Daten im Zeitverlauf dargestellt (inklusive Veränderung zur Vorperiode)?
- Sind Daten interpretiert (kurz, prägnant, aber verständlich)?
- Abweichungsanalyse, Ursachen, Auswirkungen (Qualität, Zeit, Kosten), warum Schwankungen oder Einbruch, warum Hoch?
- Sind Ausblicke auf die zukünftige Entwicklung dargelegt?
- Unter festgestellten Rahmenbedingungen samt gesetzten Maßnahmen, nicht einfach Fortschreibung.
- Sind eingeleitete und/oder umgesetzte Maßnahmen dargestellt?
- Ist zusätzlicher Ressourcen-/Finanzbedarf für Maßnahmen angeführt?
- Wurden Schwachstellen in anderen Bereichen erwähnt, die den eigenen Prozess beeinflussen?

- Gibt es Hinweise auf erkannte Entscheidungsnotwendigkeiten und Vorschläge an das Management als Entscheidungsgrundlage?
- Gibt es dringende Hinweise auf bereits länger anstehende und noch nicht getroffene Entscheidungen des Managements (Priorität und Dringlichkeit einstufen)?
- Sind erkannte Abstimmungsnotwendigkeiten zwischen Bereichen oder Prozessverantwortlichen bzw. Zielkonflikten dargelegt?
- Sind Verbesserungsvorschläge in Bezug auf die Rahmenbedingungen des Prozesses zu erwähnen?
- Wird auf die Notwendigkeit einer verbesserten Prozesszielsetzung verwiesen (neue Ziele, Ziele streichen, neue Zielwerte)?

5.3 Agilität im Prozessmanagement

In einem von der Beschleunigung der Markt- und Technologieveränderungen, u.a. im Zusammenhang der Digitalisierung, geprägten Alltag treten neue Herausforderungen für das Prozessmanagement auf. Ein agiles Vorgehen in der Optimierung von Prozessen hilft dabei, zum einen mit aktuellen Kundenanforderungen, Mitbewerbsangeboten und kürzeren Produktlebenszyklen Schritt zu halten, zum anderen unmittelbar neue technische Möglichkeiten in der Ausführung von Prozessen zu ergreifen.

Hier helfen Ansätze wie inkrementelles Vorgehen und Time-Boxing, agile-lean Prinzipien von „short time to market" und „maximize the work not done" im Aufgabenbereich des Prozessmanagers zu verwirklichen. Aus der Übertragung von Grundzügen und Begriffen agiler Produktentwicklung und agiler Projekte ist dazu folgende pragmatische Vorgehensweise für das Prozessmanagement entstanden, die sich in der Praxis bewährt hat.

Erläuterung: „Agilität" wurde zuerst in Vorgehensmodellen der Softwareentwicklung und dann breiter im Organisationszusammenhang zu einem Begriff mit vielschichtigem Verständnis, ein wesentlicher Aspekt der Agilität in Unternehmen ist der Umgang mit einer sich rasch wandelnden Umwelt durch eine Detailplanung, die zeitnah an einem nächsten Umsetzungsschritt erfolgt, mit aufeinanderfolgenden Schritten für ein wachsendes Gesamtergebnis.

Die folgende Grafik illustriert diese agile Vorgehensweise für die Prozessoptimierung, die unten entsprechend der Nummerierung beschrieben wird.

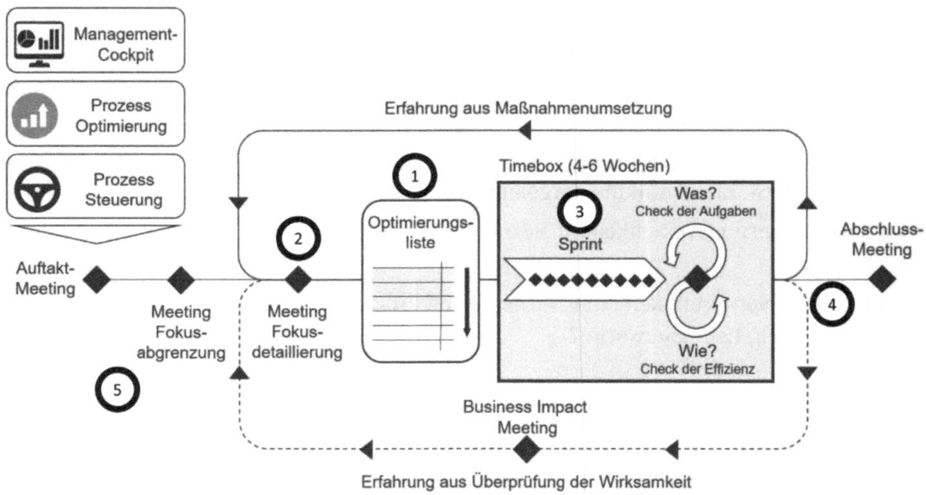

Bild 5.11 Prozessmanagement mit agilen Methoden

1. Die „Optimierungsliste" entspricht einem agilen „Backlog". Jeder Eintrag in diesem Backlog definiert ein in sich abgeschlossenes Ergebnis mit einem konkreten Business Impact.
   Beispiel: „Wenn eine angeforderte Ware verfügbar wird, meldet X dies an Y und Y löst eine Abholung aus, damit das Kundenbedürfnis so rasch wie möglich erfüllt wird."
2. Im Backlog werden laufend die identifizierten Potentiale aufgenommen, in einem regelmäßigen Workshop „Fokus-Detaillierung" werden Voraussetzungen zum Heben dieser Potentiale definiert.
   Die Reihenfolge der Einträge im Backlog ist adaptiv: sie werden nach erwartetem quantifiziertem Nutzen des Business Impact (Qualität, Zeit, Kosten) absteigend angeordnet.
3. Am Beginn eines Sprint wird eine Teilmenge der Optimierungsliste ausgewählt, diese Einträge werden vom Team während eines Sprint verwirklicht. Die Auswahl ist von der Reihung und Rahmenbedingungen der Machbarkeit zum aktuellen Zeitpunkt abhängig. Das Prozessoptimierungsteam ist dafür verantwortlich, die geeigneten Aufgaben (Maßnahmen) aus der Ergebnisdefinition abzuleiten und umzusetzen, damit die Voraussetzungen für die Prozessveränderung geschaffen sind. Die Dauer der Sprints ist konstant. Erfahrungswerte sprechen dafür, im Prozessmanagement -Zusammenhang Sprints mit einer Dauer von 4 - 6 Wochen zu definieren.
   Am Endzeitpunkt des Sprints erfolgen ein „Was"-Check mit einem Review der tatsächlich umgesetzten Backlogeinträge und ein „Wie"-Check, wo die Arbeitsweise im Team beleuchtet und adaptiert wird.
4. Mehrere Sprints werden aufeinanderfolgend durchgeführt (Iterationsschleife), und jeweils die optimierten Prozesse aktiv gesetzt und der Business Impact der bisherigen Optimierungen überprüft (Feedbackschleife). Der Stand der Prozesse nach einem Sprint wird als „Inkrement" bezeichnet.
   D.h. die Gesamtheit der Abläufe, wie in der Fokus-Abgrenzung definiert, wird iterativ von Inkrement zu Inkrement weiterentwickelt.

5. Die aufeinanderfolgenden Sprints sind wie folgt in einen organisatorischen Rahmen eingebettet:
   Bei einem Auftakt-Meeting werden alle im Prozessoptimierungsteam mit dem Vorgehen vertraut gemacht und organisatorische Voraussetzungen geklärt.
   Am Beginn des Optimierungsvorhabens dient ein Workshop zur „Fokusabgrenzung" dazu, einen Teil eines end-to-end Prozesses, einen Prozess oder einen Teilprozess auszuwählen und Verbesserungsziele dafür zu definieren.
   Im Spezialfall eines „Time-Boxing" ist die Anzahl der Sprints und damit die Gesamtdauer des Vorhabens vorweg festgelegt, dann bleibt das Gesamtziel variabel.
   Im Abschluss-Meeting werden zusammenfassende Dokumentation und Zeitabstand für mögliche erneute Optimierung geregelt.

5.4 Literatur

EFQM (2013a): *Das EFQM-Modell für Excellence.* European Foundation for Quality Management, Brüssel

EFQM (2013b): *Fundamental Concepts of Excellence.* European Foundation for Quality Management, Brüssel

Füermann, T. (2014): *Prozessmanagement. Kompaktes Wissen. Konkrete Umsetzung. Praktische Arbeitshilfen.* Carl Hanser Verlag, München

Hering, E. (2013): *Taschenbuch für Wirtschaftsingenieure.* Carl Hanser Verlag, München

Reichmann, T. (2006): *Controlling mit Kennzahlen und Managementberichten.* Verlag Franz Vahlen, München

Waniczek, M. (2002): *Berichtswesen optimieren.* Ueberreuter Wirtschaft, Wien

6 Prozesse strategisch managen

Die Phasen 2 und 3 des Prozesslebenszyklus beschäftigen sich mit der Prozessanalyse und -optimierung und dem Betreiben, Steuern und Regeln von jeweils einem einzelnen Prozess. Um den Bogen vom Prozessreporting der einzelnen Prozesse zur strategischen Planung und Ausrichtung der Prozessgesamtheit eines Unternehmens zu schließen, ist vor allem die Phase 4 des Prozesslebenszyklus von besonderer Bedeutung.

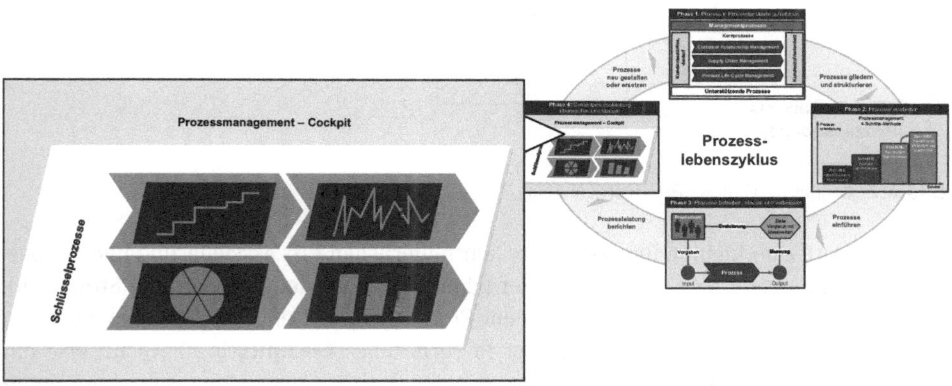

Bild 6.1 Phase 4 des Prozesslebenszyklus

6.1 Phase 4: Gesamtprozessleistung überwachen und steuern

Wenn von Prozessmonitoring im Kontext des Prozesslebenszyklus gesprochen wird, so ist klarzustellen, dass sich dieses Monitoring auf das Überwachen und Steuern der Prozesse **auf höherer Managementebene** bezieht.

Im Zusammenhang mit dem Prozesslebenszyklus ist das Monitoring der Hauptbestandteil des sogenannten großen Regelkreises. Hier werden aus den gewonnenen Prozessdaten und Erkenntnissen der Phase 4 des Prozesslebenszyklus, dem Monitoring, Entscheidungen unter Einbeziehung der Strategie abgeleitet. Der kleine Regelkreis bezieht sich auf die kontinuierliche Verbesserung der Einzelprozesse mit dem Grundgedanken des Modells zum Management eines Prozesses (siehe Kapitel 1). Dieser Sachverhalt wird in Bild 6.2 aufbereitet.

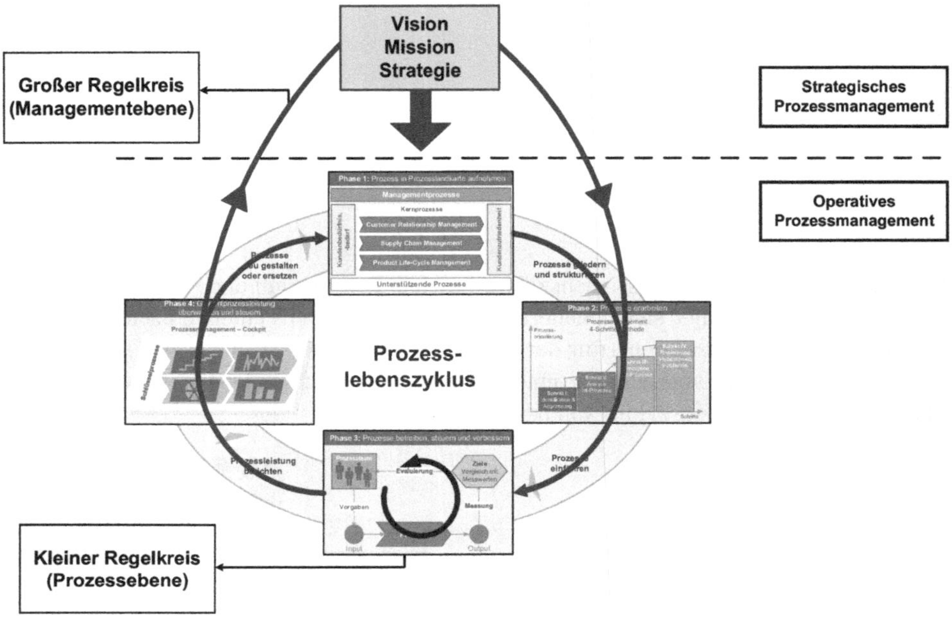

Bild 6.2 Großer und kleiner Prozessregelkreis

Im Gegensatz zum kleinen Regelkreis der kontinuierlichen Prozesssteuerung und -verbesserung werden beim Monitoring die Unternehmensziele (Vision, Mission und Strategien), der unternehmensweite Überblick aus dem Prozessleitstand und der Weitblick auch auf sich verändernde Unternehmensumfelder in Form eines **Cockpits** in die Sichtweise mit einbezogen. Dies wird durch das Topmanagement (= höchste Entscheidungsebene im Unternehmen) im Unternehmen sichergestellt.

Nicht nur die Überwachung und Steuerung der einzelnen Prozesse ist wichtig, auch der Gesamtüberblick darüber, wie alle Prozesse im Gesamtsystem miteinander wirken und sich gegenseitig beeinflussen (großer Regelkreis), ist ein essenzieller Input für das Management.

Grundlage eines funktionsfähigen Monitorings ist das Prozessreporting, bei dem die Daten der Einzelprozesse gesammelt und konsolidiert dem Management zur Verfügung gestellt werden. Die strategischen Instrumente werden so um ein Instrument bereichert, welches zu allen anderen den Blick auf das Gesamtunternehmen aus Prozesssicht ergänzt.

Für den Blick auf das Gesamtunternehmen sind aus Prozesssicht folgende Instrumente besonders geeignet: Prozesscockpit, Prozessschau und Prozesskettenbetrachtung.

Prozesscockpit

Cockpits sind Instrumente, die für einzelne sehr wichtige und große Prozesse oder für das gesamte Unternehmen Kennzahlen bereitstellen, die das Management bei der Steuerung unterstützen sollen (Bild 6.3). Wie in einem Flugzeugcockpit soll das Cockpit durch eine sinnvolle Auswahl an Kennzahlen und die Darstellung von Wechselwirkungen einerseits dabei helfen, den Überblick zu behalten (Monitoring), und andererseits Indikatoren zur Steuerung liefern. Als Basis für das Cockpit dienen neben ausgewählten Prozess-KPIs (Key Performance Indicators) auch die aggregierte Darstellung von Prozesskennzahlen sowie die Darstellung von Zusammenhängen zwischen Kennzahlen und Prozessen.

Vorteile des Cockpits sind einerseits die gesteigerte Transparenz hinsichtlich definierter Ziele, Schlüsselkennzahlen und deren Zielerreichung. Andererseits resultiert daraus die Möglichkeit, das gesamte Unternehmen mit Unterstützung der Prozesse frühzeitig und aktiv zu managen. Das Cockpit hilft dem Management, schnell erkennen zu können, ob das Unternehmen seine definierten Ziele zeitgerecht erreichen kann, und ermöglicht eine schnelle Reaktion auf Abweichungen sowie die Beschleunigung der Umsetzung von Verbesserungsmaßnahmen. Dafür ist die Visualisierung von Trends oft ein hilfreiches und wichtiges Werkzeug (vgl. auch Füermann, 2014).

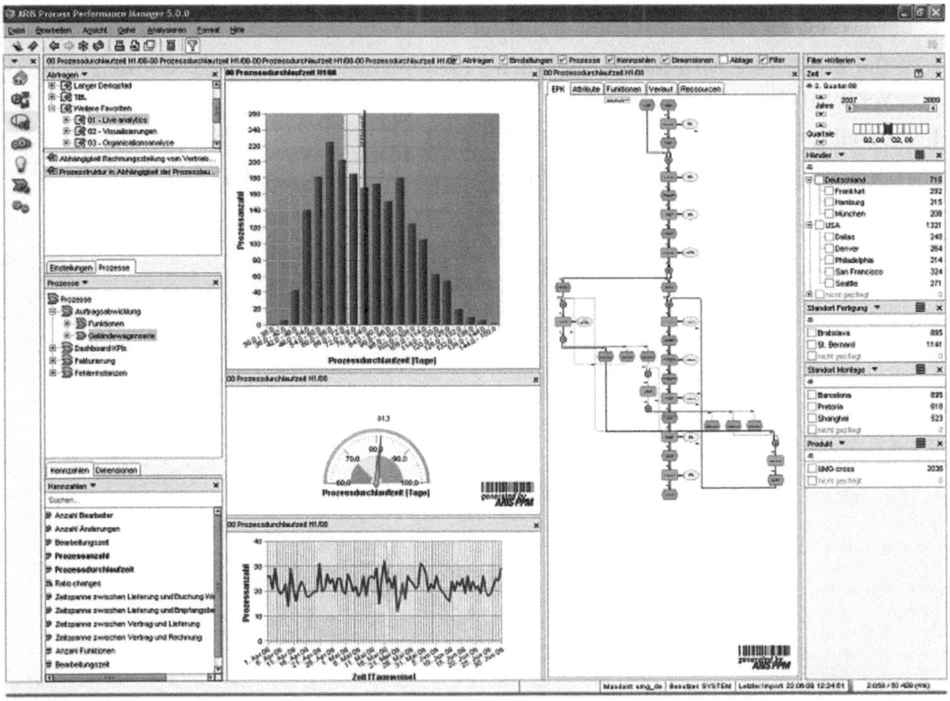

Bild 6.3 Beispiel eines Cockpits

Prozessschau

Die Prozessschau ist ein Managementwerkzeug, das auf objektivierten Kriterien regelmäßig überprüft, inwieweit die kontinuierliche Prozessarbeit von den Mitarbeitern wahrgenommen wird. Sie liefert so die Information, ob die Prozesse nur dokumentiert sind oder ob sie von den Mitarbeitern gelebt und weiterentwickelt werden und wie intensiv die Prozesseigner und -verantwortlichen ihre Rolle wahrnehmen. Die Gesamtaussage über alle Prozesse gibt ein gutes Bild ab, wie „vital" das Prozessmanagementsystem des Unternehmens ist und welchen Reifegrad es erreicht hat. Eine sinnvolle, praxisnahe Vorgehensweise umfasst folgende Schritte (vgl. Wagner/Käfer, 2017):

1. Definition der Bewertungskriterien (unter anderem auch Input aus den Prozess-Jour-fixe-Protokollen)
   Anhand der Kriterien soll erkennbar sein, ob der Prozess aktuell ist, so umgesetzt wird, wie er dokumentiert ist, aktiv gesteuert und gelenkt und von den Mitarbeitern ständig verbessert wird.
2. Ausarbeitung der Kriterien
   - Festlegung einer Bewertungsskala und
   - Definition von Klassengrenzen.
3. Bewertung der Prozesse anhand der Kriterien
   - Die Bewertung wird meist durch den Prozessmanager gemeinsam mit den Prozessverantwortlichen durchgeführt.
4. Darstellung der Auswertung über alle Prozesse
   - Das beispielhafte Ergebnis einer Prozessschau ist in Bild 6.4 dargestellt.

Prozessschau Kriterien
Stand: Datum

	Erwartungen	Anhaltspunkte/Ergebnisse	Prozess 1	Prozess 2	Prozess 3	Prozess 4	Prozess 5	Prozess 6
1	Engagement des Prozessverantwortlichen (Pz V)							
	Prozessteam nominiert und informiert	ja / nein	grün	grün	grün	grün	grün	grün
	Qualität der Vorbereitung der Prozess Jour Fixe (regelmäßige Besprechung im Prozessteam)	Rechtzeitige Verteilung der Agendapunkte ans Team	grün	grün	grün	grün	grün	orange
	Prozessdatenblatt vorhanden	ja / nein	grün	grün	grün	grün	grün	grün
	Neu aufgenommene Verbesserungspotenziale	Veränderung gegenüber letzter Bewertung	grün	rot		rot	grün	rot
2	Aktualität der Dokumentation							
	Gesamte Prozessbeschreibung entspricht der Realität	Check am Laufwerk	grün	grün	grün	grün	grün	grün
	Mitgeltende Dokumente aktuell	Check am Laufwerk	orange	grün	grün	grün	grün	
	Prozessdatenblatt aktuell (Pz V trägt zeitnah ein)	Check am Laufwerk	rot	rot		rot	grün	rot
3	Definierte und gemessene Prozessziele							
	Abstimmung der Pz-Ziele mit GF / Strategie			grün		grün	grün	
	Pz-Ziele erreicht	ja / nein		grün				
	Maßnahmen bei Nichterreichung eingeleitet			grün				
	Maßnahmen wirksam und auch überprüft.			orange				
4	Prozess Jour Fixe (regelmäßige, konstruktive Pz-Besprechung)							
	Prozess Jour Fixe wird regelmässig durchgeführt.	1 x/pro Monat						
	Protokoll vom Prozess-Jour-Fixe vorhanden und verteilt.							

	Prozess 1	Prozess 2	Prozess 3	Prozess 4	Prozess 5	Prozess 6
Anzahl grün	5	8	5	6	8	3
Anzahl orange	1	1	0	0	0	1
Anzahl rot	1	2	0	2	0	2
Anzahl leer	6	2	8	5	5	7
Summe	13	13	13	13	13	13
grün - in Ordnung	38%	62%	38%	46%	62%	23%
orange - Ansätze vorhanden, nicht vollständig	8%	8%	0%	0%	0%	8%
rot - nicht bzw. fast gar nicht vorhanden	8%	15%	0%	15%	0%	15%
weiss (leer) - als nicht zutreffend definiert	46%	15%	62%	38%	38%	54%

Gesamtübersicht über alle Prozesse

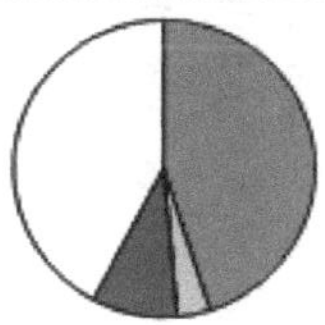

Bild 6.4 Beispiel einer Prozessschau

Prozesskettenbetrachtung

Eine Prozesskette ist eine Reihe von aufeinanderfolgenden und stark voneinander abhängigen Prozessen (Wechselwirkungen), die vom Markt/Kunden bis zum Markt/Kunden verlaufen (End-to-End-Prozesse). Hierbei gilt es herauszufinden, wie sich die einzelnen Prozesse zu Prozessketten zusammenfügen und ob die einzelnen Prozesse in Bezug auf bestimmte Ressourcen oder Kriterien, z. B. Durchlaufzeit (DLZ), in Konkurrenz stehen. Insbesondere muss geklärt werden, wie die Prozessziele abgestimmt werden, damit Zielkonflikte so weit wie möglich vermieden werden, und ob ein Ableiten des übergeordneten Ziels der Prozesskette auf die einzelnen Prozesse möglich und vor allem sinnvoll ist (Bild 6.5).

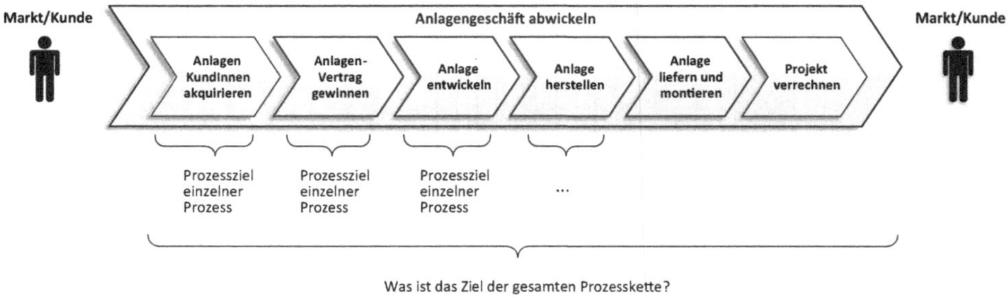

Bild 6.5 Betrachtung einer Prozesskette

Die Prozesskettenbetrachtung fördert insbesondere die Denkweise einer durchgängigen Prozessorientierung, in der die einzelnen Prozessziele dem Gesamtziel der Prozesskette untergeordnet sind. Die Einzelsteuerung der Prozesse und ihre Reihenfolge sind den jeweiligen Verantwortlichen überlassen, aber sollten sich immer nach dem Ziel der Prozesskette richten. Die Verantwortungsbereiche müssen klar definiert sein, ohne das Gesamtziel aus den Augen zu verlieren. Bei Nichterreichung des übergeordneten Prozesskettenziels trägt jeder Verantwortliche die Konsequenzen zur ungeteilten Hand. Dadurch wird erreicht, dass Ziele gesamthaft angesehen werden und jeder Prozess und dessen Ziel als Teil eines Ganzen aufgefasst wird. Für den Kunden ist es schlussendlich nicht von Bedeutung, wie das Produkt oder die Dienstleistung im Detail entsteht bzw. abläuft, solange das gewünschte Ergebnis zum richtigen Zeitpunkt vorliegt.

Der große Regelkreis

Die Betrachtung eines Unternehmens aus dem Blickwinkel des großen Regelkreises und der damit verbundenen Verknüpfung von strategischen Überlegungen basierend auf Monitoringdaten ist nur ein Bestandteil dieser Überlegung. Es ist insbesondere wichtig, dass aus der übergeordneten Betrachtung des Unternehmens die relevanten Informationen auch ihren Weg zurück in die Einzelprozesssteuerung (kleiner Regelkreis) finden. Dieser Zusammenhang ist in Bild 6.6 dargestellt.

Änderungen des Umfelds, des Mitbewerbs, der Kundenanforderungen sowie strategische Kurswechsel müssen in den Prozessen berücksichtigt werden und ihren Niederschlag sowohl in der grundsätzlichen Gestaltung der Prozesse als auch in den Zielsetzungen und Anforderungen an die Prozesse in Bezug auf Design oder Leistungsmerkmale finden.

Angenommen, eine Druckerei sei beispielsweise Marktführer im Segment von Drucksorten aller Art für Klein- und Mittelbetriebe. Der Auftragsabwicklungsprozess ist definiert und der Prozessverantwortliche nimmt seine Rolle sehr ernst, ruft monatlich Prozess-Jour-fixes ein, animiert sein Team und alle Mitarbeiter, Verbesserungs-, aber auch Fehlerpotenziale aufzuzeigen, sammelt die Erkenntnisse zur Verbesserung, veranlasst Schulungen bei Ausbildungsschwächen, spricht mit den Mitarbeitern, wenn gehäuft Fehler passieren, ändert Abläufe, um Fehler zu vermeiden und schneller zu sein. Dadurch erreicht er trotz steigender Kundenanforderungen in Bezug auf die Komplexität und technischen Anforderungen an die Drucksorten eines der vereinbarten Prozessziele, 95 % der Aufträge innerhalb von drei Wochen abzuwickeln. Eine zufriedenstellende Situation für alle Beteiligten, könnte man meinen. Was aus diesem Wert nicht gesehen werden kann, ist die Tatsache, dass einer der wesentlichen Mitbewerber des Unternehmens die Zeit der Auftragsabwicklung von der Bestellung bis zur Auslieferung auf eine Woche verkürzen konnte.

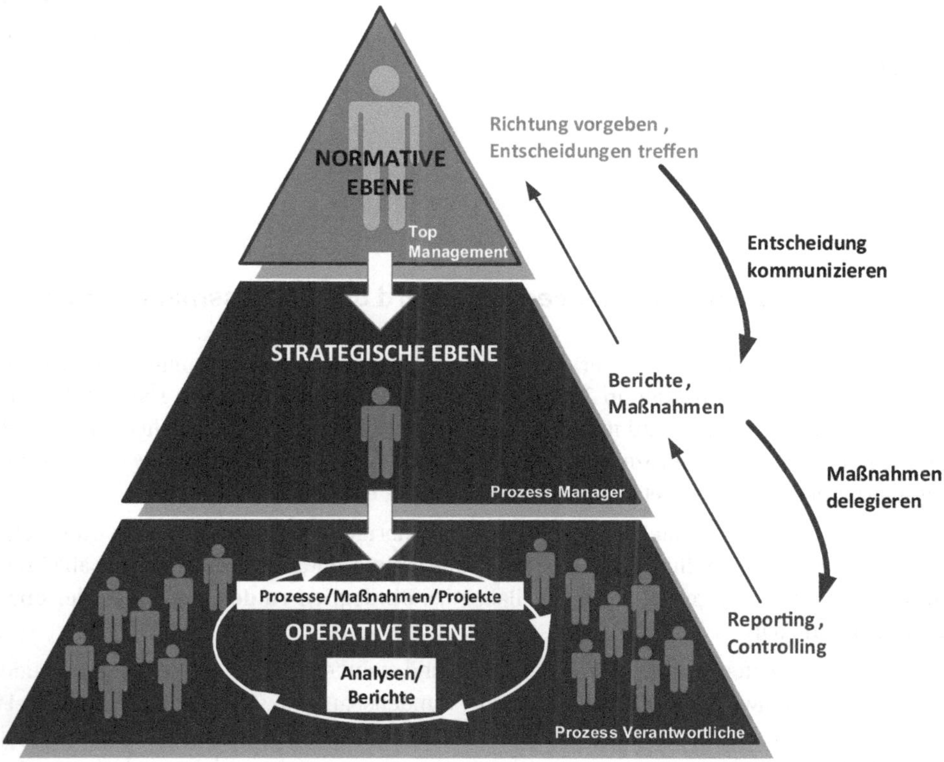

Bild 6.6 Berichts- und Entscheidungswege des Monitorings

Dadurch wird sichtbar, dass die Zielerreichung des Prozesses alleine kein Garant für eine erfolgreiche Unternehmensentwicklung ist. Erst das Zusammenspiel von strategischem Umfeldwissen und Wissen um die Leistungsfähigkeit der eigenen Prozesse kann die richtigen Maßnahmen zum Gegenlenken, aber auch proaktivem, strategischem Steuern hervorbringen.

Prozessdaten können ein wichtiger Hinweis auf Veränderungsbedarf sein, wenn z. B. Wachstumsraten stagnieren, Kundenzufriedenheitsdaten kontinuierlich schlechter werden oder Ressourcenverbräuche steigen, um ein Ergebnis konstant zu halten. Richtig interpretiert liefern Prozessdaten einen wesentlichen Beitrag zur strategischen Analyse des Unternehmens. Nicht zuletzt aus diesem Grund ist der Wunsch vieler Entscheidungsträger nach Automatisierung des Prozessreportings im Unternehmen zu verstehen. Der Gedanke, alle relevanten Unternehmensinformationen und Kennzahlen auf einen Knopfdruck zur Verfügung zu haben, ist verlockend, aber auch gefährlich zugleich. Das Konzept des Unternehmenscockpits entspricht genau diesem Gedanken, wenngleich in der Realität meist Fragen der technischen Realisierbarkeit vor tatsächlichem Nutzen und sinnvollem Einsatz stehen.

Zusammenfassend kann man sagen, dass die Wahl der richtigen Prozessziele und dementsprechend geeigneter Messgrößen eine Voraussetzung für die Durchsetzung von sich laufend verbessernden Prozessen ist. Das Monitoring der Prozesse bildet die wesentliche Voraussetzung für das Finden von geeigneten Strategien für den langfristigen Erfolg des Unternehmens. Ein leistungsfähiges Reportingsystem, in dem standardisierte Antworten auf die Frage gegeben werden, was an wen in welcher Periodizität berichtet wird, bildet die Grundvoraussetzung dazu (siehe Kapitel 5).

6.2 Balanced Scorecard (BSC)

6.2.1 Zusammenhang Balanced Scorecard und Prozessmanagement

Wenn ein Unternehmen vor der Frage steht, wie die strategischen Vorstellungen über die Entwicklung der Organisation in Zukunft mit dem derzeitigen operativen Handeln in Verbindung zu bringen sind, wird meist als erste Antwort der Einsatz der Balanced Scorecard genannt. Im Rahmen des Prozessmonitorings wird die BSC vor allem im Sinne einer strategisch orientierten Prozessbetrachtung und -steuerung eingesetzt.

Ausgehend von den allgemeinen Grundsätzen der normativen Ebene muss das Unternehmen konkrete Zielvorstellungen über seine beabsichtigte zukünftige Entwicklung ableiten. Strategien und strategische Ziele stellen dabei das **Bindeglied zu den Prozessen der operativen Ebene** dar.

Strategien verdichten generelle Vorstellungen und nehmen Bezug auf real existierende Unternehmensumwelten wie z. B. Konkurrenz, Kundensegmente, Technologien etc. Sie zeigen auf, welchen Zustand das Unternehmen in den einzelnen relevanten Segmenten anstrebt und wie das Management beabsichtigt, diesen zu erreichen (siehe auch Kapitel 1). Bevor jedoch diese Aussagen nicht in messbare Leistungsziele übersetzt werden, bleiben sie nicht viel mehr als schöne Worte auf Papier.

Diese Aufgabe kommt den strategischen Zielen zu. Sie konkretisieren die geäußerte Absicht mit ihrer Umsetzung in Form von Kennzahlen und Zielwerten. Um wirksam sein zu können, müssen strategische Ziele eine genaue Beschreibung des Ziels, des Wegs dorthin (was wollen wir wie erreichen?) sowie einen realen Zeitbezug (bis wann wollen wir es erreichen?) beinhalten. Klare, messbare und untereinander abgestimmte strategische Ziele dienen den Mitarbeitern im Unternehmen als Markierungen auf dem Weg zur Erreichung der langfristigen Unternehmensziele.

In der **operativen Ebene** findet die eigentliche Leistungserstellung statt. Die Ziele der normativen und strategischen Ebene werden zu ihrer Umsetzung auf die einzelnen **Unternehmensprozesse** abgeleitet. Damit ist gewährleistet, dass eine logische Verknüpfung zwischen den generellen Absichten und den realen Aktivitäten eines Unternehmens besteht. Durch einen Abgleich der Prozessziele mit den strategischen Zielen ist sichergestellt, dass in der Leistungserstellung keine „eigenen Wirklichkeiten" geschaffen werden, die eine strategische Unternehmenssteuerung blockieren könnten. Es besteht sonst die Gefahr, dass innerhalb der Prozesse eigene Zielvorstellungen entstehen – dies unter anderem dann, wenn Top-down-Vorgaben fehlen bzw. lückenhaft sind. Es ist in der praktischen Umsetzung oft zu beobachten, dass auf Ebene der Mission/Vision die Aussagen klar vorliegen, diese Klarheit jedoch bei der Strategie bzw. den strategischen Zielen fehlt oder nur teilweise vorhanden ist (vgl. Schwanfelder, 2004).

Es gilt die Lücke zwischen der operativ orientierten Überwachung der Prozessziele auf der einen Seite und der laufend erforderlichen Verifizierung der Zielkonformität am Weg zur Realisierung der Vision der Organisation auf der anderen Seite zu schließen (Bild 6.7).

Bild 6.7 Schließen der Lücke zwischen strategischer und operativer Ebene

Ziel ist, die Verbindung zwischen der Phase 4 des Prozesslebenszyklus und der Mission/Vision/Strategie bzw. Phase 1 der Prozesslandkarte sicherzustellen (vgl. Wagner/Dürr, 2003).

Als Instrument der Wahl, um diese Verbindung sicherzustellen, aber auch als **Strategieverfolgungswerkzeug** dient die BSC zum Strategiecontrolling der Organisation (Bild 6.8). Dabei gehen die Ursprünge der Balanced Scorecard auf den Anfang der 1990er-Jahre zurück. Eine durchgeführte Studie, initiiert von den BSC-Erfindern Kaplan und Norton, zielte darauf ab, die vorhandenen Vorstellungen von der Vision eines Unternehmens und den daraus abgeleiteten Strategien in konkret formulierte und über messbare Kennziffern quantifizierbare Maßnahmen umzusetzen und gleichzeitig den allgemein bestehenden tiefen

Bruch zwischen den strategischen Vorstellungen des Unternehmens und dem operativen „Auf-den-Boden-Bringen“ nachhaltig zu überwinden.

Die Darstellung dessen wurde anhand eines „Berichtsbogens“, der sogenannten Scorecard, vorgenommen, da die Scorecard bezüglich Übersichtlichkeit und Aussagekraft am besten entsprach. Man kam zu dem Schluss, dass die alleinige Betrachtung finanziell orientierter Kennzahlen nicht zur Beurteilung der Situation der Organisation ausreicht und zu einer Unterinvestition in zukunftsorientierte immaterielle Bereiche wie Produkt- und Prozessinnovation, Mitarbeiterfähigkeiten und Kundenzufriedenheit führt. Investitionen in neue Märkte, neue Produkte, neue Techniken und Verfahren sowie Investitionen in die Mitarbeiter, welche den Ausbildungsstand, die Einsatzbereitschaft, die Ideen und das Engagement der Mitarbeiter fördern, schlagen sich nur selten positiv auf die kurzfristig erhobenen finanziellen Kennzahlen nieder (Kaplan/Norton, 1996). Genau dieses Problem soll mit der BSC behoben werden, indem das Management konkret bezüglich der Sicherung langfristiger Potenziale zur Wertschöpfung bewertet werden kann. Dieser Zugang deckt sich mit den Prämissen – dem kundenorientierten Fokus – von **Prozessmanagement**. Die BSC wird demnach in der Phase des Prozessmonitorings eingesetzt. Ausgangspunkt dazu sind die Mission, Vision und Strategie einer Organisation (vgl. Kapitel 1).

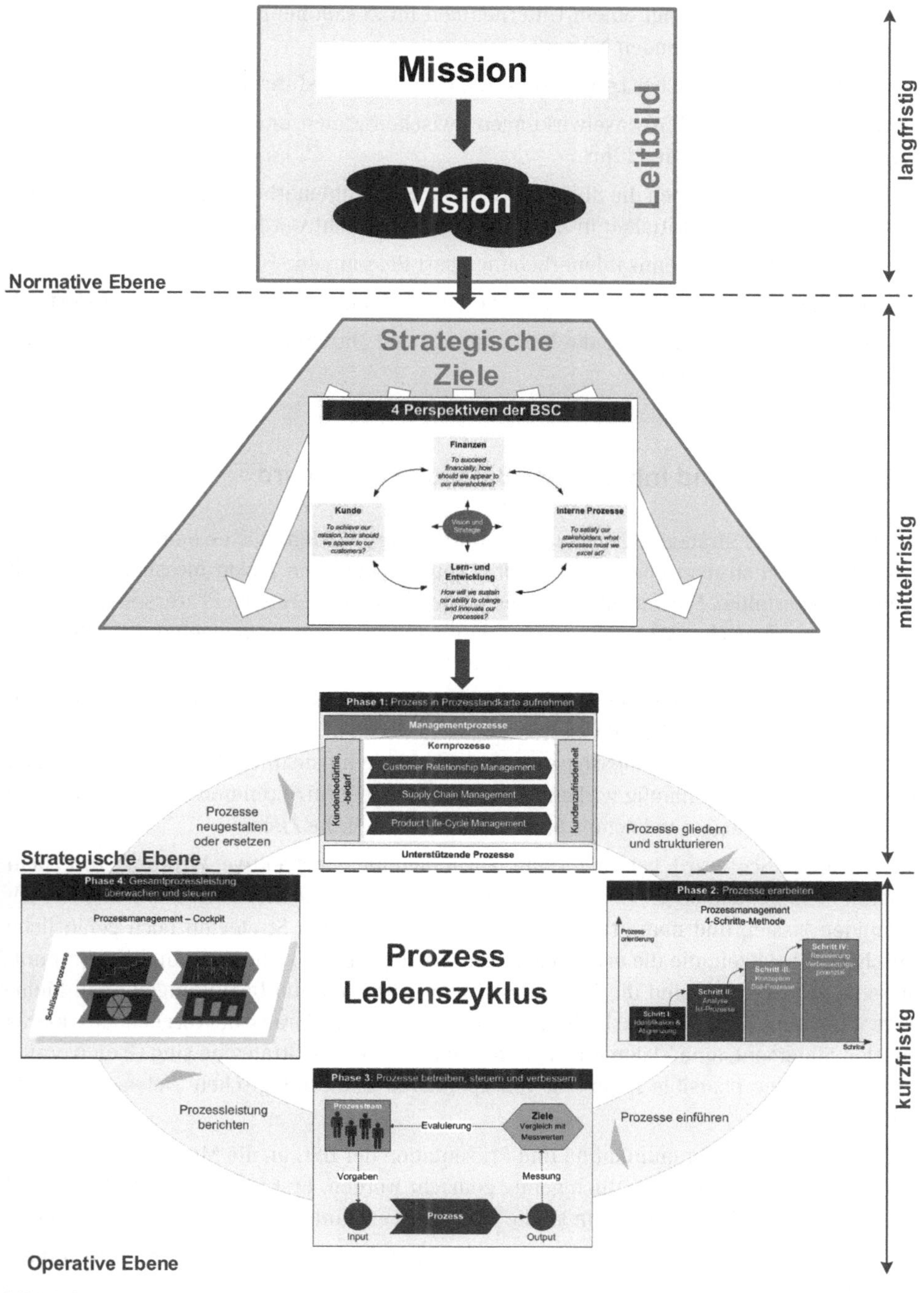

Bild 6.8 Prozesslebenszyklus im Zusammenhang mit der Strategie

Der Einsatz der BSC bringt einem Unternehmen im Zusammenhang mit dessen Prozessmanagementsystem folgenden Nutzen:

- Klarer und übersichtlicher Leitstand für die Unternehmensführung.
- Zusammenhänge und Wechselwirkungen zwischen Zielen und Prozessen werden aufgezeigt, was zu Synergien führt.
- Die Mitarbeiter erkennen die Sinnhaftigkeit der Kennzahlenerhebung, da diese schlüssig mit ihrer operativen Tätigkeit in Zusammenhang gebracht werden.
- Eine standardisierte Kennzahlenerhebung spart Ressourcen.
- Kennzahlen für Anfragen Externer (z. B. Vorstand, Öffentlichkeit) liegen automatisiert vor.
- Nutzung der Kennzahlen für die Vorbereitung und Durchführung von internen Audits und Managementreviews.

6.2.2 Struktur und Inhalt einer Balanced Scorecard

Die BSC wird als strategischer Handlungsrahmen verstanden, der es dem Unternehmen ermöglicht, den strategischen Weg in Form von strategischen Zielen messbar und damit greifbar zu gestalten. Die Verknüpfung der Strategien zum operativen Prozessmanagementsystem ist ein logischer Weg, dessen Umsetzung aber sehr oft an mangelnder Klarheit der Strategien und der strategischen Ziele scheitert.

Die Strategie ist ein Katalog von Hypothesen zukünftiger Entwicklungen, der aufgrund von Selbsteinschätzung und Umfeldanalyse konkrete Formen annimmt. Die BSC hilft dabei, diese Strategien und deren messbare strategische Ziele hinsichtlich der Interdependenzen zu verstehen und gegenläufig wirkende Strategien zu identifizieren und zu korrigieren; sie übersetzt die Strategien in leichter handhabbare strategische Ziele.

Die Balanced Scorecard hat in diesem Zusammenhang korrektive Wirkung, d. h. man erkennt sehr schnell, ob die Strategien und deren strategische Ziele sich nicht harmonisch verbinden lassen, und man erkennt auch, ob die definierten Strategien noch gefährliche Unschärfen besitzen, die die erfolgreiche Umsetzung infrage stellen. Wenn diese Erkenntnisse negiert werden, sind die Ergebnisse nicht valide und die Bemühungen ohne Mehrwert. Eine sorgfältige Willensbildung zu Beginn und ein daraus hervorgehendes klares Mission Statement, eine Vision und ausführlich beschriebene Strategien sind Grundvoraussetzung für eine plausible Kopplung von operativen und strategischen Zielen und Kennzahlen.

Die Bedeutung der Kommunikation und Präsentation der BSC an die Mitarbeiter der Organisation kann dabei nicht deutlich genug gemacht werden. Erst wenn die Mitarbeiter und das Management der Organisation an die BSC glauben, kann die Arbeit damit beginnen.

Die BSC verbindet die unterschiedlichen Zielvorstellungen und ordnet sie in vier Perspektiven ein:

- die finanzielle Perspektive,
- die Kundenperspektive,
- die interne Prozessperspektive und
- die Potenzialperspektive.

Alle Ziele des Unternehmens lassen sich aus der normativen über die strategische Ebene ableiten und einer der vier Perspektiven zuordnen (Bild 6.9). Die Ausgewogenheit aller strategischen Ziele der vier Perspektiven untereinander wird im Rahmen des Aufbaus der BSC erreicht, indem die wenigen unternehmensweit erfolgskritischen Ziele durch das Führungsteam in gemeinsamer Arbeit identifiziert werden. Hierbei ist erfahrungsgemäß eher die Gefahr gegeben, zu viele Ziele einbinden zu wollen, als zu wenige Ziele vorliegen zu haben.

In Bild 6.9 sind die **klassischen vier Perspektiven** nach Kaplan und Norton mit den zugeordneten Fragestellungen, die im Unternehmen gestellt werden, dargestellt. Diese vier Perspektiven sind ein Vorschlag, der unternehmensindividuell adaptiert und ergänzt werden kann. In manchen Non-Profit-Organisationen (NPOs) wird die Finanzperspektive oft kritisch gesehen, andere Unternehmen aus z. B. dem öffentlichen Bereich ergänzen noch eine Perspektive zur Berücksichtigung der Vorgaben der Verwaltungsleitung.

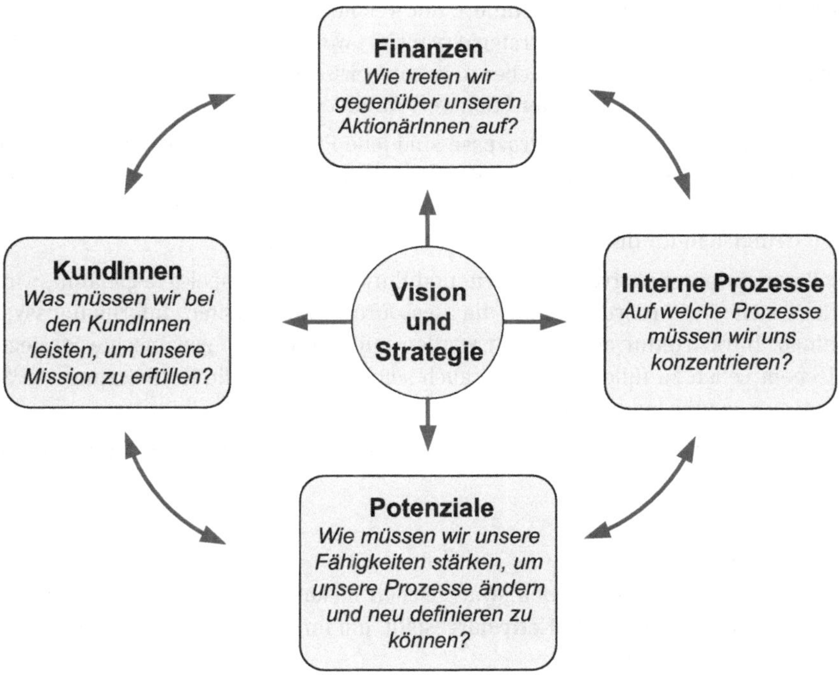

Bild 6.9 Fragestellungen zu den vier Perspektiven

Die von der BSC geforderte Ausgewogenheit der Ziele bezieht sich dabei auf folgende Kriterien:

- Ziele zu allen vier Perspektiven finden (nicht nur Ziele in Richtung Finanzen fixieren),
- Mischung aus internen und externen Zielen sicherstellen,
- Ansatz/Mischung aus Früh- und Spätindikatoren (Leading und Lagging Indicators),
- quantitative und qualitative Ziele.

Die Eigenschaft der Ergebniskennzahlen (Lagging Indicators) ist, dass sie vergangenheitsbezogener Natur sind (Ergebnisse). Sie zeigen also im Nachhinein Ergebnisse auf (Spätindikatoren) bzw. die Konsequenzen der Leistungserbringung. Lagging Indicators sind in den Perspektiven Kunde und Finanzen zu finden.

Die Eigenschaft der Leistungstreiberkennzahlen (Leading Indicators) ist, dass sie im Sinne von Frühindikatoren in der Lage sind, frühzeitig und mit rascher Aussagekraft Informationen bereitzustellen. Oft sind die Leistungstreiber subjektiven Charakters, sie sind also eher zu qualifizieren denn zu quantifizieren. Leading Indicators sind in den Perspektiven Potenzial und Prozesse zu finden.

In der **finanzwirtschaftlichen Perspektive** sind jene Ziele enthalten, die für die „finanzielle Gesundheit" des Unternehmens essenziell sind. Die Verwertung des eingesetzten Kapitals soll in solcher Weise vollzogen werden, dass sich diese im Vergleich zu Alternativen als die beste Lösung für die Anteilsbesitzer darstellt. Dazu können Rentabilitätskennzahlen und Umsatzkennzahlen ebenso gehören wie stärker liquiditätsbezogene Größen (Cashflow, Cash-to-Cash-Zyklus etc.).

In der **Kundenperspektive** wird definiert, mit welchen Mehrwerten für welche Kunden auf welchen Märkten die festgelegte Strategie realisiert werden soll. Dazu können produkt- und leistungsbezogene Nutzenaspekte ebenso gehören wie Mehrwerte durch Service und Kundenbeziehung. Wichtig ist, dass der Mehrwert für die Kunden im Mittelpunkt steht.

In der Perspektive der **internen Prozesse** sind jene Prozesse des Unternehmens zu erfassen und zu steuern, die gewährleisten, dass die finanzwirtschaftlichen und kundenbezogenen Ziele auch qualitativ und kapazitätsmäßig bewältigt werden können. Diese Perspektive legt den Grundstein für die Leistungsfähigkeit hin zum Kunden.

In der **Potenzialperspektive,** auch Lern- und Entwicklungsperspektive genannt, wird dargestellt, welche Anforderungen an die Ressourcen (Mitarbeiter, Informationssysteme, Maschinen, Infrastruktur etc.) gestellt werden müssen, um die gewünschte Strategie mit praktischem Leben zu füllen. Damit ist auch sofort klar, dass die Realisierung von Strategien Ressourcenaufwand bedeutet.

Die internen Prozesse sowie die Ziele der Potenzialperspektive sind die Treiber der Strategierealisierung!

Strategy Map

Die Zusammenhänge zwischen den strategischen Zielen der vier Perspektiven werden in Form einer **Ursache-Wirkungs-Kette** dargestellt, um ihre logischen Abhängigkeiten untereinander transparent zu machen.

Diese sogenannte **Strategy Map** umfasst das BSC-Chart mit seinen vier Dimensionen und den zugeordneten strategischen Zielen (Bubble-Übersicht) sowie die Ursache-Wirkungs-Kette (UWK), also die „In-Verbindung-Bringung" der strategischen Ziele.

Dabei geht man bei der **Entwicklung** der UWK vertikal von oben nach unten (von der Finanzperspektive über die Kundenperspektive und die Prozessperspektive bis zur Potenzialperspektive) vor, bei der Ermittlung der **Wirkungsbeziehung** genau umgekehrt von unten nach oben. Es werden also jene strategischen Ziele verbunden, die eine Ursache-Wirkungs-Beziehung untereinander haben.

Bei der Strategy Map handelt es sich anfangs um eine Hypothese betreffend den Zusammenhang zweier Kenngrößen untereinander, die später beim laufenden Einsatz der BSC zu verifizieren ist (Verifizierung bzw. Falsifikation).

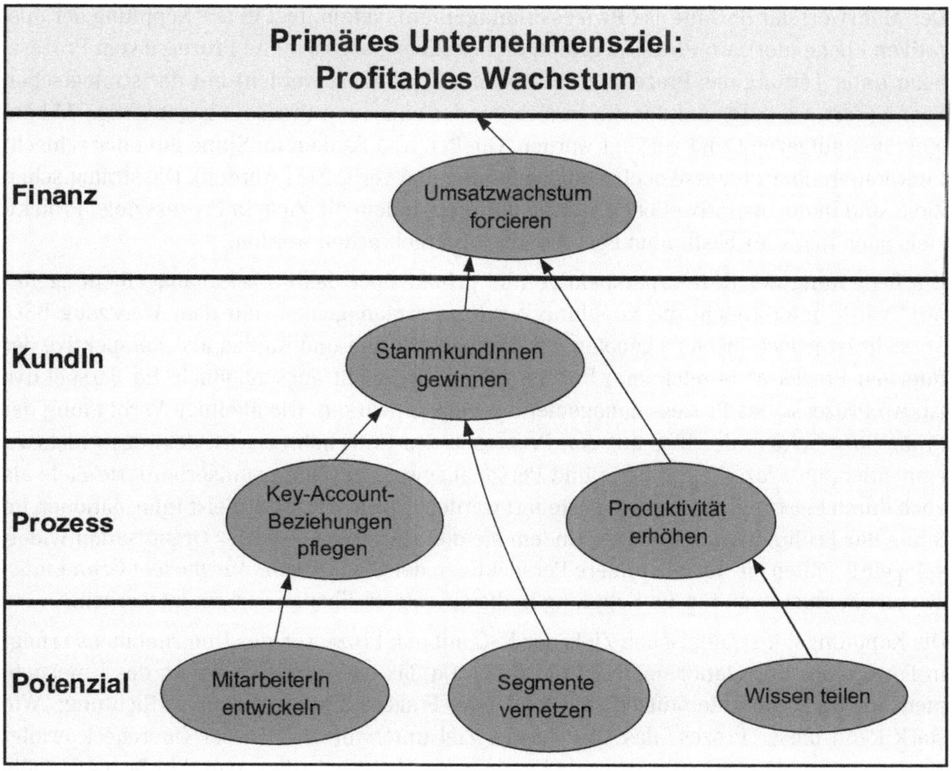

Bild 6.10 Beispiel einer Strategy Map

Am Beispiel (Bild 6.10) erläutert:

- **Strategie:** Profitables Wachstum
  - **Potenzialperspektive:** Mitarbeiter entwickeln
    - wirkt positiv auf **Prozessperspektive**: Entwicklungsprozess – Key-Account-Beziehungen pflegen,
    - wirkt positiv auf die **Kundenperspektive**: Stammkunden gewinnen durch intensiveren Kontakt und kontinuierlichen Austausch,
    - wirkt positiv auf die **Finanzperspektive**: Umsatzwachstum forcieren durch mehr Marktanteil bzw. mehr Umsatz.

6.2.3 Kopplung der BSC mit Prozessmanagement

Im Sinne eines Steuerungsinstruments ordnet sich die BSC in den Prozesslebenszyklus insofern ein, als die BSC die Strategieerfüllung „verfolgt“. Durch das In-Verbindung-Bringen der strategischen Ziele gekoppelt mit deren Zielerreichungsgraden wird es möglich, das Zusammenspiel/die Wechselwirkungen der Ziele zu überwachen. Neben der Betrachtung der Einzelprozessziele und deren Erreichungsgraden eröffnet sich nun das Betätigungsfeld des Prozessmanagers, der diese über alle Prozesse hinweggehende Sichtweise einbringt und für das Management der Organisation in eine schlüssige Verbindung bringt.

Der Mehrwert der BSC für das **Prozessmanagementsystem** liegt in der Kopplung der operativen Ebene (dort, wo Prozesse gelebt, Prozessziele gemessen und Prozesse vom Prozessteam unter Leitung des Prozessverantwortlichen gesteuert werden) mit der strategischen Ebene (dort, wo aufgrund der Zielerreichung der einzelnen Prozesse gegenseitige Abhängigkeiten aufgezeigt und verfolgt werden, Quellen und Senken im Sinne gut oder schlecht funktionierender Prozesse beobachtet, gefunden und verbessert werden). Die strategischen Ziele sind in die operative Ebene zu transferieren, indem die Ziele in Prozessziele, Projektziele oder Tasks für bestimmte Personen heruntergebrochen werden.

Die Bedeutung der Prozessperspektive (die primär über das Prozessmanagement „gefüttert" wird) unterstreicht die Kopplung von Prozessmanagement mit dem Werkzeug BSC. Vorsicht ist jedoch insofern geboten, als die (nach Norton und Kaplan als „Perspektive der internen Prozesse" bezeichnete) Prozessperspektive nicht ausschließlich die Perspektive ist, wo Prozesse des Prozessmanagementsystems hinwirken. Die alleinige Verbindung der Prozessperspektive der BSC mit den Prozessen des Unternehmens ist deswegen nicht zu empfehlen, da Prozesse, Projekte und Personal sowohl durch ergebnisorientierte Ziele als auch durch Leistungstreiberziele gesteuert werden. Da die Prozesse meist Informationen im Sinne der Frühindikatoren liefern (indem sie die operative Ebene der Organisation widerspiegeln), sollten sie auch in andere Perspektiven der BSC wirken. Aus diesem Grund müssen alle Perspektiven für die Kopplung in die operativen Ebenen verwendet werden.

Die Kopplung der strategischen Ziele der BSC mit den Prozessen des Unternehmens erfolgt in Form einer Korrelationsmatrix (Bild 6.11). Da das operative Geschehen des Unternehmens die Strategie unterstützen soll, erfolgt die Fragestellung in folgender Richtung: „Wie stark kann dieser Prozess das strategische Ziel unterstützen?" Dieser Quercheck erfolgt strukturiert und vollständig über alle Prozesse der Prozesslandkarte und in Bezug auf alle strategischen Ziele der Balanced Scorecard. Als Ergebnis kann man die Summe der Bewertungen pro Prozess als strategischen Zielbeitrag der einzelnen Prozesse feststellen (senkrechte Summe). Die Prozesse mit dem höchsten strategischen Zielbeitrag sind als Schlüsselprozesse des Unternehmens zu definieren (vgl. Kapitel 2).

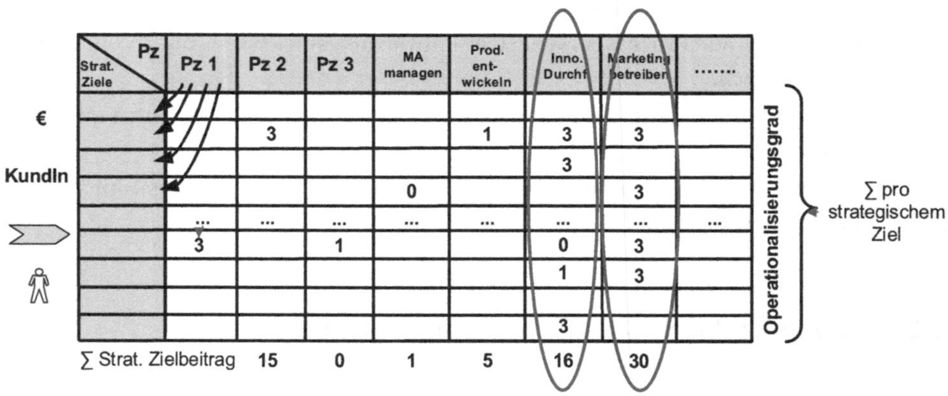

Bild 6.11 Beispiel einer Korrelationsmatrix

Die so als strategisch relevant identifizierten Prozesse müssen nun diesem Anspruch gerecht werden, indem sie weitere, möglicherweise zusätzliche Prozessziele erhalten, die konkret auf die Stärkung der strategischen Zielerreichung ausgerichtet sind. Die Definition der Ziele erfolgt gemäß der bekannten 4-Schritte-Methodik, ist jedoch unbedingt an den

Erfordernissen der beeinflussbaren strategischen Ziele auszurichten. Durch einen Zielabgleich der strategisch relevanten, neu definierten Ziele mit den bereits bestehenden operativ geprägten Prozesszielen wird sichergestellt, dass keine Zielkonflikte entstehen.

Werden die Bewertungen für jedes strategische Ziel summiert und ausgewertet, so kann der Operationalisierungsgrad jedes strategischen Ziels leicht erkannt werden (waagrechte Summe). Hat ein Ziel eine hohe Bewertung, kann die Erreichung dieses Ziels an vielen Stellen in der Ablauforganisation unterstützt werden. Hat ein Ziel keine oder eine sehr niedrige Summe, müssen zusätzlich zur Unterstützung durch Prozesse weitere Umsetzungsansätze gefunden werden, z. B. in Form von Projekten. Der Operationalisierungsgrad gibt eine gute Auskunft über die prozessorientierten Möglichkeiten sowohl der Umsetzung (wo schlägt sich das Ziel in der Ablauforganisation nieder?) als auch des Controllings (woher erhalte ich Feedback zur Zielerreichung?) von strategischen Zielen.

Durch dieses Vorgehen wird die Lücke zwischen den strategischen Zielen und den operativen Prozesszielen geschlossen. Indem die Steuerung der Prozesse an der Strategie ausgerichtet wird, werden Zielkonflikte vermieden und es wird sichergestellt, dass die Erreichung der strategischen Ziele durch das operative Geschehen des Unternehmens maximal unterstützt wird.

6.2.4 Vorgehen zum BSC-Aufbau

Die folgenden acht Schritte sind zum Aufbau und zur Umsetzung der BSC zu durchlaufen (Bild 6.12). Dieses vielfach praxiserprobte Vorgehen geht davon aus, dass das Prozessmanagementsystem der Organisation bereits etabliert bzw. der Aufbau weit fortgeschritten ist oder sich der Prozesslebenszyklus in der Phase 3 „Prozesse betreiben, steuern und verbessern" in Umsetzung befindet. Das Vorgehen beinhaltet die BSC-Gestaltung und die Verknüpfung mit der operativen Ebene, den Prozessen, in einer Organisation.

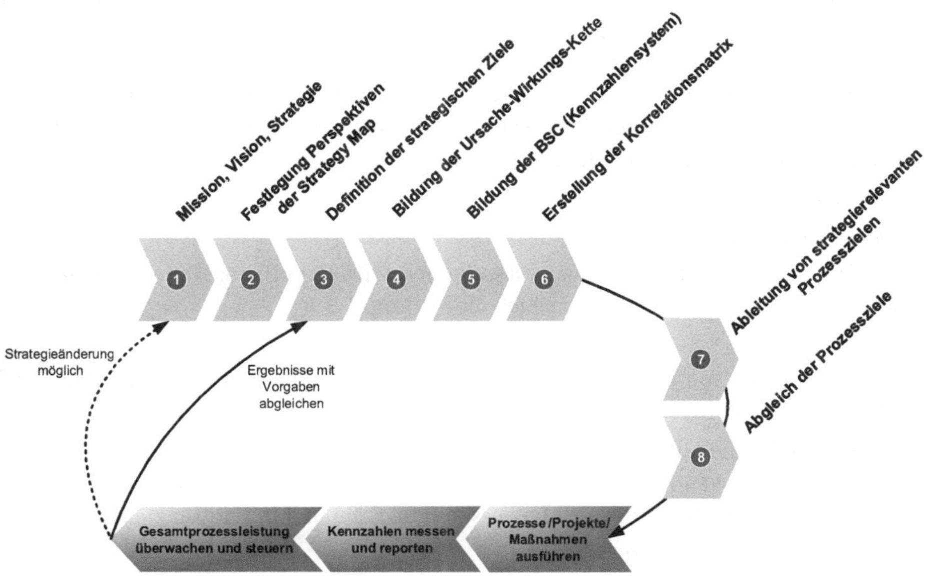

Bild 6.12 Schritte zum Aufbau einer BSC

Schritt 1: Mission, Vision und Strategie(n) sind definiert

Die Basis für den Aufbau einer BSC bilden die Elemente der normativen Ebene sowie eine gut durchdachte, ausformulierte Strategie (vgl. insbesondere Kapitel 1.2.5). Diese ist unbedingt notwendig, weil aufbauend auf der definierten Strategie strategische Ziele herausgearbeitet werden.

Schritt 2: Festlegung der Perspektiven der Strategy Map

Wie in Kapitel 6.2.2 beschrieben, ist die Festlegung der Perspektiven der Balanced Scorecard/Strategy Map von der Art der Organisation abhängig. 95 % aller Unternehmen, die eine Balanced Scorecard einsetzen, verwenden jedoch den Good-Practice-Ansatz von Kaplan und Norton.

Schritt 3: Definition der strategischen Ziele

Die strategischen Ziele werden, ausgehend von der Finanzperspektive, von oben nach unten durch die Perspektiven der Strategy Map abgeleitet. Ausgehend vom Primary Business Goal (wesentlichstes finanzielles Ziel der Organisation) werden die finanziellen Ziele definiert. Davon werden die Kundenwertbeiträge abgeleitet, die notwendig sind, um das Unternehmen finanziell erfolgreich zu machen. Die Kundenwertbeiträge sind wiederum wesentlicher Orientierungsfaktor bei der Frage, welche internen Prozesse exzellent funktionieren müssen, um diese sicherzustellen. Final wird die Frage gestellt, welche Ressourcen für eine exzellente Performance der definierten Prozesse notwendig sind. All diese Elemente, die für die Erfüllung der Strategie notwendig sind, sind in Form von Zielen (Substantiv plus Verb) zu formulieren, also statt „Durchlaufzeit" z.B. „Durchlaufzeit der Aufträge senken". Die Konkretisierung der Ziele im Sinne der SMART-Formel erfolgt erst im Schritt 5.

Schritt 4: Bildung der Ursache-Wirkungs-Kette

Ausgehend von der Potenzialperspektive werden nun die Zusammenhänge zwischen den strategischen Zielen überprüft: „Wirkt sich die Erreichung des Ziels positiv auf das übergeordnete strategische Ziel aus?" Ursache-Wirkungs-Zusammenhänge (UWKs) ziehen sich dabei stets von unten (sprich Lern- und Wachstumsperspektive) nach oben (finanzielle Perspektive). Verbindungen können einzelne Perspektiven überspringen, Verbindungen in der entgegengesetzten Richtung sind nicht zulässig.

Dazu werden fünf Fragen gestellt?

1. Stimmen die Pfeilverbindungen?
   Dies lässt sich durch die Frage nach Ursache und Wirkung prüfen: Wenn ich an der Ursache „drehe", verändert sich dann auch die Wirkung?
2. Nur eine Richtung?
   Die Pfeile weisen von unten nach oben (einschließlich horizontaler Verbindungen auf derselben Ebene).
3. Verständlich für die Mitarbeiter?
   Sind die strategischen Ziele der BSC so weit verständlich, dass sich daraus Kennzahlen und im Weiteren Verbindungen zu Prozessen, Projekten und Initiativen ziehen lassen?
4. Singles? Werden aussortiert!
   Bleiben in der Strategy Map einzelne strategische Ziele über, so werden diese heraus-

genommen. Auch UWKs, die noch vor der Kundenperspektive oder Finanzperspektive enden, müssen nochmals geprüft werden!

5. Ist die Strategie mit den verwendeten strategischen Zielen wirklich erfüllt?
Dies ist wahrscheinlich die schwierigste Frage, die an dieser Stelle kaum beantwortet werden kann - lediglich augenfällige Lücken können erkannt werden. Die Verifizierung erfolgt erst im praktischen Einsatz der BSC!

Bei der Erstellung einer BSC hilft es oft, zuerst die Strategien isoliert zu betrachten und eine „Teil"-Ursache-Wirkungs-Kette bezogen auf diese Strategie zu erstellen. Spätestens beim Zusammenführen in die „Gesamt"-BSC wird deutlich, dass diese von den Querverbindungen und deckungsgleichen strategischen Zielen lebt.

Damit ist ein **Strategieverfolgungswerkzeug** geschaffen, das die vorhandenen strategischen Ziele in einen Gesamtzusammenhang setzt und so Synergien in der Zielverfolgung schafft. „Extrawürste", die typischerweise einen hohen Mehraufwand generieren, werden dadurch vermieden.

Schritt 5: Bildung der BSC (Kennzahlensystem) und Erarbeitung der strategischen Kennzahlen aus den strategischen Zielen (Quantifizierung)

Nachdem nun die BSC entworfen ist und die UWKs geprüft wurden, folgt im nächsten Schritt die Quantifizierung der strategischen Ziele in Form von strategischen Kennzahlen (Tabelle 6.1; Bild 6.13). Dabei kommt das Prinzip von SMARTen (spezifisch, messbar ...; siehe Kapitel 5.1.1) Kennzahlen zum Tragen.

Tabelle 6.1 Beispiel zur Erarbeitung der strategischen Kennzahlen

Strategisches Ziel	Strategische Kennzahl	Zielwert	Messmethode	Frequenz	Verantwortung
Entwicklungszeiten reduzieren	Arithmetisches Mittel aller „Time-to-Market-Zeiten" reduzieren	-15 % pro Jahr	Optimierung des Entwicklungsprozesses	einmal jährlich	Herr Müller
Innovationskraft anerkennen	Anzahl der Erwähnungen in Fachmedien im ersten Monat der Erscheinung eines neuen Produkts	5 im ersten Monat	verstärkte Kommunikation der Innovationsleistung	Minimum einmal im Quartal	Frau Schmidt

Quantifizieren bedeutet, dass die Kennzahl mit einem eindeutigen Messwert ermittelt und ausgedrückt werden kann (Minuten, Prozent, Kilogramm etc.). Nur wenn der Wert auf einer Messskala eindeutig bestimmt werden kann, ist später der erforderliche Soll-Ist-Vergleich möglich, auf Basis dessen die Hypothese der UWKs verifiziert werden kann.

Ob die strategische Kennzahl die richtige ist, wird sich erst später im Zuge der Anwendung der BSC herausstellen. Hierzu gibt es keine eindeutige Vorgabe.

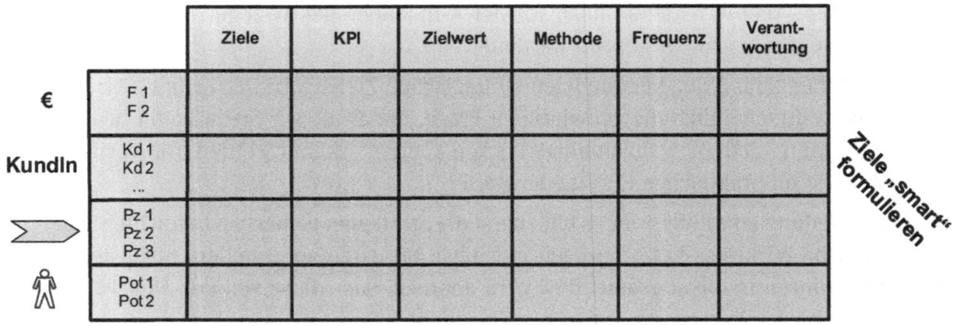

Bild 6.13 Bildung der BSC

Schritt 6: Erstellung der Korrelationsmatrix (Korrelation mit den Prozessen)

Wie in Kapitel 6.2.3 beschrieben, muss nun überprüft werden, welche Prozesse für die erfolgreiche Erreichung der Strategie relevant sind. Wichtig ist hier anzumerken, dass die Prozesse, die keinen Zusammenhang mit der Strategie haben, nicht automatisch bedeutungslos sind, sondern für den operativen Erfolg des Unternehmens genauso relevant sein können! An dieser Stelle ist es jedoch wichtig, herauszufinden, welche Prozesse für die Strategie eine zusätzliche Unterstützung leisten können.

Schritt 7: Ableitung von strategierelevanten Prozesszielen

Die Form der zusätzlichen Unterstützung soll nun auf Prozessebene gebracht und dort für den jeweiligen Prozess weiter spezifiziert werden. Auf Basis des strategischen Ziels sollen nun Prozessziele definiert werden, die zu den bereits im Zuge der 4-Schritt-Methodik definierten Prozesszielen hinzugefügt werden. Dies passiert für alle Prozesse, die einen starken Beitrag zur Zielerreichung dieses Ziels liefern. In Tabelle 6.2 ist ein Beispiel für ein strategisches Prozessziel angeführt, das aus dem strategischen Ziel „Entwicklungszeiten reduzieren“ (siehe Tabelle 6.1) entstanden ist.

Tabelle 6.2 Zusätzliches Prozessziel für den Prozess „Produkte entwickeln“

Prozessziel	Messgröße	Zielwert	Messmethode	Messfrequenz	Verantwortlich
Anzahl Prototypen reduzieren	bestehendes Prozessziel				
Produktentwicklungszeit reduzieren	Durchlaufzeit von Konzeptfreigabe bis Produktionsfreigabe unter elf Tagen	95 %	Subtraktion der Freigabezeiten im EDV-Programm	monatlich	Hr. Maier Neu

Schritt 8: Abgleich der Prozessziele

Im achten Schritt gilt es, einen Abgleich zwischen den bottom-up generierten Prozesszielen aus der 4-Schritte-Methodik und den top-down generierten Prozesszielen aus den strategischen Zielen durchzuführen, da Zielkonflikte verhindert werden sollen.

Falls die bestehenden und die neuen Prozessziele übereinstimmen, sind keine Änderungen erforderlich. Stimmen sie nicht überein, muss dies genau geprüft werden:

- Es besteht die Möglichkeit, dass weitere bottom-up definierte Prozessziele existieren, die zwar keine Auswirkung auf die Strategie haben, aber trotzdem für die Steuerung des Prozesses wichtig sind, dann entsteht ein größeres Set an Prozesszielen.
- Stehen die bestehenden und die neuen Prozessziele im Konflikt zueinander, muss vermutlich das operativ entstandene Prozessziel adaptiert werden. Dies ist vom Prozessmanager gemeinsam mit dem Prozesseigner zu entscheiden.

Weitere Maßnahmen

Somit ist der Zusammenhang zwischen den Prozessen und der Strategie hergestellt. Außerdem sind die Kennzahlen auch den betreffenden Geschäftsbereichen, Projekten und/oder Initiativen zuzuordnen, in denen die strategischen Ziele zur Umsetzung gelangen sollen. Nicht nur die Prozesse, sondern auch die Linie/Aufbauorganisation sowie temporäre Initiativen müssen an der Erfüllung der Strategie beteiligt sein. In der Darstellung unten ist sehr gut die Steigerung des Grads der Konkretisierung von links nach rechts erkennbar.

Die finale, durch strategische Ziele und Kennzahlen konkret gemachte Strategie muss dann in Form einer Roadmap mit Verantwortlichkeiten, Terminen und vor allem zu investierenden Ressourcen hinterlegt werden. Es ist jedenfalls sicherzustellen, dass für jedes nun vorliegende Ziel geklärt ist, wer was bis wann zu erreichen bzw. (an wen und in welcher Form) zu reporten hat. Bild 6.14 zeigt die Kaskadierung der strategischen Kennzahlen auf Prozesse, Projekte und Initiativen (Tasks) in der Organisation.

Perspektive	Strategische Kennzahl	Zielwert*	Zuordnung zu Prozessen, Projekten und Abteilungen	Status
Finanzen	Steigerung des EBIT	+ 10%	Controller	
	Umsatzsteigerung	+ 5%	Controller	
	Steigerung des Marktanteils	+ 3%	Controller	
Kunden	Anzahl der Erwähnungen in den Fachmedien im ersten Monat der Erscheinung eines neuen Produkts	5 Stück	Prozess „neue Marken einführen“	
	Verkaufszahl (impliziert Akzeptanz der Preissteigerung) steigern	+ 10%	Prozess „Produkte verkaufen“	
Prozesse	Time-to-Market-Zeiten kürzen	– 15 h	Prozess „Produkte entwickeln“	
Potenziale	Anzahl der Bewerbungen für Innovationspreise steigern	> 12	Projekt „Innovationspreis gewinnen“	

* Zum Zielwert ist immer auch die Bezugsperiode anzugeben. In diesem Fall könnte es ein Geschäftsjahr sein.

Bild 6.14 Kaskadierung der strategischen Kennzahlen auf Prozesse, Projekte und Initiativen

Durch ein Reportingsystem, das im Wesentlichen die Rückmeldung der Zielerreichung zu vorgegebener Periode beinhaltet, wird die Balanced Scorecard auf dem aktuellsten Stand hinsichtlich Strategieumsetzung gehalten.

Beim Einsatz der BSC kommt den strategischen Zielen eine wesentliche Aufgabe zu: Die Zielerreichung der strategischen Ziele kann am einfachsten im **Ampelsystem** dargestellt werden. Dabei steht Grün für erreicht, Gelb für wahlweise nicht ermittelt oder knapp verfehlt (Toleranz) und Rot für nicht erreicht. Durch die Einfärbung der UWK in Ampelfarben ist dann leicht optisch nachvollziehbar, wie sich z.B. rote Färbungen und damit Zielverfehlungen demnächst auf alle übergeordneten Perspektiven auswirken werden und umgekehrt (Bild 6.15; die Ampelfarben werden im Bild durch unterschiedliche Grauschattierungen ersetzt).

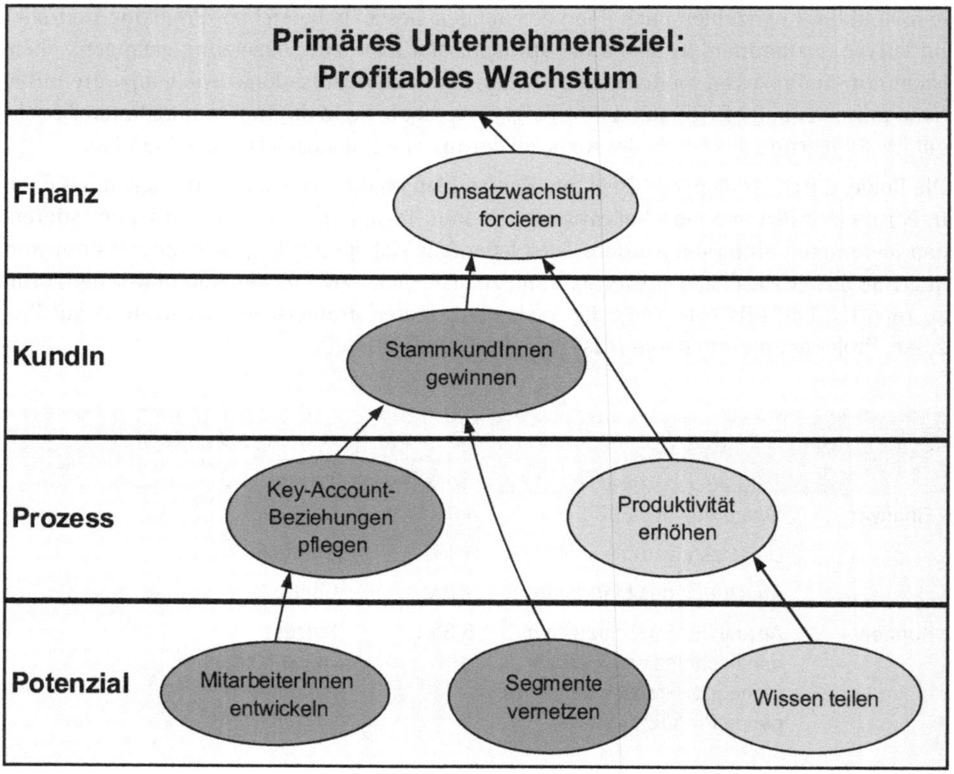

Bild 6.15 Beispiel einer Visualisierung der strategischen Zielerreichung

Abschließend können die in diesem Kapitel besprochenen Vorgehensweisen auch als Verbesserungszyklen oder Lernschleifen der Organisation angesehen werden, anhand derer sich die Organisation ständig weiterentwickelt (Bild 6.16).

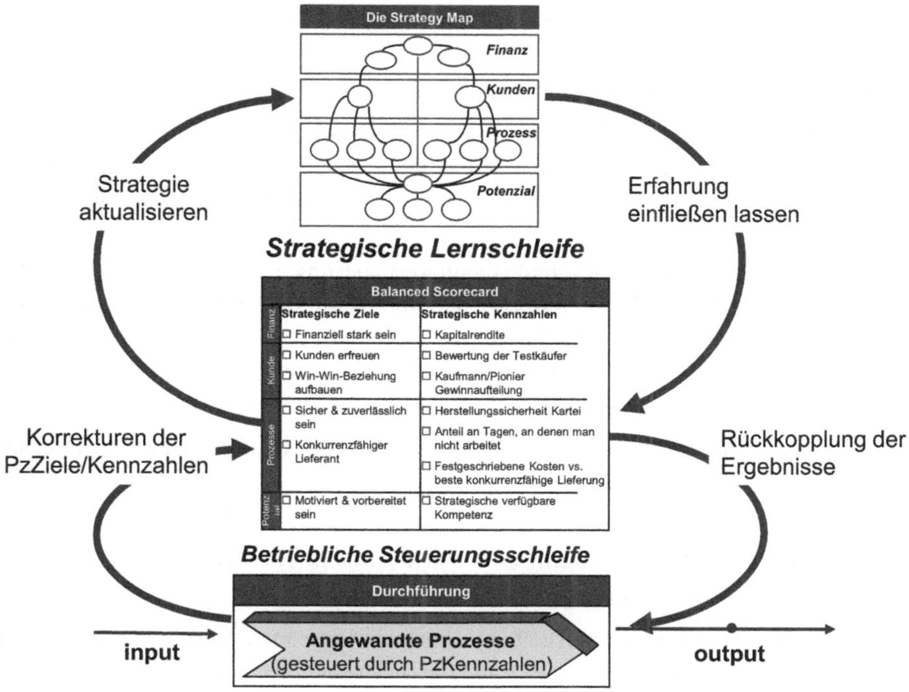

Quelle: Kaplan/Norton (1996).

Bild 6.16 Erfolgreiches strategisches Management basiert auf einem Lernansatz mit zwei Schleifen

Erläuterung zu den Lernschleifen (siehe Bild 6.16):

- Strategisches Feedback, das zum Lernen anregt:
  - Hypothesen über Ihre Strategie testen
  - Veränderungen in der Umwelt abschätzen
  - Entstehende Strategien identifizieren
- Operatives Feedback, das zum Lernen anregt:
  - Anwendung im Betrieb sichern
  - Betriebliche Umsetzbarkeit prüfen

6.2.5 Tipps zum BSC-Einsatz

Tipps bezüglich der Vorarbeiten zur BSC-Erarbeitung:

- Mission, Vision und Strategie müssen unbedingt erarbeitet werden, sonst können keine sprechenden und zielorientierten Kennzahlen entwickelt werden.
- Mission, Vision und Strategie müssen an alle Mitarbeiter kommuniziert sein.
- Die Geschäftsführung muss in vollem Umfang und zeitlich permanent anwesend sein.
- Die Ergebnisse des Projekts und der Nutzen einer BSC sowie auch die Projektwürdigkeit müssen allen klar sein.

- Sinn und Nutzen müssen eventuell auch in Einzelgesprächen vermittelt werden.
- Die Funktionsweise der BSC muss den Geschäftsführern und Mitarbeitern klar sein (keine falschen Erwartungen wecken!).

Tipps für die BSC-Erarbeitung:

- Maximal 20 Ziele in der BSC, sonst wird die Sache zu unübersichtlich - lieber später verfeinern. Gefahr ist, dass die Balanced Scorecard sonst aufgeblasen wird mit „Nice-to-have-Zielen".
- Intensive Diskussion der Kausalität und damit Verifizierung der Hypothesen, sehr strenger Umgang mit der Ursache-Wirkungs-Kette. Werden zu viele Zusammenhänge in die Strategy Map hineininterpretiert, wird von Wechselwirkungen ausgegangen, die dann in der Realität nicht eintreten und somit die ganze Hypothese gefährden.

Tipps für nach der BSC-Erarbeitung:

- Den Schritt in das reale Leben sollte die BSC durch begleitende Reviews in maximal dreimonatigen Intervallen begleiten.
- Schlussfolgerungen über reale Ursache-Wirkungs-Ketten sind laufend zu führen.
- Maßnahmen aus den Beobachtungen sofort ableiten und in Umsetzung bringen.
- Permanente Kommunikation der Ziele an die Mitarbeiter.
- Die Mitarbeiter (Prozessverantwortlichen, Abteilungsleiter etc.) müssen an den Zielen gemessen werden - sonst besteht die Gefahr, dass es keiner ernst nimmt.
- Die BSC braucht einen Owner: Controller oder Finanzvorstand.
- Bei der Unternehmensführung immer wieder nachhaken, ob dieses Instrument für sie relevant und brauchbar ist.

Die Ausführungen zeigen, dass sich die BSC optimal ins Prozessmanagementsystem einfügen lässt und im Sinne des Prozessmonitorings ein brauchbares Tool darstellt. So es im Unternehmen gelingt, durch einen pragmatischen Zugang dem laufenden Einsatz der BSC die erforderliche Bedeutung zu geben, kann damit eine optimale Unterstützung bei der Verfolgung der Strategierealisierung geleistet werden.

6.3 Hoshin Kanri

6.3.1 Erweiterung des BSC-Ansatzes

Wer sich bereits mit Total Quality Management (TQM) und seinen Methoden beschäftigt hat, dem wird der Begriff Hoshin Kanri nicht neu sein. Ähnlich wie das Vorgehen bei der Erstellung und Arbeit mit der BSC (Balanced Scorecard) zielt Hoshin Kanri darauf ab, dass alle Maßnahmen und Aktivitäten zur Weiterentwicklung des Unternehmens im Einklang mit der Strategie stehen. Hoshin Kanri bezieht nicht nur die vier BSC-Perspektiven Finanz, Kunde, Prozesse und Potenziale mit ein, sondern hebt sich vom BSC-Ansatz vor allem durch seine lückenlose Einbindung aller hierarchischen Ebenen eines Unternehmens ab. Im Ideal gewährleistet dieses Managementgerüst, dass die Verbesserungsmaßnahmen jedes einzelnen Mitarbeiters mit der Strategie eines Unternehmens abgestimmt sind (vgl. Liker, 2013). Dies mag auf den ersten Blick nach Management by Objectives (MbO) klingen. Hoshin Kanri steht aber für ein Vorgehen, das sich deutlich von dem von Peter Drucker publizierten Ansatz unterscheidet.

Die ersten Ansätze von Hoshin Kanri wurden in den 1960ern bereits von den japanischen Unternehmen Komatsu und Bridgestone verwendet. Übersetzt werden kann es aus dem Japanischen mit „Management mittels Kompassnadel“ (Ho = Richtung, Shin = Nadel, Kan = Überprüfen, Ri = Logik) (vgl. Kudernatsch, 2013). Andere Begriffe für den gleichen Ansatz lauten u. a. „Policy Deployment“ oder „Management by Policy“.

In Anlehnung an das Zitat von Dwight D. Eisenhower „Pläne sind nichts - Planung ist alles“ ist Hoshin Kanri ein kontinuierlicher Prozess, bei dem nicht die Ergebnisse, sondern der laufende Austausch zwischen allen Mitarbeitern als Erfolgskriterium gesehen wird. In diesem Sinne versteht sich die nachfolgende Erläuterung der wichtigsten Methoden und Instrumente ähnlich dem BSC-Kapitel als Aufzeigen des gedanklichen Ansatzes und nicht so sehr als konkrete, detaillierte Handlungsanleitung.

Hoshin Kanri baut auf dem Lean-Management-Ansatz sowie den Werten einer starken und schlüssigen Leadership-Philosophie auf. Der Hoshin-Prozess, der nachfolgend kurz erläutert wird, entspricht dem klassischen PDCA-Zyklus (siehe Bild 6.17).

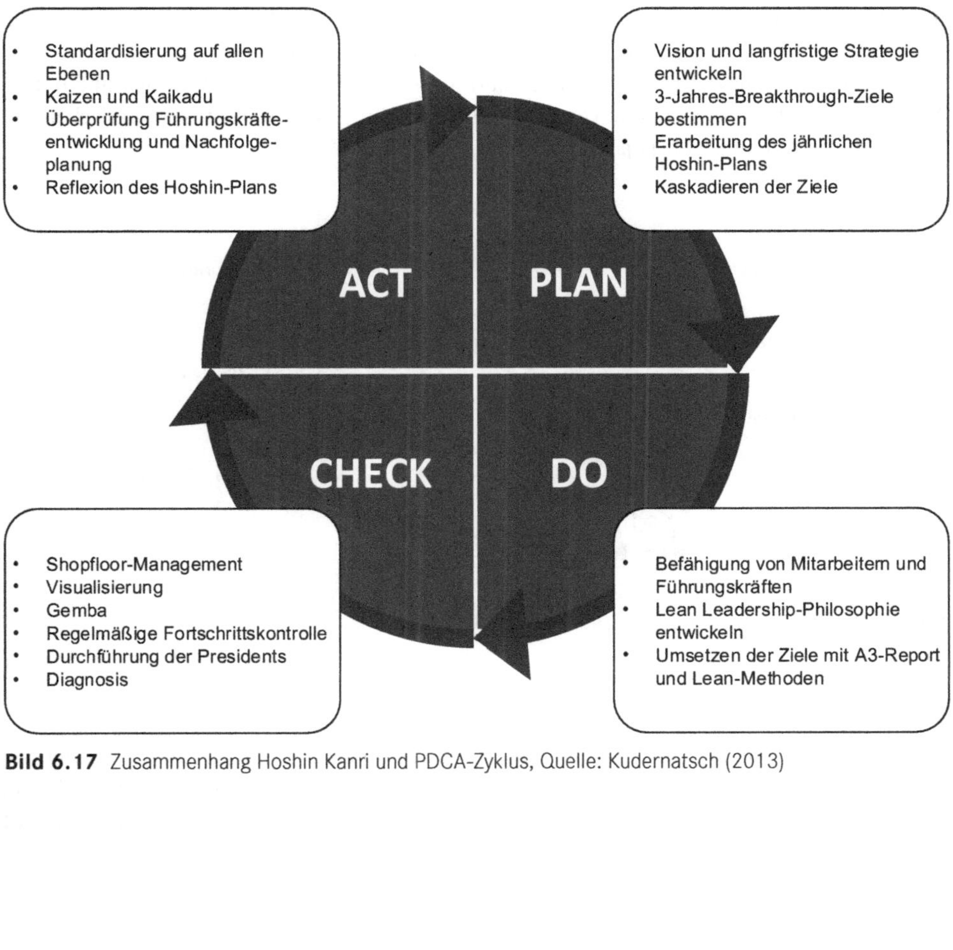

Bild 6.17 Zusammenhang Hoshin Kanri und PDCA-Zyklus, Quelle: Kudernatsch (2013)

Plan

Identisch mit den gängigsten Ansätzen der strategischen Unternehmensführung beginnt der Prozess mit einer Vision, die im Idealfall eine starke Sogwirkung auf die Mitarbeiter des Unternehmens hat. Im Anschluss werden die langfristige Strategie bzw. strategische Stoßrichtungen unter Berücksichtigung externer und interner Faktoren entwickelt. Beim Herunterbrechen der Langfrist- auf die Mittelfrist-Strategie kommen sog. Breaktrough-Ziele zum Einsatz. Sie stehen für tiefgreifende Verbesserungen, die den größten Hebel auf die Umsetzung der Strategie darstellen. Sehr ähnlich dem BSC-Vorgehen werden diese Ziele nach Kriterien (kurz: QCDE) eingeteilt:

- Quality (qualitäts- bzw. kundenbezogene Ziele)
- Costs (Finanzziele)
- Delivery (Durchlaufziele)
- Education (Mitarbeiter-Entwicklungsziele)

Im Unterschied zur BSC sollen hier lediglich um die fünf Ziele festgelegt werden, was in der Praxis eine klare Fokussierung bewirken soll. Diese Ziele werden anschließend von der obersten Management-Ebene bis hinunter auf Team-Ebene kaskadiert. Der entscheidende Unterschied zum MbO-Vorgehen besteht hierbei im sogenannten Catchball-Prinzip. Catchball bezeichnet sinngemäß das Hin- und Herspielen eines Balls, in diesem Fall, das Abstimmen der Ziele zwischen der jeweils über- und untergeordneten hierarchischen Ebene. Die damit verbundenen Diskussionen sollen die Mitarbeiter dazu motivieren, ihren Beitrag zur Erreichung der Ziele zu finden. Zudem fördert dieser iterative Prozess des Nach-unten- und Nach-oben-Spielens sowohl die vertikale als auch die horizontale Zusammenarbeit im Unternehmen (siehe Bild 6.18).

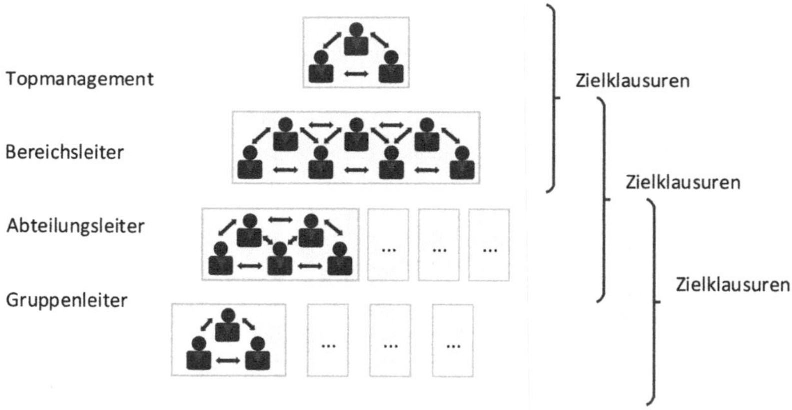

Bild 6.18 Catchball-Prinzip, Quelle: Kudernatsch (2013)

Do

Die Umsetzung einer Strategie geht immer mit Veränderung einher. Und Veränderung erfordert immer Leadership, so der Hoshin-Kanri-Zugang. Aus diesem Grund ist im Doing die Befähigung aller Führungskräfte von zentraler Bedeutung, wobei sich Befähigung auf drei Aspekte bezieht:

1. Das Verstehen und Anwenden der verschiedenen Lean-Management-Methoden.
2. Die kontinuierliche Entwicklung ihrer Mitarbeiter (Empowerment).
3. Die kontinuierliche Weiterentwicklung ihres eigenen Handelns.

Permanente Trainings, Coachings und Mentorings sind hierfür unablässig. Zur Unterstützung im Doing gibt Hoshin Kanri den Einsatz sogenannter A3-Reports vor. Diese fördern das strukturierte Denken und erleichtern das Lösen von Problemstellungen. A3 bezeichnet die Größe des Blatts, auf dem alle relevanten Informationen wie beispielsweise Situationsbeschreibung, Ziele oder Ursachenanalyse zusammengefasst sind.

Check

Im Check geht es um die Erhebung des Status der jeweiligen Maßnahmen zur Zielerreichung (Verbesserungsmaßnahmen) auf allen Ebenen des Unternehmens. Die zentrale Rolle nimmt hierbei der Shopfloor bzw. das Shopfloor-Management ein, also jener Ort, an dem die Wertschöpfung entsteht. Damit verbunden sind erneut das Thema Führung, in diesem Fall vor Ort (also Gemba, dort, wo die Arbeit geleistet wird), das Thema Visualisierung und Darstellung von Kennzahlen, das kontinuierliche Überprüfen des Fortschritts im Zuge regelmäßiger Shopfloor-Meetings sowie die sogenannte President‘s Diagnosis. Hierbei besucht das oberste Management alle Produktionsstandorte, Werke und Bereiche des Unternehmens persönlich. Durch diese Methode wird die kurzfristige Shopfloor-Perspektive mit der langfristigen strategischen Perspektive in Zusammenhang gesetzt und sie liefert zudem einen wichtigen Beitrag zur Entwicklung der Kultur im Sinne von Hoshin Kanri.

Act

In der vierten Phase, dem Act, geht es nun darum, die bereits erzielten Verbesserungen zu etablieren und zu verankern, sprich: zu standardisieren und in die Routine überzuführen. Dies gilt auf und zwischen allen Ebenen des Unternehmens. Dies gelingt dann umso leichter, je besser die vorigen drei Phasen durchlaufen wurden. Nachdem das Neue zur Routine geworden ist, folgen Kaizen (also die evolutionäre Weiterentwicklung, kontinuierliche Verbesserung) und Kaikaku (die revolutionäre Weiterentwicklung) des Etablierten.

In der Act-Phase wird außerdem die Wirksamkeit der Führungskräfte-Entwicklung überprüft, um positives Verhalten zu festigen und wünschenswertes Verhalten zu identifizieren. Als letzter Schritt, sozusagen aus der Metaperspektive, erfolgt die Betrachtung und Beurteilung des Hoshin-Kanri-Prozesses hinsichtlich seiner Effizienz und Effektivität.

6.3.2 Hoshin-Kanri-X-Matrix

Sicherlich das zentrale Werkzeug innerhalb des Hoshin-Kanri-Prozesses ist die sogenannte X-Matrix. Nachfolgend wird kurz auf die ursprüngliche Form sowie im Anschluss auf eine Weiterentwicklung dieses Instruments eingegangen. Die X-Matrix hilft in erster Linie, die Breaktrough-Ziele zu harmonisieren, zu kaskadieren und zu dokumentieren.

Sie kann ebenfalls als A3-er bezeichnet werden, da auch sie nicht mehr als eine A3-Seite umfassen darf. Die klassische X-Matrix besteht aus vier Quadranten (siehe Bild 6.19).

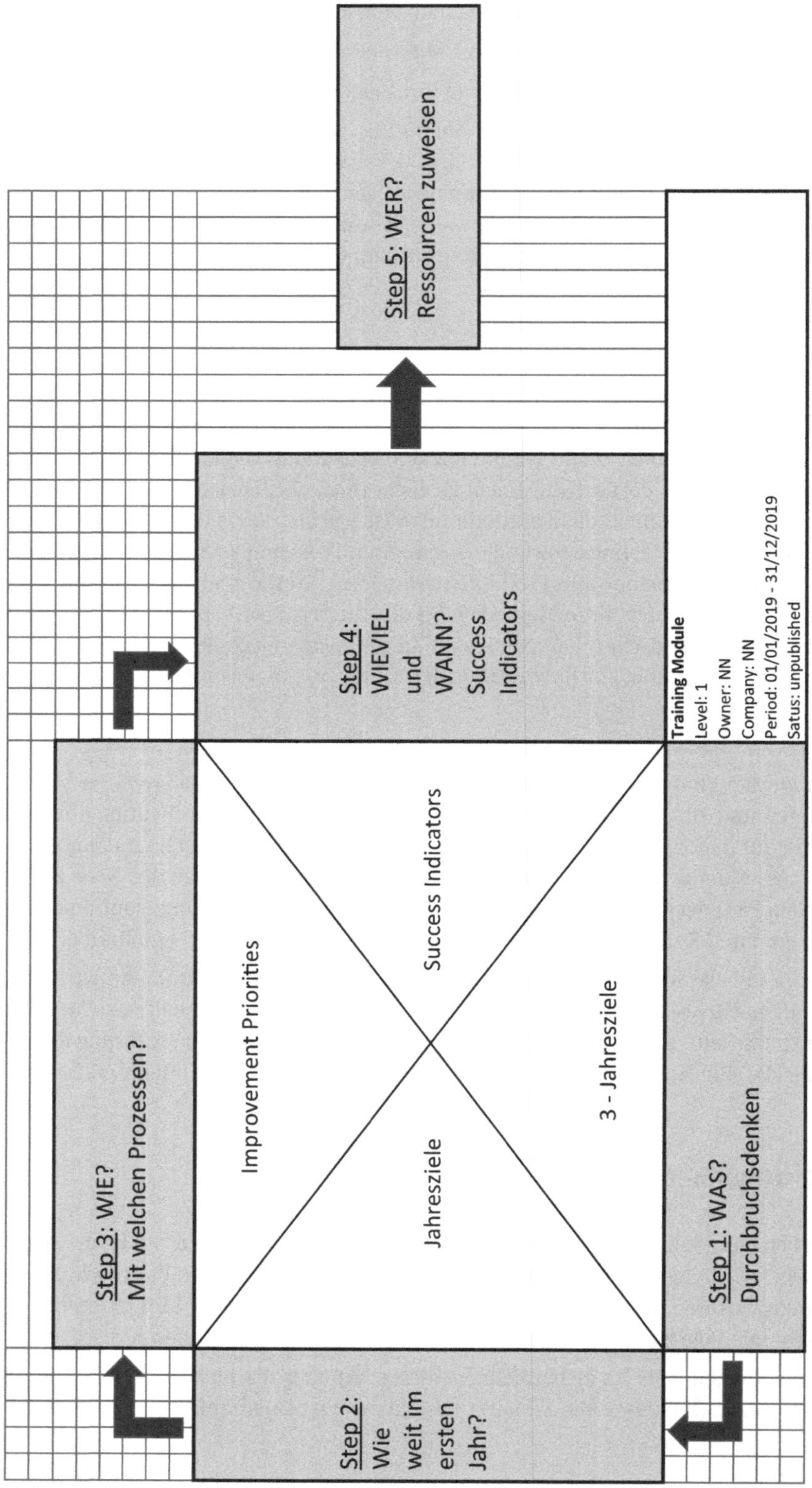

Bild 6.19 Beispiel einer X-Matrix, Quelle: Kudernatsch (2013)

Die X-Matrix wird vom untersten Quadranten aus gelesen. In diesem sind die Langfristziele festgelegt. Auf oberster Managementebene, also der ersten Ebene, entspricht dies den bereits genannten Breakthrough-Zielen (Was wollen wir strategisch gesehen erreichen?). Im linken Quadranten werden diese Langfristziele auf Jahresziele heruntergebrochen (Welche Ziele werden im nächsten Jahr gesteckt, um den Durchbruchszielen ein Stück näher zu kommen?). Die Beziehungen zueinander sind in der linken unteren Ecke ersichtlich. Im obersten Quadranten werden jene Verbesserungs- bzw. Entwicklungsschwerpunkte festgelegt, mit denen die Jahresziele realisiert werden sollen. Diese Schwerpunkte sind je nach Verortung der X-Matrix in der Hierarchie mit Programmen, Projekten und Verbesserungsmaßnahmen gleichzusetzen. Die Beziehungen zwischen Jahreszielen und Schwerpunkten werden in der linken oberen Ecke abgebildet. Im vierten (rechten) Quadranten wird nun definiert, was konkret durch das Setzen der Schwerpunkte erreicht werden soll. Der Zusammenhang zwischen Schwerpunkt und Auswirkung wird rechts oben in der Ecke hergestellt. Nun folgt die Überprüfung der Logik, indem die Brücke zwischen dem vierten und ersten Quadranten geschlossen wird und in der rechten unteren Ecke die Beziehungen visualisiert werden. Neben dem rechten Quadranten der X-Matrix werden noch die Verantwortungen für die Schwerpunkte (Programme, Projekte und Maßnahmen) zugewiesen.

Die Inhalte dieses Werkzeugs werden nun innerhalb der jeweiligen Managementebenen erstellt und im Catchball-Prinzip auf die nächste Ebene heruntergebrochen. Auf der zweiten Managementebene stehen dann im untersten Quadranten anstatt der Durchbruchsziele die Jahresziele. Im linken Quadranten werden die Verbesserungs- bzw. Entwicklungsschwerpunkte übernommen und mit Zielwerten konkretisiert. Die anderen Quadranten sind neu zu befüllen. Wird diese Vorgangweise über alle Managementebenen hinweg vollzogen, so ergibt sich ein lückenloses und vor allem widerspruchsfreies Herunterbrechen der Strategie in dem Sinne, dass alle gesetzten Maßnahmen zur Verbesserung und Veränderung an einem jeweils übergeordneten Größerem ausgerichtet sind, wobei sich das Größere stets an die Gegebenheiten des Darunterliegenden anzupassen hat. Das Instrument selbst besitzt hierbei eine geringere Bedeutung verglichen mit den Diskussionen und den Erkenntnissen, die sich daraus ergeben. So wie eingangs dieses Kapitels zum Thema Hoshin Kanri erwähnt, versteht sich dieses Vorgehen nicht als einmalige Maßnahme im Jahr, sondern als kontinuierlicher Prozess ganz im Sinne des PDCA-Zyklus.

Die X-Matrix als Instrument erfüllt dabei mehrere Zwecke:

1. Sie reduziert die Komplexität strategisch-operativer Wechselwirkungen durch Visualisierung.
2. Sie schafft dadurch Transparenz bei der Steuerung der Strategieumsetzung.
3. Sie lenkt den Fokus auf die wichtigen Veränderungsvorhaben bzw. hilft bei deren Priorisierung.
4. Sie sorgt für Verantwortungsklarheit in den unterschiedlichen Managementebenen.
5. Sie erzeugt Alignment zwischen allen Managementebenen.
6. Beim Treffen von Entscheidungen mit strategischer Bedeutung wirkt sie unterstützend.

Etwas abweichend von der ursprünglichen Intention kann die X-Matrix auch als diagnostisches Instrument in Unternehmen eingesetzt werden. Die Quadranten der X-Matrix können auch anders interpretiert werden (Jackson, 2006) (siehe Bild 6.20).

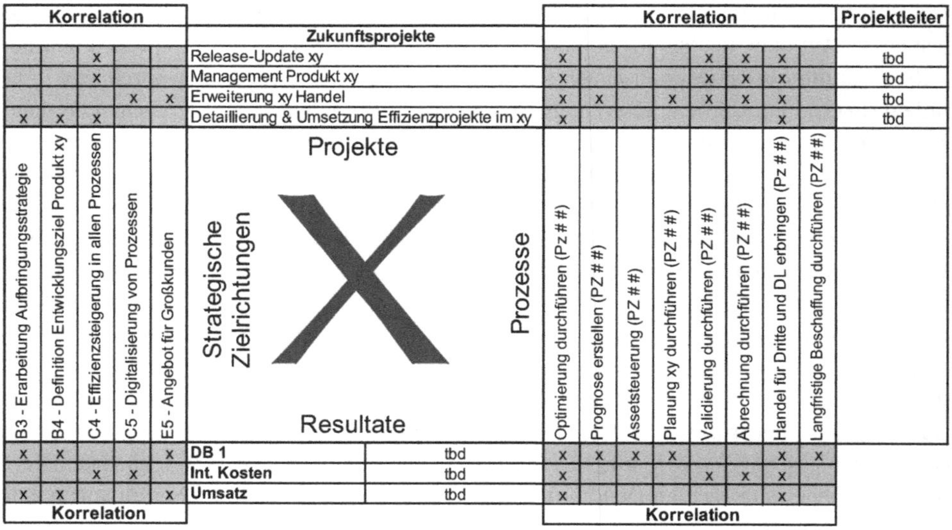

Bild 6.20 Beispiel einer alternativen X-Matrix, Quelle: Jackson (2006)

Im untersten Quadranten stehen die strategischen Ziele im Sinne von KPIs. Im linken Quadranten werden die strategischen Stoßrichtungen definiert, mit denen die Ziele realisiert werden sollen. Im oberen Quadranten sind die zugehörigen Maßnahmen oder Taktiken eingetragen und im rechten Quadranten sind die Prozesse eingetragen, durch die die strategischen Ziele erreicht werden. Der Bereich mit den Verantwortungen für die Maßnahmen ist ebenfalls ein Teil der X-Matrix.

Die Praxis hat gezeigt, dass schon das Befüllen der X-Matrix nach der eben genannten Gestalt zu Aha-Effekten auf der ersten und zweiten Managementebene führen kann. D. h., die X-Matrix kann zur Erhebung des Status quo der Strategieumsetzung bzw. des Strategieumsetzungsprozesses verwendet werden. Die häufigsten Symptome, die in diesem Zusammenhang sichtbar werden, sind nachfolgend beschrieben:

- Die Beteiligten sind sich nicht einig, welche bzw. wie starke Zusammenhänge zwischen den KPIs und den strategischen Stoßrichtungen bestehen.
- Projekte und Programme werden oft losgelöst von der Strategie beauftragt. Sie entspringen Bottom-up-Initiativen oder sind Reaktionen auf Mitbewerber.
- Die Schlüsselprozesse zur Erreichung der KPIs sind nicht allen Beteiligten bewusst.
- Die Zusammenhänge, wie oder wie stark Projekte oder Maßnahmen Schlüsselprozesse verändern können, sind nicht klar.
- Es gibt keine eindeutigen, strategisch begründeten Prioritäten bei der Zuordnung von Ressourcen.
- Der Fokus fehlt, was durch ein Zuviel an KPIs, Projekten und Maßnahmen sichtbar wird.

Der Fehler, der nicht begangen werden darf, ist der, dass die Arbeit mit der X-Matrix als Lösung für das tieferliegende Problem verstanden wird. Ganz im Gegenteil. Ein Problem, das in einem mangelhaften Prozess verortet ist, kann nicht durch ein noch so gutes Werkzeug behoben werden. Die Praxis zeigt, dass eine häufige Ursache von Problemen in der Strategieumsetzung ihren Ursprung in der Trennung von Strategieentwicklung und Strategieumsetzung hat. Dies ist auch dem Umstand geschuldet, dass die Unternehmensstrategie oft mit Unterstützung externer Beratungsunternehmen entwickelt wird und nicht die Umsetzung beinhaltet. Diese bringen auf der einen Seite gute Informationen vom Markt, etablierte Methoden sowie Querdenker-Ideen ein, auf der anderen Seite haben sie jedoch in der Regel zu wenig Einblick in die Möglichkeiten zur unternehmensinternen Realisierbarkeit der Strategie oder wollen diesen Einblick auch gar nicht haben, weil die Realität ihren Strategievorschlag konterkarieren würde.

Hoshin Kanri schließt solche Situationen von vornherein aus und steht für eine gute Möglichkeit, wie man die Realität eines Unternehmens ein Stück näher an dessen Vision heranführen kann.

6.4 Literatur

Artmann, C. (2016): „Erfolgreiche Unternehmenssteuerung mit Hoshin Kanri". In: *Controller Magazin*, Ausgabe 1, Jg. 41, S. 10 - 15 (2016)

Füermann, T. (2014): *Prozessmanagement. Kompaktes Wissen. Konkrete Umsetzung. Praktische Arbeitshilfen.* Carl Hanser Verlag, München

Jackson, T. J. (2006): *Hoshin Kanri for the lean enterprise - Developing competitive capabilities and managing profit.* Taylor & Francis Inc., Abingdon

Kaplan, R.; Norton, D. (1996): *The Balanced Scorecard.* Harvard Business School, Boston

Kudernatsch, D. (2013): *Hoshin Kanri. Unternehmensweite Strategieumsetzung mit Lean-Management-Tools*

Liker, J. K. (2013): „Vorwort". In: Kudernatsch, D. (2013): *Hoshin Kanri. Unternehmensweite Strategieumsetzung mit Lean-Management-Tools*, S. V

Schwanfelder, W. (2004): *Sun Tzu für Manager.* Campus Verlag, Frankfurt am Main, New York, S. 28

Wagner, K. W.; Käfer, R. (2017): *PQM - Prozessorientiertes Qualitätsmanagement. Leitfaden zur Umsetzung der ISO 9001.* 7. Auflage, Carl Hanser Verlag, München

Wagner, K. W.; Dürr, W. (2003): „Strategische Initialzündung. Integration der Balanced Scorecard im Prozessmanagement". In: *QZ* 48 (2003) 1

7 Wertstromorientiertes Prozessmanagement (WPM)

Das Wertstromorientierte Prozessmanagement basiert auf dem Prozesslebenszyklus und der darin enthaltenen 4-Schritte-Methodik und ist somit als Erweiterung bzw. Spezialisierung der in den vorangegangenen Kapiteln vorgestellten Vorgehensweise zu verstehen. Der Unterschied liegt darin, dass WPM sehr stark Ansätze und Vorgehensweisen des Lean Managements allgemein und des Wertstromdesigns im Speziellen mit der Methodik des Prozessmanagements zusammenführt und darin integriert (vgl. Wagner/Lindner, 2017). Der allgemeine Fokus liegt damit viel stärker auf den Material- und Informationsflüssen durch den Prozess, einer stark zahlen-, daten- und faktenorientierten Analyse und Optimierung sowie der Effizienzsteigerung durch Reduktion von Verschwendung, Durchlaufzeitverkürzung und optimierter Prozesssteuerung – in der Produktion sowie in der Administration gleichermaßen!

Der Schwerpunkt von WPM liegt in erster Linie in der Prozessanalyse und Prozessgestaltung, auch wenn Erweiterungen in anderen Phasen im Lebenszyklus bestehen, wie beispielsweise die Arbeit in Phase 3 oder das Reporting. Im Folgenden soll in aller Kürze auf die grundlegenden Elemente des WPM-Zugangs bei der Prozessanalyse näher eingegangen werden.

7.1 Entwicklung eines wertstromorientierten Prozesses

Wie bereits angesprochen, basiert die Vorgehensweise auf der 4-Schritte-Methodik. Um die Bedeutung einer fundierten Aufnahme und umfangreichen Informations- und Datenerhebung am Ort des Geschehens hervorzuheben, wurde der Schritt 2 (Analyse Ist-Prozess) in „Ist-Situation aufnehmen" und „Ist-Situation analysieren" unterteilt (siehe Bild 7.1).

Nachdem ein Prozess mithilfe von Tools strukturiert und gegebenenfalls in Prozessvarianten unterteilt wurde, werden die Identifikation und Abgrenzung der betrachteten Variante durchgeführt. Die vorgestellte Vorgehensweise wird dabei um die Erkenntnisse aus der Strukturierung bzw. Segmentierung ergänzt. Zusätzlich werden die Produkte des Prozesses als charakteristische Ergebniszustände dieses Prozesses, die bei jedem Prozessdurchlauf entstehen, definiert. Ein Produkt wird somit ganzheitlicher gesehen, wie beispielsweise ein „hardware- und softwareseitig nach Kundenwunsch konfigurierter und angelieferter Laptop".

Im Anschluss an die Abgrenzung wird zuerst die tatsächliche, derzeitige Situation **vor Ort** im Zuge einer Prozessbegehung aufgenommen, werden Interviews mit den Prozessmitarbeitern durchgeführt sowie der Ablauf und alle erhobenen Informationen auf einer Oberfläche dargestellt. Werden Verbesserungspotenziale erkannt oder berichtet, werden diese Erkenntnisse auch in der Liste der Verbesserungspotenziale (LVP) aufgenommen. Erst danach beginnt die vertiefende Analyse mit den jeweils passenden Methoden aus einem breiten Werkzeugkoffer.

Die Soll-Konzeption wird durch Richtlinien zur Erstellung von effizienten, kundenorientierten Wertströmen unterstützt. Es wird ebenfalls verstärkt mit dem Tool des **Idealzustands** gearbeitet. Bei der Umsetzung wird verstärkt auf Umsetzungsschleifen, wie aus dem Wertstromdesign bekannt, zurückgegriffen.

Die gesamte Prozessoptimierung wird von **acht Perspektiven auf den Prozessablauf** begleitet, die jeweils eine Facette der Prozessgestaltung darstellen und damit eine flexible, situationsspezifische Schwerpunktsetzung bei der Analyse und Konzeption ermöglichen (Kapitel 7.2). Die Erarbeitung des Prozesses wird selten geradlinig verlaufen. Iterative, also sich wiederholende Zyklen zwischen den Stadien sind wahrscheinlich und oft notwendig. In Bild 7.1 ist zwischen den Stadien ebenfalls der jeweils angestrebte Output festgehalten.

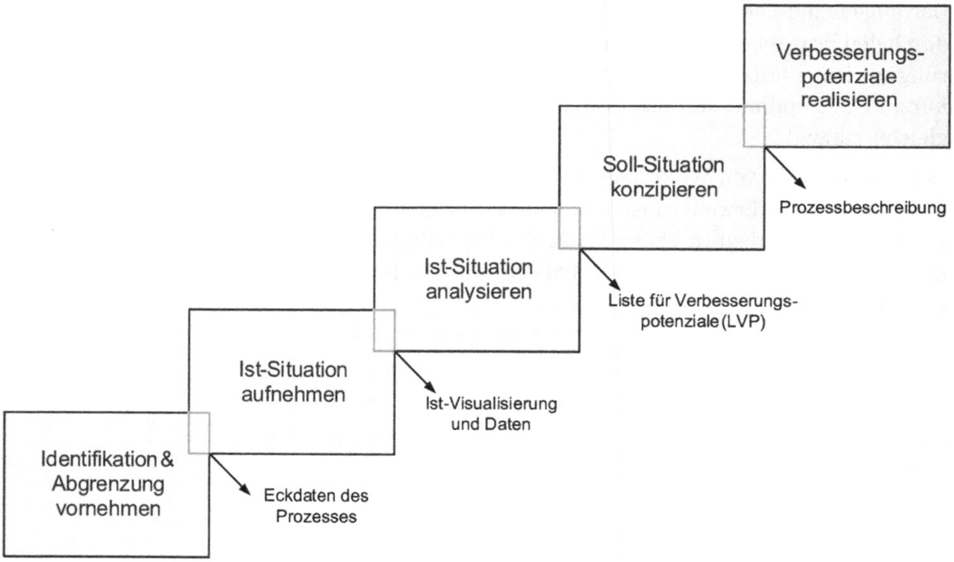

Bild 7.1 Die fünf Stadien der wertstromorientierten Gestaltung von Prozessen

■ 7.2 Die acht WPM-Perspektiven

Den Rahmen für eine strukturierte Aufnahme bieten die acht Perspektiven auf den Ablauf, die in Form von Schichten festgehalten und visualisiert werden. Die WPM-Perspektiven ermöglichen eine umfassende „Panoramabetrachtung“ eines Ablaufs. Je nach Ziel der Prozessanalyse können Schwerpunkte gesetzt und andere Perspektiven weniger detailliert betrachtet werden. Sollen aber eine ganzheitliche Analyse und Optimierung erreicht werden, ist ein breites Spektrum bei der Aufnahme erforderlich. Aus diesem Grund wird deutlich empfohlen, alle Perspektiven aufzunehmen, um möglichst viele, große Verbesserungspotenziale in den einzelnen Dimensionen zu entdecken.

Zusätzlich zu den **acht WPM-Perspektiven** auf den Ablauf gibt es den Kaizen-Layer „Verbesserungspotenziale festhalten“. Dieser stellt eine Oberfläche für Visualisierung von bereits entdeckten Verbesserungspotenzialen (Kaizen-Blitze) und Notizen dar. Er bietet eine Oberfläche zur Zusammenfassung, Reflexion und Diskussion der vorangegangenen Aufnahme.

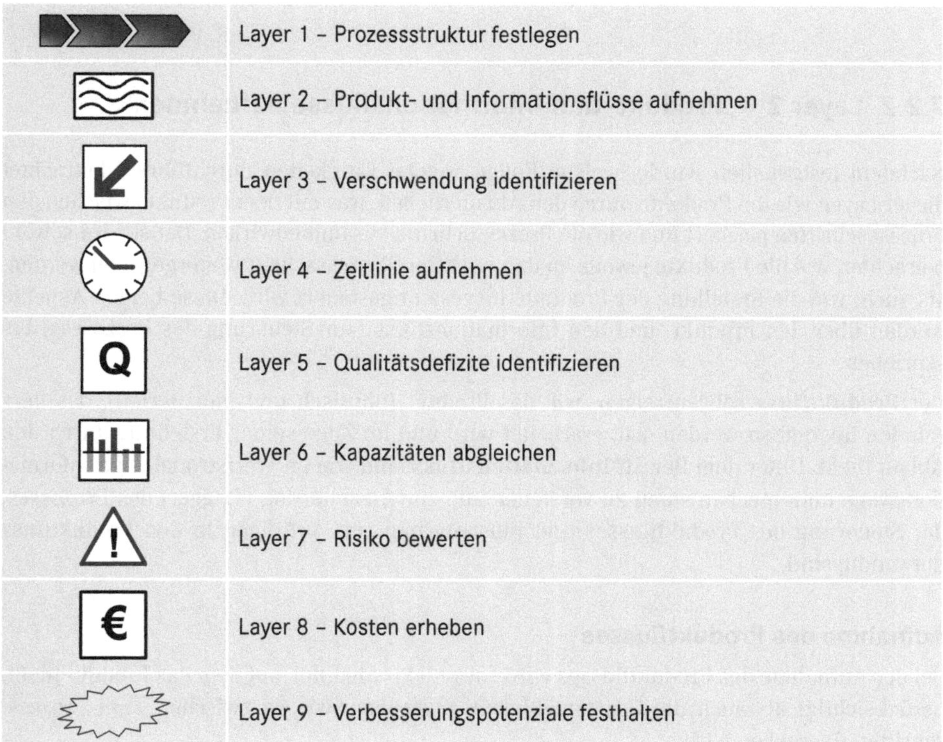

7.2.1 Layer 1 – „Prozessstruktur festlegen“

Der erste Layer bildet die Basis der Visualisierung und somit die unterste Schicht der Darstellung. Hier wird die grundlegende Struktur des Ablaufs festgehalten. Es werden die Anzahl und die Reihenfolge der Prozessschritte sowie alle am Prozess beteiligten Organisationseinheiten und Funktionen ermittelt. Als am besten geeignete Visualisierung hat sich für die meisten Fälle das Swimlane-Diagramm herausgestellt.

Ein zentrales Element in der Darstellung ist der Kunde des Prozesses. Dieser bekommt eine eigene Schwimmbahn. Anschließend werden alle beteiligten Rollen und Funktionen eingezeichnet. Die Positionierung erfolgt nach zwei Gesichtspunkten. Zum Ersten sind die Organisationseinheiten, die am häufigsten Kundenkontakt haben, der Kundenschwimmbahn anzuschließen. Zum Zweiten sind die Einheiten näher am Kunden zu visualisieren, die am meisten Prozessschritte durchführen. Werden zwei Äste eines Ablaufs - z. B. ein materieller und ein immaterieller Produktfluss - in einer Abbildung dargestellt, dann empfiehlt es sich, die zugehörigen Funktionsspalten zu gruppieren. Lieferungen oder Dienstleistungen von internen oder externen Lieferanten bzw. Dienstleistern werden in einer separaten Bahn „Lieferanten" eingezeichnet.

Nachdem die grundlegende Struktur erhoben und festgelegt ist, kann mit der Aufnahme aus den unterschiedlichen Perspektiven begonnen werden. Diese erfolgt während einer angekündigten, ausführlichen Prozessbegehung, die mit dem Management und dem Betriebsrat im Vorhinein abgesprochen wurde.

7.2.2 Layer 2 – „Produkt- und Informationsflüsse aufnehmen"

Nachdem festgehalten wurde, welche Rollen welche Tätigkeiten durchführen, betrachtet dieser Layer, wie die Produkte durch den Ablauf fließen, was mit dem Produkt zwischen den Prozessschritten passiert und wie die Prozessschritte zusammenwirken. Dabei wird sowohl betrachtet, wie die Produkte jeweils an den nächsten Prozessschritt weitergegeben werden, als auch, wie die Erstellung der Produkte insgesamt gesteuert wird. Diese beiden Aspekte werden über den Produkt- und den Informationsfluss (zur Steuerung des Prozesses) beschrieben.

Der **Produktfluss** soll aufzeigen, wie das Produkt (physisch und immateriell), das dem Kunden übergeben werden soll, erarbeitet wird und im Zuge seiner Erstellung durch den Ablauf fließt. Unter dem Begriff **Informationsfluss** sind wie im Wertstromdesign Informationswege und -mechanismen zu verstehen, die zur Ansteuerung (Trigger) des Prozesses, der Steuerung des Produktflusses und Einsteuerung von Aufträgen in den Produktfluss notwendig sind.

Aufnahme des Produktflusses

Bei der Aufnahme des Produktflusses wird sowohl das Medium, auf dem das Produkt fließt, berücksichtigt als auch die Gesetzmäßigkeit angesehen, wie es zwischen zwei Prozessschritten übergeben wird.

Bei der Betrachtung der Medien liegt das Augenmerk speziell auf den Medienbrüchen. Übergänge verschiedenster Art sind speziell für die wertstromorientierte Aufnahme und Analyse deshalb so interessant, weil an diesen Stellen sehr leicht Fehler und andere Arten von Verschwendung entstehen. Um Übergänge zwischen Medien sichtbar zu machen, wird für die WPM-Methode eine spezielle Art der Darstellung verwendet (vgl. Bild 7.2, links).

Aufnahme des Informationsflusses

Wurde die Logik erkannt, nach der Prozesse und Produkte im Ablauf gesteuert werden, dann können alle Informationsflüsse entlang des Ablaufs mit gestrichelten Pfeilen eingezeichnet werden. Dabei ist auf verschiedenste Kanäle zum Austausch von Informationen zum Zweck der Prozesssteuerung zu achten. Der Informationsfluss kann ebenfalls bezüglich der verwendeten Medien bewertet und mit gestrichelten Linien vermerkt werden, wenn es die Übersichtlichkeit zulässt.

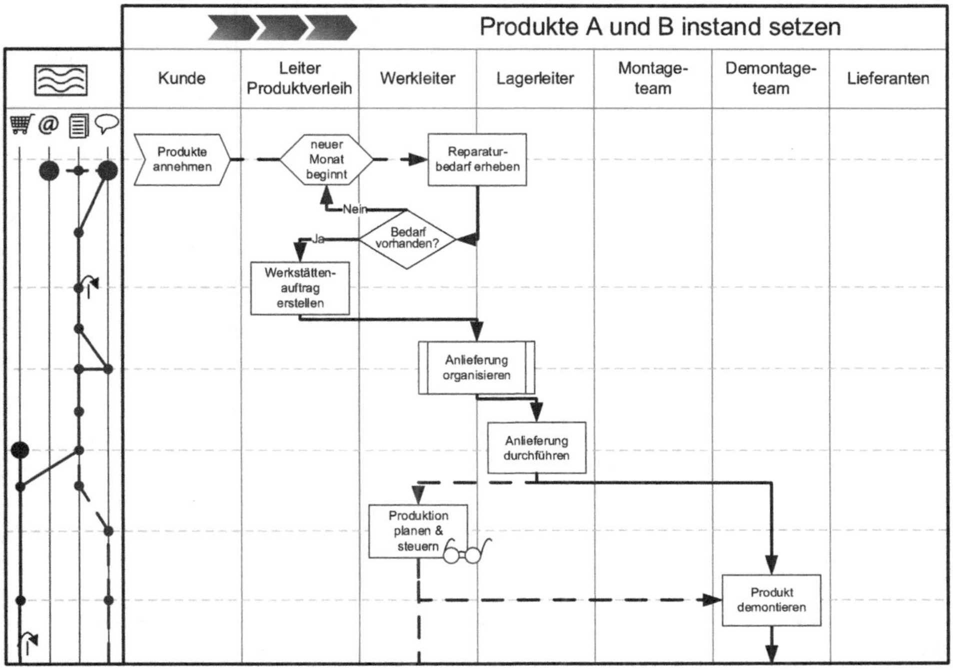

Bild 7.2 Layer 1 und 2 – Prozessstruktur festlegen und Produkt- und Informationsflüsse aufnehmen

7.2.3 Layer 3 – „Verschwendung identifizieren"

In dieser Perspektive wird der gesamte Prozess hinsichtlich Verschwendung überprüft. Dabei werden Tätigkeiten, Prozessschritte und Übergänge während der Begehung möglichst objektiv bewertet. Die Basis der Bewertung bilden die Arten der Verschwendung aus dem Lean Management.

Im Zuge der Prozessbegehung kann auch optional ein sogenannter „Waste Walk" durchgeführt werden. Dabei wird ein Mitarbeiter damit beauftragt, ein Produkt entlang dessen Erstellung zu verfolgen, dessen Zustände (wird es bearbeitet, wird es transportiert, wird es geprüft, liegt es herum etc.?) zu erfassen und hinsichtlich Wertschöpfung zu bewerten. Des Weiteren sollen sämtliche beobachteten Formen von Verschwendung rund um die Produkterstellung notiert werden.

Im Anschluss wird bei den Prozessschritten und Übergängen jeweils bewertet, in welchem Ausmaß Verschwendung festgestellt werden konnte, und die Erkenntnisse werden in die Aufnahme eingezeichnet (siehe Bild 7.3). Ist der gesamte Prozessschritt aus organisatorischer Sicht nicht unbedingt notwendig, schafft er keinen Mehrwert für den Kunden, oder besteht er hauptsächlich aus verschwendenden Tätigkeiten, dann ist er als nicht wertschöpfender Schritt mit einem roten Symbol (Kreis mit schrägem Strich) zu kennzeichnen.

Andernfalls wird er mit einem grünen (in der Abbildung hellgrau schattiert) Punkt als wertschöpfend gekennzeichnet.

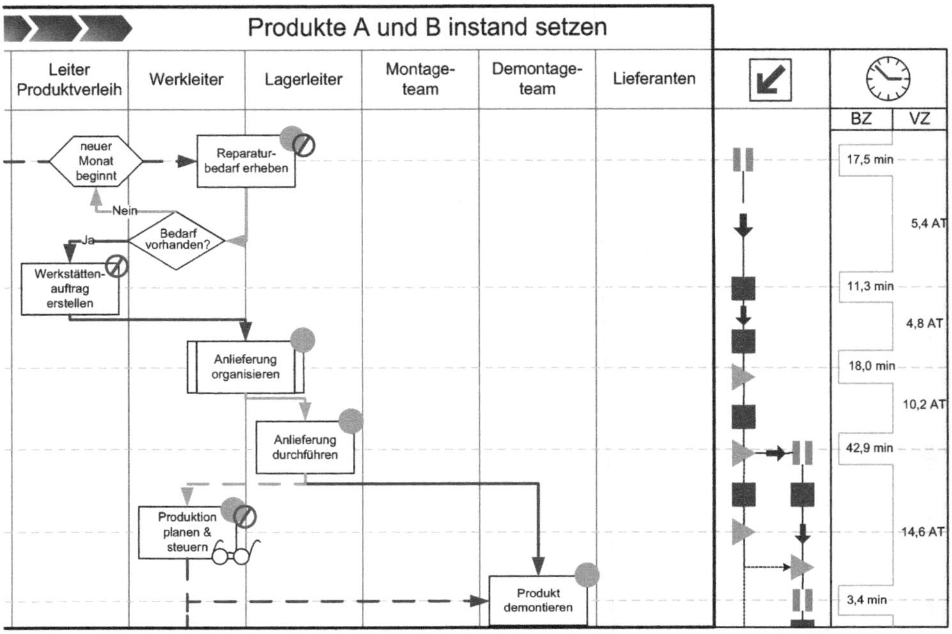

Bild 7.3 Layer 3 und 4 – Verschwendung identifizieren und Zeitlinie aufnehmen

Ebenso sind die Schnittstellen zwischen den Prozessschritten hinsichtlich Verschwendung zu bewerten. Wird oft umgeladen? Wird das Produkt physisch über weite Strecken transportiert? Wird es umständlich weitergegeben? Bei verschwendungsarmen Übergängen sind die Symbole grün einzufärben. Andernfalls sind sie rot einzuzeichnen.

Optional können die erkannten, pro Prozessschritt bzw. Prozessübergang vorwiegend vorherrschenden Verschwendungsarten durch Symbole dargestellt werden (siehe Bild 7.3 – Spalte rechts des Swimlane-Diagramms).

An dieser Stelle sei auf ein unbedingt notwendiges Maß an Respekt gegenüber den Mitarbeitern vor Ort und auf den Verhaltenskodex bei Prozessbegehungen hingewiesen. So sollte nicht direkt bei den betroffenen Personen darüber diskutiert werden, ob ihre Tätigkeiten durchweg Verschwendung sind. Besser wäre es, bei den Mitarbeitern nachzufragen, wie sie die Situation sehen, ob die eine oder andere Tätigkeit unbedingt notwendig ist oder ob die Dinge anders bzw. (für sie) einfacher gemacht werden könnten.

7.2.4 Layer 4 – „Zeitlinie aufnehmen"

Die Idee der Timeline wird aus dem Wertstromdesign übernommen. Für die verwendete Art der Visualisierung verläuft sie jedoch senkrecht. Auf den beiden Niveaus werden die „Bearbeitungszeit" (BZ) und die „Verlustzeit" (VZ) eingetragen. Die Bearbeitungszeit stellt dabei die reine, ununterbrochen durchgeführte Bearbeitungszeit eines Prozessschritts dar. Die

Prozessdurchlaufzeit, das ist die durchschnittliche Zeitspanne vom Bearbeitungsbeginn eines Prozessschritts zum Bearbeitungsbeginn des nachfolgenden, minus der Bearbeitungszeit ergibt die Verlustzeit (siehe Bild 7.4). Somit werden sowohl Unterbrechungen während der Bearbeitung, Zeiten für Rückfragen und Nacharbeit, als auch Liegezeiten zwischen den Schritten (z. B. durch Bestände oder abwesende Mitarbeiter) und Transport- bzw. Übertragungszeiten dieser Verlustzeit zugeordnet. Sie ist damit wesentlich umfangreicher definiert als die Liegezeit im herkömmlichen Sinn.

Die Bearbeitungszeit kann gemessen, errechnet oder geschätzt werden. Speziell die erste Möglichkeit muss unbedingt mit dem Management und Betriebsrat abgestimmt werden. Oft wird der Mittelwert aus unabhängigen Schätzungen von beteiligten Mitarbeitern vollkommen ausreichend sein, weil die Bearbeitungszeit im Verhältnis zur Verlustzeit insbesondere zu Beginn äußerst gering ausfallen wird. Für die Erhebung der Prozessdurchlaufzeit können bei schnell ablaufenden Prozessen Zeittabellen mit den Produkten mitgeschickt werden, in der der Bearbeitungsbeginn jedes Prozessschritts vermerkt wird. Wird davon die Bearbeitungszeit abgezogen, erhält man die Verlustzeit. Bei sehr langsam ablaufenden Prozessen (wie der Produktentwicklung) kann die Verlustzeit eventuell über die Dokumentationen abgeschätzt werden. Ist das nicht möglich, muss auch hier der Mittelwert aus unabhängigen Schätzungen genommen werden.

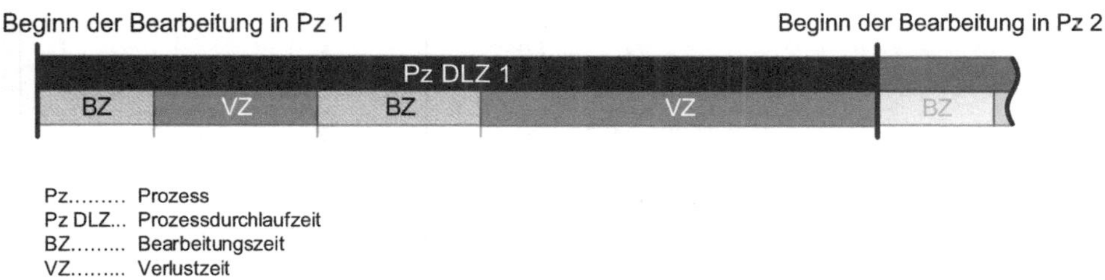

Bild 7.4 Zusammenspiel der Zeitbegriffe

7.2.5 Layer 5 – „Qualitätsdefizite identifizieren"

In dieser Perspektive wird die durch den Prozess erzeugte Produktqualität untersucht. Dabei geht es nicht nur um materielle Erzeugnisse, sondern auch um immaterielle Produkte. Die Untersuchung ist auch nicht nur auf das Endprodukt beschränkt, sondern bezieht sich zudem auf jedes Zwischenprodukt, das an den nächsten Prozessschritt weitergegeben wird. Denn im Sinne des Lean-Gedankens sollte jeder Mitarbeiter nur Produkte, die in Ordnung sind, entgegennehmen, erstellen und weitergeben. Während in der Produktion eine Fehlerrate (FR) üblich ist, die in parts per million (ppm) gemessen wird, kann diese in administrativen Abläufen bis in den zweistelligen Prozentbereich reichen. Qualitätsprobleme stören jedoch jede Art von Prozess gleichermaßen. Qualitätsmängel machen den Prozess instabil, ineffizient und schwer beherrschbar.

Die Qualität kann durch die Trefferrate (TR) quantifiziert werden. Sie gibt an, wie viele Produkte eines Prozessschritts mit den geforderten Spezifikationen erstellt werden. In der Produktion sind es meist Anforderungen an die Form, Oberfläche, Passung etc. In der Administration sind es Forderungen nach den richtigen Daten, Informationen, Aussagen etc. Qualitätsmängel verursachen Rückfragen und Reklamationen und machen Nacharbeit notwendig bzw. erzeugen sogar Ausschuss oder machen eine Neuerstellung des Produkts oder der Dienstleistung notwendig.

In der Visualisierung werden Rückfragen mit punktierten Pfeilen und Nacharbeiten mit durchgezogenen Pfeilen dargestellt - jeweils vom Prozessschritt, der einen Mangel entdeckt, bis zum Prozessschritt, der den Mangel behebt (Bild 7.5). Es sollte wiederum der tatsächliche Ist-Zustand festgehalten werden und nicht der Zustand, wie es eigentlich sein sollte!

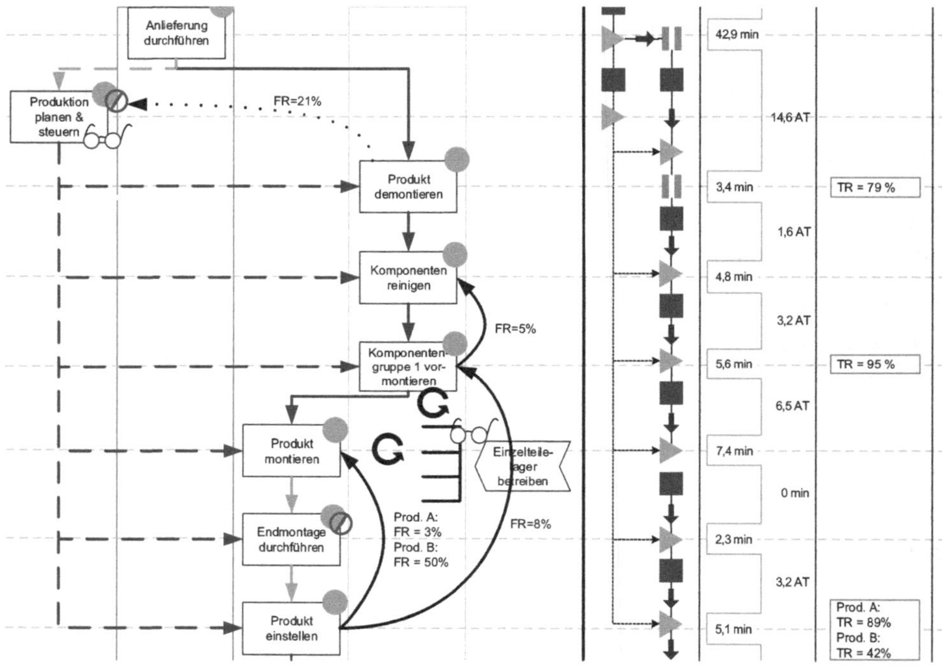

Bild 7.5 Layer 5 - Qualitätsdefizite identifizieren

7.2.6 Layer 6 – „Kapazitäten abgleichen“

Ein zentraler Punkt bei der dynamischen Betrachtung eines Prozesses ist der Abgleich der vorhandenen mit den erforderlichen Kapazitäten. Dazu wird die derzeitige Ausbringung mit der Nachfrage des Kunden verglichen. Während der Prozessbegehung müssen dafür zusätzlich zu den Kennzahlen der anderen Layer die Anzahl der parallel bearbeiteten Produkte und die Anzahl der Mitarbeiter oder Maschinen pro Prozessschritt als auch deren verfügbare Arbeitszeit aufgenommen werden. Die Werte werden in den Datenkästen im linken Teil der Kapazitätsspalte eingetragen. Zusätzlich können weitere, für eine charakteristische Beschreibung des Prozessschritts wichtige Kennzahlen vermerkt werden. Beispiele sind vom Prozessstandard abweichende Arbeitszeit- und Schichtmodelle, Rüst- und Vorbereitungszeiten oder Maschinenverfügbarkeit.

Im Wertstromdesign werden bezüglich der Ressourcen nur die Anzahl an Mitarbeitern oder Maschinen und deren verfügbare Arbeitszeit aufgenommen. Dadurch wird bestimmt, wie viele dieser Ressourcen wie lange parallel arbeiten können. Im wertstromorientierten Prozessmanagement wird eine Unterscheidung in die Anzahl an Ressourcen und die Anzahl an parallel bearbeiteten Produkten notwendig, weil es gerade in der Administration häufig vorkommt, dass mehrere Personen an einem Produkt gleichzeitig arbeiten. Sind beispielsweise drei Mitarbeiter für den Prozessschritt verfügbar, können sie zur gleichen Zeit entweder drei verschiedene Produkte oder ein Produkt gemeinsam bearbeiten. Beide Situationen werden im WPM durch die Kombination von zwei Symbolen dargestellt (siehe Bild 7.6). Diese Unterscheidung ist wichtig, weil sie Auswirkung auf den Kapazitätsabgleich und die Prozesskostenrechnung hat.

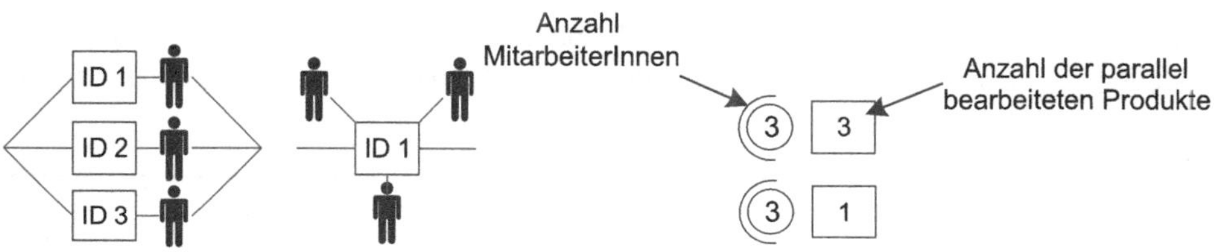

Bild 7.6 Unterscheidung parallele Bearbeitung und Gruppenarbeit

Das Kapazitätsangebot muss nun mit der Nachfrage an einen Prozessschritt abgeglichen werden. Der Abgleich zwischen Angebot und Nachfrage findet für jeden einzelnen Prozessschritt statt. Die Nachfrage wird durch den Kundentakt (KT) (verfügbare Arbeitszeit/Anzahl der benötigten Produkte) beschrieben. Unterscheidet sich die verfügbare Arbeitszeit des Prozessschritts oder der Bedarf des direkten Kunden von den prozessweiten Werten, dann ist analog zum Kundentakt der jeweilige Prozesstakt (PT) zu berechnen. Die verfügbare Arbeitszeit kann sich ändern, wenn beispielsweise der Mitarbeiter oder die Maschine dem Prozess bzw. Wertstrom nicht einen ganzen Arbeitstag, sondern nur für einen halben Tag zur Verfügung steht, weil zur Hälfte für einen anderen Prozess gearbeitet wird. Das Ressourcenangebot wird durch die Zykluszeit beschrieben (Bearbeitungszeit/Anzahl parallel bearbeiteter Produkte). Diese sagt aus, in welchem Intervall durchschnittlich ein neues Produkt im Prozessschritt erzeugt wird. Die Abweichung zwischen Ressourcenangebot und -nachfrage wird in die Aufnahme übernommen (Bild 7.7).

7.2.7 Layer 7 – „Risiko bewerten"

Das Ziel des Risiko-Layers ist in erster Linie, bekannte Risikoquellen und bereits schlagend gewordene Risiken zu finden und zu bewerten. Wie bei allen Layern sind auch hier die Mitarbeiter im Prozess stark in die Aufnahme einzubeziehen, weil sie aufgrund ihrer Erfahrungen die Experten ihres Prozess(schritt)es sind. Wo gibt es mögliche Probleme im Prozess? Wo kann etwas passieren? Wie gut sind der Schutz und die Vorkehrungen gegen ein Eintreten? Was beeinflusst das Ergebnis des Prozesses negativ? Es werden sowohl die Prozessschritte als auch die Schnittstellen hinsichtlich der Schwere und der Anzahl der bekannten Risiken bewertet.

Die erste, grobe Bewertung erfolgt über drei Kategorien:

- **Alles in Ordnung:** Es gibt nur sehr wenige, relativ unbedeutende Risiken. Der Prozessschritt bzw. der Übergang ist gut gegen Risiken abgesichert.
- **Maßnahmen empfohlen:** Ein schwerwiegendes oder sehr viele, relativ unbedeutende Risiken sind bekannt. Der Schutz gegen Risiken ist nicht zufriedenstellend.
- **Unbedingter Handlungsbedarf:** Es gibt einige mittlere bis schwerwiegende Risiken. Eine Absicherung gegen Risiken ist nicht oder kaum vorhanden.

Die Darstellung erfolgt ähnlich wie bei den Transportmedien. Die Bewertung des Prozessschritts oder des Übergangs wird auf der entsprechenden Linie vermerkt. Die Punkte werden verbunden. Mithilfe dieser Visualisierung lässt sich schnell ein Überblick über die Risikosituation erlangen. In Bereichen mit unbedingtem Handlungsbedarf lassen sich zielgerichtete Analysen anstoßen, um schnell Maßnahmen für Verbesserungen entwickeln zu können (vgl. auch Illetschko/Käfer/Spatzierer, 2014). Zur besseren Visualisierung wird das Gebirge farblich hinterlegt (Bild 7.7).

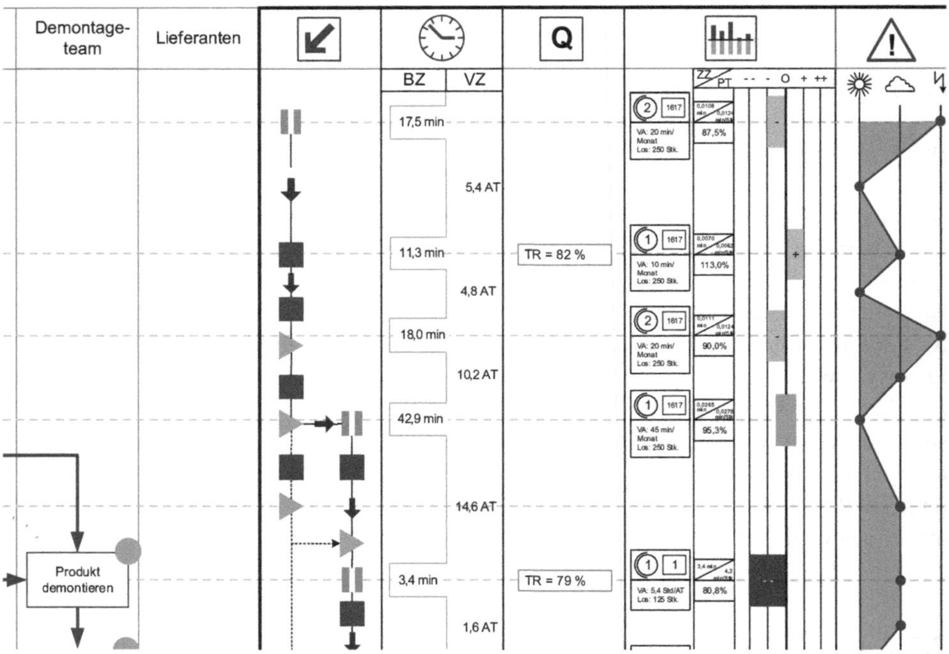

Bild 7.7 Layer 6 und 7 – Kapazitäten abgleichen und Risiko bewerten

7.2.8 Layer 8 – „Kosten erheben"

Die angestrebte Aussage dieses Layers sind die ungefähren „Stückkosten" eines Prozessdurchlaufs. Die Berechnung erfolgt größtenteils über bereits erhobene Daten und gibt eine erste Abschätzung zu den variablen Prozesskosten. Der größte Anteil an variablen Kosten bei einem Prozessdurchlauf entsteht durch den Menschen, teure Maschinen und, falls vorhanden, Material-, Transport- und Energiekosten. Darauf baut die im Folgenden vorgestellte überschlagsmäßige Prozesskostenrechnung auf. Sollten weitere große Kostenpositionen bekannt sein, sind diese ebenfalls einzurechnen.

Die Kosten für Menschen und Maschinen sind abhängig von der Bearbeitungszeit des Produkts. Diese wurde bereits erhoben. Zusätzlich wird der passende Stundensatz benötigt. Um eine realistische Kostenabschätzung zu bekommen, müssen aber ebenfalls Rückfragen und Nacharbeit einbezogen werden, weil sie in diesen Fällen für die Fertigstellung des Produkts notwendig sind, ebenfalls Ressourcen in Anspruch nehmen, aber keinen zusätzlichen Wert für den Kunden schaffen.

Die errechneten variablen Prozesskosten pro Prozessschritt können aufgesplittet oder bereits aufsummiert in die Kostenspalte eingetragen werden. Für die gesamten variablen Kosten des Prozesses werden die einzelnen Posten summiert. Sie entsprechen dem durchschnittlichen Aufwand, der bei der Erstellung eines weiteren Produkts entsteht.

7.2.9 Layer 9 – „Verbesserungspotenziale festhalten"

Nach der Aufnahme werden alle aufgenommenen Daten in der Reihenfolge der Perspektiven zusammengeführt, gemeinsam ausgewertet und aufbereitet. Der neunte Layer stellt somit keine neue Perspektive auf den Ablauf dar, sondern bietet vielmehr eine zusammenfassende Diskussionsoberfläche, um die Aufnahme gemeinsam zu reflektieren. Hier werden Notizen, Anmerkungen und bereits erkannte Verbesserungspotenziale festgehalten. Verbesserungsideen, die während der Prozessbegehung gesammelt wurden, werden genauso vermerkt wie bereits erkannte, notwendige Handlungsfelder. Können beispielsweise Prozessschritte weggelassen werden, sind sie auch visuell zu streichen.

Mit Layer 9 sind die Aufnahme und die Nachbearbeitung der Aufnahme vervollständigt. Bild 7.8 und Bild 7.9 zeigen die gesamte WPM-Aufnahme mit allen Ansichten und Perspektiven auf den Prozess. Unterhalb der Spalten sind weitere Felder mit Kennzahlen zu sehen, die das WPM-Cockpit darstellen. Sie unterstützen die Aus- und Bewertung der einzelnen Perspektiven. Diese Abbildungen zeigen ein Beispiel für eine fertige, vollumfänglich erhobene Aufnahme. Alle wichtigen Informationen sowie erste Bewertungen sind auf einer Seite dargestellt. Sie stellt eine wichtige Diskussionsoberfläche für den gesamten Prozess der Optimierung dar und kann bei richtiger Aufbereitung und schrittweiser Informationsenthüllung auch direkt für Präsentationen für das Management genutzt werden. Die schrittweise Enthüllung ist bei Personen, die nicht bei der Aufnahme dabei waren, unbedingt notwendig, um diese nicht zu überfordern. Die Umsetzung ist auch mit weitverbreiteten Office-Anwendungen bereits sehr gut und einfach realisierbar.

Die gesamte Vorgehensweise der WPM-Methodik sowie Details und weiterführende Gedanken zu den hier angeschnittenen Inhalten finden Sie in *WPM – Wertstromorientiertes Prozessmanagement* (Wagner/Lindner, 2017).

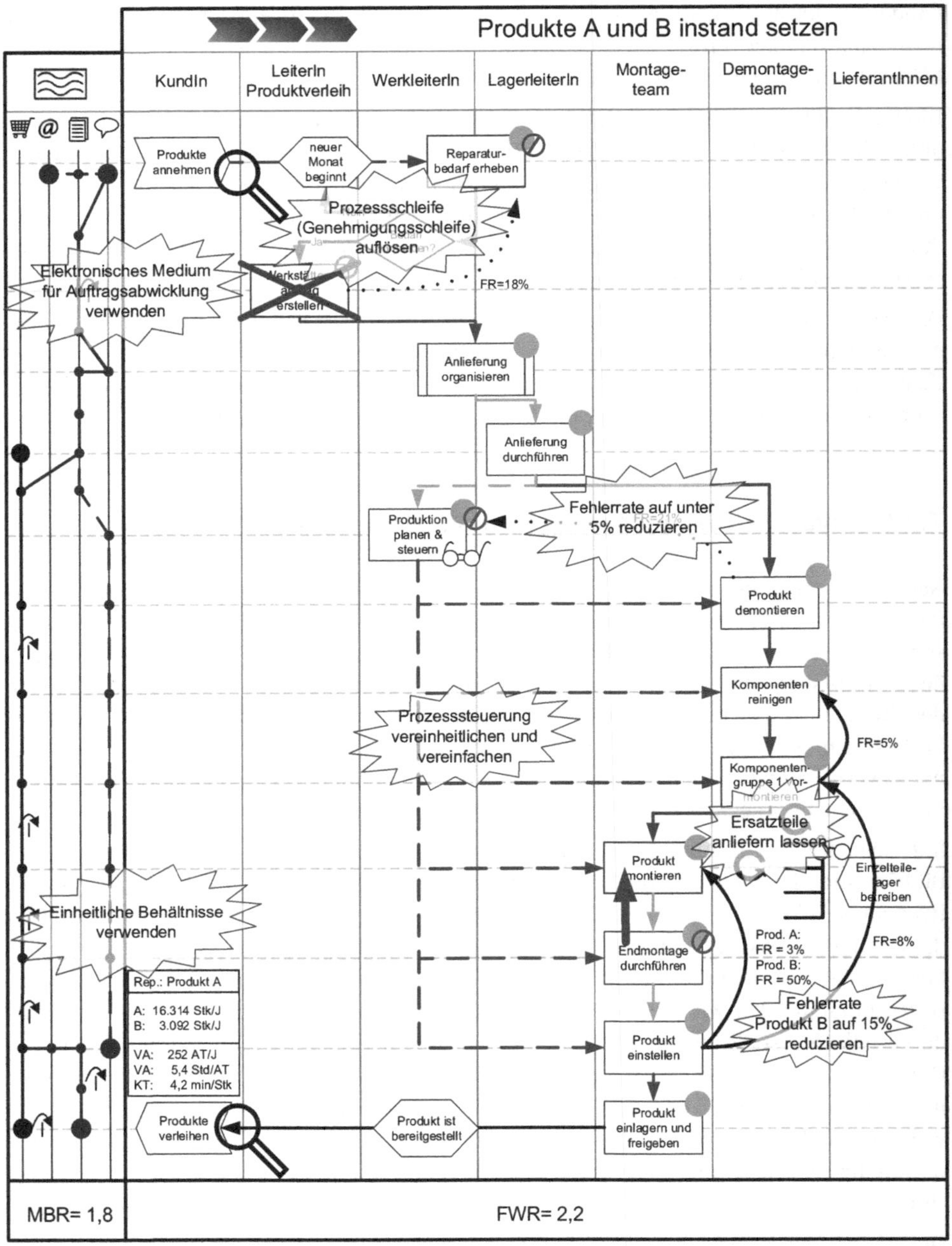

Bild 7.8 Verbesserungspotenziale festhalten, Teil 1

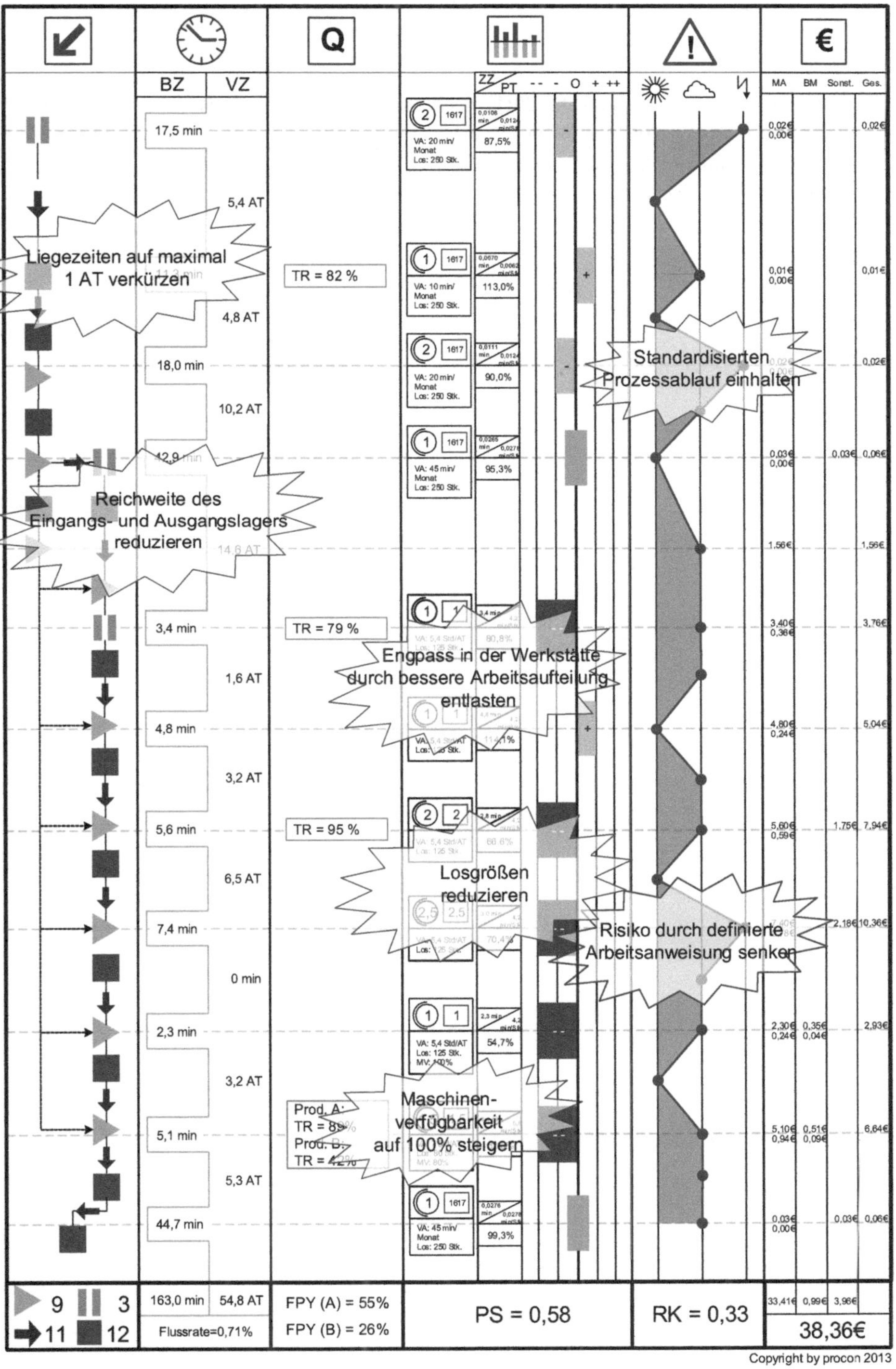

Bild 7.9 Verbesserungspotenziale festhalten, Teil 2

7.3 Literatur

Illetschko, S; Käfer, R.; Spatzierer, K. (2014): *Risikomanagement. Praxisleitfaden zur integrativen Umsetzung.* Carl Hanser Verlag, München

Wagner, K. W.; Lindner, A. M. (2017): *WPM - Wertstromorientiertes Prozessmanagement.* 2. Auflage, Carl Hanser Verlag, München

8 Prozesse leben: Der Mensch im Prozessmanagement

Trotz der fortschreitenden Digitalisierung in Organisationen spricht man immer noch von einem sozialen System. (Teil-)Automatisierte Prozesse treffen auf Prozesse, welche durch Menschen gestaltet, geplant, ausgeführt und optimiert werden, genauso wie immer öfter vorkommende Schnittstellen zwischen menschlichen und technischen Akteuren. Dieses Kapitel beschäftigt sich mit den zwischenmenschlichen Herausforderungen im Prozessmanagement, um Prozesse über ihren gesamten Lebenszyklus hinweg mit Leben zu füllen und auf diese Weise das Prozessmanagementsystem und schlussendlich die gesamte Organisation am Leben zu erhalten.

Dieses Kapitel ist bei der Umsetzung von Prozessmanagement von höchster Bedeutung, da es ein grundlegendes systemisches Verständnis für Mensch und Management im Prozessmanagement erläutert.

Der Aufbau des Kapitels folgt hierbei dem in Bild 8.1 dargestellten Systemmodell, das einen Rahmen für die Zuordnung der einzelnen sozialen Aspekte auf unterschiedlichen Ebenen einer Organisation liefert, ausgehend vom Individuum (Kapitel 8.1) als kleinste betrachtete Einheit über die Gruppe bzw. das Team (Kapitel 8.2 bis Kapitel 8.7) bis hin zur gesamten Organisation und ihrer Kultur (Kapitel 8.8).

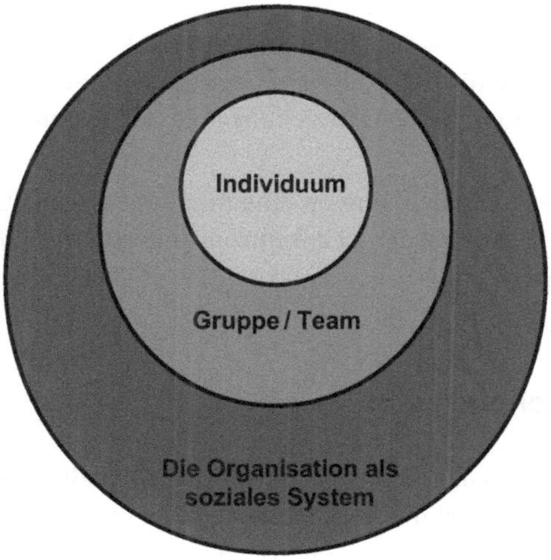

Bild 8.1 Systemmodell des Menschen im Unternehmen

Vor dem Hintergrund des Prozessmanagements werden einzelne wesentliche Charakteristiken aufgezeigt und beschrieben: auf der Ebene des **Individuums** z.B. die gängigsten Persönlichkeitsmodelle, ihre Anwendung und ihr Nutzen im Hinblick auf die Zusammenstellung von Teams. Auf der **Teamebene** beispielsweise die einzelnen Phasen der Teamentwicklung, Rolle und Aufgabe des Teamleiters usw. Bis schlussendlich auf der höchsten Gliederungsebene – jener der gesamten **Organisation** – die Frage behandelt werden kann, wie der Prozessmanagementgedanke mit der Unternehmenskultur zusammenhängt bzw. wie und in welchem Ausmaß sich diese verändern oder beeinflussen lässt, damit sie der angestrebten Prozessorientierung entspricht.

Der Bezug zum Prozessmanagement wird hierbei aus zwei unterschiedlichen Blickwinkeln hergestellt. Einerseits wird die Phase des **Aufbaus** eines Prozessmanagementsystems betrachtet, die mit großen Veränderungen für eine Organisation verbunden sein wird. Auf der anderen Seite die Phase des **Betriebs** der Prozesse durch die einzelnen Prozessteams und die in dieser Phase auftretenden Veränderungen im Rahmen des Lebenszyklus der einzelnen Prozesse.

Dabei ist zu beachten, dass es sich bei einer Organisation um ein mehrdimensionales System handelt: Akteure darin sind Menschen mit unterschiedlichen Charaktereigenschaften, Bedürfnissen, Wünschen, Ängsten, Abneigungen, Visionen, ...

Um mit dem komplexen System umgehen zu können, bilden Menschen wiederholbare Muster (z.B. Gewohnheiten, Rituale, Weltbilder, ...), Rollenzuteilungen und Hierarchien. Diese Komplexität erfordert allerdings auch eine ständige Anpassung und Veränderung (Königswieser et al., 2017).

■ 8.1 Das Individuum

Jeder Mensch besitzt gewisse Denk- und Verhaltensmuster, die er bevorzugt und die für ihn typisch sind. Sie sind Ausdruck seiner **Einmaligkeit** und Voraussetzung seiner Autonomie. Diese dominierenden Denkstile haben sich auf Grundlage der angeborenen Eigenheiten wie auch durch das Elternhaus, die Schulerziehung und Ausbildung und durch die soziale Umgebung entwickelt.

Die Art und Weise, wie das Individuum an eine Aufgabe herangeht, seine Kreativität einsetzt oder mit anderen kommuniziert, ist gekennzeichnet durch die **Denk- und Verhaltensweisen**, die es bevorzugt.

8.1.1 Persönlichkeitsinventar

In einem sozialen System ist es von großem Vorteil, das **Verhalten** des Einzelnen richtig zu erkennen und zu verstehen, um die Zusammenarbeit zu erleichtern. Dies gilt ganz besonders beim Recruiting, bei der Teamzusammensetzung, beim Auftreten von persönlichen Konflikten, bei der Aufgabendelegation und vielem mehr. Die Kenntnis über typische Verhaltensweisen in strukturierter Form können dabei stark unterstützen, z.B. um zu erkennen, warum Prozesse auf unterschiedliche Weisen durchgeführt werden. Alle Aspekte der Persönlichkeit des Individuums sind natürlich nicht in ihrer Vollständigkeit abbildbar.

Trotzdem sei - bei allem Vorbehalt - auf derartige Modelle zur systematischen Erfassung von Charaktersegmenten nachfolgend eingegangen.

Die hier beschriebenen **Persönlichkeitsmodelle** bilden eine Auswahl und stellen die bekanntesten und am besten dokumentierten Instrumente zur Beschreibung von Persönlichkeit dar. Aufgrund ihres wissenschaftlichen Hintergrunds sind sie weitgehend anerkannt, wenngleich sie für unterschiedliche Ziele eingesetzt werden. Diese Modelle helfen Organisationen, insbesondere den Führungskräften, ein ausgeglichenes Prozessteam zusammenzustellen.

Die „perfekte Typologie" gibt es in den vielen Varianten und Weiterentwicklungen von Tests am Markt nicht. Die Modelle ermöglichen vielmehr nur eine tendenzielle Charakterisierung einer Persönlichkeit.

Die in Tabelle 8.1 angeführten Persönlichkeitsmodelle sind dabei unterschiedlich weit verbreitet. Um effiziente Teamarbeit (sowohl beim Aufbau als auch im Betrieb eines Prozessmanagements) besser ermöglichen zu können, seien ein paar Persönlichkeitsmodelle näher beschrieben.

Tabelle 8.1 Persönlichkeitsmodelle (Schimmel-Schloo, 2002)

Modell	Nutzen
DISG	Einsatz zur Erkenntnis der eigenen Potenziale zur persönlichen und beruflichen Nutzung. Tools für unterschiedliche Tätigkeiten und Einsatzgebiete, z. B. Kommunikation, Führung, Verkauf, Teamentwicklung, Stellenbesetzung. Hohe Anschaulichkeit durch Verwendung von Cartoons, Spaßfaktor bei der Persönlichkeitsarbeit.
HDI	Einsatz vor allem im Rahmen von Trainings zur Bestimmung der beruflichen Orientierung, Lösung von Konflikten, Teamoptimierung, Steigerung der Kreativität, Optimierung des Lernstils. Auch im privaten Bereich zur Partnerschafts- und Beziehungsarbeit einsetzbar.
MBTI	Fundierte Grundlage für die Selbsterkenntnis und Verhaltensarbeit im persönlichen und im gesamten beruflichen Kontext - von Führung, Konflikttraining und Kommunikation bis Teambildung. Zusatztool zum Erkennen von Handlungsmotiven.
SIZE PROZESS®	Einsatz zur Analyse der Persönlichkeit über das gesamte Spektrum von Begabungen, Stärken und Talenten bis zu möglichem Stress und Misserfolgsmustern. Nutzung des eigenen Pools an Ressourcen und Potenzialen, um kreativ, energievoll sowie effektiv und produktiv zu sein.

8.1.1.1 Das DISG-Persönlichkeitsprofil

Das DISG-Persönlichkeitsprofil kategorisiert das Verhalten von Menschen und untersucht Motive (Beweggründe) für Handlungen. Es basiert auf den Forschungen der beiden Amerikaner John G. Geier und William M. Marston. Es ist in mehr als 50 Ländern und in über 44 Sprachen verfügbar.

John Geier, der Entwickler des DISG-Persönlichkeitsprofils, lernte in den frühen 1950er-Jahren die Theorie von Marston kennen. Er entwickelte die Items des Profils, die grafische Darstellung und den Fragebogen.

Die vier wesentlichen Verhaltensstile

Marston verwendete ein zweiachsiges Vier-Quadranten-Modell, um vier verschiedene Verhaltensstile zu kennzeichnen (Bild 8.2).

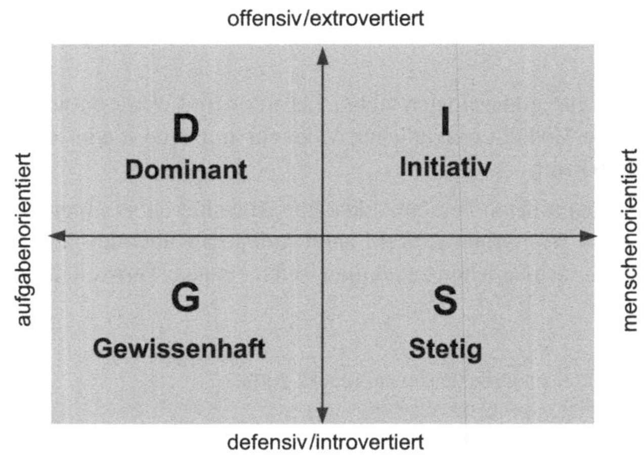

Bild 8.2 Die vier wesentlichen Verhaltensstile

Die vier Verhaltenstypen **Dominant, Initiativ, Stetig** und **Gewissenhaft** sind in jeder Persönlichkeit in unterschiedlicher Ausprägung vorhanden. Das dargestellte Koordinatensystem stellt gleichzeitig das Spannungsfeld der verschiedenen Verhaltensstile dar, die je nach Situation vom Individuum - in stärkerer oder schwächerer Ausprägung - eingenommen werden.

Die einzelnen Typen lassen sich wie folgt charakterisieren:

- *Typ D - Dominant* 

  Personen, die vor allem dem D-Typ entsprechen, sind durchsetzungsfähig, risikobereit, entscheidungsfreudig, konsequent und direkt. Sie treten meist autoritär auf und übernehmen gerne das Kommando. Sie sind motiviert, Probleme zu lösen und schnelle Ergebnisse zu erreichen. Sie stellen den Status quo infrage, bevorzugen direkte Antworten, vielfältige Tätigkeiten und Unabhängigkeit.

  „Typische" Aussagen können sein:

  - Am liebsten bin ich mein eigener Chef.
  - Ich weiß, was ich will, und setze mich dafür ein.
  - Ich fordere mich gerne selbst heraus.

- *Typ I - Initiativ* 

  I-Typen sind teamfähig und kommunikativ, knüpfen gerne Kontakte und unterhalten andere Menschen. Sie können andere mitreißen und begeistern und zeichnen sich durch Optimismus und Vielseitigkeit aus. Sie sind offen und drücken ihre Gedanken und Gefühle in Worten aus und sie arbeiten am liebsten mit anderen zusammen.

  „Typische“ Aussagen können sein:

  - Ich fühle mich in meinem Netzwerk wohl und unterhalte gerne andere.
  - Ich kann mich über alles Mögliche aufregen.
  - Ich will frei sein von Detailarbeit und Kontrolle.

- *Typ S - Stetig*

  Personen des Typus S sind sympathisch, hilfsbereit, loyal-konservativ, beständig und geduldig. Sie entwickeln in der Regel ein spezielles Können und halten sich gerne an einmal festgelegte Arbeitsabläufe. Sie sind motiviert, ein berechenbares Umfeld zu schaffen, sind geduldige Zuhörer. Sie sind lieber Teammitglied als Teamleiter und hören lieber zu, als selbst zu reden.

  „Typische“ Aussagen können sein:

  - Ich arbeite gerne mit Menschen, die miteinander auskommen.
  - Ich helfe gerne anderen.
  - Bei der Erledigung von Aufgaben kann man sich auf mich verlassen.

- *Typ G - Gewissenhaft*

  G-Personen sind qualitätsbewusst und streben nach Perfektion. Sie hinterfragen kritisch, analysieren und konzentrieren sich auf Fakten. Auch sie nehmen gerne einmal definierte Arbeitsabläufe an, wenn diese qualitativ hochwertige Ergebnisse gewährleisten. Sie bevorzugen ein Umfeld, das klar definierte Erwartungen hat, und sind eher diplomatisch und wägen Pro und Kontra ab.

  „Typische“ Aussagen können sein:

  - Ich liebe es, Dinge zu analysieren.
  - Ich fühle mich in emotionsgeladenen Situationen unwohl.
  - Ich arbeite gerne mit Menschen zusammen, die organisiert sind und hohe Standards haben.

Anwendung des DISG-Persönlichkeitsprofils

Durch die Betrachtung konkreter Situationen beim Ausfüllen des Auswertungsbogens versetzt sich der Anwender in die Situation, für die dieser Test durchgeführt wird. Der Bogen enthält insgesamt 28 Wortgruppen, für die jeweils die Aussage „am ehesten“ oder „am wenigsten“ gewählt wird. Die Auswertung erfolgt durch den Probanden selbst. Die Ergebnisse werden grafisch aufgetragen: je ein Diagramm für die Daten von „am ehesten“, „am wenigsten“ und die Differenz.

Am Arbeitsplatz beispielsweise vermittelt das Persönlichkeitsprofil dem Einzelnen eine auf ihn zugeschnittene Beschreibung seiner Stärken, Schwächen und möglichen Idealsituationen.

Schlussendlich geht es aber nicht primär darum, herauszufinden, welcher Typ man ist, sondern vielmehr darum, welche Anteile in welcher Kombination vorherrschen, denn **Stärken werden bei Übertreibung zu Schwächen:** Zum Beispiel kann stark ausgeprägte „Entschlussfreudigkeit“ (Stärke) auch schnell zur Schwäche „Voreiligkeit“ werden.

Der DISG-Test erfasst sowohl den Persönlichkeitstyp - das Rollenverhalten -, den man z. B. im Berufsfeld nach außen zeigt, als auch den innen liegenden Teil - das natürliche Verhalten. Das kann unter Umständen gleich oder ähnlich sein, aber in vielen Fällen unterscheiden sich diese Typen, was darauf hindeutet, dass die Umgebung von jemandem ein Verhalten fordert, das sich von dem inneren, natürlichen Verhalten unterscheidet.

Das DISG-Persönlichkeitsprofil gibt (weiterhin) Antworten auf folgende Fragen:

- Welche Stärken hat eine Person?
- Welchen Arbeitsstil bevorzugt eine Person?
- Welches Umfeld braucht die Person, um sich optimal entfalten zu können?
- Was sollten Kollegen tun, um mit dieser Person gut auszukommen?
- Welche Konfliktpotenziale gibt es und wie lassen sich diese schon im Vorfeld reduzieren?
- Wozu ist eine Person „berufen“?

8.1.1.2 HDI – Herrmann-Dominanz-Instrument

Mit dem Herrmann-Dominanz-Instrument hat Ned Herrmann eine Methode entwickelt, die die individuell unterschiedlichen Denkstile deutlich sichtbar und damit vergleichbar macht. Aus der Auswertung eines Fragebogens ergibt sich ein Profil, das zeigt, in welchem Maße unterschiedliche Denkstile bevorzugt, genutzt oder vermieden werden.

Ned Herrmanns Entwicklung basiert auf seinen Untersuchungen über menschliche Kreativität im Rahmen seiner Arbeit als Leiter der Führungskräfteentwicklung bei General Electric in den USA. Aus den dabei gewonnenen Erkenntnissen ergaben sich sehr interessante Zusammenhänge mit den Ergebnissen auf dem Gebiet der Gehirnforschung.

Ned Herrmann entwarf ein metaphorisches Modell der unterschiedlichen Bereiche des Gehirns, das Denk- und Verhaltensweisen in vier grundlegende Kategorien einteilt, welchen wiederum bestimmte Merkmale zugeordnet werden. Bild 8.3 zeigt eine Übersicht der grundlegenden Merkmale beider Gehirnhälften.

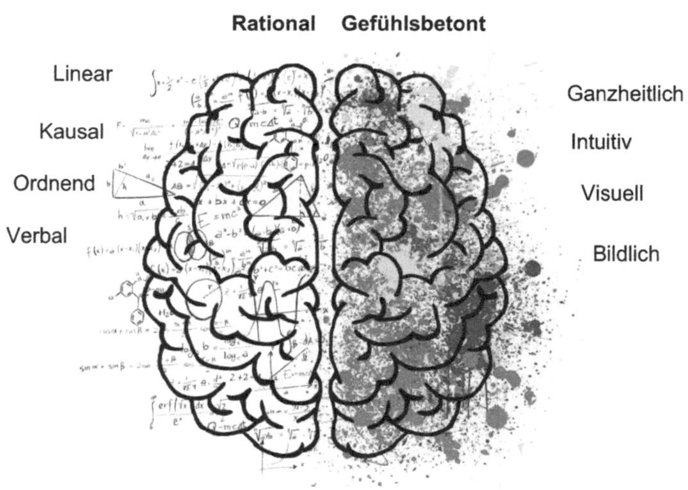

Bild 8.3 Ausprägung des Denkens in der rechten und linken Gehirnhälfte

Die vier Denk- und Verhaltensstile

Ned Herrmann kombinierte die Forschungsergebnisse von Paul McLean und Roger Sperry und entwickelte ein Modell des menschlichen Gehirns bestehend aus den zwei Hälften des Großhirns und des Zwischenhirns. Die linke und rechte Hälfte des Großhirns (Neocortex) wie auch die linke und rechte Hälfte des Zwischenhirns (limbisches Gehirn) sind bei Menschen unterschiedlich ausgeprägt. Dieses Modell unterscheidet somit neben links/rechts auch oben/unten (limbisch). Jeder der vier Quadranten steht für einen bestimmten Denkstil und kann durch mehrere Adjektive beschrieben werden (Tabelle 8.2).

Tabelle 8.2 Vier Quadranten des menschlichen Gehirns

Quadrant A - linker Cortex **Rationales Ich** mathematisch logisch problemlösend analytisch technisch	Quadrant D - rechter Cortex **Experimentelles Ich** synthesebildend einfallsreich konzeptionell künstlerisch ganzheitlich
Quadrant B - links limbisch **Sicherheitsbedürftiges Ich** geplant organisiert kontrolliert konservativ administrativ	Quadrant C - rechts limbisch **Fühlendes Ich** emotional musikalisch kommunikativ mitfühlend spirituell

Das HDI-Dominanzprofil

Der von Ned Herrmann entwickelte Fragebogen umfasst 120 Fragen, die nach Auswertung die bevorzugten Denk- und Verhaltensstile in grafischer und tabellarischer Form darstellen.

Das Herrmann-Dominanz-Instrument ist kein Test. Es beruht auf einer Selbsteinschätzung, gibt also die Verteilung von bevorzugten Denk- und Verhaltensweisen so wieder, wie ein Mensch sich selbst sieht und erlebt.

Beim HDI-Profil in grafischer Form werden die Präferenzen für einen Denkstil entlang der Quadrantenachsen aufgetragen und miteinander verbunden.

Je weiter außen ein Wert liegt, umso höher ist die Präferenz für diesen Denkstil. Der Innenkreis und die nach außen folgenden Ringe werden mit den Nummern 3, 2, 1 und 1+ versehen.

Grundsätzlich gibt es keine „guten“ oder „schlechten“ Dominanzprofile. Aber die Ausprägung unterschiedlicher Denkstile hat Konsequenzen:

Wie wir kommunizieren, mit Konflikten umgehen, mit anderen zusammenarbeiten oder kreativ sind, wird wesentlich durch unser HDI-Profil repräsentiert (Bild 8.4).

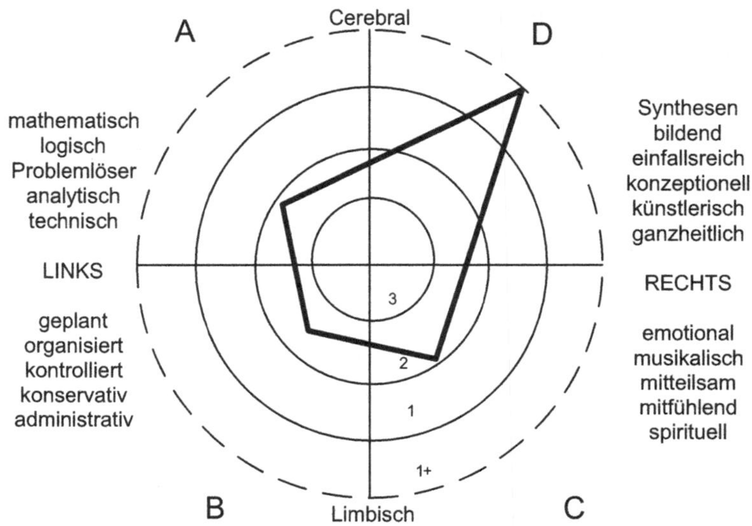

Bild 8.4 Beispiel für ein HDI-Profil

Nutzen der Dominanzprofile

Die Kenntnis der eigenen Denkstile und Denkpräferenzen kann in vieler Hinsicht helfen:

- für Selbstbewusstsein und Achtung vor anderen,
- zur Konfliktanalyse und Konfliktbewältigung,
- bei der Personenauswahl,
- für Kreativität als Wechselspiel unterschiedlicher Denkstile.

Gruppenprofile

Das HDI-Profil zeigt in wertfreier Darstellung den Denk- und Verhaltensstil eines Menschen. Werden in die grafische Darstellung die Profile mehrerer Personen eines Teams eingetragen, sind die Dominanzen der Gruppe einfach ablesbar. Es ist zu erkennen, mit welchen Denk- und Verhaltensweisen ein Team Aufgaben angeht und Probleme löst.

Anhand eines Gruppenprofils kann entschieden werden, ob sich durch personelle Ergänzungen die für eine Aufgabe notwendigen Denk- und Verhaltensweisen nachrüsten lassen.

Lernen

Jeder Mensch hat bevorzugte Lernstile, die seinem Dominanzprofil entsprechen. Der Lernende, der sein HDI-Profil kennt, kann sich bewusst die für ihn geeigneten Lernerfahrungen suchen. Lehrer und Trainer sollten das berücksichtigen und versuchen, alle Quadranten anzusprechen, um den Zuhörern ganzheitliches Lernen zu ermöglichen. Ist das HDI-Gruppenprofil vorhanden, lassen sich leichter die Lehrmethoden für eine Gruppe auswählen, die zu größerem Lernerfolg führen.

Berufswahl

Das HDI-Profil beeinflusst die Berufswahl bzw. die Art und Weise, wie ein Beruf ausgeübt wird. Sieht man das Profil eines jungen Menschen, kann man ihm Hinweise geben, welche berufliche Richtung er einschlagen sollte. Andererseits lassen sich berufliche Probleme leichter verstehen und Chancen für Veränderungen besser einschätzen, wenn man einem Menschen entweder zu einer den Denk- und Verhaltensstrukturen entsprechenden Fortbildung verhilft oder eine Anpassung des Aufgabengebiets vornimmt, das seinen Dominanzen stärker entspricht. Bewusstes Selbstmanagement wird durch diese Erkenntnis möglich.

8.1.1.3 MBTI – Myers-Briggs-Typenindikator

Der Myers-Briggs-Typenindikator basiert auf der Typentheorie von Carl Gustav Jung und gibt Aufschluss über Neigungen und Präferenzen von Individuen. Hierbei werden vier Grundtypen unterschieden. Der Typ bleibt im Laufe eines Lebens konstant und ist die Grundlage dafür, wie ein Mensch an die Dinge herangeht, wie er kommuniziert, wie er führt und leitet. Die Betonung liegt hierbei auf dem „Wie“ und nicht auf dem „Was“. Der MBTI betrachtet somit in erster Linie die grundlegenden Prozesse, aus denen bestimmte Verhaltensweisen entstehen.

Der MBTI geht in seinen Wurzeln auf die „psychologischen Typen“ des Schweizer Psychoanalytikers und Entwicklers der analytischen Psychologie Carl Gustav Jung (1875 - 1961) zurück.

Durch den von Myers und Briggs entwickelten Fragebogen, welcher eine Weiterentwicklung der Jungschen Theorien abbildet, wird es jedem Einzelnen ermöglicht, auch ohne therapeutische Analyse seinen eigenen Typus kennenzulernen.

Drei wichtige Voraussetzungen des MBTI-Modells müssen jedoch beachtet werden:

- Menschliches Verhalten ist nicht zufällig, auch wenn es manchmal so scheint. Es existieren Muster.
- Menschliches Verhalten ist klassifizierbar: Es kann beschrieben werden, wie Menschen Informationen bevorzugt aufnehmen und Entscheidungen treffen.
- Menschliches Verhalten ist unterschiedlich, weil es bestimmte Neigungen und Präferenzen gibt, welche Verhalten und Entscheidungen beeinflussen.

Die vier Dimensionen des Typenindikators

Die verwendeten Dimensionen dieses Modells lassen sich grundsätzlich in zwei Kategorien teilen: **psychische Funktionen** (Wahrnehmung und Entscheidung) und **Einstellungen** (zur Umwelt und zum Leben). Jede der Dimensionen wird auf einer bipolaren Skala gemessen.

Nach Jung nimmt jeder Mensch ständig Impulse auf und bringt diese in ein rationales Gefüge. Diese beiden Prozesse werden im MBTI mit Wahrnehmen und Entscheiden beschrieben. Jung nannte sie „Funktionen“. Die beiden Skalen S-N und T-F beschreiben diesen Kern der Theorie.

Psychische Funktionen

Die psychischen **Funktionen** beschreiben Prozesse, die im Bewusstsein des Menschen ablaufen. Das sind Prozesse der **Wahrnehmung** - wie der Mensch Informationen aufnimmt - und Prozesse des **Entscheidens** - wie der Mensch zu Entscheidungen kommt (Bild 8.5).

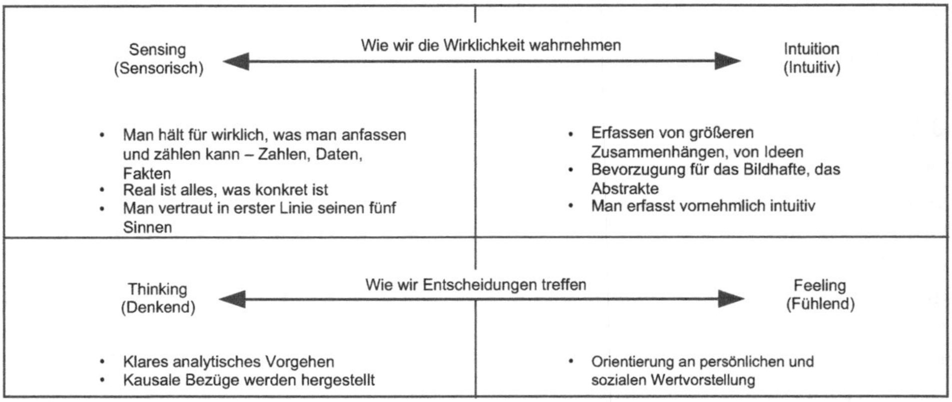

Bild 8.5 Psychische Funktionen

Durch Kombination der beiden bipolaren Skalen der Funktionen ergeben sich vier Grundtypen:

- **ST-Typ:** Sensorisch (Sensing) - Denkend (Thinking)
- **NT-Typ:** Intuitiv (Intuition) - Denkend (Thinking)
- **SF-Typ:** Sensorisch (Sensing) - Fühlend (Feeling)
- **NF-Typ:** Intuitiv (Intuition) - Fühlend (Feeling)

Einstellung zur Umwelt

Die **Einstellungen** beschreiben grundsätzliche Einstellungen des Menschen in Bezug auf seine Umwelt und das Leben allgemein (Bild 8.6). Die Einstellung des Menschen zur Umwelt kann zu seiner Außenwelt hin orientiert oder seiner Innenwelt zugewandt sein. Zum Leben allgemein kann der Mensch eine vorgefasste (= urteilende) Einstellung oder eine offene (= wahrnehmende) Einstellung haben.

Sowohl bei den Funktionen wie auch bei den Einstellungen lassen sich somit jeweils zwei verschiedene Formen unterscheiden. Durch die verschiedenen Kombinationsmöglichkeiten dieser Funktions- und Einstellungsausprägungen erhält man insgesamt 16 unterschiedliche Typen (Tabelle 8.3).

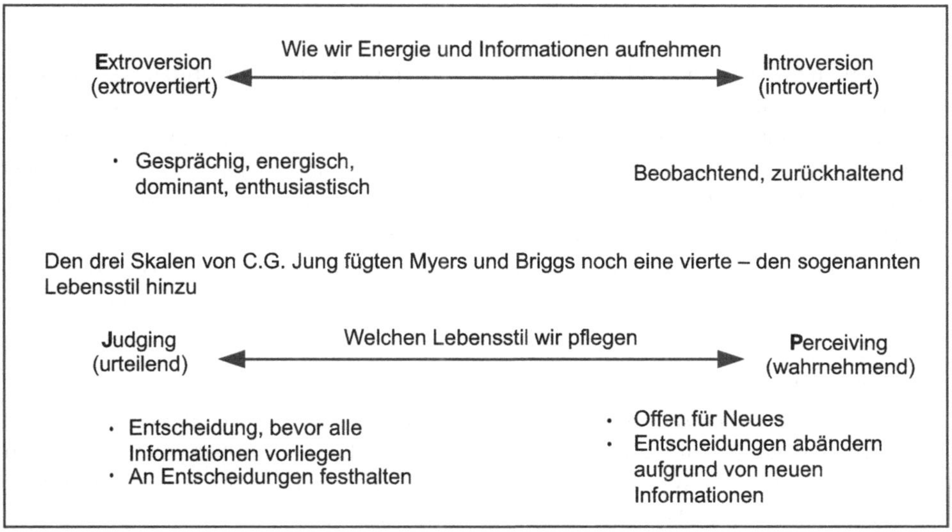

Bild 8.6 Einstellung zum Leben

Tabelle 8.3 Kombinationsmöglichkeiten der Funktions- und Einstellungsausprägungen nach MBIT (erweitertes Schema) inklusive der geschätzten Häufung der einzelnen Typen

ISTJ 11 - 14 %	ISFJ 9 - 14 %	INFJ 1 - 3 %	INTJ 2 - 4 %
ISTP 4 - 6 %	ISFP 5 - 9 %	INFP 4 - 5 %	INTP 3 - 5 %
ESTP 4 - 5 %	ESFP 4 - 9 %	ENFP 6 - 8 %	ENTP 2 - 5 %
ESTJ 8 - 12 %	ESFJ 9 - 13 %	ENFJ 2 - 5 %	ENTJ 2 - 5 %

Die geschätzte Häufigkeit der einzelnen Typen wurde aus einer Vielzahl von MBTI-Ergebnissen aus Datenbanken der Myers-Briggs Company und Stanford Research Institute (SRI) von 1972 - 2002 zusammengestellt.

Die vier Grundtypen im Kontext der Führung

Die unterschiedlichen Managementstile und die bevorzugte Organisationsform können direkt den vier Typen zugeordnet werden:

- **Der ST-Typus** (Sensing - Thinking)

  Er repräsentiert den Rationalisten, Argumentierer, er betont Fakten, Genauigkeit, Kontrolle, unpersönliche Analyse, das logische, geordnete Denken. Er bevorzugt quantitative Analysen, mathematische Abhängigkeiten, exakte Messung von Daten unter kontrollierten Bedingungen. Für ihn ist alles, was der quantitativen Analyse (derzeit) nicht zugänglich ist, für eine wissenschaftliche Bearbeitung ungeeignet.

  Schlagworte: Traditionalist, Stabilisator, Konsolidator, kühl rechnender Analytiker.

- **Der NT-Typus** (Intuition – Thinking)

  Er bevorzugt Konzepte und Konstrukte und verzichtet dabei auf quantifizierte, messbare Daten, da ihn die Ganzheit mit allen qualitativen Aspekten interessiert und weniger die Details; er liebt Taxonomien, Gliederungen, Prinzipmodelle. Dabei geht er (wie der ST-Typus auch) möglichst sachorientiert und unpersönlich, objektiviert vor, er betont ebenfalls Variablen und deren Relationen, allerdings eher auf konzeptioneller, grafischer bzw. verbaler Ebene und nicht formalisiert. Seine Problemlösungen sind eher abstrakte Konzepte, Kategorien und Typologien, bei welchen der Mensch ausgeklammert bleibt.

  Schlagworte: Visionär, Architekt, Gestalter, Generalist (die zukunftsgerechte Gesamtschau).

- **Der SF-Typus** (Sensing – Feeling)

  Er ist das Gegenstück zum NT-Typus, allerdings weisen beide Typen qualitative wie auch quantitative Aspekte in ihrem Vorgehen auf und sind daher nicht diametral zu sehen. Er verlässt sich bei der Wahrnehmung immer auf das, was er selbst mit seinen Sinnen erkennen kann, zeigt aber eine starke Personenorientierung.

  Schlagworte: Verhandler, Krisenmanager, Feuerwehrmann, Technokrat mit Herz (zügiges taktisches Vorgehen).

- **Der NF-Typus** (Intuition – Feeling)

  Er ist das genaue Gegenteil zum ST-Typus; die Art der Informationsaufnahme und der Entscheidungsprozess sind diametral zum ST-Verhalten. Er repräsentiert die Extremform des qualitativen Vorgehens im Management, die im krassen Gegensatz zum quantitativen Ansatz des ST-Typus steht. Die NF-Auffassung ist praktisch die Antithese zum Scientific Management, Operations Research, Arbeitsstudium etc. Er besitzt eine langfristige Zukunftsperspektive für eine menschenwürdige Organisation.

  Schlagworte: Katalysator, Sprecher, Vermittler, Generalist mit Herz (die Dinge am Laufen halten).

Der MBTI-Fragebogen

Der MBTI ist ein Fragebogen zur Selbsteinschätzung mit 90 Fragen. Durch die Antworten werden die Präferenzen der jeweiligen Person identifiziert. Das Ergebnis ist eine Buchstabenkombination, die auf die primären Neigungen und Verhaltensmuster hinweist.

Der MBTI im Beratungsprozess

Der MBTI kann in einem weiten Spektrum von Beratungsprozessen eingesetzt werden. Der Hauptfokus liegt in der Persönlichkeitsberatung sowie der Team- und Organisationsentwicklung.

Der MBTI identifiziert die Persönlichkeitsmerkmale mit zentralen Neigungen und Verhaltensmustern von Personen, von Teams oder von Organisationen. Mitarbeiter erkennen sich im Ergebnis häufig erstaunlich präzise wieder. Es kann dadurch ein Verständnis für die eigene Funktionsweise und warum andere anders sind geschaffen werden. Zu- und Abneigungen gegenüber Arbeitsweisen, Aufgabenstellungen und Arbeitsumgebungen werden transparent. Der eigene authentische Führungsstil wird bewusst und kann im Abgleich mit der Organisations- und Mitarbeitersituation modifiziert werden.

Der MBTI hilft mit, die richtigen Weichenstellungen für die persönliche und berufliche Weiterentwicklung zu wählen. Das Arbeiten im Team ist zu einem wesentlichen Bestandteil des Berufslebens geworden. Durch den Einsatz von MBTI werden die dynamischen Prozesse in Teams transparent. Für das Teammitglied wird dadurch seine persönliche Arbeitsweise reflektiert, die Zusammenarbeit mit Kollegen verbessert und es werden die persönlichen Ziele und die Unternehmensziele überprüft.

8.1.1.4 SIZE PROZESS®

SIZE PROZESS® PERSÖNLICHKEITS-PROFILE sind ganzheitliche Bestandsaufnahmen über Ressourcen und Potenziale von Personen und Teams.

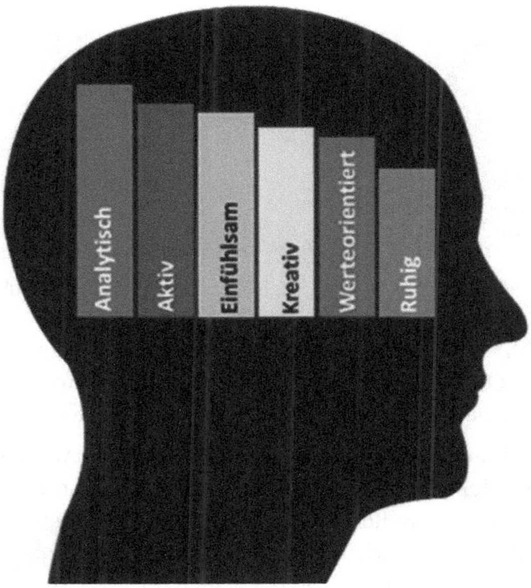

Bild 8.7 Die sechs unterschiedlichen Persönlichkeitsstile

Das SIZE PROZESS® Modell unterscheidet sechs charakteristische Persönlichkeitsstile, denen wir beruflich und privat täglich begegnen (Bild 8.7). Diese sechs Persönlichkeitsstile stellen Hauptbausteine der Persönlichkeit dar und sind unverwechselbar durch ganz typische Charaktereigenschaften, Stärken, Talente, Bedürfnisse, Kommunikationsmuster und Stressverhalten, die wissenschaftlich erwiesen sind. Die sechs Persönlichkeitsstile sind als System strukturell miteinander verbunden und funktionieren gemeinsam in einer Ganzheit, die für eine Person jeweils ganz charakteristisch sind.

Die strukturelle Verteilung und energetische Ausprägung dieser sechs Persönlichkeitsstile sind das Ergebnis genetischer Veranlagungen und früher Kindheitserlebnisse (wie auf das Kind reagiert und mit ihm interagiert wurde).

Das SIZE PROZESS® Modell als verständliche Landkarte menschlicher Verhaltens- und Kommunikationsmuster wurde auf Basis der Transaktionsanalyse und Bioenergetik von Fritz Zehetner seit 2000 in Zusammenarbeit mit vielen Experten und Expertinnen im In- und Ausland (davon die ersten vier Jahre zusammen mit Hannes Sieber) zusammengestellt und bis zum heutigen Tag ständig weiterentwickelt. Es integriert heute Gedankengut aus der Tiefenpsychologie, Gestalttheorie, Verhaltenstherapie, modernen systemischen Ansätzen sowie klassischen Modellen der Entwicklungspsychologie.

Das SIZE PROZESS® Modell ist als eingetragene internationale Wort- und Bildmarke geschützt (Marken- und Urheberrecht liegt bei Fritz Zehetner). Persönlichkeitsprofile können nur von ausgebildeten zertifizierten Partnern und Partnerinnen eingesetzt werden.

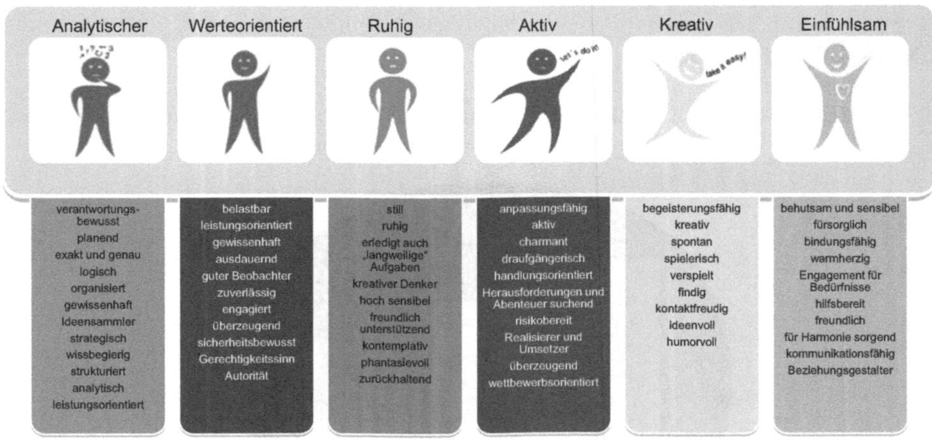

Bild 8.8 Charakteristik und Stärken der sechs SIZE PROZESS® Persönlichkeitsstile

Mit den SIZE PROZESS® Persönlichkeitsprofilen erkennen Personen ihre Stärken, Begabungen und Talente (Bild 8.8). Sie wissen, welche psychischen Bedürfnisse der Antrieb für ihr Verhalten sind und welche Verstimmungs- und Stressmuster sie im Alltag zeigen.

Führungskräfte und Mitarbeiter/-innen erhalten unmittelbare Anregungen und Ideen für die persönliche Entwicklung durch Selbstreflexion, wie sie ihren Pool an Ressourcen und Potenzialen gezielt nutzen und weiterentwickeln können. Sie lernen, wie sie auch in Stresssituationen kreativ, energievoll sowie effektiv und produktiv bleiben können.

Über den freiwilligen Austausch der Persönlichkeitsprofil-Ergebnisse entsteht die Möglichkeit, sich im Team gegenseitig besser kennenzulernen, einen gemeinsamen Weg für eine Verbesserung der täglichen Kommunikation und den Umgang mit Konflikten zu finden.

Je nach Vorlieben und Aufbau der Organisationen können unterschiedliche Persönlichkeitsmodelle Anwendung finden. Dabei ist eine möglichst einheitliche Anwendung zu forcieren. So können die Prozessteammitglieder aufgrund ihrer unterschiedlichen Stärken ausgewählt, die Prozesse leichter weiterentwickelt und der kontinuierliche Verbesserungsprozess angewandt werden.

8.1.2 Individualkompetenz und ihre Dimensionen

Neben den beschriebenen Persönlichkeitsmodellen soll als Abrundung der Ausführungen zum Individuum an dieser Stelle der Begriff der Kompetenz und ihrer verschiedenen Ausprägungen näher beleuchtet werden. Kompetenz soll dabei als das **Vermögen** bzw. die **Fähigkeit** eines Individuums verstanden werden. Zur Spezifizierung der emotionalen Intelligenz wird dabei das Modell von Daniel Goleman (2006) herangezogen.

Bild 8.9 zeigt die verschiedenen Ausprägungen der Kompetenz eines Individuums. Dabei wird unterschieden in:

- **Informelle** Kompetenz: das Vermögen individueller Fähigkeiten samt Umsetzung.
- **Formelle** Kompetenz: die durch die Organisation gegebene Entscheidungs- und Anordnungsgewalt.
- **Emotionale** Kompetenz: das Vermögen, mit anderen umzugehen.
- **Kognitive** Kompetenz: das Vermögen, eigenes Wissen (Fach- und Methodenwissen) samt Erfahrungen einzusetzen.

Die **emotionale** Kompetenz, d. h. der Komplex von Fähigkeiten, die im Umgang mit sich selbst und in der Auseinandersetzung mit den Mitmenschen ausgespielt werden können, steht hier im Zentrum der Betrachtung.

Goleman (2006) unterteilt die emotionale Kompetenz in folgende fünf Dimensionen:

- **Selbstwahrnehmung** beschreibt unter anderem das Wissen über den eigenen, augenblicklichen Gefühlszustand und die Fähigkeit, dieses Wissen in laufende Entscheidungsprozesse mit einzubeziehen.
- **Selbstregulierung** beschreibt beispielsweise die Förderung positiver und die Hemmung negativer Emotionen bei bestimmten Handlungen.
- Unter **Motivation** versteht man die konkrete Nutzbarmachung von Emotionen als Grundlage zur Erreichung spezifischer Ziele.
- **Empathie** umfasst das Nachvollziehen und Erspüren emotionaler Zustände anderer Personen inklusive eines entsprechenden Adaptionsvermögens.
- **Soziale Fähigkeiten** bauen auf den anderen genannten Fähigkeiten auf und ermöglichen die Optimierung von Beziehungsgeflechten (wie z. B. Teamarbeit) durch Steuerung der Emotionen.

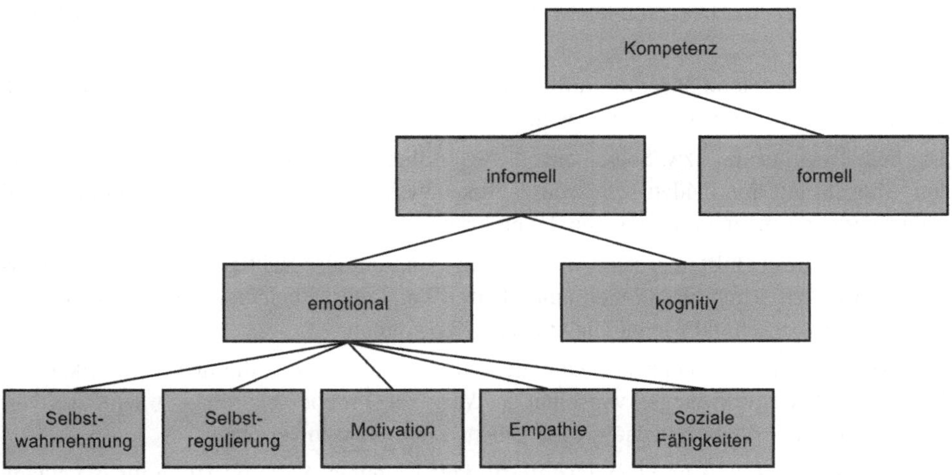

Bild 8.9 Gliederung der Kompetenz (nach Daniel Goleman, 2006)

Die **Sozialkompetenz** (Emotionale Intelligenz) zeigt sich, wenn man das Verhalten des Individuums in der Gruppe betrachtet. An dieser Stelle wird die Selbstkompetenz näher betrachtet, welche sich aus Selbstwahrnehmung, Selbstregulierung, Motivation, Empathie und Sozialen Fähigkeiten zusammensetzt.

8.1.2.1 Selbstwahrnehmung

Die Grundlage der **Selbstwahrnehmung** bildet die Fähigkeit, Botschaften aus unserem inneren Speicher emotionaler Erinnerungen zu erfassen und damit bewusst umzugehen. Goleman untergliedert die Selbstwahrnehmung in drei **Subkompetenzen** (Goleman, 2006)

- das emotionale Bewusstsein,
- die zutreffende Selbsteinschätzung und
- das Selbstvertrauen.

Das **emotionale Bewusstsein** umfasst einerseits die Erkenntnis, wie unsere Emotionen unsere Leistung beeinflussen, und andererseits die Fähigkeit, uns in unseren Entscheidungen von unseren Wertvorstellungen leiten zu lassen: Menschen, die diese Kompetenz besitzen, wissen, welche Emotionen sie empfinden, wann sie diese empfinden und wie sie sich auf ihr Denken und Handeln auswirken.

Die zweite Komponente stellt die **zutreffende Selbsteinschätzung** dar, welche als Bewusstsein für unsere Stärken und Grenzen zu jedem Zeitpunkt beschrieben werden kann. Ein klares Bild davon zu haben, wo wir uns verbessern müssen, aber auch uns selbst mit angemessenem Humor und Abstand zu sehen und die Fähigkeit, aus Erfahrung zu lernen, sind Punkte, die die Selbsteinschätzung charakterisieren.

Ist man sich seiner Qualitäten und Fähigkeiten bewusst, so entwickelt sich **Selbstvertrauen**, das uns unsere besondere Ausstrahlung und das sichere Auftreten gibt, welches notwendig ist, um trotz Ungewissheit und Stress (im landläufigen Sinn) vernünftige Entscheidungen zu fällen.

8.1.2.2 Selbstregulierung

Wenn eine Belastung zur anderen kommt, addieren sich diese nicht einfach, sondern sie scheinen das Gefühl der Belastung zu vervielfachen. So reicht am Ende eine kleine zusätzliche Belastung - der bekannte letzte Tropfen - aus, um das Fass zum Überlaufen zu bringen.

Emotionale Kompetenz bedeutet in diesem Zusammenhang auch, dass man die Wahl hat, wie man seine Gefühle ausdrücken will.

Die Selbstregulierung bzw. Selbstkontrolle - die Beherrschung von Impulsen und Gefühlen - beruht auf den beiden primären Fähigkeiten der Beherrschung dieser Impulse und dem richtigen Umgang mit unangenehmen Erfahrungen.

Die Selbstkontrolle hilft uns, störende Emotionen und Impulse richtig handzuhaben, sodass wir auch in kritischen Situationen einen klaren Verstand beibehalten und die emotionale Verstimmung so schnell wie möglich überwinden können.

Erfährt der Mitarbeiter oder das Teammitglied eine Behandlung, die nicht von unkontrollierten Gefühlsschwankungen vonseiten des Vorgesetzten überschattet ist, wächst das Vertrauen und somit die Bereitschaft, vorgegebene Ziele aktiv zu verfolgen.

Vertrauenswürdigkeit und **Gewissenhaftigkeit** bedeuten, Verantwortung für die eigene Leistung zu übernehmen. Hier spielt ebenfalls die Selbstkontrolle eine wichtige Rolle, denn wer sie besitzt, kann die möglichen Folgen seines Verhaltens durchdenken und für seine Worte und Taten Verantwortung übernehmen.

Die **Anpassungsfähigkeit**, d.h. flexibel angesichts von Veränderungen und Herausforderungen zu reagieren, ist sowohl ein kreativer als auch ein emotionaler Akt und bildet sozusagen den Grundstein für Innovationen. Zu einer kreativen Erkenntnis zu gelangen, ist meist kognitiver Natur. Doch ihren Wert zu erkennen, an ihm festzuhalten und sie aus der Vision heraus umzusetzen, verlangt emotionale Kompetenzen wie Selbstvertrauen, Initiative, Überzeugungskraft etc.

8.1.2.3 (Selbst)Motivation

Motivation bzw. Selbstmotivation, wenn wieder nur das Individuum betrachtet wird, kann gemäß Goleman (2006) in drei motivationale Kompetenzen unterteilt werden, nämlich

- Leistungsstreben,
- Engagement,
- Initiative und Optimismus.

Menschen mit **Leistungsdrang** haben das Bestreben, einen Maßstab vorzüglicher Leistungen zu erfüllen oder gar zu übertreffen. Es besteht ein ständiger Drang nach neuen Informationen und Ideen, um Ungewissheiten bei der Erreichung gesetzter Ziele zu minimieren und um Wege zu finden, sich zu verbessern - zu lernen, die eigene Leistung zu erhöhen. Gemessen wird die Leistung am Ergebnis, weshalb Menschen mit dieser Fähigkeit stark ergebnisorientiert agieren.

Das Wesen des Engagements besteht darin, Visionen und Ziele einer Organisation oder Gruppe zu übernehmen bzw. mit den eigenen Zielen zur Deckung zu bringen. Der Grad des Engagements lässt sich daran erkennen, wie viele Opfer jemand bereitwillig erbringt, damit die Organisation ein höheres Ziel erreichen kann.

Mitarbeiter, die sich mehr als Besucher denn als Mitglieder eines Unternehmens sehen, zeigen wenig Engagement.

Bei **Initiative und Optimismus** handelt es sich um zwei weitere Komponenten der Selbstmotivation, die Menschen dazu bringen, Chancen zu ergreifen, und sie befähigen, trotz Rückschlägen und Hindernissen beharrlich ihr Ziel anzustreben. Menschen mit Initiative handeln bereits, bevor sie von äußeren Ereignissen dazu gezwungen werden, was wiederum ein gewisses Maß an Engagement voraussetzt.

8.1.2.4 Empathie

Jedes Individuum erlebt sowohl Emotionen und verfügt auch über Empathie. Empathie beschreibt dabei die Fähigkeit und Bereitschaft, sich in die Einstellungen anderer Menschen einfühlen zu können. Das Ausmaß an empathischem Denken ist von Individuum zu Individuum unterschiedlich.

Es wird dabei zwischen kognitiver und emotionaler Empathie unterschieden:

- **Kognitive** Empathie beschreibt die Wahrnehmung und das Verstehen, was in einer anderen Person vorgeht, ohne dabei eine emotionale Reaktion zu zeigen.
- **Emotionale** Empathie, auch affektive Empathie genannt, beschreibt das Annehmen und Nachempfinden des Gefühls seines Gegenübers.

Empathie bietet die Basis für konstruktive Konfliktlösungen und ist der Grundpfeiler des menschlichen Zusammenlebens.

8.1.2.5 Soziale Fähigkeiten

Soziale Fähigkeiten bilden die **Basis für Sozialkompetenz**. Sie beschreiben unterschiedliche Fähigkeiten, welche eine **sequentielle Steuerung** und Regulation von Emotionen zur **Optimierung von Beziehungen** ermöglichen.

Dazu gehören auszugsweise: Durchhaltevermögen, Kommunikations-, Kritik- und Kontaktfähigkeit sowie Zuverlässigkeit, Selbstständigkeit und Leistungsbereitschaft.

8.2 Die Gruppe, das Team als soziales System

Aufbauend auf dem vorangegangenen Abschnitt zum Individuum - der einzelne Mitarbeiter - werden im vorliegenden Abschnitt zur Gruppe die Basisthemen wie Teambildungsprozess sowie Teamentwicklung behandelt.

Eine Reihe von praktischen Aspekten für die Führung von Teams, die auch eine Liste von Eigenschaften und Funktionen von Teamleitern enthält (dies sollte im Kontext zu den Persönlichkeitsmodellen aus dem vorigen Abschnitt gesehen werden), sind im Kapitel 8.3 zu finden.

Eingangs sei noch festgehalten, dass im vorliegenden Abschnitt der Fokus primär auf **Teams**, also auf Kleingruppen mit einer Größe von drei bis ca. zwölf Mitgliedern, gerichtet ist, während eine Gruppe im Allgemeinen durchaus wesentlich mehr Personen aufweisen kann. Die optimale Größe für Teams, die gemeinsam an klassischen Aufgaben eines Prozessmanagementsystems arbeiten, wird von Wahren (1994) mit fünf bis acht Personen beschrieben.

8.2.1 Teamentwicklung

Teams, ihre Zusammensetzung, Entwicklung und Führung, sind im Kontext des Prozessmanagements von essenzieller Bedeutung. Einerseits im Rahmen des Projekts betreffend den Aufbau eines Prozessmanagementsystems, andererseits in Bezug auf die Prozessteams, die im laufenden Betrieb unter der Führung des Prozessverantwortlichen die Aufgabe wahrnehmen und den Prozess so leben und optimieren sollen, dass die vereinbarten Prozessziele erreicht werden. Die Teams stellen somit sowohl temporäre Projektteams zur kooperativen Bewältigung der Projektaufgabe als auch dauerhaft bestehende Prozessteams dar.

Ein Team ist als soziales System (Handlungsträgersystem) zu verstehen, das, wie jedes System, die Phasen eines geschlossenen Lebenszyklus durchläuft. Die **Teambildung** ist dabei als Prozess anzusehen, der die ersten drei Phasen des gesamten Teamlebenszyklus umfasst.

Der **Lebenszyklus von Teams** umfasst:

- Teamzusammenstellung (Forming),
- Teamabstimmung (Storming), Primärkrisenbewältigung,
- Teamselbstorganisation (Norming),
- Teamregelarbeit (Performing), Sekundärkrisenbewältigung,
- Teamauflösung (Adjourning).

Keine dieser Phasen kann völlig umgangen oder unterdrückt werden. Ein reibungsarmer Prozess der Teambildung kann jedoch durch die Schaffung der richtigen Rahmenbedingungen gefördert werden.

Neben den oben angeführten Kompetenzen sollten folgende Kompetenzen von Personen bei der (Prozess-)Teamzusammenstellung berücksichtigt werden:

- **Kognitive Kompetenz:** Sie gliedert sich in die Fachkompetenz und Methodenkompetenz und umfasst einschlägiges Wissen und Erfahrung zur Abdeckung der involvierten Fachgebiete (Fachexperte), Wissen um die Prozessorganisation.
- **Emotionale Kompetenz:** Sie gliedert sich in die Sozialkompetenz und in die Selbstkompetenz und umfasst einerseits alle Fähigkeiten bezüglich Teamarbeit wie vor allem Menschenführung, Organisationsfähigkeit, Gruppendynamik sowie Nutzung des Sozialkapitals, andererseits den richtigen Umgang mit sich selbst (Selbststeuerung etc.).
- **Formale Kompetenz:** Sie beinhaltet die durch die Organisation zugewiesene Macht zur Anordnung sowie zum Fällen von Entscheidungen und zur Umsetzung der Gruppenergebnisse.

Dabei können durchaus mehrere dieser Kompetenzen bei ein und demselben Teammitglied vertreten sein. Zumindest die Entscheidungskompetenz, was Änderungen und Verbesserungen am Prozess betrifft, sollte beim Prozessverantwortlichen liegen. Ebenso sollte dieser möglichst hohe soziale Kompetenz besitzen.

Eine ausschließliche am Sachgebiet orientierte Zusammenstellung des Teams ist für effektive Teamarbeit nicht förderlich: Das Erreichen und Aufrechterhalten von guten Beziehungen zwischen den Teammitgliedern ist essenziell. Dies bedeutet, dass keine feindselige oder verängstigte Stimmung vorherrschen darf, ideenmäßige Konflikte aber erwünscht sind.

Eine weitere Möglichkeit für die Teamzusammenstellung ist die Einbindung möglichst aller wesentlichen Stakeholder (Betroffenen) im Team. Dieser Aspekt ist beim Aufbau des Prozessmanagementsystems von weitaus größerer Bedeutung als für den laufenden Betrieb der Prozesse.

Kreativität braucht ein „ganzes Gehirn", wenn nicht beim Einzelnen, dann im Team. Als Basis dafür können beispielsweise die Ergebnisse aus den Persönlichkeitsmodellen herangezogen werden.

Für außerordentliche Innovationen sind daher heterogene Gruppen besser geeignet als homogene, weil in ihnen die Leistung aller vier Quadranten ausgeprägter vertreten ist.

8.2.1.1 Fachheterogenität

Die beiden Begriffe „Heterogenität" und „Homogenität" spielen in der Zusammensetzung von Gruppen und Teams eine wesentliche Rolle. Eine klare Zuordnung einer Gruppe zu den absoluten Standpunkten ist in der Praxis jedoch nicht möglich (vgl. Hoering et al. 2001).

- **Homogenität:** beschreibt die Gleichartigkeit und Einheitlichkeit in Gruppen bezogen auf die inter- und intrapersonellen Merkmale. Die Homogenitätsthese geht dabei von einer totalen Austauschbarkeit einzelner Mitglieder aus.
- **Heterogenität:** beschreibt die Andersartigkeit bzw. Ungleichartigkeiten in Gruppen bezogen auf die inter- und intrapersonellen Merkmale. In der Heterogenitätsthese steht die Individualisierung der einzelnen Mitglieder im Vordergrund.

Fachheterogenität bezeichnet somit die Zusammenstellung eines Teams und Berücksichtigung der unterschiedlichen fachlichen Backgrounds. Ein gutes Beispiel hierfür sind abteilungsübergreifende Prozesse, deren Teams zwangsläufig aus Mitarbeitern von unterschiedlichen Abteilungen bestehen, dementsprechende Sichtweisen einbringen und schlussendlich tragfähige Lösungen mit hoher Akzeptanz erreichen.

Um breit gestreute, unterschiedliche Problemsichten in der Gruppe zu garantieren, sollten möglichst unterschiedliche Fachdisziplinen vertreten sein. Man muss sich allerdings im Klaren sein, dass dies nicht immer funktioniert. So wird etwa ein Jurist unter lauter Ingenieuren unterschiedlicher Fachrichtungen eher als Exot betrachtet und leicht übergangen.

Trotz gebotener Heterogenität sollte die Gruppengröße die Zahl Sieben nicht wesentlich überschreiten. Ist eine größere Gruppe erforderlich (um etwa unterschiedliche Interessenlagen und/oder Fachgebiete abzudecken), sollten Untergruppen von jeweils vier bis fünf Teilnehmern gebildet werden. Eine andere Lösung ist das Formen eines Kernteams und eines erweiterten Teams, Letzteres zur Informationsgewinnung und zum Abchecken von Zwischenergebnissen.

8.2.1.2 Charakterheterogenität

Ein weiterer Grundsatz für die Bildung effizienter Arbeitsteams ist die Berücksichtigung der Persönlichkeiten der einzelnen Teammitglieder (z.B. auf Basis der vorliegenden Persönlichkeitsinventare – siehe Kapitel 8.1). Je nach vorherrschender Gruppenaufgabe sollten Gruppenmitglieder entsprechend ihren unterschiedlichen Stilen ausgewählt werden. Für den umfassenden Problemlösungsprozess in der Gruppe ist die Vielfalt der Charaktertypen im Team von Vorteil.

8.2.2 Die Teambildung als Prozess (Phasen 1 bis 4 des Teamlebenszyklus)

Im Hinblick auf Prozessmanagementsysteme treten die Aspekte der Teambildung besonders während des Projekts zum Aufbau des Systems auf. Ziel ist hierbei die Verankerung einer stark ausgeprägten Prozessorientierung in der Organisation und über Abteilungen hinweg, die für alle Beteiligten die Möglichkeit wie auch die Gefahr von potenziellen Verantwortungsverschiebungen im Rahmen der Veränderung der tagtäglichen Abläufe mit sich bringt. Auch innerhalb eines bereits aufgebauten Prozessmanagements kommt es durch sich ändernde Prozessteamzusammensetzungen ebenfalls immer wieder zu den im Bild 8.10 visualisierten Phasen (nach Tuckman, 1965).

Bild 8.10 Teamentwicklungsprozess (vgl. Tuckman, 1965)

1. Phase: Gruppenaufbau (Forming)

Die Gruppenmitglieder haben unterschiedliche Erwartungen, Hoffnungen, Wünsche und Ängste, was in und mit der Gruppe bzw. dem Team geschehen wird und soll und neigen daher dazu,

- sich inkompetent zu fühlen, aber ihre Selbstzweifel nicht zu zeigen,
- sich am/an der Gruppenleiter/in oder an selbstsicheren Teilnehmer/-innen zu orientieren, um hier Billigung und Unterstützung zu finden,
- wenig kritisch und aggressiv zu sein,
- möglichst angenehme und freundliche Seiten zu zeigen.

Es erfolgen erste Orientierungsversuche, um herauszufinden, welche interpersonellen Verhaltensweisen akzeptabel sind. Dabei werden Normen, Standards und Strukturen geschaffen (durch Abmachung oder Stillschweigen).

Teammitglieder versuchen, die Ziele zu verstehen, Teilziele zu identifizieren und Methoden zu definieren, mit denen sie die Aufgabe bewältigen können. Dabei gibt es jedoch unterschiedliche individuelle Ziele, Interessen und Fähigkeiten. Dieser Umstand führt zu Unsicherheit, Abhängigkeit und Orientierungsbedarf.

Die Mitglieder beginnen sich gegenseitig „abzutasten", die Gruppe probiert Verhaltensmuster aus. Eine derartige Rollenspezialisierung findet in jeder Gruppe schon sehr früh statt. Die Gruppe strukturiert sich damit und ist zunächst arbeitsfähig.

2. Phase: Der Kampf um den Status (Storming)

Die Mitglieder wissen nun voneinander mehr und können sich individueller geben und ihr alltägliches Verhalten zeigen. Die neugewonnene relative Sicherheit gestattet es ihnen, sich mit Machtproblemen und dem Stil der Gruppenleitung auseinanderzusetzen. Die Gruppenmitglieder reagieren aufeinander auch kritisch, ärgerlich und manchmal sogar feindselig. Es wird die persönliche und fachliche Qualifikation der Einzelnen wichtiger und teilweise auch offen erörtert. Daneben werden Abgrenzungen und Beziehungsklärungen unter den

Mitgliedern wichtig. Sie suchen ihren Platz in der sozialen Struktur und eine spezifische Rolle bei der Aufgabenbewältigung. Dabei kommt es zu spezifischen Allianzen und Subgruppen (Wer denkt wie ich? Wer unterstützt mich gerade am meisten?).

Statt Probleme differenziert und ausgewogen zu untersuchen, um ein breites Spektrum relevanter Daten und Fakten zu erhalten, wird diese oder jene Lösung häufig zu einem Testfall für persönlichen Einfluss und persönliches oder subgruppenspezifisches Prestige. Insgesamt jedoch ist das Klima viel realistischer als in Phase 1 und es werden auch viel mehr Gefühle gezeigt. Teilweise reagieren Mitglieder sogar aggressiv, um ihre Individualität auszudrücken und um „ihr Territorium" zu verteidigen. Machtkämpfe sind an der Tagesordnung.

Es kommt häufiger zu Diskrepanzen zwischen der persönlichen Orientierung der Teammitglieder und den Anforderungen der Aufgabe. Fehlende Einigkeit ist auch auf diesem Gebiet ein besonderes Merkmal. Konflikte (zwischen Personen und unter Gruppen) und Polarisierung (Aufruhr gegen Führende, Widerstände gegen andere Meinungen) kennzeichnen den Stil der Aufgabenbewältigung. In dieser Phase werden Grenzen abgetastet und gezogen.

Jede neu formierte Gruppe muss durch diese Rüttelstrecke, die eine harte Belastung ausmacht, hindurch. Es werden Rollen abgesteckt, der bzw. die Leiter in den einzelnen Disziplinen werden schrittweise anerkannt, es zeigt sich, wer die meisten Sympathien erhält. Dabei gibt es einige individuelle Enttäuschungen.

3. Phase: Die Vereinbarung von Regeln, das Anerkennen von Gruppennormen (Norming)

Mit der Zeit haben die Mitglieder einen Teil des aufgestauten Ärgers und feindseligen Wettbewerbsgefühls ausgedrückt. Sie werden sich bewusst, dass sie sich mit übertriebenem Konkurrenzverhalten selber schaden, und wünschen sich eine intensive Zusammenarbeit. Dadurch wird die Kommunikation offener und jeder einzelne stellt sich mit seinen Reaktionen, Wünschen und Bedürfnissen authentischer dar.

Die meisten fühlen sich als Person akzeptiert und können dadurch auch die Eigenarten der anderen und die Gruppe als Ganzes weitgehend akzeptieren.

Doch allmählich entsteht eine zunehmende Diskrepanz zwischen den tatsächlichen Interessensgegensätzen und dem allzu freundlichen Sozialverhalten. Themen, die Konflikte oder aggressive Gefühle mobilisieren könnten, werden vermieden. Langsam bemerken die Teilnehmer, dass diese Ruhe eine unrealistische Harmonie darstellt. Damit nimmt das Spannungspotenzial innerhalb der Gruppe bzw. dem Team wieder erheblich zu. Es wird wieder schwieriger, klare Entscheidungen zu treffen, die einigen zuwiderlaufen könnten.

Neue Gruppennormen fördern zunächst ein offeneres, persönlicheres und expressiveres Verhalten. Harmonie charakterisiert das Klima, durch die Oberbetonung von Freundlichkeit kommt es allerdings zu neuerlichen Spannungen.

Es dominieren Kooperation und Konsensus (relevante Daten, Ideen, Meinungen und Problemansätze werden offen ausgetauscht). Alternative Vorgehensweisen und Teillösungen können überprüft, diskutiert und zum Teil integriert werden.

Hier entwickeln sich Gruppenzusammenhalt, Unterordnung der verschiedenen Ziele unter gemeinsame Aufgaben. Es entstehen Spielregeln, die von allen akzeptiert werden. Man akzeptiert sich und sorgt dafür, dass der Fortbestand der Gruppe gewährleistet wird.

Zu vereinbarende Spielregeln der Zusammenarbeit im Team sind etwa:

- In der Ich-Form sprechen, eigene Empfindungslagen statt Schuldzuweisungen äußern.
- Alle halten sich an die Regeln für Besprechungen (z. B. pünktliches Erscheinen, Protokollführung, Rednerliste akzeptieren, niemandem ins Wort fallen, alle sollen mitdiskutieren).
- Alle äußern Feedback - auch Kritik - so, dass der Betroffene die Chance und die Motivation hat, sein Verhalten zu ändern (z. B. konkrete Vorschläge mitliefern, auch die guten Seiten des Kritisierten erwähnen).
- Die Teammitglieder informieren sich gegenseitig (z. B. über organisatorische und personelle Neuigkeiten, fachlich Interessantes), damit alle optimal arbeiten können und sich niemand ausgegrenzt fühlt. Wissensmonopolisierung wird als nicht teamförderlich verurteilt.
- Alle tragen Entscheidungen mit (Commitment), die nach den Regeln des vom Team gemeinsam vereinbarten Entscheidungsfindungsprozesses gefällt wurden.
- Konflikte bzw. Konfliktpotenziale werden offen angesprochen und gemeinsam gelöst.
- Jedes Teammitglied bemüht sich nach Kräften, jeden einzelnen Teamkollegen zu respektieren und wertzuschätzen.

4. Phase: Die Teamleistung (Performing)

Die Mitglieder nehmen Abschied von einem linearen Modell der Gruppenentwicklung. Hier wird die Gruppe eher wie ein Individuum betrachtet, das zwar reifer wird und mit seinen Problemen konstruktiver umgehen kann, ohne jedoch jemals einen problemlosen Endzustand zu erreichen. Die Gruppe muss sich in diesem Fall zum Beispiel mit der Frage beschäftigen, wie aufrichtig jeder sein kann und wie viel persönliche Intimität jeder benötigt. Sobald sie über ein wirksames Kommunikationssystem und über zuverlässige Feedback-Verfahren verfügt, können die komplizierter und vielfältiger werdenden Aufgaben in zunehmendem Maße von einzelnen Teilnehmern übernommen werden, die spezielle Begabungen und Interessen dafür haben und die diese Aufgaben selbstständig bearbeiten wollen.

Auch bei diesem Ansatz wird es gelegentlich zu neuen und auch intensiven Konflikten kommen. Die Mitglieder vertrauen darauf, dass sie diese Krisen bewältigen können. Es wird erkannt, dass eine lineare Gruppenentwicklung mit einem definitionsfähigen Endzustand eine Fiktion ist. Die Gruppen widmen der psychosozialen Entwicklung weiterhin einen erheblichen Energieaufwand, in der Hoffnung, dass dadurch die Qualität und Originalität der Aufgabenstellung verbessert werden.

Je nach Qualität des Durchlaufens der drei vorgelagerten Phasen kommt es dann zur eigentlichen Leistungsphase, die im Zentrum der Zweckorientierung steht. Allerdings ist diese Leistungsphase in sich durch Schwankungen der Effizienz gekennzeichnet, wobei durch Maßnahmen vor allem seitens des Teamleiters diesem gegensteuernd begegnet werden sollte.

In jedem Team gibt es sogenannte „Durchhänger", das sind Abschnitte geschwundener Motivation. Es treten Konflikte auf, es kann auch zu übergroßer Gruppenloyalität kommen (Group Think), was letztlich die Kreativität, Dynamik und damit die Leistungsfähigkeit des Teams behindert.

Eine wesentliche Maßnahme zur Wiedererlangung der vollen Teamleistung ist längerfristig der Austausch, vor allem die Aufnahme eines neuen Teammitglieds. Zwar werden dadurch Phase 2 und Phase 3 abermals durchlaufen sowie die Karten zum Teil neu verteilt, aber die Aktivität und Leistung der Gruppe erhöhen sich mittelfristig.

Abfolge und Dauer der Phasen

Die Phasen können unterschiedlich lang dauern und oft kommt es vor, dass eine der Phasen mehrmals durchlaufen wird. Dieser Umstand tritt vor allem dann ein, wenn vom Teamleiter eine dieser Phasen unterdrückt wird, wenn neue Mitglieder in das bestehende Team integriert werden oder sonstige äußere Einflüsse massiv auf das Team einwirken.

Wenn eine Phase vom Team übersprungen wird, was häufig für die Storming- und Norming-Phase zutrifft, rächt sich dies später. So wird oft erwartet, dass ein neu geformtes Team sofort produktiv arbeitet. In der ersten gemeinsamen Sitzung wird etwa sofort (ohne entsprechende Aufwärmphase) mitten ins Thema gesprungen und die Festlegung auch von einfachsten Umgangsregeln und von Rollen übergangen.

Wiederholungen von früheren Stadien sind keine „Rückfälle“, sie sind notwendig, wenn neue Mitglieder ins Team kommen oder bestehende ausscheiden. Daraus resultiert meistens, dass das Team über die gesamte Projektdauer immer wieder gewisse Normen und teaminterne Rollen definieren muss. Teammitglieder, denen in den ersten Phasen nicht die Möglichkeit gegeben wurde, sich darzustellen und ihre Meinung einzubringen, werden, aktiv oder passiv, Widerstand leisten.

Eine große Hilfe beim Ablauf dieses Teambildungsprozesses sind das Vorhandensein und das Anwenden von Rollenbeschreibungen für die einzelnen Teammitglieder, die Ziele, Verantwortungen und Kompetenzen für jeden festhalten. Dies gilt sowohl für den Aufbau des Prozessmanagementsystems (für das Projekt) als auch für den anschließenden Betrieb. Auf diese Art und Weise kann für alle Mitglieder transparent dargelegt und diskutiert werden, welche Chancen und Möglichkeiten vor einem liegen und welche Pflichten damit verbunden sind.

8.2.3 Maßnahmen zum Ausbau und zur Pflege effizienter Beziehungen in Gruppen

Zur Steuerung der Entwicklung sowie Aufrechterhaltung wirksamer und guter Beziehungen in der Gruppe sind folgende Maßnahmen wesentlich:

- **Auswahl geeigneter Gruppenmitglieder** hinsichtlich Persönlichkeitstypus und Erwartungshaltung. Hierzu gehört:
  - Die individuellen Erwartungen der Bedürfnisbefriedigung müssen ausgeglichen werden können, sie müssen sich vertragen.
  - Extrem hohe Ansprüche müssen vermieden werden, da dies eine Quelle für interpersonelle Probleme darstellt. Desgleichen sind Personen mit starker Ausprägung ihrer Erwartungen auf lediglich einem Gebiet eher zu vermeiden.
  - Eine breite Palette von Persönlichkeiten ist anzustreben (heterogene Gruppe), jedoch unter Vermeidung von Extremausprägungen bezüglich Macht, Zugehörigkeit, Akzeptanz.

So ist etwa eine Gruppe mit durchgehend hohem Akzeptanzanspruch der Mitglieder („ich möchte geliebt werden") sehr freundlich, aber unproduktiv.

- Zu Beginn des Gruppenlebens liegen üblicherweise nur wenige diesbezügliche Informationen vor. Die Steuerung einer wirksamen Gruppenzusammensetzung erfolgt daher eher über spätere Aufnahmen zusätzlicher Mitglieder (als Kompensation sich herausbildender Einseitigkeiten in der Gruppe).

- **Verwendung geeigneter Gruppenprozeduren.** Klare Regelungen nach demokratischem Vorbild vermeiden Konflikte, fördern gleichmäßige Teilnahme bzw. vermeiden Dominanz Einzelner. Auch Methoden der Ideenfindung mit den jeweils zugehörigen Regeln (Brainstorming, Varianten usw.) tragen bei, Problemquellen hinsichtlich des Ideeneigentums zu eliminieren.
- **Training der Gruppenmitglieder**, um deren Verständnis für eigenes und fremdes Verhalten zu schulen. Im Fall von bereits bestehenden Gruppen ist eine Schulung der Gruppenmitglieder möglich, und zwar in zwei Richtungen:
  - Selbsterfahrungstraining (Self-Awareness): Das eigene Verhalten steht im Vordergrund, dieses wird in sogenannten Encounter Groups beeinflusst.
  - Gruppendynamiktraining: Das Gruppenverhalten steht im Vordergrund, die Gruppe forciert eine Verhaltensänderung in der Gruppe selbst.
- **Zwischenmenschliche Probleme** in der Gruppe offen und freimütig ansprechen, diskutieren und gemeinsam Verständnis dafür entwickeln, ein bewusstes Konfliktmanagement in der Gruppe anstreben. Dabei lernt die Gruppe, mit den eigenen Ausprägungen zwischenmenschlicher Beziehungen umzugehen.

  Die Stufen laufen wie folgt in der Gruppe ab:
  - Selbstpräsentation jedes Gruppenmitglieds,
  - Diskussion persönlicher Präferenzen der Zusammenarbeit,
  - Einbringen von Neigungen, Gefühlen und Werthaltungen, die das Gruppenleben beeinflussen,
  - gemeinsames Verständnis entwickeln.

8.3 Leitung und Führung von Teams

Definition: Die **Leitungsfunktion** in Teams umfasst alle Einzelfunktionen, die einem Team verhelfen, auf sein vereinbartes generelles Ziel zuzusteuern, einschließlich jener, die eine wirksame interpersonelle Beziehung fördern.

Aufgabe des Teamleiters ist es, aus den Gruppenmitgliedern eine eingeschworene Gemeinschaft (ein Team) zu machen. Dazu muss er

- gemeinsam mit seinen Mitarbeitern **Spielregeln** für die Zeit der Zusammenarbeit erarbeiten,
- sicherstellen, dass alle den **Auftrag** und die **Ziele** verstanden haben und ihr Verständnis von beidem übereinstimmt,

- die **Zuständigkeiten** klar regeln,
- durch Erklären, Überzeugen und Vermitteln zwischen verschiedenen Positionen dafür rechtzeitig sorgen, dass alle Mitarbeiter die wichtigen **Entscheidungen mittragen**,
- dafür sorgen, dass alle den **gleichen Informationsstand** haben,
- die Voraussetzungen für eine **offene Kommunikation** schaffen,
- dem Team regelmäßig **Feedback** zu dessen Leistung und Entwicklung geben, fachlich und bezüglich der Zusammenarbeit,
- **Konflikte** schnellstmöglich ansprechen und konstruktiv lösen,
- eine **Streitkultur** schaffen, innerhalb derer alle Beteiligten ihre Anliegen ohne Furcht vor Sanktionen durch die Gruppe vertreten können.

Teamleitung ist eine hervorstechende Ausprägung von Kommunikation in Teams in Form von zielorientierter Einflussnahme **eines** Mitglieds auf die anderen. Dabei soll unter **Leitung** eine umfassende geistige Richtungsgebung und Steuerung eines Teams und unter **Führung** zusätzlich das physische Anführen (Guiding) und „Vorausgehen" verstanden werden. Diese Aufgabe der Führung fällt in Prozessmanagementsystemen normalerweise dem Prozessverantwortlichen zu. Je nachdem, wie stark die Prozessorientierung in der Organisation ausgeprägt ist, muss der Prozessverantwortliche seine Entscheidungen mit den entsprechenden Linienverantwortlichen abstimmen.

Als neuerer Ansatz wird hier auch das Coaching als permanente und begleitende Unterstützung und Hilfestellung ganzer Teams gesehen (siehe Kapitel 8.6).

Das Fundament einer Vorgesetztenposition

Folgende drei Bedingungen für die wirksame Ausfüllung einer Vorgesetztenposition, eines Teamleiters, sind festzuhalten:

- Übertragene Autorität (Dienstgewalt, Befugnisse): vom Vorgesetzten gegeben.
- Zuerkannte Autorität (Prestige): von Untergebenen erworben und anerkannt.
- Persönliche Autorität (Führertum): ererbt, zum Teil auch trainiert.

Diese drei auf den entsprechenden Kompetenzen basierenden Faktoren müssen wenigstens in einem Mindestmaß gegeben sein.

Das Herausbilden von Gruppenführern

Warum will ein Gruppenmitglied Gruppenführer werden (auch wenn es das nicht zugibt)? Wie wird eine bestimmte Person Gruppenführer?

Jeder Mensch liebt Erfolg. Spitzenpositionen bzw. Rollen mit hohem Status sind Symbole für Erfolg. Die Gruppenleiterrolle, von innerhalb der Gruppe wie von außen gesehen, ist besonders imageträchtig, da die Gruppe ein gut abgegrenztes soziales System ist, eine kleine Welt für sich.

Die folgenden **Theorien** zur Erklärung des Entstehens eines Gruppenleiters können unterschieden werden. Bei der Auswahl bzw. Festlegung von Prozessverantwortlichen im Rahmen des Projekts sind diese zwar von geringerer Bedeutung, jedoch im gruppen- bzw. teaminternen Zusammenhang zu sehen (Zusammenarbeit zwischen Prozessverantwortlichem und Prozessteam). Grund hierfür ist die Notwendigkeit, im Rahmen des Projekts auf bereits in der Linienorganisation etablierte Entscheidungsträger zurückzugreifen, um die Definition der Unternehmensprozesse abgesichert vorantreiben zu können. In weiterer Folge – vor allem im Betrieb des Systems – und in Verbindung mit Personalentwicklungsaspekten gewinnen die Theorien allerdings mehr an Interesse.

„Große Persönlichkeit"-Ansatz (great man theory): Dieses Phänomen betrifft Personen mit stark ausgeprägtem Charisma, mit Ausstrahlung, mit der Fähigkeit zu einer auf Emotionen basierenden Demagogie und mit faszinierendem Auftreten. Früher wurde oft zur Legitimation die Auswahl durch eine höhere Macht ins Spiel gebracht. Beispiele sind historische Persönlichkeiten und „große Führer" der Geschichte.

Charakterzugansatz: Personen mit ausgeprägten Charakterzügen in Bezug auf die Führungsqualifikation, erfasst etwa durch

- Extrovertiertheit,
- Selbstbehauptung und Durchsetzungsvermögen,
- soziale Reife: Sensitivität für soziale Aspekte und die Bereitschaft und Sicherheit des Umgangs mit Leuten.

Führungsstilansatz: Lewin (1996) definierte drei grundlegende Führungsstile:

- Autoritär: Bei diesem Stil ist eine klare Trennung zwischen dem entscheidenden und kontrollierenden Vorgesetzten und den ausführenden Mitarbeitern vordergründig. Ein distanziertes Verhältnis ist hier die Folge.
- Kooperativ: Mitarbeiter werden in diesem Führungsstil in den Entscheidungsprozess einbezogen. Ebenfalls wird die Fremdkontrolle (durch den Vorgesetzten) zumindest teilweise durch Eigenkontrolle ersetzt. Dieser Führungsstil führt zu höherer Motivation auf Basis eines guten Verständnisses der Zusammenhänge.
- Laissez-faire: In diesem Führungsstil haben Mitarbeiter volle Freiheit, Entscheidungen und Kontrollen werden alle durch die Gruppe getätigt.

Diese Stile bilden sich (in Übergangsformen) entsprechend der Situation, der Aufgabe, aber vor allem der persönlichen Präferenz und Qualifikation des Leiters heraus (Erläuterungen zu den Führungsstilen finden sich im Anschluss).

Situativer Ansatz: Hier wird davon ausgegangen, dass sich in Abhängigkeit von der jeweiligen Situation (Aufgabenstellung, Problemsetting, Zeitdruck, Not) unterschiedliche Gruppenmitglieder mit entsprechendem Status und entsprechenden Fähigkeiten als Gruppenleiter herausbilden: Dies weniger, weil sie sich besonders anbieten, sondern eher, weil die Gruppe Nichtführer nach und nach ausscheidet. Dieser Ansatz kombiniert die kontextuellen Einflüsse mit den Charakterzügen plus Erfahrungen des potenziellen Führers. Er liefert eine Erklärung, warum Gruppenleiter in einer Situation (Gruppenstruktur, Aufgabe etc.) Erfolg haben und in einer anderen scheitern; desgleichen, warum es keinen **einzig** erfolgreichen Führungsstil gibt.

Funktionaler Ansatz: Je nach Fragestellung wird der **fachlich** am besten Ausgewiesene zum Gruppenleiter gemacht, wobei (fälschlicherweise) davon ausgegangen wird, dass sich jeder die **soziale** Komponente der Gruppenleitungsfähigkeit aneignen kann. So wird oft in stark sachlich betonten Fragestellungen der einschlägige **Fachexperte** in der Gruppe (oder das dafür gehaltene Mitglied) automatisch als Leiter der Gruppe angesehen und auch vorerst akzeptiert.

Gruppendynamischer Ansatz: Hier wird davon ausgegangen, dass ein Gruppenleiter seine Position auf einer Machtbasis begründet innehat, die als Druckmittel verwendet wird und die auf unterschiedlichen Ebenen liegen kann:

- Legitimierung (Macht basierend auf Position, Rang, Funktion),
- Zuteilung (Macht ist **befristet** als Verdienst zugeteilt),
- Fachkompetenz (Macht durch Wissensmonopol, Expertentum),
- Zuständigkeit (Macht durch organisatorisches Wissen - „gewusst, wo/wer“).

Rollentheoretischer Ansatz: Durch das Wechselspiel der Interaktionen in einer zunächst führerlosen Gruppe bilden sich von selbst die Rolle des Gruppenleiters und ihre Besetzung heraus. Eine Gruppe mit einem von **außen bestimmten Gruppenleiter** (Legitimierung) macht dabei die gleichen Phasen des Gruppenlebens durch wie jede andere: Es muss sich der bestimmte Gruppenleiter als akzeptierter, **tatsächlicher** Gruppenleiter herausbilden und bewähren. Zeigt er sich bei Herausforderung (Machtkampf) verletzt und enttäuscht über verweigerte Gefolgschaft, hat er seine Rolle verloren: Solche Gruppen sind dann nicht arbeitsfähig, da es kaum gelingt, dass solche Gruppenleiter wieder von der Gruppe akzeptiert werden.

8.3.1 Führungsstile (im Überblick)

Definition: Führungsstil ist ein zeitlich überdauerndes, in Bezug auf bestimmte Situationen konsistentes Führungsverhalten von Vorgesetzten gegenüber Mitarbeitern.

Die wesentlichen Dimensionen zur Beschreibung von Führungsstil sind:

- Möglichkeit der Teilnahme am Entscheidungsprozess,
- Aufgabenorientierung versus Personenorientierung.

Nach diesen Kriterien werden nachfolgend die drei prinzipiellen Führungsstile nach Lewin (1996) diskutiert. (Zu beachten ist hierbei, dass in diesem Zusammenhang der Begriff Prozess nicht im Sinn von Unternehmensprozess verwendet wird, sondern für Arbeitsprozess, Arbeitsablauf, Art und Weise, wie die Arbeit in der Gruppe aufgeteilt und erledigt wird, steht.)

- **Autoritärer Führungsstil:**

  Der Führer entscheidet über Inhalt (Richtung, Ziele) und Prozess (Ablauf, Mitteleinsatz). Er berücksichtigt keine Kritik an seinen Handlungen, er führt die Gruppe durch genaue Einzelanweisungen und detaillierte Kontrolle.
  Sonderform: patriarchalische Führung (Vaterfigur).
  In allen Fällen kommen Mitdenken, Mitverantwortung und Kreativität zu kurz.
  Dieser Führungsstil ist bei unmittelbarem, raschem Handeln von vielen Mitarbeitern in abgestimmter Weise zielführend. Er ist autoritär, alle weiteren Führungsstile sind als „partizipativ“ anzusehen.

  Vorteile: Schnelle Handlungsfähigkeit, auch in Krisensituationen und klare Verantwortlichkeiten.

  Nachteile: Eigenintiative von Mitarbeitern ist nicht gewünscht, was demotivieren kann. Weiters kann es schnell zu einer Überforderung der Führungskraft kommen, Arbeit bleibt liegen wenn der Vorgesetzte keine Entscheidungen trifft.

- **Kooperativer Führungsstil:**

  Die Gruppenmitglieder beteiligen sich aktiv an den Entscheidungen über den Inhalt (Richtung, Ziele) und die Prozesse. Alle Rollenträger sind auf das Zusammenwirken aller angewiesen, um die gesetzten Ziele zu erreichen. Voraussetzung ist Kommunikation in der Gruppe, vor allem zwischen Gruppenleiter und Mitgliedern, um Ziele und gesetzte Maßnahmen zu durchschauen und die Transparenz zu erhöhen. Die Kontrolle der Ergebnisse erfolgt teilweise durch die Gruppe selbst und teilweise durch die Führungskraft. Die letzte Entscheidung verbleibt allerdings beim Leiter.

  Vorteile: Förderung der Motivation von Mitarbeitern, durch Ideeneinbringung und die Vermittlung des Gefühls, ernst genommen zu werden. Durch die Aufteilung und Delegation der Aufgaben erfolgt eine Entlastung der Führungskraft.

  Nachteile: Wichtige Entscheidungen werden nicht oder zu spät getroffen, da der Vorgesetzte alle Mitarbeiter berücksichtigen möchte.

- **Laissez-faire Führungsstil (auch liberal):**

  Der liberale Führer führt nicht im eigentlichen Sinn, er hält sich bloß zur Verfügung, wenn man ihn benötigt. Er gibt Informationen und Kommentare nur, wenn er gefragt wird. Einzelne oder Untergruppen entscheiden über Inhalt und Prozess, es wird nicht geplant, alles entwickelt sich (evolutionär).

  Vorteile: Motivation durch freie Handlungsspielräume und Ausübung der persönlichen Stärken der einzelnen Mitarbeiter.

  Nachteile: Hohes Maß an Freiheit führt bei manchen Mitarbeitern zur Desorientierung. Die Gruppe ist sehr labil, eine Einigung auf Ziele, die von allen getragen werden, fällt schwer, die Arbeitsleistung ist eher gering.

Im Arbeitsleben wird heute vor allem der **kooperative** Führungsstil als günstigstes Vorgesetztenverhalten empfohlen, da die Sachleistung aus wirtschaftlichen Zwängen höhere Priorität genießen muss als das Glücksstreben des Einzelnen.

Situativer Führungsstil

Speziell in **Projekten** mit ihrer hohen Dynamik ist es erforderlich, den Führungsstil an die jeweilige Situation, d.h. an die Anforderungen in den unterschiedlichen Projektphasen, anzupassen. Es ergibt sich dadurch ein dynamischer Ansatz in Form eines **situativen Führungsstils** (Situational Leadership Bild 8.11, nach Hersey). Durch die Anwendung von agilen Vorgehen im Projektmanagement wird individuell auf die spezifischen und sich ständig verändernden Anforderungen eingegangen.

Zusätzlich spielen die Reife der Teammitglieder (d.h. deren jobspezifische Fähigkeiten und deren Wollen) und die sich entwickelnde Teamkultur eine wichtige Rolle. So wird vor allem in den ersten Projektphasen eher aufgabenorientiert vorzugehen sein, nicht zuletzt, da die Teamkultur noch nicht entwickelt ist: bestimmte Anordnungen oder Vorgaben von Strukturen, Prioritäten. In späteren Phasen, wenn das Team eine Reife erreicht hat, sollte stärker personenorientiert geleitet werden. Demgegenüber wird in Krisensituationen auf das Prinzip der Anordnung zurückgesprungen.

Zu den vier prinzipiellen Ausprägungen des situativen Führungsstils gehören Anordnen, Vorgeben, Partizipieren und Delegieren, welche in der Bild 8.11 dargestellt sind.

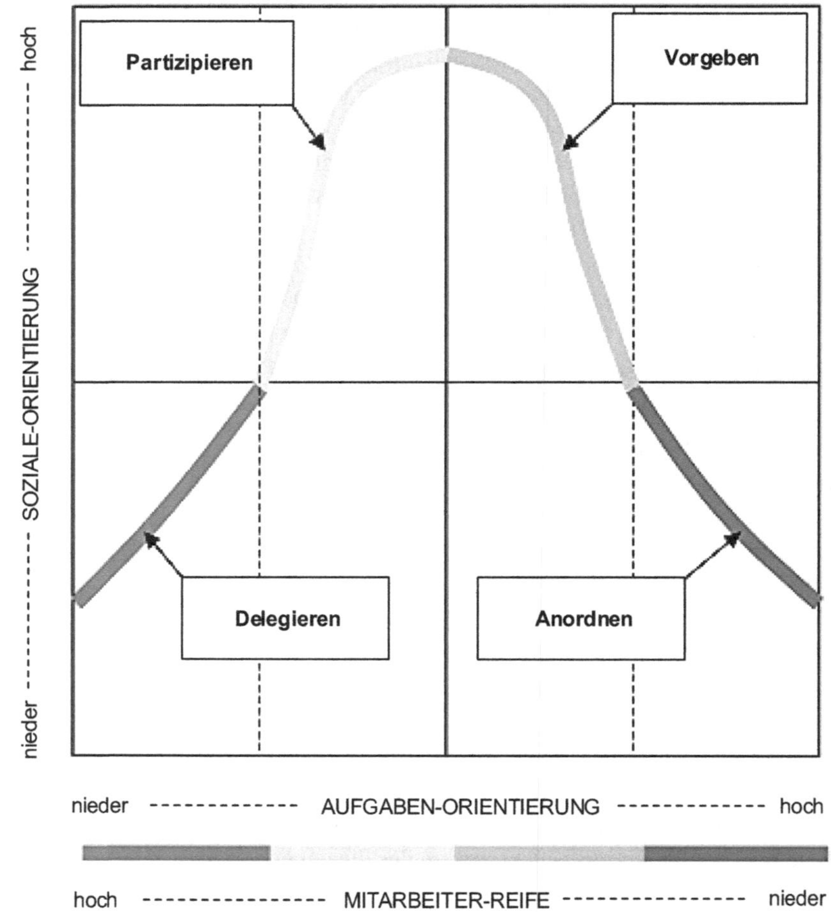

Bild 8.11 Situativer Führungsstilansatz (vgl. Hersey, 1992)

8.3.2 Praktische Aspekte der Leitung und Führung von Teams

In bestehenden Organisationen der Wirtschaft und Verwaltung wird im Allgemeinen ein Teamleiter **nominiert**, d. h. seine Legitimierung erfolgt durch Einsetzung von außen, seine Funktion ist mit Position und Titel abgesichert („Vorgesetzter"). Das Team wird meist erst danach aufgebaut und macht alle Phasen der Teambildung durch, wobei der von außen bestimmte Leiter seine Erfahrungen auf dem Gebiet der Teamleitung unter Beweis stellen muss.

Dies bedeutet jedoch nicht, dass alle Aspekte der Teamleitungsfunktion in seinen Händen vereinigt sein müssen. Trotzdem ist gegenüber der Stammorganisation der Leiter die Kontaktperson, die Leitfigur und der Träger der Letztverantwortung (accountability) bezüglich Aktionen, Ergebnissen und Gruppenverhalten. Eine Delegation von Verantwortung (responsibility) seinerseits an Gruppenmitglieder kann ihn davon nicht entbinden.

Oft entwickeln sich in einem Team zwei Leiter:

- **der nach außen gültige**, aufgabenorientiert und fachlich ausgewiesen, der tatsächliche Leiter;
- **der soziale** Leiter als Manager der interpersonellen Beziehungen, dem das meiste Vertrauen hinsichtlich Schaffung und Erhaltung der Gruppenhygiene zugesprochen wird.

Personen mit hohem **Status** werden eher die Funktion des Teamleiters anstreben, aber zugleich auch eher vom Team dafür in Betracht gezogen werden. Dasselbe gilt für Personen mit hoher **fachlicher Kompetenz**, was sich in beiden Fällen nicht automatisch als günstig herausstellen muss.

Eine Kombination aus den unterschiedlichen Führungsstilen hat sich am besten bewährt: Das Team löst Probleme, es entscheidet mit, wer Aufgaben wie erledigt. Aktivitäten, die nicht als zielorientiert (produktiv) erachtet werden, werden in Grenzen gehalten, das Gefühl der Mitwirkung beim Einzelnen ist hoch. Eine starke Führungsfunktion auf Aufgaben- wie auf zwischenmenschlicher Ebene, gekoppelt mit einer Entscheidungs**mitwirkung** der Gruppe, zeigt sich am effektivsten. Die Führungsfunktion kann dabei mehr oder minder stark innerhalb des Teams aufgeteilt sein. Wenn ein Teammitglied zur Übernahme einzelner Führungsaufgaben herangezogen wird, ist dies mit einer hohen Motivation dieser Person verbunden. Dies trifft vor allem für die Leitung von Untergruppen oder auch das Sitzungsmanagement zu.

8.3.3 Leitlinien teamorientierter Führung

- Die Führungsfunktion wird **nicht ausschließlich** von dem jeweils bestimmten **Teamleiter** wahrgenommen. Jede Intervention, die das Team den beiden Zielen Aufgabenerledigung und Gruppenhygiene näher bringt, ist als Führung zu verstehen. Somit ist letztlich die Führungsfunktion auf alle Gruppenmitglieder verteilt, alle tragen unterschiedlich dazu bei. Manche sind mehr auf die inhaltlichen Aufgaben konzentriert (Infosammlung, Bewertung etc.), andere mehr auf die Erfordernisse der Teampflege (Hilfestellung für gehemmte Mitglieder, Klarstellen von Störfaktoren, Förderung des Gruppenprozesses etc.).
- Führungsfunktion erfordert **aufmerksames Zuhören**, um die jeweilige Wechselwirkung von emotionalen und sachlichen Kommunikationsaspekten zu erfassen und um steuernd eingreifen zu können (Zusammenfassen, Klarlegen, Weitertreiben etc.). Vor allem sollten verbale und nonverbale Andeutungen verfolgt und die dahinterliegenden Agenden und Verhaltensweisen verstanden werden. Wirken sich diese Mechanismen stark störend aus, so muss der Führer sie ansprechen und offen im Team einer Behandlung/Lösung zuführen. Das Erkennen von Gruppenphänomenen baut vor allem auf Zuhören auf!
- Die Führungsfunktion betrifft den **Aufbau** und die **Weiterentwicklung** des Teams. Die Qualität der Wirkung als Gruppenmitglied sollte einer ständigen Entwicklung und Verbesserung unterworfen sein. Diese Aufgabe ist durch das Bereitstellen eines Lernprozesses in der Gruppe (Konfliktbehandlung, Umgang mit internen Problemen) und außerhalb (Schulungen etc.) zu bewerkstelligen. Alle Mitglieder müssen ein Bewusstsein für die sozialen und emotionalen Prozesse im Team entwickeln. Ein Konflikt zwischen zwei Mitgliedern ist vor allem ein Problem für die gesamte Gruppe, nicht bloß für die beiden vordergründig Involvierten!

- Die Führungsfunktion ist eine **Servicefunktion für die Gruppe**, eine **Hilfestellung** für das Entwickeln von Teamklima, Teamgeist, Teamkultur. Führen bedeutet außerdem Hilfestellung bei der Bearbeitung hinderlicher Konflikte in der Gruppe.
- Die Führungsfunktion erfordert die Sicht der Gruppe als ein **soziales System**, als eine Einheit und nicht als eine Zusammenfassung von Personen. Sie baut darauf auf, dass individuelle Gefühle, Emotionen und Handlungen auf die Gruppe einwirken (was zugleich ein Rückwirken auf das Individuum erzeugt) und damit einen wesentlichen Einfluss auf das Verhalten der gesamten Gruppe besitzen.

8.3.4 Hauptaufgaben der Teamleitung

Führungsaufgaben in Teams können wie folgt zusammengefasst werden:

Förderung der

- **Zielklarheit** und Zielakzeptanz,
- **Entwicklung** der Mitarbeiter (Fähigkeiten, Erfolgserlebnis, Problembewältigung) – Zusammenarbeit im Team,
- **Arbeitsbedingungen** für das Team (Arbeitsmittel, Störungen von außen verhindern).

Bezogen auf die Einzelfunktion der Teamführung und der jeweiligen persönlichen Ausprägungen der Person sei nachfolgend eine Checkliste geliefert.

Aufgabenorientierte Funktionen

- Vorschriften und Entscheidungen aus übergeordneten Bereichen erklären und begründen;
- eigene Ideen einbringen, insbesondere bei Prozessauslösung;
- Ideen und deren Bewertung bei der Gruppe provozieren (durch inhaltliche Inputs);
- **Konflikte** auf die **sachliche** Ebene verlagern;
- Bewertung der Ideen, insbesondere bei Prozessweichenstellung;
- Auswahlentscheidungen treffen (bei Pattstellungen), Zustimmung und Annahme;
- Spezifizieren von zu generellen Sachverhalten, Reduktion von Komplexität;
- Generalisieren von zu spezifischen Sachverhalten.

Prozessorientierte Funktionen

- Ziele setzen für die Gruppenarbeit, in Abstimmung mit der Gruppe;
- Festlegen des Vorgehens, Agenden für die Gruppe und für jedes einzelne Mitglied aufstellen und abstimmen;
- Kommunikationsbarrieren beseitigen und Zusammenarbeit fördern;
- Zusammenfassen des in der Gruppe jeweils erreichten Ergebnisses;
- Verbalisieren von Vereinbarungen und Übereinstimmungen (Konsens);
- geeignete Arbeitsmittel und förderliche Arbeitsbedingungen bereitstellen.

Interpersonell orientierte Funktionen

- Teilnahme steuern, insbesondere bei unausgeglichener Partizipation; Persönlichkeitsentwicklung fördern;
- Motivation fördern;
- Unterstützung bereithalten, Lob aussprechen, Aussprachemöglichkeiten schaffen;
- Reflexion in der Gruppe bezüglich des Gruppenprozesses auslösen;
- gutes Arbeitsklima hinsichtlich Gruppenatmosphäre und sozialer Sicherheit ermöglichen, Spannungen und Ängste abbauen, Gefühlslagen ansprechen, Hilfe bei persönlichen Problemen zur Verfügung stellen;
- Konflikte abbauen auf der **personellen** Ebene, vermitteln;
- Kritik einbringen, Leistungsdruck erzeugen (richtiges Ausmaß), Feedback liefern;
- Vertreten der Gruppeninteressen nach außen (bei unvernünftigen Vorgaben, Angriffen etc.).

Untersuchungen haben gezeigt, dass Gruppenmitglieder hauptsächlich die direkte und effektive Erfüllung von **egoistischem** Verhalten einzelner Gruppenmitglieder erwarten (siehe Punkt 3 und 4 der interpersonell orientierten Funktionen). Die aufgaben- und prozessorientierten Funktionen stehen in der Bedeutung dahinter.

8.3.5 Persönliche Eigenschaften des erfolgreichen Teamleiters

Im Bild 8.12 werden **erstrebenswerte Eigenschaften**, die mehr oder minder ausgeprägt vorliegen sollten, dargestellt:

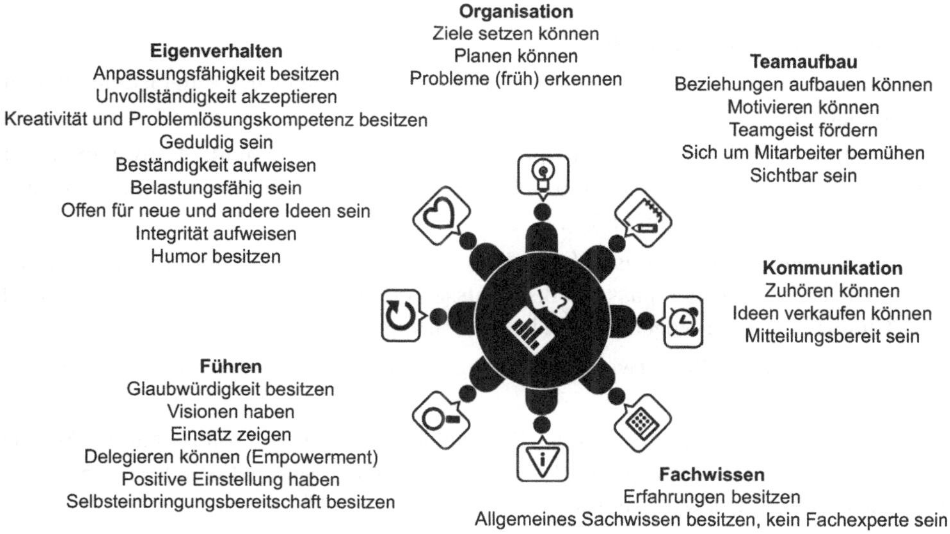

Bild 8.12 Was macht einen guten Teamleiter aus?

8.4 Motivation von Mitarbeitern

- Motivation spielt eine wesentliche Rolle in der Erarbeitung, Weiterentwicklung und Aufrechterhaltung der Prozesse. Um das aktive Anpacken dieser Aufgaben zu fördern, gibt es unterschiedliche traditionelle Ansätzen der Human-Relations-Bewegung, die auf Prozessen und Zuständen **innerhalb einer Person** und damit auf Ursachen aufbauen (Bedürfnisse, Motive, Erwartungen, Werthaltungen):
- Maslow: Bedürfnishierarchie,
- McGregor: Charakteristiken nach Theorie X und Y,
- Herzberg: Zufriedenheitsdeterminanten,
- Widmer: Kern-Schalen-Modell.

„Motivieren können“ gehört zweifelsfrei zu den vorrangigen Managementfähigkeiten und bedeutet:

- Jemanden mit Motiven ausstatten, die dieser vorher nicht hatte.
- Jemanden bei seinen Motiven „abholen“ und Möglichkeiten zu ihrer Realisierung bieten.
- Verhaltensweisen mit subjektiver Bedeutung/Wichtigkeit aufladen.
- Begeisterung entfachen.
- Anreizen.

Bei Motivation handelt es sich somit immer auch um eine Fremdsteuerung bzw. Verhaltensbeeinflussung.

Ein grundlegendes Verständnis für die Entstehung und Erfüllung von Bedürfnissen dient als gute Basis für Motivation.

Maslow Bedürfnishierarchie

Laut Maslow (1954) taucht ein neues Bedürfnis auf, sobald eines befriedigt ist, und nimmt dessen Platz ein.

Daher geht er von einer Art Hierarchie aus, in der einige bestimmte Motivationen erst befriedigt sein müssen, bevor andere auftreten können. Dabei wird zwischen fünf Bedürfnisklassen unterschieden (Bild 8.13).

Hierbei ist zu beachten, dass es sich bei den unteren vier Bedürfnisebenen um Defizitmotive handelt. Das bedeutet, dass die Bedürfnisse erst aktiviert werden, wenn ein Mangel (z. B. Hunger oder Übergangen werden in einer Gruppe) erkannt wird.

Das Bedürfnis nach Selbstverwirklichung hingegen gilt als Wachstumsmotiv – es wächst, während es befriedigt wird.

Das Erkennen und (Nicht-)Erfüllen der Bedürfnisse hat direkten Einfluss auf das Soziale Klima und somit darauf, wie gut das Prozessteam zusammenarbeitet bzw. welche Konfliktpotenziale frühzeitig erkannt und somit vermieden werden können.

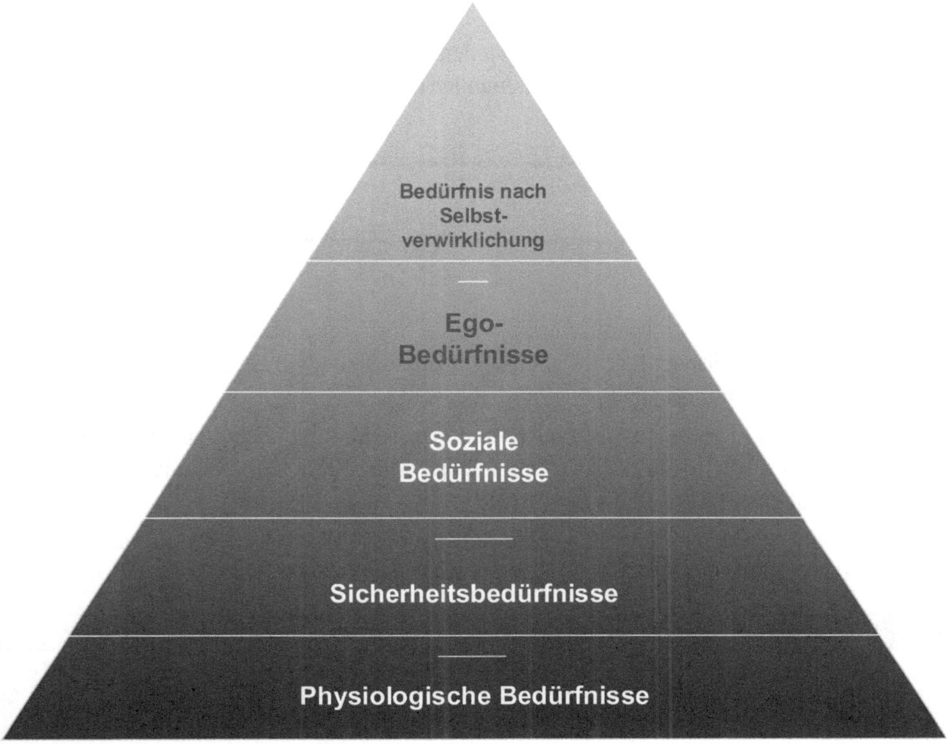

Bild 8.13 Bedürfnispyramide nach Maslow

Die Bedeutungen der Bedürfnisse sind nach Ballreich, R. (2006) deutlich an einem Baby zu erkennen: Sind Bedürfnisse nach Nahrung, Sicherheit, Wärme und Kontakt befriedigt, ist es zufrieden. Ist ein Bedürfnis nicht gestillt, fängt es an zu schreien.

Diese Erkenntnis fördert das aktive Miteinander in den Prozessteams. Wenn ein nicht gestilltes Bedürfnis bei einem Teammitglied erkannt wird, kann aktiv darauf eingegangen und somit präventiv ein möglicher Konflikt verhindert werden.

McGregor: Charakteristiken nach Theorie X und Y

Die X-Theorie beschreibt einen Menschen, der Anweisungen benötigt, da er wenig Eigeninitiative und eine geringe Motivation besitzt. Laut McGregor (1960) streben Personen, die dieser Gruppe angehören, ein hohes Maß an Sicherheit an und benötigen daher genaue Instruktionen und Vorgaben, um Aufgaben erledigen zu können. Ebenfalls ziehen diese Menschen monotone Routinetätigkeiten neuen Herausforderungen vor.

Eine Person, die zu der Y-Theorie tendiert, kann sich gut eigene Ziele setzen, diese umsetzen und sich selbst motivieren. Diese Personen haben ein höheres Maß an Eigenmotivation und Selbstständigkeit.

Später führte McGregor diese zwei Theorien zu einer gemeinsamen Z-Theorie zusammen, da sowohl X- als auch Y-Welt in jeder Person situativ bedingt immer wieder vorkommen.

2-Faktoren-Theorie nach Herzberg

Herzberg et Al. (1959) definieren, dass Zufriedenheit und Unzufriedenheit keine Endpunkte einer bipolaren Skala, sondern zwei voneinander unabhängige Dimensionen sind.

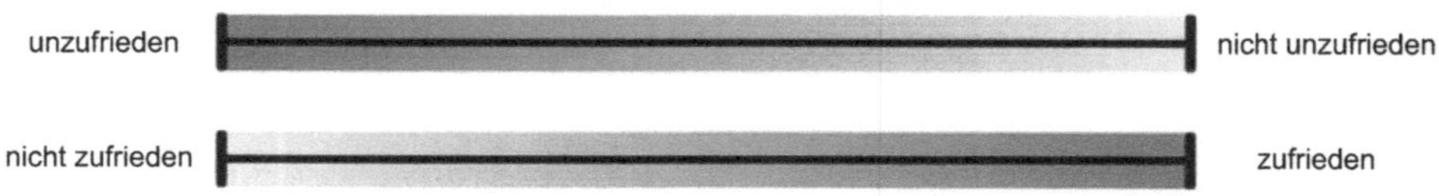

Bild 8.14 2-Faktoren-Theorie

Das Gegenteil von Zufriedenheit ist somit nicht Unzufriedenheit, sondern die Abwesenheit von Zufriedenheit (Bild 8.14).

So führt ein Konflikt zwischen der Linien- und Prozesshierarchie eher zu Unzufriedenheit. Ein gutes Verhältnis wird allerdings oft als selbstverständlich angesehen und führt daher zu einem Zustand des „Nicht-Unzufrieden-sein".

Zusätzlich wird zwischen Motivatoren (zu Zufriedenheit führende Faktoren) und Hygienefaktoren (zu Unzufriedenheit führende Faktoren) unterschieden.

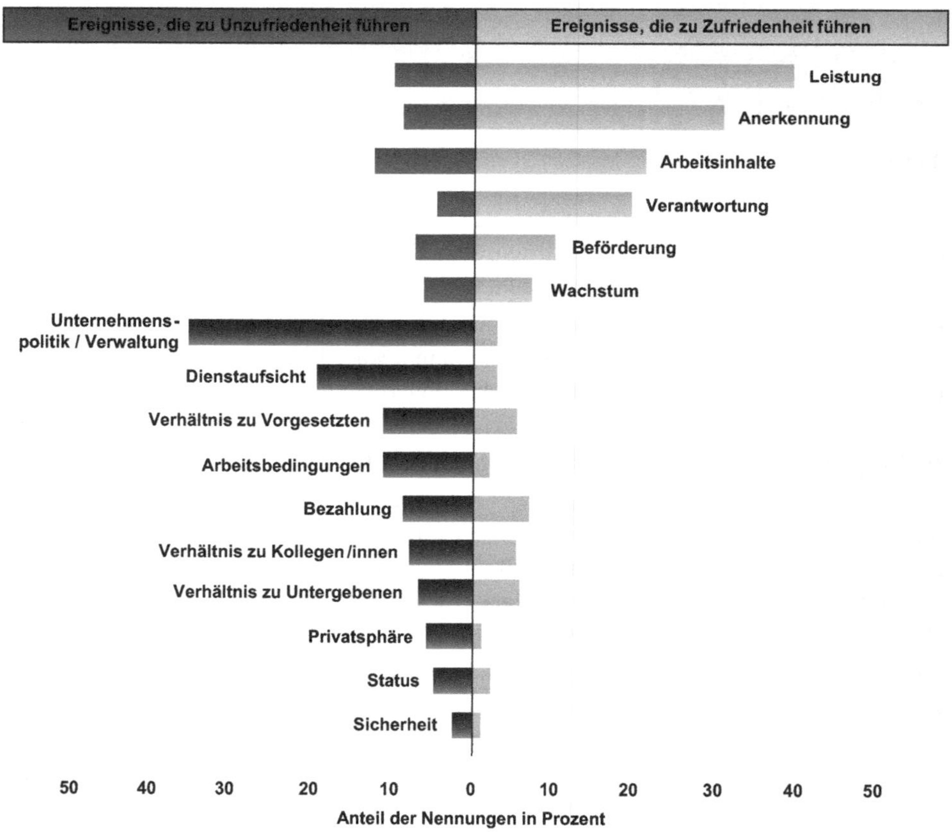

Bild 8.15 Bewertung der Hygienefaktoren und Motivatoren

Um herauszufinden, welche Faktoren die Zufriedenheit und Unzufriedenheit beeinflussen, führten Herzberg et al. eine Befragung durch, die auf der Methode der kritischen Ereignisse (Critical Incident Technique) basierte (Bild 8.15). Sie befragten insgesamt 1685 Personen verschiedener Branchen und Positionen, welche Ereignisse in der Vergangenheit zu besonders großer Zufriedenheit und welche zu besonders großer Unzufriedenheit geführt hatten. Dabei stellte sich heraus, dass Zufriedenheit und Unzufriedenheit von unterschiedlichen Ereignissen unterschiedlich stark beeinflusst wurden. Ereignisse, die den Inhalt der Arbeit bzw. die Tätigkeiten betreffen (intrinsische Faktoren), führten häufig zu Zufriedenheit, aber nur selten zu Unzufriedenheit. Ereignisse, die sich auf den Arbeitskontext beziehen (extrinsische Faktoren), führten hingegen häufiger zu Unzufriedenheit und nur selten zu Zufriedenheit.

So kann ein Prozessteammitglied zwar mit einer bestimmten Methode der Analyse für die Prozessoptimierung nicht einverstanden sein, die Anerkennung der Einwände durch den Prozessverantwortlichen oder andere Teammitglieder führen jedoch trotzdem zu einer aktive Mitarbeit bei der Anwendung der Methode.

Kern-Schalen-Modell nach Widmer

Widmer (1989) beschreibt, dass der **Mensch** als ein spontanes, lebensbejahendes und völlig schutzloses Wesen auf die Welt kommt (Bild 8.16 - zentrales Kernstück). Diese Annahme wurde von Thoman 2004 aufgegriffen und in ein Modell gearbeitet.

Von Anfang an hat er existenzielle Bedürfnisse. Diese müssen gestillt werden (Wasser, Nahrung, Atmen, Pflege, Liebe, Wärme, Schlaf).

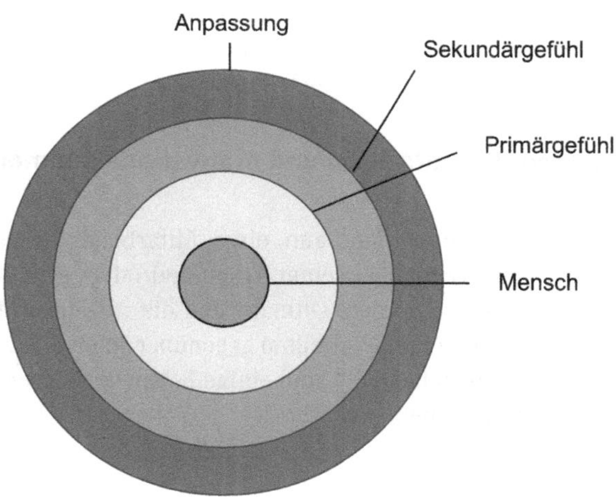

Bild 8.16 Kern-Schalen-Modell nach Widmer

Doch diese Bedürfnisse werden früher oder später nicht immer rechtzeitig oder auch nicht vollständig gestillt. Dies führt je nach Schwere der Vernachlässigung zu ersten Verletzungen. Dadurch bildet sich eine erste emotionale Schicht aus Traurigkeit, Hoffnungslosigkeit, Enttäuschung und Ohnmacht um das „schutzlose Wesen“ Mensch (das **Primärgefühl**).

Um diese schmerzhaften Gefühle abzuwehren, legt sich der Mensch eine Schutzschicht aus abwehrenden Gefühlen zu. Diese sollen ihn davor bewahren, den Schmerz der ursprünglichen Verletzung zu spüren. Diese Aggression ist eine natürliche Reaktion auf die Nichterfüllung und somit Bedrohung existenzieller Bedürfnisse. Man kann davon ausgehen, dass hinter einer Aggression ein abwehrendes Gefühl steckt. Diese Gefühle nennt man auch **Sekundärgefühle**, da sie schützend um das Primärgefühl liegen.

Wenn das Bedürfnis weiterhin nicht gestillt wird, kommt es im Laufe der Zeit zur **Anpassung.** Diese legt sich wie eine Maske um die Aggressionsschicht.

Die Schwierigkeit liegt darin, all diese Schichten zu durchdringen und das Bedürfnis dahinter zu erkennen, sodass darauf reagiert werden kann.

Mitarbeiter gewinnen, die das Unternehmensziel zu ihrem eigenen machen

Die Leistung und der Einsatz eines jeden Mitarbeiters tragen zum Unternehmenserfolg bei. Die Arbeitsleistungen motivierter Menschen liegen deutlich höher als bei gleichgültigen oder gar bei frustrierten, innerlich schon gekündigten Mitarbeitern. Bei geistigen Berufen wie Konstrukteuren, Programmierern oder „Kontakt"-Berufen wie Verkäufern etc. ist der Unterschied besonders hoch. Daher ist es eine zentrale **Führungsaufgabe,** die Mitarbeiter zu motivieren.

Den Willen zur Motivation besitzen

Das Wichtigste ist, überhaupt motivieren zu wollen. Viele langjährige Führungskräfte bauen unbewusst ein Weltbild auf, in dem sie, übertrieben ausgedrückt, zu den Herren zählen und die Mitarbeiter zu den Gehorchenden. In einem solchen Weltbild ist für Motivation gar kein Platz. Viele sind sich gar nicht, oder zumindest nicht mehr, bewusst, dass sie Mitarbeiter motivieren sollten. Motivation darf keine Zufallsangelegenheit sein, sondern muss geplant, beabsichtigt und Bestandteil einer gut funktionierenden Arbeitskultur sein. Wer Mitarbeiter motivieren will, der findet auch einen Weg.

Abbau von vorhandener Demotivation und motivationshemmenden Einflüssen

Bevor überhaupt damit begonnen werden kann, einen Mitarbeiter zu motivieren, müssen etwaige negative Einstellungen gegenüber seiner Arbeit und/oder gegenüber seinem Vorgesetzten abgebaut bzw. vermindert werden. Oftmals sind die Anzeichen für eine derartige Einstellung des Mitarbeiters aus seinem Verhalten gegenüber seinem Vorgesetzten und den Arbeitskollegen zu erkennen. In Tabelle 8.4 sind einige Beispiele solcher Verhaltensweisen und mögliche Steuerungsmaßnahmen angeführt.

Tabelle 8.4 Dysfunktionale Verhaltensweisen des einzelnen Gruppenmitglieds

Symptome	Ursachen	Steuerungsmaßnahmen
Zeigt keine Mitarbeit	Keine Akzeptanz, starke Spannungen	Finde die persönlichen Interessen des Gruppenmitglieds heraus, höre ihm zu, sprich mit ihm abseits der Gruppe, erwähne besonders seine Beiträge. Frage ihn direkt, und zwar so, dass nur er antworten kann und dass er gedrängt wird, mit mehr als bloß Ja oder Nein zu antworten.
Macht laufend Blödeleien	Spannungen, möchte sie loswerden	Anerkenne seinen Witz, aber ordne ihn ein als Spannungslöser, der in speziellen Fällen produktiv ist, in anderen jedoch vom Ziel ablenkt.
	Ist gern im Mittelpunkt	
Hält Dauerreden, dominiert die Diskussion	Ist im Rollenkampf verstrickt, möchte höheren Status, will beeindrucken	Trachte danach, dass die Gruppe das Problem löst; unterbrich die überlangen Beiträge und versuche zusammenzufassen. Übertrage ihm eine spezielle Rolle in der Gruppe, trachte danach, das Gruppenmitglied nicht zu verletzen, sein Wissen wird sehr benötigt, Zerlege den Beitrag in Portionen und gib das Wort dazwischen an andere.
	Möchte sein Fachwissen loswerden	
Ist eigensinnig, streitsüchtig, immer dagegen („der Opponent vom Dienst")	Ist stark im Rollenkampf verhaftet	Bleibe ruhig, lasse auch die Gruppe keine Feindschaft aufbauen. Frage, was die Gruppe zur Verhaltensänderung beitragen kann.
	Hat persönliche Probleme mit dem Thema	Versuche, die Gründe zu verstehen und anzuerkennen, versuche, das Positive in den negativen Beiträgen herauszuarbeiten, sprich mit ihm persönlich, mache ihm seine Wichtigkeit klar, aber stelle das Gesamtziel „Gruppeneffizienz" davor.

Motivation durch klare und realistische Ziele

Wenn man Kindern ankündigt, „Wir gehen spazieren!", ertönt oft ein lautes Murren und es wird schwierig, sie überhaupt aus dem Haus zu bekommen. Benennt man aber ein attraktives Ziel, einen Spielplatz, ein interessantes Museum oder eine Gastwirtschaft, dann kann man sogar mit Jubelschreien rechnen. Selbst der Kleinste kann plötzlich kilometerweit gehen. Erwachsene sind da nicht anders.

Die Kunst der Motivation besteht also nicht darin, Befehle zu geben, sondern starke, reizvolle und realistische Ziele zu setzen. Es ist jedenfalls motivierend, den Mitarbeitern die Bedeutung der Arbeit klarzumachen und sie letztendlich für die Unternehmensziele zu begeistern.

Der Ton macht die Musik

Außerhalb militärischer Strukturen hört man nicht gerne Befehle. Auch wenn Sie getarnt auftreten: „Wären Sie so freundlich ...", „Ich wünsche mir ..." Viele formulieren auf diese Weise und knirschen dabei mit den Zähnen ... Aber selbst wenn die Körpersprache stimmt: Die Aussage ist die gleiche, es handelt sich um Befehle, diese motivieren, wenn überhaupt, nur für begrenzte Dauer. Ein freier Mensch tut nur das gern, was er selbst gerne will. Die ideale Form, einen Befehl zu erteilen, ist, den Mitarbeiter um Vorschläge zu bitten: „Was schlagen Sie vor?“ Der Mitarbeiter, der mit einbezogen wird, der am Ende seine eigenen Vorschläge ausführt oder wenigstens das Gefühl hat, das wäre so, leistet mehr.

Der richtige Zugang zur Belohnung

Es stehen selten die finanziellen Mittel für uferlose Belohnungen bereit. Außerdem gibt es viele Menschen, deren Motivation durch Geld nur wenig zunimmt. Manchmal fördert Geld nur Einbildung und Gier und schmälert sogar die Einsatzbereitschaft. Maßgebliche Motive sind eher das Bedürfnis nach

- Sicherheit,
- Kontakt (Zusammenarbeit mit anderen Menschen),
- Anerkennung,
- Selbstständigkeit.

Heutige Sichtweise: Motivation, ohne motivieren zu müssen

Zahlreiche Unternehmen haben in jüngster Zeit überaus positive Erfahrungen mit einer Form der Motivation gemacht, die dem „gesunden Menschenverstand“ zu widersprechen scheint. Der Ansatz industrieller Praktiker ist: Gestalte das Unternehmen wirklich menschengerecht und eine Motivierung mittels Druck und Anreizen ist nicht weiter erforderlich. Es geht somit in Richtung einer sogenannten intrinsischen Motivation.

Aus Sicht der arbeitenden Menschen werden Aufgaben als menschengerecht empfunden, die sinnvoll und herausfordernd sind und dabei individuelle Ziele sowie Wertvorstellungen berücksichtigen. Im Mittelpunkt einer derartigen Gestaltung stehen Freiheit und Individualität, die durch Verzicht auf Anweisungen, Vorgaben und Formalismen erreicht werden. Um der Aufgabe trotzdem eine Ausrichtung und Orientierung zu geben, werden Qualifikation, Übersicht und eine ausgeprägte Unternehmenskultur gezielt gestaltet. Auf diese Weise entsteht eine motivierende Situation, die Druck und Anreize durch den Vorgesetzten unnötig macht. Dem Bedürfnis, das eigene Umfeld nicht als gegeben hinnehmen zu müssen, sondern auch gestalterisch Einfluss auf die eigene Arbeit nehmen zu können, entspricht die **Einbindung der Mitarbeiter in Prozessteams** mit dem Ziel, die **eigenen** Prozesse mitgestalten und auf die Definition der Prozessziele Einfluss nehmen zu können.

8.5 Konfliktmanagement

8.5.1 Konflikte in Teams

Teams sind in besonderer Weise von Konflikten bedroht, die sich sowohl aus dem eingeschränkten Zeitrahmen als auch ihrer Abgrenzung gegenüber der sonstigen Unternehmensorganisation ergeben können.

Definition: Ein Konflikt auf persönlicher Ebene liegt vor, wenn der Handlungsplan des einen den Handlungsplan des anderen einschränkt oder massiv behindert.

Auftreten von Konflikten vermeiden: Regeln erleichtern den Umgang miteinander. Die Regeln der Zusammenarbeit müssen die Mitglieder eines Teams erst entwickeln und über eine gewisse Zeit hin erproben. Deshalb ist insbesondere für das Projekt „Aufbau eines Prozessmanagementsystems" die Anfangsphase besonders kritisch.

Folgende Formen sind zunächst noch keine Konflikte:

- logischer Widerspruch,
- Meinungsdifferenz,
- Missverständnis,
- Gefühlsgegensätze,
- Spannung.

Erst durch die **Erwartung,** der andere müsse sich der eigenen Position anschließen, entsteht ein Konflikt oder zumindest ein Konfliktpotenzial (Bild 8.17).

Durch die spezielle organisationsübergreifende Zusammensetzung der Prozessteams sind meist auch unterschiedliche Ausgangssituationen, Ziele und Bedürfnisse gegeben. Das daraus entstehende Konfliktpotenzial kann durch unklare oder unausgeglichene Machtverhältnisse, Belohnungssysteme und Etats, Koordinations- und Kooperationszwang, Heterogenität der beteiligten Parteien, Einschränkungen des Handlungsspielraums oder übertriebene Wettbewerbsorientierung verstärkt werden.

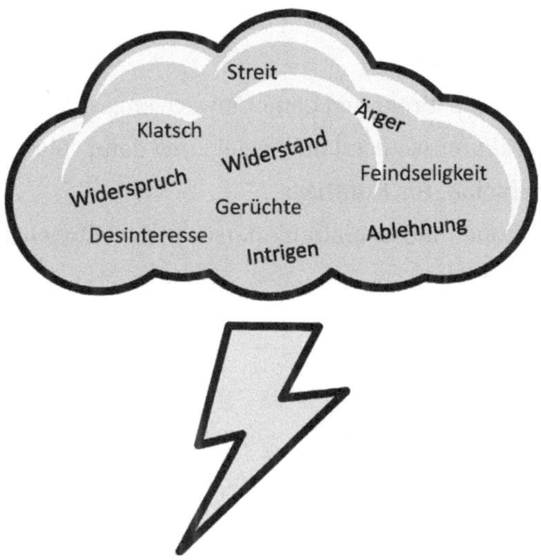

Bild 8.17 Anzeichen und Hinweise für Konfliktpotenziale

Konfliktpotenziale haben einerseits ihre Ursachen innerhalb des Teams, andererseits auch außerhalb (Prozessteam samt Leiter versus Linienorganisation, Unternehmensleitung, Kunde, Schnittstelle zwischen den Prozessen etc.).

Laut einer Studie von Hayes (2008) verbringen Mitarbeiter in Deutschland im Schnitt 3,3 Stunden pro Woche mit Konflikten (das entspricht 8,25 % der Gesamtarbeitszeit). Die Hauptursachen für Konflikte sind dabei Rivalitäten, Stress, Arbeitsbelastung und mangelnde Führung.

8.5.2 Konfliktarten

Zwei **Konfliktarten** sind prinzipiell zu unterscheiden:

- **(Intra)individueller Konflikt:** Der Konflikt spielt sich innerhalb einer Person ab. Die Person ist vor eine Wahl oder Entscheidung gestellt, die ihr Schwierigkeiten macht oder deren Problematik sie völlig blockiert.
- **Interpersonaler** (bzw. **interindividueller**) Konflikt: Zwei oder mehrere voneinander abhängige Parteien verfolgen unvereinbare Pläne bzw. Ziele, wobei sie sich ihrer Gegnerschaft im Klaren sind.

Es werden unterschiedliche Konflikttypen beschrieben, welche man einem aufgetretenen Konflikt zuordnen kann, um dann auf prinzipielle Lösungsansätze zu kommen.

Konflikttypen

- **Konstruktiver/destruktiver Konflikt:**
  - Der konstruktive Konflikt muss durchgehalten und begleitet werden.
  - Der destruktive Konflikt muss so schnell wie möglich angesprochen und gelöst werden.
- **Bewusster/unbewusster Konflikt:**
  - Der bewusste Konflikt muss direkt angesprochen und offen gelöst werden.
  - Der unbewusste Konflikt muss zuerst bewusst gemacht und dann gelöst werden.
- **Offener/verdeckter Konflikt:**
  - Der offene Konflikt muss direkt und ohne Umwege angesprochen und gelöst werden.
  - Der verdeckte Konflikt muss zuerst offengelegt und dann gelöst werden.
- **Unterschätzter/überschätzter Konflikt:**

  Beide Erscheinungsformen müssen auf die tatsächlichen Dimensionen reduziert, angesprochen und gelöst werden.
- **Scheinbarer Konflikt:**

  Muss erkannt, enttarnt und gelöst werden.

Konfliktkonstellationen in Gruppen

Auszugsweise werden besonderen Konfliktkonstellationen, welche in Gruppen und Teams vorkommen, dargestellt:

- **Revier:** Jede Gruppe beansprucht ein Feld (räumlich oder auf Zuständigkeiten und Kompetenzen bezogen), welches sie gegen Eindringlinge verteidigt.
- **Rangordnung:** Jede neue Gruppenformation (z.B. Projekte, Umorganisation) löst unweigerlich Rangkämpfe aus. Wiederkehrende Konflikte sind oft ein Indiz für eine nicht akzeptierte Rangordnung.
- **Führung:** Es werden nur Personen als Führung akzeptiert, die den Anforderungen (Ziele erreichen und ein Minimum an Zusammenhalt garantieren) als Führungsaufgabe gerecht werden.
- **Reifungs- und Ablösungskonflikte:** Jüngere Mitarbeiter kämpfen im Unternehmen um die eigene Identität.
- **Doppelmitgliedschaft:** sind Konflikte, die vor allem in sogenannten Sandwichpositionen auftreten.

Diese können somit eher der **sachlichen** Ebene oder eher der **psychosozialen** (emotionale) Ebene zugeordnet werden. Die meisten Konflikte lassen sich allerdings nicht einer Ebene eindeutig zuordnen.

8.5.3 Konfliktverhalten (Strategien zum Umgang mit Konflikten)

Prinzipiell werden vier Grundformen zum Umgang mit Konflikten (in Organisationen) beschrieben (vgl. Proksch et al., 2004)

- **Trennende Formen:** Handlungen sind darauf ausgerichtet, die konfliktverursachende Partei aus der Konfliktzone zu bringen (z.B. Kündigung oder Versetzung).
- **Zusammenführende Formen:** Bei dieser Form stellen sich die Parteien einer echten Auseinandersetzung (z.B. Klärungsgespräche und Mediation).
- **Personenbezogene Formen:** Konflikte in dieser Form werden Personen zugeordnet (z.B. individuelles Coaching).
- **Sachbezogene Formen:** Strukturelle Widersprüche werden mittels Regelungen, unabhängig von den Beteiligten, reduziert (z.B. Geschäftsprozessmodelle, Richtlinien, Fehlersuche).

Die typischen Umgänge mit Konflikten wie

- Leugnen und Verdrängen,
- Suche nach einem Schuldigen,
- schnelle, unüberlegte Lösungen (Aktionismus),
- Delegation nach oben (Machtausübung)

führen dabei selten zu einer nachhaltigen Lösung.

Abhängig von persönlichen Erfahrungen gibt es ein bestimmtes Konfliktverhalten für bestimmte Situationen. Bild 8.18 zeigt die Einzelposition (Vertreter der eigenen Meinung in der Gruppe) bezogen auf Gruppenkohäsion.

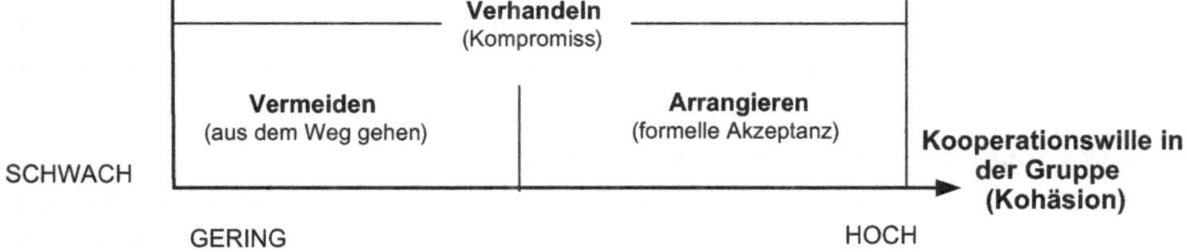

Bild 8.18 Konfliktverhalten in der Gruppe bezogen auf Gruppenkohäsion und individuelle Interessen

- **Kämpfen um Position (Machteinsatz):** Personen, welche dieses Konfliktverhalten an den Tag legen, nutzen ihre Autorität, manipulieren Informationen und schließen Koalitionen. Weitere typische Verhaltensweisen sind die Schaffung vollendeter Tatsachen und Machtausübung durch Druck. Dieses Verhalten führt meist zu Win-Lose-Situationen.
- Beim **Vermeiden** wird der Konflikt ignorieren und die Probleme werden verlagert. Typische Vorgehensweisen sind die Geheimhaltung von Konfliktinformationen und das Hoffen, der Konflikt wird bürokratisch beseitigt. Es erfolgt ein Rückzug der betroffenen Personen, das Anspruchsniveau des Einzelnen wird gesenkt.
- Typische Handlungen für **Konsens (Zusammenarbeit)** sind das Diskutieren von Differenzen, die Offenlegung von Interessen und das Verstehen der Positionen der anderen. Die gemeinsame Findung von optimalen Lösungen ohne Verlierer steht im Vordergrund.
- Beim **Arrangieren** steht die zwischenmenschliche Beziehung im Vordergrund. Das Anspruchsniveau wird durch Nachgeben, Unterordnung und Harmonisieren angepasst, Eigeninteressen werden geopfert, um der Gruppe und der Sache zu dienen.
- **Verhandeln (Kompromiss)** bedeutet, dass jeder etwas nachgeben, feilschen, drohen und einlenken muss. Das Ziel sind brauchbare statt optimale Lösungen.

8.5.4 Konfliktbehandlung

Konflikte laufen meistens nach einer bestimmten Dynamik ab, sie haben zyklischen Charakter und folgende Merkmale:

- eine Latenzphase (kürzere oder längere Vorgeschichte),
- einen Auslöser (ein Anlassfall wirkt als Zündung),
- ein Ausbrechen (der Konflikt manifestiert sich),
- eine Behandlung (es gibt ein zwischenzeitliches Resultat),
- daraus entwickelt sich oft eine neue Konfliktepisode.

Dabei definiert Glasl (2007) je nach Dauer der einzelnen Phasen und Zeitpunkte der Konfliktlösung neun unterschiedliche Stufen der Konflikteskalation.

Der Eskalationsprozess stellt für ihn eine Abwärtsbewegung dar (Bild 8.19). Die eigenen Handlungsmöglichkeiten werden durch das Ausschließen von Handlungsalternativen immer stärker eingeschränkt.

- Win-win:
  - **Eskalationsstufe 1: Verhärtung**
    Belanglose Reibereien und unterschiedliche Standpunkte verhärten sich und prallen aufeinander. Das führt zwar zu Irritationen und Verkrampfungen, trotzdem besteht die Überzeugung, dass die Spannung durch Gespräche lösbar ist.
  - **Eskalationsstufe 2: Polarisation und Debatte**
    Fronten verhärten sich, es kommt zu einer wesentlichen Änderung des sozialen Klimas. In den jeweiligen Gruppen findet zunehmend eine Polarisation im Denken, Fühlen und Wollen statt. Es wird versucht, die Gegenseite durch bessere Argumente zu schwächen, aber auch die eigene Überlegenheit überzeugend darzustellen.

- **Eskalationsstufe 3: Taten statt Worte**
  Diese Phase wird durch den Übergang von Dialogen in die Handlungsebene dominiert. Die Gegenseite wird dabei häufig vor vollendete Tatsachen gestellt, da „Reden nichts mehr hilft". Die Situation ist komplexer geworden und für die Parteien weniger steuerbar.

- Win-lose:
  - **Eskalationsstufe 4: Sorge um Image und Koalition**
    Der soziale Konfliktrahmen wird durch das Werben um Anhänger erweitert. Die Konfliktparteien stigmatisieren und bekämpfen sich, vor allem unter der Bedienung von Stereotypen und Klischees. Ebenfalls werden in dieser Phase gezielt Gerüchte gestreut.
  - **Eskalationsstufe 5: Gesichtsverlust**
    Die Austragung des Konflikts rückt immer weiter in die Öffentlichkeit. Direkte und öffentliche Angriffe und Enthüllungen, die auf den Gesichtsverlust des Gegners abzielen, stehen in dieser Phase im Vordergrund. Das Führen eines Dialogs ist von keiner Konfliktseite mehr gewünscht.
  - **Eskalationsstufe 6: Drohstrategien**
    Gewalt nimmt sowohl im Denken als auch im Handeln zu. Drohaktionen stehen auf der Tagesordnung. Durch Ultimaten wird die Konflikteskalation beschleunigt.
- Lose-lose:
  - **Eskalationsstufe 7: Begrenzte Vernichtungsschläge**
    Der gegnerischen Partei werden alle menschlichen Eigenschaften aberkannt. Man bezeichnet die Konfliktpartei als unbeseeltes Objekt. Die Kommunikation findet nur noch in eine Richtung statt.
  - **Eskalationsstufe 8: Zersplitterung**
    Zerstörung richtet sich auf die Lebenszentren der Gegner. Noch glauben die Gegner, dass eine Seite den Sieg davontragen kann. Letzte Stufe, bei der die eigene Vernichtung noch vermieden werden soll.
  - **Eskalationsstufe 9: Gemeinsam in den Abgrund**
    Es führt kein Weg mehr zurück, totale Konfrontation. Die Zerstörung des Gegners wird zum Preis der Selbstvernichtung in Kauf genommen.

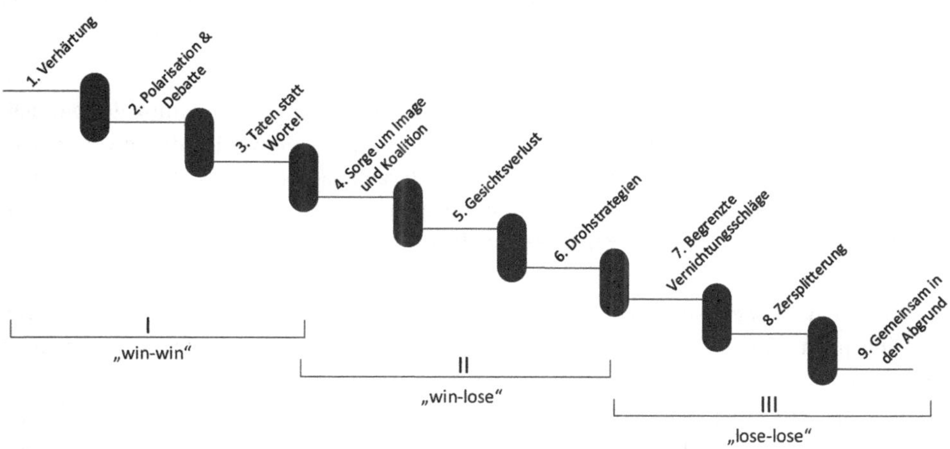

Bild 8.19 Konflikteskalation nach Glasl (2007)

Unabhängig davon, welcher Stufe der Konflikt zugeordnet werden kann, ist immer mit folgenden Gefahren zu rechnen:

- **Emotionalisierung:** aggressive Reaktionen und Gefühlsäußerungen und -ausbrüche.
- **Personalisierung:** Einzelne Personen werden zu den eigentlichen Verursachern erklärt (Sündenböcke).
- **Desorganisation:** Es erfolgt eine Destabilisierung und Schwächung bisher bewährter Strukturen.

Zugehörige Konfliktlösungsmethoden

Nachdem man einen beliebigen Konflikt einer der genannten Eskalationsstufen zugeordnet hat, kann man in Abhängigkeit der Eskalationsstufe folgende Konfliktlösungsmethoden verwenden:

- **Moderation (Stufen 1–3):**

  Moderation ist eine Methode, welche in der strukturierten Koordination von Gruppen (z. B. bei Aufgabenabstimmungen, Planung, Strategieentwicklung, Problembearbeitung und auch Konfliktregelung) zum Einsatz kommt. Der Moderator nimmt dabei eine neutrale Haltung ein, zeichnet die Konfliktsituation auf, klärt die Streitpunkte und unterstützt die Konfliktparteien nach dem Motto „Hilfe zur Selbsthilfe".

  Diese Methode findet beispielsweise Anwendung bei der Harmonisierung eines Prozesses, welcher von unterschiedlichen Prozessteams auf unterschiedliche Weise durchgeführt wird.

- **Mediation (Stufen 3–6):**

  Mediation bedeutet Vermittlung. Bei diesem Verfahren stehen die gemeinsame, freiwillige Findung einer nachhaltigen und tragbaren Lösung im Vordergrund. In diesem Verfahren werden die Konfliktparteien von einem neutralen Vermittler (Mediator), welcher auf die Einhaltung der Regeln und Rahmenbedingungen für den Lösungsfindungsprozess achtet, unterstützt. Ziel ist die Erarbeitung einer einvernehmlichen, von allen getragenen Lösung. Der Mediator unterliegt der Verschwiegenheit über verhandelte Inhalte und Ergebnisse.

  Mediation kann beispielsweise bei Konflikten zwischen unterschiedlichen Abteilungen, welche in einem gemeinsamen Prozess arbeiten sollen, angewandt werden.

- **Schiedsrichter (Stufen 7–9):**

  Der Schiedsspruch beschränkt sich nur auf die akute Situation, die Heilung des gewachsenen Konflikts wird dadurch selten erreicht. Konfliktparteien werden durch Übermacht unterworfen, Konfliktparteien werden auseinandergehalten, um Allianzen gegen Machtinhaber zu vermeiden. Die Verantwortung für eine „Lösung" obliegt einer außenstehenden Person, welche auf Basis von Gesetzen, Richtlinien oder Vorgaben eine Entscheidung trifft.

Wichtig ist, dass nach jeder Konfliktbehandlungsmethode die Wirkung und die Nachhaltigkeit überprüft werden müssen. Nur dadurch kann das kurzfristige Ziel, die Arbeitsfähigkeit der Gruppe zu erhalten, sichergestellt werden.

Das längerfristige Ziel, die Konfliktparteien zu befähigen, in Zukunft möglichst selbstständig an Spannungen und Konflikten zu arbeiten, sollte dabei immer berücksichtigt werden.

8.5.5 Der Umgang mit Konflikten

Das Behandeln von Konflikten in Gruppen ist eine ganz wesentliche Aufgabe des Team-/Gruppenleiters. Er fungiert dabei als Vermittler und Katalysator. Zu den wichtigsten Aufgaben eines erfolgreichen Konfliktmanagements gehört eine sorgfältige Diagnose festgestellter Konflikte. Es kann von Nutzen sein, zur Konfliktbewältigung unbeteiligte Externe heranzuziehen.

Um einen Konflikt überhaupt erst erkennen zu können, ist es wichtig, die unterschiedlichen Formen des Widerstands zuordnen zu können.

Dabei wird primär zwischen offenem (aktivem) und verdecktem (latentem bzw. passivem) Widerstand unterschieden:

- **Offener Widerstand** wird bewusst von den Betroffenen gelebt. Diese legen meist viel Wert darauf, dass der Widerstand auch als solcher wahrgenommen wird. Der Vorteil dieser Form des Widerstands liegt darin, dass er direkt behandelt und darauf eingegangen werden kann.
- **Verdeckter Widerstand** kann nur in besonders ausgeprägten Fällen erkannt werden, da viele der Symptome auch andere Ursachen haben können. Personen, die verdeckten Widerstand leisten, handeln im Verborgenen. Die Schwierigkeit liegt hier darin, dass, wenn dieser nicht rechtzeitig erkannt wird, eine Zerstörungskraft entwickelt wird, welche die Einführung eines Prozessmanagementsystems scheitern lassen kann.

Zusätzlich können Betroffene ihren Widerstand **verbal** oder **nonverbal** äußern. Bild 8.20 zeigt dabei unterschiedliche Kombinationsmöglichkeiten.

	Verbal (Reden)	Nonverbal (Verhalten)
Angriff (aktiv)	Widerspruch Kritik & Beschwerde Gegenargumentation Sturer Formalismus Vorwürfe & Drohungen Polemik	Unruhe Aufregung Cliquenbildung Streit Intrigen Gerüchte
Flucht (passiv)	Blödeln Ausweichen Bagatellisieren Lächerlich machen Unwichtiges debattieren	Lustlosigkeit Müdigkeit Unaufmerksamkeit Mangelnde Kommunikation Fernbleiben Krankheit

Bild 8.20 Äußerung von Widerständen

Den Widerstand zu erkennen, hilft den Ursprung des Konflikts zu finden. Mohr et al. (1998) definieren hierzu vier unterschiedliche Gruppen auf Basis der Handlungen:

- **Promoter:** Äußern wenig bis keinen Widerstand (weder persönlich noch sachlich).
- **Skeptiker:** Äußern vermehrt sachliche Einwände.
- **Bremser:** Haben in der Regel Ängste und persönliche Vorbehalte.
- **Widerständler:** Haben sowohl persönliche als auch sachliche Widerstände.

Um einen guten Umgang mit den unterschiedlichen Typen zu finden, ist das individuelle Eingehen auf die Nicht-Erfüllung der Bedürfnisse, welche die spezifische Form des Widerstands hervorrufen, essenziell. Mögliche Handlungsanleitungen werden in Bild 8.21 beschrieben:

Typ	Ergänzende Beschreibung	Einbinden in Change
Promoter	Gehören im Normalfall zu den Unterstützern	Als FürsprecherInnen und Ansprechperson für andere mit Vorbehalt einsetzen
Skeptiker	Wenn Einwände berechtigt sind, müssen diese berücksichtigt werden	Beitrag zur besseren Lösung leisten lassen
Bremser	Wollen ihre Vorbehalte äußern	4-Augen-Gespräche führen
Widerständler	Minderheit der Beteiligten	Verhindern, dass schlechte Stimmung verbreitet wird

Bild 8.21 Handlungsempfehlungen für die vier Konflikttypen nach Mohr et al. (1998)

Trotz der oben genannten Handlungsempfehlungen sind Grundregeln für den allgemeinen Umgang von Konflikten zu berücksichtigen:

- Jeder ist in erster Linie für sich selbst verantwortlich, jeder ist mit seinen Gefühlen und Gedanken autonom.
- Störungen personeller und zwischenmenschlicher Art haben Vorrang vor der Sache.
- Es kann immer nur einer sprechen.
- Die Verwendung von Ich-Botschaften anstelle von Generalisierungen steht im Vordergrund („ich“ anstelle von „man“ oder „wir“).
- Personen werden direkt angesprochen, anstatt über sie zu reden.
- Die eigene Meinung wird offen dargelegt und nicht hinter Fragen versteckt.
- (Konstruktive) Rückmeldungen werden sowohl gegeben als auch angenommen.

8.6 Persönliche Weiterentwicklung begleiten und fördern

Coaching ist die fachliche Begleitung einer Person (Coachee) oder auch einer Personengruppe durch einen Coach (Trainer) bei der Ausübung von komplexen Handlungen, um optimale Leistungen hervorzubringen.

Es ist ein Begriff, der ursprünglich aus dem Sport kommt. Durch die Anregungen eines Experten werden die Handlungen im realen Umfeld gemeinsam durchdacht und bessere

Handlungsalternativen entwickelt. Mit dem Coachingprozess können Spitzenleistungen erreicht werden.

Coaching wird **auch** als Führungsinstrument eingesetzt. Der Vorgesetzte übernimmt dabei die Rolle des Coachs. Es können dabei aber Rollenkonflikte auftreten.

Anwendung und Ziele

Coaching ist ein Prozess, welcher einer Person hilft, sich in einem Umfeld zurechtzufinden, wo Werte, Zielsetzungen, Bedürfnisse, Organisation und Managementmethoden aufeinanderprallen: Die berufliche und persönliche Situation wird gemeinsam abgeklärt, um damit zu verhindern, dass Mitarbeiter sich blockieren oder allein gelassen fühlen.

Ziel des Coachings ist das Erreichen eines Gleichgewichts zwischen den beruflichen Anforderungen und der Selbstverwirklichung.

Coaching ist nicht nur für oberste Führungskräfte bestimmt, obwohl diese eine bevorzugte Zielgruppe darstellen.

Das Coaching streift Gebiete wie etwa Betreuung, Tutoring, Mediation und Schulung, liefert aber keine fertigen Lösungen, übt keine Kontrolle und keinen direkten Einfluss aus.

Durch Zuhören, Fragestellungen, Neuformulierung, Distanzierung und Respektierung der Vertraulichkeit gibt das Coaching dem Betreuten die Entscheidungsfreudigkeit und das Verantwortungsbewusstsein zurück.

Externes Coaching

Um einzelnen Personen oder Gruppen beim Lösen beruflicher Positions- oder Managementprobleme beizustehen, wird ein externer Spezialist hinzugezogen. Das externe Coaching kann sich offen oder unter Wahrung der Vertraulichkeit abspielen.

Die zu betreuende Person sollte ihren Coach persönlich auswählen. Damit dieser aber objektiv bleibt, soll er in wirtschaftlicher Hinsicht nicht abhängig vom Unternehmen sein. Zusätzlich kann die Entscheidung für das Coaching im Auftrag des Unternehmens als dessen positiver Beitrag zur Personalentwicklung erbracht werden oder aber auch auf Verlangen des Betreuten selbst auf privater Basis erfolgen.

Internes Coaching

Interne Coachs sind Fachleute des Unternehmens selbst, wie etwa Manager oder Verantwortliche der Personalabteilung, die einzelne Mitarbeiter oder Gruppen unterstützen, wenn es darum geht, Gruppendynamik zu entwickeln oder andere Projekte durchzuführen.

Die Grenzen des internen Coachings sind jedoch bestimmt durch Fragen zur Neutralität des Coachs, seine Distanz zum Unternehmen, Diskretion und die internen Machtverhältnisse.

In Bezug auf den Aufbau von **Prozessmanagementsystemen** ist der Einsatz von Coachs in mehreren Bereichen sinnvoll. Einerseits was das erforderliche Know-how bei der Erhebung und Definition der Prozesse betrifft, der Abstimmung von Schnittstellen und der Kopplung von Prozesszielen und Unternehmenszielen. Andererseits auf der persönlichen Ebene der Prozessverantwortlichen und -teammitglieder im Hinblick auf die Wahrnehmung und Ausübung ihrer neuen Rollen. Hier ist das Erfolgskriterium bzw. die Kernaufgabe der Beteiligten, das neue Prozessmanagementsystem und seinen Nutzen bei jedem Mitarbeiter zu verankern und es zum Leben zu erwecken.

8.7 Kreativität und Innovation Einzelner und in der Gruppe

„Manchmal genügt es nicht mehr, das Gute immer weiter zu verbessern.“
(Edward de Bono)

Kreativität ist die Fähigkeit, etwas Neues, Originelles (und dabei Nützliches) zu erschaffen (Runco, Jaeger, 2012). Durch das Sicherstellen der richtigen Rahmenbedingungen und die Anwendung unterschiedlicher Methoden kann der Kreativitätsprozess gefördert werden. Das nachfolgende Kapitel soll dabei Anhaltspunkte einerseits zu konkreten Methoden im praktischen Einsatz, andererseits zu förderlichen Hintergrundvoraussetzungen (im Umfeld und persönlich) geben.

Anlässe für den Einsatz von Kreativitätsmethoden sind gegeben, wenn

- die Problemlösung unter starkem Zeitdruck erfolgen muss, man nicht einfach auf den Einfall warten kann,
- unterschiedliches Wissen für die Problemlösung gefordert ist (interdisziplinäre Problemstellung),
- die Einbindung mehrerer Personen in die Lösungsfindung für spätere, breitere Akzeptanz erforderlich ist (Partizipation),
- neue und originelle Lösungen benötigt werden (Innovation).

Somit kann in der Erarbeitung und Aktualisierung von Prozessen ebenfalls kreativ gearbeitet werden.

8.7.1 Rahmenbedingungen und Voraussetzungen für den Einsatz von Kreativitätsmethoden und -techniken

Kreativität und Innovation brauchen sowohl

- **infrastrukturellen,**
- **kulturellen**

als auch

- **geschützten Raum.**

Infrastruktureller Raum

Durch einen Umgebungswechsel können festgefahrene Ideenfindungs- und Entwicklungsprozesse wiederbelebt werden.

Durch die Änderung der äußeren Rahmenbedingungen werden innere Blockaden gelöst.

Heller Raum, Fenster, unterschiedliche Sitzmöglichkeiten, ...

Pausen sind wichtig!

Damit ein Team seinen Kreativprozess entwickeln kann, benötigt es dafür optimierte räumliche Gegebenheiten. Dazu gehören flexibel bewegbare Möbel, ausreichend Platz für Whiteboards und Präsentationsflächen sowie Materialien zur prototypischen Gestaltung von

Ideen, beispielsweise Legosteine - denken mit den Händen -, Stoffe und Bilder. In unseren Workshops arbeiten die Design-Thinking-Teams an Steharbeitsplätzen für bis zu sechs Personen und sind jederzeit in der Lage, sich mit parallel arbeitenden Teams auszutauschen. Auf diese Weise wird die Zusammenarbeit zu einem dynamischen Erlebnis für alle Beteiligten.

Kultureller Raum

Traditionelle Unternehmensstrukturen lassen kaum Raum für kreatives Denken. Kreativitäts- und Innovationskultur leiten sich aus der Unternehmenskultur ab. Die Führung muss Fehlertoleranz in der Unternehmenskultur vorleben und fördern - nur so können Mitarbeiter den Mut entwickeln, kreativ zu sein.

Dabei sind vernetzte Strukturen den klassischen, hierarchisch geprägten Unternehmensstrukturen vorzuziehen. Vernetzte Strukturen erzeugen Zusammenarbeit und führen so zum Austausch von Informationen.

Innovation und Antworten auf komplexe Fragestellungen entstehen am besten in einem heterogenen Team aus fünf bis sechs Personen. Unterschiedliche fachliche Hintergründe und Funktionen sowie Neugier und Offenheit für andere Perspektiven sind das Fundament der kreativen Arbeitskultur.

Geschützter Raum

Um einen geschützten Raum zur Verfügung stellen zu können, sollten Personen, welche sich mit der Lösung des Problems beschäftigen, folgende Eigenschaften besitzen:

- Optimismus,
- Selbstvertrauen, Begeisterungsfähigkeit,
- Lust am divergenten Denken, Fantasiereichtum, geistige Flexibilität, Experimentierfreudigkeit,
- Geduld, Beständigkeit, Bestimmtheit,
- Fähigkeit des Denkens in **Analogien,**
- **kein** ausgeprägtes fachliches Spezialistentum,
- **kein** praktisch orientiertes Denken; Denken in allgemeinen Begriffen,
- **kein** Perfektionsdrang, keine Detailverliebtheit.

8.7.2 Kreativität & konstruktiver Konflikt

Oft lässt sich in Organisationen beobachten: „Ideen" gibt es genug. Woran liegt es, dass wenige dieser Ideen auf fruchtbaren Boden fallen? Anders formuliert: Unter welchen Bedingungen bleibt „alles beim Status quo" und was fördert das Entstehen innovativer Neuerungen?

Betrachten wir die folgenden Fragen als mögliche Ausgangspunkte für eine „große Idee" zu einer bahnbrechenden Neuerung:

- Wie kann ein revolutionärer **Fortschritt** gelingen?
- Wie kann ein **neuer Ansatz** bisherige Lösungen verdrängen?

- Was kann einen neuen Lösungsweg **zuverlässig** und **wiederholbar** machen?
- Wie können wir dabei die **Akzeptanz** für die Gemeinschaft erhalten?

Jede Frage enthält einen essenziellen Aspekt für eine erfolgreiche innovative Lösung.

Diese vier Fragen sind allerdings aus vier grundsätzlich verschiedenen Blickrichtungen gestellt. Menschen tendieren dazu, sich selektiv auf einen dieser Blickwinkel festzulegen.

Die einen erkennen den revolutionären Fortschritt einer Idee – die anderen fragen nach der zuverlässigen Anwendbarkeit.

Die einen sehen die Chance, einen Vorsprung zu erlangen – die anderen wollen verhindern, dass dieser Vorsprung andere benachteiligt zurücklässt.

Aus den widersprüchlichen Blickwinkeln entstehen Konfliktpositionen. In der Auseinandersetzung zwischen diesen Konfliktpositionen ist die Reihenfolge entscheidend für die Prioritäten.

- Am Anfang der Entwicklung einer Innovation sind Menschen gefordert, die Konventionen herausfordern und den Raum der Möglichkeiten erweitern.
- Die Entwicklung treiben Menschen voran, die einen Vergleich mit Alternativen anstellen und sich auf konkrete Leistungsmerkmale konzentrieren, wo sie Vorteile realisieren.
- Eine Lösung wird stabil durch die Mitarbeit von Menschen, die systematisch alle Details einer praktikablen Anwendung bedenken.
- Langfristigen Bestand haben Lösungen, wenn Menschen sie geduldig an die Anforderungen unterschiedlicher Umfelder anpassen.

Je kürzer die Entwicklungszyklen von Produkten und Leistungen sind, desto enger sind die Wechselwirkungen zwischen den vier Positionen gekoppelt: Die führenden Prioritäten wechseln rasch hin und her. Wie gehen die beteiligten Menschen mit diesen Widersprüchlichkeiten um?

Im Buch „Innovation Code“ beschäftigen sich Degraff und Degraff mit den unterschiedlichen Perspektiven. Ihre Empfehlung ist, auf das Einverständnis über eine gemeinsame Vision oder ein geteiltes Ziel zu setzen, um in Zusammenarbeit **„hybride“ Lösungen** – Lösungen, welche alle Perspektiven einbeziehen – zu erschaffen.

Besonders die **Digitalisierung** bringt rasche Entwicklungssprünge mit sich: Hier begegnen Startups und Traditionsunternehmen in wachsender Zahl den **Herausforderungen** einer Zusammenarbeit über die gegensätzlichen Blickwinkel hinweg. Die Ergebnisse sind auch für andere Bereiche ermutigend, dranzubleiben, damit jede der vier Perspektiven ausreichend zur Wirkung kommt.

Eine Reihe von Blockaden behindert generell die Entfaltung von Kreativität. Kreativitätskiller sind z. B. starke persönliche Prägungen (Erziehung, Schule, Ausbildung, Lebensgestaltung), eigene Bequemlichkeit, eingefahrene Denk- und Verhaltensmuster. Die üblichen **Killerphrasen,** welchen entgegengewirkt werden muss, sind dabei:

- „Das geht nicht bei uns.“
- „Das haben wir immer so gemacht.“
- „Das kostet zu viel.“
- „Das hat noch nie funktioniert.“
- „Das ist doch längst bekannt.“
- „Als Fachmann kann ich Ihnen sagen …“

- „Seien Sie erst einmal einige Jahre hier ...“
- „Ja wenn das so einfach wäre.“
- „Das ist nicht unser Bier.“
- „Wollen Sie das verantworten?“
- „Das ist doch Wunschdenken!“
- „Das mag zwar theoretisch richtig sein, aber ...“

8.7.3 Kreativitätsmethoden

Kreativitätsmethoden sind inexakte Methoden. Trotzdem sie sich am Rande wissenschaftlicher Seriosität bewegen, erfreuen sie sich zunehmender Wertschätzung.

- Kreativität bei der Problemlösung ist zu einem gewissen Grad durch den Einsatz von Techniken erlernbar bzw. verbesserungsfähig, wobei auch durchschnittlich kreative Mitarbeiter zu originellen und innovativen Ideen und Problemlösungen fähig sind.
- Bei den Methoden wird zwischen Methoden zur „Informationserhebung und Anregung der Vorstellungskraft“ und Methoden zur „Kreativen Entwicklung“ (Bild 8.22) unterschieden.

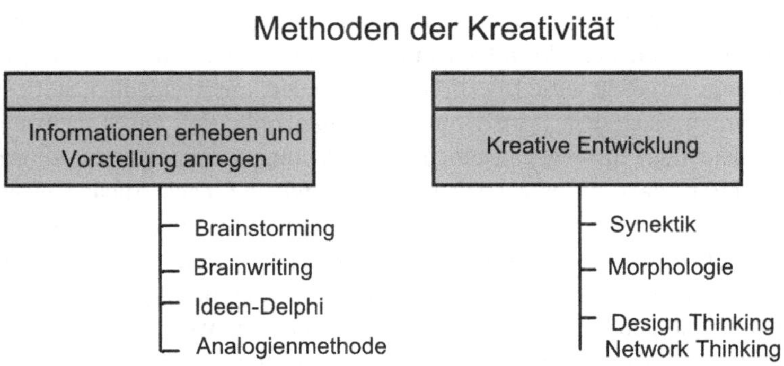

Bild 8.22 Methoden der Kreativität

8.7.3.1 Informationen erheben und Vorstellung anregen

Brainstorming

Die Methode „Gedankensturm“ beruht auf einer möglichst freien Assoziation und einer ausschließenden, zeitlich hinausgeschobenen Bewertung.

Teilnehmer: fünf bis zehn Personen, ein Leiter, möglichst gute Fachdurchmischung, möglichst gleiche hierarchische Ebene.

Durchführung: Sitzungsdauer maximal 45 Minuten, freie Gedankenäußerung (keine Killerphrasen, „Quantität vor Qualität“). Vorgebrachte Ideen werden aufgegriffen, abgewandelt und weiterentwickelt.

Alle Ergebnisse werden festgehalten, von den zuständigen Fachleuten anschließend gesichtet und auf Brauchbarkeit untersucht. Diese Ergebnisse werden mit der Gruppe diskutiert, um Missverständnisse zu vermeiden.

Die Aufgabe des Leiters liegt in organisatorischen Tätigkeiten wie Leitung der Sitzung. Die Methode liefert den Anstoß zu neuen Ideen, kann aber keine fertigen Lösungen produzieren, weil die Probleme meistens zu komplex und zu schwierig sind.

Varianten: Diskussion 66; didaktisches Brainstorming; Stop and Go; destruktiv-konstruktives Brainstorming, NGT (Nominal Group Technique).

Brainwriting

Brainwriting ist eine Weiterentwicklung des Brainstormings auf schriftlicher Basis. Nach Definition der Aufgabe und einer eingehenden Analyse werden die Teilnehmer aufgefordert, jeweils drei Lösungsansätze zu Papier zu bringen und stichpunktartig zu erläutern. Nach etwa fünf Minuten gibt man diese Unterlage an seinen Nachbarn weiter, der wiederum, nach Durchlesen der vom Vorgänger gemachten Vorschläge, drei weitere Lösungen, vornehmlich in einer **Weiterentwicklung**, hinzufügt. In diesem Sinne wird die ganze Teilnehmerrunde durchlaufen.

Varianten: 6-3-5-Methode; Notebook-Methode.

Ideen-Delphi

Die Methode basiert auf der sukzessiven Befragung einer Mehrzahl von einschlägigen Experten.

Es wird mit anerkannten Experten eines bestimmten Fachgebiets, unabhängig voneinander und räumlich getrennt, Kontakt aufgenommen, indem ihnen zunächst ein strukturiertes Fragenprogramm vorgelegt wird. Die zurückkommenden, unterschiedlich stark streuenden Antworten werden, nach dem Prinzip einer Dissonanzreduktion durch mehrmalige Rückkopplung, hinsichtlich ihrer gegenseitigen Abweichungen immer mehr eingeengt. Dies geschieht dadurch, dass die einzelnen Gruppenmitglieder nach Abgabe ihrer Stellungnahme mit den anonymen Meinungen und Argumenten der übrigen - insbesondere der extrem liegenden - Mitglieder konfrontiert und um Überprüfung ihrer Ansicht und neuerliche Stellungnahme gebeten werden. Diesem Vorgang liegt die Hypothese zugrunde, dass eine so entstandene kollektive Meinung von Experten dem Wert mit der höchsten Wahrscheinlichkeit des Eintretens bzw. der besten Problemlösung entspricht.

Analogiemethode

Unter Analogie wird eine erkennbare Gleichartigkeit oder Ähnlichkeit hinsichtlich interessierender Merkmale von Systemen verstanden, eine Gleichartigkeit/Ähnlichkeit hinsichtlich ausgewählter

- Zustandseigenschaften wie etwa Form, Aufbau;
- Wirkeigenschaften wie etwa spezifische Einzelfunktionen;
- Verhaltenseigenschaften wie etwa Nutzen, Kosten, Zuverlässigkeit, Transporteignung, Instandhaltbarkeit usw.

Die bewusste, methodische Suche von Analogien sei generell als Analogiemethode angesprochen. Wird die Suche auf **natürliche Systeme** beschränkt, so handelt es sich um die Methode **Bionik** (Studium lebender Organismen). Es geht somit um ein Transponieren und Adaptieren von in der Natur vorgefundenen Lösungsprinzipien für beliebige Problemstellungen im Zuge der Gestaltung neuer **künstlicher Systeme** (Tabelle 8.5).

Tabelle 8.5 Analogiemethode Bionik (technische Problemstellungen)

Problem	Lösung in der Natur
Leichtbaukonstruktionen, Masten, Flugzeugkomponenten	Pflanzenstiele, Halme, Blattaufbau, Waben, Spinnennetz
Scharfstellen bei optischen Geräten ohne Verschiebung der Linsen	Augenkonstruktion (Biofokus)
Strömungsgünstige Gestaltung von Transportmitteln	Fischkörper, Meeressäugetiere (z. B. Delfine, Haie)

8.7.3.2 Kreative Entwicklung

Synektik

Eine Gruppe von etwa sechs Teilnehmern führt folgende Schritte durch:

1. Darstellung des Problems.
2. Vertraut machen mit dem Problem.
3. Sammeln spontaner Einfälle (ähnlich Brainstorming).
4. Neuformulierung des Problems.
5. Verfremden des Vertrauten:
   erste Verfremdung durch direkte Analogiebildung (z. B. Analogien aus der Natur),
   zweite Verfremdung durch persönliche Analogiebildung,
   dritte Verfremdung durch symbolische Analogie (markante Worte aus der persönlichen Analogie werden als Stichwort für eine symbolische Umschreibung verwendet, paradoxe Ergänzungen sind meistens hilfreich).
6. Analyse der Analogien.
7. Vergleich zwischen Analogielösungen und ursprünglich bestehendem Problem.
8. Ableitung von Lösungsideen.
9. Entwickeln einer möglichen Lösung.

Varianten: visuelle Synektik; Reizwortanalyse; Forced Relationship.

Morphologie

Die Methode ist besonders für stark innovative Probleme geeignet, wenn entsprechend dem jeweiligen Stand des Wissens möglichst alle denkbaren Lösungen berücksichtigt werden sollen (Tabelle 8.6).

Tabelle 8.6 Morphologie (Beispiel Speisenplanung)

Realisierungen Teilfunktionen	1	2	3	4
Vorspeise	Suppe	Aperitif	Salat	–
Hauptspeise	Huhn	Fisch	Schwein	Rind
Nachspeise	Eis, Kaffee	Kuchen	Obst	Käse

Schritt 1: Zerlegen der Systemfunktion mittels Funktionsanalyse in möglichst disjunkte, gegenseitig unabhängige Teilfunktionen.

- Schritt 2: Für jede Teilfunktion ist völlig isoliert eine möglichst „erschöpfende“ Anzahl von Realisierungsmöglichkeiten zu erarbeiten und aufzulisten.
- Schritt 3: Durch vollständige Kombination ergibt sich daraus eine Gesamtlösungsmenge (Mächtigkeit: n1 · n2 · n3 ...)
- Schritt 4: Ausscheiden der in sich unverträglichen Lösungskombinationen.

Als Hilfsmittel können Elementkataloge oder Lösungskataloge herangezogen werden.

Design Thinking & Network Thinking

Eine Erfolgsgeschichte, die mit einer bekannten Persönlichkeit verbunden ist: Hasso Plattner wurde auf den neuartigen Ansatz zur Problemlösung und Ideenfindung „Design Thinking“ der Firma IDEO aufmerksam und förderte die internationale Verbreitung.

Am Hasso-Plattner-Institut wird Design Thinking folgendermaßen definiert:

„Design Thinking ist eine systematische Herangehensweise an komplexe Problemstellungen aus allen Lebensbereichen. ... Im Gegensatz zu vielen Herangehensweisen in Wissenschaft und Praxis, die von der technischen Lösbarkeit die Aufgabe angehen, stehen Nutzerwünsche und -bedürfnisse sowie nutzerorientiertes Erfinden im Zentrum des Prozesses. Design Thinker schauen durch die Brille des Nutzers auf das Problem und begeben sich dadurch in die Rolle des Anwenders. ... Design Thinker stellen dem Endnutzer Fragen, nehmen seine Abläufe und Verhaltensweisen genau unter die Lupe. Lösungen und Ideen werden in Form von Prototypen möglichst früh sichtbar und kommunizierbar gemacht, damit potenzielle Anwender sie - noch lange vor der Fertigstellung oder Markteinführung - testen und ein Feedback abgeben können.“

(Auszugsweise von: https://hpi-academy.de/design-thinking/was-ist-design-thinking.html)

Im Design Thinking werden folgende sechs klar abgegrenzte Arbeitsmodi schrittweise und iterativ in Schleifen aneinandergereiht (Bild 8.23):

Verstehen: Abstecken des Problemraums.

Beobachten: die Teammitglieder gehen nach außen, bauen Empathie für Nutzer und Betroffene auf, erleben was sie erleben.

Sichtweise definieren: die im Beobachten gewonnenen Erkenntnisse zusammentragen und verdichten.

Ideen finden: Das Team entwickelt zuerst vielfältige Lösungsmöglichkeiten, bevor es sich auf eine Auswahl fokussiert.

Prototypen entwickeln: Die ausgewählten Lösungen werden gegenständlich veranschaulicht mit Modellen, Skizzen, Demonstrationsvorführungen.

Testen: Die Zielgruppe „erprobt“ die Lösungsmöglichkeiten anhand der Prototypen und gibt Rückmeldungen.

Die Erfahrung zeigt, dass Design Thinking mehr ist als Methode: Die Schritte entsprechen einem Vorgehen, dem Designer oft intuitiv folgen. Die Methode versteht sich umgekehrt als Leitlinie für die flexible Anwendung. In der praktischen Umsetzung entwickeln Menschen ein Gespür für die Gesetzmäßigkeiten hinter der Methode und nähern sich mit Variationen einem Vorgehen an, das an ihre eigenen Voraussetzungen angepasst ist. Ist die Haltung erst geprägt, komplexen Problemen in einem gemeinsamen Lernprozess in konsequenter Nutzerorientierung zu begegnen, entstehen im Laufe der Praxis neue Gewohnheiten und kommunikative Verhaltensweisen, Elemente einer an die veränderte Haltung angepassten Kultur.

Im Buch „Network Thinking" berichtet Ulrich Weinberg von den Erfahrungen im Aufbau der Design Thinking School am Hasso-Plattner-Institut: Seiner Auffassung nach ist eine in der Vergangenheit etablierte „Expertenkultur" hinderlich für die Teamarbeit im Design Thinking. In der Arbeit mit Studierenden an konkreten Aufgabenstellungen hat in der Teamzusammenstellung Interesse am Thema Priorität gegenüber Fachwissen.

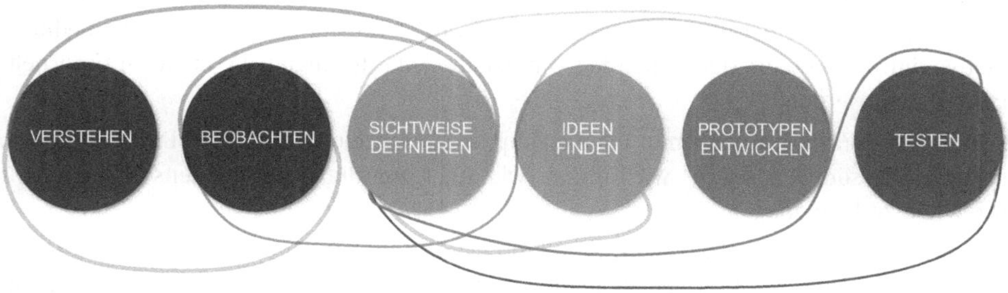

Bild 8.23 Nutzbedürfnis

8.7.4 Förderung von Kreativität

Nachfolgend befindet sich eine Liste mit Ansätzen zur Förderung der Kreativität:

- Probleme lösen ist schwer; schwerer ist es, Probleme zu sehen.
- Fordern Sie sich heraus, selbstzufrieden sind die anderen.
- Organisieren Sie die Zukunft, die Gegenwart ist schon vergeben.
- Kreativität und tierischer Ernst schließen einander aus; Komik ist kreativ.
- Schauen Sie Ihre Umwelt an, sie birgt tausend Ideen.
- Stellen Sie sich einmal auf den Kopf: Sehen Sie nicht alles neu?
- Absurde Ideen sind immer besser als keine.
- Sprechen Sie Ihre kühnste Idee heute noch aus, morgen ist sie nicht mehr neu.
- Wenn Sie für ein Problem keine Lösung finden, ändern Sie das Problem.
- Wagen Sie es, Denkmäler von ihrem Sockel zu stürzen.
- Ihr Großvater hatte sicherlich recht - vor 100 Jahren!
- Halten Sie sich mit guten Einfällen nicht auf - es gibt bessere.
- Produzieren Sie mehr Ideen, als Sie brauchen.
- Es ist auch kreativ, noch einmal von vorne anzufangen.

■ 8.8 Die Organisation als soziales System

Gewinn, Wachstum, Kundenbindung, Sicherheit der Arbeitsplätze, Dominanz, Prestige. So lauten die Ziele fast aller Unternehmen einer freien Marktwirtschaft. Um diese langfristig realisieren zu können, ist es notwendig, den Kunden – oder vielmehr den Menschen generell – bei allen Arbeitsprozessen in den Mittelpunkt der unternehmerischen Bemühungen zu stellen. Essenziell dafür ist das Bewusstsein aller Mitarbeiter, dass die Ausrichtung auf Kundenerwartungen und der partnerschaftliche Umgang miteinander als Werte mit höchster Priorität täglich gelebt werden.

Im Laufe der letzten Jahre stellten sich den Unternehmen aller Größen und Branchen immer neue und kontinuierlich steigende unternehmerische Herausforderungen. Unterschiedliche Motive führen zu einem tief greifenden Wandel der Anforderungen, die heute an Unternehmen gestellt werden.

Soziale, kooperative und kommunikative Fähigkeiten werden zu zentralen Erfolgsfaktoren, und die „Ressource Mensch" wird immer wichtiger, um die Unternehmensziele effizient erreichen zu können.

Um in der heutigen „VUCA-Welt" (Bild 8.24) bestehen zu können und Herausforderungen wie Digitalisierung gut meistern zu können, benötigt es sowohl agile Vorgehen als auch ein klares Bewusstsein über die organisationseigenen Fähigkeiten und Aufgaben.

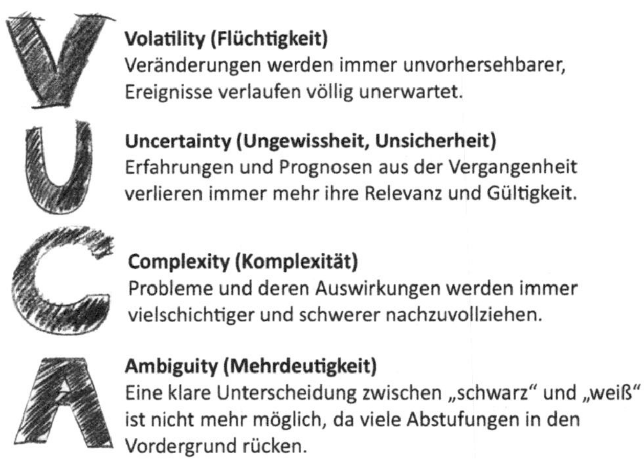

Bild 8.24 Akronym VUCA

Herausforderungen, welche sich ergeben, sind beispielsweise:

- Strukturwandel,
- Virtualisierung,
- E-Business,
- vernetztes Arbeiten, zum Teil in virtuellen Teams,
- steigende Anforderungen an Mobilität, Flexibilität, Kreativität und Innovationskraft,
- steigende Anforderungen an die Geschwindigkeit und Effizienz von Prozessen,
- steigende Anforderungen an die Fähigkeit zur Vermehrung und Bewahrung von Wissen.

Verstärkt werden diese Anforderungen durch eine immer kritischere Öffentlichkeit, d. h. durch Konsumenten, Anleger und Analysten, die den Außendruck auf das Unternehmen steigern.

Königswieser et al. (2017) beschreiben eine Organisation als mehrdimensionales System. Akteure darin sind Menschen mit unterschiedlichen Charaktereigenschaften, Bedürfnissen, Wünschen, Ängsten, Abneigungen, Visionen, … Um mit dem komplexen System umgehen zu können, bilden Menschen wiederholbare Muster (z. B. Gewohnheiten, Rituale, Weltbilder, …), Rollenzuteilungen und Hierarchien. Diese Komplexität erfordert allerdings auch eine ständige Anpassung und Veränderung.

Ein umfassender Blick auf eine Organisation und deren interne und externe Wechselwirkungen lassen sich mit dem ganzheitlichen Systemkonzept in Bild 8.25 beschreiben. Dieses Konzept nach Glasl (vgl. Glasl et al., 2008) besitzt sieben Schichten, sogenannte Wesenselemente, die eine Organisation im Innensystem und zum Umfeld charakterisieren.

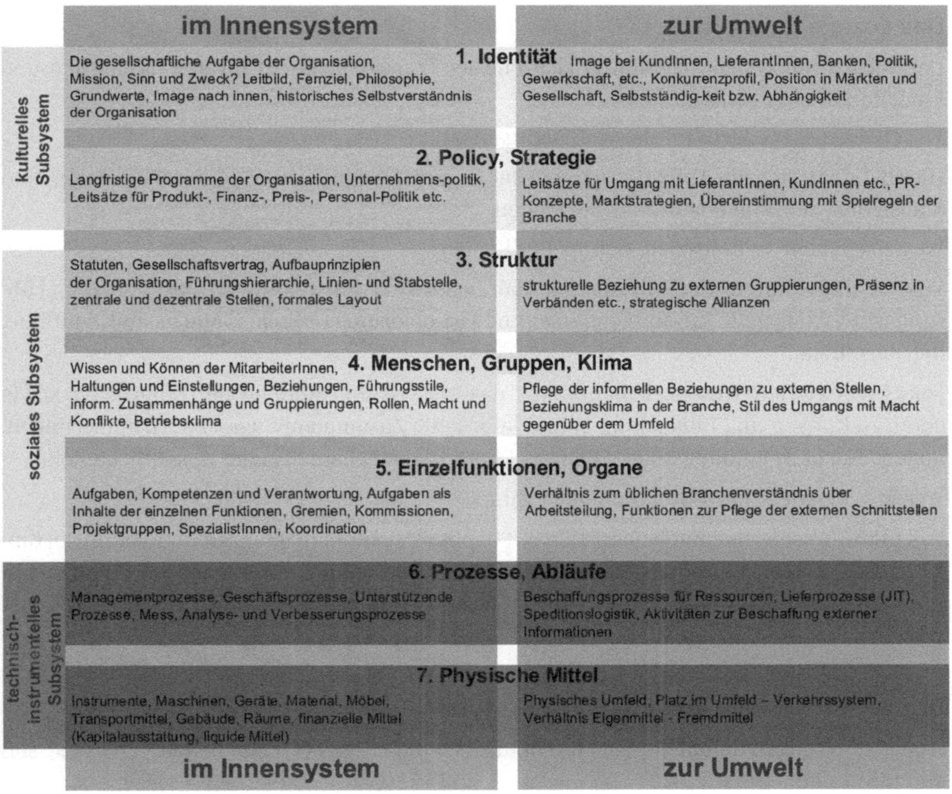

Bild 8.25 Ganzheitliches Systemkonzept des Unternehmens

Das ganzheitliche Systemkonzept gliedert sich in drei einzelne, stark vernetzte Subsysteme, die an dieser Stelle näher beschrieben werden sollen.

Das kulturelle Subsystem

Das kulturelle Subsystem gibt Antworten auf folgende Fragen: Was ist unser Zweck und wo wollen wir hin? Was sind unsere Strategien und Programme? Wer sind wir? Wie verhalten wir uns? Was sind unsere Werte? Wie gehen wir miteinander um?

Wesenselement 1: Identität

Die gesellschaftliche Aufgabe der Organisation, Mission, Sinn und Zweck sowie Leitbild, Fernziel, Philosophie, Grundwerte nach innen und außen und das historisches Selbstverständnis der Organisation sind hier verankert.

Wesenselement 2: Politik, Strategie, Konzepte

Das zweite Wesenselement nach Glasl umfasst die langfristigen Programme, Konzepte und Strategien eines Unternehmens. Daraus lassen sich sowohl die Unternehmenspolitik als auch die Unternehmensleitsätze ableiten.

Das soziale Subsystem

Das soziale Subsystem beschäftigt sich mit der Frage, welche Strukturen, Menschen und Einzelfunktionen benötigt werden.

Wesenselement 3: Struktur der Aufbauorganisation

Hier befinden sich die Aufbauprinzipien der Organisation, Führungshierarchie, Linien- und Stabstellen, zentrale und dezentrale Stellen.

Wesenselement 4: Menschen, Gruppen, Klima

Wissen und Können der Mitarbeiter, Haltungen und Einstellungen, Beziehungen, Führungsstile, informelle Zusammenhänge und Gruppierungen, Rollen, Macht und Konflikte, Betriebsklima.

Fokus des vierten Wesenselements sind das Wissen und Können der Mitarbeiter sowie deren Haltungen und Einstellungen und informelle Zusammenhänge bzw. Gruppierungen. Rollen, Macht, Konflikte und das Betriebsklima spielen ebenfalls eine wesentliche Rolle.

Wesenselement 5: Einzelfunktionen, Organe

Das fünfte Wesenselement befasst sich mit den Aufgaben, Kompetenzen und Verantwortungen der einzelnen Funktionen sowie deren Aufgabeninhalte. Funktionen bzw. Rollen wie Gremien, Kommissionen, Projektgruppen, Spezialisten fallen ebenfalls in dieses Wesenselement.

Das technisch-instrumentelle Subsystem

Das technisch-instrumentelle Subsystem umfasst die Frage nach den benötigten Prozessen und physischen Mitteln.

Wesenselement 6: Prozesse, Abläufe

Das erste Element des technisch-instrumentellen Subsystems umfasst die primären, sekundären und tertiären Prozesse sowie Informations- als auch Planungs- und Steuerungsprozesse.

Hier setzt das klassische Prozessmanagement mit der 4-Schritte-Methodik an.

Wesenselement 7: Physische Mittel

Das letzte Wesenselement umfasst alle Aspekte der Ausstattung wie Instrumente, Maschinen, Geräte, Material, Möbel, Transportmittel, Gebäude, Räume, finanzielle Mittel usw.

8.8.1 Organisationskultur – eine erste Definition

Organisationskultur (= Unternehmenskultur) beschreibt die **Gesamtheit** der **Einstellungen, Werthaltungen, Normen und Umgangsformen** innerhalb der Organisation.

Das Wesen von Kultur einer Organisation ist ein gemeinsames Grundverständnis bezogen auf die Wahrnehmungen, die Gedanken und Gefühle, welche eine Gruppe von Personen im Laufe der Zeit angenommen hat, während sie ihre Probleme löste. Dabei wurde die Erfahrung gemacht, dass diese konsistent und stabil genug sind, um sie beizubehalten. Eine direkte oder indirekte Weitergabe an neue Mitglieder ist nun möglich.

Die Kultur **manifestiert** sich als beobachtbare Artefakte und angenommene Ideen, Ziele, Werthaltungen, Normen und Verhaltensregeln.

Vordergründig äußert sich die **Unternehmenskultur** in Phänomenen, die man sehen, hören und fühlen kann, wenn man einen Betrieb betritt: architektonische Gestaltung und Ausstattung, Sprache, Technik und Produkte, künstlerische Gestaltungen, Bekleidung, Umgangsformen, Mythen und Geschichten. Aber auch Rituale und Zeremonien, veröffentlichte Ziele und Regeln spielen eine große Rolle.

Die Unternehmenskultur wird wesentlich von Führungskräften gestaltet und beeinflusst.

8.8.2 Die Organisationskultur bestimmt das Verhalten von Organisationen

Jede Organisation entwickelt im Laufe ihres Bestehens eine eigene Organisationskultur, die sich mehr oder weniger von früheren Ausprägungen unterscheidet und die durch mehrere Faktoren in ihrer Entwicklung beeinflusst wird.

Eine grundlegende Frage in diesem Zusammenhang lautet, ob die Kultur einer Organisation wesentlichen **Einfluss** auf deren Erfolg bzw. Überlebensfähigkeit hat, und wenn ja, wie und in welchem Ausmaß eine Organisationskultur beeinflusst bzw. zielgerecht gestaltet werden kann. Die Antworten auf diese beiden Fragen fallen positiv aus: Ja, die Kultur hat wesentlichen Einfluss auf den Erfolg einer Organisation und sie kann auch gestaltet werden. Wie und in welchem Ausmaß das vonstattengehen kann, wird in den folgenden Abschnitten dargelegt.

Vorweg muss noch der folgende Umstand festgestellt werden: Ein Projekt- wie auch ein Prozessmanager sollte viel von Organisationskultur verstehen, um

- einerseits während der Aufbauphase eines Prozessmanagementsystems die **eigene** Organisation (das Projektteam genauso wie die Prozessteams) bei der Kulturentwicklung beeinflussen zu können und
- andererseits die Organisationskultur der wesentlichen **Stakeholder**, vor allem der Kunden- und der Lieferantenorganisationen, zu erkennen, zu beurteilen und sich darauf einstellen zu können.

Hierbei muss die jeweilige Kultur der Projekt- wie auch der Prozessteams ihrerseits als Subkultur einer oder mehrerer bestehender Mutterorganisationen angesehen werden. Jede Gruppe in der Organisation bzw. jede Organisationseinheit besitzt in gewissem Maß eine eigene Kultur, die sich von jener der Mutterorganisation(en) mehr oder weniger stark abhebt. Diese Kultur hat - wie im nächsten Abschnitt beschrieben - großen Einfluss auf das Verhalten und Handeln der Mitglieder der Gruppe bzw. der Organisationseinheit.

Die Notwendigkeit, möglichst fundiert über das Erkennen und Beeinflussen von Unternehmenskultur Bescheid zu wissen, ist für die Einführung einer prozessorientierten Organisation von maßgeblicher Bedeutung. Einerseits, weil es um grundlegende Eingriffe in die Organisation geht (hier trägt die Unternehmenskultur immer eine entscheidende Rolle für den Erfolg des ganzen Projekts). Andererseits, weil die Unternehmensstrategie an den Prozessen ausgerichtet sein muss bzw. die Prozessorientierung in die Unternehmenspolitik integriert werden muss, um nachhaltig in der Organisation verankert werden zu können.

8.8.3 Grundlegende Begriffe und Konzepte zur Organisationskultur

Der Begriff Unternehmenskultur ist seit etwa 1980 in Verwendung und inzwischen fast zu einem Kultwort geworden.

Wenngleich allgemein die Existenz und auch die Wichtigkeit der Unternehmenskultur anerkannt sind, so sind doch Anleitungen und Methoden für die empirische und/oder theoretische Analyse und vor allem für die Beeinflussung dieser eher rar.

Was ist Kultur - wo liegt ihr Ursprung?

Ganz allgemein gesprochen besteht die **Kultur einer Organisation** aus einer gemeinsam getragenen, expliziten oder impliziten Übereinstimmung zwischen den Organisationsmitgliedern bezogen auf wichtige Grundregeln im Verhalten und in den Einstellungen.

Organisationen (wie auch Völker, Stämme, Siedlungseinheiten, Familien) entwickeln und pflegen eigenständige Systeme von

- Werten,
- Überzeugungen und Annahmen,
- Normen und Regelungen sowie
- Bedeutungen,

die das Verhalten der Organisationsmitglieder und damit der gesamten Organisation wesentlich beeinflussen.

Organisationskultur ist letztlich die angeeignete (gelernte) Art und Weise der Verarbeitung von Erfahrungen zur fortwährenden Anpassung an die Umwelt.

Kultur ist für eine Organisation etwa das, was für eine Person ihre **Persönlichkeit** ist.

Funktionale Definition der Unternehmenskultur

Um den Begriff Unternehmenskultur mit einem funktionalen Ansatz greifen zu können (nämlich auf Handlungen und Verhaltensweisen), wird im Weiteren die folgende Definition verwendet:

Organisationskultur ist ein Kollektiv von **Grundannahmen und Überzeugungen,**

- die von den Mitgliedern einer Gruppe mit Geschichte (gemeinsame Erfahrungen) getragen werden,
- die unbewusst wirken, indem sie die Eigensicht einer sozialen Einheit und die Sicht der Umwelt in einer selbstverständlichen, grundlegenden Weise definieren,
- die erlernte Antworten auf die Anforderung, in der Auseinandersetzung mit der externen Umwelt zu bestehen sowie sich intern zu organisieren, darstellen (Lernprozess),
- die als gegeben und gesichert angenommen werden, da sie in wiederholter Weise obige Probleme zur Zufriedenheit gelöst haben,
- die als gültig zur Weitergabe an neue Organisationsmitglieder angesehen werden, und zwar betreffend der Art und Weise, wie man sich in der Organisation zu verhalten hat.

Funktionen der Unternehmenskultur

Die **Auswirkung einer ausgeprägten Organisationskultur** drückt sich in folgenden Kategorien aus:

- **Integration:** Einbindung und Vernetzung der Mitglieder.
- **Konsistenz:** Zusammenhalt, Sicherheit, Beständigkeit, Standhaftigkeit.
- **Konsens:** gemeinsame Entschlusskraft mit Verbindlichkeit.
- **Klarheit:** keine Zweideutigkeiten, problemlose Kommunikation.

Für das **einzelne** Organisationsmitglied vermittelt die Organisationskultur ein Gefühl der Identität und fördert die Verbindlichkeit des Einzelnen zu einer gemeinsamen größeren Sache. Der Nutzen der Kultur für den einzelnen Mitarbeiter lässt sich beschreiben mit:

- Orientierungshilfe, Reduktion von Unsicherheit,
- Sinngebung,
- Identifikation,
- Dissonanzreduktion (Umgang mit Verschiedenheiten).

Für die **gesamte** Organisation wird eine positive Auswirkung einer starken Organisationskultur auf die ökonomische Leistung der Organisation angenommen, was sich in einem besseren Arbeitsergebnis sowie in einem verbesserten Arbeitsklima manifestiert.

Wie äußert sich Unternehmenskultur?

Aufbauend auf den genannten Funktionen dient die Unternehmenskultur je nach Blickwinkel als:

- **Analyseinstrument**, das einen Beitrag zum **Verständnis** des Verhaltens komplexer Organisationen liefert,
- **Managementinstrument** zur **Gestaltung** von Organisationen in außen gesteuerter oder selbst organisierter, evolutionärer Weise,
- **Sinngebungsinstrument** für Organisationsmitglieder in der Auseinandersetzung mit der Organisations**umwelt.**

8.8.4 Mehrfachkulturen, Subkulturen

In großen Unternehmen bilden sich vielfach unter dem Schirm einer gemeinsamen Unternehmenskultur eindeutig unterscheidbare Subkulturen, da der Mensch dazu neigt, sowohl Integration als auch eine Differenzierung anzustreben. Dadurch kommt es immer wieder auch zu Konkurrenz, Spannungen und Konflikten, Wettkampfstimmung sowie Missverständnissen.

Das Zulassen von Subkulturen kann als **eine** wesentliche Ausprägung des Unternehmens angesehen werden.

Speziell im Hinblick auf die **Beeinflussung** der Unternehmenskultur durch den Übergang von der **Funktionsorientierung** zur **Prozessorientierung** wird man auch hier schlussendlich nicht in allen Prozessen der Organisation ein und dieselbe Unternehmenskultur wiederfinden. Vielmehr werden sich (genau wie auch in großen Unternehmen) entsprechend der Ausrichtung bzw. dem Zweck der Prozesse Subkulturen bilden. Die Prägung dieser Subkulturen erfolgt hier hauptsächlich durch die Mitarbeiter, welche die Prozesse ausführen. Je nach Hintergrund der Mitarbeiter sind kulturelle Unterschiede klar erkennbar: Beispielsweise zwischen unterstützenden Prozessen (aus IT, EDV), den Kernprozessen (welche nach außen orientiert sind und zahlreiche Kundenkontakte aufweisen) und Managementprozessen (die der strategischen Ausrichtung des Unternehmens dienen).

Die Prozessorientierung ist dabei eine eigenständige, ganz wesentliche Ausprägung der Unternehmenskultur, die sich auf alle Bereiche des Unternehmens auswirkt und eine spezifische Weise des Denkens und des Verhaltens impliziert.

8.8.5 Modell zu Aufbau und Funktionsweise der Organisationskultur

Als Zusammenfassung der bisher behandelten Begriffe, Definitionen und Funktionen der Unternehmenskultur zeigt Bild 8.26 ein Modell zur Verdeutlichung des Aufbaus der Unternehmenskultur (vgl. Schein, 1995). Im Wesentlichen geht es hierbei um die Wechselwirkung der beobachtbaren Unternehmenskultur und ihrem Fundament, der Werteebene, sowie den noch tiefer liegenden grundlegenden Annahmen und Überzeugungen der Organisationsteilnehmer.

Unter anderem geben folgende beobachtbare Artefakte Rückschluss auf die Organisationskultur:

- Gegenstände,
- Sprache,
- Handlungen,
- Wissensbestände.

Die oben genannten **Artefakte** haben einen wesentlichen Stellenwert im Verhalten des Menschen in einer Organisation und sind leicht zu beobachten. Einen Rückschluss auf die Wertehaltungen, welche für die Ursache als auch das Entstehen der Artefakte verantwortlich sind, zu machen ist allerdings schwer und nicht eindeutig möglich.

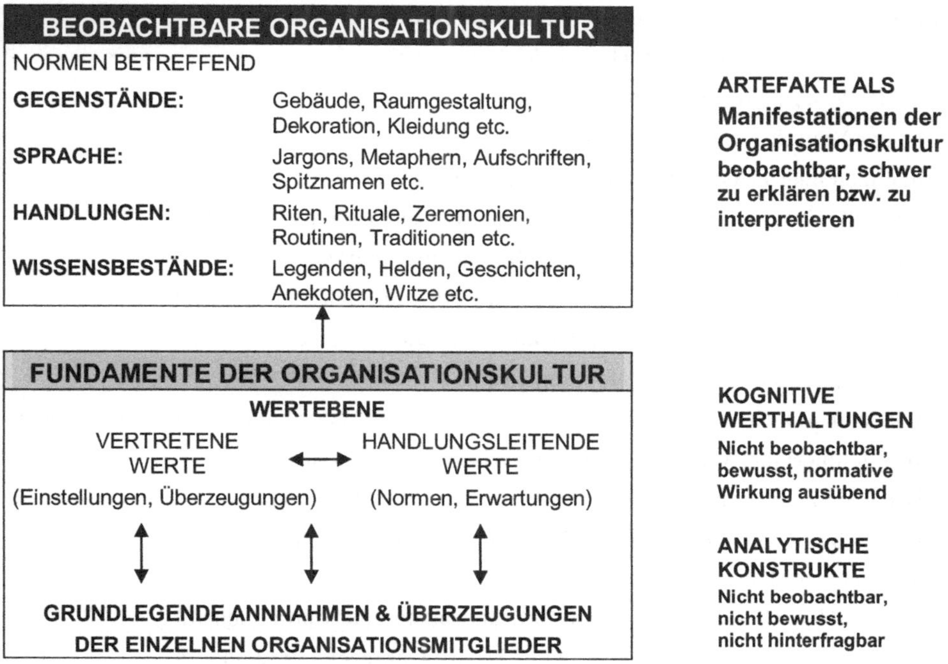

Bild 8.26 Beschreibungsmodell der Organisationskultur

In der **Werteebene der Organisationskultur** befinden sich zwei wesentliche Gruppen:

- vertretene Werte und
- handlungsleitende Werte.

Diese können zwar durch Befragungen erfasst, jedoch nicht direkt beobachtet werden. Der Unterschied dieser beiden Wertekategorien ist wesentlich für die Interaktion, den Umgang und die Auseinandersetzung der **einzelnen** Mitglieder in der **Gruppe:**

Vertretene, eigene, internalisierte Werte sind normative Feststellungen **des Einzelnen,** die seine Einstellungen, Hoffnungen und Überzeugungen reflektieren, wie die Dinge sein sollen. **Handlungsleitende** Werte hingegen definieren die **in der Organisation** als Richtlinien des Verhaltens gültigen Werte für die Gruppe.

Die Diskrepanz zwischen den beiden Wertekategorien ist bestimmend für die Teamzugehörigkeit des Einzelnen. Beide sind allerdings als veränderlich anzusehen: Einerseits gibt es eine Werteanpassung des Einzelnen an die Gruppe, andererseits wirken die einzelnen Personen bei der Entwicklung der gültigen Werte einer Organisationseinheit mit. Letztlich kann auch eine A-priori-Übereinstimmung vorliegen. Geringe Diskrepanzen können als Kontraste erlebt und letztlich auch als Konflikt behandelt werden.

Die unterste Ebene (und eigentliche Basis) des Wertemodells (Schein, 1995) bilden die **Grundannahmen und Überzeugungen**. Hierbei handelt es sich um unbewusste und unsichtbare Annahmen und Überzeugungen, die mit der bewussten Werteebene in Wechselwirkung stehen:

Annahmen über das Wesen der **menschlichen Natur:**

- Was sind die inneren Eigenschaften der Menschen?
- Ist der Mensch gut, schlecht, indifferent?
- Ist der Mensch verbesserungsfähig?

Annahmen über **zwischenmenschliche Beziehungen:**

- Wie soll miteinander umgegangen werden, was ist korrektes Verhalten?
- Steht man eher in Konkurrenz oder hält man zusammen?
- Sind Beziehungen auf Autorität/Anordnung oder auf Charisma aufgebaut?

Annahmen über das Verständnis für **Wahrheit, Raum und Zeit:**

- Was sind Fakten - was sind Meinungen?
- Wie kann Wahrheit erfasst werden - durch Enthüllung oder Entdeckung oder gar nicht?
- Was definiert die Wahrheit - Tradition, Wissenschaft, Autorität?
- Wie verläuft die Zeit - linear, sequenziell, vielzeitig (polychron)?

Annahmen über die **menschlichen Beziehungen zur Umwelt:**

- Soll sich der Mensch unterordnen oder soll er herrschen?
- Soll der Mensch in Harmonie oder im Gegensatz mit der Umwelt leben?
- Wie wird die Umwelt wahrgenommen - bösartig, anregend, freundlich?

Annahmen über die **Aktivitätsorientierung (die Natur des menschlichen Handelns):**

- Welche Handlungen sind (un)erwünscht?
- Soll der Mensch aktiv oder passiv sein?
- Ist der Mensch fähig zur Selbstentwicklung?
- Was ist Arbeit, was ist Spiel?

Diese Auflistung ist zugleich eine sehr brauchbare Checkliste für den Einzelnen zur Erfassung und Bewusstmachung seiner **individuellen Werthaltungen.**

Oft werden statt der Unternehmenskultur, die quasi die **Atmosphäre** einer Organisation ist, handfeste beobachtbare Phänomene gesehen und diese als Unternehmenskultur bezeichnet. Es sind jedoch die Qualität der verwendeten Planungsinstrumente, die organisatorische Struktur, der Führungsstil, die Kommunikations- und Entscheidungsprozesse als solche, aber **nicht** die Organisationskultur selbst. Organisationskultur ist das, was mitschwingt, das, was die Organisation als Ganzes unverwechselbar macht.

Wesentliche Erkenntnis ist, dass die leicht beobachtbaren Verhaltensweisen, als Manifestationen der Organisationskultur **nicht** oder zumindest nicht eindeutig auf die vertretenen Wertesysteme und noch schwerer auf die grundlegenden Annahmen schließen lassen. So werden etwa manche Artefakte bewusst gesetzt, um der Außenwelt etwas zu signalisieren, was - dem vorliegenden Wertesystem folgend - möglicherweise gar keine hohe Priorität besitzt.

Mit anderen Worten: Es ist nicht eindeutig möglich, als Außenstehender aus dem Verhalten der Personen in der Organisation Rückschlüsse auf deren handlungsleitende Werte zu ziehen.

8.8.6 Analyse und Änderung einer Organisationskultur

Jede (bevorstehende) Veränderung erzeugt bei den Betroffenen in unterschiedlichem Maß eine „Angst vor dem Unbekannten", wobei erfahrungsgemäß mehr die Angst vor dem Selbsterfahren der Veränderung als vor der Änderung als solcher vorherrscht. Im Kontext mit Veränderungen in und von Organisationen ist die Unternehmenskultur eher als träges Phänomen anzusehen; als Resultat eines langfristigen Entwicklungsprozesses, dessen Richtung sich **nicht kurzfristig** durch gezielte Eingriffe verändern lässt.

Die Bedeutung der Unternehmenskultur ist zu **erkennen** und mit ehrlicher Überzeugung zu **steuern** bzw. es müssen deren Elemente als Steuerungsinstrumente eingesetzt werden. Dies kann zu sehr konkreten Resultaten hinsichtlich des Unternehmenserfolgs (auf monetärer wie auf sozialer Basis) führen.

Änderungen der Unternehmenskultur sind **erforderlich**, wenn

- die Unternehmensumwelt sich sehr stark verändert, dies entweder durch örtliche oder inhaltliche Ausweitung eines Unternehmens oder durch starke Marktdynamik.
- das Unternehmen vor einem Existenzproblem steht, nicht zuletzt wegen einer von der Umwelt nicht akzeptierten Unternehmenskultur.
- das Unternehmen einen Organisationssprung vornimmt (z. B. vom Meisterbetrieb zum funktional strukturierten Mittelbetrieb mit formalisierten Abläufen oder von einer stark funktional organisierten Organisation zu einer **prozessorientierten).**
- das Unternehmen so stark wächst, dass das neu hinzugekommene Personal die bestehenden Ausprägungen von Kultur überdeckt. Dies trifft insbesondere auf Merger-Prozesse zu, wo der Zusammenfluss zweier Kulturen unerwartete Chancen, aber auch Verunsicherung und Kulturkampf erzeugt.

Das **Verändern** einer Kultur (Management of Culture Change) ist und bleibt eine Kunst, die jedoch durch **kritische Erkenntnisse und Vorgehensregeln** unterstützt werden kann:

- In jeder Organisation besteht irgendeine Form einer Kulturausprägung.
- Unternehmenskultur kann nicht gewechselt, aber beeinflussend verändert werden.
- Kulturänderung umfasst das gesamte Unternehmen, sie sollte alle Elemente der Kultur ansprechen, jedoch nur wenige von diesen gleichzeitig und bewusst ändern wollen (Kontinuitätsproblem), es ergibt sich ohnedies eine positive langfristige Rückwirkung auf die übrigen Kulturfelder.
- Voraussetzung für eine Kulturänderung ist eine Offenheit und Bereitschaft im Unternehmen für diese. Alle Führer im Unternehmen, formelle wie informelle, sollten eine ähnliche Sicht besitzen, **was** geändert werden sollte bzw. muss und **warum.**
- Neue Organisationsmitglieder, die sich Ansehen und Vertrauen erwerben, sind sehr wirksame Keimzellen für Organisations- und Kulturänderungen, für die Entwicklung einer sogenannten kritischen Masse. Hingegen werden bloße Ratschläge von außen (Berater etc.) meist abgelehnt oder lächerlich gemacht.
- Offene Information und Kommunikation sind erforderlich; hierzu gehören auch eine entsprechende Ausbildung und Training der Mitarbeiter sowie die Gelegenheit, **andere** Kulturen zu erleben.
- Kenntnisnahme und Anerkennung des Veränderungsprozesses durch das Management: „Was sagt das Management zu dem bisher erzielten Status?"

- Testinseln im Unternehmen für die Analyse von Kulturänderungen zur Ableitung von Go-/No-go-Entscheidungen **funktionieren nicht,** sie werden von der feindlichen Umwelt, außen und im Unternehmen selbst, diskreditiert und schließlich umgebracht.
- Es ist ein Engagement für die Sache bei den Organisationsmitgliedern zu entwickeln. Dabei ist aufseiten der Unternehmensführung unbedingt Folgendes **zu vermeiden:**
  - Inkonsistenz zwischen „gepredigtem" und dem eigenen, tatsächlichen Verhalten,
  - Zynismus, Lächerlichmachen,
  - saftlose Lippenbekenntnisse ohne eigene Überzeugung,
  - das Nichtrealisieren großartiger Ankündigungen, dies führt zur Abstumpfung,
  - Umsetzungen ohne Vorinformation, dies führt zu Widerstand.

Möglichkeiten der Einflussnahme durch die Führung

Der **Träger** einer Organisationskultur ist immer die Organisation selbst. Die **Führer** der Organisation haben jedoch eine ganz entscheidende Möglichkeit der Einflussnahme in den einzelnen Lebensphasen einer Organisation.

Obwohl die Entwicklung einer Organisationskultur ein gruppendynamischer Prozess ist, der zwischen **allen** Mitgliedern abläuft und bei dem diese unterschiedlichen Einfluss ausüben, geht die wesentliche Gestaltung der Organisationskultur in der Gruppe jedoch **vom Führer der Gruppe** aus. Umgelegt auf das Management von Teams bedeutet das, große Sorgfalt bei der Auswahl der Teamführer (der Prozessverantwortlichen und Projektmanager) walten zu lassen, weil sie im Hinblick auf die Gestaltung der Unternehmenskultur Schlüsselpersonen sind.

Der **Weg der Änderung einer Kultur** geht ausschließlich über die Werteebene: Wenn ein Verhalten sich wiederholt als richtig erweist, so werden die entsprechenden unterlegten Werte in die grundlegenden Annahmen übernommen. **Dies ist im Wesentlichen der Prozess einer Änderung von Kultur in Organisationen.**

Ein ergänzender Zugang der Änderung von Organisationskultur ergibt sich durch Änderung der Zusammensetzung der Organisationsmitglieder, etwa durch Austausch von älteren durch jüngere, neue Mitarbeiter. Damit ändert sich ebenfalls die Zusammensetzung der kulturellen Werte und damit der Grundannahmen in der Organisation.

Typen von Organisationskulturen

Ein ausgeprägtes Kulturbewusstsein verhilft dem Teamführer, sowohl die Verhaltensweise der einzelnen Personen richtig zu verstehen und zu interpretieren als auch selbst jeweils die richtige Sprache (im umfassenden Sinne) zu finden. Der Tritt in so manches Fettnäpfchen in Form von verletzender, falsch verstandener Wortwahl oder unpassenden Meinungen und Verhaltensweisen kann dadurch verhindert werden.

Bild 8.27 soll helfen, die eigene Organisationskultur im gesamten Unternehmen oder in dem spezifischen Projekt oder Prozess besser beurteilen zu können sowie sich auf Kulturen der Auftragnehmer und Kunden rasch einstellen zu können.

Dabei ist zu beachten, dass jedes Unternehmen, jede Organisation im konkreten Fall eine Mischform der idealtypischen Ausprägungen darstellt.

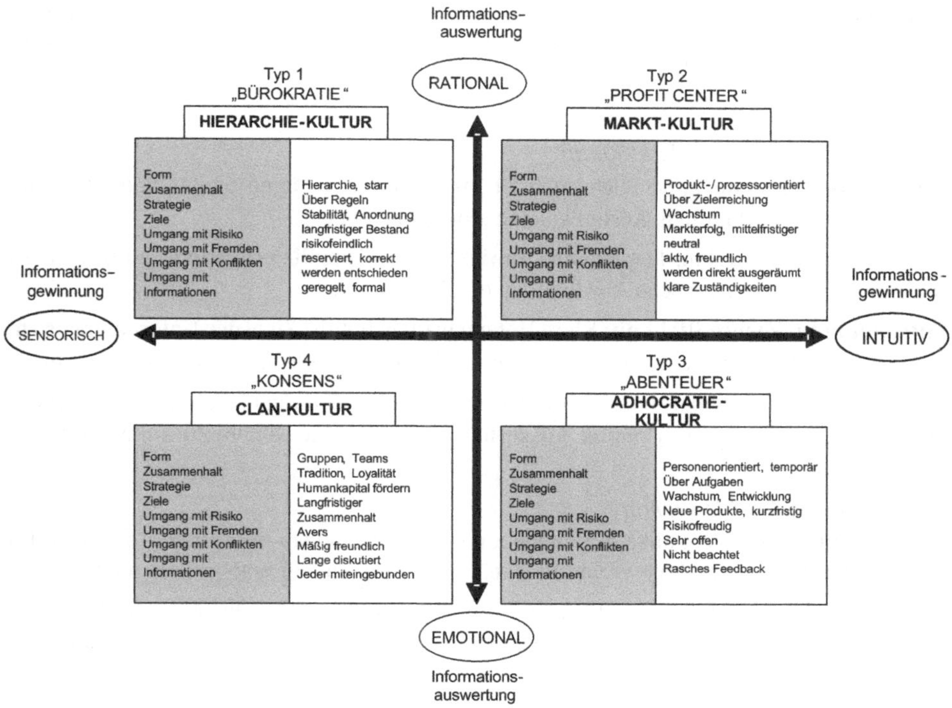

Bild 8.27 Typen von Organisationskulturen (vgl. Cameron/Freeman, 1991)

Die **Informationsgewinnung** kann entweder sensorisch oder intuitiv erfolgen, die **Informationsauswertung** rational oder emotional (vgl. hierzu Myers-Briggs-Typenindikator in 8.1.1.3).

Dabei hat jeder der vier Kulturtypen seine Berechtigung, Urteile der Bevorzugung können nicht generell getroffen werden.

Indikatorenliste zur Beurteilung einer Organisationskultur (Phasengliederung)

Nachfolgend werden typisches Verhalten in den **Phasen der Kooperation** (Erstkontakt, Besprechungen, Entscheidungen, Zusammenarbeit) zugeordnet zu den vier idealtypischen Ausprägungen der Organisationskultur beschrieben.

Typ 1: „Bürokratie“ - Hierarchie-Kultur

Erstkontakt: Distanziert, eher unfreundlich, korrekt, unverbindlich, formal, passende Kleidung wichtig, man muss sich zum Boss durchkämpfen, muss warten, bleibt an Sekretärin hängen.

Besprechungen: Alle relevanten Entscheidungsträger sind vertreten, schriftliche Protokolle, Verbindlichkeit, starke Betonung von Äußerlichkeiten, dominante Besprechungskultur, Einhalten der üblichen Sitzungsordnung ist wichtig.

Entscheidung/Verbindlichkeit: Das Topmanagement setzt die Unterschrift, viele Side-Letters zur Absicherung, klare Verhältnisse, hohe Verbindlichkeit, schwieriger Umgang mit neuen Ideen, Änderungen, Unklarem, Risikobehaftetem.

Zusammenarbeit: Hohe Beständigkeit der Kooperation, wenig Kontakte erforderlich/gewünscht, klare Aufgabenverteilung, nüchterne Erfolgsbewertung durch den Vorgesetzten.

Typ 2: „Profit Center" - Markt-Kultur
Erstkontakt: Freundlich, sachlich, man ist rasch an der richtigen Stelle, man wird empfangen, betreut, verbindlich, Kosten spielen eine große Rolle.

Besprechungen: Direkte, kompetente Abwicklung, unkomplizierte Abmachungen, klare Betonung des Nutzens, rasche Abwicklung, effizienzbetont.

Entscheidung/Verbindlichkeit: Klare Unterschriftsbefugnis, Ziele des Unternehmens stehen im Zentrum, klare Verträge, hohe Verbindlichkeit, neue Ideen werden sofort bewertet.

Zusammenarbeit: Kooperation ist vom Beitrag zur Zielerfüllung abhängig, hohe Verbindlichkeit bei der Aufgabenverteilung, Misserfolg erschüttert die weitere Zusammenarbeit.

Typ 3: „Konsens" - Clan-Kultur
Erstkontakt: Freundlich, aber kurz angebunden, Kompetenzen eher unklar, zeitliche Koordination schwierig, geringe Verbindlichkeit, man wird wie ein Kollege behandelt.

Besprechungen: Unklare Kompetenz der Ansprechpartner, oftmaliger Wechsel der Personen, zerfahrene, oft unterbrochene Besprechungen, sehr rasche Abwicklung, die oft nicht hält.

Entscheidung/Verbindlichkeit: Entscheidungen durch wenige, jeweils zuständige Sitzungsteilnehmer, kurze Verträge, werden erst später mit Leben gefüllt, Inhalt wird oft geändert, auch noch nach Unterzeichnung, Verbindlichkeit durch Zuständigkeitswechsel eingeschränkt, man reagiert sofort auf neue Ideen, verwirft sie aber auch schnell.

Zusammenarbeit: Kooperation stark wechselnd, permanente Kontakte sind erforderlich, geringe Verbindlichkeit, man muss stark auf persönlicher Ebene arbeiten, Misserfolg kann uminterpretiert werden.

Typ 4: „Abenteuer" - Adhorcratie-Kultur
Erstkontakt: Mäßig freundlich, eher unverbindlich, oft inkompetent, unklare fachliche Zuständigkeiten, man irrt durch die Hallen, wird von einem zum anderen geschickt.

Besprechungen: Viele, auch wenig kompetente Personen nehmen teil, es ist wichtig, dass sich alle vertreten fühlen, Protokolle sind langatmig, mehrere Versionen, wenig zügige Abwicklung, das Identifizieren der informellen Führer erspart viel Zeit.

Entscheidung/Verbindlichkeit: Sehr viele Unterschriften erforderlich, Problem der Formulierung von Abmachungen, wenig spezifische Form der Verträge, es ist schwierig, die Verantwortlichkeiten dingfest zu machen, man ist sehr offen für Neues, jede Idee braucht einen Promotor.

Zusammenarbeit: Kooperation stark emotional getragen, man ist stark mit eigenen Problemen des Befindens beschäftigt, Misserfolg wird nicht als solcher gesehen (alles ist Lernchance).

8.8.7 Bemerkungen zur Kultur im speziellen Fall von Projektteams

Im Rahmen der Einflussnahme auf die Kultur einer Organisation beim Aufbau eines Prozessmanagementsystems kommt - wie zuvor bereits ausgeführt - der **Führung** eine **wesentliche Rolle** bzw. Schlüsselfunktion zu. Damit ist einerseits sowohl die Unternehmensführung wie auch die Projektleitung (diese stellt nichts anderes als eine temporäre Führungsstruktur dar) gemeint. Das Projektteam und die einzelnen Prozessverantwortlichen bringen andererseits ebenfalls ihre Hintergründe aus den Prozessteams mit, welche die Kultur beeinflussen.

Die Projektleitung muss somit den Betroffenen den erforderlichen Wandel und die damit verbundenen Werte vorleben und den Nutzen, der sich aus der Veränderung ergibt, für jeden einzelnen aufzeigen.

Damit dieses Konzept aufgeht, muss das Verständnis für die Veränderung der Organisation und ihrer Kultur entlang der Führungsstruktur im Prozess Stimmigkeit aufweisen und mit einem einheitlichen Verständnis umgesetzt werden. Ziel des Projektteams ist es, eine **nachhaltige Veränderung** in der Organisation zu bewirken. Dieses Vorhaben wird begünstigt, wenn das Team und seine Mitglieder eine Vorreiterrolle im Hinblick auf den angestrebten Zustand und die damit verbundenen Werte einnehmen und vorleben - also die Organisation durch den Wandel führen.

Weil diese Umsetzung auf einem einheitlichen Verständnis im Projektteam aufbaut, müssen folgende wesentliche Aspekte der Kultur von Projektteams berücksichtigt und behandelt werden. Dies gilt nicht nur beim Aufbau eines Prozessmanagementsystems.

- Projektkulturen sind (mit Ausnahme der reinen Projektorganisation) in eine oder auch in mehrere **langfristig bestehende** Unternehmenskulturen eingebettet.
- Projekten als zeitlich begrenzten Organisationen steht nur relativ **kurze Zeit** zur Entwicklung einer eigenen Kultur zur Verfügung.
- Projekte basieren in extremem Maße auf **Teamarbeit,** was die Entwicklung einer eigenständigen Projektkultur fördert.
- Projektorganisationen stehen in **direktem Kontakt** zum externen Auftraggeber (Kunden) und seiner Organisationskultur, was eine eigenständige Projektkultur der Kundenorientierung begünstigt.
- Projektorganisationen besitzen eine klare Führungsstruktur, wobei der Projektleiter in der Aufbauphase der Projektorganisation **grundlegenden Einfluss** auf die Ausprägung der Projektkultur ausübt.

All diese Tatsachen bewirken, dass Projekte innerhalb bestehender Unternehmen eine relativ eigenständige, unterscheidbare Kultur entwickeln, was als notwendig und auch förderlich für den Projekterfolg anzusehen ist. Sie manifestiert sich etwa durch folgende Phänomene:

- Ein eigener **Projektraum** dient vorrangig als Infozentrale und Schauraum für die Außenwelt. Einheitliche Kleidung des Projektteams symbolisiert Zusammengehörigkeit zu einem Auftrag, die Projektteammitglieder zeigen Flexibilität und Agilität bei der Erfüllung und der Steuerung der Projektaufgaben, aber auch des Alltagsgeschäfts.
- Die **Sprache** ist durch interne Codes geprägt, man zeigt Stolz, mit Budgets zu jonglieren, es werden Metaphern und Spitznamen verwendet, die Mitglieder sind per Du, Vornamen

werden verwendet. Das Projekt besitzt ein eigenes Logo, eigene Farbsymbolik, vielleicht Aufkleber, eine eigene Projektzeitung oder auch eine Seite im Unternehmensblatt.

- **Rituale** betreffend Jour fixe, Projektteamsitzungen, Besprechungen mit Subkontraktoren etc. entwickeln sich (es geht dies bis zum eigenständigen Stil bezüglich Getränke, Kleinigkeiten etc.).
- **Zeremonien** für Projektabschnitte, außergewöhnliche Leistungen einzelner Projektmitglieder und auch für private Anlässe entstehen. Man setzt sich oft bewusst von den Traditionen der Stammorganisation ab. Manche Projektmanager behaupten, der Erfolg eines Projekts steht und fällt mit der Qualität der „Nachsitzungen", etwa im Gasthaus beim Bier.
- Die **Episoden** und lustigen sowie kritischen Vorfälle im Projekt werden dokumentiert (Projektvideo, Fotosammlung, Logbuch) und der Außenwelt mitgeteilt. Erlebnisse der Projektmitglieder machen die Runde, sie widerspiegeln Stolz und Pioniergeist. Projektwitze geben die permanente Bedrohung in Form des Projektrisikos wieder.

Verstärkt werden diese Kulturartefakte durch eigenständige **Organisationsmittel** wie Projekthandbuch, projektspezifische Regeln, eigenes Projektabrechnungssystem, eigenes EDV-System.

■ 8.9 Literatur

Ballreich, R. (2006): *Bedürfnisorientierte Mediation.* http://aempora.de/wordpress/wp-content/uploads/Bed%C3%BCrfnissorientierte-Mediation.pdf (Datum: 10.01.2018)

Cameron, K.; Freeman, S. (1991): „Cultural Congruence, Strength and Type: Relationship to Effectiveness". In: Woodman, A.; Pasmore, W.: *Research in Organizational Change and Development.* Greenwich, S. 23 - 58

Degraff, J.; Degraff, St. (2017): *The Creative Power of Constructive Conflict.* Oakland: Berrett-Koehler Publishers, Inc.

Glasl, F. (2007): *Selbsthilfe in Konflikten. Konzepte. Übungen. Praktische Methoden.* Stuttgart: Freies Geistesleben

Glasl, F.; Kalcher, T.; Piber, H. (2008): *Professionelle Prozessberatung.* Wien, Bern, Stuttgart: Haupt Verlag

Goleman, D. (2006): EQ. *Emotionale Intelligenz.* München: Deutscher Taschenbuchverlag

Hayes, J. M. (2008). *Workplace Conflict,* CPP Global Human Capital Report

Hersey, P. (1992): *Situatives Führen.* Landsberg am Lech: Verlag Moderne Industrie

Herzberg, F.; Mausner, B.; Snyderman, B. (1959). *The Motivation to Work.* New York, NY: Wiley

Hoering, S.; Kühl, S.; Schulz-Fielitz, A. (2001): *Homogenität und Heterogenität in der Gruppenzusammensetzung.* München: Institut für Soziologie

Königwieser, R.; Hillebrand, M. (2017): *Organisation als System. Einführung in die systemische Organisationsberatung.* Heidelberg: Carl-Auer-Systeme Verlag

Maslow, A. H. (2012). *Toward a psychology of being* [E-Book], New York: Start Publishing

McGregor, D. (1960). *The human side of enterprise.* New York: McGraw-Hill

Mohr, N.;Woehe, J.; Diebold (1998). *Widerstand erfolgreich managen. Profes-sionelle Kommunikation in Veränderungsprojekten. Wie aus Mitarbeitern engagierte Mitstreiter werden.* Frankfurt: Campus Verlag

Myers-Briggs Company und Stanford Research Institute (SRI). (1972-2002): https://www.myersbriggs.org/my-mbti-personality-type/my-mbti-results/how-frequent-is-my-type.htm?bhcp=1 (Datum 17.12.2018)

Proksch, S.; Janach, G.; Kastner, G.; Königswieser, U.; Kowarc, E.; Petsch, S.; Schröter, D.; Schubert, G.; Wurz, B. (2004). *Das Ende der Eiszeit: Konfliktmanagement und Mediation in Unternehmen.* Wien: Wirtschaftskammer Österreich

Runco, M. A.; Jaeger, G. J.(2012): *The Standard Definition of Creativity.* In: Creativity Research Journal Band 24, Nr. 1 (1.1.2012), S. 92 - 96

Schein, E. H. (1995): *Unternehmenskultur.* Frankfurt am Main, New York: Campus Verlag

Schimmel-Schloo, M. (2002): *Persönlichkeitsmodelle.* Offenbach: Gabal Verlag

Thoman, C. (2004). *Klärungshilfe 2. Konflikte im Beruf. Methoden und Modelle klärender Gespräche.* Hamburg: Rowohlt Taschenbuch Verlag

Tuckman, B. (1965): „Development sequence in small groups". In: *Psychological Bulletin* Vol. 63(6), 1965, S. 384 - 399

Zehetner, F. (2017): SIZE Prozess® *Human Performance Guide®.* Marchtrenk: Verlag Top im Job GmbH

Zwei-Faktoren-Theorie http://arbeitszufriedenheit.net/herzbergs-zwei-faktoren-theorie/

9 Organisationsänderungen verwirklichen

9.1 Veränderungstreiber

9.1.1 Digitalisierung

Die Fähigkeit einer Organisation, sich zu verändern, ist aktuell von größerer Bedeutung als je zuvor. Die Ära der Digitalisierung bringt durchgreifende Veränderungen in die Arbeitswelt, von Kunden- und Lieferantenbeziehungen über Marktregeln bis zu internen Abläufen und Verhaltensweisen.

Eine Folge der digitalen Transformation ist eine enge Verknüpfung von Prozessen, Daten und Technologien.

Für das Prozessmanagement bringt die digitale Transformation einen Anstieg der Veränderungshäufigkeit und eine notwendige Beschleunigung der Veränderungsabläufe mit sich – eine Herausforderung für das Prozessmanagement ebenso wie für das Change Management.

9.1.2 Anforderungen des Markts an Unternehmen

Operieren in der Gewinnzone, wachsende Fähigkeiten in der Adaption an veränderliche Märkte, stabile Kundenbeziehungen, Attraktivität für Mitarbeiter einerseits und Arbeitsplatzsicherung andererseits, Vorrangstellung bezüglich Marktanteilen und Prestige – so lauten typische Performanceziele von Unternehmen einer freien Marktwirtschaft. Um diese langfristig realisieren zu können, ist es notwendig, den Kunden bei allen Arbeitsprozessen in den Mittelpunkt der unternehmerischen Bemühungen zu stellen. Mitentscheidend für den Erfolg eines Unternehmens ist das Bewusstsein aller Mitarbeiter, dass die Ausrichtung auf Kundenerwartungen und der partnerschaftliche Umgang miteinander als Werte mit höchster Priorität täglich gelebt werden.

Soziale, kooperative und kommunikative Fähigkeiten werden zu zentralen Erfolgsfaktoren. Das, was die einzelne Person einbringt, wird immer wichtiger, um die Unternehmensziele effizient erreichen zu können.

Verstärkt werden diese Anforderungen durch eine immer kritischere Öffentlichkeit, vor allem Konsumenten, Anleger und Analysten, die den Außendruck auf das Unternehmen steigern.

9.1.3 Der Wertewandel im Bewusstsein des Kunden von heute

Die Kunden wurden in den letzten Jahren bzw. Jahrzehnten von einem Wertewandel erfasst, der in seinen Auswirkungen mit der Digitalisierung in Wechselwirkung stehend gesehen werden kann. Das „Cluetrain-Manifest" (cluetrain.com) drückt es aus: Kunden verstehen sich nicht als „Verbraucher", sondern als mündige Konsumenten, welche ohne Ehrfurcht das Image großer Organisationen hinterfragen. Dieser Wandel umfasst vielfältige Aspekte, wie Transparenz, Optionen der Wahl, kundennahen Service und Meinungsplenum als Teil der „**Customer eXperience**".

Transparenz, wer oder was „hinter" dem Produkt steht:
Die Kennzeichnung der Produkte bezüglich Herstellungsland (aufgrund eventuell fragwürdiger Methoden im Herstellungsprozess im Sinne des Ethikbewusstseins), Inhaltsstoffen, Wiederverwertungs- oder Wiederverwendungsmöglichkeiten des Produkts selbst, aber auch der Verpackung und ähnliche Nachweise stellen für Konsumenten immer wichtigere Entscheidungsfaktoren dar.

Optionen der Wahl:
Überregionale Auswahl unter Lieferanten und Integration mit Herstellern für die Mitgestaltung von in „Losgröße 1" erstellten Produkten ermöglichen eine zunehmende Individualisierung von Angeboten.

Kundennaher Service:
Kunden interagieren mit Anbietern mobil, unabhängig vom Standort des Unternehmens und jederzeit, bestellen und erfahren, in welchem Stadium sich ihr Auftrag befindet und wann er erfüllt sein wird.
Bedarfsorientierte Mietangebote stehen ergänzend zu Kaufoptionen zur Verfügung, mittels Plattformen können Nutzung und Austausch einfach organisiert werden.

Meinungsplenum:
Einschätzungen eines Kunden zu einem Produkt oder einer Dienstleistung und zum Kontakt mit dem Lieferanten entstehen laufend und bis nach Ablauf der Nutzungsphase. Positive und negative Erfahrungen werden über Social-Media-Plattformen an eine große „Community" verbreitet und können das Gesamtimage und somit den Erfolg von Angeboten entscheidend beeinflussen.
Anbietern stehen so neue Feedbackquellen und Messinstrumente zur Verfügung.

Unternehmen, die in sich derart wandelnden Märkten erfolgreich bleiben wollen, sind gefordert, nicht mehr nur ein Produkt (Sachleistung wie Dienstleistung) auf den Markt zu bringen und es dort zu verkaufen, sondern vielmehr während des gesamten Lebenszyklus des Produkts im Dialog mit dem Kunden zu stehen, um die Kundenzufriedenheit - oder noch besser: Kundenbegeisterung - zu steigern.

9.1.4 Der Wertewandel im Bewusstsein der Mitarbeiter von heute

Die Motivation der Mitarbeiter erhält heute mehr Aufmerksamkeit als früher, das bringt eine zusätzliche Herausforderung an die Unternehmensführung mit sich. Die Erwartungen der Menschen haben sich im Laufe der letzten Jahre stark verändert, vor allem durch die Beteiligung der „Generation Y" bzw. der „Millenials". Die berufliche Karriere steht vor allem bei Neueinsteigenden oft nicht mehr an oberster Stelle, Werte wie persönliche Zufriedenheit, Familie und Selbstentfaltung gewinnen immer mehr an Bedeutung. Gleichzeitig werden Werte wie Selbstkontrolle, Disziplin, Pflichtbewusstsein und Verzichtsbereitschaft immer mehr in den Hintergrund gedrängt. Dem Erfolgsstreben der Menschen liegen neue Formen der Erfolgsdefinition zugrunde.

Daher sind Unternehmen bestrebt, ihren Mitarbeitern ein soziales Umfeld zu geben, einerseits als Firma einen identitätsstiftenden Zusammenhang herzustellen und andererseits ihre Tätigkeiten aufzuwerten. Ein Ansatzpunkt ist die Formulierung einer Vision, die den Mitarbeitern einen Sinn in ihrer Arbeit gibt und so die Motivation und Leistungsfähigkeit steigert. Ein weiterer ist, Mitarbeitern die Chance zu geben, eigene Ideen einzubringen, sich selbst zu verwirklichen und persönlich erfolgreich zu sein.

Dazu erschaffen Unternehmen neue Strukturen und Mittel, die den Informationsaustausch zwischen den Mitarbeitern, die Schaffung von neuen Ideen und die geregelte Behandlung von Problemen fördern. Moderne technische Kommunikations- und Kollaborationslösungen bieten dafür unterstützende Möglichkeiten.

Prozessmanagement

Der hier im Vordergrund der Betrachtungen stehende Änderungsprozess hin zu einer Prozessorientierung des Unternehmens ist eine langfristige und ganzheitliche Herausforderung.

Der Übergang von der streng funktionalen Unternehmensgliederung mit ihrem partikulären „Kästchendenken" zu Organisationsformen, die eine aktive Kundenorientierung leben und die sich folgerichtig auf den Prozess der Bedarfsbefriedigung der Kunden konzentrieren, greift tief in die Art und Weise ein, wie Menschen ihre Arbeit erledigen. Veränderungen manifestieren sich von der obersten Ebene der Unternehmenspolitik (Mission, Vision, Werthaltungen) über die Strategieebene bis zu mannigfaltigen Auswirkungen auf der Ebene der einzelnen Detailoperationen.

9.2 Change Management & Change Leadership

Die Entwicklung von Unternehmensstrukturen ist ein permanenter Prozess der Veränderung. Jeder Prozess der Veränderung bringt einen nicht völlig vorhersagbaren oder zu bestimmenden Zustand hervor. Unterschiedliche Individuen reagieren verschieden auf das gleiche Geschehen. Was bereits die Veränderung im Zusammenhang mit einer einzelnen Person zu einer nichttrivialen Aufgabe macht, wird im Umgang mit vernetzten Systemen, die von zahlreichen Individuen beeinflusst sind, zur Herausforderung. Im Zusammenhang mit der digitalen Transformation wurde die Metapher vom „Verlassen der Autobahn und Aufbruch ins Hinterland" geprägt.

Eine Konsequenz der Neuheit und Dynanik dessen, was einem in der Gestaltung von Veränderungsprozessen begegnet, lautet: Es ist ein Hintergrundverständnis für die Phänomene und Zusammenhänge notwendig, um beobachtende Ergebnisse einordnen und wiederkehrend situativ die jeweilige Vorgehensweise ausrichten zu können. „Eine Wegbeschreibung genügt nicht, eine Landkarte wird gebraucht", um bei der obigen Metapher zu bleiben. Dann kann ein ganzheitliches Verstehen von sachlichen und sozialen bzw. emotionalen Aspekten in ihren Wechselwirkungen Schritt für Schritt wachsen und in erfolgreiches Entscheiden und Handeln einfließen, ein Zusammenhang, den Bild 9.1 illustriert.

Bild 9.1 Verständnisorientierter Zugang als Denkmodell zur Annäherung an ein komplexes Thema

Die Intention hinter dem Einsatz von Change Management und Change Leadership ist, die Bereitschaft der Stakeholder für die angestrebte Veränderung zu erhöhen oder andersherum die Wahrscheinlichkeit eines Scheiterns des Vorhabens an Widerständen von Stakeholdern zu verringern. Das Verständnis der Widerstände und der systematische Umgang damit brauchen das Einbeziehen der sozialen Betrachtungsebene.

Auf der inhaltlichen Ebene und gesamthaft gesehen braucht erfolgreiche Veränderung eine richtungsgebende Zielvorstellung. Auf der sozialen Ebene sind die Wahrnehmung eines Veränderungsvorhabens und die Reaktionen darauf, intern und im Umfeld der Organisation, entscheidende Einflussfaktoren für das Gelingen oder Scheitern einer Organisationsveränderung. Wahrnehmung und Reaktion hängen von den Tatsachen und den Umständen der Kommunikation ab. Gespür für Change Management zeigt sich darin, wie jemand diese in sich vernetzten Handlungsfelder adressiert.

Das Management of Change sorgt bei einem umfassenden Änderungsprozess für eine nachhaltige Wirkung. Es beginnt mit dem Vereinbaren von Zielen und Rahmenbedingungen und umfasst Aufgaben des Analysierens und des Schaffens von Voraussetzungen für neue Möglichkeiten in der Organisation ebenso wie des Kommunizierens. Ein Projekt oder ein Programm zeitlich und inhaltlich gut abgestimmter Einzelprojekte dienen dem Vorhaben als struktureller Unterbau.

Die in den folgenden Abschnitten umrissenen Hintergründe zum Change Management auf sachlicher und emotionaler Ebene und zu Change Leadership, ergänzt um Elemente des Projekt- und Programm-Managements, bilden dafür die Grundlage.

9.3 Herausforderungen des Change Managements

Eine Voraussetzung erfolgreichen Change Managements ist die gesamthafte Erfassung einer Veränderung. Die Analyse dient einerseits dem Erkennen, wo sachliche Begleitmaßnahmen notwendig sind, andererseits dem Verständnis möglicher Hürden auf der sozial-emotionalen Ebene, die zu adressieren sind.

Die Vielfalt von Auswirkungen, welche sachliche Begleitmaßnahmen vor, während und nach einer Reform erfordern, betrifft v. a. folgende Bereiche:

- rechtlich,
- finanziell,
- wissensmäßig,
- technologisch,
- ressourcenmäßig.

Diese Problembereiche können zu akuten Problemen führen, selten stellen sie „unüberwindbare“ Hürden dar.

Tiefgreifende Veränderungen gehen über das Organisatorische hinaus, daraus entstehen die größten Herausforderungen des Change Managements. Zum ganzheitlichen Verständnis des inhaltlichen und sozial-emotionalen Zusammenhangs betrachten wir die Felder

- Strategie,
- Struktur,
- Kultur,
- technische Systeme

in Wechselwirkung.

Anwendungsszenario „Prozessveränderung“: Ein Anlass für eine Prozessveränderung (im Feld Struktur) kann demnach im Strukturfeld selbst liegen oder von einer Veränderung der Strategie oder der Technologie ausgehen. Beispielsweise greift eine Strategie Möglichkeiten der Automatisierung auf, dazu sind Veränderungen in den Feldern Technologie und Prozesse notwendig. Das Feld Kultur weist auf die soziale Ebene dieser Veränderung hin. Die Wechselwirkung mit der Kultur ist Kernelement einer Analyse von Change-Widerständen: Strukturveränderungen können daran scheitern, dass kulturelle Prägungen dem Vorhaben entgegenstehen. Umgekehrt: Verändert sich die Kultur, etwa bei der Verlegung eines Standorts in einen anderen Kulturraum, können Anpassungen der Struktur notwendig werden.

Organisationsänderung in Verbindung mit Änderung der Unternehmenskultur

Unternehmenskultur wird mehr und mehr als mächtiger Faktor erkannt, der das Verhalten von Organisationsmitgliedern beeinflusst. Eine Konsequenz ist das gezielte Einbeziehen der Unternehmenskultur in organisatorische Gestaltungsmaßnahmen, eine andere die Einsicht in die Notwendigkeit von Begleitmaßnahmen für die kulturelle Anpassung als Unterstützung bei Strukturänderungen.

Bei Betrachtung eines Unternehmens verhält es sich ähnlich wie bei einem Eisberg. Die Strukturen der Spitze des Eisbergs sind leicht zu erkennen, die Kulturen als der wesentliche verhaltensbestimmende Teil des Unternehmens lassen sich weit weniger leicht ausmachen.

Kultur lässt sich definieren als gemeinsames Verständnis betreffend Wahrnehmungen, Gedanken und Gefühlen, das eine Gruppe im Laufe der Zeit entwickelt hat, während sie ihre Probleme löste, und dabei die Erfahrung gemacht hat, dass diese hinreichend konsistent und wirksam sind, um sie beizubehalten und an neue Mitglieder direkt oder indirekt weiterzugeben. Die Kultur manifestiert sich als beobachtbare Artefakte sowie angenommene Ideen, Ziele, Philosophien und Werthaltungen, Normen und Verhaltensregeln.

Kultur umfasst:

- Identität, kollektive Erwartungen, Denkmuster/Hintergrundüberzeugungen.
- Werthaltung und Normen, Verhaltensregeln.
- Einstellungen und Haltungen in der Führung, der Zusammenarbeit im Inneren und gegenüber Anspruchsgruppen nach außen.

Die Eigendynamik einer „starken" Unternehmenskultur inkludiert eine schwer zu überwindende Beharrungstendenz: die Kultur erhält Verhaltensmuster, unabhängig davon, ob diese Verhaltensmuster für die akutelle Situation vorteilhaft sind.

Bremsend wirken aus der Eigendynamik einer solchen Unternehmenskultur heraus:

- **Vervielfältigungstendenz:**
  Man bevorzugt „mehr vom Gleichen" (quantitative Veränderung) statt etwas anderes (qualitative Veränderung).
- **Abwandlungstendenz:**
  Variation wird zugelassen, aber nur innerhalb eines fest vorgegebenen Rahmens. Man ist außerstande, etwas hereinzunehmen, das außerhalb des Rahmens liegt.
- **Stabilisierungstendenz:**
  Man korrigiert Abweichungen durch Gegensteuerung. Durch Diskontinuität und Störung bedroht, wird man bestrebt sein, die Normalität wiederherzustellen und zu bewahren.

Unternehmenskultur wird wesentlich von Führungskräften gestaltet und beeinflusst.

Man vergleiche hierzu auch die grundlegenden Ausführungen zum Thema Organisationskultur im Abschnitt 8.3.

Denkgewohnheiten und „die Macht der Gewohnheit"

Unternehmens- und Umfeldkultur kombiniert mit individuellen Hintergründen erschaffen Denkgewohnheiten.

Es zählt zu den schwierigsten Aufgaben, bei Führungskräften und Mitarbeitern einen Wandel in Gewohnheiten zu initiieren, wie dies im vorliegenden Zusammenhang des Übergangs auf Prozessorientierung erforderlich ist. Die dabei auftretenden Schwierigkeiten werden eher unterschätzt. Zu Beginn wird mit hoher Motivation ein Projektteam zusammengestellt, das die Aufgabe erhält, ein neues Leitbild des Unternehmens zu definieren. Nach einiger Zeit und einer Vielzahl von Teamsitzungen wird das neu erarbeitete Leitbild dem Vorstand vorgetragen und ein paar letzte Änderungen werden vorgenommen. Das fertige Leitbild wird in einer Hochglanzbroschüre abgedruckt und an alle Mitarbeiter verschickt.

Und dann? Es bleibt alles beim Alten.

Es ist schwer, Gewohnheiten zu ändern oder eingefahrene Verhaltensweisen dauerhaft umzugestalten. Noch viel schwerer ist es, Gewohnheiten im zwischenmenschlichen Bereich zu verändern: Gemeinsame Gewohnheiten sind trainierte Abläufe, bei denen jede Handlung oder Bemerkung der einen Seite von der jeweils anderen Seite mit den entsprechend gelernten Handlungen oder Bemerkungen beantwortet wird. Unbeteiligten Dritten wird dies oft sehr viel deutlicher bewusst als den beiden Parteien selbst.

Versucht eine Seite, ihr Verhalten zugunsten einer harmonischeren Allgemeinsituation zu verändern, so strebt die andere Seite meist danach, den gewohnten, vertraut gewordenen Zustand möglichst rasch wiederherzustellen. Schließlich stellen sich Zufriedenheit und das Gefühl, sich in der Situation wieder zurechtzufinden, ein. Es ist dies die sogenannte Rückstellkraft sozialer Systeme.

Der Grund dafür ist, dass sich das Beziehungsgefüge in einem sozialen System nach einer vorausgegangenen Phase der Positionskämpfe im Fließgleichgewicht befindet. Ändert sich nun das Verhalten eines Einzelnen gegenüber einem anderen oder der ganzen Gruppe, irritiert er alle anderen und bringt das gesamte Beziehungsnetz ins Wanken. Das löst zunächst beim Rest der Gruppe Stress aus. Das soziale System kommt in Bewegung, es reagiert mit Anpassung oder Widerstand.

Im Umgang mit Widerstand überschneiden sich Aspekte des Change Managements mit dem in Kapitel 8 behandelten Konfliktmanagement.

Eine wesentliche Bedeutung in der Anpassung von Verhaltensweisen an veränderte Umstände haben regelmäßige Feedbackschleifen. Sie beeinflussen tatsächlich das Verhalten, da sie zum einen immer auf das Soll aufmerksam machen und zum anderen jederzeit das Ist aufzeigen. Der ständige Vergleich zeigt Differenzen auf und erhöht die Chancen einer Verhaltenskorrektur.

Die Angst vor Veränderungen

Was oberflächlich als mangelnde Motivation oder simpel als Fehler erscheint, kann eine tiefere Ursache im Unterbewusstsein haben: Veränderung kann Gefühle von Unbehagen bis hin zu Angst auslösen. Spricht man von Angst, so spricht man von einer Vielzahl von Gedanken und Empfindungen, die vom nicht genau definierbaren „Angstgrauen" bis hin zu konkreter Furcht reichen. Jede Konfrontation mit einer ungewohnten, nicht zu den eingelernten Denkmustern passenden Situation oder Herausforderung kann einen Angstzustand auslösen. Die meisten Menschen entfliehen solchen Zuständen mit Verdrängung, was im Sinne der Angstbewältigung zunächst als durchaus wirksam zu werten ist.

Die Entstehung von Angst steht im Zusammenhang mit der eigenen Grundstimmung aus der persönlichen mentalen Einstellung heraus, denn die Sensibilitätsschwelle für die unterschiedlichen scheinbaren „Gefährdungen unserer Existenz" sinkt mit schlechter Stimmungslage.

Das soziale Umfeld und Haltung und Verhalten von Führungskräften können dem Entstehen von Angst entgegenwirken, daher kommt den Leadership-Fähigkeiten (vergleiche Kapitel 8) in Veränderungssituationen unabhängig von der jeweiligen Rolle eine besonders große Bedeutung zu.

Eine tatsächliche Überwindung der Angst erfordert eine tiefer gehende Auseinandersetzung mit dem Angstzustand selbst und eine Ergründung der Angstauslöser. Ist der Angstzustand einmal überwunden, bedeutet dies ein neues Lebensgefühl.

„Nicht-Gründe“

Widerstand gegen eine Veränderung kann sich aus unterschiedlichen Rahmenbedingungen ergeben. Dazu zählen

- Nicht wollen
- Nicht können
- Nicht wissen
- Nicht dürfen

Bild 9.2 hilft dabei, diese Rahmenbedingungen zu erkennen und gezielt zu adressieren.

Bild 9.2 Nicht-Gründe nach Scheuss

Reaktanz

Der Begriff „Widerstand“ wird breit als Gegensatz zu Kooperation verwendet. Im Sinn des psychologischen Verständnisses, eingeengt auf eine spezielle Form des Widerstands, findet der Begriff „Reaktanz“ Anwendung. Reaktanz kann als Reaktionsbildung daraus entstehen, dass Menschen sich in ihrer Entscheidungskompetenz oder Handlungsmöglichkeit eingeschränkt fühlen.

Das Vorgehen im Change-Prozess ist daher mit ausschlaggebend für den Widerstand, der zu bearbeiten ist. Ein ganzheitliches Change Management bezieht Reaktanz als möglichen Verursacher zusätzlichen Widerstands in die Gestaltung des Change-Prozesses ein.

Schwellen der Veränderung

Veränderungen, die vorgenommen werden, müssen bis zu ihrer Realisierung mehrere Schwellen, also Widerstände, überwinden, bis dann tatsächlich im Unternehmen eine Veränderung stattfindet. Man könnte diese Hindernisse ihrem Auftreten nach wie folgt unterscheiden:

- Die Erkenntnisschwelle:

  Vor dieser Schwelle befindet sich, wer die Bedeutung interner oder externer Entwicklungen aufgrund seines eingeschränkten Kontextes nicht erkennen kann oder will, die Vorgänge verharmlost und nicht ernst nimmt.

- Die Visionsschwelle:

  An dieser Schwelle bleibt hängen, wer zwar erkannt hat, dass sich etwas ändern muss, aber Schwierigkeiten hat, sich eine Lösung, einen Ausweg oder etwas Neues vorzustellen - also etwas, das nicht seiner gewohnten Wahrnehmung entspricht.

- Die Handlungsschwelle:

  Vor der Handlungsschwelle zu stehen heißt, zwar begriffen zu haben, was falsch läuft, zusätzlich auch über die Vorstellung der Lösung des Problems zu verfügen und doch vor nötigen Handlungskonsequenzen aus Bequemlichkeit oder Risikoscheue zurückzuschrecken.

Sich diese unterschiedlichen Schwellen bewusst zu machen, ist bereits ein äußerst hilfreicher Schritt zu ihrer Bewältigung.

9.4 Förderliche Einstellungen und Denkweisen

Beim Änderungsprozess ist das Unternehmen als ein soziales System zu sehen, in dem unterschiedliche Rollenträger ihren jeweils typischen Beitrag leisten. An prominenter Stelle stehen Führungskräfte als **„Change Agenten“.**

Als wesentliche **Verhaltenseigenschaften** sind jedoch für alle Mitwirkenden zu fordern:

- Der Umgang mit **Komplexität:**
  Es ist die **Ganzheitlichkeit** bei der Betrachtung des Unternehmens mit seinen Bausteinen und deren Wechselwirkungen untereinander und mit seiner Umwelt zu sehen und bei der Maßnahmenentscheidung zu berücksichtigen.
  Weiterhin ist für nachhaltige Änderungen das Erfassen von Einzelzuständen als situative Wahrnehmung nicht ausreichend, eine **dynamische Sichtweise** sollte die Basis von Entscheidungen sein.
- Der Umgang mit **Information:**
  Information hat nicht nur einen **semantischen** (Wortbedeutung) und einen **syntaktischen** Aspekt (Satzgefüge), sondern ist vor allem erst in ihrem spezifischen **pragmatischen** Kontext wirksam und sinnvoll.
  Ohne Kontext verliert eine Information ihren Wert, ganz besonders im sozialen Bereich im Zuge von Veränderungsprozessen.

- Der Umgang mit **Unsicherheit:**
  Änderungsprozesse im Unternehmen haben lange Auswirkungshorizonte und greifen damit ganz wesentlich in die Überlebensgestaltung der Organisation ein.
  Jeder Eingriff, der sich auf die Zukunft auswirkt, ist seinem Wesen nach wahrscheinlichkeitsbehaftet, sodass generell nur von **Chancen** und **Risiken** gesprochen werden kann und völlige Sicherheit bei der Gestaltung der Zukunft niemals vorliegt.
  Ein methodisch gestütztes Umgehen mit der **Unsicherheit** ist demgemäß erforderlich, sie kann weder vermieden noch umgangen werden, ein Gefühl des Unbehagens aufgrund der eigenen Unzulänglichkeit ist dabei jedoch fehl am Platz.
- Der Umgang mit **Ursache und Wirkung:**
  Es ist erforderlich, aufgrund der Komplexität des Systems **Unternehmen** immer von einer **Vielzahl von Ursachen** auszugehen. Monokausales Denken führt zwar zu plakativen, einfachen und nachvollziehbaren Entscheidungen, die sich aber selten als zielführend und nachhaltig erweisen.
  Da weiterhin der Regelkreis als ein in sich geschlossenes Informationssystem (Feedback) das Grundmuster jedes Systemverhaltens ist, ist es eine Frage der **Betrachtungsweise,** was in einer gegebenen Fragestellung als Ursache und was als deren Wirkung angesehen wird. Der Regelkreis besitzt keinen Anfang und kein Ende, Ursache und Wirkung sind letztlich austauschbar.
- Der Umgang mit **Systemgrenzen:**
  Um sich bei gegebener Aufgabenstellung wegen der vorliegenden Systemkomplexität nicht völlig zu verlieren, ist es erforderlich, Grenzen hinsichtlich des Umfangs und des gewählten Betrachtungsaspekts zu legen. Diese Entscheidung ist Voraussetzung, wenn ein Ausufern der Problemstellung ins Unbehandelbare vermieden werden soll.
  Der Mut zur Verkürzung der Realität – das Wesen jedes Modells – ist gefordert, wobei allerdings die Entscheidungen rational zu treffen sind; dies alles im Bewusstsein, dass jedes derart abgegrenzte System nur ein Baustein eines nächsthöheren Ganzen ist.

Den genannten Denk- und Verhaltensweisen sollte man sich schrittweise nähern und sich diese aneignen, um im Umgang mit komplexen, sozialen Systemen erfolgreiches Engineering (Gestalten) betreiben zu können. Wenn mit diesen Denkkonzepten an die Änderungsprozesse vor allem vonseiten des Managements, der Berater, der Change-Mentoren und Change-Agenten herangetreten wird, wird das Machbare auch erreicht werden.

Tabelle 9.1 stellt die Erfolgsfaktoren zu einer prozessorientierten Unternehmensorganisation dar.

Tabelle 9.1 Erfolgsfaktoren beim Übergang zu einer prozessorientierten Unternehmensorganisation

▪ Vorhandene Informationen erkennen und nutzen: Oft haben Vorgesetzte nicht den Mut, sich von ihren Untergebenen beraten zu lassen bzw. deren Meinungen anzuhören.
▪ Sehen, was „unbewusst“ bereits funktioniert: Darunter sind die informellen Strukturen zu verstehen, die vorhanden sind und genutzt werden; dazu zählen auch Vorschriften, die verdeckt nicht beachtet werden, damit effektiver gearbeitet werden kann.
▪ Vorsehen von Workshops: Diese sollten für den offenen Meinungs- und Informationsaustausch genutzt werden.
▪ Formieren von Projektgruppen: Dabei wird die Einbindung von externen unparteiischen Kräften empfohlen.

- Informationspflicht/interne Öffentlichkeitsarbeit: Informierte Mitarbeiter sind der Schlüssel zum Erfolg.
- Lernen zulassen: Lernen tritt bei jeder Gestaltung auf. Es gibt von vornherein keinen ermittelbaren optimalen Prozess. Es ist ein „Trial-and-Error-Prozess" zuzulassen.
- Prozessbegleitung durch externe Berater: Diese sollen den Mitarbeitern eine Unterstützung im Sinne von Teamcoaching bei der Veränderung geben, da Unsicherheiten und Ängste auftreten.

9.5 Notwendige Zwischenstadien am Weg von Widerstand zur Akzeptanz

Löst eine Organisationsveränderung bei Einzelnen oder bei Gemeinschaften Widerstand aus, dann verläuft der Weg zur Akzeptanz typischerweise entlang notwendiger Zwischenstadien.

Das folgende Stadien-Modell der emotionalen Entwicklung bei Veränderungen basiert auf Erkenntnissen über den Verlauf der Verarbeitung von Schock und Trauer. Deren Ursprünge lassen sich auf Elisabeth Kübler-Ross und Virginia Satir zurückführen, sie wurden für Change-Themen im Unternehmensumfeld von zahlreichen Autoren aufgegriffen und adaptiert, Quelle für die folgende Beschreibung ist: Hofmann, H., Walther, I. & Schrems, I. (2007). Veränderungen umsetzen und gestalten. Reflexionen. Methoden. Beispiele. Wien: facultas Universitätsverlag.

Das Modell gibt im Change Mitwirkenden unter Führungspersönlichkeiten, Beratern und Projektteams eine Orientierung für eine situativ angepasste Interaktions- und Kommunikationsweise.

Der Verlauf der sechs Stadien der Veränderung, wie in der in Bild 9.3 dargestellten Kurve, wird häufig als „Tal der Tränen" referenziert.

Während des Veränderungsprozesses ist ein Wechselbad an Gefühlen vorprogrammiert. Dabei können negativ behaftete Erfahrungen mit Veränderungen aus der Vergangenheit das Verhalten gegenüber aktuellen Veränderungen beeinflussen.

Wichtig: Rationale Akzeptanz geht nicht ohne emotionale Akzeptanz!

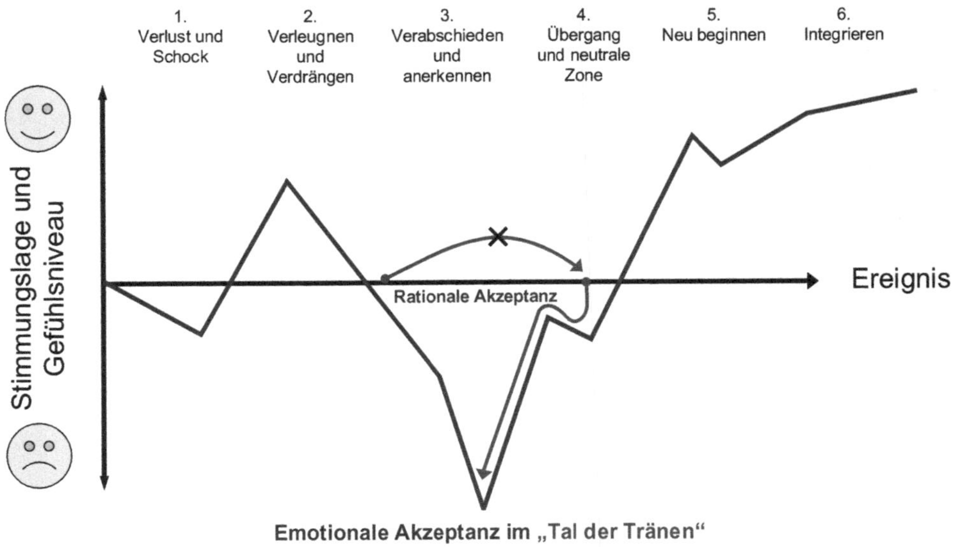

Bild 9.3 Die sechs Stadien der Veränderung

1. Verlust und Schock

Das erste Stadium beginnt mit dem Verlust einer gewohnten Situation. Dabei kann die Veränderung scheinbar überraschend für die Betroffenen eintreffen. Um dieses Stadium zu bewältigen, empfiehlt es sich, dass die Betroffenen sich der Bewältigung von Gefühlen stellen. Hierbei ist es wichtig, dass die Personen, die den Change-Prozess betreuen, viel Akzeptanz und Anteilnahme für diese völlig normale Reaktion an den Tag legen. Beschwichtigungen und Motivation sind in diesem Stadium erfolglos und sollten daher unterlassen werden.

2. Verleugnen und Verdrängen

Im Stadium des Verleugnens und Verdrängens kommt es zu realitätsverweigernden Reaktionen der Betroffenen. Diese sind ein Offenlegen des inneren Widerstands gegen Veränderungen und schützen vor der emotionalen Überforderung. Endgültige Entscheidungen können noch nicht getroffen werden, vorschnelle Lösungen sollten vermieden werden.

3. Verabschieden und Anerkennen

Nach gewisser Zeit ist die Verleugnung der Veränderung nicht mehr möglich. Das Verabschieden des Verlorenen steht nun im Vordergrund. Dieses Stadium wird durch die von den Veränderungen ausgelösten Emotionen beherrscht. Sowohl Verzweiflung als auch Erfolgserlebnisse sollen zugelassen werden. Dies ermöglicht den Betroffenen, die neuen Gegebenheiten anzuerkennen. Das einschneidende Ereignis offen anzusprechen, kann hierbei hilfreich sein.

4. Übergang und neutrale Zone

Die Betroffenen haben zwar noch keinen konkreten Plan für die Zukunft, allerdings ist es ihnen in diesem Stadium erstmals möglich, die Vergangenheit hinter sich zu lassen und sich auf die Zukunft zu fokussieren. Man befindet sich sozusagen im „Niemandsland“, da die Vergangenheit nun eindeutig abgeschlossen, die Zukunft allerdings noch nicht klar definiert ist. Dieses Stadium dauert, je nach Größe und Komplexität der Veränderung, unterschiedlich lange. Die größte Herausforderung besteht darin, die Ungewissheit auszuhalten und nicht die erstbeste Lösung umzusetzen. Durch übereilte Entscheidungen könnten Chancen übersehen werden. Betroffene nehmen „die Sache nun selbst in die Hand“ - Personen, die den Change-Prozess betreuen, sollen Unterstützung anbieten, sie allerdings nicht aufdrängen.

5. Neu beginnen

Nachdem Entscheidungen getroffen und Ziele formuliert wurden, können die ersten Aktivitäten zur Umsetzung des Neubeginns begonnen werden. Nachdem der Change-Prozess ausgelöst wurde, müssen Betroffene Abschied von Gewohntem nehmen, eine Menge an Emotionen verarbeiten, das Ungewisse akzeptieren und sich eine neue Sichtweise aneignen.

6. Integrieren

Im Stadium des Integrierens werden die ungewohnten neuen Umstände in das Gewohnte eingegliedert. Die Veränderung wird akzeptiert.

Nicht in jedem Fall durchläuft ein Mensch diese Stadien geordnet hintereinander, wie es der Kurvenverlauf andeutet. Die Dauer der Stadien und die Abfolge variierten, ebenso die Intensität. Die größte Hürde bei einer Organisationsveränderung ist, wenn Menschen das Stadium der Akzeptanz überhaupt nicht erreichen, sondern in einem Vorstadium steckenbleiben.

9.5.1 Phasen im Ablauf eines Change-Prozesses

Für ein Vorgehen des gelingenden Wandels, das auf die emotionale Ebene in Zusammenhang mit signifikanten sachlichen Veränderungen im Rahmen eines gesamthaften Change Prozesses fokussiert, werden im Folgenden das 3-Phasen-Modell nach Lewin mit den drei charakteristischen Phasen Unfreezing, Moving und Refreezing (Bild 9.4) und die von Kotter empfohlenen acht Schritte im Veränderungsprozess (Kotter, 2011) in Verbindung gesetzt.

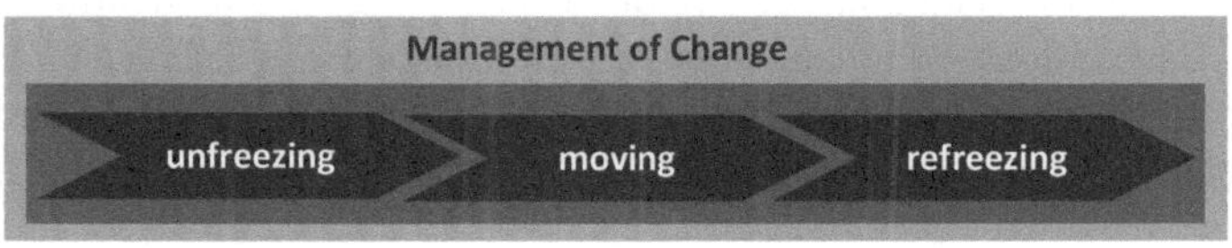

Bild 9.4 3-Phasen-Modell der Veränderung

Das Unfreezing stellt den ersten Schritt in Richtung einer Veränderung dar. Ein Bedarf zur Veränderung wird erkannt, neue Erwartungen entstehen und alternative Möglichkeiten werden erwogen.

Moving beschreibt den Prozess der Durchführung, die inneren und äußeren Widerständen begegnet, um neue, den Status quo ändernde Alternativen zu erproben. Am Ende des Moving gelangt man zu einem neuen Gleichgewicht, welches an die neuen Erwartungen angepasst wurde.

Refreezing beschreibt die Standardisierung des neuen Gleichgewichts und auch das vorläufige Ende des Veränderungsprozesses. Die neu geschaffenen Gegebenheiten werden in diesem Schritt verinnerlicht und ein neuer Status quo etabliert.

Bild 9.5 verbindet das 3-Phasen-Modell mit den empfohlenen acht Schritten für einen Veränderungsprozess nach Kotter, indem jeder Schritt einer der drei Phasen zugeordnet wird.

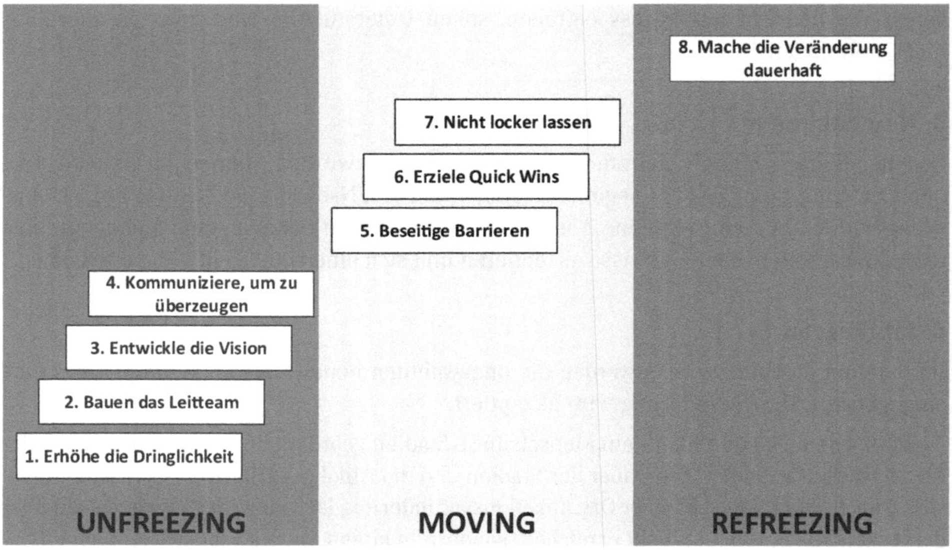

Bild 9.5 Prozesse nach Kotter im 3-Phasen-Modell

Hierbei stehen primär menschliche und zwischenmenschliche Aspekte im Vordergrund.

1. Dringlichkeit:
Der Prozess fokussiert sich auf die Wahrnehmung der Mitarbeiter. Es gilt Beispiele aufzubereiten und darzulegen, die für alle verständlich und nachvollziehbar sind (z. B.: Warum haben wir Kunde XY verloren?). Dadurch wird den Personen bewusst, dass sich etwas verändern muss.

2. Leitteam:
Ist dieses Bewusstsein erlangt, müssen veränderungswillige Kräfte identifiziert und gefördert werden. Das Leitteam sollte aus Mitarbeitern bestehen, die sich gegenüber einer Veränderung enthusiastisch verhalten und das nötige Commitment vorweisen. Wichtig an dieser Stelle ist, ein heterogenes Leitteam aus möglichst allen Unternehmensbereichen zu bilden.

3. Vision:
Die Entwicklung der Vision sollte eine Darstellung dessen sein, wohin die Veränderung das Unternehmen und die Mitarbeiter bringen wird. Visionen, die bewegen, müssen in wenigen Minuten erklärbar sein und die Menschen inspirieren und überzeugen. Ist die Vision festgelegt, muss diese einfach und verständlich kommuniziert werden.

4. Kommunikation:
Die „Kommunikation, um zu überzeugen" beinhaltet auch die offene Kommunikation von Ängsten, Verwirrungen und Misstrauen. Mithilfe von anonymen Frageforen ermöglicht

man den Mitarbeitern einen ehrlichen und offenen Dialog sowohl mit dem Topmanagement als auch miteinander.

5. Barrieren:
Da in der Regel jeder Veränderung Widerstand entgegenwirkt, müssen diese Barrieren minimiert oder möglichst beseitigt werden. Hierfür ist es ratsam, erfahrene Personen als Promotoren der Veränderung zu gewinnen. Außerdem können Anerkennungs- und Belohnungssysteme eingesetzt werden, um den Optimismus und das Selbstvertrauen der Mitarbeiter zu fördern. Auf der Managementebene gilt es, gezielt Manager von der Dringlichkeit einer Veränderung zu überzeugen, damit diese ihren Mitarbeitern keine zusätzlichen Barrieren in den Weg stellen.

6. Quick Wins:
Um die Sinnhaftigkeit der Änderung zu unterstreichen, soll die Planung frühzeitig erreichbare Erfolge einbeziehen, welche sofort der Belegschaft präsentiert werden sollten. Die Präsentation von Quick Wins kann in Form von Preisverleihungen, Betriebsversammlungen, Feiern und/oder Veröffentlichungen in der Unternehmenszeitung erfolgen.

7. Nicht locker lassen:
Veränderung braucht das fortgesetzte Hochhalten der Dringlichkeit, das Ausbauen der Ergebnisse aus Quick Wins und Nutzen veränderter Situationen, um die Fortsetzung der Veränderungen zu verstärken, anstatt sich zu früh zurückzulehnen.

8. Veränderung dauerhaft machen:
Für die Verankerung der Änderung schafft beispielsweise die Vorbildwirkung und Anerkennung von Mitarbeitern, die nach den neuen Normen und Richtlinien handeln oder herausragenden Einsatz bei der Verbreitung der neuen Gegebenheiten gezeigt haben, einen Anreiz für weitere Mitarbeiter, die neuen Abläufe anzunehmen und zu leben. Kontraproduktiv wirkt hingegen offensichtliche Inkonsistenz gegenüber dem kommunizierten Zielbild im Verhalten der Top-Führungskräfte. Das Ziel des letzten Prozesses ist es, sicherzustellen, dass die Veränderung sukzessive in die Unternehmenskultur eingebettet wird. Prinzipiell soll vermieden werden, dass das Unternehmen erstarrt und nur mehr schwer Veränderungen durchlaufen kann.

9.5.2 Change-Szenarien

Neben den vorangehend dargestellten Gemeinsamkeiten von Change-Phänomenen gilt es zu berücksichtigen, dass sich Change-Szenarien unterscheiden, je nachdem, ob es sich um eine mehr oder weniger einschneidende Veränderung handelt. Mit besonders drastischen Veränderungen sind wir im Zuge der Digitalisierung unter dem Stichwort „Disruption“ konfrontiert, die als Übergangsphase zu einer neuen gesamtgesellschaftlichen Ära aufgefasst wird.

Unterscheidung von gradueller und radikaler Innovation bis zur Disruption

Anhaltspunkte für die Unterscheidung zwischen „gradueller Innovation“ und „radikaler Innovation“ liefert Tabelle 9.2.

Tabelle 9.2 Innovationsstrategien

Graduelle Innovation	Radikale Innovation
Praktiker	Wissenschaftler, Theoretiker
abwehrend, reaktiv, bewährt	offensiv, neuartig, experimentell, proaktiv
folgt Trends	setzt Trends
aufbauend (man nimmt bestehende Modelle als Ausgangspunkt)	rahmensprengend (man beginnt mit einem neuen Konzept)

Unternehmen brauchen beide Innovationsstrategien. Graduelle Innovation ist notwendig, damit das Unternehmen mit seinem laufenden Geschäftsmodell erfolgreich bleibt. Radikale Innovation erhält einem Unternehmen langfristig seinen Entwicklungsvorsprung und Wettbewerbsvorteil.

Das sachliche Risiko des Scheiterns ist bei **radikalen** Änderungen höher als bei graduellen. Emotional sind radikale Änderungen von hohen Hochs und tiefen Tiefs gekennzeichnet.

Demgegenüber sind Geschwindigkeit und Risiko bei **graduellen** Änderungen den Verhaltenstendenzen in Änderungssituationen besser angepasst, insbesondere wenn beispielsweise bei der Umstellung auf neue Routineprozesse Mitsprachemöglichkeiten bestehen und Eingewöhnungszeiträume zum Umlernen berücksichtigt werden.

Etablierte Unternehmen haben in ihrer Geschichte gelernt, das, was sie gut können, kontinuierlich auszubauen und daraus Nutzen zu ziehen. Aus dieser Kultur heraus neigen sie dazu, den Status quo sogar wider offensichtlichen Vernunfterwägungen zu erhalten. Eine Auswirkung ist, dass eine solche Organisationen kaum von innen heraus eine radikale Änderung vorantreibt, sondern erst auf Druck von außen in unterschiedlichster Form.

Die Disruption durch die Ära der Digitalisierung bringt einen solchen Druck von außen mit sich.

9.5.3 Leadership im Change

Führungskräften steht ein Repertoire unterschiedlicher Führungsverhaltensweisen zur Verfügung, einen gesamthaften Wandel im Unternehmen zu bewirken, der die Kultur im Unternehmen mittransformiert und die Menschen mitnimmt. Bild 9.6 zeigt die vier Haupttypen von Führungsauffassung und Führungsverhalten bezüglich eines Änderungsprozesses.

Im Wesentlichen wird es sich jedoch in der Praxis eher um eine **Mischstrategie** handeln, die situativ auf die verschiedenen Verhaltensweisen zurückgreift. Ein einzelner „bester Weg“ ist weder logisch herleitbar noch empirisch nachgewiesen.

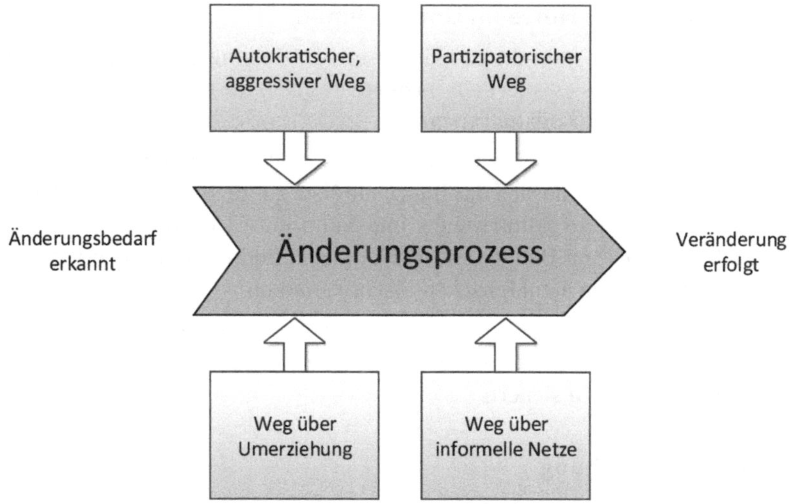

Bild 9.6 Vier Wege des Führungsverhaltens im Change

Der autokratische, aggressive Weg

Um eine neue kulturelle Ordnung aufzubauen, verfolgt diese Strategie den Zweck, zunächst in der Belegschaft Unruhe zu erzeugen und so die Absicht zur Veränderung klarzumachen. Sie wird meist angewendet, wenn das Unternehmen bereits in der **Krise** steckt. Die Strategie eignet sich gut zum Herbeiführen eines raschen Wechsels unter Unterdrückung von alternativen Sichtweisen.

Nach Zerschlagung des kulturellen Zusammenhalts, d. h. der Zerstörung der bestehenden Denk- und Verhaltensmuster, werden im Anschluss genaue Verhaltensregeln erlassen. Darauf folgt ein Überwachen der Einhaltung der neuen Weisungen, um eine Verwässerung der Anweisungen zu vermeiden.

Diese Strategie eignet sich nur bei enormem Änderungsdruck.

Der partizipatorische Weg

Diese Strategie vermittelt allen Betroffenen das Gefühl einer gewissen Sicherheit, da sie die bestehenden Strukturen berücksichtigt.

Der Wandel zu einer neuen Kulturform verläuft still und schrittweise, durchgeführt von kooperativen Managern, wobei die betroffenen Mitarbeiter weitestgehend in den gesamten Prozess eingebunden sind.

Dies impliziert keineswegs, dass Interessenkonflikte auszuschließen sind, geht jedoch von der Bewältigung der auftretenden Probleme aus.

Die Änderungen werden in Übereinstimmung mit den Betroffenen durchgeführt, dadurch gewinnt das Änderungsprogramm an gesellschaftlicher Zustimmung. Denn nur wenn Menschen von sich aus erkennen, dass die vertrauten Verfahren alt und unpassend geworden sind und es einen besseren Zustand gibt, werden sie freiwillig bereit sein, darauf einzugehen.

Der Weg über informale Netze im Unternehmen

Diese Strategie neigt dazu, indirekt zu agieren und Beziehungen geschickt auszunutzen, um ihr Ziel zu erreichen. Es existiert ein unsichtbares Netzwerk in der Machtstruktur, das wichtiger ist als das formale Organigramm.

Das informale Netz ist eine natürliche Folge menschlichen Kontakts und menschlicher Interaktion. Jene Menschen, die sich das informale Netz zunutze machen, werden dabei als jene Personen betrachtet, die Kulturwandel und Kulturentwicklung beeinflussen können, indem sie Qualität, Form und Dichte ihrer Beziehungen und Interaktionen variieren. Man kann sagen, dass Netzwerke den Menschen Macht verleihen.

Ein Nachteil der informalen Netze ist, dass sie, wenn sie einmal etabliert sind, sehr leicht ordnungs- statt änderungsorientiert werden, d. h. eine defensive Funktion einnehmen, um ihren eigenen Fortbestand zu sichern.

Der Weg über Umerziehung

Diese Strategie geht den Weg der Umerziehung in Form von Weiterbildung und Schulung. Das Problem besteht darin, dass die Einwirkung zwar in einer angenehmen Atmosphäre stattfindet, jedoch nicht vom Gleichheitsprinzip geprägt ist, sodass einzelne Personen im Mittelpunkt des Interesses stehen. Das Programm gibt sich zunächst harmonisch und kameradschaftlich, zwingt sich jedoch kaum weniger nachdrücklich auf als der aggressive Weg.

Zusätzlich entscheiden die Menschen selbst, ob sie an den Kursen teilnehmen, was sie akzeptieren bzw. ob sie die gewünschte Richtung, die von der Unternehmensleitung vorgegeben wird, bejahen.

9.6 Die Veränderung als Projekt managen

Im nachfolgenden Abschnitt wird anhand des Projekts „Aufbau eines Prozessmanagementsystems“ beispielhaft auf die wesentlichen Projektmanagementtools eingegangen. Besonderes Augenmerk wird auf die praktische und unmittelbare Umsetzung der Inhalte gelegt. Das Projektvorgehen folgt den international anerkannten Standards des Projektmanagements.

Ausgegangen wird von einem mittelständischen Unternehmen (ca. 500 Mitarbeiter). Das Projekt „Aufbau eines Prozessmanagementsystems“ wird als internes Organisations- bzw. Organisationsentwicklungsprojekt behandelt.

Sehen wir also das Projektmanagement als Prozess an und widmen uns nachfolgend diesem Projektmanagementprozess und seiner beispielhaften Darstellung anhand des Projekts zum Aufbau eines Prozessmanagementsystems. Der Prozess zur Abwicklung von Projekten hat klare Inputs (Projektidee, Projektauftrag), klare Ergebnisse (Projektergebnisse) sowie klare Outcomes (Lessons Learned, entlastete Projektleitung, Kundenzufriedenheit). Genauso lassen sich Ziele und Messparameter definieren, Ressourcen und Verantwortungen zuordnen und der Prozess lässt sich in die Prozesslandschaft des Unternehmens eingliedern.

Der Prozess wird begleitet von einem laufenden Informations- und Kommunikationssystem, im Projekt und nach außen, sowie einem klar strukturierten Veränderungsmanagement in Projekten und einem Projektmarketing.

9.6.1 Projekte initiieren und beauftragen

Jedes Projekt startet mit der Projektidee, deren Quelle unterschiedlichen Ursprungs sein kann. Projekte zum Aufbau des Prozessmanagementsystems werden in der Regel basierend auf klaren Maßnahmen aus einer strategischen Zielsetzung heraus gestartet. Forderungen, wie die Schaffung einer Grundlage für kontinuierliche Verbesserungen, die Integration anderer Managementsysteme (z. B. ISO 9001; TS 16949, ISO 14001 etc.) oder eine Integration in die Unternehmens-BSC, sind weitere mögliche Auslöser für das Projekt „Prozessmanagement“.

Zwischen der Initiierung des Projekts und der tatsächlichen formalen Beauftragung ist jedoch klar zu unterscheiden.

9.6.2 Projekte starten

„So wie ein Projekt gestartet wird, so endet es auch.“ Dieser Leitsatz manifestiert die Bedeutung und Wichtigkeit der Startphase des Projekts. Projekte starten nicht mit dem Projekt-Kick-off! Sie starten mit der ersten Idee, mit den ersten Gedanken.

Es gilt, das Projekt zeitlich und organisatorisch abzugrenzen sowie die **Ziele** und **Nichtziele** des Projekts klar zu definieren, denn vor allem deren Definition ist wesentlich für den Projekterfolg, um gegen spätere Reklamationen/Claims gerüstet zu sein (Tabelle 9.3). Ziele des Projekts müssen SMART sein (vgl. Kapitel 5.1.1).

Mit der Endabnahme des Projekts werden die Ziele auf ihre Erfüllung hin kontrolliert und abgenommen. Je genauer messbar diese Ziele sind, umso friktionsfreier verläuft die Endabnahme (auch final acceptance genannt).

Tabelle 9.3 Beispiele für Ziele/Nichtziele des Projekts „Aufbau eines Prozessmanagementsystems“

Mögliche **Ziele** des Projekts „Aufbau eines Prozessmanagementsystems“	Mögliche **Nichtziele** des Projekts „Aufbau eines Prozessmanagementsystems“
▪ Erstellung der Prozesslandschaft ▪ Visualisierung aller Hauptprozesse ▪ Kurzschulung aller Mitarbeiter ▪ Verankerung von Prozessverantwortlichen ▪ Maßnahmenplan für die Umsetzung der identifizierten Verbesserungsmaßnahmen ▪ Abbildung der Prozesse im Intranet ▪ Zertifizierung nach ISO 9001:2015	▪ Zusammenlegen/Trennen von Abteilungen ▪ Implementierung neuer Software ▪ Änderung der strategischen Vorgaben des Unternehmens ▪ Bürokratisierung im Unternehmen

9.6.3 Arbeitsstrukturen in Projekten (Projektorganisation)

Eines der Wesensmerkmale von Projekten beim Aufbau eines Prozessmanagementsystems ist, dass es von mehreren Personen und Unternehmensbereichen durchgeführt wird, die zusammen an der Lösung der gestellten Aufgaben arbeiten.

Die Zusammenarbeit ist am effizientesten, wenn jede dieser Personen eine definierte Rolle mit den zugewiesenen Verantwortungen und zugehörigen Aufgaben wahrnimmt.

Die Projektorganisation beschreibt die prinzipiellen Aufgaben und die Struktur der Zusammenarbeit der mitarbeitenden Personen durch die Zuordnung definierter Projektrollen. Sie gilt temporär (für die Laufzeit des Projekts), orientiert sich am Projektziel, der Organisationsform sowie der Kultur des Unternehmens und ist meist interdisziplinär besetzt.

Als **Projektrollen** mit ihren wichtigsten **Aufgaben** sollten definiert werden:

- **Projektauftraggeber** (PAG)
  Verantwortlich für die Durchführung des Projekts, Ernennen des Projektleiters, Genehmigen des Projektbudgets, Abstimmung mit Unternehmenszielen.
- **Projektlenkungsausschuss** (PLA)
  Oberste fachliche Instanz für das Projekt, Treffen von Entscheidungen, die den Projektrahmen sprengen.
- **Projektleiter** (PL)
  Erreichen aller Projektziele, Führen des Projektteams.
- **Projektkernteam** (PKT)
  Gruppenrolle; umfasst den Projektleiter, wenn vorhanden Projektassistenz bzw. -coach, und jene Projektmitarbeiter, die in der Planung oder im Controlling Projektmanagementaufgaben übernehmen.
  Erreichen der mit der Projektleitung vereinbarten Ziele.
- **Projektmitarbeiter** (PMA)
  Leistungsbeitrag im Projekt.
- **Projektassistenz** (PAS)
  Unterstützen des Projektleiters bei Projektmanagementarbeiten, Übernehmen von organisatorischen Tätigkeiten.
- **Projektcoach** (PC)
  Unterstützen und Anleiten von Projektleitern mit wenig Erfahrung.
- (Erweitertes) **Projektteam** (PT)
  Gruppenrolle; Kernteam plus weitere Projektmitarbeiter.
- **Projektteammitglied** (PTM)
  Mitglied im Projektteam.

Auf Basis dieser allgemeinen Rollendefinitionen wird der Bedarf für eine projektspezifische Rollenbeschreibung untersucht und werden gegebenenfalls die Rollen an die besonderen Bedingungen beim Aufbau eines Prozessmanagementsystems angepasst.

Projektauftraggeber und Projektleiter stehen bereits vor dem Projektstart fest, im Zuge der Projektplanung werden bei der Erstellung der Projektorganisation die restlichen Rollenträger bestimmt. Ein langfristiges Abklären der Verfügbarkeit zu den gewünschten Zeitpunkten verhindert Engpässe bei der Projektdurchführung. Bewährt haben sich schriftliche

Abstellungserklärungen durch die jeweiligen Linienvorgesetzten. Die Projektorganisation wird in tabellarischer und/oder grafischer Form (Bild 9.7) beschrieben.

Das Kommunizieren der Projektorganisation ist grundlegend für das Erstellen und Beibehalten einer Gesamtsicht des Projekts. Die Information soll zumindest an das gesamte Projektteam sowie an Auftraggeber und Steuerungsausschuss gehen.

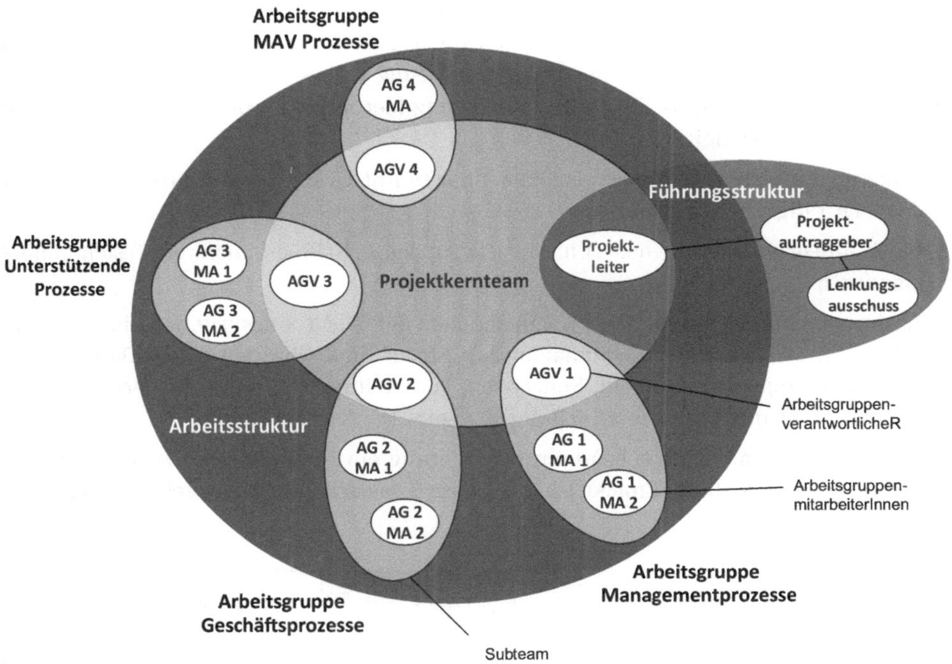

Bild 9.7 Darstellung der Organisationsstruktur für das Projekt „Aufbau eines Prozessmanagementsystems" (Projektorganisation nach innen)

9.6.4 Aufgabenmanagement: der Projektstrukturplan (PSP)

Der Projektstrukturplan ist das **zentrale Planungstool** im Projekt und bildet die Basis für Ablauf- und Terminplanung, Ressourcenplanung, Kostenplanung, Risikoanalyse und die Projektsteuerung.

Der englische Begriff lautet „Work Breakdown Structure (WBS)" und beschreibt noch klarer den Sinn und Zweck des PSP.

Die Instrumente zur Beschreibung der Projektstruktur sind neben dem Projektstrukturplan als Grafik die Beschreibungen ausgewählter Arbeitspakete.

9.6.4.1 Aufbau des Projektstrukturplans

Die Projektstruktur (Bild 9.8) kann nach unterschiedlichen Kriterien gegliedert werden:

- **Phasenorientiert:** Zum Beispiel Konzeptphase, Realisierungsphase, Testphase. Sämtliche Arbeitspakete einer Projektphase müssen abgeschlossen sein, um mit der nächsten Phase beginnen zu können.
- **Ablauforientiert:** Zum Beispiel Konzeption, Vorbereitung, Durchführung etc. Es müssen nicht alle Arbeitspakete eines Teilprojekts vor Beginn des nächsten abgeschlossen sein (Überlappung!). Eine ablauforientierte Gruppierung verbessert die Verwendbarkeit der Projektstruktur als Basis für die Terminplanung (der Projektstrukturplan ist aber **kein** Netzplan mit Abhängigkeiten!).
- **Objektorientiert:** zum Beispiel Fundament, erster Stock etc. Die Arbeitspakete müssen dennoch Tätigkeiten beschreiben.
- **Funktionsorientiert:** gegliedert nach Fachgruppen, z. B. Programmieren, Testen, Implementieren.

Je nach Projektinhalt können auch Kombinationen der Gliederungskriterien sinnvoll sein. Bewährt hat sich auch die Kombination aus Ablauf- und Objekt- bzw. Funktionsorientierung, z. B. Projektmanagement, Konzeption, Vorbereitung Hardware, Vorbereitung Software, Durchführung Hardware, Durchführung Software, Nachbereitung.

Den Arbeitspaketen wird zur besseren Orientierung ein Nummerncode zugeordnet: Das Arbeitspaket 1.3.3 stellt im Projekt 1 in der Phase 3 das dritte Arbeitspaket dar (Bild 9.9).

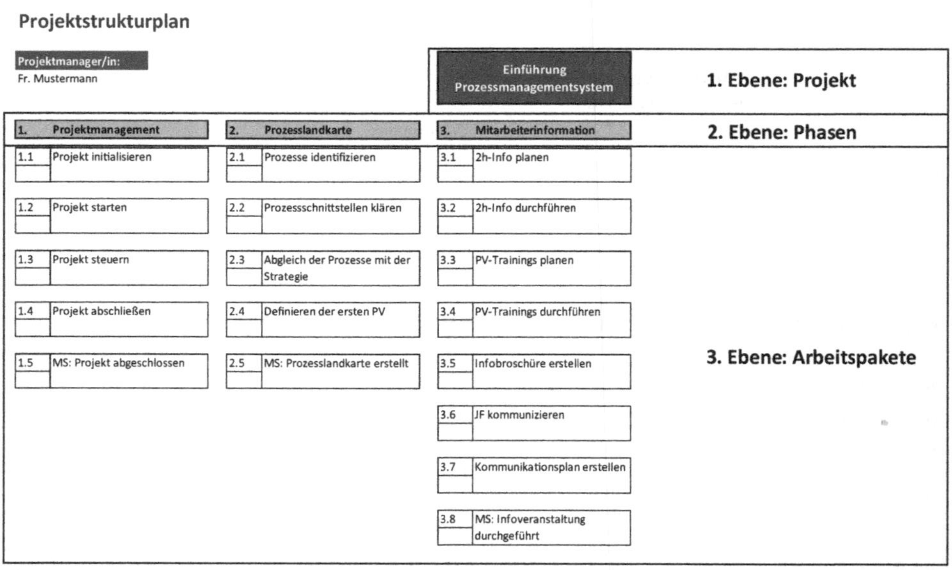

Bild 9.8 Projektstrukturplan (gegliedert nach Phasen in der zweiten Gliederungsebene)

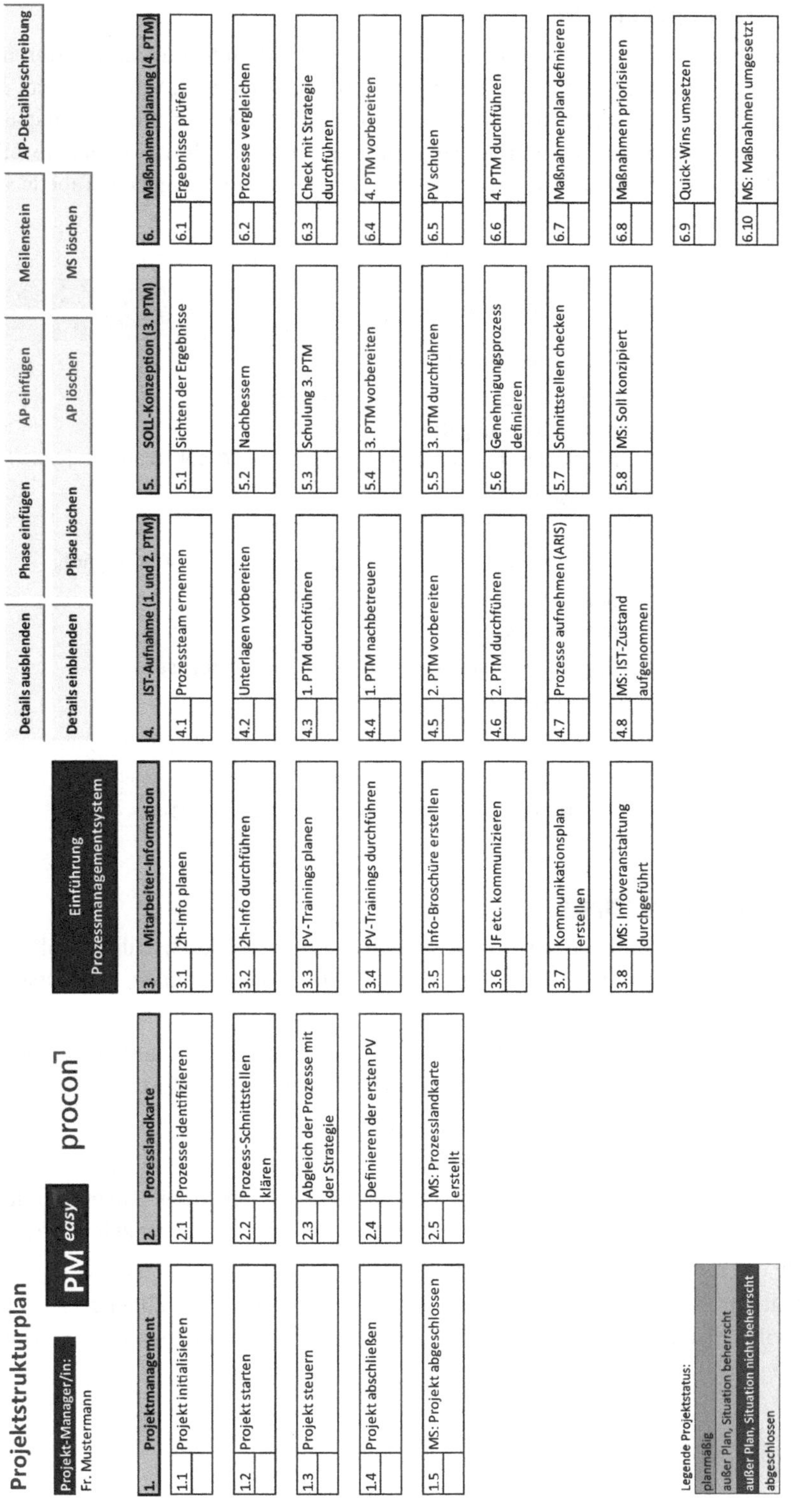

Bild 9.9 Beispiel-PSP für das Projekt „Einführung Prozessmanagementsystem“ (erstellt mit PMeasy)

9.6.4.2 Arbeitspaketbeschreibung

Ausgewählte Arbeitspakete, die einer genaueren Spezifikation bedürfen, sind durch die Bestimmungsstücke Verantwortlicher, Inhalt/Nichtinhalt, Ergebnisse, Schnittstellen, Anfang/Ende und Ressourcenbedarf zu beschreiben. Ausgewählt werden z. B. Arbeitspakete am kritischen Pfad, mit externer Mitarbeit oder mit unklaren, komplexen Aufgabenstellungen. Die Arbeitspaketspezifikationen erleichtern das Delegieren der Aufgaben (Tabelle 9.4).

Tabelle 9.4 Beispiel einer Arbeitspaketbeschreibung (3.3. - 1. PTMs durchführen)

Arbeitspaket-beschreibung	PSP-Code: 3.3. – 1. PTMs durchführen
Verantwortlich	Qualitätsbeauftragter
Ziele	Durchführung des 1. PTM pro Prozess Vervollständigung des 1. Arbeitsblatts Einheitliche Dokumentation (ausgefülltes Arbeitsblatt) für jeden Prozess
Nichtziele	Visualisierung des Prozesses Umsetzung von Verbesserungsmaßnahmen
Teilschritte	Bei Bedarf erneutes 1. PTM durchführen, wenn Klärung nötig
Schnittstellen	Andere Prozesse und deren Ergebnisse Prozesslandschaft
Ergebnisse	Ausgefülltes erstes Arbeitsblatt für jeden Prozess
Start, Ende	08.02.20XX/28.02.20XX
Ressourcen	Prozessverantwortliche, Prozessteammitglieder, Prozessmanager, Qualitätsbeauftragter
Kosten/Budget	Nur interne Aufwände; ca. zwölf MT pro Prozess

9.6.4.3 Umsetzungstipps

- Die erste und zweite Ebene des Projektstrukturplans in der Baumstruktur sollen gut lesbar auf einem DIN-A4-Blatt Platz finden. Sind Äste zu lang, können Arbeitspakete vielleicht zusammengefasst werden.
- Die Gliederung sollte nur so weit erfolgen, bis plan- und kontrollierbare Einheiten (Arbeitspakete) mit eindeutiger Verantwortung entstehen, und nicht weiter!
- Nicht jeder Ast muss gleich tief gegliedert werden.
- Der Projektstrukturplan muss alle Arbeitspakete beinhalten, die zur Erreichung der Projektziele notwendig sind. Eine Zuordnung der Ziele zu den Arbeitspaketen hilft bei der Überprüfung der Zielerreichung: Sind die entsprechenden Arbeitspakete abgeschlossen? Konnte das Ziel damit erreicht werden?
- Moderations- und Visualisierungstechniken (Post-it-Kärtchen, Flipcharts, Pinnwände etc.) helfen, das Projektteam effizient einzusetzen und ein von allen akzeptiertes Ergebnis zu bringen.

Prozesspriorisierung

Ein weiteres hilfreiches Tool stellt die Prozesspriorisierung dar. Anhand eines Prozessportfolios wie in Bild 9.10 können Prozesse hinsichtlich ihrer strategischen Relevanz für das Unternehmen und den verbundenen Handlungsbedarf kategorisiert bewertet werden. Die Prozesspriorisierung zeigt somit übersichtlich jene Prozesse, die vorerst die höchste Relevanz für das Unternehmen vorweisen und auch als Erstes mit der 4-Schritte-Methodik analysiert werden sollten.

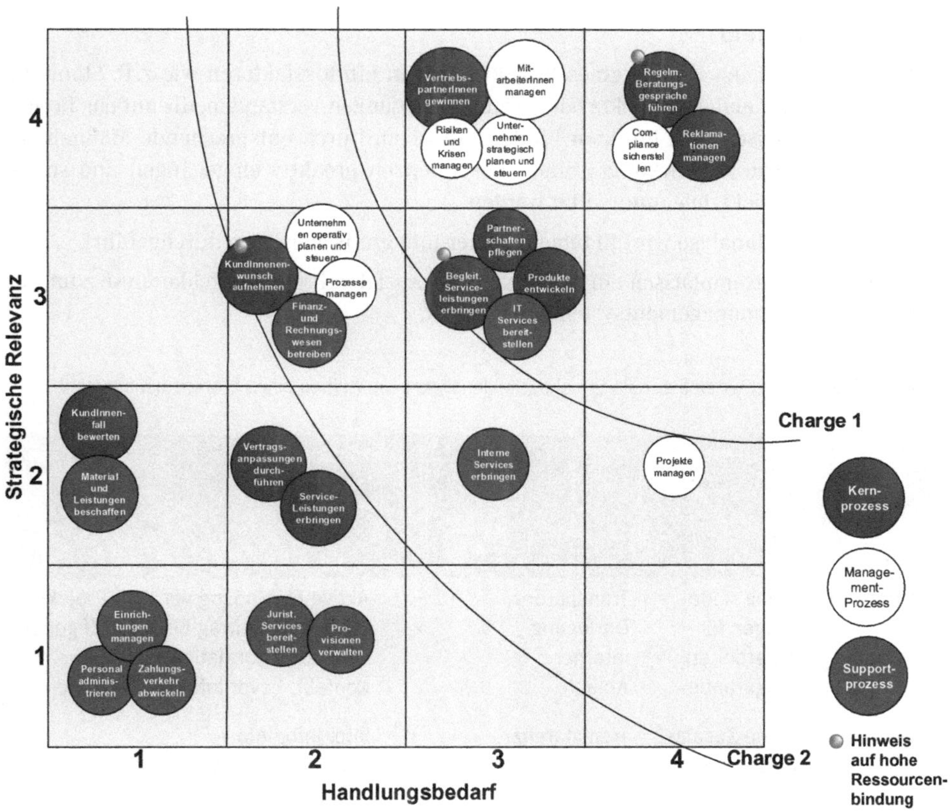

Bild 9.10 Prozesspriorisierung anhand eines Versicherungsunternehmens

9.6.5 Umfeldmanagement

Durch das Definieren des Projekts wird eine Grenze zwischen „innen“ und „außen“, d. h. zwischen dem, was im Rahmen des Projekts bearbeitet wird, und den Bereichen, die explizit ausgeschlossen werden, gezogen. Dennoch ist eine Berücksichtigung des „Rundherum“ für den Projekterfolg entscheidend. Die Analyse des Projektumfelds betrachtet das soziale und sachliche Umfeld des Projekts, um Maßnahmen zur Gestaltung einer positiven Beziehung zwischen den beeinflussenden Personen bzw. Gruppen und dem Projekt zu definieren sowie auf wichtige sachliche Einflussfaktoren vorbereitet zu sein bzw. entsprechend reagieren zu können.

Soziales Umfeld

Das soziale Umfeld eines Projekts umfasst Personen oder Interessengruppen (Stakeholder), die durch das Projekt oder die Ergebnisse beeinflusst werden oder je nach Bedeutung und Macht auf das Projekt Einfluss ausüben. Die Beziehungen zu den relevanten Personen bzw. Gruppen werden durch entsprechende Maßnahmen aktiv gestaltet, um eine positive Einstellung zum Projekt zu fördern, ihre **Erwartungen** zu erfüllen und auf ihre **Befürchtungen** reagieren zu können, um so das Erreichen der Projektziele zu unterstützen.

Sachliches Umfeld

Unter dem sachlichen Umfeld eines Projekts werden Einflussfaktoren wie z. B. Stand des Wissens, Gesetze, andere Projekte oder Wetterbedingungen verstanden, die auf das Projekt oder die Ergebnisse einen direkten Einfluss ausüben. Durch entsprechende Maßnahmen kann auf mögliche Auswirkungen und Konsequenzen proaktiv eingegangen und so das Erreichen der Projektziele unterstützt werden.

Die Projektumfeldanalyse wird in tabellarischer und grafischer Form durchgeführt.

In Tabelle 9.5 ist exemplarisch ein Auszug aus der sozialen Projektumfeldanalyse zum Aufbau eines Prozessmanagementsystems dargestellt.

Tabelle 9.5 Beispiel für eine soziale Projektumfeldanalyse beim Aufbau eines Prozessmanagementsystems

Umfeld	Erwartungen	Befürchtungen	Macht	Einstellung	Maßnahmen
Betriebsrat	Keine Änderungen für Mitarbeiter; Jobgarantie	Transparenz, Darlegung interner Abläufe	1	0	Aktive Einbindung vor dem Projektstart, Redebeitrag bei Kick-off geben, laufende Information, Kontakt, bevor Infos an MA gehen
Mitarbeiter	Keine Zusatzbelastung	Transparenz, Zunahme des Bürokratismus	1	0	Info, Info, Info, bedarfsgerechte Veranstaltungen, Tag der offenen Tür einplanen, Info-Board installieren, Projektsprecher für MA definieren
Softwareentwickler	Einbinden in das bestehende System	Mangelnde Akzeptanz von Lösungen	2	-	Einbindung in die Ausschreibung, Bedürfnisse klären, technische Machbarkeiten möglichst früh abklären, Zusatzausbildungen checken
Geschäftsführung	Zertifizierung, Effizienzerhöhung	Schwindender Einfluss, Ressourcenbedarf	1	+	Kurze Berichte, auf notwendige Unterstützungsleistungen hinweisen

Umfeld	Erwartungen	Befürchtungen	Macht	Einstellung	Maßnahmen
Berater	Verfügbarkeit der internen Ressourcen, Einhalten von Zusagen	Verzögerung, Verschleppung von Entscheidungen	2	+	Check der externen Projektleitung, Bericht über die abgeleisteten Stunden, Auslagerung und Einbindung möglichst vieler Aktivitäten
Kunden	Raschere, qualitativ hochwertige Abläufe	Abnahme der Flexibilität	1	0	Kundenzufriedenheitsumfrage **vor** dem Projekt, Identifizierung von Verbesserungsmaßnahmen kundenseitig
Lieferanten	Raschere, qualitativ hochwertige Abläufe	Abnahme der Flexibilität	2	-	Einbindung der Lieferanten, Auswahl der Kriterien hinsichtlich Lieferantenbeurteilung gemeinsam mit den Lieferanten
Prozessverantwortliche	Mehr Verantwortung	Konflikt mit Linie, Bürokratisierung	1	0	Frühe Schulung, frühe Einbindung in das Projekt, Übertragung von Verantwortung und Kompetenz, Regelung der unterschiedlichen Zuständigkeiten im Projekt
Personalverantwortlicher	Klar geregelte Abläufe, Kompetenzen und Verantwortlichkeiten	Motivationsverlust der Mitarbeiter	2	-	Laufende Einbindung hinsichtlich Schulungsmaßnahmen, laufende Einbindung hinsichtlich Rollenbeschreibungen und Stellenbeschreibungen
Legende Macht: niedrig (1), hoch (2) Einstellung: negativ (-), neutral (0), positiv (+)					

9.6.6 Risikomanagement

Jedes Projekt ist während seiner Durchführung von Risiken bedroht. Einmaligkeit, Neuartigkeit und Komplexität der Projekte beinhalten ein hohes Risikopotenzial. Aufgrund dieser typischen Projektmerkmale ist die Risikolage in einem Projekt in der Regel wesentlich höher als für das ganze Unternehmen. Projektrisikomanagement beinhaltet alle Tätigkeiten und Hilfsmittel zur Analyse (Identifizieren und Bewerten) und Steuerung (Planen von Maßnahmen und Überwachen der Risikoentwicklung) von Risiken, die den Projekterfolg gefährden.

Wird das Risiko finanziell bewertet, gilt:

Risiko = potenzieller Schaden = Eintrittswahrscheinlichkeit · Schadensausmaß [Euro].

Der **Aufwand** für das Risikomanagement sollte im Verhältnis zum finanziell bewerteten Risiko stehen, d. h. den potenziellen Schaden nicht übersteigen. Da viele Risiken allerdings nur schwer oder sehr ungenau finanziell bewertet werden können, liegt es im Ermessen des Projektleiters, den Risikomanagementaufwand adäquat zu halten und entsprechend zu argumentieren.

Das strategische bzw. gelebte Risikoverhalten (risikofreudig oder risikoscheu) der Entscheidungsträger im Unternehmen ist die Basis des Projektrisikomanagements.

Das klassische Projektrisikomanagement beinhaltet Maßnahmen wie Vertragsgestaltung (Risikotransfer an Kunden oder Lieferanten), Versicherung, Risikoaufschläge in der Kalkulation oder Rücklagenbildung. Eine risikoscheue Unternehmenspolitik verringert bereits im Vorfeld der Projektarbeit mögliche Risiken durch präventive Maßnahmen wie Projektauswahl, Marktforschung, Bonitätssicherung, Personalauswahl und Verfahrens- und Systemauswahl.

Vorgehensweise im Risikomanagement

Bewährt hat sich ein Sammeln der Risiken auf der Basis der Projektziele und der Projektstruktur (PSP) mithilfe von Brainstorming oder erfahrungsbasierten Checklisten durch das Kernteam. Danach erfolgt das Auswählen der Risiken, die den Projekterfolg gefährden können. Die Risiken werden nach Möglichkeit Arbeitspaketen aus dem Projektstrukturplan zugeordnet.

Es sollte eine finanzielle Bewertung der Risiken vorgenommen werden, um einen Anhaltspunkt für die Verhältnismäßigkeit der Kosten für die Risikobegegnung zu erhalten und auch Priorisierungen zwischen den Risiken vornehmen zu können.

Im Rahmen des Controllings werden die Risiken und deren **Entwicklung** überwacht, gegebenenfalls neue Risiken identifiziert, die Ergebnisse der Maßnahmen kontrolliert und neue Maßnahmen definiert.

Die Projekt-FMEA für das Projekt „Aufbau eines Prozessmanagementsystems“

Systematisch und bestens geeignet für die Bewertung und vor allem Priorisierung von Risiken ist die Projekt-FMEA. FMEA steht für Fehlermöglichkeits- und -einflussanalyse (failure mode and effects analysis). Die Systematik der FMEA kann in gleicher Weise auch auf Systeme, Produkte und Prozesse angewandt werden.

Die Projektrisiken werden beschrieben, jeweils die Eintrittswahrscheinlichkeit, Auswirkungen und Erkennbarkeit (Beobachtbarkeit) abgeschätzt und Maßnahmen geplant. Eintrittswahrscheinlichkeit, Auswirkungen und Erkennbarkeit werden jeweils mit einer Zahl von 1 bis 10 bewertet, damit kann eine Risikokennzahl (RKZ) als Produkt der drei Ziffern berechnet werden. Für Risiken mit einer hohen Risikokennzahl sind vorrangig Maßnahmen zu planen und durchzuführen. Die RKZ liegt demnach in einem Bereich zwischen 1 und 1000.

Es kann allerdings keine absolute Aussage über die „Gefährlichkeit“ der Risiken lediglich aufgrund des Werts der RKZ getroffen werden. Vielmehr sollte das obere Drittel intensiver behandelt werden, das mittlere Drittel der Risiken erst in einem zweiten Schritt und die entsprechenden Maßnahmen sollten umgesetzt werden.

Die Bewertung von Eintrittswahrscheinlichkeit, Auswirkung und Entdeckbarkeit erfolgt im engeren Kernteam. Hierbei spielt es keine Rolle, ob ein Wert nun 7 oder 8 lautet - der Fokus liegt auf der RKZ und auf einer groben Gruppierung und der damit verbundenen Priorisierung.

Mitentscheidend für ein effektives und effizientes Risikomanagement ist die kontinuierliche Verfolgung der Risiken über die gesamte Projektdauer hinweg.

Die speziell in der FMEA eingeführte dritte Bestimmungsgröße - die Entdeckbarkeit (bzw. Beobachtbarkeit) - kann die RKZ in einigen Fällen nicht unwesentlich beeinflussen.

Hierzu ein Beispiel: Nehmen wir an, wir wollen einen Gletscher überqueren. Ein mögliches Risiko ist das Fallen in Gletscherspalten. Die Eintrittswahrscheinlichkeit, bei einer Gletscherüberquerung auf Gletscherspalten zu stoßen, ist groß, auch die Auswirkungen können für das Projekt fatal sein. Entdecken werden wir die Gletscherspalten erst sehr spät bzw. schwer, es sei denn, wir sind Experten.

Tabelle 9.6 dient als Schema für die Berechnung der Risikokennzahl für das Projekt „Aufbau eines Prozessmanagementsystems".

Tabelle 9.6 Auszug aus einer Projekt-FMEA für das Projekt „Aufbau eines Prozessmanagementsystems"

Ursprung (AP, Umfeld)	Risiko (verbal)	Auswirkung (verbal)	Auswirkung [1-10]	Wahrscheinlichkeit [1-10]	Entdeckbarkeit [1-10]	RKZ [1-1.000]	Maßnahmen
AP 3.3	Fehler da, Schnittstellen nicht sauber definiert	In Zukunft wird mit „falschen" Prozessen gearbeitet	7	5	8	**280**	Check der Ergebnisse nach dem 1. PTM
Prozessverantwortliche	Rolle wird nicht angenommen und nicht umgesetzt	PzM wird nicht ernst genommen und nicht konsequent gelebt	8	6	9	**432**	Schulung, Rolle rechtzeitig verankern
AP 1.3	Abgleich der Prozesslandschaft mit Strategie unvollständig und nicht konsequent	Definierte Prozesse sind strategisch wenig relevant; keine Konzentration auf die Kernaufgaben des Unternehmens	7	3	4	**84**	Check der Prozesse auf Strategiebezug

9.6.7 Terminmanagement

Klassischerweise stehen für die Terminplanung folgende Instrumente zur Verfügung:

- Meilensteinplan,
- Terminliste,
- Balkenplan - Gantt-Chart (vernetzt),
- Netzplan.

Im Vordergrund steht dabei die Wirtschaftlichkeit der Planungsinstrumente, da der Planungsaufwand, abhängig von der Komplexität des Projekts, der Risikolage, der Neuheit etc., den Nutzen nicht übersteigen sollte:

- Für einfachere Projekte wird man oft mit einem Phasenplan und zugehörigen Meilensteinen das Auskommen finden (Quality-Gate/Stage-Gate-Methode).
- Ein Balkenplan geht demgegenüber bereits auf die Ebene der einzelnen Arbeitspakete oder noch weiter auf die einzelnen Vorgänge (Tasks) ein.

Meilensteine markieren erfolgskritische Zwischenergebnisse und klare Schritte im Zuge des Projekts, an denen der Fortschritt (leistungsmäßig, terminlich, kosten- und ressourcenmäßig) klar festgestellt werden kann. Meilensteine sind definierte Ereignisse (z. B. Prozesse sind **identifiziert**, Mitarbeiter sind **geschult**) und mit Terminen versehen.

Für den Aufbau eines Prozessmanagementsystems hat sich ein Vorgehen nach dem in Tabelle 9.7 dargestellten Muster mit definierten Meilensteinen bewährt.

Tabelle 9.7 Meilensteinplan des Projekts „Aufbau eines Prozessmanagementsystems“

Meilenstein	Bezeichnung	Datum
MS 1	Prozesslandschaft erstellt	31.01.20XX
MS 2	Infoveranstaltung durchgeführt	12.04.20XX
MS 3	Ist-Zustand aufgenommen	KW 27
MS 4	Soll-Zustand konzipiert	KW 42
MS 5	Maßnahmen umgesetzt	Ende 20XX
MS 6	Interne Audits durchgeführt	01/20XX
MS 7	Zertifizierungsaudit erfolgreich durchgeführt	02/20XX

Für die Anwendung unterschiedlich detaillierter Projektterminpläne gilt es zu bedenken, dass die geplanten Termine und Meilensteine während der Durchführung dann auch verfolgt und überwacht werden müssen. Als Daumenregel hat sich bewährt, im Projekt alle sechs bis acht Wochen einen Meilenstein zu setzen.

9.6.8 Ressourcen- und Kostenmanagement in Projekten

Die Ressourcen- und Kostenplanung des Projekts basiert auf den definierten Arbeitspaketen des PSP. Die Summe der Kosten der Arbeitspakete ergibt die Gesamtkosten des Projekts. Ähnlich wird mit den zu erwartenden Aufwänden (Personentage) verfahren.

Ressourcenplanung

Für die nachfolgende überschlagsmäßige Kalkulation wird von rund 30 Prozessen ausgegangen, für die gleichzeitig der Rollout des Prozessmanagementsystems stattfinden soll. Das Prozessteam (einschließlich Prozessverantwortlicher) wird mit fünf Personen (PTM) angenommen.

Grobe Kalkulation des zweiten Prozessteammeetings für einen Prozess:

Vorbereitung (2 Personen, 2 Stunden) 4 Ph [Personenstunden],

Durchführung (5 Personen, 3 Stunden) 15 Ph,

Nachbereitung (2 Personen, 2 Stunden) 4 Ph.

Dies ergibt für das zweite Prozessteammeeting rund 23 Personenstunden. Nehmen wir einen ähnlichen Aufwand auch für das dritte PTM an. Das erste und das vierte Prozessteammeeting werden mit dem halben Aufwand abgeschätzt. Für 30 Prozesse ergibt dies einen Aufwand von rund 2.070 Personenstunden (Ph) (ca. 259 Personentage).

Dabei sind die Erstellung der Prozesslandkarte, Modellierung, Messung der Ergebnisse und Umsetzung sowie eine Vorbereitung auf eventuelle interne Audits, Trainings etc. in dieser Kalkulation noch nicht miteinbezogen.

Die Ressourcenplanung selbst wird mittels Ressourcenganglinie dargestellt (Bild 9.11).

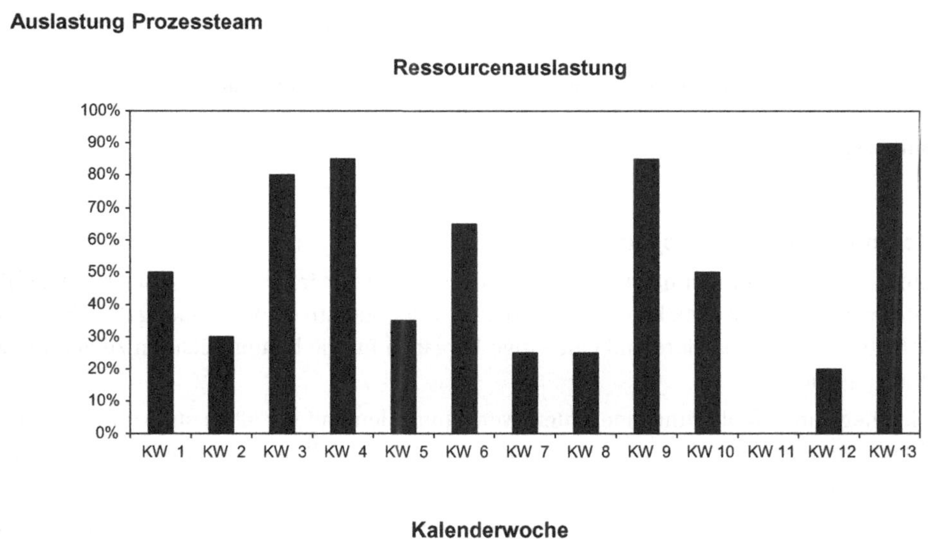

Bild 9.11 Mögliches Ressourcenbedarfsprofil (Ressourcenganglinie) für das Projekt „Aufbau eines Prozessmanagementsystems"

Für den Projektleiter ist es wichtig, sich die Ressourcen freigeben zu lassen. Je nach Organisationsform des Projekts ist hierfür der Projektauftraggeber in Abstimmung mit den jeweiligen disziplinär Vorgesetzten verantwortlich.

Kostenplanung

Die Kosten des Projekts ergeben sich aus der Summe der Kosten der Arbeitspakete. Die Definition weniger, eindeutiger Kostenarten vereinfacht das Controlling der Projektkosten (z. B. Personalkosten, Infrastrukturkosten, SG&A etc.).

Es zeigt sich bereits hier, dass der Aufbau eines Prozessmanagementsystems ein umfangreiches und komplexes Projekt ist, das eine Menge Ressourcen bindet. Umso wichtiger sind ein straffes, klar strukturiertes Projektmanagement und eine klare Definition der Ziele und Nichtziele. Darüber hinaus gehört auch der gesamte Business Case sorgfältig erstellt und kalkuliert, um insbesondere den langfristigen Nutzen des Projektergebnisses und seine Kompatibilität mit den Unternehmenszielen sicherzustellen.

9.6.9 Informationsmanagement und Projektmarketing

Ein weiterer essenzieller Schritt im Zuge der Projektplanung des Aufbaus eines Prozessmanagementsystems ist die Klärung der Aspekte des Informationsmanagements.

Informationsmanagement gliedert sich in zwei Teilbereiche: in den Bereich der Kommunikation und in den Bereich der Dokumentation (Bild 9.12).

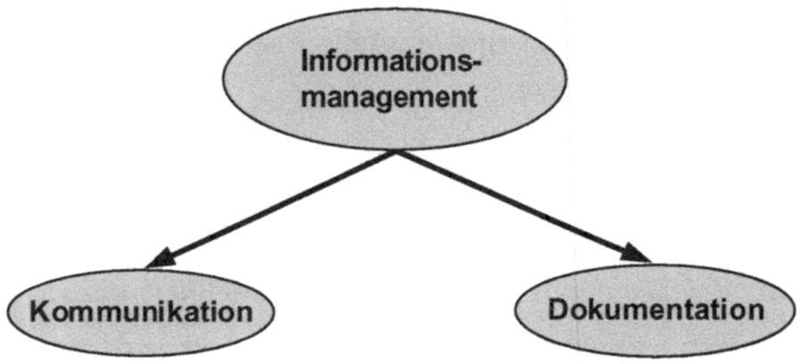

Bild 9.12 Generelles Informationsmanagement

Kommunikation in Projekten

Einen bedeutenden und nicht zu unterschätzenden Faktor im Zuge des Projekts bildet die interne und externe Projektkommunikation. Vor der operativen Abarbeitung der einzelnen Arbeitspakete gilt es, klare und eindeutige Vorgaben für die Kommunikation zu definieren und zu planen.

Die Pflege und Etablierung einer intensiven, sinnvollen und vor allem strukturierten Meetingkultur mit klar definierten Zielgruppen (Ebenenmodell der Kommunikation) ist eine wesentliche Voraussetzung für effiziente und effektive Kommunikation in Projekten.

Aspekte wie Teambuilding, Sitzungsmanagement und Konfliktkultur, regelmäßiges Feedback sowie schriftliche Aspekte der Kommunikation sind integrativer Bestandteil des Projekts.

Im Fall des Projekts „Aufbau eines Prozessmanagementsystems" seien vor allem genannt:

- regelmäßige Projektmeetings (Jour fixes),
- Projektstatusmeetings (mit dem Auftraggeber),
- Kernteammeetings,
- Prozessteammeetings,
- Inhaltliche Jour-fixe-Sitzungen (z. B. Abstimmung der Prozesslandschaft).

Vereinbarte Jour fixes haben in jedem Fall stattzufinden. Auch wenn kaum Punkte zu besprechen sind, ist dieses Meeting fixer Bestandteil des Projektmanagements und auch Bestandteil der Unternehmenskultur.

Dokumentation in Projekten

Wenngleich die Bedeutung und Wichtigkeit der Projektdokumentation nahezu allen Projektleitern bekannt ist, so wird die Dokumentation des Projekts oft sehr stiefmütterlich behandelt.

Bei der Frage nach dem Warum lassen sich rasch die Ursachen dafür feststellen: Für viele Projektleiter und Teammitglieder ist die Dokumentation des Projekts zu bürokratisch, aufwendig und ohne unmittelbaren Nutzen für das Projekt. Es ist daher der Aufwand für die Projektdokumentation der tatsächlichen Projektkomplexität anzupassen.

In der Praxis hat sich folgende Vorgehensweise bewährt: Zuerst wird ein elektronisches Projekthandbuch angelegt. Dieses wird bei Bedarf mit Zugriffsrechten versehen, sodass nicht alle Mitarbeiter uneingeschränkten Zugriff auf alle Dokumente haben. Die Struktur des Handbuchs (Ordnerverzeichnis) ist an den Projektstrukturplan angelehnt. Nach Öffnen des Handbuchs erscheinen z. B. die Phasen, darunter verbergen sich die Arbeitspakete. Die zu den jeweiligen Arbeitspaketen zugehörigen Dokumente werden so abgelegt, dass der Name, das Erstellungsdatum und das Namenskürzel des Erstellers in der Dokumentenbezeichnung ersichtlich sind (z. B. Prozesslandkarte_20140527_XY). Jedes Arbeitspaket sollte auch einen Archivordner beinhalten. Hier hinein werden alle Dateien verschoben, die nicht mehr gebraucht werden oder überarbeitet worden sind. Dadurch kann der Fehler vermieden werden, dass irrtümlich mit veralteten Dokumentversionen gearbeitet wird. Gerade in der Anfangsphase eines Projekts ist vom Projektleiter eine hohe Disziplin bei der strukturierten Ablage der Dokumente einzufordern. Hat sich das Prozedere einmal eingespielt, erkennen die Mitarbeiter schnell den Nutzen.

9.6.10 Projektmarketing

Projektmarketingaktivitäten, also sämtliche Maßnahmen, um das Projekt sowohl intern als auch extern möglichst gut zu „verkaufen“, sind gerade bei Prozessmanagementprojekten, bei denen Themen wie Reorganisation, Akzeptanz, Optimierung und Verbesserung zum Tragen kommen, ein bedeutender Erfolgsfaktor.

Zu unterscheiden ist hierbei zwischen prozessbezogenem und produktbezogenem Projektmarketing. Bei erstgenanntem steht die Vermarktung des Projekts im Vordergrund. Es richtet sich sowohl an die direkt am Projekt mitwirkenden Personen (z. B. Kernteam oder Mitarbeiter) als auch an andere Stakeholder (z. B. Lenkungsausschuss oder Unternehmensführung), die vom Projekt betroffen sind. Hierbei hilft die Analyse des sozialen Umfelds. Schwerpunkt des produktbezogenen Projektmarketings ist die Kommunikation des Nutzens des Projektergebnisses. Deshalb richtet es sich primär an die Nutzer des Ergebnisses.

Beispiele für Projektmarketingaktivitäten sind:

- Infoveranstaltungen,
- Berichte in der Firmenzeitung,
- Aushang am Schwarzen Brett,

- Folder oder Flyer bzw. Infoblatt,
- Intranet oder Internetauftritt, Homepage des Projekts,
- Projektraum,
- diverse Give-aways (Kugelschreiber, USB-Sticks, T-Shirts, Haftetiketten etc.),
- Tag der offenen (Projekt-)Tür,
- persönliche Gespräche.

Zu erwähnen ist, dass auch kleine und einfache Marketingmaßnahmen einen wichtigen Beitrag zum Projekterfolg leisten können. So können z. B. auch das vorzeitige Ausschicken der Agenda für Projektmeetings oder das Einhalten des zeitlichen Rahmens eines Meetings als Marketingmaßnahmen gesehen werden.

Für Prozessmanagementprojekte im Speziellen gilt es unbedingt, bereits im Vorfeld die Mitarbeiter des Unternehmens möglichst flächendeckend über das Projekt zu informieren. Es müssen Antworten aus der Sicht jedes einzelnen Mitarbeiters gefunden werden:

- Welchen Vorteil habe ich persönlich durch das Projekt?
- Was wird sich in Zukunft für mich ändern?
- Kommen neue Belastungen auf mich zu?
- Ist mein Job gefährdet?

Erst in einem weiteren Schritt werden sich die Mitarbeiter für den Nutzen, die Vorteile und die Änderungen für das Unternehmen interessieren, die aus dem Projekt heraus resultieren.

Sämtliche Projektinformationen, die bekannt gegeben werden, müssen dabei abgestimmt sein, z. B. mit anderen Projekten, mit dem CI/CD des Unternehmens (ein Informationsoverkill ist zu vermeiden), und sie müssen aktuell sein.

9.6.11 Projektcontrolling

Projektcontrolling - die Steuerung und Überwachung des Projekts - beschränkt sich im Wesentlichen auf die Überwachung von

- Leistungen (Quantität, Qualität),
- Terminen,
- Ressourcenverbrauch, Kosten,
- Risiken,
- Zufriedenheit der Stakeholder.

Nachfolgend wird auf die Voraussetzung und die Methodik der Überwachung vor allem im Hinblick auf Projekte, die sich dem Aufbau von Prozessmanagementsystemen widmen, spezifisch eingegangen.

Terminverfolgung

Um einen Überblick über die Reihe der Prozessteammeetings im Zuge der Abwicklung des Projekts zu bewahren, hat sich die Anwendung einer „Prozessfortschrittsliste“ als hilfreiches Mittel herausgestellt (Bild 9.13).

Projektfortschrittsliste

Nr.	betroffene Bereiche	Prozessname	PV	Prozessteam	Teamtreffen Start 1. PTM	2. PTM IST	3. PTM SOLL	4. PTM Umsetzung	Gesamt-ergebnis liegt vor
	Managmenetprozesse	Prozess 1	Name 1	Name	30.06. 12.00 bis 13.30	05.09. 08.00 bis 10.00	03.11. 08.30 - 10.00	11.01. 08.30 bis 09.30	17.01.
		Prozess 2	Name 2	Name	30.06. 13.30 bis 15.00	15.09. 09.30 bis 11.00	03.11. 11.00 bis 12.30	neuer Termin	
		Prozess 3	Name 3	Name	07.07. 8.00 bis 9.30	09.09. 8.00 bis 9.30	11.11. 08.30 bis 09.00		31.01.
		Prozess 4	Name 4	Name	07.07. 9.30 bis 11.00			11.01. 09.30 bis 10.30	31.01.
		Prozess 5	Name 5	Name	01.07. 08.00 bis 9.30	23.09. 08.00 bis 11.00	23.01. 08.30 bis 10.30		
		Prozess 6	Name 6	Name	01.07. 09.30 bis 11.00	23.09. 14.00 bis 16.00	24.11. 10.00 bis 11.00		
		Prozess 7	Name 7	Name	14.07. 08.00 bis 9.30	15.09. 08.00 bis 09.30	11.11. 11.00 bis 12.30		neuer Termin
		Prozess 8	Name 8	Name	05.07. 08.00 bis 09.00	06.09. 08.30 bis 10.30			
		Prozess 9	Name 9	Name	05.07. 10.00 bis 11.01	30.08. 08.30 bis 10.30	18.10. 11.30 bis 13.30	neuer Termin	
		Prozess 10	Name 10	Name	05.07. 09.00 bis 10.00	07.09. 14.00 bis 16.00	[illegible]	neuer Termin	

Bild 9.13 Beispiel einer Prozessfortschrittsliste für das Projekt „Einführung Prozessmanagementsystem“

Neben den Eckdaten (Prozessname, Prozessverantwortlicher und Prozessteam) werden die Prozessteammeetings terminlich und auch ergebnismäßig dokumentiert. Ergebnisse werden dann auf Grün gesetzt, wenn die standardisierten Vorgaben eines jeden Prozessteammeetings erreicht werden. Eine farbliche Hinterlegung der Termine symbolisiert die Zuordnung des jeweiligen Qualitätsmanagers des Unternehmens direkt zu den Prozessen (Verantwortlichkeit).

Der klassische Meilensteinplan oder die Terminliste der Arbeitspakete stellen eine wichtige Ergänzung dar.

Leistungsverfolgung/Zielerreichung (Sachziele, Deliverables)

Der Zielkatalog des Projekts – heruntergebrochen auf eindeutige und messbare Ziele und Ergebnisse des Projekts – dient gemeinsam mit den Arbeitspaketen als Basis für einen laufenden Vergleich der geplanten Leistung im Projekt mit dem tatsächlichen Projektfortschritt. Ebenso wie die Ziele des Projekts SMART sein müssen (spezifisch, messbar, anspruchsvoll/akzeptiert, realistisch, terminbezogen), gilt dies auch für die zu erreichenden Zwischenergebnisse im Projekt (Meilensteine) und die Ziele, die in den Arbeitspaketen definiert wurden.

Für die Bestimmung des Leistungsfortschritts stehen mehrere Methoden zur Verfügung. Hier genannt sei die 0/50/100-Methode. Die 0/50/100-Methode baut auf dem Projektstrukturplan in Baumdiagrammdarstellung auf. Sie ist eine relativ simple Methode, die den inhaltlichen Fortschritt grafisch darstellt (Bild 9.14). Mittels der definierten Fertigstellungsgrade lässt sich der Fortschritt eines jeden Arbeitspakets verfolgen und einfach visualisieren (in Bild 9.14 als grauer Balken dargestellt). Dadurch kann der Projektleiter auf einfachste Weise einen groben Überblick über den Stand des Projekts erlangen.

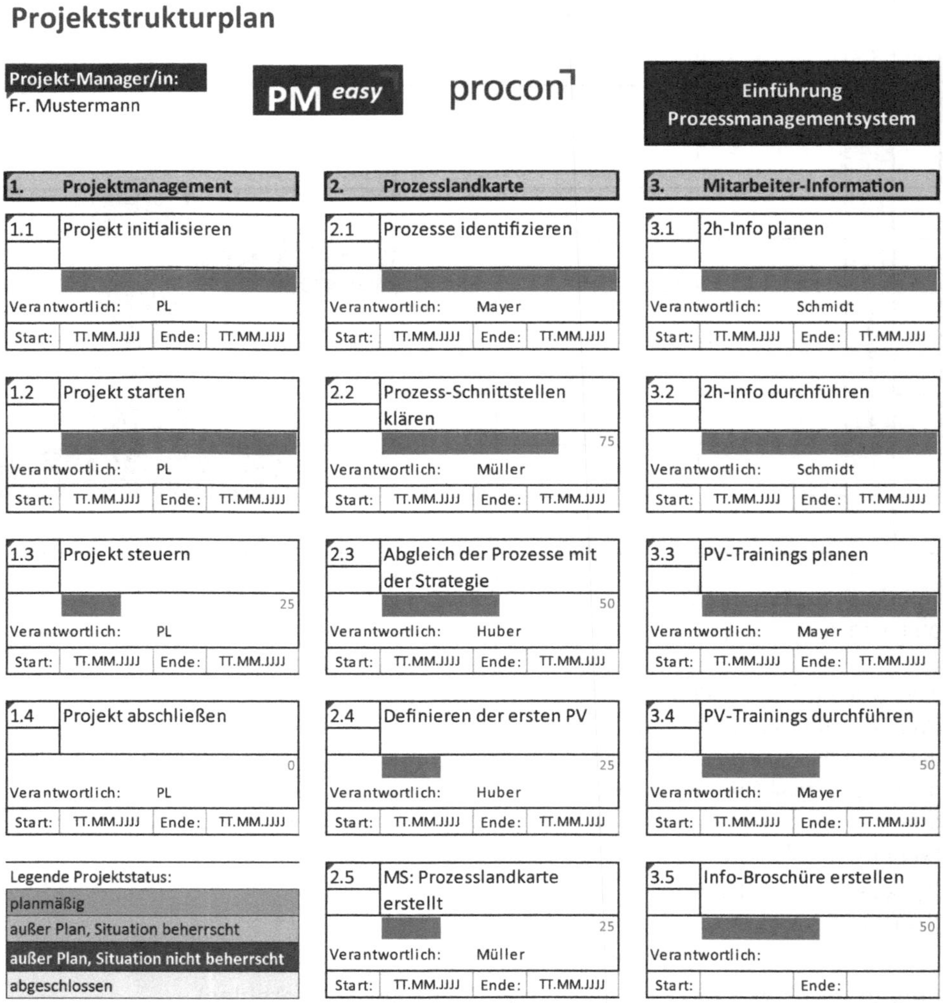

Bild 9.14 0/50/100-Methode am Beispiel Projektstrukturplan „Einführung Prozessmanagementsystem" (erstellt mit PMeasy)

Kostenverfolgung, Verfolgung des Ressourcenverbrauchs

Die aufzuwendenden internen und externen Ressourcen sind im Zuge des Projektstarts auf der Ebene der Arbeitspakete geplant und liegen in einer gesamten Ressourcenplanung vor. Durch Zeiterfassung, nach Möglichkeit auf Arbeitspaketebene, wird es möglich, die geplanten Ressourcen mit den tatsächlich aufgewendeten zu vergleichen.

Die im Projekt anfallenden Kosten sind in den Beschreibungen der Arbeitspakete detailliert geplant. Die Kostenverfolgung erfolgt nun über Bestellungen und Eingangsrechnungen, die dem Projekt zugeordnet werden können. Kosten können nur dann auf das Projekt gebucht werden, wenn die Leistungen in der Zielvereinbarung fixiert sind. Man achte darauf, dass Kosten von Maßnahmen, die nicht notwendigerweise Teil des Projekts sind, nicht auf das Projekt gebucht werden.

Integriertes Projektcontrolling

Eine Methode, die sowohl Kosten und Termine wie auch den Leistungsfortschritt berücksichtigt und sich für Prozessmanagementprojekte sehr gut eignet, ist die Earned-Value-Methode.

Sie arbeitet mit Plan-Werten, Ist-Werten und Soll-Werten und bewertet:

Ist-Kosten = Ist-Leistung · Ist-Preis

Plan-Kosten = Plan-Leistung · Plan-Preis

Soll-Kosten = Ist-Leistung · Plan-Preis

Die Soll-Kosten entsprechen dem sogenannten Fertigstellungs- bzw. Arbeitswert (Earned Value). Es wird hierbei zuerst die Leistung bewertet, die bis zum Messzeitpunkt betrachtet wurde. Danach wird diese Leistung auf Basis der geplanten Kosten bewertet.

Zur Ermittlung des **Projektstatus** werden die Ist-Kosten, die Plan-Kosten und der Earned Value zu einem Stichtag miteinander verglichen. Dadurch lassen sich einerseits Kosten-, Leistungs- und Terminabweichung bestimmen und andererseits Hochrechnungen für den weiteren Projektverlauf erstellen (Bild 9.15). So können beispielsweise die voraussichtlichen Kosten bei Projektende oder der prognostizierte Endtermin auf Grundlage der Ist-Situation berechnet werden (vgl. Wagner, 2017).

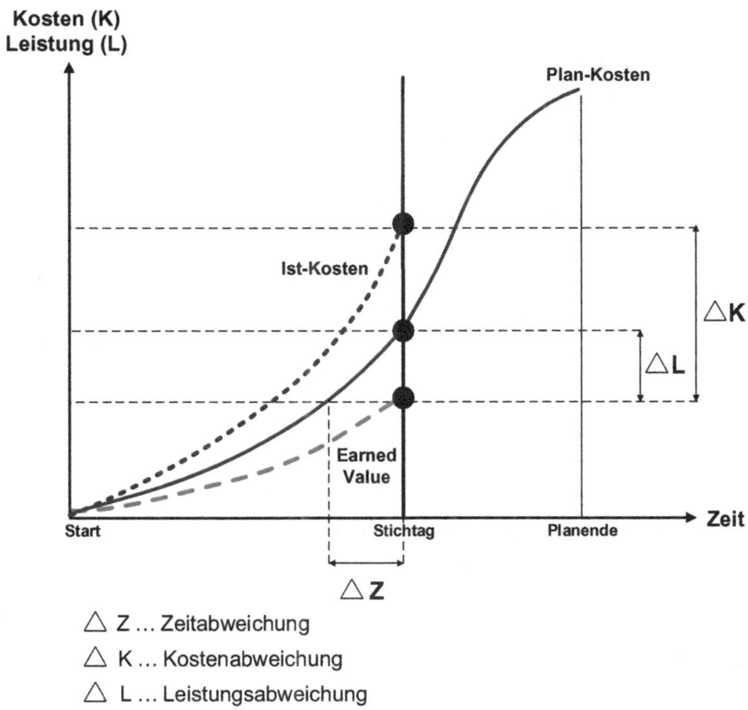

Bild 9.15 Grafische Darstellung der Earned-Value-Methode

Risikoverfolgung

In vielen Projekten wird der Fehler begangen, dass die Risiken zu Beginn identifiziert und bewertet werden, anschließend werden Maßnahmen abgeleitet und in den Arbeitspaketen verankert. Danach endet jedoch nicht selten das Thema Risikomanagement.

Richtiges Risikomanagement beinhaltet jedoch mehr. Im Laufe des Projekts muss kontinuierlich überprüft werden, ob die gesetzten Maßnahmen greifen und ob sich die Risiken wie beabsichtigt verändern. Weiterhin ist festzustellen, ob mitunter neue Risiken auftreten können. Das Controlling der Risiken basiert in der Regel auf einer Risikoliste. In dieser sind die anfangs identifizierten und priorisierten Risiken inklusive der Maßnahmen und der Verantwortlichen erfasst. Im Zuge der kontinuierlich stattfindenden Controllingmeetings dient diese Liste als Grundlage zur Überprüfung. Neu auftretende Risiken sind gegebenenfalls in die Liste aufzunehmen.

9.6.12 Projekte abschließen

Wenn die Projektergebnisse erreicht sind, werden Projekte oft als beendet angesehen. Dabei wird übersehen, dass für ein sauberes Abschließen des Projekts einige Zusatzarbeiten notwendig sind, damit der Projekterfolg gesichert ist. Der Projektabschluss beinhaltet als Teilprozess des Projektmanagementprozesses alle organisatorischen und dokumentarischen Tätigkeiten von der Abnahme aller Projektergebnisse als Zeichen der Zielerreichung bis zur formalen Entlastung des Projektleiters.

Die im Projektstart geplanten und im Controlling adaptierten Pläne und die dokumentierten Projektergebnisse dienen als Basis für die Projektabschlussarbeiten.

Durch das Definieren des Projektabschlusses als eigenen Teilprozess des Projektmanagementprozesses wird den Abschlussarbeiten mehr Aufmerksamkeit geschenkt.

Eine geordnete Übergabe der Projektergebnisse in die Betriebsphase (Nachprojektphase) sichert den Projekterfolg, minimiert das Nutzungsrisiko (Risiko der Nichtverwendung der Projektergebnisse in der Nachprojektphase) und schont Ressourcen (eindeutige Aufgabenzuteilung bei Restmängeln).

Die Abschlussdokumentation stellt zugleich das Wissen der im Projekt gewonnenen Erkenntnisse (Lessons Learned) für weitere Projekte sicher.

Wesentliche Tätigkeiten im Zuge des Projektabschlusses sind unter anderem:

- Entlastung der Projektleitung und des Projektteams,
- Abschlussdokumentation erstellen,
- buchhalterischen Projektabschluss durchführen,
- Projektergebnisse in die Linie übergeben,
- Nachkalkulation durchführen,
- Projektmarketing - letzte Aktivitäten,
- offene Punkte definieren und den Verantwortlichen mit Terminen zuordnen,
- formalen Projektabschluss durchführen, Feedback einholen,
- sozialen Projektabschluss (Projektabschlussfeier) durchführen, den Mitwirkenden danken.

9.7 Literatur

Kotter, J. P. (2011): *Leading Change: Wie Sie Ihr Unternehmen in acht Schritten erfolgreich verändern.* Vahlen Verlag, München

Wagner, K. W. (Hrsg.) (2017): *PQM - Prozessorientiertes Qualitätsmanagement. Leitfaden zur Umsetzung der ISO 9001.* Carl Hanser Verlag, München

Scheuss, R. (2012): *Change Tools. Wandel bewirken, Super-Teams gestalten. Engagement mobilisieren.* Workbook. Regensburg: Wallhalla und Praetoria Verlag

10 Prozessmanagement im exzellenten Unternehmen

10.1 Integriertes Management

10.1.1 Der Integrationsgedanke

Als Managementsystem werden „zusammenhängende und sich gegenseitig beeinflussende Elemente einer Organisation zur Festlegung sowohl von Leitlinien und Zielsetzungen als auch von Prozessen zur Erreichung dieser Zielsetzungen“ beschrieben (Österreichisches Normungsinstitut, 2013). Integrierte Managementsysteme (IMS) werden immer noch sehr stark mit den klassischen Normen Qualität, Umwelt und Arbeitssicherheit in Verbindung gebracht. Dabei bietet eine weiterführende Integration von Kernprozessen und Supportfunktionen in die tatsächliche Unternehmenssteuerung eine Weiterentwicklung in Richtung „Performance und Compliance“ und unterstützt damit zielgerichtet die Umsetzung der Unternehmensstrategie. Kern des Integrierten Managementsystems ist das Prozessmanagement (Bild 10.1).

Integration beginnt im Kopf – einerseits beim gedanklichen Zugang, andererseits organisatorisch in der Unternehmensführung! Das (Qualitäts-)Managementsystem dient dabei der gesamthaften Unternehmensführung und nicht nur der Erreichung einer Norm. Prozesskennzahlen sind Teil des Berichtswesens und geben Auskunft über die Leistungen des Unternehmens. Supportbereiche sind Teil des Unternehmens und ermöglichen erst eine hochwertige Leistungserbringung und deren Weiterentwicklung. Anforderungen aus Normen, Recht und Kundenforderungen erweitern das Managementsystem um einige Elemente, statt jedes Mal ein weiteres losgelöstes Managementsystem aufzubauen.

Damit bietet diese integrative Unternehmensführung folgenden Nutzen:

- eine erhöhte Transparenz über Leistungsbeiträge zu Unternehmenserfolg und „Performance“,
- Absicherung des Unternehmens hinsichtlich der Erfüllung von verschiedenen Normen und „Compliance“,
- Vereinfachung der Zusammenarbeit im Unternehmen durch klare Verantwortlichkeiten,
- durch gemeinsame Methoden und Instrumente lassen sich gezielt Aufwände reduzieren.

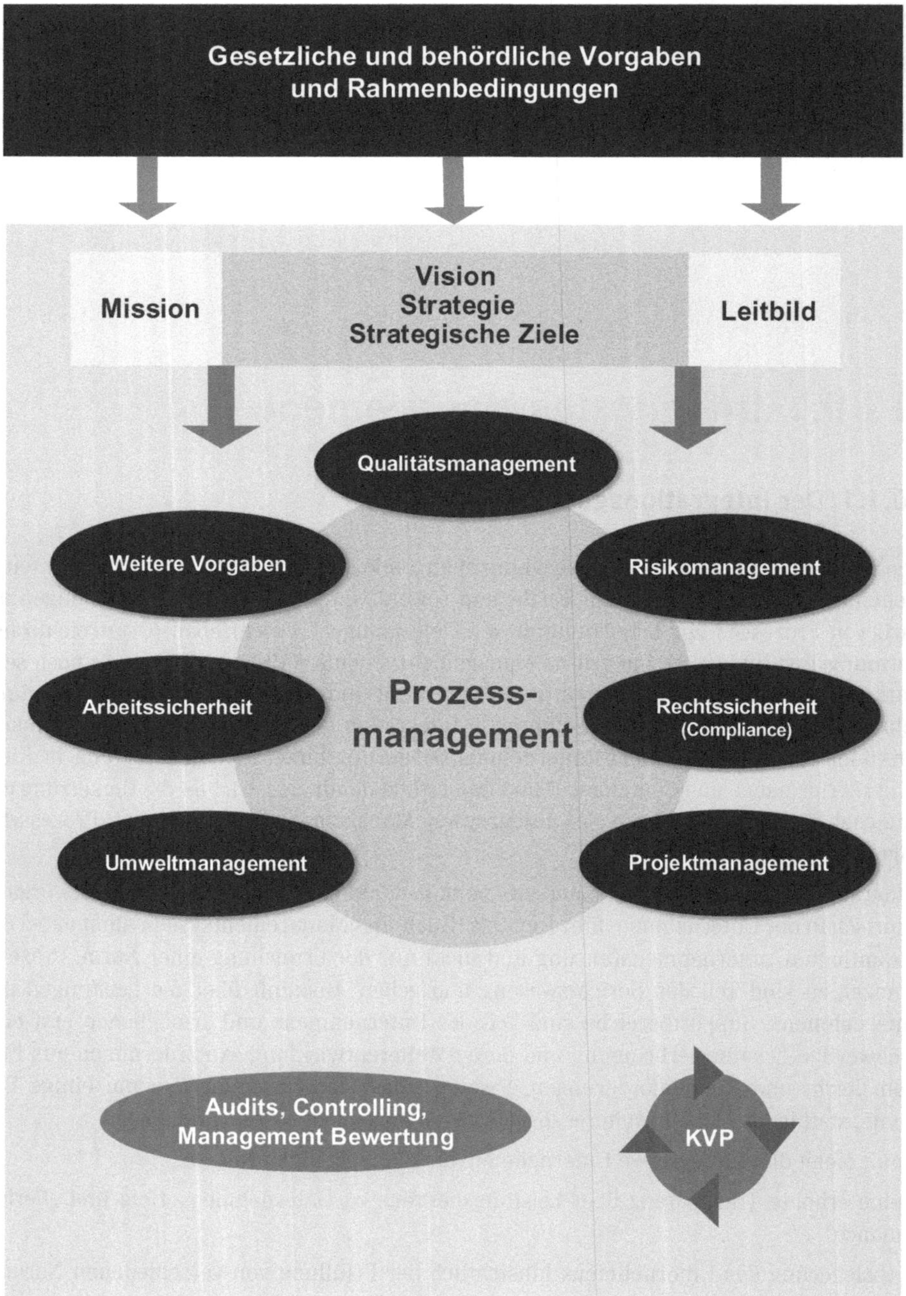

Bild 10.1 Bestandteile eines IMS

10.1.2 Top-down-Integrationsansatz mit dem 3-Ebenen-Modell

Wie kann nun ein Integriertes Managementsystem schlüssig aufgebaut werden?

Im 3-Ebenen-Modell werden die allgemeinen und spezifischen Themen jedes weiteren Managementsystems zugeordnet und so entsteht ein Managementsystem (Bild 10.2).

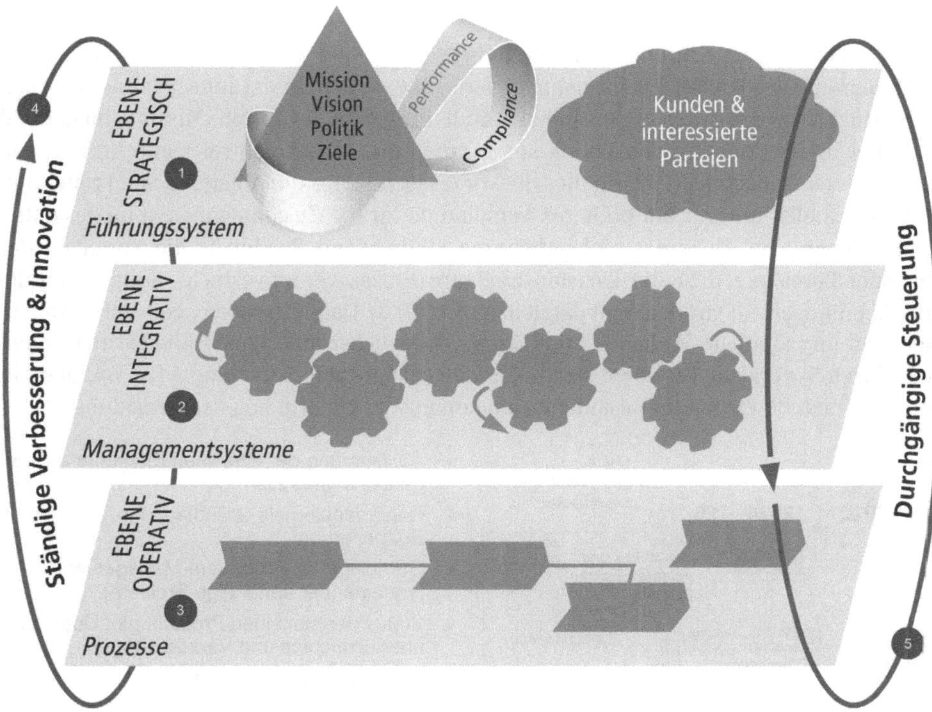

Bild 10.2 3-Ebenen-Modell, Quelle: www.procon.at

10.1.2.1 Ebene 1 – strategische Ebene (Führungssystem)

IMS als Führungsinstrument

Unternehmen stehen dauernd im Wettbewerb, die Geschwindigkeit erhöht sich, neue Themen stellen Herausforderungen dar. Ein IMS als Führungssystem des Unternehmens zeigt Wege, Führungsherausforderungen strukturiert zu meistern, Transformationen zu gestalten und in der Unternehmenskultur umzusetzen.

Gemeinsame Zielausrichtung im IMS

Mit Zielen steuern – dies birgt Chancen und Gefahren: Chancen, da sehr ergebnisbezogen gesteuert und bewertet wird und damit Freiheiten zur Umsetzungen gegeben, aber durchaus auch erwartet werden. Gefahren, da die Zielformulierung extrem wichtig ist, um das tatsächlich gewünschte Resultat zu erreichen. Wenn man nach Zielen gemessen wird, richtet man sich nach den Zielen und – überspitzt gesagt – nur danach.

Zur gewünschten Umsetzung der Integration sind daher Ziele zu Prozessen, Normen/Compliance, Standardisierung, KVP etc. genauso zu vereinbaren wie die bestehenden Linienziele. Formal sollte diese Zielvereinbarung ganzheitlich die Linienziele erweitern. Viele der Prozessziele unterstützen bereits inhaltlich die Erreichung der Linienziele, die Bedeutung weiterer Ziele aus z. B. Norm- oder Compliance-Anforderungen sowie strategisch übergreifende Themen wie Standardisierung, Neuausrichtung, KVP etc. bekommen dadurch ein stärkeres Gewicht, da die strategische Bedeutung transparenter abgebildet und im Gesamtkontext gesehen wird.

Bereits in der Zielausrichtung kann durch die Verwendung einiger zentraler Instrumente der Integrationsgedanke im Unternehmen verfestigt werden. In der internen und externen Sicht drückt sich das durch ergänzende Formulierungen in der Vision, Mission, im Leitbild und/oder in der Unternehmenspolitik aus. Werden hier stakeholderrelevante Anforderungen umfassend abgebildet, schafft dies die Voraussetzung für die Ableitung von breiter aufgestellten Zielen und für ein breiteres Verständnis für die Zusammenhänge im gesamten Unternehmen. Auf Basis der Zielausrichtung können nun Roadmaps die Vorhaben der einzelnen Bereiche z. B. für die nächsten drei Jahre (Prozessverantwortliche, Supportfunktionen, Abteilungen etc.) transparent darstellen (Bild 10.3). Damit werden gegenseitige Abhängigkeiten und ähnliche Vorhaben miteinander abgeglichen und bieten Einsparungspotenziale durch Synergien. Vor allem steigt aber das gemeinsame Verständnis für Vorhaben in den einzelnen Bereichen im Gesamtzusammenhang der Unternehmensentwicklung.

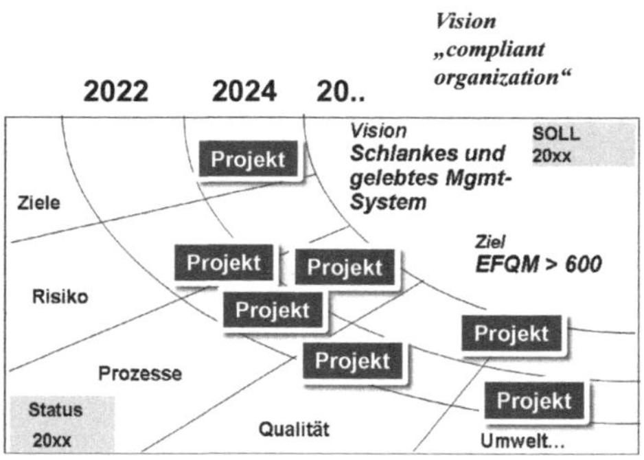

- Abstimmung der einzelnen Elemente auf ein gemeinsames Ziel
- Roadmapping als Grundlage für Budgetierung
- Grundlage für Programm-Management (voneinander abhängige Projekte)
- Status der einzelnen Projekte gibt Überblick über Erreichtes und Verzögerungen
- Grundlage für inhaltliche Querabstimmungen und sinnvolle Priorisierung (z.B. DMS, Unternehmenspolitik neu, Zertifizierungsvorhaben ...)
- Grundlage für Zielvereinbarungen

Bild 10.3 Roadmap „IMS“ als Programmzielabstimmung und -verfolgung auf oberster Ebene

Die Zielvereinbarungen der einzelnen Verantwortlichen sind damit klar nachvollziehbar. Die Aufnahme der Ziele aus der Roadmap in die Linienziele sowohl für Geschäftsanforderungen als auch die Beiträge zur Absicherung des Unternehmens und dessen Weiterentwicklung sind Teil der Führungsverantwortung und gewährleisten deren Beachtung über den operativen Alltag hinaus. Um diese trotzdem einfach steuern zu können, ist neben der Zielkaskadierung das Reporting anzupassen, in dem auch hier diese Zielvereinbarungen integriert aus Liniensicht, Prozesssicht und Compliance-Sicht verfolgt werden. Ein pragmatischer Rhythmus der Berichtsschwerpunkte über das Jahr gesehen erleichtert die Trennung vom operativen Tagesgeschäft und der strategischen Absicherung und Weiterentwicklung des Unternehmens. Bild 10.4 zeigt einen entsprechend synchronisierten Zielkreislauf.

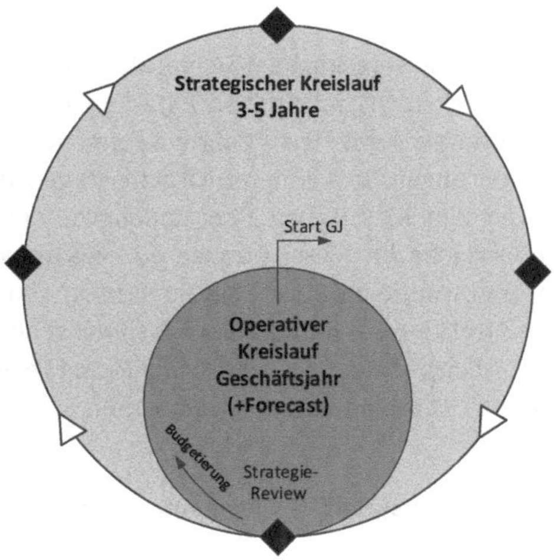

Bild 10.4 Synchronisierter Zielkreislauf

Geschäftsorientierung mit Risiken und Chancen

Agilität, Digitalisierung, Open Innovation, (virtuelle) Lieferketten - jedes Unternehmen ist in einer ständigen Weiterentwicklung in Geschäftsmodellen, Märkten, Technologien, Branchenanforderungen und Normen. Mit einem IMS steuert das Unternehmen Chancen und Risiken und integriert „performance & compliance“.

10.1.2.2 Ebene 2 - Integrative Ebene (Managementsystem)

Synergien im IMS

Das IMS integriert die wesentlichen Elemente jedes Managementsystems und nutzt dabei die Synergien im laufenden Betrieb. Durch die Abstimmung der Instrumente erfolgt die Schlüssigkeit und Vereinfachung im IMS. Die Prozesslandkarte bietet eine perfekte Basis für den Aufbau bzw. die Weiterentwicklung eines IMS. Die definierten Kernprozesse werden um Leistungsziele erweitert, sofern nicht bereits geschehen. Diese bieten damit auch die Basis für die Zuordnung der Compliance-Anforderungen (siehe auch Ebene 3). Die Supportprozesse bekommen in der integrativen Sicht eine stärkere Bedeutung in der Weiterentwicklung des Unternehmens und können mit den Zielvereinbarungen stärker auf die Einhaltung der Vereinbarungen aufbauen. Bei den klassischen Stabsstellen der Unternehmensführung, die sich in der Prozesslandkarte oft als einzelne Führungsprozesse wiederfinden, ist der größte Veränderungsbedarf gegeben, da diese gemeinsame Spielregeln im Gesamtführungssystem zu gestalten haben. Dies kann sich in der Prozesslandkarte durch gemeinsame Führungsprozesse (z. B. „Unternehmen strategisch planen und steuern“, „Unternehmen operativ planen und steuern“ etc.) ausdrücken oder durch einen gemeinsamen ergänzenden Führungsprozess („IMS betreiben“). Da das Führungssystem von mehreren Faktoren beeinflusst wird, ist diese Gestaltung individuell für das jeweilige Unternehmen umzusetzen.

Konsolidierung der Anforderungen

Ein Integriertes Managementsystem beinhaltet viele verschiedene Sichten auf und Anforderungen an das Unternehmen. Gerade in komplexen Organisationen ist es weder sinnvoll noch möglich, alle Anforderungen in einer Verantwortung disziplinär zusammenzuziehen. Zu speziell sind dabei die fachlichen Anforderungen. In kleineren Organisation kann es aber durchaus sinnvoll sein, ausgehend von den klassischen Funktionen wie Qualität, Umwelt und Arbeitssicherheit die Themenbereiche Prozesse, Gesetze etc. zusammenzuziehen. Letztendlich hängt der Integrationsgrad von „koordiniert“ bis „integriert“ von mehreren Faktoren wie Unternehmenskultur (zentral/dezentral), Komplexität (homogene/heterogene Anforderungen in Unternehmensbereichen), aber auch von Geschichte und Personen ab (z. B. Qualität traditionell in der „Verwaltung“, Umwelt und Arbeitssicherheit in der „Produktion“).

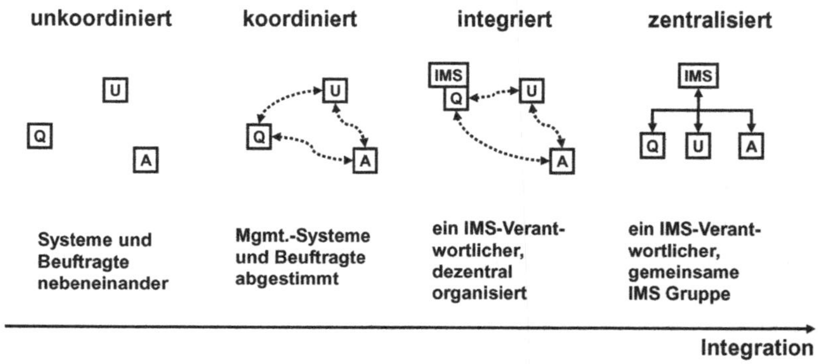

Hinweis: Mögliche und sinnvolle Integration der Organisation hängt stark von der Größe und Komplexität des Unternehmens und der Unternehmenskultur ab!

Bild 10.5 Zusammenarbeit der Managementsystemverantwortlichen - unterschiedliche Stufen der Integration

Je nach Unternehmenssituation kann es sinnvoll sein, den Integrationsgrad und die Organisation beizubehalten – oder absichtlich zu verändern, um eine Weiterentwicklung zu ermöglichen (Bild 10.5). Unternehmen setzen die Integration auch an unterschiedlichen Stellen an, z. B. vorgebend in einer IMS-Abteilung, andere wieder ergebnisorientiert in einem integrierten Reporting! Die konkrete Umsetzung muss unternehmensspezifisch entwickelt werden, es sollte aber jedenfalls **ein** Verantwortlicher für die Bildung, Koordination und Weiterentwicklung des IMS ernannt und mit den notwendigen Befugnissen ausgestattet werden.

Sehr wohl sind aber die Verantwortlichen zur Gestaltung und Umsetzung nach den drei Ebenen leicht identifizierbar:

- Die erste Ebene (Zielausrichtung) wird durch die Unternehmensleitung verantwortet.
- Die zweite Ebene (formale Gestaltung des IMS) ist Aufgabe der Managementsystemverantwortlichen bzw. des IMS-Koordinators.
- Die dritte Ebene (implizite Prozessumsetzung) fällt in die Verantwortung der Prozessverantwortlichen.

Abstimmung von Managementsystemen

Im Unternehmen sind verschiedene Managementsysteme notwendig und sinnvoll: Balanced Score Card (BSC), Lean-, Qualitäts-, Umwelt- & Arbeitssicherheits-, Digitalisierungs-, Projekt- & Innovationsmanagement, Personal- & Lieferantenentwicklung, Risikomanagement & Compliance etc. bringen Instrumente, Rollen und Verantwortungen mit sich. Ein IMS klärt die Einsatzgebiete, stellt Zusammenhänge transparent dar, vermeidet Doppelgleisigkeiten und hebt die Wirksamkeit in der Organisation.

Da jedes Managementsystem ähnliche Anforderungen an die Steuerung hat, ergeben sich etliche gemeinsame Führungsinstrumente, die Synergien im Aufbau und Betrieb eines IMS ergeben. Solche gemeinsamen Anforderungen sind z. B. die Zieldefinition und -verfolgung (angefangen von der Unternehmenspolitik bis zu Mitarbeiterzielen), Dokumentenlenkung, Kommunikation und Schulung, kontinuierliche Verbesserung, bei Zertifizierungen auch interne und externe Audits etc. Diese sind technisch relativ leicht zu integrieren, den Willen und das Verständnis der Beteiligten vorausgesetzt. Die integrierte Durchführung von externen Audits bringt auch kurzfristig konkrete Einsparungen und eine Erleichterung der zeitlichen Belastung im Unternehmen und eignet sich daher bestens als Quick Win sowohl in Richtung Unternehmensführung als auch in Richtung der Prozessverantwortlichen und Mitarbeiter. Spezielle Anforderungen ergeben sich oft aus dem technisch-fachlichen Inhalt. Dies können z. B. aus einer Norm eine Umweltbilanz, eine Informationsschutzklassifizierung, eine IKS-Kontrolle oder aufgrund lokaler Gesetze eine spezielle technische Umsetzung etc. sein.

Dies muss oft auch in einer speziellen Form verfasst bzw. dokumentiert sein. Damit bieten sich hier wenige Möglichkeiten für Synergien, die Umsetzung muss auch durch Fachexperten erfolgen. Aber auch bei den speziellen Instrumenten können in einer optimierten Vorgehensweise bewährte Methoden weiter genutzt werden. So können z. B. Risikoanalysen in Projekten mit einer möglichst ähnlichen Risikobewertungsmethode durchgeführt werden wie die Gesamtrisikobeurteilung eines Projekts in der Unternehmenssicht. Gleiche Skalen und Bewertungsmethoden ergeben hier im Unternehmen ein besseres gemeinsames Verständnis für die Risikoeinschätzung, als wenn jedes Mal eine andere Bewertungsmethode verwendet werden würde. Diese Vorgehensweise bietet damit auch eine Grundlage für organisationales Lernen.

10.1.2.3 Ebene 3 – Prozessebene (operative Ebene)

Implizite Umsetzung der Anforderungen in den Prozessen

In der operativen Ebene geschieht die Wertschöpfung für Kunden in den Prozessen, sie beeinflusst dadurch den Unternehmenserfolg. Das IMS sichert die pragmatische Umsetzung von Anforderungen in Prozessen und vereint „performance&compliance“ im täglichen Tun.

Die gesamte Zielausrichtung und Organisation sind letztendlich nur die Schaffung von Voraussetzungen, um die Anforderungen an das Unternehmen operativ bestmöglich umzusetzen. Die Leistungsinhalte sind dabei schon immer in der prozessorientierten Sichtweise umgesetzt und optimiert worden. Die Erweiterung der operativen Prozesse um die Compliance-Anforderungen bringt nun den Vorteil, dass die Mitarbeiter diese im Zuge der täglichen Arbeit implizit erfüllen können und müssen. Zum Beispiel erfolgt die Freigabe von Überweisungen nach IKS-Anforderung durch getrennte Verantwortliche („segregation of duties"), die persönliche Schutzausrüstung für den Umgang mit gefährlichen Stoffen erfüllt durch eine Vorauswahl im Einkauf die Anforderungen, der Bildschirmschoner verlangt durch Grundeinstellung ein Passwort, das den Informationsschutzanforderungen genügt, etc. Die rechtzeitige Einbindung bei der Gestaltung der Maßnahmen sowie eine begleitende Erklärung und Schulung der Betroffenen erhöhen das Verständnis für die Maßnahmen. Viele der Maßnahmen erfordern nur eine Umgewöhnung - und Konsequenz. Türen zwischen Stockwerken, die nur mehr mit Ausweis zu öffnen sind, sind anfangs unverständlich, nach ein paar Wochen kein Thema mehr - sofern man nicht Türen aufgekeilt offen lässt.

Ein sehr praktisches und vielseitig einsetzbares Werkzeug zur vollständigen Umsetzung aller relevanten Anforderungen in den Prozessen ist die Korrelationsmatrix (Bild 10.6).

ISO 9001:2015	IATF 16949:2016	AS 9001 Rev D 2018	Kapitel	Bezeichnung	strategisch planen	operativ planen	Mitarbeiter managen	strategisch steuern	operativ steuern	Management-Review durchführen	Prozesse gestalten	Prozesse leben
x	x	x	**5.**	**Führung**								
x	x	x	5.1.	Führung und Verpflichtung	X	X				X		
x	x	x	5.1.1.	Allgemeines	X							
	x		*5.1.1.1.*	*Unternehmensverantwortung*	X			X				
	x		*5.1.1.2.*	*Prozesseffektivität und -effizienz*					X		X	
	x		*5.1.1.3.*	*Prozesseigner*							X	X
x	x	x	5.1.2.	Kundenorientierung			X					
x	x	x	5.2	Politik	X							
x	x	x	5.2.1.	Festlegung der Qualitätspolitik	X							
x	x	x	5.2.2.	Bekanntmachung der Qualitätspolitik	X			X				
x	x	x	5.3	Rolle, Verantwortungen & Befugnisse							X	X
	x		*5.3.1.*	...		X						
	x		*5.3.2.*	...			X					

Hinweis: HLS - high level structure ... gleicher Aufbau der Normen!

Bild 10.6 Beispiel einer Korrelationsmatrix

Dabei werden horizontal die Unternehmensprozesse und vertikal die Anforderungen an die Organisation dargestellt. Bei einer integrierten Sichtweise auf die Anforderungen werden diese bereits nach Gemeinsamkeiten gebündelt. Aus normativer Sicht bieten hier die Gegenüberstellungstabellen in den Normen z.B. für Qualität, Umwelt und Arbeitssicherheit wertvolle Erleichterungen. So sind dort z.B. die relevanten Kapitel zur Gestaltung der jeweiligen Qualitäts-, Umwelt- und Arbeitssicherheitspolitik bereits zugeordnet und können somit leicht in die Korrelationsmatrix übernommen werden (vgl. high level structure). Weitere Anforderungen z.B. aus IKS, Kundenforderungen etc. werden in eigenen Spalten ergänzt.

In einem zweiten Schritt wird zu den jeweiligen Prozessen markiert, welche der Anforderungen für welche Prozesse zutreffend sind. Filterfunktionen in Tabellen erleichtern die Sicht auf einzelne Prozesse oder Anforderungen z. B. einzelner Normen. Diese Gegenüberstellung erleichtert bei der Überarbeitung von Prozessen die Sicht für den Prozessverantwortlichen, hilft den Managementsystemverantwortlichen bei der Überprüfung der vollständigen Abdeckung der Forderungen und gibt den internen Auditoren/Revisoren eine pragmatische Übersicht zur Vorbereitung von Audits.

Verantwortung in der Umsetzung

Mitarbeiter sind ein elementarer Schlüssel zum Erfolg - die Verantwortung steigt. Ein IMS zeigt Wege und Instrumente, diese operative Verantwortung transparent zu machen (z. B. Visualisierung) und regelmäßig umzusetzen (z. B. Shopfloor Management).

Ständige Verbesserung

Täglich entstehen viele Ideen, aber auch Probleme. Ein IMS stellt Mitarbeitern situativ passende Instrumente zur Ideensammlung und zur Problemlösung bereit und integriert diese in die Unternehmensentwicklung.

Die beiden Regelkreise in Bild 10.2 runden das IMS-Modell ab:

- Innovation & KVP - die systematische Unternehmensentwicklung über Innovations-, Optimierungs- und Transformationsprojekte liegt in der Verantwortung von: Innovationsmanager, Projektmanagement Office (PMO), Human Resources, Change Manager.
- Durchgängige Steuerung - Ziele und Transparenz zur effektiven Steuerung von Führung bis Shop Floor in der Verantwortung von: Geschäftsführung, IMS Manager, Prozessverantwortliche (PzV), Lean Manager, Führungskräften.

10.1.3 Vorgehen beim IMS-Aufbau

Der allzu oft eingeschlagene Weg ist der Aufbau eines „Sub-Managementsystems" zur Abdeckung eines spezifischen weiteren Themas. Beispielsweise im Bereich Umwelt wird ein Umweltmanagementsystem aufgebaut, das personell gesehen an einer kleinen Gruppe umweltkundiger Mitarbeiter (meist ein Umweltmanager) aufgehängt ist, die alle erforderlichen Regelungen abseits des Prozessmanagementsystems erarbeiten und festschreiben, sodass es zu keiner Systemvermischung im Sinne der Integration kommt. Kurzfristig gesehen ist dies auf den ersten Blick der mit weniger Aufwand verbundene Weg, da eine kleine Gruppe Regelungen ausarbeitet und damit die Auseinandersetzung mit den bestehenden Regelungen des Prozessmanagementsystems meidet. Was dabei entsteht, ist ein weiteres Managementsystem, das neben dem Prozessmanagementsystem besteht und nur wenig Verbindung in dieses hat. Aus Sicht der betroffenen Mitarbeiter ergibt sich daraus längerfristig betrachtet oft das Problem, diese Verbindungen und auch das Wissen zu diesem weiteren, zusätzlichen Thema nur mit viel Aufwand zu sehen und zu verstehen. Die Effekte sind dann in der Regel der geringe Tiefgang und ein reduziertes Problembewusstsein, was sich spätestens im Audit mit den Betroffenen zeigt.

Ein anderer Zugang ist jener der Integration der neu hinzukommenden Forderungen in das bestehende Prozessmanagementsystem des Unternehmens. Dabei nimmt die Prozesslandkarte eine zentrale Rolle ein, damit diese der Träger der zusätzlichen Forderungen und die Basis zur Umsetzung dieser wird (Bild 10.7).

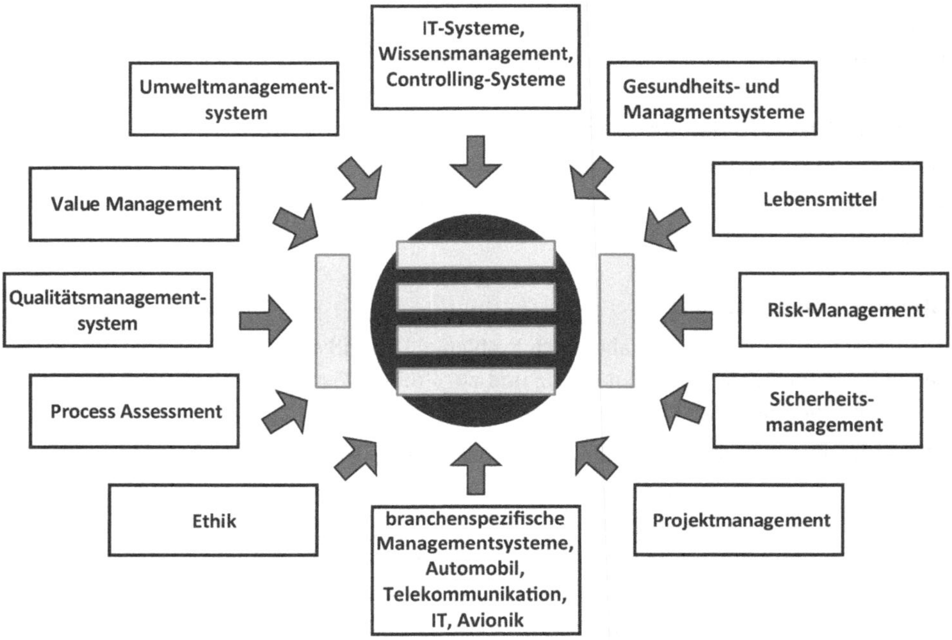

Bild 10.7 Die Prozesslandkarte als Träger der Integration weiterer Managementsystemanforderungen

Da die Systemkomplexität im Prozessmanagementsystem möglichst gering gehalten werden soll, wird im Weiteren nur noch die vollständige Integration ins bestehende Managementsystem dargestellt. Als Methodik der Berücksichtigung und Integration der diversen Vorgaben wurde bereits die Korrelationsmatrix (siehe Bild 10.6) vorgestellt. Nach Ausarbeitung und Check der Matrix können dann prozessbezogen mit dem jeweiligen Prozessverantwortlichen die zu übernehmenden Forderungen geprüft werden, um die erforderlichen Erweiterungen des Prozesses festzulegen. Zum Check der Vollständigkeit der Abdeckung aller Normforderungen kann der Systemverantwortliche dann die Matrix in vertikaler Richtung checken, ob überall eine Zuständigkeit zugeordnet ist.

Wie weit ist nun die Integration von Forderungen sinnvoll?

Alle arbeitsplatzbezogenen Vorgaben sind automatisch Integrationskandidaten in die Prozesse, Stellenbeschreibungen oder arbeitsplatzbezogenen Anweisungen. Dies hat den bereits erwähnten Vorteil, alle Infos in einer Dokumentation an den Mitarbeiter vorzugeben. Am Beispiel des Themas Arbeitssicherheit gezeigt, sind alle arbeitsplatzbezogenen Verhaltenspraktiken direkt in den Prozess zu integrieren.

Was bleibt jedoch extra?

Übergreifende Systematiken wie die Vorgabe der Evaluierungssystematik (Arbeitssicherheit) werden als eigene, prozessübergreifende Prozedur geführt.

Sind die entsprechenden Vorgaben einmal identifiziert und in den Prozessen der Organisation berücksichtigt, erfolgt ein wesentlicher weiterer Schritt: der Nachweis der Umsetzung in den Prozessen. Dazu ist die Auditierung, im Falle der Durchführung dieser durch einen Zertifizierer die Zertifizierung, seit jeher die etablierte Methodik.

10.1.4 Performance und Compliance

Wie ausgeführt bietet der Top-down-Integrationsansatz mit dem 3-Ebenen-Modell einen schlüssigen Aufbau des IMS. Mit der konsequenten Anwendung ist ein maßgeschneiderter Aufbau eines IMS für das jeweilige Unternehmen sichergestellt und das erhöht die Akzeptanz bei allen Beteiligten. Mit dem prozessbasierten Ansatz auf Basis der Unternehmensstrategie können sowohl die gesteigerten Leistungsanforderungen als auch die weiter steigenden Compliance-Anforderungen umgesetzt und transparent verfolgt werden.

Letztendlich bieten sich hier dem Management abgestimmte Führungsinstrumente, um damit die Komplexität im Unternehmen zu reduzieren und das Unternehmen besser in Richtung Unternehmenserfolg steuern zu können. Integration beginnt im Kopf, das Ergebnis ist ein harmonisches Zusammenwirken von Performance & Compliance im gesamten Unternehmen (Bild 10.8).

Bild 10.8 Performance und Compliance - zwei wesentliche Ziele eines IMS

10.2 System-Scans

Managementsystem-Scans dienen dazu, den Status eines Managementsystems bezüglich Erfüllung von Anforderungen an das System und den Grad der Umsetzung des Systems im Unternehmen zu bewerten. System-Scans eignen sich dabei für alle Arten von Managementsystemen wie Qualität, Umwelt, Arbeitssicherheit- und Gesundheitsschutz, Projekt, Prozess oder auch Risiko. Der Prozessmanagement-Scan stellt dabei den „Basis-Scan" dar (Bild 10.9). Der Status des Integrierten Managementsystems eines Unternehmens wird mit dem IMS-Scan bewertet.

Der Nutzen für die Organisation ergibt sich aus einer sehr raschen und treffsicheren Analyse, die sofort auch das Verbesserungspotenzial und damit die Grundlage für eine Roadmap zur Systemverbesserung liefert. Es wird zwischen der Quick-Scan-Variante, die zwei bis drei Stunden dauert, und dem „normalen“ Scan, der ein bis zwei Tage dauert, unterschieden. Der Quick Scan stellt eine Kennenlern- und Einstiegsmöglichkeit in die Thematik dar. Neben der Person, die den System-Scan als Experte leitet, sind Ansprechpartner aus dem Unternehmen aus den Bereichen (Qualitäts-)Management, Produktionsleitung, Vertriebsverantwortliche sowie aus dem Bereich Innovation hilfreich, um die Fragen des Scans rasch und qualifiziert beantworten und bewerten zu können. Beim umfassenden Scan werden weitere Gruppen von Mitarbeitern getrennt befragt, um ein erweitertes Bild der verschiedenen Selbstsichten zu erhalten.

Der System-Scan selbst besteht aus einem Set an Fragen zum Managementsystem, das bei der Scan-Durchführung gemeinsam beantwortet wird. Die Fragen gliedern sich in vier Gruppen: Basic, Intermediate Advanced und Excellence.

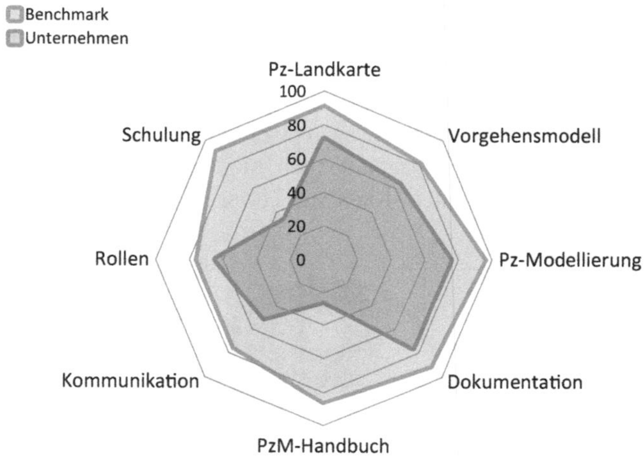

Bild 10.9 Beispiel des Ergebnisses eines Prozessmanagementscans

Das Ergebnis des Systemscans wird in Form eines Radardiagramms dargestellt, das den erzielten bewerteten Systemstatus pro Fragengruppe wiedergibt. Ein gleichzeitig dargestellter Benchmark zu den Scan-Ergebnissen vergleichbarer Unternehmen (Benchmark des Status anderer Prozessmanagementsysteme) visualisiert die eigene Positionierung des Unternehmens sowie das Entwicklungspotenzial.

Damit sind Systemscans ein einfaches Hilfsmittel zur Statusbestimmung und sie stellen einen Motor für die Weiterentwicklung des eigenen Managementsystems dar.

10.3 Referenzmodelle

Die Frage nach Referenzen für Prozesse und Referenzmodelle im Sinne von Best Practice stellt sich früher oder später in jedem Unternehmen, das sich mit Prozessmanagement beschäftigt. Wie sieht eine typische Prozesslandkarte in meiner Branche aus und wo gibt es Beispielprozesse, am besten branchenspezifisch, an denen sich meine Organisation orientieren kann?

Antwort darauf geben Referenzmodelle (PRMs - Prozessreferenzmodelle), wie jenes in der ISO 3300x ff (ISO, 2015). Darin ist ein Set von Prozessen definiert, die über ihren Purpose and Outcome sowie ihre Basispraktiken beschrieben werden (vgl. auch Wagner/Dürr, 2008).

Die nachfolgende Übersicht nennt weitere PRMs:

- ISO 15504-5:2012 Information technology, Process assessment: an exemplar software life cycle process assessment model using process definitions from ISO 12207:2008
- ISO/IEC 15504-6:2013. Information technology - Process assessment: an exemplar system life cycle process assessment model
- ISO/IEC TS 15504-8:2012. Information technology - Process assessment: an exemplar process assessment model for IT service management
- ISO/ICE 20000-4: Service Management - Process Assessment Model
- Automotive SPICE Process Reference Model (PRM) 2005
- COBIT 5:2012 (Control Objectives for Information and Related Technology)
- ITIL V4: 2019 Information Technology Infrastructure Library - set of detailed practices for IT Service Management
- SCOR (Supply Chain Operations Reference Model)
- eTom (enhanced Telecom Operations Map)
- ÖNORM A 9009:2013 Prozesse in Managementsystemen
- ÖNORM K 1960:2014 Prozess-Referenzmodell für Gesundheitseinrichtungen
- weitere: WCOM, TOGAF, CIPCF, EUPCF

Die beiden genannten, A 9009 und K 1960, sind insofern besonders interessant, als die ÖNORM A 9009 einerseits generische Management- und Supportprozesse definiert, die in jeder Prozesslandkarte, egal aus welcher Branche das Unternehmen kommt, vorkommen. Andererseits steht mit der ÖNORM K 1960 ein branchenspezifisches Referenzmodell zur Verfügung, das erstmals eine sofort übernehmbare Vorgabe für den Aufbau eines Prozessmanagementsystems z. B. in einem Krankenhaus zulässt (Bild 10.10; Österreichisches Normungsinstitut, 2014). Bei der Erstellung beider Normen war die Gesellschaft für Prozessmanagement treibende Kraft (www.prozesse.at).

Interessant dabei ist, dass die allgemeinen Management- und Supportprozesse (hier ‚gestrichelt' umrandet) aus der ÖNORM A 9009 referenziert sind und die spezifischen Prozesse einer Gesundheitseinrichtung (hier ‚voll' umrandet) im Anhang der Norm anhand ihrer Basispraktiken beschrieben werden.

Damit liegen echte (branchenspezifische) Hilfsmittel für Unternehmen vor, die den Aufbau von Prozessmanagementsystemen unterstützen.

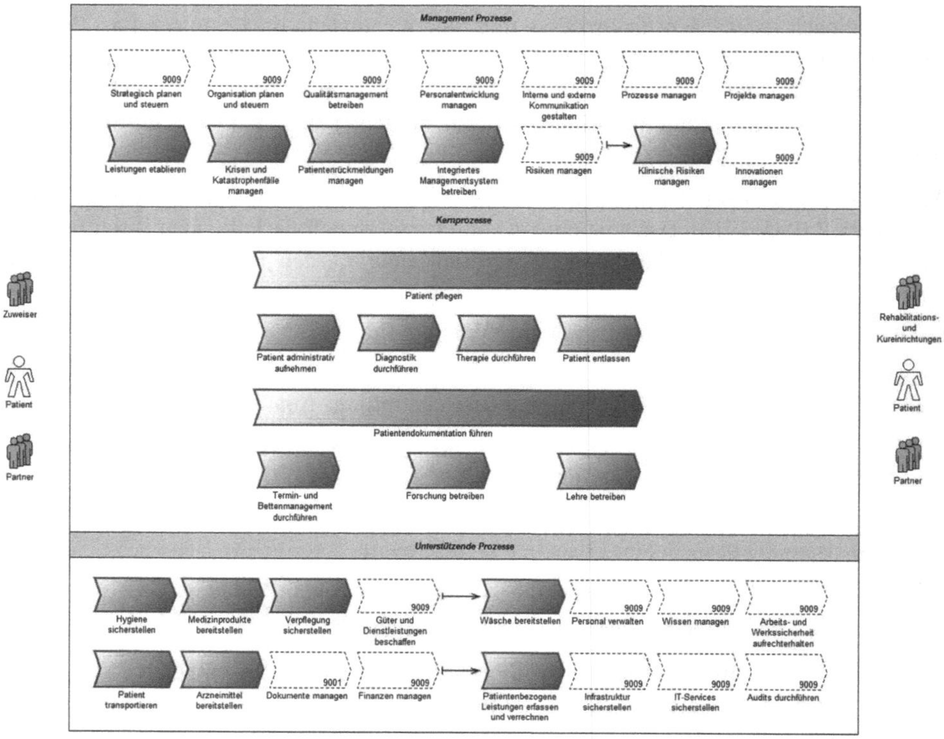

Bild 10.10 Auszug aus der ÖNORM K 1960 „Prozess-Referenzmodell für Gesundheitseinrichtungen“: generische Prozesslandkarte

■ 10.4 Normen und Zertifizierung

10.4.1 Normen und Prozessmanagement

Beim Aufbau von Prozessmanagementsystemen kommt jedes Unternehmen früher oder später in die Situation, mit Normen, Richtlinien, Leitfäden oder Best-Practice-Modellen (als Vorgaben zusammengefasst) zu verschiedenen Themen wie Qualität, Umwelt, Sicherheit, Compliance etc. konfrontiert zu werden. Meist stellt sich dann die Frage, wie diese Anforderungen an das Unternehmen zu erfüllen sind und welche Rolle dabei das Prozessmanagementsystem einnimmt. Sinn und Zweck dieser Vorgaben können die folgenden Aspekte sein:

- **Hilfsmittel/Checkliste:**
  Diese Vorgaben, die entweder allgemeiner themenbezogener Natur sein können (Beispiel im Bereich Qualitätsmanagement) oder eindeutigen Branchenbezug besitzen (Beispiel automobilspezifische Qualitätsstandards für die Zulieferindustrie der großen Hersteller), können als Hilfe im Sinne der Auflistung der abzudeckenden Themengebiete/Anforderungen gesehen werden – beispielsweise: Was muss ich bei der Beschaffung prinzipiell berücksichtigen?
- **Standard/Mindestlevel:**
  Normen sind immer auch Standards, sprich ein gewisser Level an Anforderungen, der durch das Unternehmen erfüllt werden muss. Da Standards im gegenseitigen Warenverkehr immer unterstützend im Sinne der gemeinsamen Verständigung wirken, ist eine Standardisierung jedenfalls zu begrüßen (einzig der Grad der Standardisierung ist situationsspezifisch zu prüfen). Wo Standards existieren, ist der nächste Schritt, die Möglichkeit des Vergleichs von Organisationen zu nutzen; jedoch einzuschränken um den Vorwurf, dass sich diese dann nur zur Überwindung des Mindestlevels bemühen. „Verlass", dass ein Unternehmen diese Standards immer und vollinhaltlich einhält, gibt es keinen.
- **Einheitlichkeit/gleiche Gesprächsbasis:**
  Einen sehr positiven Effekt haben diese Vorgaben jedenfalls – es entsteht innerhalb des Unternehmens und nach außen die gleiche Gesprächsbasis, indem zumindest die gleichen Begrifflichkeiten verwendet werden. Der Wunsch, damit auch Prozesse vereinheitlichen zu können, ist eher hypothetisch – dazu sind die Unternehmen zu unterschiedlich.
- **Verbindlichkeit der Vorgaben:**
  Die meisten der genannten Vorgaben haben empfehlenswerten Charakter. Im Gegensatz dazu stehen Gesetze, die vollinhaltlich einzuhalten sind. Interessant sind Gesetze, die Normen zitieren bzw. auf diese verweisen – damit kann auch eine Norm verbindlichen Charakter erhalten.
- **Themenbezug in verschiedene Richtungen:**
  Die Möglichkeit der themen- und branchenspezifischen Detaillierung wird in den letzten Jahren immer intensiver genutzt. Wenn es wie im Fall der ISO 9001 eine zentrale „Basis"-Norm gibt, ist diese Tendenz durchaus sinnvoll.

Das in Bild 10.11 dargestellte Beispiel zeigt die Relevanz und Wirkung verschiedener Normen auf ein und denselben Prozess einer Organisation. Der Prozess ist der Träger aller Informationen und wird mit verschiedenen „Brillen" betrachtet. Jede Brille symbolisiert dabei eine andere Normsicht und jeder Brille entsprechend sind andere Aspekte im Prozessablauf zu berücksichtigen. Egal, welche Brillen derzeit relevant sind, der Prozess bleibt immer derselbe, es kommen lediglich zusätzliche Tätigkeiten, Dokumente, Nachweise, Qualifikationen etc. dazu. Im nun angereicherten Prozess sind damit die zu erfüllenden Normforderungen integriert.

Woraus ergibt sich nun der Nutzen der diversen Vorgaben für ein Unternehmen?

Eine Antwort auf diese Frage kann das Beispiel eines klassischen Rechnungslegungsprozesses bieten. Der Ablauf besteht dabei aus folgenden Schritten: Daten übernehmen → Rechnung erstellen → Rechnung freigeben → Rechnung versenden → Unterlagen ablegen → Eingang der Zahlung prüfen → Mahnungslauf je nach Definition ein- oder mehrstufig.

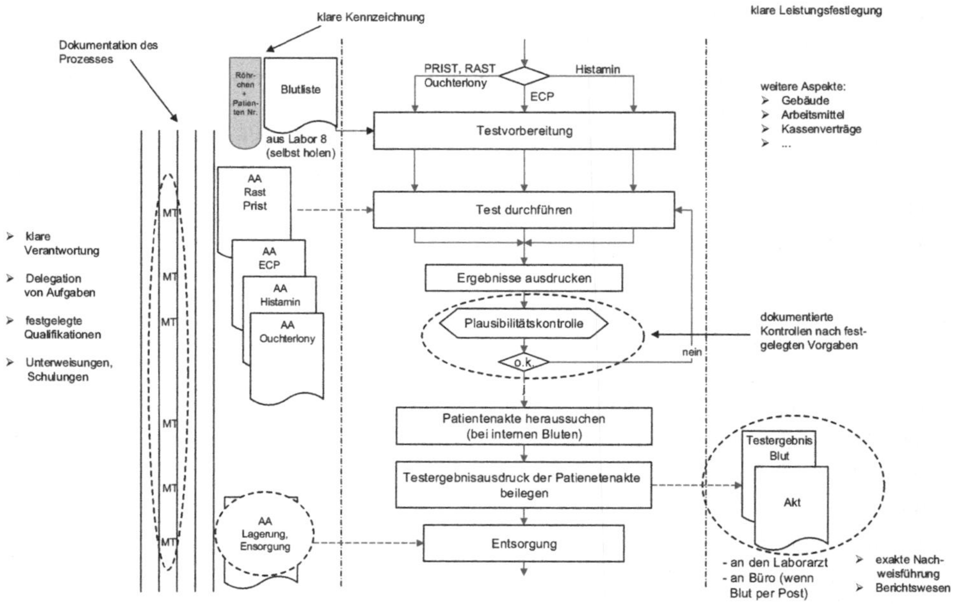

Bild 10.11 Verschiedene normrelevante Aspekte wirksam an ein und demselben Prozess

Folgende Checkfragen können in diesem Zusammenhang der ISO 9001, schwerpunktmäßig aus Normkapitel 7.5, entnommen werden:

- Prüfung der Vollständigkeit und Richtigkeit der Grunddaten,
- Klärung der Zuständigkeit bei Übernahme, Fehlersuche,
- Kontroll- und Freigabemechanismus der Rechnung, eventuelle Wertgrenzen,
- Dokumentation und Ablage der Transaktion zur Nachvollziehbarkeit,
- Mahnkriterien, Bagatellgrenzen, rechtliche Sanktionierung im Fall der Nichtbezahlung.

Die Anwendung der Norm auf diesen Prozess ist im Sinne einer Checkliste zur Vollständigkeitskontrolle und möglicherweise Ergänzung gedacht.

Da ein Prozessmanagementsystem in seinem Kern aus den kundenorientiert dokumentierten Prozessen besteht und damit die Ablauforganisation eines Unternehmens widerspiegelt, bietet sich dieses optimal als Ausgangspunkt zur Berücksichtigung verschiedenster Normforderungen an. Der große Vorteil, der daraus entsteht, ist der reduzierte Aufwand zur Realisierung der jeweiligen Normforderungen – die Nutzung ein und desselben Systems. Wenn es dadurch gelingt, die Vorgaben in den für den Mitarbeiter relevanten Prozess, den dieser gut kennt, zu integrieren, steigt zudem die Wahrscheinlichkeit, dass sich die Mitarbeiter an die Vorgaben halten. Die Vorgaben sind leichter zu finden, leichter zu verstehen und leichter zu vermitteln. Tabelle 10.1 gibt einen groben Überblick von Normen, Richtlinien, Leitfäden und Best-Practice-Modellen nach Branchen gegliedert. Daraus wird rasch klar, dass der Umfang mittlerweile beträchtlich ist.

Tabelle 10.1 Überblick Normen, Gesetze, Richtlinien und Leitfäden gruppiert nach Themenbereichen

Qualität	▪ ISO 900x: Anforderungen an Qualitätsmanagementsysteme (ISO 9000:2015, ISO 9001:2015, ISO 9004:2018) ▪ ISO 19011:2018 Leitfaden zur Auditierung von Managementsystemen ▪ ISO/IEC 17021:2015 Konformitätsbewertung - Anforderungen an Stellen, die Managementsysteme auditieren und zertifizieren ▪ ISO/IEC 17024:2012 Konformitätsbewertung - Allgemeine Anforderungen an Stellen, die Personen zertifizieren ▪ ISO/IEC 17025:2018 Allgemeine Anforderungen an die Kompetenz von Prüf- und Kalibrierlaboratorien ▪ ÖNORM A 9009:2013: Prozesse in Managementsystemen ▪ ISO 29990:2010: Lerndienstleistungen für die Aus- und Weiterbildung - Grundlegende Anforderungen an Dienstleister ▪ ISO 13485:2016 Medizinprodukte - Qualitätsmanagement-systeme - Anforderungen für regulatorische Zwecke
Umwelt	▪ ISO 14001:2015 Umweltmanagementsysteme - Anforderungen mit Anleitung zur Anwendung ▪ ISO 14004:20016 Umweltmanagementsysteme - Allgemeiner Leitfaden über Grundsätze, Systeme und unterstützende Methoden ▪ EMAS III:2009 Eco-Management and Audit Scheme
Energie-effizienz	▪ ISO 50001:2018 Energiemanagementsysteme – Anforderungen mit Anleitung zur Anwendung ▪ ÖNORM EN 16247:2012 Energieaudits (Teil 1 bis Teil 4)
Auto-motive	▪ VDA 6.x QM-Regelwerke für Organisationen in der automobilen Lieferkette ▪ IATF 16949:2016 Qualitätsmanagementsysteme - Besondere Anforderungen bei Anwendung der ISO 9001 für die Serien- und Ersatzteileproduktion in der Automobilindustrie
Lebens-mittel-sicherheit	▪ ISO 22000:2018 Managementsysteme für die Lebensmittelsicherheit - Anforderungen an Organisationen in der Lebensmittelkette ▪ IFS 6.0 - International Food Standard
Risiko	▪ ISO 31000:2017 Risikomanagement - Grundsätze und Richtlinien ▪ ONR 4900x:2014 ff Risikomanagement für Organisationen und Systeme - Umsetzung von ISO 31000 in die Praxis
IT	▪ ISO/IEC 27001:2013 Information technology - Security techniques - Information security management systems - Requirements ▪ ISO 3300x:2015 Information Technology - Process Assessment ▪ ISO 20000-1:2011: IT-Service-Management ▪ COBIT 5 - Control Objectives for Information and Related Technology
Aviation	▪ JAR - Joint Aviation Requirements ▪ EN 9100 Revision D - Qualitätsmanagementsysteme - Anforderungen an Organisationen der Luftfahrt, Raumfahrt und Verteidigung ▪ Verordnung (EG) Nr. 300/2008 - gemeinsame Vorschriften für die Sicherheit in der Zivilluftfahrt
Arbeits-sicherheit	▪ SCC - Sicherheits Certificat Contractoren ▪ ISO 45001:2018 Arbeitsschutz-Managementsysteme
Ethik	▪ ISO 26000:2011 Leitfaden zur gesellschaftlichen Verantwortung

Daraus kann auch abgeleitet werden, dass die richtige Reihenfolge zur Erfüllung einer Norm jene ist, sich zuerst mit den Prozessen im Sinne des Prozessmanagementsystems der Organisation zu beschäftigen. Sind diese erhoben, geklärt und dokumentiert, hat man eine gute Ausgangsdokumentation, um die nun dazukommenden Forderungen zuzuordnen, zu berücksichtigen und die Mitarbeiter zu instruieren. Das Prozessmanagementsystem erleichtert damit das Vorhaben, weitere Normforderungen zu erfüllen.

10.4.2 Zertifizierung

Soll das „integrierte" Prozessmanagementsystem nach einer Norm zertifiziert werden, so erfolgt dies durch den Nachweis eines unabhängigen Dritten. Auch hier gibt es verschiedene Wege, den Umfang des Zertifikats festzulegen.

- Variante 1: Zertifizierung der gesamten Organisation z. B. nach ISO 9001.
- Variante 2: Zertifizierung eines abgeschlossenen Organisationsteils (z. B. des Laborbereichs eines Unternehmens, die Schnittstelle inputseitig ist die Übernahme einer Probe, outputseitig der Laborbefund) ohne Schnittstellen in die restliche Organisation.
- Variante 3: Zertifizierung eines Teils der Organisation inklusive Schnittstellen in die anderen Organisationseinheiten. Dabei wird z. B. der Instandhaltungsprozess zertifiziert mit den zugehörigen Managementprozessen wie Personal managen und Supportprozessen wie Fehler lenken oder interne Audits durchführen, die dadurch auch in anderen Organisationseinheiten wahrgenommen werden. Damit ist auch eine Zertifikatserweiterung jederzeit leicht möglich.

10.5 Bewertungsmethoden

10.5.1 Audits

Audits waren und sind ein wichtiges Werkzeug zur Überprüfung der Erfüllung von formalen Anforderungen durch einen Prozess sowie der praktischen Umsetzung des Prozesses (Wagner/Käfer, 2013). Zielsetzung des prozessorientierten Audits ist es, dass Schwachstellen aufgezeigt sowie Verbesserungsmaßnahmen veranlasst werden und die Wirksamkeit der Verbesserungsmaßnahmen überwacht wird. Das prozessorientierte Audit gehört zum festen Bestandteil auch eines Prozessmanagementsystems, weil es ein wertvolles Instrument der permanenten Verbesserung ist. Im Zuge des Audits wird der Nachweis einer geschlossenen Vorgehensweise bei Prozessverbesserungen anhand von konkreten Beispielen untersucht (vgl. ISO 19011, 2018).

Bei Audits werden verschiedene Auditarten unterschieden:

- Systemaudit,
- Prozessaudit,
- Produkt-/Dienstleistungsaudit,

- Vertical Audit,
- Legal Compliance Audit,
- Remote Audits,
- Layered Process Audit (vgl. Zeller, 2013).

Darüber hinaus wird unterschieden, wer das Audit durchführt (First, Second, Third Party Audits). Gerade das Prozessaudit ist in jedem Prozessmanagementsystem fixer Bestandteil. Es nimmt einen bestimmten Prozess unter die Lupe und bewertet dessen Fähigkeit zur Erfüllung der an ihn gestellten Anforderungen. Beim Prozessaudit wird ausgehend vom Prozess-Input mit dem ersten auszuführenden Prozessschritt gestartet und der gesamte Prozessablauf bis hin zum letzten Prozessschritt und dem daraus resultierenden Prozess-Output auditiert. Schnittstellen, Informationen, Dokumente und Daten stehen dabei im Blickpunkt. Der Prozessverantwortliche und sein Team stehen Rede und Antwort und unterstreichen, dass der von ihnen entwickelte Prozess auch implementiert und allen Anwendern bekannt ist.

Erst wenn dies sichergestellt ist, wird ein Prozessmanagementsystem an der „Basis" installiert sein und seinen vollen Nutzen für die Organisation entfalten können.

10.5.2 Prozessassessments nach ISO 3300x

Die Prozessorientierung stellt einen geeigneten Ansatz zur Überwindung der Arbeitsteilung bzw. von Abteilungsgrenzen dar und hilft, alle wertschöpfenden Tätigkeiten an den Anforderungen und Erwartungen der Kunden auszurichten. Somit ist der Prozess eine Aneinanderreihung aller Aktivitäten, die dazu erforderlich sind. Die Frage, die sich dabei stellt, lautet: Wie gut oder wie vollständig werden diese Aktivitäten erfüllt bzw. wie können diese verbessert werden?

Um diese Frage zu beantworten, muss der **Prozess bewertet** werden, da dies die Voraussetzung bildet, um den **Prozess** zu **verbessern**. Eine wichtige Voraussetzung von Prozessmanagement ist, dass die Qualität eines Produkts/einer Dienstleistung bestimmt wird durch die Qualität der Prozesse, welche notwendig sind, um ein Produkt/eine Dienstleistung zu entwickeln und zu erhalten.

Die Produkte unserer Zeit werden immer komplizierter, wie die folgenden Beispiele aus der Automobilindustrie zeigen:

- Peugeot 607 - enthält mehr Elektronik als die erste Airbus-Generation.
- BMW-7er-Serie - Zugang zu 700 Optionen über Bildschirmmenüs.

Die Anforderungen an die Prozesse, welche zur Produktentstehung führen, steigen somit zunehmend. Daher spielen die „Eckpfeiler" des Prozessmanagements eine immer wichtigere Rolle. Die verschiedenen Arten der Prozessbewertung unterscheiden sich durch die Art der Kriterien, die zur Bewertung herangezogen werden. Die auf dem Reifegradmodell CMMI (Capability Maturity Model Integration) bzw. auf dem Fähigkeitsstufenmodell SPICE (El Emam et al., 1998) (definiert im Standard ISO 3300x) beruhende Prozessbewertung in Form eines Assessments verwendet Kriterien, die die Anwendung und Ausgestaltung von organisatorischen Elementen, Engineeringpraktiken und -methoden überprüfen. Hintergrund dieser Kriterien ist eine **Idealvorstellung von Prozessen**, wie sie in den Modellen vorkommen. Mit diesen Kriterien überprüft man die Abweichungen von den Idealvorstellungen. Ein Prozessassessment ist also eine systematische Messung eines oder mehrerer Prozesse anhand eines standardisierten Prozessmodells und bildet den Ausgangspunkt für Initiativen der Prozessverbesserung (Zahran, 1998).

Seit den späten 1980er-Jahren wurden nun verschiedene Assessmentmodelle und -methoden entwickelt. Die bekanntesten Vertreter sind CMMI und SPICE. Beiden Modellen liegt die Idee zugrunde, dass es **verschiedene Reifegradstufen für einen Prozess gibt**, beginnend von „incomplete" bis „innovating". Diese Modelle wurden für die IT-Industrie (El Emam et al., 1999) entwickelt, werden jedoch kontinuierlich weiterentwickelt, um diese auch für andere Branchen anwenden zu können.

ISO/IEC 3300x – Normstruktur

Die ISO/IEC 33000-er Reihe hat weitgehend die ISO/IEC 15504 abgelöst. Die neue Normenreihe enthält und bietet Platz für ein umfassendes Set von Dokumenten im Hinblick auf die Anforderungen und Rahmenbedingungen für die Durchführung von Assessments. Des Weiteren soll damit die Weiterentwicklung einer Unterstützungsinfrastruktur für die Reihe ermöglicht werden.

Die Normenreihe ist in mehrere Bereiche gegliedert:

- ISO/IEC 33001 bis 33009 beinhaltet die normativen Elemente des Standards (Terminologie, allgemeinen Leitfaden und Prinzipien für die Standard).
- ISO/IEC 33010 bis 33019 beinhaltet Anwendungshilfen und Anhänge, z. B. einen Leitfaden für Prozessverbesserungen.
- ISO/IEC 33020 bis 33029 beinhaltet Messrahmenwerke, welche den Forderungen der ISO/IEC 33003 entsprechen.
- ISO/IEC 33030 bis 33039 beinhaltet exemplarisch dokumentierte Prozess-Assessments.
- ISO/IEC 33040 bis 33059 beinhaltet Prozess-Referenz-Modelle, welche den Forderungen der Norm genügen.
- ISO/IEC 33060 bis 33079 beinhaltete Prozess-Assessment-Modelle, welche für die Planung und Durchführung von Assessments als Referenz verwendet werden können.
- ISO/IEC 33080 bis 33099 beinhaltete ausgearbeitete Reifegradmodelle.

Die zwei Dimensionen des Modells

Das durch diesen Standard beschriebene Modell zeichnet sich durch seine orthogonale Struktur (zweidimensional) aus (Bild 10.12).

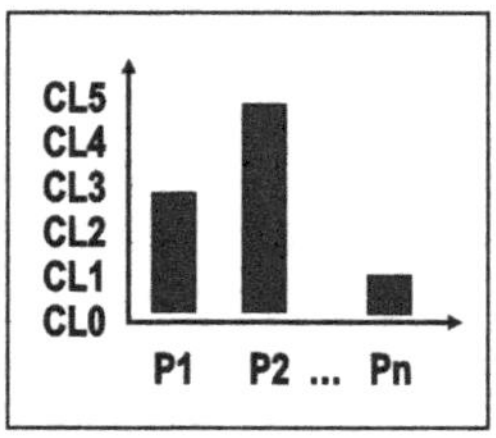

Bild 10.12 Zweidimensionales Modell

Die Werte auf der x-Achse (**Prozessdimension**) beschreiben, **welche Prozesse** man **durchführt**, und geben an, **was man macht**. Die Werte auf der y-Achse (**Qualitätsdimension**) beschreiben, wie **gut** man einen **Prozess durchführt**. Diese umfasst **sechs Qualitätslevel (Capability Level)**, kennzeichnet also die Leistungsfähigkeit von Prozessen.

Eine Fähigkeitsstufe ist ein wohldefiniertes evolutionäres Plateau, welches die Fähigkeiten eines Prozesses beschreibt, wobei jede Stufe eine aufbauende Basis für die kontinuierliche Prozessverbesserung bildet. **Fähigkeitsstufen bauen aufeinander auf**, d. h., eine höhere Stufe beinhaltet alle Praktiken der niedrigeren Stufen (die Fähigkeitsstufen sind also kumulativ).

Die Fähigkeitsdimension beinhaltet die folgenden sechs Fähigkeitsstufen:

- **Level 0: Unvollständiger Prozess (Incomplete Process)** - der Prozess ist nicht implementiert, es fehlt am Prinzipiellen, um den Zweck des Prozesses zu erreichen. Es gibt nur wenige bis gar keine identifizierbaren Nachweise über das Erreichen des Prozesszwecks.
- **Level 1: Durchgeführter Prozess (Performed Process)** - der Zweck des Prozesses wird erreicht. Es gibt identifizierbare Dokumente von Prozessergebnissen und diese zeugen vom Erreichen des Prozesszwecks.
- **Level 2: Gemanagt (Managed Process)** - der zuvor beschriebene „Performed Process" ist nun in einer geführten Version implementiert (wird geplant, überwacht und angepasst) und seine Arbeitsprodukte werden geeignet erstellt, gesteuert und aufrechterhalten.
- **Level 3: Etablierter Prozess (Established Process)** - der zuvor beschriebene „Managed Process" ist nun implementiert, und zwar durch Benutzung eines definierten Prozesses, welcher auf einem Standardprozess basiert und der fähig ist, die Prozessergebnisse zu erreichen.
- **Level 4: Vorhersagbarer Prozess (Predictable Process)** - der zuvor beschriebene „Established Process" ist nun implementiert und operiert innerhalb definierter Grenzen, um seine Prozessergebnisse zu erreichen.
- **Level 5: Innovativ (Innovating Process)** - der zuvor beschriebene „Predictable Process" wird nun kontinuierlich verbessert, um relevante bzw. zukünftige Geschäftsziele zu erreichen.

Die einzelnen Fähigkeitsstufen werden durch Prozessattribute feiner unterteilt. Prozessattribute werden gebraucht, um zu bestimmen, ob der Prozess eine vorgegebene Fähigkeit erreicht, d. h., **jedes Prozessattribut misst einen bestimmten Aspekt der Prozessfähigkeit.** Bild 10.13 zeigt die Prozessattribute in Form einer „Fähigkeitsstufenleiter" (capability ladder).

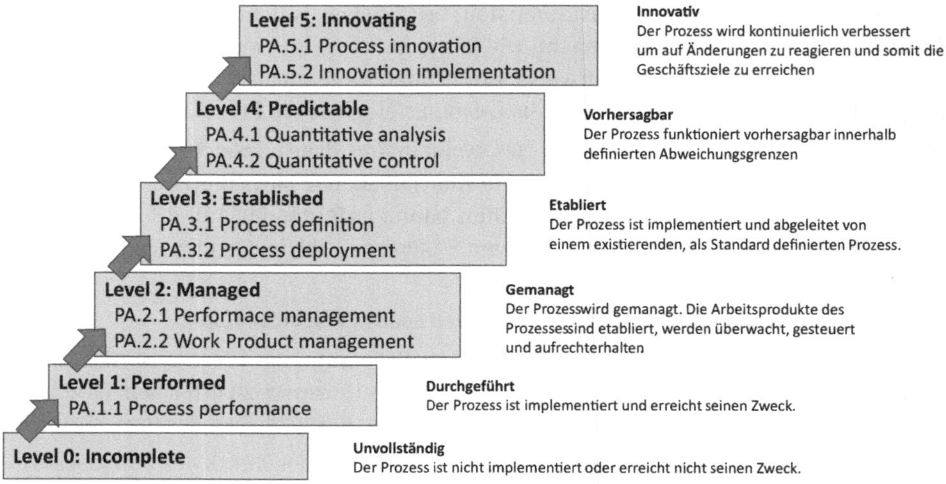

Bild 10.13 Die Fähigkeitsstufen mit ihren Prozessattributen (van Loon, 2017)

Je nach dem gewählten Bereich (der Branche), in welcher ein Prozessassessment stattfinden soll, ist ein entsprechendes Prozessreferenzmodell (PRM), soweit vorhanden, auszuwählen, welches Prozesse beinhaltet, gegen welche die Prozesse einer Organisation bewertet werden.

Ein Prozessreferenzmodell alleine kann als Basis für die Durchführung von zuverlässigen und konsistenten Assessments zur Ermittlung der Prozessfähigkeit nicht herangezogen werden, da der Grad der Detailliertheit nicht ausreichend ist. Die Beschreibungen des Prozesszwecks und der Prozessergebnisse der Prozesse des Prozessreferenzmodells und die Definitionen der Prozessattribute benötigen Unterstützung durch einen umfassenden Satz von Indikatoren zur Prozessdurchführung und Prozessfähigkeit. Aus diesem Grund muss das Prozessreferenzmodell erweitert werden.

Prozessassessmentmodell

Das **Prozessassessmentmodell (PAM)** erweitert das **Prozessreferenzmodell (PRM)** durch die **Hinzufügung** von **Assessmentindikatoren.** Man unterscheidet bei diesem Modell zwischen zwei verschiedenen Arten von Praktiken:

- **Basispraktiken (Base Practices)** – diese beschreiben die essenziellen, da spezifischen Aktivitäten eines Prozesses → **bilden die Prozessdimension.**
- **Allgemeine Praktiken (Generic Practices)** – diese beschreiben die Managementpraktiken, welche für die Implementierung/Institutionalisierung eines Prozesses wichtig sind → **bilden die Fähigkeitsdimension.**

Bild 10.14 zeigt den Zusammenhang zwischen einem Prozessreferenzmodell, dem korrespondierenden Prozessassessmentmodell und dem Messrahmenwerk.

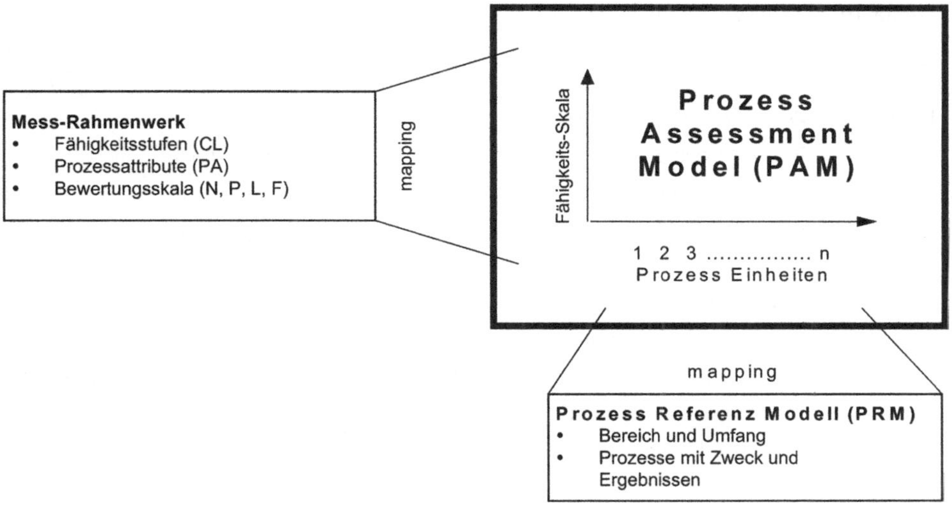

Bild 10.14 Prozessassessmentmodell und seine Beziehungen

Der Bewertungsrahmen (NPLF-Skala)

Um die Prozessfähigkeit, d.h. das Erreichen der Fähigkeitsstufen bzw. der Prozessattribute bewerten zu können, wurde die in Tabelle 10.2 dargestellte 4-Punkte-Skala entwickelt.

Tabelle 10.2 Die NPLF-Skala (ISO/IEC 33020:2015)

N	Nicht erreicht *(**N**ot achieved)*	0 bis 15%	Es gibt keinen Nachweis für die Erreichung eines definierten Prozessattributs.
P	Teilweise erreicht *(**P**artially achieved)*	> 15 bis 50%	Es gibt einen Teilnachweis für die Erreichung eines definierten Prozessattributs. Manche Aspekte der Erreichung sind unvorhersagbar.
L	Großteils erreicht *(**L**argely achieved)*	> 50 bis 85%	Es gibt einen signifikanten Nachweis für die Erreichung eines definierten Prozessattributs. Es sind ein paar Prozess-Schwachstellen vorhanden.
F	Vollständig erreicht *(**F**ully achieved)*	> 85 bis 100%	Es gibt einen Nachweis für eine vollständige und systematische Vorgehensweise und das vollkommene Erreichen eines definierten Prozessattributs. Es existieren keine signifikanten Schwachstellen für das assessierte Prozessattribut.
?	Nicht bewertet	-	-

Die Bewertung der Fähigkeitsstufen

Tabelle 10.3 zeigt beispielhaft für Level 5, welche Bewertung (Rating) die einzelnen Prozessattribute aufweisen müssen, damit eine bestimmte Fähigkeitsstufe als erreicht (achieved) gilt. Um eine Fähigkeitsstufe „X" zu erreichen, müssen **alle Prozessattribute** der unter „X-2 und mehr" liegenden Stufen „vollständig erreicht" **(F)** sowie die Attribute der Stufe „X-1" „großteils oder vollständig erreicht" **(L oder F)** sein.

Tabelle 10.3 Die Bewertung der Fähigkeitsstufen (ISO/IEC 33020:2015)

Capability Level	Prozessattribut	Bewertung	
Level 5	PA1.1 Prozessdurchführung	**F**	vollständig erreicht
	PA2.1 Prozessplanung	**F**	vollständig erreicht
	PA2.2 Resultate/Arbeitsprodukte	**F**	vollständig erreicht
	PA3.1 Prozessdefinition	**F**	vollständig erreicht
	PA3.2 Prozessentwicklung	**F**	vollständig erreicht
	PA4.1 qualitative Analyse	**F**	vollständig erreicht
	PA4.2 Prozesssteuerung	**F**	vollständig erreicht
	PA5.1 Prozessinnovation	**L oder F**	großteils oder vollständig erreicht
	PA5.2 Prozessinnovation Implementierung	**L oder F**	großteils oder vollständig erreicht

Die Prozessprofile

Prozesse, welche im Rahmen eines Assessments zu bewerten sind, werden in Form von **Prozessinstanzen (Process Instances)** bewertet. Für die Praxis übersetzt bedeutet dies, dass man einen Prozess in seiner Anwendung nur dann bewertet (z. B. den Prozess „Design"), wenn er in einem auszuwählenden Projekt angewendet wird.

Das Erreichen der Prozessfähigkeit wird in Form von sogenannten **Prozessprofilen** dargestellt, wobei man folgende zwei Arten der Darstellung unterscheidet:

- **Prozessfähigkeitsstufenprofile (Capability Level Profiles)**
  Vorteil dieser Darstellung: Gibt einen raschen Überblick, dient zur Erstinformation vor allem gegenüber dem Management.
  Nachteil dieser Darstellung: Zu grob, um eine genauere Aussage zu Schwächen des Prozesses geben zu können.
- **Prozessattributsprofile (Process Attribute Profiles)**
  Vorteil dieser Darstellung: Bietet einen genaueren Einblick, „wo ich mit meinem Prozess stehe", dient zur Erstinformation gegenüber den Prozesseignern und dem Prozessteam.
  Nachteil dieser Darstellung: Braucht ein tiefes Verständnis des Modells.

Ein Beispiel zeigt Bild 10.15, wobei die bewerteten Prozesse vertikal und die Bewertung der einzelnen Prozessattribute dazu horizontal aufgetragen sind. Den Grad der Erreichung der einzelnen Prozessattribute (gemäß der NPLF-Skala) ersieht man durch die unterschiedliche Farbkennzeichnung der Prozessattribute gemäß der in der Abbildung angegebenen Farbskalierung.

P-ID	Prozessname	PA1.1 - Prozessdurc h führung	PA2.1 - Prozess planung	PA2.2 - Resultate / Arbeitser gebnisse	PA3.1 - Prozess definition	PA3.2 - Prozess entwicklung	PA4.1 - qualitative Analyse	PA4.2 - Prozess steuerung	PA5.1 - Prozess innovation	PA5.2 - Innovations-umsetzung
ENG.1	Requirements Elicitation	F	F	F	F	F	L	L	?	?
ENG.4	Software Requirements Analysis	F	F	F	L	L	N	N	?	?
SUP.1	Quality Assurance	F	L	L	P	P	N	N	?	?
MAN.3	Project Management	F	P	L	P	P	N	N	?	?

F	vollständig erreicht
L	großteils erreicht
P	teilweise erreicht
N	nicht erreicht
?	nicht bewertet

Bild 10.15 Beispiel für Prozessprofile in Form der Prozessattribute

Durchführung von Prozessassessments

Der Ablauf eines Assessmentprozesses besteht aus den Schritten Initiierung, Planung, Durchführung und Reporting des Assessments sowie den wesentlichen Inputs und Outputs des Gesamtprozesses und der einzelnen Schritte (Bild 10.16).

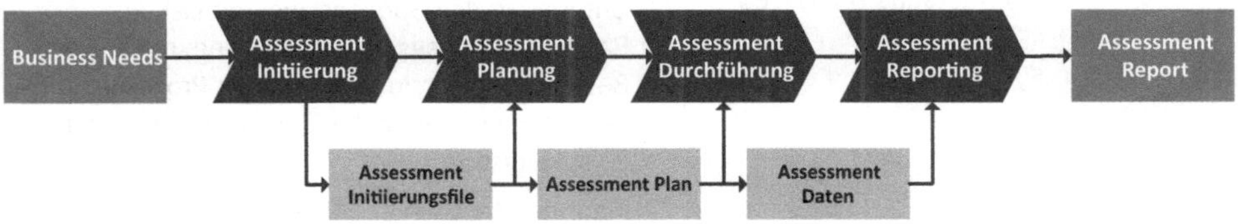

Bild 10.16 Der Assessmentprozess (in Anlehnung an ISO/IEC 33030:2017)

Phase: Assessmentinitiierung – ein Großteil der darin definierten Aktivitäten erfolgt in Zusammenarbeit von Sponsor (bzw. dem lokalen Assessmentkoordinator) und Assessmentteamleiter vor Ort, d. h. in der ausgewählten Organisationseinheit im Rahmen eines sogenannten „Initial Visit". Es wird der zu überprüfende Prozess ausgewählt und die Zielkennwerte für die Fähigkeitsstufen werden bestimmt.

Phase: Assessmentplanung – basierend auf der Assessmentinitiierung werden alle dazu notwendigen Ressourcen und Zeitpläne, der Mechanismus für die Datensammlung und Datenvalidierung sowie der Assessment-Output definiert und in Form eines Plans dokumentiert.

Phase: Assessmentdurchführung – nach einer kurzen Einführung *(Briefing)* wird das Assessment in Form von Interviews, Dokumentenprüfung und der Prozessbewertung durchgeführt.

Phase: Assessmentreporting – es wird das Assessmentergebnis in Form eines Stärken-Schwächen-Prozessprofils dokumentiert. Mit einer Präsentation des Assessmentergebnisses vor dem Sponsor endet das Assessment.

Rollen und Verantwortlichkeiten

Um einen effektiven Assessmentablauf zu gewährleisten, sind die in Tabelle 10.4 dargestellten Rollen und Verantwortlichkeiten erforderlich.

Tabelle 10.4 Rollen und Verantwortlichkeiten für die Assessmentdurchführung

Rolle	Rollendefinition	Verantwortlichkeiten
Sponsor	Stellt die Budgetmittel zur Verfügung und gibt die Ausrichtung für das Assessment vor.	Autorisiert die Finanzierung des Assessments. Stellt Ressourcen zur Verfügung. Stellt das Management Commitment während des gesamten Assessments sicher. Gibt sämtliche Pläne und Reports frei.
Lokaler Assessment-koordinator (LAK)	Wird durch den Sponsor nominiert. Stellt die Schnittstelle zwischen dem Management der Organisation und dem Assessmentteamleiter dar.	Unterstützt den Sponsor und den Assessmentteamleiter. Stellt sicher, dass die entsprechenden Ressourcen und die benötigte Logistik vorhanden sind bzw. zur Verfügung stehen.
Assessment-teamleiter (ATL)	Der Assessmentteamleiter hat sicherzustellen, dass der Assessmentprozess konform zum Standard ISO/IEC 3300x abläuft.	Vertretung (nach außen), Führen des Assessmentteams und Schnittstelle zur Organisationseinheit. Unterstützt den Sponsor und den LAK im Rahmen der Assessmentinitiierung, bei der Bestimmung der zu bewertenden Prozesse und bei der Bestimmung der Zielkennwerte für die Fähigkeitsstufen. Plant das Assessment, leitet die Assessmentdurchführung und berichtet die Assessmentergebnisse.
Assessor	Jeder Assessor ist gegenüber dem Assessmentteamleiter für den ihm zugeordneten Teil des Assessments verantwortlich.	Durchführen des Assessments der ihm zugeteilten Prozesse. Überprüfen des Assessmentplans und des Assessmentreports.
Fach-spezialist	Fachspezialisten können zur Unterstützung des Assessmentteams herangezogen werden, um so das Fachwissen des Teams zu erhöhen.	Diese müssen keine Assessoren sein, sondern dienen in erster Linie dazu, um bei komplexen Prozessen zusätzliches fachliches Know-how vor allem für die Bewertung der Prozessdurchführung einzubringen.

10.5.3 EFQM-Assessment

In Schritten zum exzellenten Unternehmen

Die Frage, durch was sich ein exzellentes Unternehmen auszeichnet bzw. woran ein exzellentes Unternehmen erkennbar ist, beantwortet die European Foundation for Quality

Management (EFQM) anhand des EFQM-Modells, das dem europäischen Qualitätspreis (European Quality Award) zugrunde liegt (Schmelzer/Sesselmann, 2013). Dieses Modell konkretisiert jene Kriterien, die ein exzellentes Unternehmen auszeichnen, und ermöglicht somit eine Messung, die eine Auskunft darüber gibt, wie weit ein Unternehmen auf dem Weg zur Exzellenz vorangekommen ist.

Darüber hinaus zeichnen sich exzellente Unternehmen durch die konsequente Erfüllung der folgenden Aufgaben aus, die den unternehmerischen Regelkreis verkörpern:

- Klare Ausrichtung in Form von Mission, Vision, Werten, Politik und Strategie (normative Ebene).
- Kommunikation der Ausrichtung in Form der Positionierung am Markt nach innen und außen.
- Bei dieser Positionierung wird naturgemäß das Unternehmensumfeld in Form des Mitbewerbs, der gesetzlichen Rahmenbedingungen und gesellschaftlichen Entwicklungen einbezogen.
- Dabei geht es nicht nur darum, dies im wohlfeilen Buntpapier an die Wände des Unternehmens zu kleistern, sondern vor allem, dies in Form von **gelebten Prozessen** im Unternehmen organisatorisch zu verankern.
- Kennzahlen und Messgrößen unterstützen das Unternehmen einerseits bei der Konkretisierung der Unternehmensziele und andererseits bei der Verfolgung der Zielerreichung.

Damit wird der unternehmerische Regelkreis auf dem kontinuierlichen Weg der erfolgreichen Unternehmensentwicklung geschlossen (Bild 10.17).

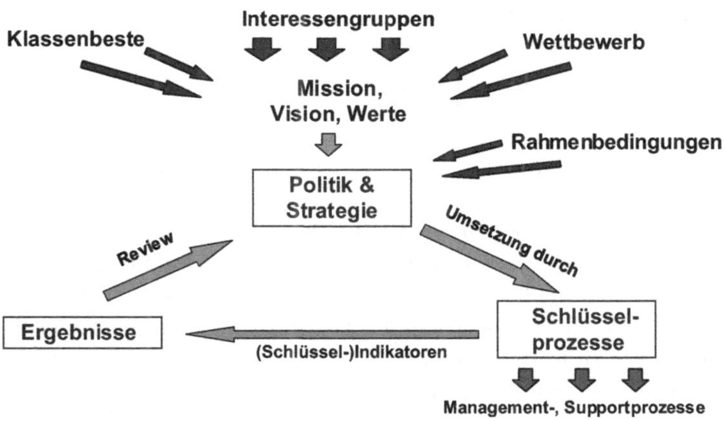

Bild 10.17 Der unternehmerische Regelkreis (Brunner/Wagner, 2010)

Die normative und strategische Ebene (vgl. Kapitel 1) im exzellenten Unternehmen findet ihre Umsetzung durch die konsequente Orientierung am Kunden, an den Prozessen und an den Mitarbeitern.

Die Prozessorientierung als tragende Säule steht für die Umsetzung der strategischen Ziele in die Organisation und ist wesentlicher Bestandteil der Unternehmensentwicklung. Hierbei ist die Dimensionierung dieser Säule von entscheidender Bedeutung. Eine zu große Dimensionierung bedingt eine unbewegliche, unflexible, bürokratische in sich erstarrte Organisation, die keine Möglichkeit hat, sich an geänderte Umfeldbedingungen entsprechend rasch anzupassen. Eine zu schwach ausgeprägte Prozessorientierung auf der anderen Seite bietet keine ausreichende Basis für eine zuverlässige Umsetzung der Strategie auf der operativen Ebene und belastet andererseits die Kunden- und Mitarbeiterbeziehungen durch unklare Zuständigkeiten, starke Improvisation und Ressourcenvergeudung aufgrund fehlender Koordination.

Die Ausgewogenheit der drei Säulen (Kunden-, Prozess- und Mitarbeiterorientierung) zueinander ist eine unabdingbare Voraussetzung für ein langfristig erfolgreiches Unternehmen, das sich durch Wirtschaftlichkeit und Wachstum auszeichnet. Wirtschaftlichkeit und Wachstum erfordern ein ausgewogenes und vitales Zusammenwirken der drei Säulen untereinander, um die Verbindung zwischen der strategischen und operativen Ebene zu gewährleisten.

Beispielhaft kann die Entwicklung zum exzellenten Unternehmen in den in Bild 10.18 dargestellten Stufen bzw. Phasen erfolgen.

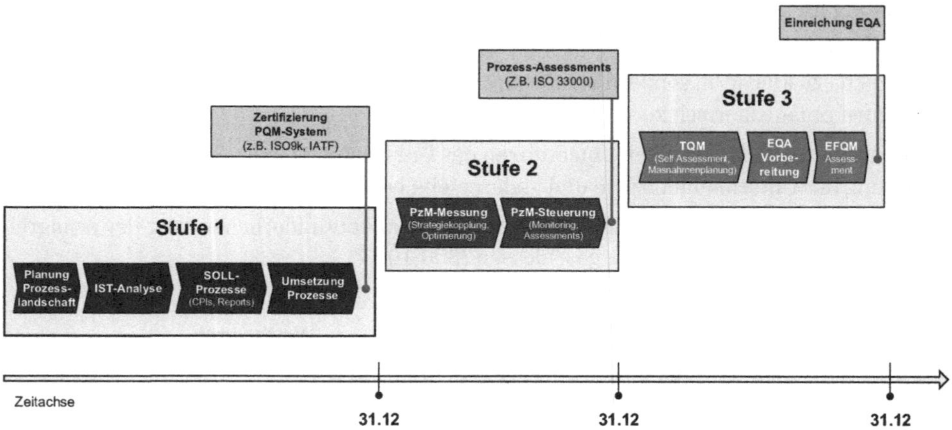

Bild 10.18 Vorgehensschritte und Phasen zur Entwicklung zum exzellenten Unternehmen

Stufe 1 beginnt mit der Erarbeitung und Definition der Prozesse des Unternehmens mit dem Ziel, ein Prozessmanagement zu errichten. Bei der Gestaltung der Prozesse wird meist auch der Anforderung Rechnung getragen, bestimmte Normforderungen z. B. gemäß ISO 9001, IATF 16949, AS 9100 oder TL 9000 zu erfüllen, um ein entsprechendes Zertifikat zu erreichen. Die in den Normen enthaltenen Forderungen bedingen spezifische strukturelle Ausprägungen der Prozessorientierung z. B. in Form von geforderten Prozessen im Unternehmen. Der strukturelle Rahmen durch die Normforderungen kann jedoch nur zur Umsetzung gebracht werden, wenn die Integration der Mitarbeiter und der Führungskräfte in die Definition der Prozesse gelingt. Dies wird dadurch ermöglicht, dass die Prozesskennzahlen in Einklang mit den Unternehmenszielen stehen, dass die erforderlichen Rollen der Prozessorientierung im gesamten Unternehmen verankert und somit von den Mitarbeitern und Führungskräften akzeptiert werden und dass letztendlich die Regelkreise auf den unterschiedlichen Ebenen geschlossen sind und ineinandergreifen.

Im Anschluss an die Umsetzung der Prozesse erfolgen in Stufe 2 die Verfeinerung und Optimierung der Messung und Steuerung der Prozesse. Dies bedingt eine Integration der Prozesse in das Zielsystem des Unternehmens wie z. B. mittels Kopplung der Prozesse an eine Balanced Scorecard. Ein Vorgehensmodell zur Bestimmung der Prozessreife einer Organisation findet sich in der ISO 3300x, die in fünf Reifegraden (Stufen) die „Dimensionierung" der Prozessorientierung objektiv bewertbar macht.

In der dritten Stufe kann schließlich der Fortschritt des Unternehmens in Richtung Excellence anhand des Excellence-Modells bzw. des EFQM-Modells 2020 der EFQM ermittelt und weiter vorangetrieben werden. Dem Prozessmanagement kommt in diesem Modell die essenzielle Voraussetzung zur Erreichung eines exzellenten Unternehmens zu. Prozessmanagement hat auch im neuen EFQM-Modell 2020 einen zentralen Stellenwert und ist damit auch weiterhin das Bindeglied zwischen Befähiger- und Ergebniskriterien (Moll/Khayati, 2019). Vom Unternehmen werden die Levels of Excellence beschritten: Die erste Stufe ist Committed to Excellence, dann folgt Level II mit Recognized for Excellence (3, 4 oder 5 Sterne) und schließlich auf Level III die Teilnahme als Finalist am EQA.

Dem konkreten betriebswirtschaftlichen Nutzen des Prozessmanagements sei im vorliegenden Kapitel anhand der Prozesskostenrechnung und der damit verbundenen Optimierungsmöglichkeiten Rechnung getragen.

TQM – Total Quality Management

Die in den vorausgegangenen Kapiteln dargelegten Inhalte des Prozessmanagements liefern genügend Anhaltspunkte zur Auswahl geeigneter Maßnahmen, die zum erfolgreichen Beschreiten des Weges der ständigen Verbesserung notwendig sind. Nun haftet gerade dem Gedanken, sich über ein hervorragendes Prozessmanagement in Richtung Weltspitze vorarbeiten zu können, etwas Faszinierendes an. Es mangelt daher nicht an zusätzlichen Ideen, Konzepten, Empfehlungen, Methoden und Modellen, die sich als besonders hilfreiche Wegbegleiter empfehlen und gewiss auch bewährt haben. In diesem Kapitel sollen die wichtigsten ergänzenden Konzepte für einen **erfolgreichen TQM-Weg** in knapper Form vorgestellt werden, ohne dabei den Eindruck erwecken zu wollen, es gäbe ein Patentrezept, einen Königsweg, der geradewegs zur Weltspitze führt (Kirsten, 2000). Ein wichtiger Aspekt ist auch der Beitrag zum Modell zur Standortbestimmung.

Die Entwicklung der Qualitätskonzepte in Richtung Total Quality Management war geprägt durch die Erweiterung des Betrachtungsfelds und durch die Betonung ganzheitlicher Sichtweisen. Von Bedeutung dabei ist, dass die Weiterentwicklung durch die Anwendung des PDCA-Kreises nach Deming getrieben worden ist (Bild 10.19).

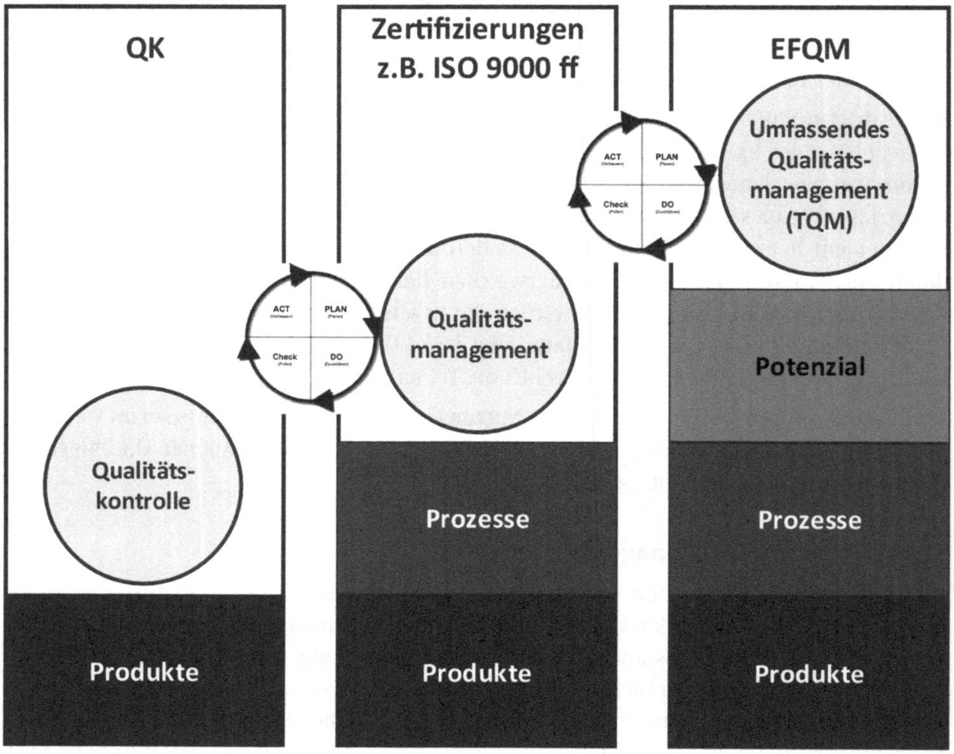

Bild 10.19 Entwicklung der Qualitätskonzepte in Richtung TQM (Brunner, Wagner, 2010)

Ausgehend vom umfassenden Verständnis des Begriffs Qualität ist TQM eine ganzheitliche Managementphilosophie, die sich auf das gesamte Unternehmensgeschehen bezieht.

Positive Geschäftsergebnisse, die Entwicklung eines entsprechenden verantwortungsbewussten Verhaltens gegenüber der Gesellschaft und der Umwelt sowie das Prinzip der kontinuierlichen Verbesserung erweitern im TQM das umfassende Verständnis von „Qualität".

Der Begriff TQM ist in der älteren Version der ISO 9000:2005 folgendermaßen definiert:

Total Quality Management (umfassendes Qualitätsmanagement):
Auf der Mitwirkung aller ihrer Mitglieder beruhende Führungsmethode einer Organisation, die Qualität in den Mittelpunkt stellt und durch Zufriedenstellung der Kunden auf langfristigen Geschäftserfolg sowie auf Nutzen für die Mitglieder der Organisation und für die Gesellschaft zielt. ■

TQM bedeutet also nicht nur das Steuern der Produktqualität als Teil des Unternehmensmanagements, sondern umfasst das bewusste qualitätsorientierte Ausrichten und Handeln des gesamten Unternehmens über alle Hierarchieebenen unter Berücksichtigung aller Interessenpartner. In diesem Sinne bezieht sich das Attribut „Total" auf die Gesamtheit der Unternehmensprozesse, Prozessergebnisse und Mitarbeiter unter dem Blickwinkel funktionsübergreifender Zusammenarbeit.

TQM ist

- eine Managementphilosophie, eine Einstellung,
- ein Prozess, der die persönliche Verantwortung aller hervorhebt, die ständige Verbesserung anstrebt und damit nie zu Ende ist, und
- ein System aus organisatorischen, administrativen und technischen Verfahren, Methoden, Techniken und Werkzeugen.

Business Excellence – Begriffsbestimmung

TQM-Preise werden oft fälschlich als TQM-Modelle bezeichnet. Die Preise basieren auf den Modellen. Diese TQM- oder Excellence-Modelle stellen Handlungsrahmen und Bewertungsmodelle für Organisationen auf dem Weg in Richtung TQM dar.

(Business-)Excellence-Modelle wie beispielsweise das EFQM-Modell 2020 (Bild 10.20), das Schema des Malcolm Baldrige National Quality Award (MBNQA, USA) oder das Deming-Modell (Japan) sind praktische und geeignete Werkzeuge zur Entwicklung des Managementsystems einer Organisation in Richtung Excellence bzw. TQM. Excellence-Modelle geben Hinweise bzw. Hilfestellungen und können zur Bewertung des Fortschritts von Organisationen auf „ihrem Weg zu Excellence" herangezogen werden. Die Modelle berücksichtigen die vielen Vorgehensweisen, mit denen nachhaltig Excellence in allen Leistungsaspekten erzielt werden kann.

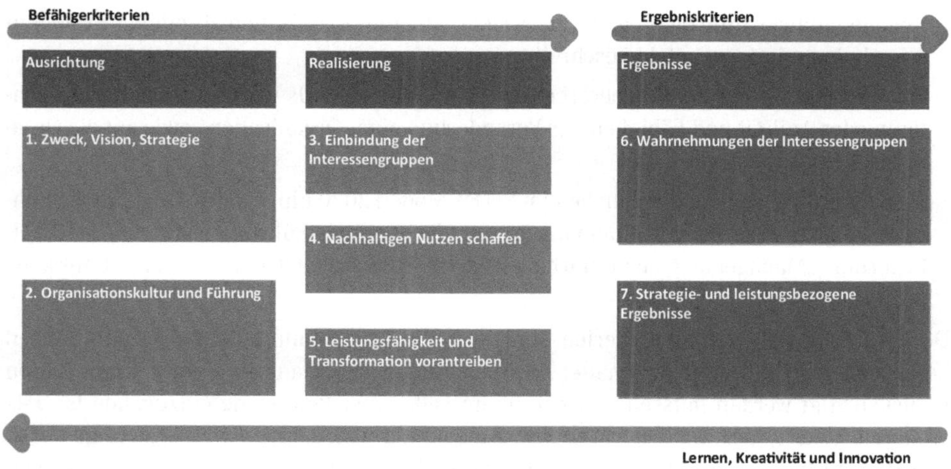

Bild 10.20 EFQM-Modell 2020 (vgl. auch Moll/Khayati, 2019)

Exzellente Organisationen erzielen in ihrer Branche dauerhaft herausragende Ergebnisse, welche die kurz- und langfristigen Bedürfnisse ihrer Interessengruppen erfüllen (EFQM, 2013a). **Exzellente Ergebnisse** im Hinblick auf Leistung, Kunden, Mitarbeiter und Gesellschaft werden durch eine Führung erzielt, die Politik und Strategie, Mitarbeiter, Partnerschaften, Ressourcen und Prozesse auf ein hohes Niveau hebt.

Das EFQM-Modell 2020

Unabhängig von Branche, Größe, Struktur oder Reifegrad brauchen Organisationen ein geeignetes Managementsystem, wenn sie erfolgreich sein wollen. Das EFQM-Modell 2020 (Moll/Khayati, 2019) ist ein praktisches Werkzeug, das den Organisationen eine Hilfestellung gibt und zugleich aufzeigt, wo sie sich „auf der Reise“ zu Excellence befinden. Es hilft, Lücken zu erkennen, und regt zu Lösungen an. Die EFQM hat sich zur Modellpflege verpflichtet und mit dem neuen Modell 2020 die bisher aktuelle Version 2013 abgelöst. Folgende Änderungen sollen herausgehoben werden:

- Die Modellaktualisierung hat einerseits die Einbeziehung von Erfahrungen der Betroffenen sowie auch die Berücksichtigung aktueller Trends in der Wirtschaft (Digitalisierung, Agilität) im Fokus.
- Die ehemalige Befähiger-Seite wurde im neuen Modell 2020 durch „Ausrichtung“ und „Realisierung“ ersetzt, wobei die Ausrichtung normative Aspekte der Geschäftstätigkeit abdeckt.
- Die Untergliederung der Realisierung ist hingegen gleich gestaltet wie auf der Ergebnis-Seite, wodurch eine Symmetrie erreicht wurde.
- Die „Ergebnis-Kriterien“ sind untergliedert in Wahrnehmung der Interessensgruppe und Strategie- und leistungsbezogene Ergebnisse. Innerhalb des Kriteriums Wahrnehmung werden die Interessensgruppen in fünf Gruppen unterteilt. Die Strategie- und leistungsbezogenen Ergebnisse hingegen werden im Modell nicht weiter segmentiert, da dies bereits durch das strategische Kennzahlensystem gegeben ist.
- Neu eingeführt wurde der Begriff „Ecosystem“, der die Organisation als offenes System in Korrelation mit dem Umfeld beschreibt.
- Ein wichtiger Fokus in der Überarbeitung des EFQM-Modells wurde auf die Berücksichtigung der Agilität und Fähigkeit zur Veränderung einer Organisation sowie auf die Organisationskultur gelegt.
- An Bedeutung etwas verloren haben im EFQM-Modell 2020 hingegen der eigentliche Führungsaspekt sowie das Personalmanagement, die operative Führung - das frühere Hauptkriterium „Management der MitarbeiterInnen“. Dies ist jetzt ein Teil der Interessensgruppen.

Die nunmehr sieben Hauptkriterien sind in Teilkriterien unterteilt. Diese Teilkriterien beschreiben detailliert jene Inhalte, die im Rahmen des Managens einer Organisation berücksichtigt werden müssen und auf die im Falle einer Bewertung einzugehen ist. Des Weiteren bietet jedes Teilkriterium eine Aufzählung sogenannter **Orientierungs- bzw. Ansatzpunkte**. Es muss weder auf jeden dieser Punkte zwingend eingegangen werden, noch erhebt die Aufzählung einen Anspruch auf Vollständigkeit. Die Orientierungspunkte sollen lediglich beispielhaft die Bedeutung des Teilkriteriums noch detaillierter erklären. Nachfolgend werden lediglich das Kriterium **vier "Nachhaltigen Nutzen schaffen"** und dessen Aspekte näher beleuchtet:

Exzellente Organisationen gestalten, managen und verbessern Prozesse, um Kunden und andere Interessengruppen voll zufriedenzustellen und die Wertschöpfung für diese zu steigern. Hierbei sind folgende Aspekte essenziell (Moll/Khayati, 2019):

4a Gestaltung der Wertschöpfung.

4b Kommunikation und Verkauf.

4c Wertschöpfung erzeugen.

4d Kundenerlebnis gestalten.

Die Grundkonzepte von Excellence

Das neue EFQM-Modell 2020 besteht nur mehr aus Kriterienmodell und RADAR-Logik, das in der Version 2013 enthaltene Grundkonzept wurde aus Gründen der Vereinfachung gestrichen. Dennoch soll es an dieser Stelle erwähnt werden, da es einen Satz von Prinzipien und Idealen enthält, die das Modellverständnis unterstützen (vgl. dazu (EFQM, 2013a). Bild 10.21 bietet einen Überblick über die acht Grundkonzepte von Excellence mit deren Orientierung an bzw. deren Zuordnung zu den Interessenpartnern einer Organisation.

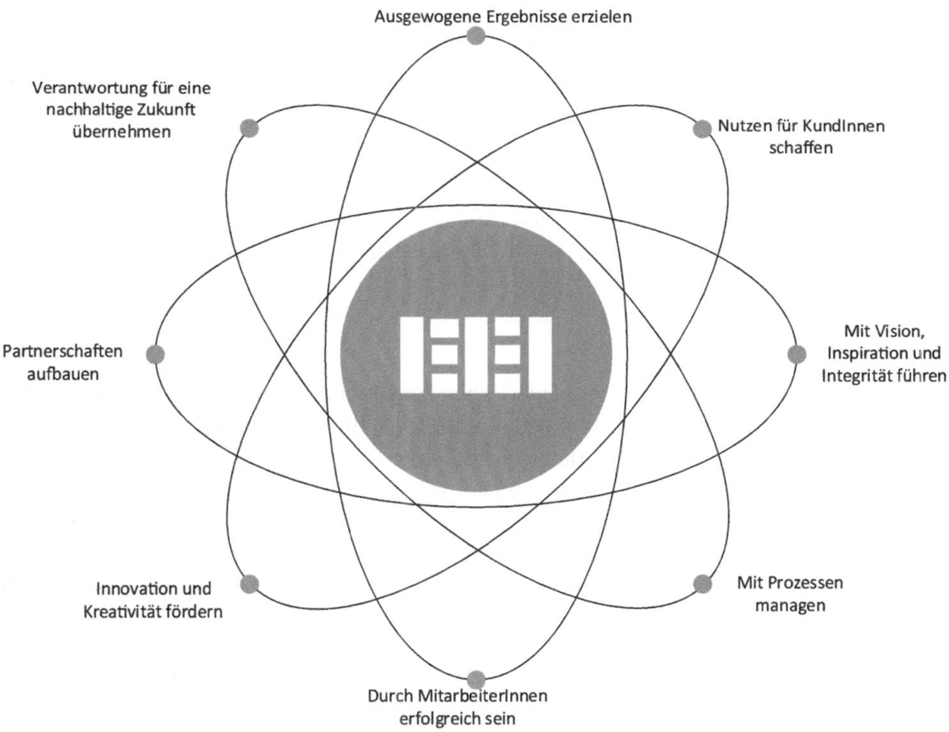

Bild 10.21 Grundkonzepte von Excellence des EFQM-Modells 2013 (EFQM, 2013a)

Die Reihenfolge, in der die Grundkonzepte nachfolgend beschrieben werden, ist ohne Bedeutung:

- *Ergebnisorientierung*
  Excellence ist davon abhängig, wie die Ansprüche aller relevanten Interessengruppen in ein ausgewogenes Verhältnis zueinander gebracht werden können.
- *Kundenorientierung (Ausrichtung auf die Kunden)*
  Über die Produkt- und Dienstleistungsqualität entscheidet (letztendlich) die Meinung des Kunden.

- *Führung und Zielkonsequenz*
  Das Verhalten der Führungskräfte einer Organisation schafft Klarheit und Einigkeit hinsichtlich des Zwecks der Organisation und ein Umfeld, in dem die Organisation und ihre Mitarbeiter exzellente Leistungen erbringen können.
- *Management mittels Prozessen und Fakten (Prozessbeherrschung)*
  Organisationen arbeiten effektiver/effizienter, wenn alle miteinander verknüpften Aktivitäten verstanden und systematisch gemanagt werden.
- *Mitarbeiterentwicklung und -beteiligung*
  Das Potenzial der Mitarbeiter kann sich am besten unter gemeinsamen Werten und einer Kultur des Vertrauens und des eigenverantwortlichen Handelns, in der alle Mitarbeiter zu Beteiligung ermutigt werden, entfalten.
- *Kontinuierliches Lernen, Innovation und Verbesserung*
  Die Leistung einer Organisation wird gesteigert, wenn sie auf Management und Wissenstransfer beruht und in eine Kultur kontinuierlichen Lernens, kontinuierlicher Innovation und Verbesserung eingebettet ist.
- *Entwicklung von Partnerschaften (Aufbau von Partnerschaften)*
  Eine Organisation arbeitet effektiver, wenn sie beiderseits vorteilhafte Beziehungen mit ihren Partnern unterhält, aufbauend auf Vertrauen, Wissenstransfer und Integration.
- *Soziale Verantwortung (Verantwortung gegenüber der Öffentlichkeit)*
  Den langfristigen Interessen der Organisation und ihrer Mitarbeiter dient am besten ein ethisch einwandfreies Vorgehen, das die Erwartungen und Regeln der Gesellschaft weitestgehend trifft.

Schlüsselprozesse

Im Rahmen des Konzepts der unternehmerischen Regelkreise „tragen" Schlüsselprozesse die Strategie in die Unternehmung hinein (vgl. Kapitel 2). **Schlüsselprozesse** sind jene Prozesse (Leistungserstellungs-, Geschäfts-, Management-, unterstützende Prozesse etc.), die aus strategischer Sicht und somit für den Unternehmenserfolg von Bedeutung sind (Jung, 2002). Die verschiedenen Strategien einer Unternehmung werden durch Schlüsselprozesse umgesetzt. Schlüsselprozesse sind Prozesse der Unternehmung, die in der Prozesslandkarte oder in darunterliegenden Darstellungsebenen abgebildet sind. Der Fokus der Prozessausarbeitung ist darauf gerichtet, die Prozessziele zu deren Steuerung sind von besonderer Bedeutung.

10.6 Prozessschnittstellenanalyse (PSA) – Methode zur Optimierung von Schnittstellen

Beim Betreiben eines Managementsystems ist das Funktionieren der Kommunikation innerhalb und zwischen den Prozessen essenziell (Wechselwirkung von Prozessen). Deshalb wurde diese Methode zur Optimierung bestehender Schnittstellen entwickelt, um Unternehmen ein systematisches Werkzeug zur Weiterentwicklung des Prozessmanagementsystems in die Hand zu geben.

10.6.1 Ziele, Zweck der Prozessschnittstellenanalyse

Die Bedeutung der PSA zur Vernetzung von Prozessen in Unternehmen nimmt immer stärker zu. Damit steigt kontinuierlich die Qualität der Schnittstellen, die die Prozesse verbinden. Die Schnittstellenanalyse integriert die wichtigsten Faktoren zum effektiven Betreiben von Schnittstellen in ein einfach verständliches und transparentes Bewertungssystem und gibt dabei Antworten auf folgende Fragen:

- Wie kann die Zuverlässigkeit von Schnittstellen gemessen und bewertet werden?
- Wie können Schnittstellen kontinuierlich und systematisch optimiert werden?
- Ist es möglich, den Reifegrad des Managements von Schnittstellen zu messen und in Entwicklungsstufen einzuordnen?

Durch die Zusammenfassung der einzelnen Bewertungskriterien zu Bewertungsstufen werden die Verbesserungsmöglichkeiten auf einzelnen „Entwicklungsstufen" ersichtlich. Der Weg und die erforderlichen Aktivitäten zur Weiterentwicklung der Schnittstelle ergeben sich anhand des Bewertungssystems.

10.6.2 Vorgehen

Bei der PSA wird die Schnittstelle stets aus Sicht des internen Kunden bewertet, d. h. aus Sicht jenes Prozesses, der einen Input empfängt, um diesen weiterzuverarbeiten. Das Bewertungsschema der PSA basiert hierbei auf dem Bewertungsschema der ISO 3300x (siehe Kapitel 10.5.2) und gliedert sich in fünf Bewertungsstufen, die aufeinander aufbauen (siehe Bild 10.22). Gegenstand der Bewertung der ersten drei Stufen ist die Leistung (Performance) der Schnittstelle – beginnend mit Aspekten zur schlüssigen Definition der Schnittstelle bis zu Messgrößen und Zielvorgaben für die Steuerung der Schnittstelle, um eine zuverlässige Liefertreue des Inputs an den internen Kunden zu erreichen.

Stufe 4 umfasst Kriterien zur Bewertung der Schnittstelle im Fall von Abweichungen, da es immer wieder vorkommen kann, dass der Input fehlerhaft oder unzureichend angeliefert wird. Dieses Kriterium ist besonders bei gering automatisierten Schnittstellen und Prozessen relevant. Schlussendlich wird auf der fünften Stufe die laufende Optimierung der Schnittstelle bewertet.

10.6.3 Ergebnisse

Zuallererst liefert die Bewertung der einzelnen Kriterien konkrete Ansatzpunkte für Verbesserungspotenzial zur laufenden Optimierung der analysierten Schnittstelle. In weiterer Folge berechnet sich aus den einzelnen Kriterien der Erfüllungsgrad der fünf Bewertungsstufen. Da die fünf Stufen auch den Reifegrad für das Management der Schnittstelle repräsentieren, gibt das Analyseergebnis auf diesem Weg Auskunft darüber, auf welcher Stufe und in welchem Umfang Entwicklungspotenzial für die Schnittstelle vorhanden ist (Bild 10.22).

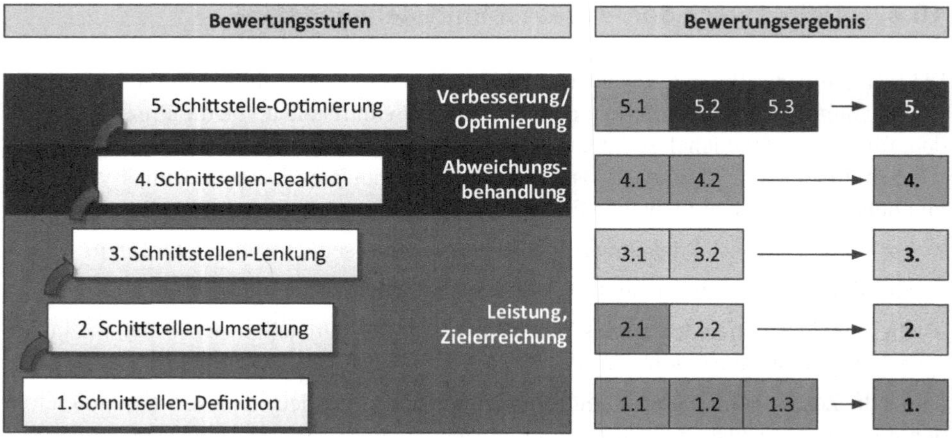

Bild 10.22 Das Bewertungsmodell der PSA (links) sowie die Zusammenführung der Einzelbewertungen je Bewertungsstufe zu Reifegraden (rechts)

Als Auswertungsmöglichkeit bietet sich für die PSA insbesondere das Netzdiagramm an, weil es die übersichtliche Anordnung aller Kriterien in einem Bild erlaubt (Bild 10.23). Die dunkel hinterlegten Flächen zeigen die Erfüllung der einzelnen Kriterien, die weißen Diagrammflächen das Verbesserungspotenzial.

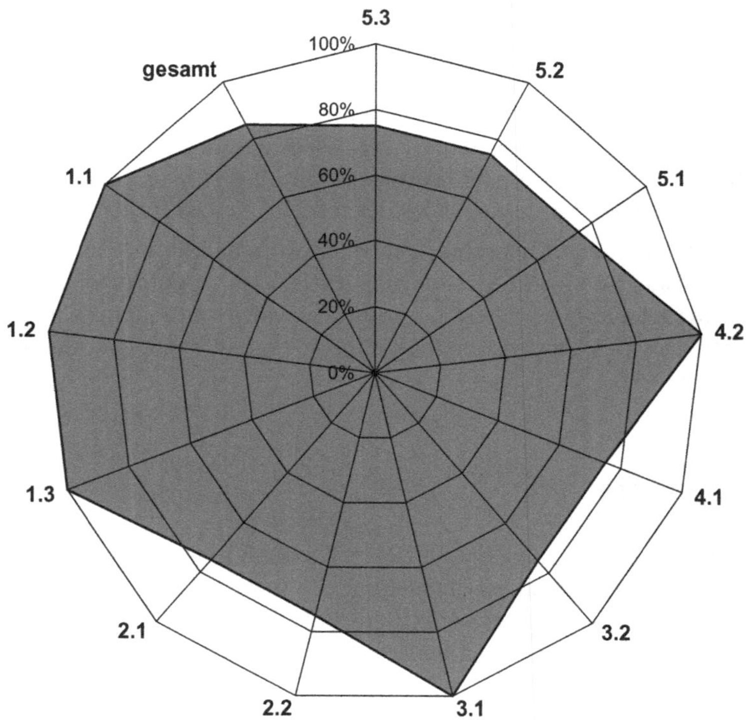

Bild 10.23 Darstellung der PSA-Analyseergebnisse im Netzdiagramm

10.6.4 Nutzen

Der Nutzen der PSA erstreckt sich über die kontinuierliche Weiterentwicklung und Optimierung der Prozessorientierung auf allen Ebenen bis zur Verbesserung der prozessübergreifenden Koordination und des systematischen Schnittstellenmanagements. Sie stellen einen wichtigen Beitrag zur Darstellung und Verbesserung der Wechselwirkung (vgl. ISO 9001) zwischen den Prozessen dar. Insbesondere bringt die Schnittstellenanalyse relevante Verbesserungen hervor und es werden gezielt Maßnahmen zur Identifikation von Schwachstellen und von Verbesserungspotenzialen gefunden.

10.7 Prozesskostenrechnung

Die Auseinandersetzung mit Prozessen und deren Steuerung im Unternehmen werfen auch sehr bald Fragen der monetären Betrachtungsweisen von Prozessen auf. Insbesondere der Ressourcenbedarf und hiermit der Bedarf an menschlicher Arbeitskraft als meist bedeutendster Kostenfaktor soll korrekt geplant, nachvollziehbar und somit steuerbar sein. Die Kosten eines Prozesses in einer Periode oder pro Durchlauf können somit auch Ziel- und Messkriterium für den Erfolg eines Prozesses darstellen und Input für die Kostenrechnungssystematik des gesamten Unternehmens liefern.

Der Zugang zum Thema Prozesskostenrechnung ist vielfältig und nicht einheitlich. Meist ist es abhängig von der Vorgeschichte des Prozessmanagements, welcher Ansatz tatsächlich realisiert wird. Im Folgenden seien zwei Herangehensweisen und deren Limitierung vorgestellt. Zum einen ist dies die Annäherung an das Kostenthema aus dem Prozessmanagement selber, zum anderen erfolgt ein davon unabhängiger Zugang aus dem Bereich Controlling und Kostenrechnung, der einen Weg zur genaueren Zuordnung und Verrechnung von Gemeinkosten über Prozesse sucht (Bild 10.24).

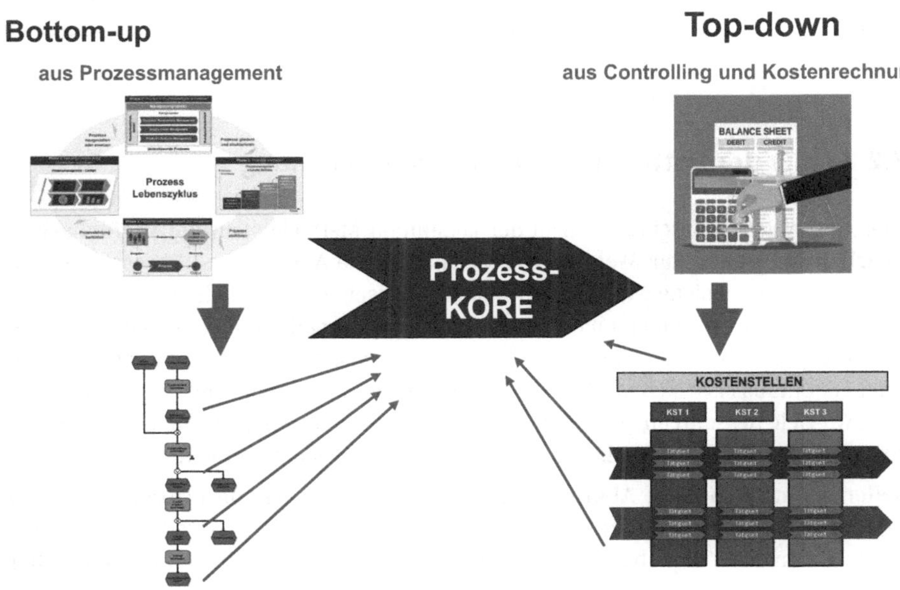

Bild 10.24 Zugänge zu Prozesskostenrechnung

10.7.1 Zugang zu Prozesskostenrechnung aus dem Prozessmanagement (bottom-up)

Dieser Zugang folgt einer bestechend einfachen Logik, die ihre Tücken erst in der Detailarbeit preisgibt. Bezogen auf einzelne Arbeitsschritte, Teilprozesse oder Prozesse wird die Dauer der Bearbeitungszeit mittels Schätzung oder Zeitnahme erfasst und mit Kostensätzen der jeweiligen Mitarbeiter bewertet und summiert, sodass ein Prozesskostensatz pro Durchlauf entsteht.

Verzweigungen des Prozesses werden mit Wahrscheinlichkeiten bewertet und somit in die Berechnung mit einbezogen (Bild 10.25).

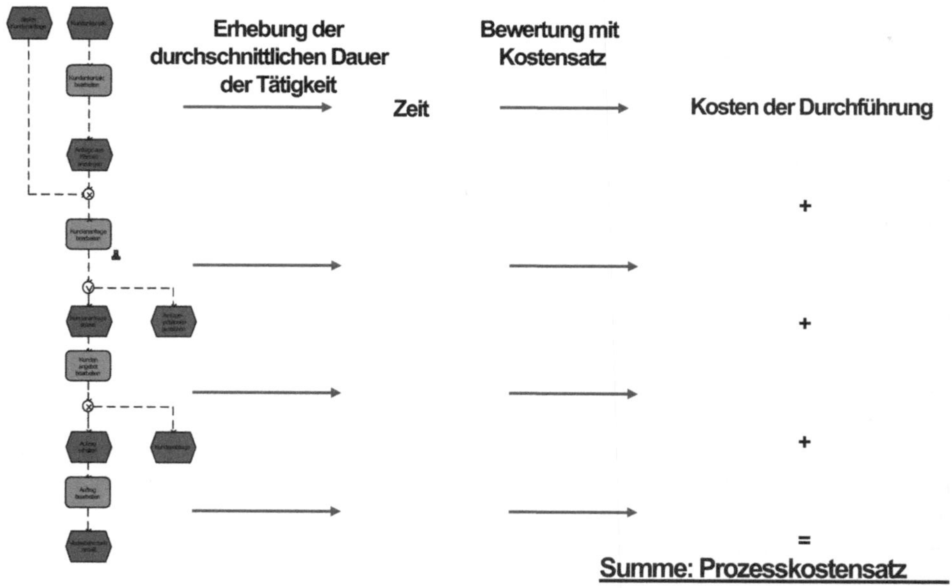

Bild 10.25 Erhebung der Prozesskosten durch Zuordnung von Zeiten und Bewertung mit Kostensatz

10.7.2 Limits der Bottom-up-Prozesskostenrechnung

Eine der wesentlichen Beschränkungen der genannten Methode stellt die **Verfügbarkeit der Bearbeitungszeiten** dar. Werden sie geschätzt, ist die Aussage des Prozesskostensatzes zu ungenau und unsicher. Werden die Zeiten gemessen oder durch Zeiterfassung ermittelt, steht die Gefahr von Widerstand und Ängsten der Mitarbeiter im Raum. Jede Form von Zeiterhebung selbst ist zeitaufwendig und muss im Verhältnis zum Nutzen der Zeiterfassung stehen. Daraus lässt sich rasch das Einsatzgebiet der Prozesskostenrechnung ableiten. Nur dort, wo viele Ressourcen gebunden sind, rechtfertigen die positiven Steuerungseffekte der Prozesskostenrechnung den hohen Aufwand deren Erfassung und Berechnung.

Ein weiteres Limit stellen die **Abgrenzung und Differenzierung von Prozessen** dar, um Prozesskostensätzen zu einer Aussage zu verhelfen, die gezielt steuernde Maßnahmen erlaubt. Dies hängt mit der Abgrenzung der Prozesse entlang der richtigen **Kostentreiber** zusammen. Kostentreiber sind jene Prozesseinflussfaktoren und damit Bezugsgrößen, deren Veränderung die Kosten des Prozesses beeinflussen. Beispiele sind die Anzahl der Auftragseingänge, Produktentwicklungen, Lieferungen, Personaleinstellungen/-wechsel/-austritte, Rechnungseingänge, Kostenanfragen oder IT-Supportanfragen.

In vielen Fällen ist diese Abgrenzung aus dem Prozessmanagement, wo die Ausrichtung der Prozesse am Kunden im Vordergrund steht, nicht gegeben.

Nehmen wir z. B. einen Einlagerungsprozess von Gütern, die vom Lieferanten am Firmentor angeliefert werden.

Aus Sicht des Prozessmanagements lässt sich dieser Prozess sinnvollerweise in einem Ablauf von der Entladung des Lkws zur Verbuchung des Wareneingangs im System zur Qualitätskontrolle bis hin zum tatsächlichen Einlagerungsvorgang in das Regallager darstellen. Aus Sicht der Kostenrechnung haben wir es aber in jedem Schritt mit unterschiedlichen Kostentreibern zu tun.

Bei der Lkw-Entladung ist der Lkw der Kostentreiber. Bei der Verbuchung der Güter sind es die auf dem oder den Lieferscheinen angeführten Positionen, die die Tätigkeit und somit die Kosten treiben. Bei der Qualitätskontrolle ist es - abhängig von der Art der Kontrolle - die Anzahl der unterschiedlichen Güter bzw. Chargen, und bei der Einlagerung ist es die Anzahl der unterschiedlichen Stellplätze, auf die eine Ladung verbracht werden muss.

Für den Fall, dass alle diese Aspekte von Fall zu Fall sehr stark abweichen, ist ein Durchschnittssatz der Prozesskosten nicht mehr aussagekräftig. Vielmehr ist es dann notwendig, die Kostensätze für Entladung, Verbuchung einer Lieferscheinposition, Durchführung einer Qualitätskontrolle und Verbringung der Ware an einen Stellplatz im Lager jeweils zu differenzieren und mit einem Kostensatz darzustellen.

Aus den genannten Gründen sollte die Prozesskostenrechnung bereits beim Aufbau des Prozessmanagements berücksichtigt und sollten deren Ziele (welche Aussage soll getroffen werden?) definiert werden.

10.7.3 Zugang zur Prozesskostenrechnung aus dem Bereich Controlling und Kostenrechnung (top-down)

Zentraler Beweggrund für das prozessorientierte Vorgehen war der Umstand, dass die herkömmliche Zuschlagskalkulation wichtige Kostenunterschiede einebnet. Der prozentuale Aufschlag der Gemeinkosten führt dazu, dass z. B. jeder Auftrag gleich hohe Bearbeitungskosten zugerechnet erhält, obwohl offensichtlich ist, dass manche Aufträge (sogenannte „exotische Aufträge“) ungleich höhere Bearbeitungskosten verursachen als andere („Standardaufträge“).

Mitte der 1980er-Jahre veröffentlichten Miller und Vollmann ihren Aufsatz „The hidden factory“ mit der zentralen These: der indirekte Bereich („Gemeinkostenbereich“) eines Unternehmens bildet eine „verborgene Fabrik“. Die Leistungen der indirekten Bereiche und die daraus resultierenden Gemeinkosten müssen stärker beachtet werden. Notwendig ist eine Untersuchung der Kostenverursacher (Einflussgrößen, Kostentreiber), um die Gemeinkosten richtig verrechnen und kontrollieren zu können.

Gemeinkosten werden nicht mehr über die Kostenstellen alleine, sondern über Prozesse den Kostenträgern zugeordnet. Die Prozesskostenermittlung stützt sich auf die in den Kostenstellen gesammelten Gemeinkosten. Bild 10.26 zeigt eine traditionelle Kostenaufschlüsselung, Bild 10.27 ordnet die Gemeinkosten auf die Kostenträger über die in den Kostenstellen ablaufenden Teilprozesse und daraus verdichteten Hauptprozesse zu.

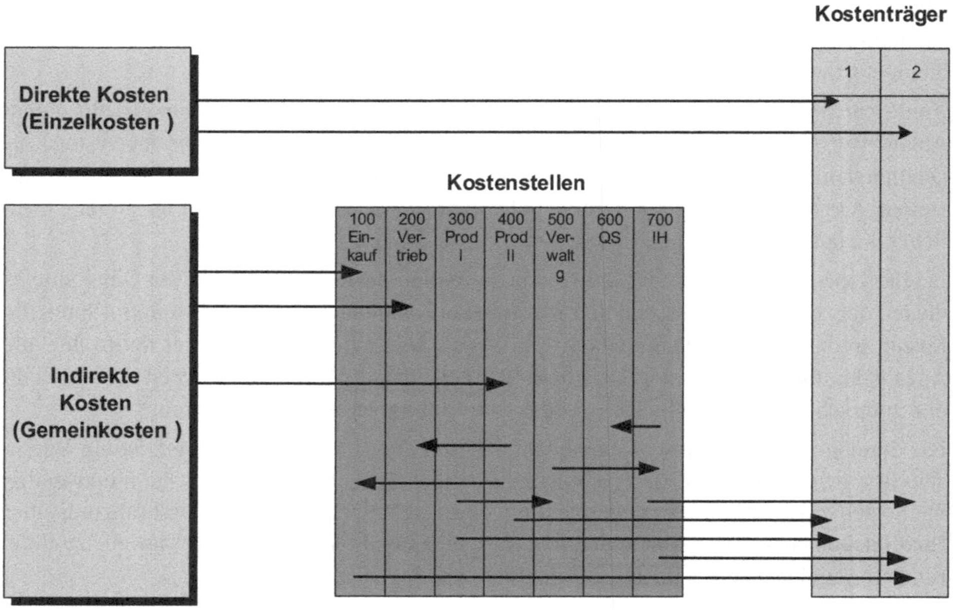

Bild 10.26 Traditionelle Kostenaufschlüsselung

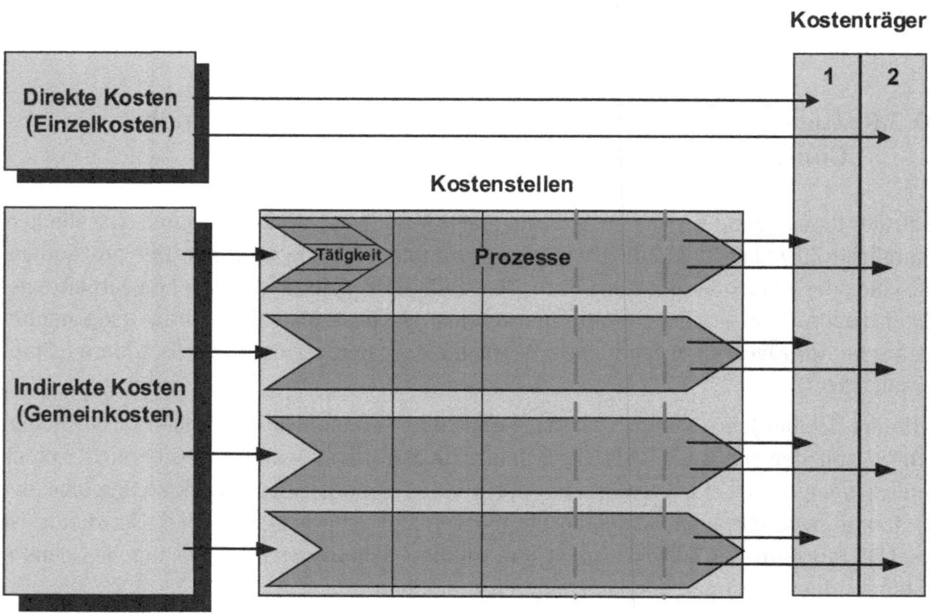

Bild 10.27 Zuordnung der Gemeinkosten auf die Kostenträger über die in den Kostenstellen ablaufenden Teilprozesse und daraus verdichteten Hauptprozesse

10.7.4 Ziele der Prozesskostenrechnung

- Erhöhung der **Kostentransparenz** (welche Prozesse verschlingen welche Ressourcen?) und daraus resultierende **verursachungsgerechte Zuordnung** von stetig wachsenden Gemeinkosten auf Kostenträger.
- **Planung** und Kontrolle der Gemeinkosten (Simulationen, z. B. Auswirkungen neuer Produkte und Dienstleistungen auf die Kapazitäten und Kosten je Kostenstelle).
- **Verbesserung** der Produkt- bzw. Dienstleistungskalkulation (Bewertung der Kostenanteile unterschiedlicher Kostenstellen in einem durchgängigen Gesamtprozess) statt Aufteilung der Gemeinkosten auf die Leistungen gemäß Gießkannenprinzip.
- Identifikation und Vermeidung von Quersubventionierung zwischen Produkt- bzw. Kundengruppen.
- Genauere Berechnung von **Kundenkosten** und deren Deckungsbeiträge als Entscheidungsgrundlage für strategische Kundensegmentierung.
- **Kapazitätssteuerung:** Auf welche Produkte/Dienstleistungen und Kunden lenke ich meine Kapazitäten und Ressourcen?

Man setzt an Teil- und Hauptprozessen und an den dazugehörigen Kostentreibern an, d. h., die Prozesskostenrechnung gestaltet Prozesse und Kosteneinflussgrößen des indirekten Bereichs und zeigt damit die Inanspruchnahme des indirekten Bereichs und damit des „Fixkostenblocks".

Strategische Orientierung

Die Prozesskostenrechnung berücksichtigt alle jene Aspekte, durch die eine nicht verursachungsgerechte Zuordnung von Kosten auf Kostenträger stattfinden kann. Bei homogener Ausprägung aller dieser Aspekte im Unternehmen ist der Einsatz der Prozesskostenrechnung zu hinterfragen. Eine reine Zuschlagsrechnung wird vermutlich ausreichen. Solche Komplexitätsaspekte sind:

- Viele oder wenige Materialarten?
- Hohe oder geringe Fertigungstiefe?
- Großserienprodukt oder exotische Variante?
- Groß- oder Kleinauftrag?
- Aufwendiger oder weniger aufwendiger Vertriebsweg?
- Spezialauftrag oder standardisierte Produkte?

Daraus lassen sich zwei Regeln für den Ansatz der Prozesskostenrechnung ableiten:

- Augenmerk auf Bereiche mit hohen Gemeinkosten.
- Augenmerk auf Umfelder mit sehr verschiedenen Produkten, Kunden oder Prozessen, Losgrößen in Beschaffung, Produktion und Vertrieb oder bei Spezialprodukten.

Die strategische Orientierung des Prozesskostenmanagements liegt darin, durch die Schaffung von Kostentransparenz in Bezug auf die genannten Aspekte und durch die Zurechnung der tatsächlichen Inanspruchnahme der Unternehmensdienstleistungen eine strategische Neuorientierung zu ermöglichen. Beispiele hierfür sind:

- individuelle, auftragsbezogene Preisbildung,

- Reduzierung der Vielfalt an Varianten und Teilen,
- Optimierung des Sortiments,
- Konzentration auf gewinnbringende Kunden,
- Konzentration auf gewinnbringende Produkte und Produktgruppen.

In der prozessorientierten Ergebnisrechnung lässt sich die strategische Ausrichtung nachvollziehen.

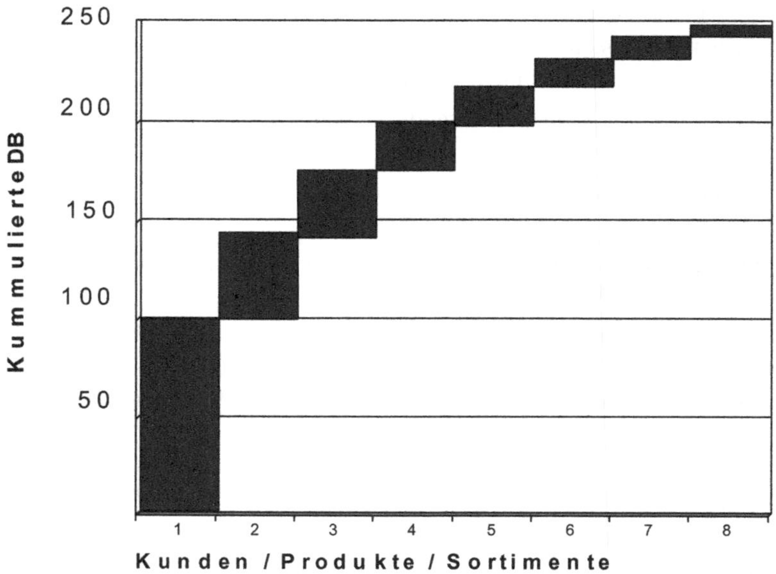

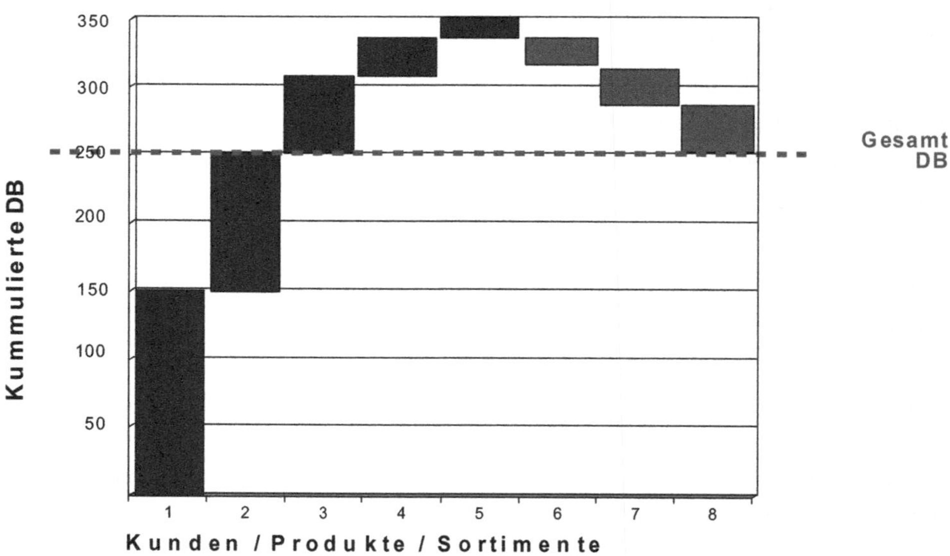

Bild 10.28 Traditionelle Deckungsbeitragsrechnung (oben) und Deckungsbeitragsrechnung mit Prozesskosten (unten) (Mayer, 1998)

In Bild 10.28 ist das Potenzial der Fehleinschätzung von Kunden oder Produkten aufgrund von nicht verursachungsgerechter Kostenzuordnung erkennbar. Werden tatsächliche Kosten angewandt, kann man Schwachstellen erkennen und Maßnahmen einleiten bzw. die Energie auf ertragsstarke Kunden und Produkte konzentrieren. Voraussetzung dafür ist die Kalkulation unter Einbeziehung der Prozesskostenrechnung (vgl. Wagner/Käfer, 2017).

Prozessorientierung

Unter Prozessorientierung versteht man die Relevanz von Haupt- und Teilprozessen für die Ermittlung von Kostensätzen. Die vordringliche Fragestellung lautet dabei nicht: **„Wo** sind die Kosten angefallen?" (Kostenstellen), sondern: **„Wofür?"**

Die Prozesskostenrechnung bedient sich dabei **Kostentreibern** (Cost Driver), die für die Anzahl der Prozessdurchführungen maßgeblich sind, und **Prozesskostensätzen**, die die Kosten je Prozessdurchführung determinieren.

Während die herkömmliche Kostenrechnung Kostensummen pro Kostenstelle ermittelt und mittels Zuschlags- und Verrechnungssätzen Kosten auf Kostenträger weiterverrechnet, ermittelt die Prozesskostenrechnung Kostensätze für abteilungsübergreifende Prozesse.

Um auf den Prozesskostensatz z. B. für den Prozess „Kundenauftrag bearbeiten" zu kommen, grenzt man die Prozesskosten - z. B. die für die Auftragsbearbeitung pro Monat anfallenden Personalkosten - ab und dividiert diese Prozesskosten durch die Prozessmenge - z. B. die Zahl der Kundenaufträge eines Monats. Nehmen Kostenträger eine Aktivität unterschiedlich in Anspruch, so ist entsprechend zu differenzieren, und zwar beim Prozess, bei der Personalmenge und damit auch beim Prozesskostensatz.

10.7.5 Aufbau der Prozesskostenrechnung (top-down)

Wichtige Begriffe in der Prozesskostenrechnung

Aufgrund der Tatsache, dass bei diesem Zugang unter anderem Begriffe verwendet werden, die aus dem Prozessmanagementansatz eine andere Bedeutung erfahren, seien die wesentlichen Schlüsselwörter erklärend aufgelistet (Horváth/Mayer, 1989):

Hauptprozesse sind abteilungs- und somit kostenstellenübergreifende Prozesse mit einem einheitlichen Kostentreiber.

Unter **Teilprozessen** werden jene Tätigkeiten verstanden, die ausschließlich in einer Kostenstelle ablaufen und die zu Hauptprozessen aggregiert werden. Die Klassifizierung der Teilprozesse erfolgt:

Leistungsmengeninduzierte (lmi) Teilprozesse sind jene mengenmäßig erfassbaren Aktivitäten, deren Aufwand sich proportional zu einer Bezugsgröße verhält.

Beispiel: Aufwand der Finanzbuchhaltung ist von der Anzahl der Buchungszeilen abhängig. Diese können direkt einem Prozesskostensatz zugeordnet werden.

Leistungsmengenneutrale (lmn) Teilprozesse sind jene mengenunabhängigen Aktivitäten, die für die Koordinierung der Kostenstellentätigkeiten notwendig sind und die im Zusammenhang mit den erbrachten Leistungen (Prozesse) stehen. Diese Teilprozesse werden anteilsmäßig auf die lmi Prozesse einer Kostenstelle verteilt.

Beispiel: Leitungstätigkeit der Kostenstelle Finanzbuchhaltung.

Leistungsmengenunabhängig (lmu) werden jene **Teilprozesse** genannt, die keinen Bezug zur erbrachten Leistung der Kostenstelle haben und somit keinem der Hauptprozesse zuordenbar sind. Für diese Aktivitäten kann auch keine Bezugsgröße gefunden werden, sie verbleiben somit im Gemeinkostentopf und werden nicht auf Prozesse verrechnet.

Beispiel: „Nichtuntersuchungsbereich" oder interne Unternehmensprojekte.

10.7.6 Vorgehen beim Aufbau der Prozesskostenrechnung (top-down)

Der Ablauf des Prozesskostenmanagements lässt sich in folgende Abschnitte zerlegen:

- Abschnitt 1: Hauptprozessdifferenzierung,
- Abschnitt 2: Ermittlung der Teilprozesse in den Kostenstellen,
- Abschnitt 3: Verdichtung der Teilprozesse zu Hauptprozessen.

Abschnitt 1: Hauptprozessdifferenzierung

Ein Hauptprozess ist eine Kette homogener Aktivitäten, die demselben Kosteneinflussfaktor (Kostentreiber) unterliegt. Für den Hauptprozess sollen die Prozesskosten ermittelt werden. Hauptprozesse beziehen sich immer nur auf Teilabschnitte der Wertschöpfungskette (Aktivitäten mit demselben Kosteneinflussfaktor), z. B. **Wertschöpfungskette**: Konstruktionsleistungen - Beschaffung von Material - Produktion - Auslieferung - Kundenauftragsabwicklung.

Hauptprozesse können wie folgt unterschieden werden:

- Konstruktionsleistungen vornehmen (Kostentreiber: Anzahl der zu konstruierenden Teile),
- Teile beschaffen (Kostentreiber: Anzahl Bestellpositionen),
- Fertigung steuern (Kostentreiber: Anzahl Belieferungen [bei Auftragsfertiger], Anzahl Lose [bei Losfertiger]).

Eventuell ist diese Unterscheidung noch immer zu inhomogen, dann ist eine Unterscheidung in Inlands- und Auslandsabwicklung und somit eine Trennung in unterschiedliche Hauptprozesse notwendig, um verfälschende Durchschnittswerte zu vermeiden.

Die Hauptprozessdifferenzierung kann im Zuge der Entwicklung der Prozesslandkarte unter den kostenrechnerischen Gesichtspunkten erfolgen oder gesondert für die zu untersuchenden Prozesse durchgeführt werden.

Das Ergebnis dieses ersten Abschnitts ist eine exakte Definition der Hauptprozesse, die alle auf einer ähnlichen Wichtigkeitsstufe und Detaillierungsebene liegen sollten, und die Zuordnung von eindeutigen Kostentreibern. Die Fragestellung „Durch welchen Vorgang werden Kosten verursacht?" muss eindeutig beantwortet werden können. Im Falle des Geschäftsprozesses „Beschaffung" ist dies nicht eindeutig der Fall. Deshalb wird in die Hauptprozesse „Serienmaterial Einzelbestellung", „Serienmaterial Rahmenvertrag" und „Gemeinkostenmaterial" mit unterschiedlichen Kostentreibern differenziert (Bild 10.29).

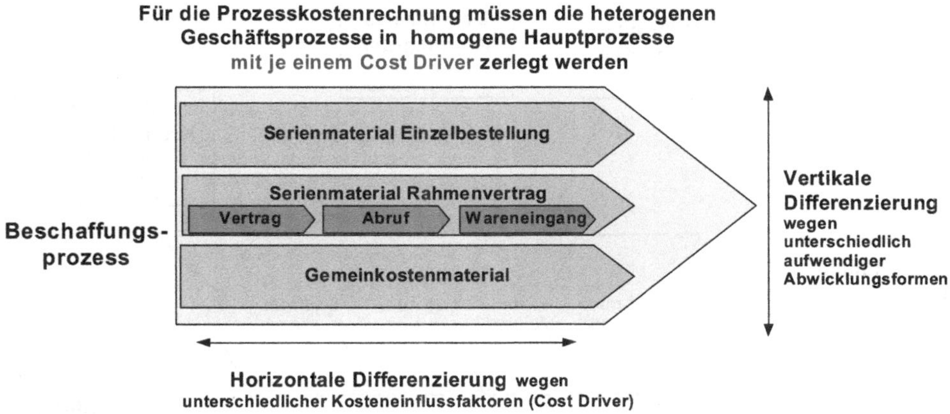

Bild 10.29 Horizontale und vertikale Differenzierung von Prozessen

Abschnitt 2: Ermittlung der Teilprozesse in den Kostenstellen

Ein Teilprozess ist eine Kette homogener Aktivitäten **innerhalb** einer Kostenstelle, die einem oder mehreren Hautprozessen zugeordnet werden kann und für die Prozesskosten ermittelt werden sollen. Die relevanten Treiber der Kosten nennt man auf dieser Ebene **Maßgrößen** (im Gegensatz zu Kostentreibern beim Hauptprozess). Die Anzahl der Maßgrößen bestimmt die Höhe der Kosten. Für einen Beschaffungsprozess beispielsweise ist die Maßgröße für den Teilprozess „Kontakte mit Lieferanten halten" die Anzahl der jährlich gehaltenen Kontakte.

Die Zuordnung der Kapazitäten und Zeiten einer Kostenstelle kann entweder in Zuordnung einer Zeitdauer einer Tätigkeit oder in Zuordnung eines prozentmäßigen Anteils der Tätigkeit an der Gesamtkapazität der Kostenstelle erfolgen.

Die **Zeitdauer** zur Durchführung einzelner Bearbeitungsvorgänge (meist in Minuten) wird von mehreren Mitarbeitern unabhängig voneinander geschätzt, eventuell zu Teilprozessen aggregiert und um Ausreißer geglättet (Bild 10.30). Die Menge der in der Abteilung abgearbeiteten Vorgänge (Maßgrößenmenge) multipliziert mit den Minutenwerten der Teilprozesse muss bei kompletter Abbildung der Kostenstelle durch Teilprozesse die Gesamtjahresarbeitsminuten der Mitarbeiter der Kostenstelle ergeben. Abweichungen hiervon können auf Fehleinschätzungen, das Fehlen von Teilprozessen oder tatsächlich vorhandene Unterauslastungen hindeuten.

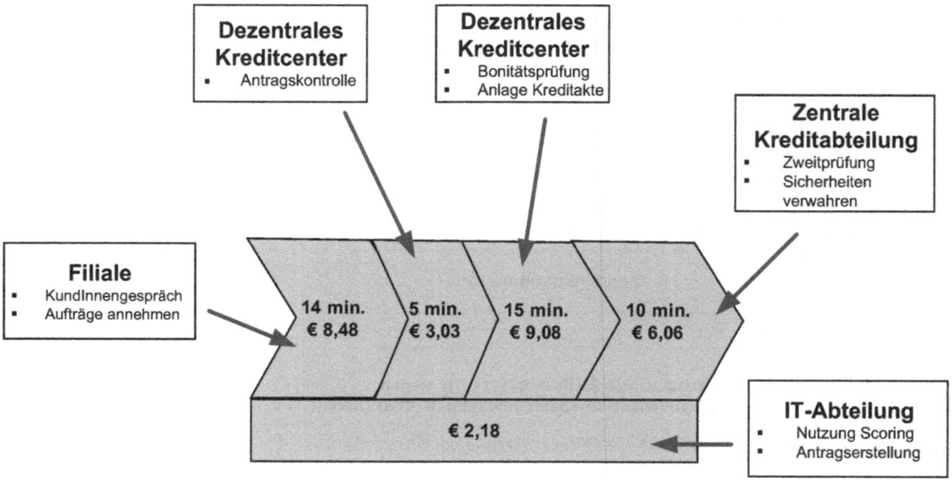

Bild 10.30 Zusammensetzung des Prozesses „Kredit bearbeiten“

Bei der **prozentuellen Zuordnung** der Kapazitäten (Mitarbeiterjahre) einer Kostenstelle auf die einzelnen erbrachten Tätigkeiten lassen sich leicht die absoluten Kosten der einzelnen Tätigkeiten (Teilprozesse) durch die Bewertung mit Kosten der Kapazitäten feststellen (Bild 10.31).

	Teilprozesse	Kapazität in %	lm-x	Kapazitätstreibende Menge (Anzahl der ...)	Anzahl p. Jahr
1	Akquisitionsplanung und -controlling durchführen		lmu		
2	Vertrag anbahnen		lmi	Vereinbarte Anbahnungstermine	
3	Angebot abgeben		lmi	Kundenverkaufsgespräche	
4	Antrag neu/Änderungen abwickeln		lmi	Neu/Änderungsanträge	
5	Schaden/Leistung bearbeiten		lmi	Schadens-/Leistungsfälle	
6	Marketingaktivitäten durchführen		lmu		
7	Reaktives Bestandsmanagment durchführen		lmi	Interventionen	
8	Reisetätigkeiten		lmi	Reise	
9	Administrativ- und Kontrolltätigkeiten durchführen		lmu		
10	Aus- und Weiterbildung		lmn		
		100%			

Bild 10.31 Schema der Teilprozessermittlung in einer Versicherungsfiliale

Die Tätigkeitsanalyse zur Teilprozessermittlung ist unterschiedlich erstellbar.

Neben Dokumentenanalyse und Rückgriff auf vorliegende Analyseergebnisse (z. B. Gemeinkostenwertanalyse) sind das **Gespräch mit dem Kostenstellenleiter** und die dazu ergänzende Befragung der Mitarbeiter die gängigsten Methoden. Ziel der Interviews ist, zu eruieren, was deren wichtigste Teilprozesse und damit die Kostenbestimmungsfaktoren sind. Dabei sind die als relevant ermittelten Hauptprozesse der Ausgangspunkt.

Maßgrößen werden nur für die leistungsmengeninduzierten Prozesse bestimmt, lmn Prozesskosten werden auf die lmi Prozesse aufgeteilt.

Im indirekten Unternehmensbereich dominieren die Personalkosten. Sind Mitarbeiter ausschließlich für einen Teilprozess tätig, so kann man sie der Aktivität zuordnen. Sind Mitarbeiter in mehrere Teilprozesse eingebunden, so ist eine Mitarbeiterzuordnung lediglich auf der Ebene der Mitarbeiterjahre möglich. Das heißt, ist ein Mitarbeiter z. B. zu einem Viertel in einen bestimmten Prozess eingebunden, so wird diesem Prozess ein viertel Mitarbeiterjahr zugerechnet.

Die so ermittelten Teilprozesskosten können in einem nächsten Schritt Hauptprozessen zugeordnet werden. Außerdem erhält man durch die Division der Teilprozesskosten mit der Anzahl der Durchführungen den Prozesskostensatz für den Teilprozess, der als Kennzahl, Benchmark oder Ansatzpunkt der Prozessoptimierung dienen kann.

Abschnitt 3: Verdichtung der Teilprozesse zu Hauptprozessen

In den einzelnen Kostenstellen finden Teilprozesse statt. Die Verdichtung von zusammenhängenden Teilprozessen zu einem geschlossenen Aufgabenkomplex führt zu einem abteilungsübergreifenden Hauptprozess. Mit dieser Aggregation gelangt man zum Gestaltungsobjekt des prozessorientierten Kostenmanagements, den Hauptprozessen.

Ein Hauptprozess ist die Zusammenfassung verschiedener Teilprozesse einer oder mehrerer Kostenstellen. **Ein** Teilprozess kann einem Hauptprozess **voll** oder nur **teilweise** zugeordnet werden (z. B. Auftragserfassung für „Kundenauftrag Inland" und „Kundenauftrag Ausland" in der Kostenstelle Vertriebsinnendienst). Die Aufteilung auf zwei oder mehrere Hauptprozesse erfolgt über Maßgrößenmengen oder Prozentangaben.

Mehrere Teilprozesse einer Kostenstelle können **einem** Hauptprozess zugeordnet werden (z. B. gehen in den Hauptprozess „Serienmaterialbeschaffung" aus der Kostenstelle „Wareneingang" die Teilprozesse „Warenannahme" und „Umpacken" ein).

Über die in Abschnitt 2 erfolgte Aufteilung der lmn Prozesskosten auf die lmi Prozesse sind somit alle Kosten der Kostenstelle auf Hauptprozesse aufgeteilt.

Der **Prozesskostensatz** stellt die durchschnittlichen Kosten für die einmalige Durchführung eines Prozesses dar. Der Prozesskostensatz wird ermittelt, indem man die **Prozesskosten**, also die in einer Periode für den Prozess anfallenden Kosten, durch die **Kostentreibersumme**, also die Summe der Kostentreiberausprägungen in einer Periode, dividiert.

Die so ermittelten Prozesskostensätze dienen in weiterer Folge als Kennzahlen zur Planung und Beurteilung indirekter Unternehmensbereiche und somit als Ansatzpunkt für die Prozessoptimierung, zum Benchmarking, zur Kunden- und Auftragskalkulation und zur Ergebnisrechnung.

10.7.7 Gemeinkostenmanagement mittels der Prozesskostensätze (bottom-up und top-down)

Ansatzpunkte zur Prozessoptimierung können sich auf folgende Bereiche beziehen (Bild 10.32):

- *Prozessstruktur*
  Durch Ausschöpfung der Möglichkeiten der Prozessumgestaltung (Zusammenlegung von Prozessschritten, Weglassen von Unnötigem, Outsourcen, Automatisieren etc.) lassen sich die Kosten der Prozessdurchführung und somit die Prozesskostensätze verringern.

- *Reduzierung des Prozessvolumens*
  Durch die Reduktion der Anzahl der Kostentreiber (z. B. Anzahl Materialarten, Anzahl Lieferanten, Anzahl Produkte etc.) werden die Komplexität und somit die Prozesskostensätze verringert.
- *Prozesseffizienz*
  Schafft man es, einzelne Prozessschritte rascher und somit effizienter zu gestalten, wirkt sich dies ebenfalls in den Prozesskostensätzen aus.

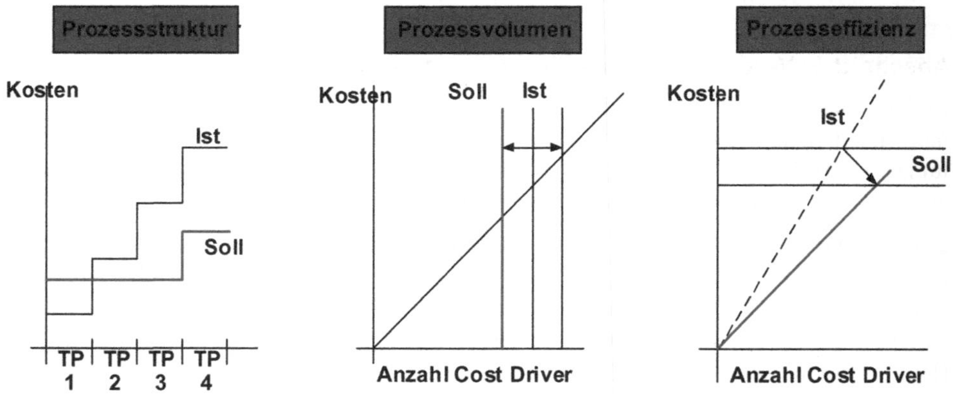

Bild 10.32 Ansatzpunkte zur Prozessoptimierung

10.8 Literatur

Brunner, F. J.; Wagner, K. W. (2010): *Qualitätsmanagement. Leitfaden für Studium und Praxis.* Carl Hanser Verlag, München

EFQM (2013a): *Das EFQM-Modell für Excellence.* European Foundation for Quality Management, Brüssel

EFQM (2013b): *Fundamental Concepts of Excellence.* European Foundation for Quality Management, Brüssel

El Emam, K. et al. (1998): *SPICE: The Theory and Practice of Software Process Improvement and Capability Determination.* Wiley - IEEE Computer Society, Hoboken

El Emam, K. et al. (1999): *Elements of Software Process Assessment & Improvement.* Wiley - IEEE Computer Society, Hoboken

Horváth, P.; Mayer, R. (1989): „Prozesskostenrechnung: der neue Weg zu mehr Kostentransparenz und wirkungsvollen Unternehmensstrategien". In: *Controlling* 1, 1989, Band 4

ISO 19011 (2018): *ISO 19011:2018. Guidelines for auditing management systems, ISO office, Genf*

ISO 3300x (2015): *ISO/IEC 3300x:2015. Information Technology - Process assessment, ISO office, Genf*

Jung, B. (2002): *Prozessmanagement in der Praxis. Vorgehensweisen, Methoden, Erfahrungen.* TÜV-Verlag, Köln

Kaplan Robert S.; Anderson Steven R. (2007): Time-Driven Activity-Based Costing: A Simpler and More Powerful Path to Higher Profits; Harvard Business Review Press

Kirsten, H. (2000): „Von ISO 9000 zum Excellence-Modell". In: Kamiske, G. F. (Hrsg.): *Der Weg zur Spitze. Business Excellence durch Total Quality Management. Der Leitfaden.* Carl Hanser Verlag, München

Loon, H. v. (2004a): *Process Assessment and Improvement.* Springer-Verlag, Berlin, Heidelberg

Loon, H. v. (2004b): *Process Assessment and ISO/IEC 15504.* Springer-Verlag, Berlin, Heidelberg

Loon, Han van (2017): Process Assessment using ISO/IEC 15504 and ISO/IEC 33000 - The Reference Book, 3. Edition, LC Publishing - Leistungs Consult GmbH, Walchwil, 2017

Mayer, R. (1998): *Kapazitätskostenrechnung.* Verlag Franz Vahlen, München

Moll, André/Khayati, Saousen (2019): *Excellence-Handbuch. Grundlagen und Anwendung des EFQM Modells 2020.* Weka Media, Kissing

Österreichisches Normungsinstitut (2013): *ÖNORM A 9009:2013. Prozesse in Managementsystemen - Anleitungen*, Wien

Österreichisches Normungsinstitut (2014): *ÖNORM K 1960:2014 Prozess-Referenzmodell für Gesundheitseinrichtungen*, Wien.

Schmelzer, H. J.; Sesselmann, W. (2013): *Geschäftsprozessmanagement in der Praxis. Kunden zufriedenstellen. Produktivität steigern. Wert erhöhen.* Carl Hanser Verlag, München

Wagner, K.; Dürr, W. (2008): *Reifegrad nach ISO/IEC 15504 (SPiCE) ermitteln.* Carl Hanser Verlag, München

Wagner, Karl W./Käfer, Roman (2017): *PQM - Prozessorientiertes Qualitätsmanagement. Leitfaden zur Umsetzung der ISO 9001.* 7. Auflage, Carl Hanser Verlag, München

Zahran, S. (1998): *Software Process Improvement.* Addison-Wesley, Boston

Zeller, E. (2013): *Layered Process Audit (LPA). Leitfaden zur Umsetzung.* Carl Hanser Verlag, München

11 Prozessmanagement umsetzen – ausgewählte Beispiele

11.1 Produktionsunternehmen: Böhler Edelstahl GmbH

Die Böhler Edelstahl GmbH gehört weltweit zu den bedeutendsten Anbietern von Schnellarbeitsstählen, Werkzeugstählen sowie Sonderwerkstoffen und konzentriert sich dabei auf Werkstofflösungen für höchste Ansprüche. Böhler hat von jeher die Entwicklung mitbestimmt und setzt weltweit die metallurgischen Maßstäbe. Ein Beweis dafür sind mehr als 200 Stahlmarken im Spitzensegment. Ihren Einsatz finden diese Stähle bei der Produktion von Gütern, die wir täglich brauchen, wie z. B. als Zerspanungswerkzeuge, als Formen für die Kunststoffteilefertigung, als Kaltarbeitsstähle für das Stanzen, Biegen und Schneiden, als Warmarbeitsstähle für das Druckgießen oder als höchstbeanspruchte Sonderwerkstoffe in Flugzeugen, Turbinen für die Energiegewinnung, in der Medizintechnik oder für die Ölförderung im Meer. Der Beitrag von Böhler am Wirtschaftsleben besteht darin, den Kunden Werkstoffe zu bieten, die technische Höchstleistungen und die gewünschten bzw. geforderten Leistungssteigerungen ermöglichen, um damit deren Wettbewerbsfähigkeit zu stärken. Ein dichtes internationales Vertriebsnetz und Serviceeinrichtungen garantieren weltweite Verfügbarkeit der Böhler-Werkstoffe.

Die Böhler Edelstahl GmbH ist unter anderem nach den Normen ISO 9001, ISO 14001, AS 9100 und TS 16949 zertifiziert. Es liegt auch eine große Anzahl von Zulassungen für Produkte vor.

11.1.1 Ausgangssituation

Die im Prozessmanagementsystem zu definierenden Verantwortungen und Kompetenzen bzw. das bereits bestehende System der Arbeitsrichtlinien, Prozessbeschreibungen und Befugnisse dienen als wertvolle Basis zur Klärung der Schnittstellen und Prozesse innerhalb von Böhler und zu ihren Kunden. Der Aufbau des Prozessmanagementsystems ist unter dem Gesichtspunkt der steigenden Anforderungen hinsichtlich Organisation und Produktivität sowie Prozessorientierung im Unternehmen zu sehen. Eine Zertifizierung nach der Norm ISO/TS 16949:2002 musste sichergestellt werden.

11.1.2 Projektziele

Als Projektziele wurden folgende Punkte fokussiert:

- prozessorientierte Organisation darstellen und leben,
- Prozessverantwortung flächendeckend im Unternehmen etablieren,
- von Normenforderungen unabhängiges System vorbereiten,
- hohe Akzeptanz bei den Mitarbeitern erreichen (einfache, übersichtliche, attraktive, praktikable Systemdokumentation),
- Prozess und Verantwortlichkeit im Product Life Cycle Management (PLM) klären,
- ISO/TS-16949:2002-Konformität gewährleisten.

Um die Ziele zu erreichen, wurde ein phasenorientiertes Vorgehen in Modulen und mit eindeutigen Ergebnissen in Form von Meilensteinen gewählt, wie in Bild 11.1 dargestellt.

Nr.	Vorgangsname	Anfang	Ende
1	M1 PQM: Projektplanung	5/9/2018	7/15/2018
12	M2 PQM: Prozesskonzeption	7/18/2018	9/18/2019
13	2 Detailplanung	7/18/2018	10/3/2018
28	3 Ist-Analyse	10/4/2018	12/16/2018
37	4 Konzeption und Neugestaltungsunterstützung	10/31/2018	4/10/2019
48	5 Umsetzungsbegleitung	4/11/2019	9/18/2019
58	6 Interne Audits und Management Review	6/9/2019	6/27/2019
65	7 Zertifizierungsverfahren	6/28/2019	12/8/2019
70	8 Projektsteuerung	5/24/2018	12/12/2019

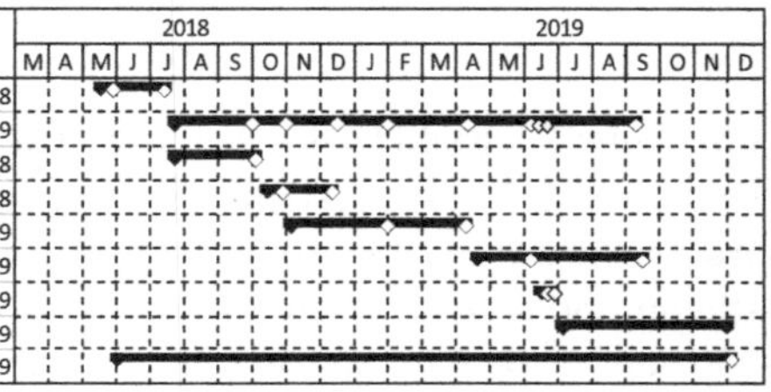

Bild 11.1 Übersicht über die Projektphasen

11.1.3 Umsetzung des ersten Programmschritts von QM 450

Im Modul 1 des Projektvorgehens wurde das Projektvorgehen in hinreichender Tiefe geplant. Es wurden dabei die Projektorganisation, der Projektablauf, Risiken des Projekts, Projekttermine, Projektkosten und die einzelnen Arbeitspakete definiert und mit der Geschäftsführung sowie dem Managementteam abgestimmt. Dies hatte neben der gemeinsamen Planung und dessen Freigabe auch zur Folge, dass alle Führungskräfte ein gemeinsames Bild über das Projektvorgehen, den Projektinhalt und die Projektergebnisse erarbeiteten.

Ein weiterer Eckstein des Projekterfolgs war das maßgeschneiderte Training der Prozessverantwortlichen, der Prozessteams und der Führungskräfte. Es wurde hierbei an Beispielen aus dem eigenen Unternehmen vermittelt, was Prozessmanagement bedeutet, wie systematisch vorgegangen wird und welche Vorteile sich daraus für die eigene Führungsarbeit und für das Unternehmen erzielen lassen.

In diesem Projekt wurden in kurzer Zeit die Prozesse identifiziert, analysiert und die priorisierten Optimierungspotenziale umgesetzt. Dieses Projekt ist Teil des Programms „QM 450“ zur Absicherung der Spitzenposition der Böhler Edelstahl GmbH durch umfassendes Prozessmanagement.

Im Modul 2 diente die Prozesslandkarte als Orientierungsbasis und als Schnittstellenplattform zur Identifikation der interprozessualen Schnittstellen zwischen den Hauptprozessen. Da die Prozesslandkarte immer im Zusammenhang mit Qualitätsmanagement kommuniziert wurde, ist es quasi das Synonym und Symbol, nach dem die Mitarbeiter beim Einstieg in die Dokumentation von jedem einzelnen Terminal bei Böhler suchen.

Neben der Arbeit in den Prozessteams, dem Training der Führungskräfte und der Mitarbeiter stand vom Beginn des Projekts eine offene, kontinuierliche Kommunikation über das Projekt, dessen Beweggründe, Ziele und über die Ergebnisse des Projekts im Vordergrund. Hierbei wurde der Kommunikationsmix in Bezug auf Kommunikationsmittel und -wege auf die Adressatengruppen maßgeschnitten. Persönliche Gespräche, das Engagement der Geschäftsführung, der Führungskräfte und der Projektleitung trugen dazu bei, die Integration der Projektergebnisse und der -entscheidungen in bestehende Treffen, Sitzungen und Konferenzen zu gewährleisten. Dies war als flankierende Maßnahme von großer Bedeutung. Damit wurde Prozessmanagement nicht ein „weiteres Thema", sondern es fand Einzug in die tägliche Organisations- und Führungsarbeit auf allen Ebenen des Unternehmens. „Tue Gutes und sprich darüber" war nicht eine verbale Worthülse, sondern trug wesentlich zum Projekterfolg und zur Erreichung der Projektziele bei (siehe auch Bild 11.2).

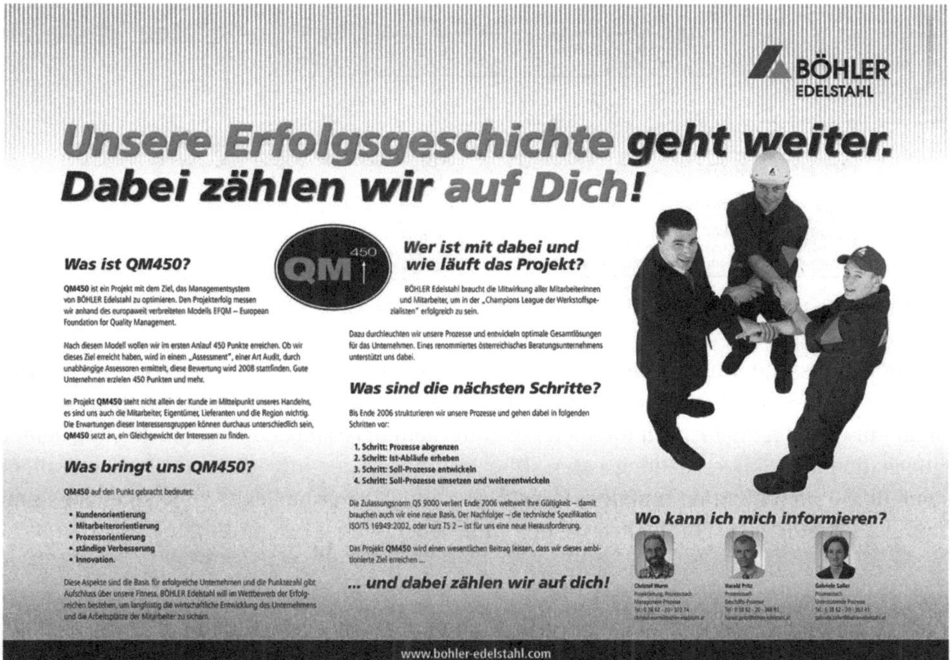

Bild 11.2 Beispiel eines Plakats zur Unterstützung des Projektmarketings, ausgehängt an verschiedenen Stellen im Unternehmen

Als Abschluss der Umsetzungsaktivitäten und als Vorbereitung auf die Zertifizierung nach ISO/TS 16949:2002 wurde ein flächendeckendes internes Audit prozessorientiert durchgeführt (Bild 11.3).

Alle Auditabweichungen wurden mit den betroffenen Führungskräften und Mitarbeitern besprochen, Korrekturmaßnahmen wurden gesetzt und deren Wirksamkeit wurde in Form von Prozessbehebung überprüft.

Die Hinweise und Abweichungen wurden mit den Prozessverantwortlichen geklärt und die Prozessteams definierten Korrekturmaßnahmen. Diese wurden umgesetzt und deren Umsetzungswirksamkeit wurde überprüft.

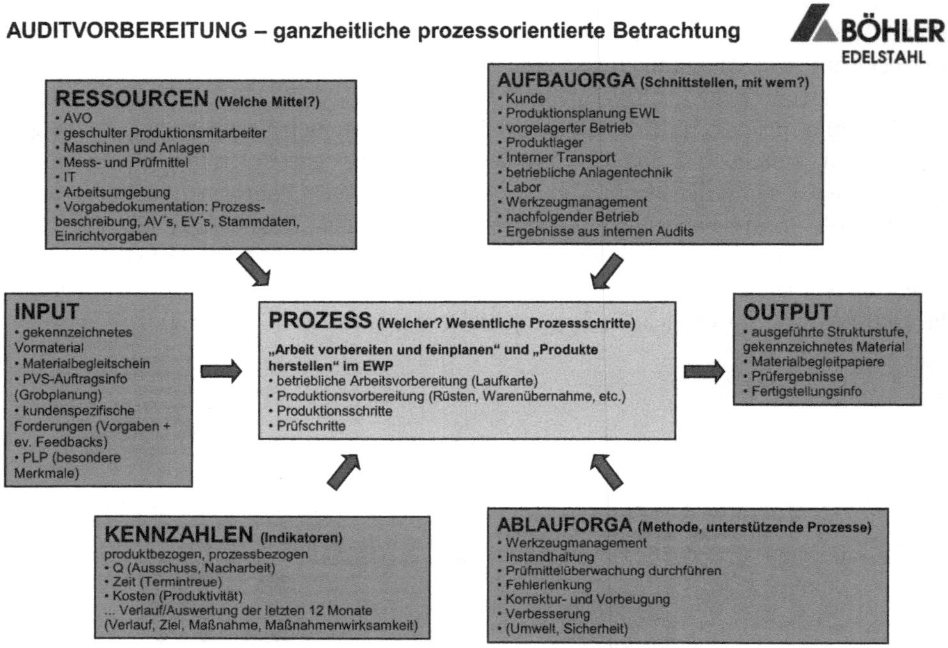

Bild 11.3 Beispiel für eine „Turtle“ zur Führung des prozessorientierten Audits

Zusammenfassend wurden alle Projektziele des ersten Umsetzungsschritts von QM 450 erreicht und es wurde mit dem Aufbau des Prozessmanagementsystems bei Böhler Edelstahl ein wichtiger Schritt im Rahmen des Unternehmenserfolgs und der Sicherung seiner internationalen Spitzenstellung getan. Dies war neben der inhaltlichen Arbeit vor allem auch der Kommunikation und dem Projektmarketing zu verdanken. Als Beispiel der Kommunikationsinhalte sei ein Beitrag in der Mitarbeiterzeitung genannt (Bild 11.4).

QUALITÄT

Zweites Projektjahr:

Zwischenbericht

Mitte Februar 2007 wurde das zweite Projektjahr QM450 gestartet. Erste Ergebnisse liegen bereits vor, weshalb ein Rückblick auf bereits Erreichtes sowie eine Vorschau auf die nächsten Ziele gewagt werden soll.

Was wurde bisher erreicht?

2005

- Die Grundlagen des prozessorientierten Vorgehens wurden im Rahmen der Teichalm-Trainings und in internen Schulungen bei ca. 300 Mitarbeitern der BEG vermittelt.
- Die BEG-Prozesslandkarte wurde abgestimmt und erstellt.

2006

- Der Ist-Ablauf für sämtliche Prozesse wurde abgegrenzt und erfasst.
- Zusätzlich wurde der Großteil der Prozesse optimiert und ausgerollt. Dabei wurden buchstäblich hunderte Prozess-

Bild 11.4 Beispiel für einen Beitrag in der Mitarbeiterzeitung *Edelstahl* von Böhler - Zwischenbericht QM 450

11.1.4 Umsetzung des zweiten Programmschritts von QM 450

Im zweiten Programmschritt von QM 450 war die Zielsetzung, dass aufbauend auf der erfolgreichen Zertifizierung die Vertiefung des QM-Systems durch kontinuierliche Prozessarbeit vorangetrieben werden sollte.

Im Zuge der Kommunikationsaktivitäten wurden z. B. Plakate, Aushänge, die QM-Intranetseite, Routinebesprechungen der Führung auf allen Ebenen und die Mitarbeiterzeitung genutzt. Dieses Vorgehen wurde in einem Kommunikationsplan festgehalten und von der Geschäftsführung regelmäßig unterstützt. Gerade die glaubhafte, kontinuierliche und passende Unterstützung durch die Führung war ein entscheidender Faktor bei der Realisierung der Projektergebnisse.

Es wurde die kontinuierliche Arbeit mit den Prozessverantwortlichen und den Prozessteams durch die Systematik der Prozess-Jour-fixes Teil der täglichen Arbeit und die Ergebnisse der Prozessleistung wurden im Rahmen der Prozessschau vom Topmanagement mit den Prozessverantwortlichen besprochen. Es wurden im Zuge der Prozessschau und der

Prozess-Jour-fixes weitere Optimierungsziele vereinbart und Maßnahmen beschlossen, die Wirksamkeit getroffener Maßnahmen wurde beurteilt.

Die Ergebnisse der einzelnen Aktivitäten wurden adressatengerecht aufbereitet und mit geeigneten Mitteln kommuniziert. Dies reichte von Mitarbeiterversammlungen, Trainings, Einbringung von spezifischen Fragestellungen in die laufenden internen Audits, Managementschreiben bis hin zu einer eigens auf die Kommunikation von Prozessinhalten abgestimmten Serie „Ein Prozess stellt sich vor" in der Mitarbeiterzeitung (Bild 11.5). Von Bedeutung war und ist es, dass ein direkter Bezug zu den Mitarbeitern durch das Kommunikationsmittel hergestellt wurde. Diese Serie dient zur Überblicksinformation über einen Prozess und ist seither fester Bestandteil der Mitarbeiterzeitung.

QUALITÄT

QM 450

Ein Prozess stellt sich vor.

Einsatzübung im Sonderstahlwerk am 30.10.2008

Risiko und Krisen managen

Eines vorab: Einen gewissenhaften Umgang mit Risken und unerwarteten Ereignissen aller Art hat es in unserem Unternehmen immer gegeben. Zwischenfälle im Arbeits-, Umwelt- oder Sicherheitsbereich wurden durch die zuständigen Abteilungen und Spezialisten zuverlässig abgehandelt.

Wir machen heute ein Risiko- und Krisenmanagement, das in unsere Prozesslandschaft eingebettet ist. Dies entspricht unseren Kundenanforderungen und ist beispielsweise auch eine Vorgabe der Luftfahrtnorm EN/AS 9100c. Wir haben uns diese Abläufe und Spielregeln im Rahmen unserer Prozesse selbst gebaut und ehrgeizig gestaltet.

Was ist ein Risiko, was eine Krise?
Beim Risikomanagement geht es um Ereignisse, bei deren Eintritt mit negativen Folgen für unser Unternehmen zu rechnen ist. Das System von Identifikation, Analyse, Maßnahmensetzung, Überwachung und Dokumentation hat weitgehend vorbeugenden Charakter und soll den planvollen Umgang mit unseren Mitteln unterstützen.

Unser System besteht aus drei Säulen:

- „more@bu" ist ein für alle BÖHLER-UDDEHOLM-Unternehmen einheitliches software-unterstütztes System mit Behandlung im Aufsichtsrat, das derzeit mit dem voestalpine-System „RMS" gekoppelt wird.
- Durch den jährlichen „Risiko Survey", bei dem Vertreter des Versicherers (Sachverständige) sich über die Entwicklungen der BEG vor Ort selbst ein Bild machen, wird eine Risikobewertung unseres Unternehmens erstellt. Dies hat Auswirkungen auf unsere Versicherbarkeit und Höhe der Prämien.
- Beim „business continuity planning" betrachten wir konkrete betriebliche Risken auf operativer Ebene im Gegensatz zu der eher strategischen Betrachtung des „more@bu".

Da sich jede Säule einem besonderen Zugang widmet, sind die betreffenden Abläufe und handelnden Personen unterschiedlich. Als klassische Produktionsgesellschaft liegt unser Schwerpunkt auf Anlagen- und Medienverfügbarkeit. Alle Ergebnisse werden zentral zusammengefasst. Geschäftsführung und Management werden regelmäßig eingebunden.

Beim Krisenmanagement beschäftigen wir uns mit Ereignissen, die aufgrund ihrer Schwere einen Ausnahmezustand auslösen können. Kriterien sind hier Personen- bzw. Umweltauswirkungen und ihre wirtschaftlichen Folgen.

Krisenmatrix

Geschehen mit Todesfolge / erheblichem Umweltschaden A
Geschehen mit schwerem Schaden an Personen / Umwelt B
Geschehen mit leichtem Schaden an Personen / Umwelt C
Geschehen ohne Schaden an Personen / Umwelt D

Allgemeine kleinere Auswirkungen 1
Auswirkungen auf einen Produktionsbetrieb 2
Auswirkungen auf einen Produktionsbereich 3
Auswirkungen auf die gesamte BEG 4

akute Krise, Gesamtalamierung erforderlich
Krise, Alamierung entsprechend Bedarf
kein Krisenereignis

Je nach Einstufung in unserer Krisenmatrix ergeben sich unterschiedliche Handlungsbedarfe und Zuständigkeiten:

- Das Krisenteam wird je nach Anlassfall zusammengesetzt und beschäftigt sich mit der Behebung vor Ort.
- Der Krisenstab besteht aus einem fixen Personenkreis und sorgt als Steuerungsteam für den reibungslosen Ablauf sowie die passenden Rahmenbedingungen. Dazu gehören Koordination, Information, Dokumentation, Recht und Behörden.

Krisen(-nahe) Ereignisse werden verfolgt, die wesentlichen Punkte systematisch fest gehalten und an alle Beteiligten inklusive Geschäftsführung kommuniziert.

Wer behandelt diese Thematik?
Verantwortlich auf Prozessebene sind Thomas Marte / Recht, Versicherungen und Michael Ebner / Umweltschutz. Wesentliche Unterstützung kommt – natürlich samt den dahinter stehenden Kollegen! – von Michael Weigl / Zentrale Dienste, Gilbert Krenn / Finanzen, Controlling, Robert Habel / Arbeitssicherheit und Wolfgang Urschler / Betriebsfeuerwehr. Weitere Teilnehmer, laufend wie auch in den regelmäßigen Prozessterminen, stellen die „Kunden" aus der gesamten BEG dar, vorrangig aus der Produktion.

Wie gehen wir an die Umsetzung heran?
Es handelt sich um ein sehr verantwortungsvolles Thema: Menschen, Umwelt und Ressourcen sind betroffen. Eine gewissenhafte und sensible Vorgangsweise sind daher Grundvoraussetzung. Dazu einige Beispiele:

- Blaulichteinsätze, behördliche Maßnahmen, Wahrnehmbarkeit in der Nachbarschaft oder Medienberichte z.B. bei Arbeitsunfällen oder Auffälligkeiten im Umweltbereich können weitreichende Folgen haben.
- Finanzielle Mittel für vorbeugende Maßnahmen sind auch in sehr guter wirtschaftlicher Situation begrenzt; deren Einsatz muss wohl überlegt sein.
- Professionelle Anreize für Einsatzzwecke konnten sich die Mitglieder des Krisenstabs bei Übungen im ehemaligen Tritolwerk nahe Wiener Neustadt oder am Flughafen Graz holen.
- Am 30.10. wurde in Zusammenarbeit mit dem Roten Kreuz eine bezirksweite Übung im Sonderstahlwerk mit Personenbergung mit rund 50 Rotkreuz-Helfern und Feuerwehrleuten durchgeführt (siehe Foto).
- Im Auftrag der voestalpine ist aktuell das Thema Pandemie (das ist der Ausbruch einer weltweiten Krankheit wie zum Beispiel der Vogelgrippe) strukturiert zu gestalten.

Wo wollen wir hin?
Die bewährte Zusammenarbeit mit den Bereichen Arbeits-, Umwelt-, Werksschutz und Feuerwehr hat sich einmal mehr als erfolgreich erwiesen. Durch zielgerichtetes Handeln in diesem Prozess können wir nicht nur zum Unternehmenserfolg beitragen, sondern auch uns selbst als Mitarbeiter und unserer Umwelt Gutes tun.

Ein Vergleich mit anderen Unternehmen durch beispielsweise Sachverständige unseres Versicherers hat sowohl im Risiko- als auch im Krisenbereich gezeigt, dass wir mit unseren Bemühungen schon recht weit sind: Wir sind „führend im BÖHLER-UDDEHOLM-Bereich" und haben „internationales Format".

Uns freuen diese Aussagen sehr, doch es gibt noch sehr viel zu tun – wir werden aktuelle Aufgabenstellungen selbstverständlich mit gleich hohem Einsatz aller Beteiligten lösen!

8/08

EDELSTAHL 17

Bild 11.5 Beispiel für „Ein Prozess stellt sich vor" in der Mitarbeiterzeitung *Edelstahl* von Böhler

Gekrönt wurde die zweite Umsetzungsphase von QM 450 durch den Gewinn des Process Award 2008 (vgl. Gesellschaft für Prozessmanagement; www.prozesse.at) mit dem Hauptprozess „Mitarbeiter managen". Das Einzigartige daran war, dass dieser Managementprozess die höchste Fähigkeitsstufe nach ISO 15504:2005 erreichte (Wagner/Dürr, 2008). Er setzte damit auch internationale Maßstäbe. Der Sieg beim Process Award 2008 wurde im Rahmen der Kommunikation innerbetrieblich breit genützt. Als Beispiel steht im Empfangsbereich des Personalmanagements eine Abschrift der Auszeichnung. Die externe Vermarktung des Award-Gewinns spannte sich über Publikationen in Fachzeitschriften (z. B. in der *QZ* 12/2008), Einschaltungen in Wirtschaftsmedien bis hin zu Einladungen an Kongressen, um nur einige zu nennen. Für das Projekt QM 450 war dies eine energiereiche Anerkennung und Bestätigung der Leistung in den letzten drei Jahren und trug maßgeblich zur Motivation aller bei. Bild 11.6 zeigt die entsprechende Veröffentlichung in der Mitarbeiterzeitung.

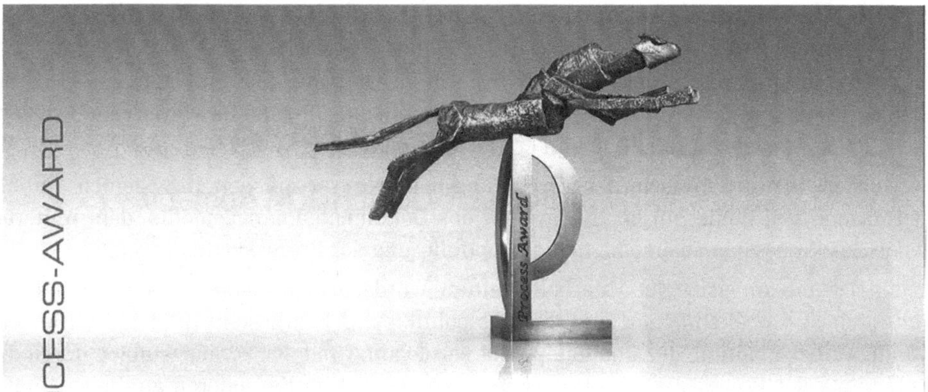

PROCESS-AWARD

BÖHLER gewinnt
den Process-Award 2008

Die schönsten Geschenke macht man sich selbst.

Wir haben – absolut überraschend – den process award für den besten Prozess des Jahres 2008 gewonnen! Dabei handelt es sich um einen sehr renommierten Preis, der nach streng objektiven Gesichtspunkten vergeben wird: Gewinner ist, wer die Anforderungen der weltweit gültigen Norm ISO 15504 am besten erfüllt. Dies wird anhand von vielen Einzelfragen geklärt, die zu sogenannten Kategorien zusammengefasst sind. Für jede Frage gibt es Prozentpunkte entsprechend des Erfüllungsgrades. Zusätzliche Anforderungen sind Mindestpunktezahlen bei den einzelnen Kategorien, die schrittweise immer schwerer erfüllbar werden. Sobald eine Kategorie nicht mehr zum Großteil erfüllt werden kann, ist das Ende der Fahnenstange – und damit die erreichte Gesamtpunktezahl – erreicht.

Der process award wird alljährlich im Rahmen des „Prozessmanagement summit", der größten Veranstaltung zum Thema Prozessmanagement im deutschen Sprachraum, vergeben. Dieses Jahr waren über 350 Fachleute bei der Preisverleihung im Siemens Forum Wien anwesend, wo wir die Auszeichnung unter Anwesenheit der Presse überreicht bekommen haben.

Wie kam es zu dieser angenehmen Überraschung?
Wir haben schon in der Planung zum Programm QM450 im Juni 2005 den Anspruch an uns gestellt, dass wir den Projektfortschritt messen wollen. Vor einem Jahr wurde der Beschluss gefasst, dass wir mittels Beteiligung am process award mit einem unserer Vorzeige-Prozesse eine gute Standort-Bestimmung vornehmen können. Ausgewählt wurde schließlich der Prozess „Mitarbeiter managen", da das Prozessteam überaus motiviert und engagiert ist und der Prozess schon bei verschiedenen Anlässen – etwa bei Systemaudits – sehr positiv aufgefallen ist. Zusätzlich ist das Thema „Mitarbeiter" für die BEG von großer Bedeutung.

Um unsere Chancen zu verbessern, haben wir ein kleines Projekt gestartet, um alle Anforderungen – die ja bekannt sind – abzudecken. Dabei sind wir auf einige sehr interessante Punkte gestoßen worden. Nach Ansicht des Projektteams würde die BEG deutlich davon profitieren, wenn wir einige der gefundenen Verbesserungen in weiteren Prozessen umsetzen würden. Wir werden dies noch genau prüfen und mit allen Beteiligten abstimmen.

Wir hatten uns gute Chancen ausgerechnet, in der Kategorie „bester Managementprozess" zu gewinnen. Was wir auch – quasi „nebenbei" – geschafft haben. Dass es dann sogar noch der Gesamtpreis geworden ist, lag wirklich am Engagement aller Beteiligten. Es wurde nämlich von den Prüfern, sogenannten „Assessoren", auch vor Ort untersucht, wie beispielsweise die Einschulung bei jüngst neu eingestellten Mitarbeitern „in Wirklichkeit" abgelaufen ist – ein Prozess mag am Papier nett aussehen, was letztlich zählt ist, wie Prozesse im Alltagsgeschäft gelebt werden.

Die Assessoren haben ihre Bewertung an eine unabhängige und hochkarätig besetzte Fachjury weitergeleitet, die nach Präsentation und Diskussion aller Bewerbungen schließlich den besten Prozess des Jahres 2008 ausgewählt hat: Den Prozess „Mitarbeiter managen" der BEG.

Bild 11.6 Beitrag im Zuge des Process Award 2008 in der Mitarbeiterzeitung *Edelstahl* von Böhler

11.1.5 Umsetzung des dritten Programmschritts von QM 450

Im dritten Programmschritt von QM 450 war die Zielsetzung, dass aufbauend auf die Vertiefung des QM-Systems vor allem Unternehmensführungsthemen im Vordergrund stehen. Diese Phase startete im Juli 2008 und erstreckte sich bis Ende 2009.

Es wurden Schwerpunkte in der Verbindung der Prozesse mit den IT-Systemen und IT-Plattformen von Böhler, in der Integration des Dokumentenmanagements, dem weiteren Leben des Prozessmanagements und der Optimierung der Prozessketten gesetzt.

In der Dezemberausgabe der Mitarbeiterzeitung wurde, als ein Kommunikationspunkt, ein Beitrag der Geschäftsführung zur „Qualitätspolitik ‚NEU'" dargestellt (Bild 11.7). Die vollständige Überarbeitung der Qualitätspolitik wurde aufgrund der Veränderungen durch die Anbindung der Prozesse an die Unternehmensziele und im Besonderen an die Qualitätsziele erforderlich. Auch die spürbare Änderung aufgrund der verstärkten prozessorientierten Ausrichtung des Unternehmens war ausschlaggebend für diese Neuausrichtung. Flankierend wurden in Form von Führungskräftearbeitsgruppen die Elemente der Qualitätspolitik und die Anwendungsbeispiele erarbeitet und in direkten Gesprächen mit den Mitarbeitern besprochen. Aushänge, Plakate, Intranet, Brief des Qualitätsmanagers und Führungsgespräche rundeten die Kommunikation ab.

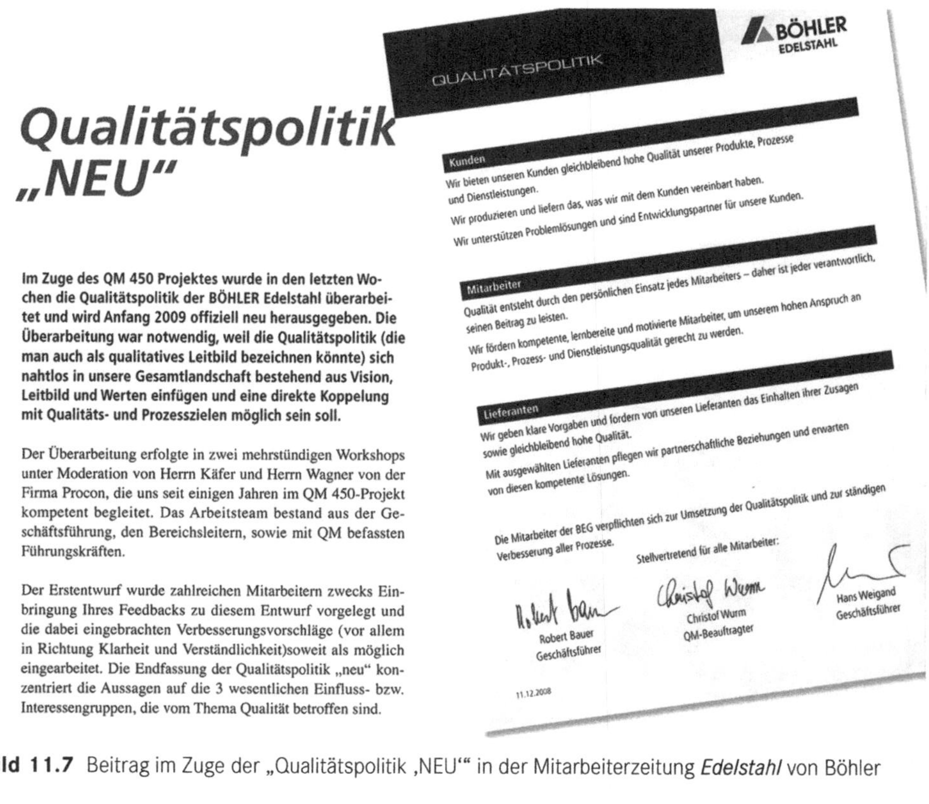

Qualitätspolitik „NEU"

Im Zuge des QM 450 Projektes wurde in den letzten Wochen die Qualitätspolitik der BÖHLER Edelstahl überarbeitet und wird Anfang 2009 offiziell neu herausgegeben. Die Überarbeitung war notwendig, weil die Qualitätspolitik (die man auch als qualitatives Leitbild bezeichnen könnte) sich nahtlos in unsere Gesamtlandschaft bestehend aus Vision, Leitbild und Werten einfügen und eine direkte Koppelung mit Qualitäts- und Prozesszielen möglich sein soll.

Der Überarbeitung erfolgte in zwei mehrstündigen Workshops unter Moderation von Herrn Käfer und Herrn Wagner von der Firma Procon, die uns seit einigen Jahren im QM 450-Projekt kompetent begleitet. Das Arbeitsteam bestand aus der Geschäftsführung, den Bereichsleitern, sowie mit QM befassten Führungskräften.

Der Erstentwurf wurde zahlreichen Mitarbeitern zwecks Einbringung Ihres Feedbacks zu diesem Entwurf vorgelegt und die dabei eingebrachten Verbesserungsvorschläge (vor allem in Richtung Klarheit und Verständlichkeit)soweit als möglich eingearbeitet. Die Endfassung der Qualitätspolitik „neu" konzentriert die Aussagen auf die 3 wesentlichen Einfluss- bzw. Interessengruppen, die vom Thema Qualität betroffen sind.

QUALITÄTSPOLITIK

BÖHLER EDELSTAHL

Kunden

Wir bieten unseren Kunden gleichbleibend hohe Qualität unserer Produkte, Prozesse und Dienstleistungen.

Wir produzieren und liefern das, was wir mit dem Kunden vereinbart haben.

Wir unterstützen Problemlösungen und sind Entwicklungspartner für unsere Kunden.

Mitarbeiter

Qualität entsteht durch den persönlichen Einsatz jedes Mitarbeiters – daher ist jeder verantwortlich, seinen Beitrag zu leisten.

Wir fördern kompetente, lernbereite und motivierte Mitarbeiter, um unserem hohen Anspruch an Produkt-, Prozess- und Dienstleistungsqualität gerecht zu werden.

Lieferanten

Wir geben klare Vorgaben und fordern von unseren Lieferanten das Einhalten ihrer Zusagen sowie gleichbleibend hohe Qualität.

Mit ausgewählten Lieferanten pflegen wir partnerschaftliche Beziehungen und erwarten von diesen kompetente Lösungen.

Die Mitarbeiter der BEG verpflichten sich zur Umsetzung der Qualitätspolitik und zur ständigen Verbesserung aller Prozesse.

Stellvertretend für alle Mitarbeiter:

Robert Bauer
Geschäftsführer

Christof Wurm
QM-Beauftragter

Hans Weigand
Geschäftsführer

11.12.2008

Bild 11.7 Beitrag im Zuge der „Qualitätspolitik ‚NEU'" in der Mitarbeiterzeitung *Edelstahl* von Böhler

11.1.6 Umsetzung des vierten Programmschritts von QM 450

Der finale vierte Programmschritt von QM 450 hatte zum Ziel, ausgewählte, für das Unternehmen als wichtig erkannte Themen wirksam abzuschließen. Eines der Kernthemen war das konsequente Koppeln zwischen Prozess- und Unternehmenszielen. Diese Phase startete im April 2010 und erstreckte sich bis März 2011.

Eine wichtige Errungenschaft war die erfolgreiche Vereinheitlichung der Unternehmensziele auf 18 strategische Kennzahlen. Diese Kennzahlen gelten einheitlich für die gesamte Firma und werden abgestimmt berichtet: operativ in kurzen Zeitabständen durch Linienorganisation und Prozessverantwortliche sowie halbjährlich als längerfristige Trends im Managementreview.

Ergänzend dazu wurde die für unsere Kunden sehr wichtige strategische Kennzahl „Liefertreue" vereinheitlicht. Betroffen sind gut ein Dutzend Prozesse, die maßgeblich zu diesem Gesamtziel beitragen. Die Ziele wurden in Abstimmung mit der ersten Berichtsebene prozessweise so abgestimmt, dass das seitens der Geschäftsführung vorgegebene strategische Ziel erreichbar ist.

11.1.7 Vom Programm zum gelebten Managementsystem

Der Aufbau des Managementsystems war nach vier Projektjahren abgeschlossen. Als Wirksamkeitsprüfung wurde im April 2011 ein extern moderiertes „self-assessment" durchgeführt. Zielvorgabe waren 450 Punkte entsprechend der EFQM-Bewertung. Erreicht wurden an die 550 Punkte. Dieses Ergebnis wurde von den unabhängigen externen Assessoren bestätigt.

Mit erfolgreichem Abschluss des Programms wurden die Verantwortlichkeiten von der Projekt- an die Aufbauorganisation übertragen. Die zentrale QM-Abteilung ist nun formell für die Prozesse im Unternehmen verantwortlich. Strategische Ziele werden seitens der Geschäftsführung vorgegeben. Operative Ziele werden gemeinsam zwischen erster Berichtsebene, Prozessverantwortlichen und dem Prozessmanager abgestimmt.

Die Kopplung zwischen strategischen Kennzahlen und Prozesszielen wurde weiter intensiviert. Je Hauptprozess ist nun mindestens ein direkter Bezug zu einem strategischen Unternehmensziel verbindlich nachzuweisen. Die Prozessziele müssen weiterhin zumindest zwei Dimensionen im Zieldreieck Zeit-Qualität-Kosten abdecken, um den Arbeitspunkt von Prozessen festzulegen und Verschwendung zu vermeiden.

Jedes Prozessteam hält jährlich zumindest einen Prozess-Jour-fixe unter Moderation des zentralen Qualitätsmanagements ab. Dabei werden Checklisten verwendet, die jährlich vom Prozessteam „Prozesse leben" überarbeitet werden. Dies gewährleistet die gezielte Weiterentwicklung des Managementsystems.

Die Ergebnisse der Jour-fixes werden anhand eines nicht öffentlichen Bewertungskatalogs auf Basis von Zahlen, Daten und Fakten bewertet. Das Ergebnis wird jährlich in Form einer Prozessschau an die Geschäftsführung berichtet. Dabei kommt eine relative Skala zum Einsatz: Die fünf Prozesse mit der geringsten Punktezahl werden rot eingefärbt. Die Prozessteams stehen der Geschäftsführung Rede und Antwort. Korrekturmaßnahmen sind verbindlich vorzustellen und durchzuführen.

Das zentrale Qualitätsmanagement betreibt eine Reihe von internen Netzwerken. Am wichtigsten sind die Netzwerke der (ca. 40) Prozessverantwortlichen, der (ca. 30) Qualitätsbeauftragten und der (ca. 50) internen Auditoren. Die Mitglieder dieser Netzwerke sind disziplinär dem jeweiligen Betrieb unterstellt. Das zentrale Qualitätsmanagement hat fachliches Weisungsrecht und sorgt für fachliche Weiterbildung und Erfahrungsaustausch. Dies stellt eine breite Durchdringung der Organisation mit dem Gedankengut des Managementsystems sicher. Zusätzlich werden die Betriebe vor unnötigem Mikromanagement durch das zentrale Qualitätsmanagement verschont.

Einen besonderen Stellenwert nehmen Audits ein. Wegen der weltweiten Präsenz in unterschiedlichen technologischen Segmenten gibt es eine sehr hohe Anzahl von Audits durch Kunden und Behörden. Diese werden von einer gleichfalls hohen Anzahl interner Audits begleitet, um etwaige Probleme möglichst rasch fest- und abzustellen. Die Anzahl der Auditabweichungen ist über die Jahre leicht gesunken. Die Schwere der Abweichungen hat sich dramatisch verringert.

11.1.8 Erfolgskontrolle 2013

Im Sommer 2013 wurde der Entschluss gefasst, mit einem Produktionsprozess in der „Königsklasse" des Process Award teilzunehmen. Das Prozessteam „Produkte herstellen im Block- und Grobwalzwerk" hat sich spontan bereiterklärt, am Assessment teilzunehmen.

Zur angenehmen Überraschung wurde der höchstmögliche Reifegrad 5 erreicht. Böhler Edelstahl hat damit auch bei der zweiten Teilnahme am Process Award gewinnen können. Dies wurde auf Anregung des Aufsichtsrats konzernweit kommuniziert (Bild 11.8).

Höchste Auszeichnung 2013

Das Prozessteam „Produkte herstellen im Block- und Grobwalzwerk" von BÖHLER Edelstahl gewann den GPard, den bedeutendsten Preis zum Thema „Prozessmanagement in Österreich". Damit wurde dieser Prozess als „Österreichs bester Prozess 2013" in der Kategorie „Kernprozesse Produktionsunternehmen" ausgezeichnet und schaffte es durch die höchste Punkteanzahl überlegen zum Gesamtsieg.

Die Preisverleihung der Gesellschaft für Prozessmanagement (GP) fand am 25. November 2013 im Tech Gate statt. V. l.: Harald Pritz (BEG), Peter Kuhlang (GP), Josef Bernauer (BEG), Silvia Zinner (BEG), Jan Mendling (GP), Bernhard Mlekusch (BEG), Peter Kukla (GP), Peter Markiewicz (BEG), Karl Wagner (GP), Walter Gröblinger (BEG).

Bild 11.8 Böhler gewinnt den Process Award 2013

Der Erfolg ist im Wesentlichen auf folgende Faktoren zurückzuführen:

- Die Unterstützung durch die Geschäftsführung über fast ein Jahrzehnt hindurch war sehr stark und stetig. Dies war vor allem in der kritischen Anfangsphase absolut unverzichtbar und leistet unverändert einen wesentlichen Beitrag zum Gesamterfolg.
- Die Unterstützung durch kompetente und engagierte externe Berater war äußerst hilfreich. Die Fremdsicht ist bei Change Management besonders hilfreich. Auch ist die Bereitschaft zum Sich-Einlassen auf den Change und das Umsetzen erkannter Potenziale bei Anwesenheit externer Spezialisten in der Praxis höher.
- Der wesentlichste Erfolgsfaktor ist fraglos das Engagement der Prozessteams. Dieses Engagement zu fördern und zu unterstützen, ist die denkbar lohnendste Investition.

11.2 Gesundheitswesen: Privatklinik Rudolfinerhaus

11.2.1 Ausgangssituation

Das Rudolfinerhaus ist ein Krankenhaus mit langer Tradition. Im Jahr 1882 wurde die Krankenpflegeschule durch den berühmten Arzt Theodor Billroth mit angeschlossenem Krankenhaus gegründet. Den Namen erhielt die Institution durch Kronprinz Rudolf. Modernste Infrastruktur, umfassende und bereichsübergreifende Leistungen für stationäre und ambulante Behandlungen unter Berücksichtigung persönlicher Bedürfnisse der Patienten bilden die primären Zielsetzungen dieses Belegspitals auf höchstem Niveau.

Das Rudolfinerhaus ist traditionell in Abteilungen stark hierarchisch aufgebaut. Die Geschäftsführung, die von der personellen Besetzung her identisch mit der kollegialen Führung ist, besteht aus dem ärztlichen Direktor, der Direktorin des Pflegedienstes, dem kaufmännischen Direktor und der Direktorin des Campus Rudolfinerhaus (Bild 11.9). Diese vier Verantwortungen schaffen auch die spezielle Situation eines Krankenhauses ganz allgemein, so hat z. B. Weisungsrecht für die Hausärzte (Ärzte des Spitals) nur der ärztliche Leiter, für das Pflegepersonal nur die Pflegeleitung. Schnittstellenprobleme zwischen diesen einzelnen Verantwortlichen ergeben sich hier automatisch. Umso wichtiger ist es, bei der Prozessorientierung interdisziplinär und interprofessionell zusammenzuarbeiten.

Eine weitere wesentliche Schnittstelle hat das Rudolfinerhaus als Belegspital zu den Belegärzten. Belegärzte bringen ihre Patienten in das Spital, um sie dort behandeln zu können. Der Belegarzt wird als „Kunde“ gesehen, spielt jedoch eine wesentliche Rolle im System selbst als „Nutzer“. Die Belegärzte stellen somit auch die größte Kundengruppe dar, da die überwiegende Mehrheit der Patienten über die Belegärzte in das Rudolfinerhaus kommt.

Um die Dienstleistungen weiter auszubauen, den ständig steigenden Anforderungen auch in Zukunft gerecht zu werden und die internen Schnittstellen zu verbessern, entschloss sich die kollegiale Führung, interne Abläufe mithilfe eines prozessorientierten Qualitätsmanagementsystems transparent darzustellen und zu optimieren. Basis für diese Entscheidung bildete eine Kundenzufriedenheitsbefragung bei den Belegärzten und Patienten. Das Rudolfinerhaus ist somit eines der ersten Belegspitäler Österreichs, das ein hausweites prozessorientiertes Qualitätsmanagementsystem angestrebt hat. Mittlerweile ist das Rudolfinerhaus seit Dezember 2007 nach ISO EN 9001:2008 zertifiziert und passt das System immer wieder an neue Anforderungen an. Kontinuierliche Verbesserung der Prozesse steht dabei im Mittelpunkt. Ein weiterer wichtiger Schritt war die Anbindung der Prozesse an die Strategie des Hauses und die Nachverfolgung der Ziele mithilfe einer Balanced Scorecard (BSC).

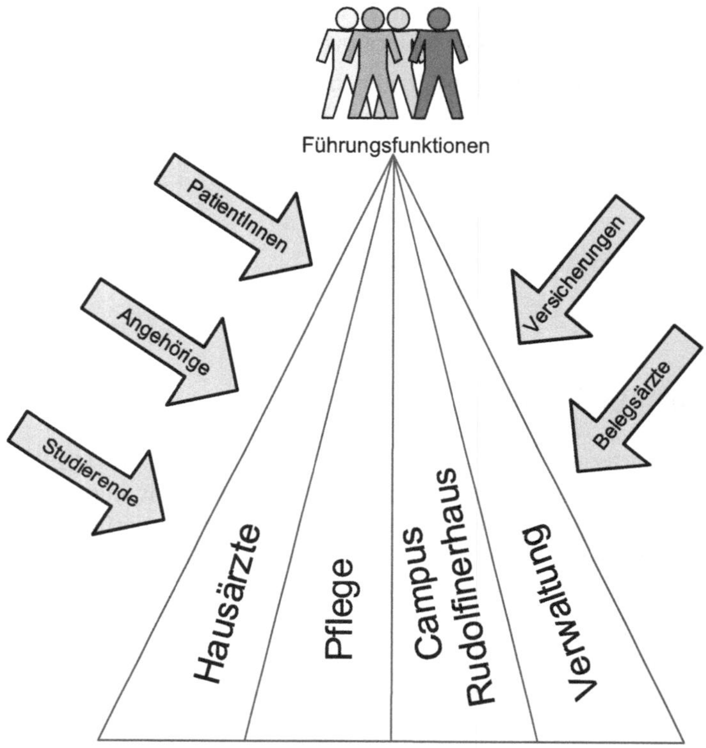

Bild 11.9 Kollegiale Führung, Schnittstellen und Verantwortungsgrenzen

11.2.2 Projektziele

Folgend sind beispielhaft einige Projektziele genannt:

- Erstellung eines hausweiten Leitbilds,
- Schaffung einer Übersicht aller Unternehmensprozesse in Form einer Prozesslandkarte,
- Definition der Qualitätspolitik, Ableitung der Ziele in messbare Größen in den einzelnen Prozessen zur Sicherstellung der Zielkonsistenz,
- Definition der Soll-Prozesse zur Sicherstellung und Optimierung der Prozess- und Dienstleistungsqualität,
- Definition von klaren, einfachen und verbindlichen Prozessen für alle Gruppen,
- Erreichung einer hohen Akzeptanz bei allen Mitarbeitern durch konsequente Einbindung und Information,

- positive Wirkung des Projekts auf das Image des Hauses und Erhöhung der Kundenzufriedenheit,
- Verbesserung der internen Kommunikation zwischen den verschiedenen Abteilungen und Professionen.

Im Zuge der Erstellung des Projektauftrags wurden auch klar die Nichtziele festgehalten. Anbei ein Auszug daraus:

- keine aufwendige, schwer zu verwaltende Dokumentation,
- kein starres System - das System soll leben und sich weiterentwickeln,
- Komplexität des Unternehmens soll nicht gesteigert werden,
- keine Verunsicherung der Mitarbeiter (z. B. Angst vor Rationalisierungen).

11.2.3 Umsetzung

Gemeinsam mit der kollegialen Führung und der Qualitätsmanagerin wurde zu Beginn des Projekts die Prozesslandkarte im Rahmen eines Start-Workshops ausgearbeitet. Diese stellt für das Unternehmen ein zentrales Element dar, da zum ersten Mal die Prozesse des gesamten Unternehmens für alle Mitarbeiter und deren Zusammenspiel ersichtlich wurden. Ebenfalls berücksichtigt wurden in der Darstellung die Schnittstellenprozesse zum hauseigenen Labor und zur Küche, die bereits ein zertifiziertes QM-System gemäß ISO 9001 aufgebaut hatten.

Weiterhin wurden sofort zu Beginn Informationsveranstaltungen für alle Mitarbeiter im Haus angeboten. Erläutert wurden hier folgende Punkte:

- Sinn, Zweck und Ziele des Projekts,
- Ablauf,
- zeitlicher Horizont,
- Vorgehensweise,
- Bedeutung für die Mitarbeiter.

Bei den Informationsveranstaltungen war immer mindestens ein Vertreter der kollegialen Führung anwesend. Sie übernahmen die Einführung und standen für Fragen der Mitarbeiter zur Verfügung. Diese Präsenz vermittelte stark das Engagement der kollegialen Führung, stand für die Wichtigkeit des Projekts und war ein entscheidender Erfolgsfaktor.

Die Prozesse wurden in der Landschaft in drei Gruppen eingeteilt: die Managementprozesse, die Geschäftsprozesse und die unterstützenden Prozesse. Die Mess-, Analyse- und Verbesserungsprozesse wurden ebenfalls aufgrund der Verantwortungen und Inhalte entweder der Gruppe der Management- oder der unterstützenden Prozesse zugeordnet. Drei große Gruppen von „externen" Kunden wurden festgestellt:

- die Belegärzte,
- die Patienten,
- die Studierenden, die Gesundheits- und Krankenpfleger und die Weiterzubildenden.

Die in Bild 11.10 dargestellte Prozesslandkarte wurde im Laufe der Jahre weiterentwickelt und angepasst und zeigt hier den aktuellen Stand. Da aufgrund der straffen Projektplanung mit den personellen Ressourcen sehr sparsam umgegangen werden musste, erfolgte eine Priorisierung und Staffelung der Prozesserarbeitung. Folgende Kriterien waren dafür relevant:

- größte Kundenwirkung,
- größte interne Verbesserungspotenziale.

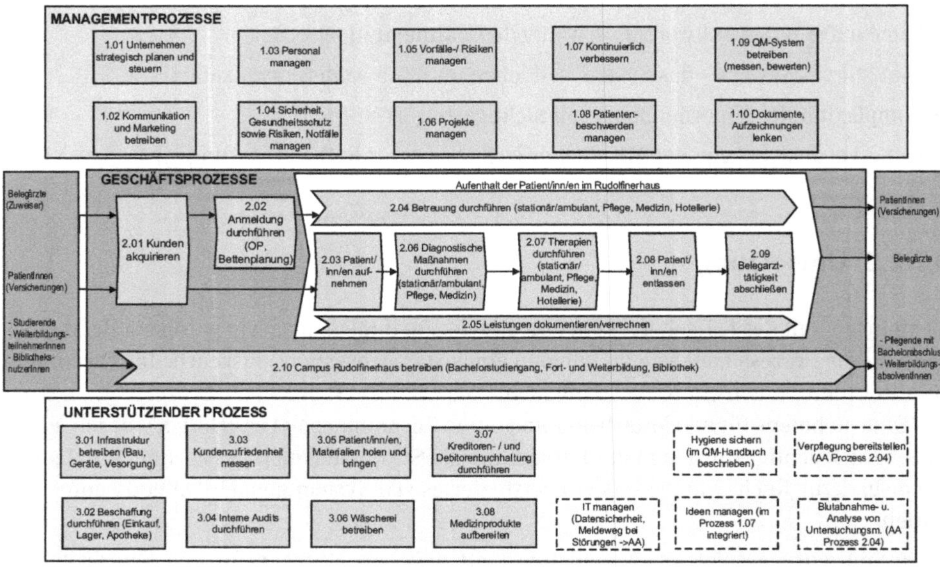

Bild 11.10 Prozesslandkarte des Rudolfinerhauses

Diese beiden Kriterien wurden aufgrund von Befragungsdaten der Patienten, Belegärzte und Mitarbeiter ausgewählt.

Die Termineinteilung und Verfolgung der Prozessteamarbeit erfolgte mithilfe einer Prozessfortschrittsliste.

Das Projekt wurde auch als Chance gesehen, das übergreifende Zusammenarbeiten von Ärzten, Pflegepersonal, Verwaltungsmitarbeitern und dem Team des Campus Rudolfinerhaus zu verbessern. Dabei wurde großer Wert auf die Teamzusammenstellung gelegt. Die Teams wurden so gestaltet, dass aus allen betroffenen Bereichen Mitarbeiter vertreten waren. Da das Rudolfinerhaus ein Belegspital ist und die größte Kundengruppe die Belegärzte darstellen, wurden in einigen Prozessteams auch hier Vertreter hinzugezogen.

Diese Vorgehensweise stellte auch sicher, dass die Gelegenheit genutzt wurde, die gänzlich verschiedenen Sichtweisen und Anforderungen an die Prozesse gut abdecken zu können und möglichst viele Verbesserungsvorschläge zu sammeln. Diese Vorschläge wurden gesammelt, priorisiert, auf Umsetzbarkeit bewertet und dann kontinuierlich implementiert.

Diese Zusammenstellungen stellten die Mitarbeiter jedoch vor eine neue Herausforderung. Funktions- und hierarchieübergreifendes Arbeiten wurde stark gefördert, die Mitarbeiter konnten aktiv mitgestalten.

Positive Effekte zeigten sich rasch: besseres Verständnis der „Probleme" des anderen, besserer Überblick über die Vorgänge und besseres Zusammenarbeiten durch mehr persönlichen Kontakt.

11.2.4 Übersichtliche Prozessdarstellung

Als eine der zentralen Zielsetzungen des Projekts galt die einfach lesbare, klare Darstellung der Prozesse.

Diese erfolgte in Form von Prozessbeschreibungen. Für jeden in der Landschaft definierten Prozess wurde ein Dokument erstellt. Als Standard wurden das Layout, die Mindestinhalte und die zu verwendenden Prozesssymbole definiert. Bei den Prozesssymbolen wurde besonderes Augenmerk auf eine geringe Anzahl und einfache Anwendbarkeit gelegt. Die Prozessflüsse wurden mithilfe von Microsoft Visio gezeichnet und in die Microsoft-Word-Vorlage eingebettet (Bild 11.11). Hilfreich war dabei die Gestaltung einer Schablone, die den Mitarbeitern zur Erstellung zur Verfügung gestellt wurde.

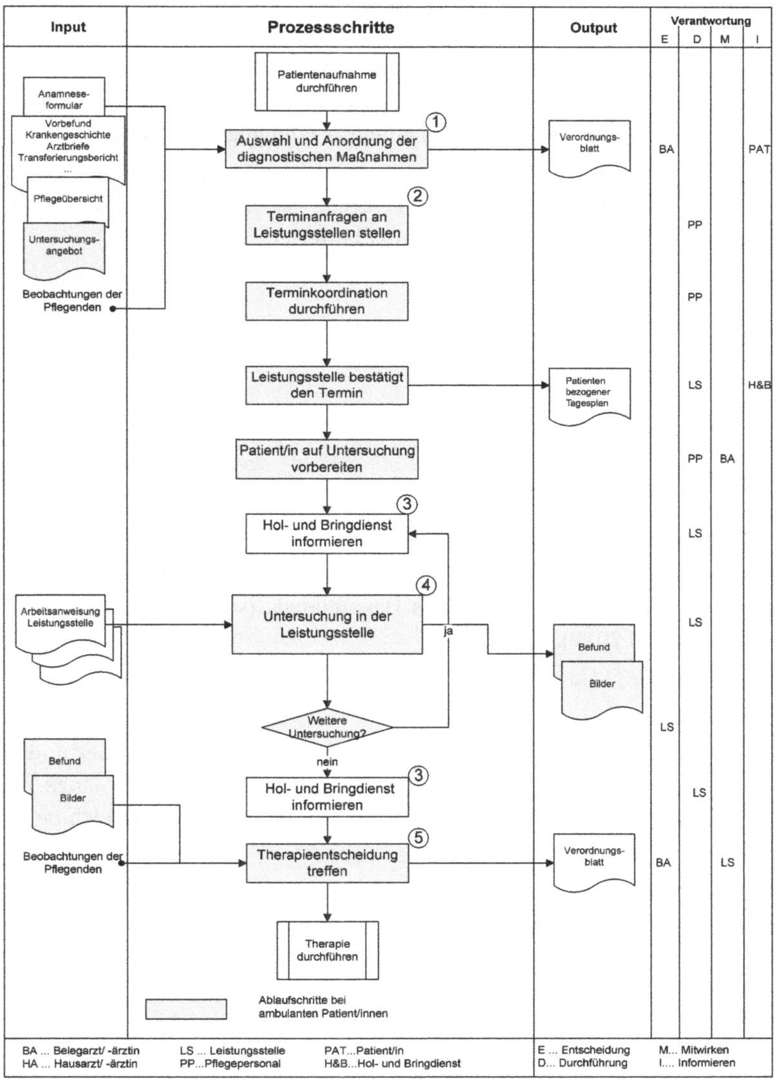

Bild 11.11 Beispiel eines Prozessablaufs „Diagnostische Maßnahmen durchführen“

Vorteil dabei war, dass die einzelnen Prozessteams sehr rasch ohne große Einschulung in der Lage waren, Prozesse darzustellen. Es konnten die Prozessabläufe unmittelbar erstellt werden und sie dienten direkt als Diskussionsbasis für die Festlegung der Kompetenzen, der Schnittstellen und der erforderlichen Unterlagen, Checklisten und Anweisungen.

11.2.5 Weiterentwicklung des prozessorientierten Qualitätsmanagementsystems

Das Rudolfinerhaus hat seit der Einführung des prozessorientierten Qualitätsmanagementsystems bereits zahlreiche erfolgreiche interne und externe Audits absolviert. Das System wird ständig an die zahlreichen neuen Anforderungen angepasst. Im Rahmen dessen wurden die Prozesse auch immer wieder überarbeitet und kritisch hinterfragt.

Eine wesentliche Weiterentwicklung des Systems stellte die Einführung eines Kennzahlensystems dar. Dabei wurden die unternehmensspezifischen Kennzahlen mit den Prozesskennzahlen verknüpft und sie unterliegen einem regelmäßigen Monitoring.

Auch das Thema Risikomanagement nimmt im aktuellen System einen hohen Stellenwert ein. Im Rudolfinerhaus wie auch im Campus wurden die Organisationsrisiken erhoben und im Rahmen eines Workshops kategorisiert und bewertet.

Das System unterliegt laufend Anpassungen und wird konsequent im Haus umgesetzt und gelebt.

11.3 Öffentliche Verwaltung: MA 45

Die Magistratsabteilung 45 „Wiener Gewässer“ ist die zuständige Fachdienststelle der Stadt Wien für alle stehenden und fließenden Oberflächengewässer und Grundwässer im Wiener Raum mit Ausnahme der Donau und des Donaukanals (vgl. https://www.wien.gv.at/umwelt/gewaesser/22.10.2019).

Die Kernaufgaben der MA 45 sind:

- **Schutz vor Gewässern**
  Somit kümmert sich die MA 45 um den Hochwasserschutz aller Wienerinnen und Wiener. Das bekannteste Hochwasserschutzbauwerk ist die 21 Kilometer lange Donauinsel. Damit konnte auch das Jahrhunderthochwasser im Jahr 2002 erfolgreich bewältigt werden.
- **Schutz der Gewässer**
  Im Rahmen des Gewässermonitorings und der Gewässerüberwachung stellen die Mitarbeiter der MA 45 die Wasserqualität sicher. Dies ist für die Tier- und Pflanzenwelt sowie auch für Badegäste unerlässlich. Im Falle von Schadstoffunfällen, die eine Gewässer- oder Grundwasserverunreinigung nach sich ziehen könnten, fungiert die MA 45 als Gewässerpolizei.

- **Nutzung der Gewässer**
  Vor allem in hochwasserarmen Zeiten tritt der eigentliche Zweck der Donauinsel als Hochwasserschutzbauwerk in den Hintergrund und der Nutzungsaspekt als Freizeiteinrichtung in den Vordergrund. Genauso wie auf der Donauinsel sorgt die MA 45 auch an Wienerwaldbächen oder an der alten Donau für optimale Freizeitnutzungsmöglichkeiten entlang der Gewässer.

11.3.1 Ausgangssituation

Es begann vor mehr als zehn Jahren im Jahr 2004. Damals gab die Stadt Wien an alle Magistratsabteilungen den Auftrag aus, ein Qualitätsmanagementsystem einzuführen. Erste Schritte wurden mittels CAF (Common Assessment Framework) gesetzt. Dabei handelt es sich um ein spezielles Bewertungsmodell für die Einrichtungen der öffentlichen Verwaltung.

Letztendlich wurde dann die Entscheidung gefällt, ein Qualitätsmanagementsystem nach ISO 9001 aufzubauen. Den Ausschlag gab schon damals die Prozessorientierung. Eine Zertifizierung wurde und wird auch heute nicht angestrebt, wohl aber die Zertifizierungstauglichkeit.

11.3.2 Projektziele

Der Aufbau des prozessorientierten Qualitätsmanagementsystems wurde als Projekt mit den folgenden Projektzielen durchgeführt:

- Ausarbeitung der Qualitätspolitik,
- Ableitung von Qualitätszielen,
- Erstellung der Prozesslandkarte als Einstieg in das Managementsystem,
- Dokumentation aller relevanten Prozesse sowie dazugehöriger Dokumente,
- Ausarbeitung von Prozesszielen,
- Etablierung der nötigen Rollen und Stellen, sodass das Managementsystem auch auf lange Sicht erfolgreich funktioniert,
- Schulung von Qualitätsbeauftragten und internen Auditoren.

Als Projektlaufzeit wurde ein gutes Jahr veranschlagt. Das prozessorientierte Qualitätsmanagementsystem nahm nach und nach seinen Betrieb auf und konnte laut Projektplan erfolgreich aufgebaut werden.

Die wesentlichsten Erkenntnisse während dieser Zeit waren:

- Sehr umfangreiche Schulungs- und Informationsmaßnahmen machten den Projekterfolg erst möglich.
- Der Rückhalt des damaligen Abteilungsleiters war erfolgsentscheidend.
- Die Akzeptanz musste in den Köpfen der Mitarbeiter entwickelt werden, daher war der nicht zu straffe Projektplan genau richtig.
- Das methodische Vorgehen entlang des Prozesslebenszyklus gab allen Beteiligten Sicherheit und Orientierung.

Eine Bestätigung des gewählten Wegs stellt auch ein sehr positiver Prüfbericht des Wiener Stadtrechnungshofs (ehemaliges Kontrollamt) dar. Zu bemerken ist, dass die inhaltliche Umsetzung Prüfungsgegenstand war.

Bild 11.12 zeigt die im Intranet dargestellte Prozesslandkarte.

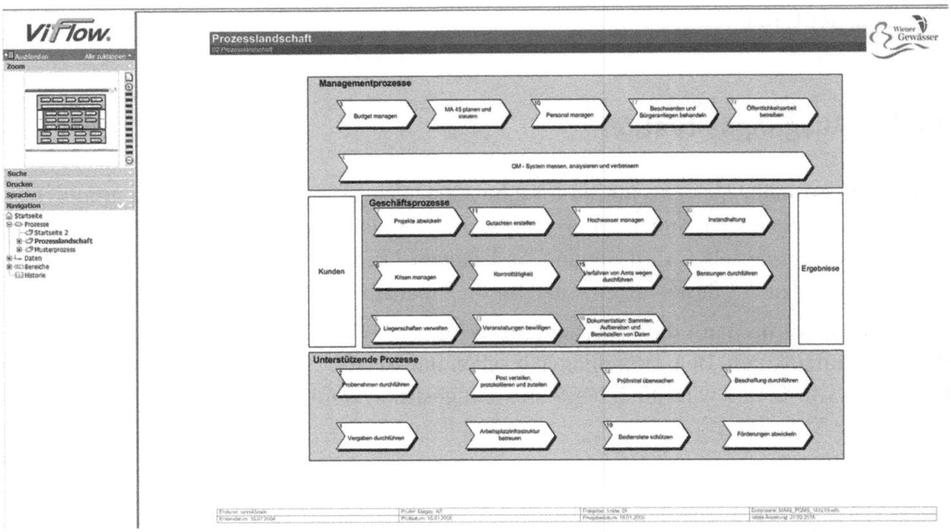

Bild 11.12 Im ViFlow visualisierte Prozesslandkarte im Intranet

11.3.3 Weiterentwicklung des prozessorientierten Qualitätsmanagementsystems

Über die Jahre hinweg wurden die klassischen Werkzeuge eines prozessorientierten Qualitätsmanagementsystems immer weiter verbessert und als fixe Bestandteile institutionalisiert.

Die internen Audits, das Managementreview sowie die Prozesszielmessungen wurden regelmäßig durchgeführt.

Im Jahr 2006 stand aufgrund geänderter Rahmenbedingungen eine Organisationsänderung an. Dabei spielten die vorhandenen Prozessbeschreibungen und die durchgängig vorliegenden Stellenbeschreibungen eine wesentliche Rolle und trugen maßgeblich zu einer schnelleren Umsetzung bei.

In den letzten Jahren wurden laufend Weiterentwicklungsschwerpunkte gesetzt:

Umsetzung des Prozess-Jour-fixe

Das aktuell wichtigste Werkzeug wurde 2011 eingeführt. Unter dem Titel „Prozess-Jour-fixe“ stehen die Prozessverantwortlichen Rede und Antwort zu ihren Prozessen, deren Ausrichtung und Zielen.

Die Abteilungsleitung bleibt auf diese Weise auch über das eine oder andere Prozessdetail informiert und kann gemeinsam mit dem Prozessverantwortlichen Zieländerungen bzw. Weiterentwicklungen anstoßen. Mittlerweile fanden bereits über 30 Prozess-Jour-fixes statt.

Projektportfolio

Wasserbaulichen Projekten liegt ein klarer Planungs- und Durchführungsprozess zugrunde. Um alle Projekte und deren Fortschritte im Auge behalten zu können, wurde ein Projektportfolio ins Leben gerufen. Dieses Portfolio zeigt für jedes einzelne Projekt den finanziellen und baulichen Status. Als Besonderheit wird auch die Qualität der Projektdokumentation mitgeführt.

Im Schnitt werden ca. 50 Planungs- bzw. Bauprojekte mit einem Gesamtvolumen von ca. 50 Millionen Euro mithilfe des Projektportfolios gesteuert.

Die Summe aller durchgeführten Projekte zeigt, wie gut der Prozess funktioniert. Die Prozesssteuerung erfolgt somit über Prozessziele wie z. B. Termin- und Budgeteinhaltung.

Steuerungscockpit

Die genannten Prozessziele der Projektmanagementprozesse finden auch Eingang in das Steuerungscockpit (Bild 11.13). Insgesamt beinhaltet es alle Prozessziele aller Prozesse und deren gemessene Ergebnisse. Die Abteilungsleitung beurteilt einmal im Quartal die Prozesszielerreichung und berät über notwendige Steuerungsmaßnahmen.

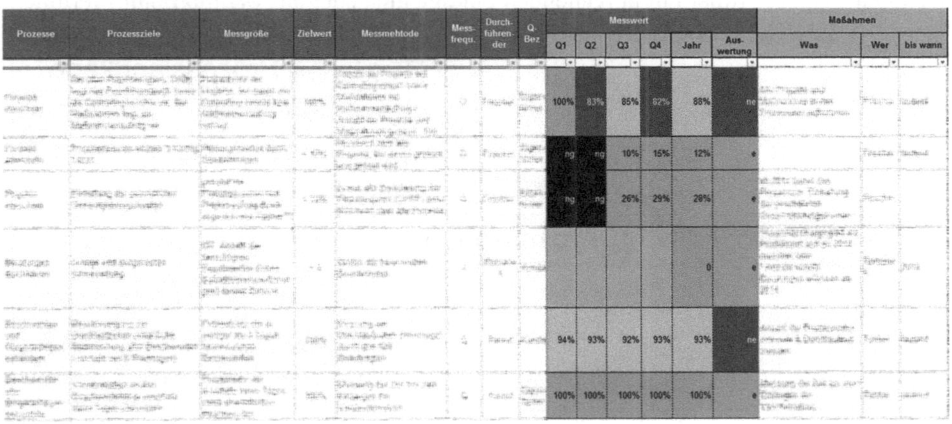

Bild 11.13 Ausschnitt aus dem Steuerungscockpit

Um einen Überblick über die Zielerreichung und Trends zu erkennen, wird die Prozesszielerreichung ausgewertet und grafisch in einem Cockpit dargestellt.

Willkommensmappe

Bei der Einstellung neuer Mitarbeiter wird darauf geachtet, diese schon sehr früh mit dem Managementsystem des Unternehmens bekannt zu machen. Jeder Mitarbeiter durchläuft bei der Einstellung ein klar festgelegtes Prozedere und bekommt eine „Willkommensmappe" überreicht. Diese Mappe ist gleichzeitig das Qualitätsmanagementhandbuch. Im Zuge des „Willkommensgesprächs" werden das Unternehmen und auch das Managementsystem im Intranet vorgestellt (Bild 11.14).

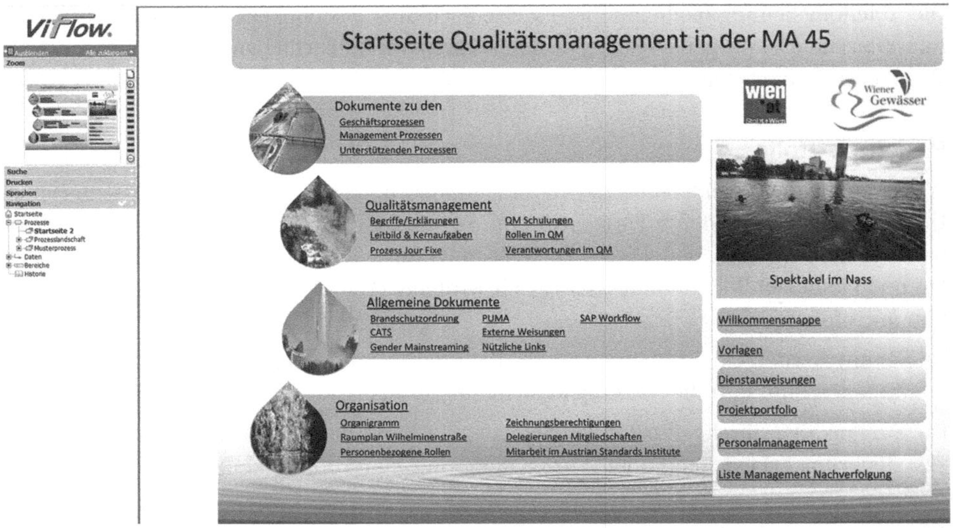

Bild 11.14 QM-Startseite im Intranet

Die QM-Startseite stellt den Einstieg in das QM-Intranet dar. Über die Startseite können alle Mitarbeiter auf die Prozessdokumentation (siehe Bild 11.15) zugreifen. Andererseits sind wichtige Unterlagen und Dokumente zum QM-System und zur Organisation (z. B. die Willkommensmappe, Ordner mit mitgeltenden Dokumenten oder das Organigramm) verlinkt.

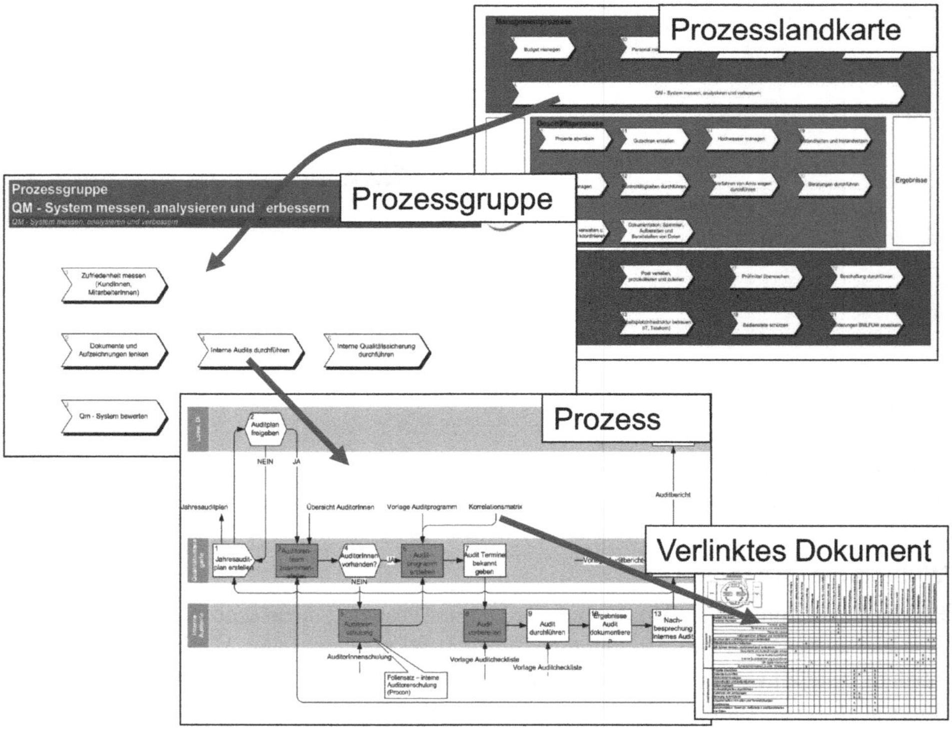

Bild 11.15 Struktur der Prozessdokumentation im Intranet

In der Willkommensmappe ist der Prozess „Mitarbeiter einstellen" abgebildet, der Mitarbeiter erkennt genau, an welchem Punkt des Prozesses er sich gerade befindet, und lernt so den Nutzen von Prozessen kennen. Die Willkommensmappe selbst ist mit vielen hilfreichen Dokumenten und Vorlagen verlinkt. Gemeinsam mit dem Prozessverantwortlichen wird das Intranet der MA 45 erkundet.

11.4 BPM Toolauswahl: Österreichische Nationalbank (OeNB)

Die Österreichische Nationalbank (OeNB) ist die Zentralbank der Republik Österreich. Als solche ist sie integraler Bestandteil des Europäischen Systems der Zentralbanken (ESZB). Im öffentlichen Interesse gestaltet sie somit sowohl die wirtschaftliche Entwicklung in Österreich als auch im Euro-Währungsgebiet mit. Dabei ist die OeNB unabhängig und weisungsfrei. Ihre Leitwerte sind Stabilität und Sicherheit.

Die Kernaufgaben der OeNB umfassen Bargeld, Geldpolitik, Finanzmarktstabilität, Statistik und Zahlungsverkehr. Zudem fördert die OeNB Wissenschaft und Forschung, engagiert sich in der Vermittlung von Wirtschafts- und Finanzwissen, fördert Kunst und Kultur und bekennt sich zur Vielfalt sowie zur Nachhaltigkeit.

11.4.1 Ausgangssituation

Der Bereich Treasury der Oesterreichischen Nationalbank (nachfolgend kurz OeNB genannt) vollzog mit 1.1.2018 einen technischen Wechsel seines Kernsystems.

Um eine übergreifende Betrachtung der dadurch geänderten Prozesse zu etablieren, sollte ein BPM-Tool (Software) zur Unterstützung ausgewählt werden.

Lesenden Zugriff auf diese Software sollen knapp 70 MitarbeiterInnen (hauptsächlich aus dem Bereich Treasury, aber auch aus der IT, der Organisationsabteilung und dem Einkauf) haben. Ein kleineres Team von ca. fünf Prozess-Modellierern soll die Mitarbeiter bei der Visualisierung der Prozesse unterstützen.

Bei der Auswahl des Tools wollte die OeNB auf die umfangreiche Erfahrung der Gesellschaft für Prozessmanagement (GP) und der procon Unternehmensberatung GmbH (procon) zurückgreifen, um bei der BPM-Toolevaluierung fokussierte Unterstützung zu erhalten.

Im Fokus standen die neutrale und toolunabhängige Positionierung der GP/procon und deren nachgewiesene „BPM-Tool-Best-Practice".

11.4.2 Projektziele

- Unabhängige und neutrale Ermittlung der Voraussetzungen und Rahmenbedingungen für die erfolgreiche BPM-Toolauswahl
- Objektive Sicht auf die konkreten BPM-Toolanbieter
- Analyse der Erfolgsfaktoren und Stolpersteine des Kriterienmodells zur BPM-Toolanbieterauswahl
- Definition des maßgeschnittenen Kriterienkatalogs
- Begleitende Qualitätssicherung des Auswahlprozesses (PoC)
- Es sollen mit dem BPM-Tool künftig leichter:
  - Prozesse optimiert und Fehlerquellen erkannt,
  - Schulungsmaßnahmen durchgeführt,
  - Änderungsanforderungen an die IT gestellt sowie
  - Rechenschaftsberichte an diverse interne und externe Prüfinstanzen gelegt

  werden können.

11.4.3 Projektablauf

- Gemeinsames Kick-Off-Meeting mit Projektauftraggeber, (strategische und operative) ProjektleiterInnen und Projektteammitgliedern, in dem die Aufgabenverteilung, Kommunikation, Dokumentation sowie der zeitliche Ablauf des Projekts abgestimmt wurden.
- Gemeinsames Befüllen der „Checkliste für das Erstgespräch zur Toolauswahl", um die Anforderungen, mögliche Störfaktoren und Rahmenbedingungen besser eingrenzen zu können.
- Im Anschluss wurde ein Kriterienkatalog in Absprache mit den bei der OeNB involvierten Fachabteilungen definiert, mit dessen Hilfe eine Markterkundung durchgeführt wurde, indem dieser Kriterienkatalog ohne Bekanntgabe des Kunden (OeNB) zehn potenziellen Anbietern mit der Bitte um Befüllung zugesendet wurde.
- Von diesen zehn Unternehmen haben fünf den Kriterienkatalog ausgefüllt retourniert.
- Auf Basis der so gewonnenen Erkenntnisse wurde von der OeNB eine Unterlage zur Einholung von offiziellen Angeboten erstellt und die fünf Unternehmen wurden zur Angebotslegung aufgefordert.
- Schließlich haben drei Unternehmen gültige Angebote abgegeben.
- Die Erfüllung der Kriterien – wie im Angebot angegeben – wurde sodann im Rahmen eines PoC geprüft.

11.4.4 Erstellung eines Kriterienkatalogs

Im Kriterienkatalog wurden die technischen, funktionellen und finanziellen Anforderungen der OeNB berücksichtigt. Die Anzahl der zur Angebotslegung einzuladenden Toolanbieter ergab sich aus der Marktrecherche und wurde gemeinsam mit der OeNB auf maximal fünf festgelegt.

Die von den Toolanbietern beantworteten Kriterienkataloge wurden ausgewertet. Hierbei war wichtig, dass die Kriterien gewichtet vorlagen, da davon auszugehen war, dass von den Anbietern nicht alle Kriterien zu 100% erfüllt werden können. Ebenfalls wurde zwischen vertraglichen (MUSS) Kriterien und optionalen (SOLL) Kriterien unterschieden.

11.4.5 Begleitende Qualitätssicherung bei der BPM-Toolanbieterauswahl

Die Erkenntnisse der PoC-Präsentationen wurden in die Bewertung eingearbeitet und ermöglichten die letztendliche Auswahl eines Anbieters.

Es wurden gezielt die Erfahrung und Marktkenntnisse der GP/procon eingebracht, um eine objektive Erhebung auf Basis der konkreten Kundenanforderungen, eine effiziente Kommunikation zwischen Kunden und potenziellen Anbietern sowie schließlich die Auswahl des besten Anbieters zu gewährleisten.

11.5 Spannungsfeld Compliance/ Performance: Münze Österreich

Ein Produktionsunternehmen in stark reglementiertem Umfeld bewegt sich ständig im Spannungsfeld zwischen Erfüllung von Compliance-Anforderungen und der Wettbewerbsfähigkeit im Markt im Sinne von Performance und stellt es täglich vor große Herausforderungen. Aber wie nützen Prozesse und Prozessmanagement dem Unternehmen dabei? Wie ist dieser Spagat zu bewältigen?

11.5.1 Die Münze Österreich AG – ein österreichisches Traditionsunternehmen

Die Münze Österreich AG (siehe Bild 11.16) wurde 1194 gegründet. 1837 wurde eine neue Fabrik – damals am Stadtrand, heute beim Stadtpark im Zentrum von Wien – errichtet, was in der heutigen Zeit natürlich besondere Anforderungen an Betriebslogistik und Fabrikplanung stellt. 1989 erfolgte die Umwandlung vom „Hauptmünzamt" zur „Münze Österreich AG" als Tochterunterunternehmen der Oesterreichischen Nationalbank. Drei Geschäftsbereiche prägen die tägliche Arbeit: „Scheidemünzen" (Euro-Umlaufmünzen), „Eigenprodukte" (z. B. der bekannte Philharmoniker, Sammlermünzen, Medaillen) und „Auftragsleistungen" (z. B. Münzrohlinge, Münzen, Medaillen) für die B2B-Kunden. Es arbeiten rund 200 MitarbeiterInnen bei der Münze Österreich. Die Produktion und der weltweite Vertrieb werden von Wien aus betrieben.

Bild 11.16 Standort & Produkte der Münze Österreich, © Münze Österreich AG / Andreas Balon

Die bestehenden Managementsystem-Zertifizierungen umfassen ISO 9001 und OHSAS 18001. Weitere realisierte Aspekte im Managementsystem der Münze Österreich sind das Risikomanagement (ISO-31000-Ansatz), die Erfüllung der gesetzlichen Vorgaben aus Scheidemünzgesetz, Regelungen zu EURO-Münzen, Vorgaben des Eigentümers sowie Revision und Wirtschaftsprüfer. Die Zertifizierung nach ISO 14001 und ISO 50001 stellen zukünftige Herausforderungen dar.

11.5.2 Moderne Managementsysteme stehen im Spannungsfeld von Compliance und Performance

Das Unternehmen befindet sich in einem Umfeld ständig wachsender Forderungen. Diese können sowohl extern auferlegt als auch intern verursacht sein. Compliance bezeichnet alle Maßnahmen zur Erfüllung dieser Forderungen. Das bedeutet, dass die Unternehmen die gesetzlichen Anforderungen, die unternehmerischen Vorgaben des Eigners sowie sämtliche selbst auferlegten Management-Systemanforderungen (Qualität, Risiko, Umwelt, Energieeffizienz, Arbeitssicherheit, Information Security etc.) erfüllen müssen (siehe Bild 11.17). Als aktueller Trend werden bestehende Managementsystemnormen um Risikobetrachtungen erweitert, neue Risikomanagementsystemnormen publiziert und Gesetze verschärft. Qualität, Arbeitssicherheit, Umwelt und Energie haben bereits länger Einzug in Integrierte Managementsysteme gehalten. Der Regulierungsdruck ist in Begriff zu steigen (Quelle: Masterthesis Reinhold Sommer, 2017).

Demgegenüber steht der Druck, die Leistungen des Unternehmens auch wirtschaftlich effizient und dem KundInnenwunsch entsprechend effektiv zu erbringen (siehe Bild 11.18). Die Performance-Seite gewinnt in den letzten Jahren massiv an Bedeutung. Die vorherrschenden Rahmenbedingungen in Bezug auf geringe Spielräume im Bereich der Investitionen sowie restriktivere Bedingungen im Bereich der Personalpolitik reduzieren die Bewegungsmöglichkeiten und machen Performanceprogramme wie Lean Management zur Herausforderung. Auch die Münze Österreich ist permanent bestrebt, die Effizienz und Effektivität zu steigern. Prozessmanagement und Lean Management sind „State of the Art": Abläufe straffen, Schnittstellen reduzieren und Wertströme verbessern wird vor allem in der Produktion vorangetrieben. Der Druck, Verschwendung zu vermeiden – v. a. auch durch die laufende direkte Benchmark mit privatwirtschaftlich geführten Unternehmen – nimmt stetig zu.

Das in Europa zunehmend risikosensible Umfeld verursacht laufend Regulierungen in den Unternehmen. Die aktuellen Entwicklungen betreffend Interner Kontrollsysteme und Risikomanagement (ISO 31000, ONR 49000ff. bzw. die aktuelle Version der ISO 9001) erhöhen den Druck. Gesetze gegen betrügerische Handlungen werden laufend verschärft und erfordern Anpassungen am Managementsystem. Produzierende Unternehmen in Österreich haben sich zusätzlich durch – immer stärker werdende – Forderungen im Bereich des Arbeitnehmer- und Umweltschutzes sowie der Energieeffizienz einer Vielfalt an neuen Herausforderungen zu stellen (Quelle: Masterthesis Reinhold Sommer, 2017). Dieses Spannungsfeld durch gegenläufige Strömungen – steigende regulative Forderungen versus Kostendruck zur schlanken Unternehmensführung – stellt die aktuelle Herausforderung an die Münze Österreich dar (Quelle: ebenda).

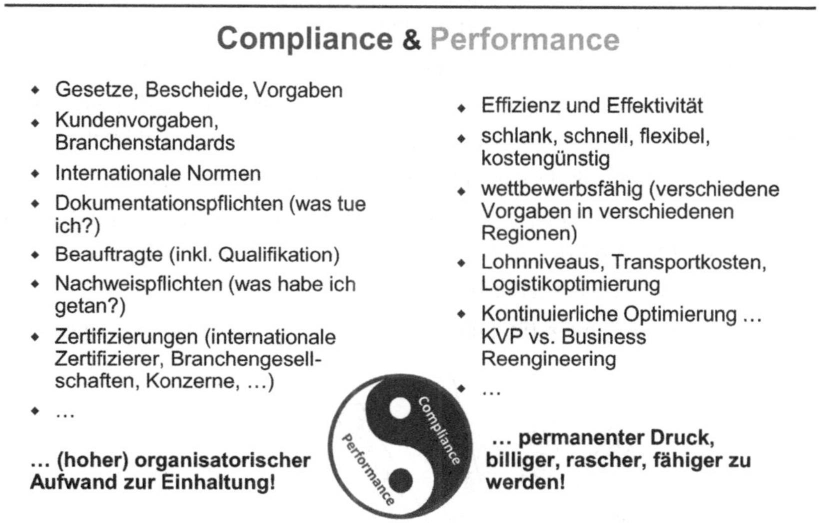

Bild 11.17 Compliance & Performance (Quelle: Ausbildungsunterlagen procon, 2017)

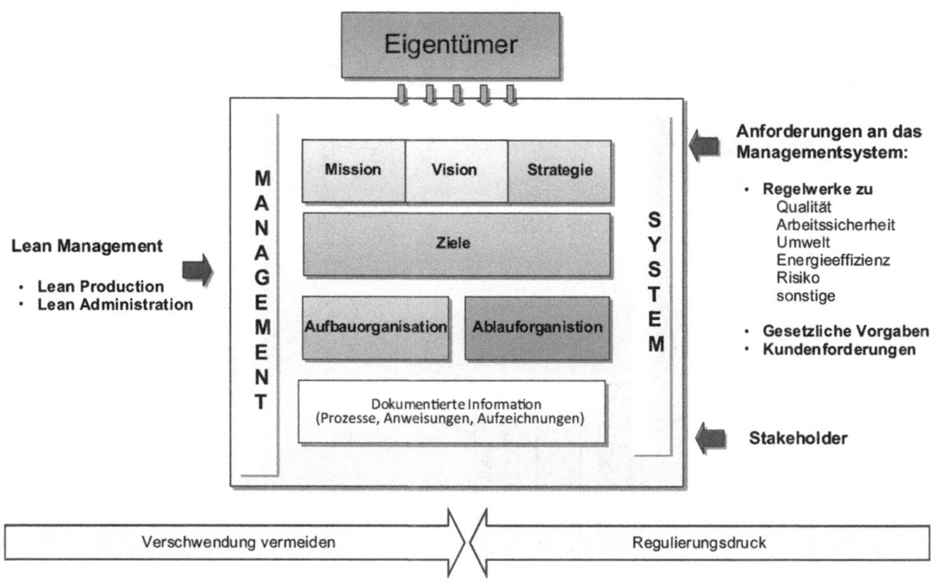

Bild 11.18 Herausforderungen des Unternehmens aus zwei diametralen Richtungen: Compliance und Performance (Quelle: Masterthesis Reinhold Sommer, 2017)

Betrachtet man die bekanntesten Managementsysteme für Qualität (ISO 9001), Umwelt (ISO 14001), Risiko (ISO 31000, ONR 49000ff.), Energieeffizienz (ISO 50001), Arbeitssicherheit und Gesundheitsschutz (OHSAS 18001 bzw. ISO 45001) und Compliance (ISO 19600), so bestehen folgende Synergien (siehe Bild 11.19):

- in allen Managementsystemen ist Compliance gefordert,
- alle Managementsysteme leiten die Compliance aus dem Norm-Zusammenhang, den Interessenspartnern und dem Kontext ab,
- alle Managementsysteme basieren auf dem PDCA-Zyklus (KVP, Kaizen),
- die Sicherstellung von Compliance kann in allen Managementsystemen getrennt oder über das Risikomanagement integriert erfolgen,
- das interne Kontrollsystem unterstützt das Risikomanagement und die Compliance,
- das Compliance-Managementsystem korreliert stark mit dem Risikomanagement und dem internen Kontrollsystem und ist in den Managementsystemen abbildbar,
- die Managementsysteme sind ineinander schlüssig und integrierbar,
- alle Managementsysteme haben Prozessmanagement als Grundlage (und damit die Forderung an Steuerung von Prozessen),
- Prozessmanagement ist Basis jeder Integration.

Die „High-Level Structure“ unterstützt diese Entwicklung in Bezug auf Synergien zusätzlich.

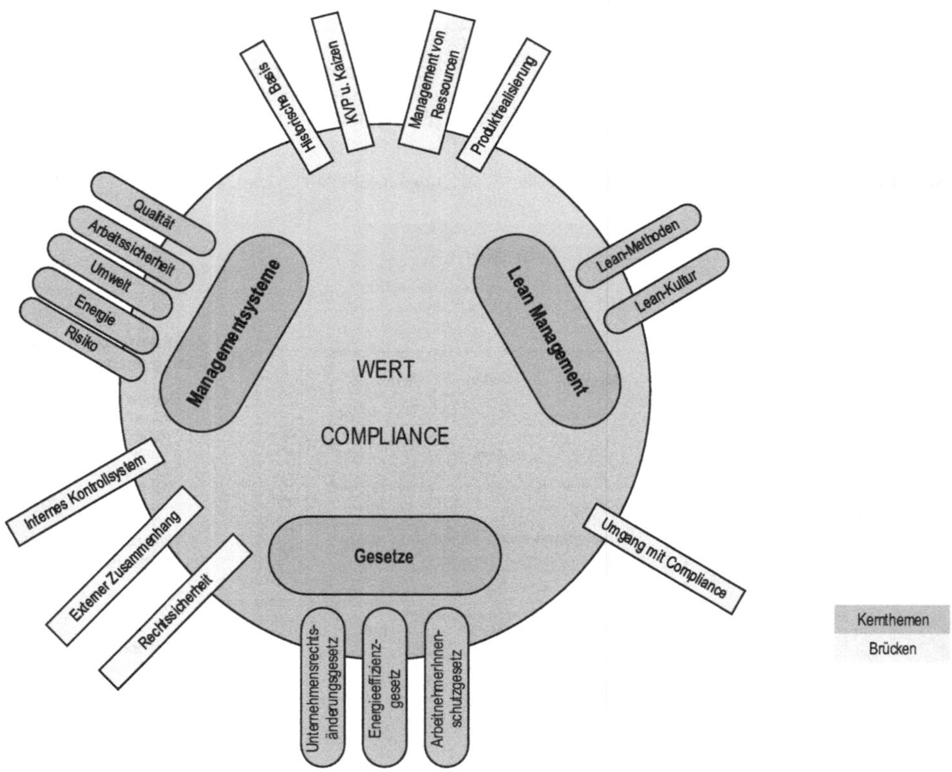

Bild 11.19 Grafische Darstellung der Zusammenhänge/Synergien im Managementsystem (Quelle: Masterthesis Reinhold Sommer, 2017)

Eine Lösung zur Bewältigung dieser scheinbar widersprüchlichen Vorgaben heißt „Integration“. Basis ist die Prozesslandkarte der Münze Österreich (siehe Bild 11.20). In der Prozesslandkarte sind die Hauptprozesse als „Prozessübersicht“ für alle MitarbeiterInnen abgebildet. Die Hauptprozesse weisen im Schnitt ein bis drei Subprozesse auf.

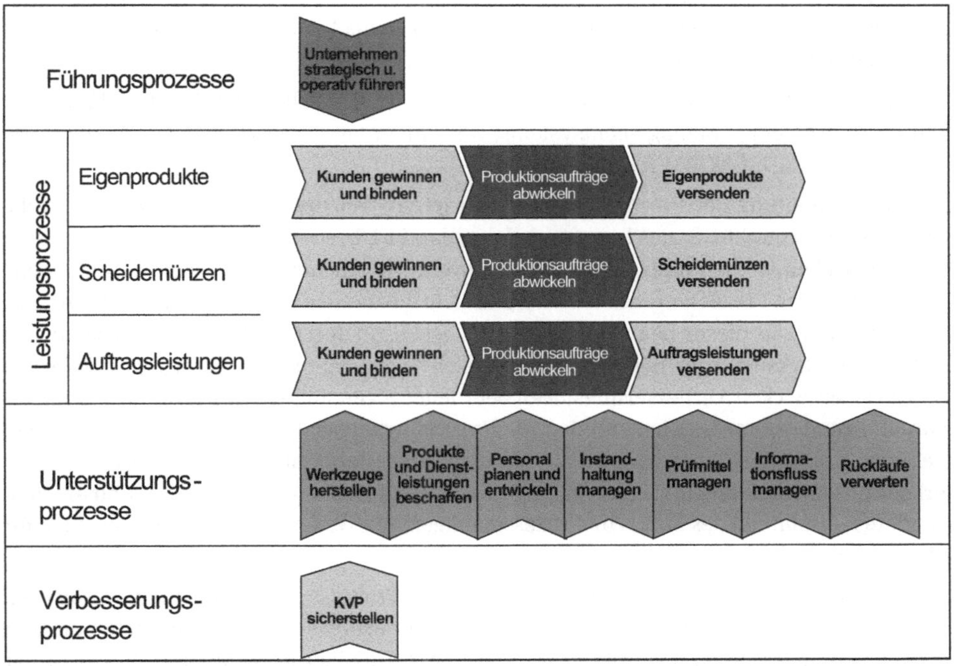

Bild 11.20 Prozesslandkarte der Münze Österreich (Quelle: Qualitätsmanagement-Handbuch der Münze Österreich, 2018)

Die Prozesslandkarte der Münze Österreich umfasst Führungs-, Leistungs-, Unterstützungs- und Verbesserungsprozesse. Die Leistungsprozesse werden in drei Prozessketten, abhängig von den drei Geschäftsfeldern, dargestellt. Die Unterscheidung nach Geschäftsfeldern ergibt sich auf Grund unterschiedlicher Kundengruppen, die von der Münze Österreich zufriedengestellt werden müssen (siehe Einleitung oben). Die Unterstützungsprozesse sind typisch für einen Industriebetrieb. Eine Besonderheit stellt der Prozess „Rückläufe verwerten“ dar, in dem Münzschrott und Produktionsabfälle einer Verwertung zugeführt werden.

Da das Managementsystem seit vielen Jahren besteht, sind alle Prozesse beschrieben und im Intranet für jede MitarbeiterIn abrufbar – gelebte Standardisierung. Die Compliance-Aspekte sind überwiegend direkt in die Prozessbeschreibungen integriert bzw. als allgemeine Regelwerke verfügbar. Die Performance-Seite wird einerseits durch laufende Lean-Projekte und andererseits durch das laufende Reporting der Prozessziele gesichert, die die Performance-Aspekte umfassen. Permanente Schulung der MitarbeiterInnen, laufende Kontrolle durch die Führungskräfte und die Durchführung von Audits sichert die Umsetzung im Unternehmen. Dennoch ist im Sinne der kontinuierlichen Verbesserung immer weiter an den Prozessen zu arbeiten, initiiert durch Optimierungsvorgaben oder Änderungen im Produkt-Markt-Mix. Die Prozessverantwortlichen sind dabei gefordert, ihre Prozesse anzupassen und weiterzuentwickeln.

11.5.3 Das Werkzeug Process Review

Um die Vielfalt und das Zusammenwirken der Prozessziele zu koordinieren, erfolgt das übergreifende Monitoring. Das Instrument hierfür – also die Bewertung der Zielerreichung der einzelnen Prozesse und die Überwachung der Maßnahmenrealisierung – stellt die jährliche Prozessschau (Process-Review) dar (vgl. auch Artikel Zeitschrift Qualität und Zuverlässigkeit, Jahrgang 62 (2017) 11).

Prozessschau (Process Review) = periodischer Check (z.B. jährlich) der Zielerreichung aller Hauptprozesse eines Managementsystems, z.B. quantitativ bewertet auf einer Skala von 0–100% (vgl. auch ÖNORM A 9009).

In der Vorbereitung der Prozessschau werden jeweils vor der nächsten Prozessschau die Themenschwerpunkte für das kommende Jahr adaptiert/bestimmt, die im Beurteilungsblatt festgeschrieben werden und mit allen Prozessverantwortlichen besprochen werden (siehe Bild 11.21). Der Prozessverantwortliche und sein Prozessteam führen dann das Prozess-Jour-Fixe auf Basis dieses Beurteilungsblatts (Checkliste) durch und bewertet – gemeinsam mit dem Prozessmanager der Münze Österreich – den Status des Prozesses (Skala von 0–100%), entwickelt Verbesserungsideen oder leitet Maßnahmen zur Korrektur ein. In der darauffolgenden Prozessschau, an der alle Prozessverantwortlichen und der Vorstand teilnehmen, präsentiert jeder Anwesende seinen Prozessstatus und gibt einen Überblick zu Erkenntnissen und Entwicklungspotenzial (siehe Bild 11.22 und Bild 11.23). Damit entsteht ein gutes Gesamtbild des Status im Prozessmanagement-System und ein Handlungsplan für die nächste Periode.

Fixer Schwerpunkt sind die Standardisierung der Prozesse (nur was standardisiert ist, kann auch verbessert werden), die Vereinfachung der Prozesse unter Berücksichtigung der Wertströme (Lean-Ansatz) sowie die Betrachtung der Risiken (Compliance) aus Sicht der Prozesse. Besonders beim Thema Vereinfachung ist die Betrachtung in Richtung wertstromorientierter Prozess essenziell. Es bringt oft nur wenig, bestehende Prozesse „nur" zu beschleunigen. Wichtig ist eine Prozessbetrachtung inkl. Wertstrom, um die Performance nachhaltig zu erhöhen.

Der Schlüssel bzw. die Grundlage ist demnach die Prozessstandardisierung in allen Bereichen, die Erreichung eines einheitlichen Levels aller Prozesse. Die konsequente Umsetzung von Lean Administration (= Lean Management in den verwaltenden, administrativen und produktionsfernen Bereichen) und wertstromorientiertes Prozessmanagement – WPM (= prozessorientierte Betrachtung der Wertschöpfungskette und Ermittlung effizienzfördernder Faktoren) – setzen dort an. Damit ist der dokumentierte Prozess die Ausgangsbasis, um einerseits die Compliance-Aspekte zu ergänzen und andererseits die Grundlage zur Performancesteigerung zu realisieren. Auch eine deutsche Studie kommt u.a. zu dem Ergebnis, dass Business Process Management (BPM) auf beide Aspekte ausgerichtet ist – Performance & Compliance (BPM Compass 2016).

Thema	Detailaspekte	0-24%	25-49%	50-74%	75-100%
Korrekturschleifen des Prozesses	Sind die Korrekturmaßnahmen (= KM) aus dem internen, dem externen Audit sowie aus Revisionen im vorgegebenen Zeitrahmen durchgeführt worden?	keine KM bekannt	KM bekannt, nicht durchgeführt	alle KM bekannt, tlw. durchgeführt	alle KM bekannt, alles durchgeführt
	Wird der Prozess regelmäßig (lt. Festlegung) am Teamboard reflektiert (oder beim regelmäßigen Abteilungs-Jour Fixe)	nie	selten lt. Festlegung	meist lt. Festlegung	immer lt. Festlegung
	Ist eine Prozessbegehung (= PzBg) durchgeführt worden?	keine PzBg durchgeführt	PzBg schon einmal durchgeführt, kein Potenzial	PzBg durchgeführt, Potenzial erkannt	PzBg in den letzten 18 M. durchgeführt inkl. Vereinfachungs-potenzial vorliegend
Optimierung und Vereinfachung	Gibt es einen Nachweis, dass Maßnahmen zur Verbesserung der Zusammenarbeit mit dem Schnittstellenpartner umgesetzt wurden?	keine Nachweise verfügbar	erste Maßnahmen liegen vor	Nachweis für umgesetzte Maßnahmen liegen vor	umgesetzte Maßnahmen jünger als 18 Monate liegen vor
	Wurde dabei Vereinfachungs-/Optimierungspotenzial identifiziert (Prozessverschlankung, Vereinfachung, Komplexität reduzieren usw.)?	noch nie	Potenzial liegt teilweise vor	Potenzial liegt vor und wird 1x/Jahr ausgewertet	Potenziale werden periodisch erhoben
	Wurde Vereinfachungspotenzial umgesetzt (Prozessverschlankung, Vereinfachung, Komplexität reduzieren usw.)?	noch nie	kam schon vor	Vereinfachung wurde in den letzten 18 Mo im Team umgesetzt	Vereinfachung wurde in den letzten 18 Monaten prozessübergreifend umgesetzt
Risiken und Chancen	Liegen aktuelle Risiken und Chancen (z.B. in Form einer FMEA) vor und wurden daraus Maßnahmen abgeleitet?	keine	Teilweise	Wurden abgeleitet, älter als 18 Monate	Wurden abgeleitet, jünger als 18 Monate

Bild 11.21 Prozessschauformular, Auszug (Quelle: Prozessschau Bewertungsblatt, Münze Österreich, 2018)

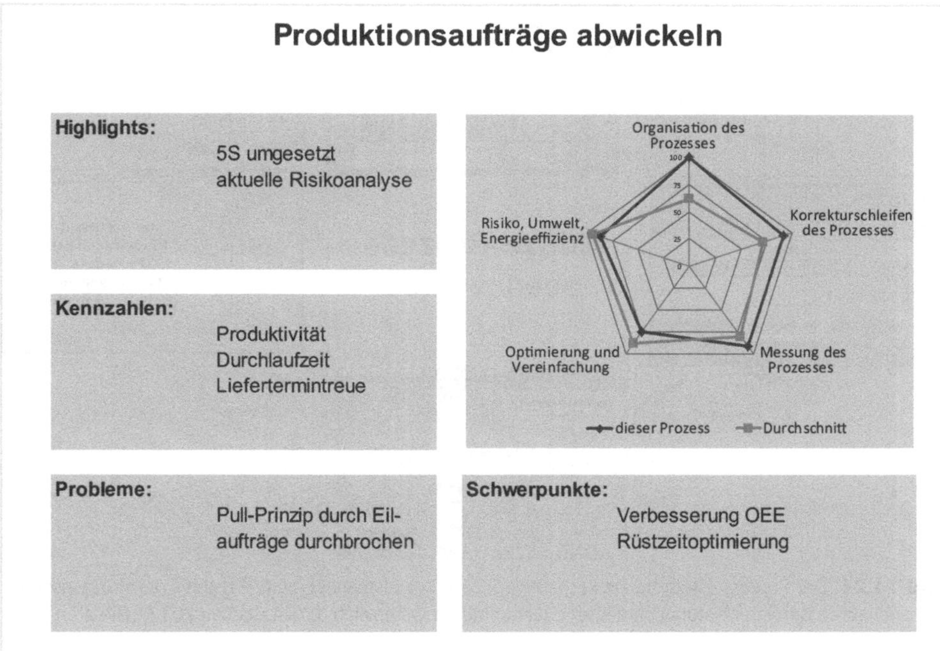

Bild 11.22 Beispiel eines ausgefüllten Prozess-Cockpits

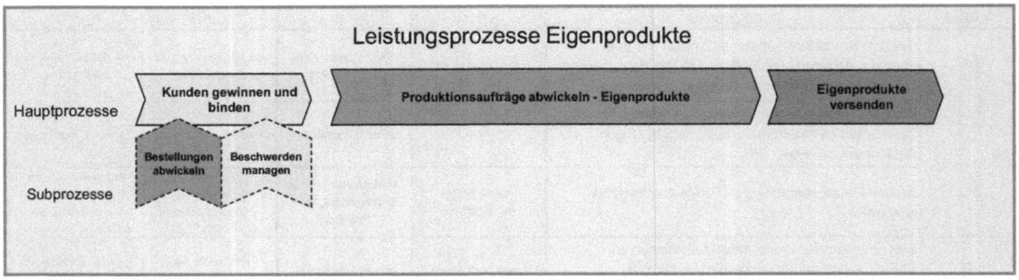

Bild 11.23 Ergebnis der Prozessschau, beispielhaft im Bereich Leistungsprozesse (Quelle: Münze Österreich, Prozessschau 2017). Die grün - gelb - rot Markierung gibt einen raschen Ergebnisüberblick

Wesentlich für den Erfolg der Prozessschau ist die stetige Weiterentwicklung der Methode, angelehnt an den Prozess-Lebenszyklus (siehe Bild 11.24). Im ersten Jahr der Prozessschau wurde der Schwerpunkt auf die Phase 2 (Vier-Schritte-Methode) gelegt. Prozess- und Schnittstellenanalysen wurden erstellt. Als Ergebnis verfügte die Münze Österreich heute über ausgewogene, aufeinander abgestimmte Prozesse. Im darauffolgenden Jahr lag der Fokus dann auf dem Thema Verbesserung und übergreifende Vereinfachung (Phase 3). In weiterer Folge die Kennzahlen- und die Strategiekopplung. Risiken und Umweltaspekte ergänzten die Frageliste heute.

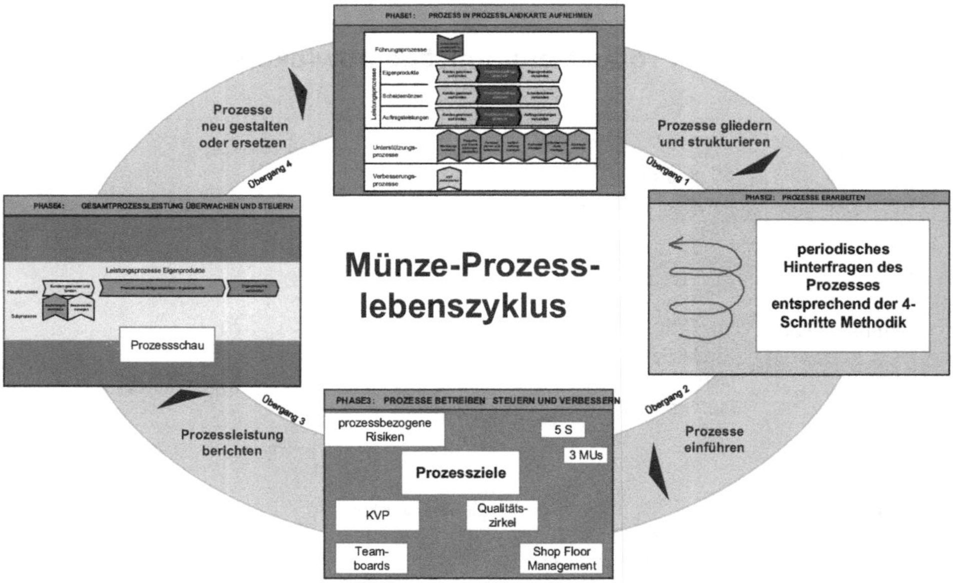

Bild 11.24 Der Process-Lifecycle als Kernelemente im Prozessmanagement (Ergebnis der Prozessschau, beispielhaft im Bereich Leistungsprozesse) (Quelle: Münze Österreich, Prozessschau 2017). Die grün - gelb - rot Markierung gibt einen raschen Ergebnisüberblick

Die Prozessschau gibt einen guten Blick auf „das Ganze". Es werden immer wieder Prozesse hinterfragt, in Frage gestellt, Trennung oder Vereinigung von Prozessen vorgeschlagen. Nach Prüfung der Sachthemen und Abgleich mit der Strategie kam es einige Male zu einer Veränderung der Prozesslandkarte (Übergang 4 im Process-Lifecycle zwischen Phase 4 und Phase 1).

11.5.4 Den Spagat zwischen Compliance und Performance schaffen

Der Spagat zwischen Compliance und Performance ist möglich, der Ausgleich zwischen den beiden Stoßrichtungen kann gefunden werden - die Prozessschau bildet dabei die Brücke zwischen den beiden Themen. Integration und Standardisierung sind die Grundlage, in der Compliance abgebildet werden kann, und die Basis, über Optimierung nachzudenken und Performance zu planen. Geeignete Methoden zur Schaffung dieser Grundlage sind Lean Administration und (wertstromorientiertes) Prozessmanagement (WPM), die die Standardisierung einfordern und einen integrativen Ansatz darstellen. Je besser dieses Zusammenspiel gelingt, desto erfolgreicher ist die Münze Österreich.

11.6 Literatur

Artikel Zeitschrift Qualität und Zuverlässigkeit, Jahrgang 62 (2017) 11: „Besser verbessert“, Autoren: Deimel, J./Schulze-Heuling, M.

Artikel Zeitschrift Qualität und Zuverlässigkeit, Jahrgang 63 (2018) 8, „Prozesse in Gold aufwiegen“, Autoren: DI Manfred Matzinger-Leopold/Reinhold Sommer, MSc/Dr. Roman Käfer.

Münze Österreich AG: Qualitätsmanagement-Handbuch der Münze Österreich, Intranetversion, Wien, 2018.

ÖNORM A 9009: Prozesse in Managementsystemen, Österreichische Norm, Wien, 2013.

Sommer, Reinhold: Umsetzung von Lean Management in österreichischen produzierenden Unternehmen vor dem Hintergrund zunehmender regulativer Forderungen, Masterthesis, Donauuniversität Krems, 2017.

Wagner, K. W.; Dürr, W. (2008): *Reifegrad nach ISO/IEC 15504 (SPiCE) ermitteln*. Carl Hanser Verlag, München

Wagner/Patzak: Performance Excellence, 2. Auflage, Carl Hanser Verlag, Wien (2015).

Literatur

Adam, S. (2014): „Die perfekte Suite gibt es nicht!“. In: *QZ* 59 (2014) 6

Akao, Y. (2004): *Hoshin Kanri. Policy Deployment for successful TQM.* Productivity Press, New York 2004

Allweyer, T. (2005): *Geschäftsprozessmanagement. Strategie, Entwurf, Implementierung, Controlling.* W3L-Verlag, Herdecke, Bochum

Austrian Standards Institute (2014): *ONR 49002-2:2014. Risikomanagement für Organisationen und Systeme. Teil 2: Leitfaden für die Methoden der Risikobeurteilung. Umsetzung von ISO 31000 in die Praxis.* Wien

Bach, N. et al. (2005): *Geschäftsprozessmanagement inside. Ergebnisse einer Befragung im April 2004.* Carl Hanser Verlag, München

Becker, J.; Kugeler, M.; Rosemann, M. (2013): *Prozessmanagement. Leitfaden zur prozessorientierten Organisationsgestaltung.* Springer-Verlag, Berlin, Heidelberg

Bergsmann, S. (2012): *End-to-End-Geschäftsprozessmanagement.* Springer-Verlag, Wien

Binner, H. (1997): Integriertes Organisations- und Prozessmanagement. Carl Hanser Verlag, München

Bleicher, K. (2012): *Organisation. Strategien – Strukturen – Kulturen.* Gabler Verlag, Wiesbaden

Bleicher, K. (2017): *Das Konzept integriertes Management. Visionen – Missionen – Programme.* Campus Verlag, Frankfurt am Main, New York

Bogaschewsky, R.; Rollberg, R. (2013): *Prozessorientiertes Management.* Springer-Verlag, Berlin, Heidelberg

Brunner, F. J.; Wagner, K. W. (2016): *Qualitätsmanagement. Leitfaden für Studium und Praxis.* Carl Hanser Verlag, München

Bullinger, H.-J.; Warnecke, H.-J. (Hrsg.) (2003): *Neue Organisationsformen im Unternehmen. Ein Handbuch für das moderne Management.* Springer-Verlag, Berlin, Heidelberg

Cameron, K.; Freeman, S. (1991): „Cultural Congruence, Strength and Type: Relationship to Effectiveness“. In: Woodman, A.; Pasmore, W.: *Research in Organizational Change and Development.* Greenwich, S. 23 – 58

Cassel, M. (2007): *ISO/TS 16949. Qualitätsmanagement in der Automobilindustrie umsetzen.* Carl Hanser Verlag, München, S. 15

Chandler, A. (2013): *Strategy and structure: Chapters in the history of industrial enterprise.* MARTINO FINE BOOKS, Eastford

Deming, W. E. (1986): *Out of the Crisis.* MIT Press, Cambridge/Mass

DIN Deutsches Institut für Normung e. V. (Hrsg.) (2008): *DIN EN ISO 9001:2008. Qualitätsmanagementsysteme – Leitfaden zur Leistungsverbesserung.* Berlin 2008

Drucker, P. (1998): *Die Praxis des Managements. Ein Leitfaden für die Führungs-Aufgaben in der modernen Wirtschaft.* Econ Verlag, Düsseldorf, München

EFQM (2003): *Excellence einführen.* European Foundation for Quality Management, Brüssel

EFQM (2004): *EFQM Levels of Excellence. European Quality Award. Information Brochure for 2004.* European Foundation for Quality Management, Brüssel

EFQM (2013a): *Das EFQM-Modell für Excellence.* European Foundation for Quality Management, Brüssel

EFQM (2013b): *Fundamental Concepts of Excellence.* European Foundation for Quality Management, Brüssel

El Emam, K. et al. (1998): *SPICE: The Theory and Practice of Software Process Improvement and Capability Determination.* Wiley - IEEE Computer Society, Hoboken

El Emam, K. et al. (1999): *Elements of Software Process Assessment & Improvement.* Wiley - IEEE Computer Society, Hoboken

Ellringmann, H.; Schmelzer, H.J. (2004): *Geschäftsprozessmanagement inside.* Carl Hanser Verlag, München

Feldbrügge, R.; Brecht-Hadraschek, B. (2008): *Prozessmanagement leicht gemacht. Wie analysiert und gestaltet man Geschäftsprozesse?* Redline Wirtschaft, Heidelberg

Ferk, H. (1996): *Geschäfts-Prozeßmanagement. Ganzheitliche Prozeßoptimierung durch die Cost Driver-Analyse.* Verlag Franz Vahlen, München

Fischer, F.; Scheibeler, A. (2003): *Handbuch Prozessmanagement.* Carl Hanser Verlag, München

Franz, S.; Scholz, R. (1996): *Prozessmanagement leicht gemacht.* Carl Hanser Verlag, München, S. 170 ff.

Fraunhofer IESE (2013): *Studie - BPM Suites 2013.* Fraunhofer IESE, Kaiserslautern

Frese, E. (2012): *Grundlagen der Organisation. Konzept - Prinzipien - Strukturen.* Gabler Verlag, Wiesbaden

Füermann, T. (2014): *Prozessmanagement. Kompaktes Wissen. Konkrete Umsetzung. Praktische Arbeitshilfen.* Carl Hanser Verlag, München

Garvin, D. (1998): „The Processes of Organisation and Management". In: *Sloan Management Review,* Summer 1998

Glasl, F. (2007): *Selbsthilfe in Konflikten. Konzepte. Übungen. Praktische Methoden.* Freies Geistesleben, Stuttgart

Glasl, F.; Kalcher, T.; Piber, H. (2014): *Professionelle Prozessberatung.* Haupt Verlag, Bern, Stuttgart, Wien

Hasenhütl, H.H. (2003): Auszug aus: *Logistik Power,* Heft 2 und 3, 2003

Hasenhütl, H.H. (2004): Auszug aus QMS-Presseartikel in: Österreichische Offiziers Gesellschaft, 2004, Heft 12

Hax, A.C.; Majluf, N.S. (1996): *The Strategy Concept And Process. A Pragmatic Approach.* Prentice Hall, New Jersey

Hering, E. (2013): *Taschenbuch für Wirtschaftsingenieure.* Carl Hanser Verlag, München

Hersey, P. (1992): *Situatives Führen.* Verlag Moderne Industrie, Landsberg am Lech

Herzberg, F.; Mausner, B. (1959): *The Motivation to Work.* Wiley, New York

Horváth, P.; Mayer, R. (1989): „Prozesskostenrechnung: der neue Weg zu mehr Kostentransparenz und wirkungsvollen Unternehmensstrategien". In: *Controlling* 1, 1989, Band 4

Illetschko, S; Käfer, R.; Spatzierer, K. (2014): *Risikomanagement. Praxisleitfaden zur integrativen Umsetzung.* Carl Hanser Verlag, München

Ishikawa, K. (1985): *What is Total Quality Control?.* Prentice Hall, New York

Ishikawa, K. (1989): „How to apply Company Wide Quality Control". In: *Quality Progress* 1989, Heft 6

Ishikawa, K. (2012): *Introduction to Quality Control.* Springer-Verlag, Berlin-Heidelberg

ISO (2003): *ISO/IEC 15504-2:2003. Information technology - Process assessment - Part 2: Performing an assessment*

ISO (2004a): *ISO/IEC 15504-3:2004. Information technology - Process assessment - Part 3: Guidance on performing an assessment*

ISO (2004b): *ISO/IEC 15504-4:2004: Information technology - Process assessment - Part 4: Guidance on use for process improvement and process capability determination*

ISO (2005): *ISO 9000:2005. Quality Management Systems - Fundamentals and vocabulary*

ISO (2011): *ISO 19011:2011. Guidelines for auditing management systems*

ISO (2012): *ISO/IEC 15504-5:2012. Information Technology - Process assessment - Part 5: An exemplar software life cycle process assessment model*

Jeston, J.; Nelis, J. (2018): *Business Process Management. Practical Guidelines to Successful Implementation.* Taylor & Francis Ltd, Abingdon

Kaplan, R.; Norton, D. (1996): *The Balanced Scorecard.* Harvard Business School, Boston

Kieckhöfel, B.; Schuber, H. (2001): „Weich und wichtig - Business Monitoring weicher Faktoren zeigt der Führung Handlungsbedarf jenseits monetärer Notwendigkeiten". In: *QZ* 46 (2001) 1

Kirsten, H. (2000): „Von ISO 9000 zum Excellence-Modell". In: Kamiske, G. F. (Hrsg.): *Der Weg zur Spitze. Business Excellence durch Total Quality Management. Der Leitfaden.* Carl Hanser Verlag, München

Kobi, J.-M. (1996): *Management des Wandels - die weichen und harten Bausteine erfolgreicher Veränderung.* Haupt Verlag, Bern, Stuttgart

Kohlöffel, K. M. (2000): *Strategisches Management.* Carl Hanser Verlag, München

Kotler, P. (2005): *FAQs zum Marketing. Was Sie über Marketing wissen sollten.* Carl Hanser Verlag, München

Liker, J. K. (2014): *Der Toyota Weg.* Finanz Buch Verlag, München

Loon, H. v. (2004a): *Process Assessment and Improvement.* Springer-Verlag, Berlin, Heidelberg

Loon, H. v. (2004b): *Process Assessment and ISO/IEC 15504.* Springer-Verlag, Berlin, Heidelberg

Malorny, C. (2007): *Moderationstechniken. Werkzeuge für die Teamarbeit.* Carl Hanser Verlag, München

Maslow, A. (1943): „A Theory of Human Motivation". In: *Psychological Review* Vol. 50/4

Mayer, R. (1998): *Kapazitätskostenrechnung.* Verlag Franz Vahlen, München

Mayer, R.; Renner, A.; Brenner M. (2005): *Prozessmanagement umsetzen.* Schäffer-Poeschel Verlag, Stuttgart, S. 29 f.

Moll, André/Khayati, Saousen (2019): *Excellence-Handbuch. Grundlagen und Anwendung des EFQM Modells 2020.* Weka Media, Kissing

Object Management Group: *Business Process Model and Notation (BPMN) - Version 2.0.* https://www.omg.org/spec/BPMN/2.0/PDF (abgerufen am 29.10.2019)

Österreichisches Normungsinstitut (2013): *ÖNORM A 9009:2013. Prozesse in Managementsystemen - Anleitungen.* Wien

Patzak, G. (1982): *Systemtechnik. Planung komplexer innovativer Systeme.* Springer-Verlag, Berlin

Patzak, G. (2017): *Projektmanagement.* Linde Verlag, Wien

Picot, A.; Reichwald, R.; Wigand, R. T. (2009): *Die grenzenlose Unternehmung. Information, Organisation und Management. Lehrbuch zur Unternehmensführung im Informationszeitalter.* Gabler Verlag, Wiesbaden

Reichmann, T. (2017): *Controlling mit Kennzahlen und Managementberichten.* Verlag Franz Vahlen, München

Rosenkranz, F. (2006): *Geschäftsprozesse. Modell- und computergestützte Planung.* Springer-Verlag, Berlin, Heidelberg

Rosenstiel, L. v. (2011): *Grundlagen der Organisationspsychologie. Basiswissen und Anwendungshinweise.* Schäffer-Poeschel Verlag, Stuttgart

Roy, K.-P. (1999): „Durch Prozesskennzahlen fit für den Kunden – Durchlaufzeiten halbieren mit prozessbezogenen Messungen“. In: *QZ* 44 (1999) 9

Schäfer, N. (2010): *Organisationspsychologie für die Praxis.* Verlag Wissen und Praxis, Berlin

Scheer, A.-W. (2014): *ARIS – Modellierungsmethoden, Metamodell, Anwendungen.* Springer-Verlag, Berlin, Heidelberg, New York

Scheer, A.-W. et al. (2006): *Prozessorientiertes Product Lifecycle Management.* Springer-Verlag, Berlin, Heidelberg, S. 7–9

Schein, E. H. (1995): *Unternehmenskultur.* Campus Verlag, Frankfurt am Main, New York

Schimmel-Schloo, M. (2002): *Persönlichkeitsmodelle.* Gabal Verlag, Offenbach

Schmelzer, H. J.; Sesselmann, W. (2013): *Geschäftsprozessmanagement in der Praxis. Kunden zufrieden stellen. Produktivität steigern. Wert erhöhen.* Carl Hanser Verlag, München

Schuh, G.; Friedli, T.; Kurr, M. A. (2007): *Prozessorientierte Reorganisation.* Carl Hanser Verlag, München, S. 23–30

Schwanfelder, W. (2004): *Sun Tzu für Manager.* Campus Verlag, Frankfurt am Main, New York, S. 28

Simon, H. (1997): *Die heimlichen Gewinner (Hidden Champions). Die Erfolgsstrategie unbekannter Weltmarktführer.* Campus Verlag, Frankfurt am Main, New York

Sondermann, J. P. (2013): *Poka Yoke.* Carl Hanser Verlag, München

Stöger, R. (2005): *Geschäftsprozesse erarbeiten – gestalten – nutzen. Qualität, Produktivität, Konkurrenzfähigkeit.* Schäffer-Poeschel Verlag, Stuttgart

Suter, A. 2004: *Die Wertschöpfungsmaschine. Wie Strategien ihre Stosskraft entwickeln.* Verlag Industrielle Organisation, Zürich, S. 217 – 241

Töpfer, A. (2000): „Kundenbindung gezielt messen und steigern“. In: *io management* 4/2000

Tuckman, B. (1965): „Development sequence in small groups“. In: *Psychological Bulletin* Vol. 63(6), 1965, S. 384 – 399

Vahs, D.; Burmester, R. (2015): *Innovationsmanagement. Von der Produktidee zur erfolgreichen Vermarktung.* Schäffer-Poeschel Verlag, Stuttgart

VDA (2003): *Sicherung der Qualität vor Serieneinsatz. Sicherung der Qualität während der Produktrealisierung Methoden und Verfahren. VDA Band 4.* VDA, Qualitätsmanagement-Center, Berlin

Velthuis, L. J.; Wesner, P. (2005): *Value Based Management.* Schäffer-Poeschel Verlag, Stuttgart, S. 11 – 35

Wagner, K. W. (Hrsg.) (2017): *PQM – Prozessorientiertes Qualitätsmanagement. Leitfaden zur Umsetzung der ISO 9001.* Carl Hanser Verlag, München

Wagner, K. W.; Dürr, W. (2003): „Strategische Initialzündung. Integration der Balanced Scorecard im Prozessmanagement“. In: *QZ* 48 (2003) 1

Wagner, K. W.; Dürr, W. (2005): „Design failure cost as a measure of a process measurement system (a method for building the system and evaluating the measure)“. Proceedings of the 2005 31st EUROMICRO Conference on Software Engineering and Advanced Applications, IEEE Computer Society, 2005

Wagner, K. W.; Dürr, W. (2006): „A Five-Step Method for Value-Based Planning and Monitoring of Systems Engineering Projects“. Proceedings of the 32nd EUROMICRO Conference on Software Engineering and Advanced Applications, IEEE Computer Society, 2006

Wagner, K. W.; Dürr, W. (2008): *Reifegrad nach ISO/IEC 15504 (SPiCE) ermitteln.* Carl Hanser Verlag, München

Wagner, K. W.; Lindner, A. M. (2017): *WPM – Wertstromorientiertes Prozessmanagement.* Carl Hanser Verlag, München

Wagner, K. W.; Zacharnik, M. (2006): *Qualitätsmanagement für KMU.* Carl Hanser Verlag, München

Waniczek, M. (2002): *Berichtswesen optimieren.* Ueberreuter Wirtschaft, Wien

Watzlawick, P. (2004): *Wie wirklich ist die Wirklichkeit?.* Piper Verlag, München, S. 92

Wecht, C. H. (2006): *Das Management aktiver Kundenintegration in der Frühphase des Innovationsprozesses.* Gabler Edition Wissenschaft, Wiesbaden, S. 109 ff.

Winkelmann, P. (2012): *Vertriebskonzeption und Vertriebssteuerung. Die Instrumente des integrierten Kundenmanagements (CRM).* Verlag Franz Vahlen, München

Womack, J. (1997): *Auf dem Weg zum perfekten Unternehmen (Lean Thinking).* Campus Verlag, Frankfurt am Main, New York

Zahran, S. (1998): *Software Process Improvement.* Addison-Wesley, Boston

Zeithaml, V. A.; Parasuraman, A.; Berry, L. L. (1992): *Qualitätsservice. Was Ihr Kunden erwarten - was Sie leisten müssen.* Campus Verlag, Frankfurt am Main, New York

Zeller, E. (2018): *Layered Process Audit (LPA). Leitfaden zur Umsetzung.* Carl Hanser Verlag, München

Abkürzungen

6-W-Fragen	Wer? Was? Wo? Wann? Warum? Wie, wie viel?
7 M	Management, Maschine, Material, Mensch, Messung, Methode, Mitwelt
AA	Arbeitsanweisung
ADMIN	Administration
AES	Austro Control Engineering Services
AFQM	Austrian Foundation for Quality Management in Business Excellence
AMD	Amendment
AP	Arbeitspaket
AQA	Assessment and Qualifications Alliance
AT	Arbeitstag
ATL	Assessmentteamleiter
BH	Buchhaltung
BPMI	Business Process Management Initiative
BPMN	Business Process Model and Notation
BPMS	Business Process Management Software
BPR	Business Process Reengineering
BRC	British Retail Council
BS	British Standards
BSC	Balanced Scorecard
BZ	Bearbeitungszeit
CAF	Common Assessment Framework
CD	Corporate Design
CEN	Europäisches Komitee für Normung
CI	Corporate Identity
CL	Capability Level (Fähigkeitsstufe)
CMMI	Capability Maturity Model Integration
COBIT	Control Objectives for Information and Related Technology
CPI	Critical Performance Indicator

CRM	Customer Relationship Management
D	Durchführungsverantwortung
DB	Deckungsbeitrag
DEMI	Durchführung, Ergebnis- bzw. Entscheidungsverantwortung, Mitarbeit, Informationsrecht
DGAT	Deutschsprachige Gesellschaft für angewandte Typologie
DISG	dominant, initiativ, stetig, gewissenhaft
DLZ	Durchlaufzeit
DMAIC	Define, Measure, Analyse, Improve, Control
DV	Datenverarbeitung
EBIT	Earnings Before Interests and Taxes
EDV	Elektronische Datenverarbeitung
eEPK	erweiterte Ereignisgesteuerte Prozesskette
EFQM	European Foundation for Quality Management
EMAS	Eco-Management and Audit Scheme
EN	Europäisches Normenprogramm
EOQ	European Organisation for Quality
EPK	Ereignisgesteuerte Prozesskette
EQA	European Quality Award
ERP	Enterprise Resource Planning
eTOM	enhanced Telecom Operations Map
FaMoS	FachModellierungsStandard
FB	Fachbegriff
FIBU	Finanzbuchhaltung
FMEA	Fehlermöglichkeits- und -einflussanalyse
FR	Fehlerrate
GF	Geschäftsführung
GJ	Geschäftsjahr
GL	Geschäftsleitung
GPM	Geschäftsprozessmanagement
GPO	Geschäftsprozessoptimierung
GTM	General Traffic Management
HB	Handbuch
HDI	Herrmann-Dominanz-Instrument
HR	Human Resources
HTML	Hypertext Markup Language
IEC	International Electrotechnical Commission
IFS	International Food Standard

IKS	Internes Kontrollsystem
IKT	Informations- und Kommunikationstechnik
IMS	Integriertes Managementsystem
ISO	International Organization for Standardization
IT	Informationstechnologie
ITIL	IT Infrastructure Library
JAR	Joint Aviation Requirements
JF	Jour fixe
JIT	just in time
KPI	Key Performance Indicator
KST	Kostenstelle
KT	Kundentakt
KVP	Kontinuierlicher Verbesserungsprozess
KW	Kalenderwoche
LAK	lokaler Assessmentkoordinator
LIFO	Life Orientations
lmi	leistungsmengeninduziert
lmn	leistungsmengenneutral
LMS-DB	LAN Management Solution-Database
lmu	leistungsmengenunabhängig
LVP	Liste der Verbesserungspotenziale
MA	Magistratsabteilung
MA	Mitarbeiter
MAV-Prozesse	Mess-, Analyse- und Verbesserungsprozesse
MAWI	Materialwirtschaft
MBNQA	Malcolm Baldrige National Quality Award
MBTI	Myers-Briggs-Typenindikator
MDI	Management Development Instruments
MIS	Management Information System
MOT	Moment of Truth
MS	Meilenstein
MT	Manntag
n.i.O.	nicht in Ordnung
NGT	Nominal Group Technique
NPLF	Not achieved – Partially achieved – Largely achieved – Fully achieved
NPO	Non-Profit-Organisationen
OHSAS	Occupational Health and Safety Management System
OLAP	Online Analytical Processing

PAG	Projektauftraggeber
PAM	Prozessassessmentmodell
PAS	Projektassistenz
PB	Prozessbeschreibung
PC	Projektcoach
PcM	Process Manager
PDCA	Plan, Do, Check, Act
Ph	Personenstunde
PKT	Projektkernteam
PL	Projektleiter
PLA	Projektlenkungsausschuss
PLK	Prozesslandkarte
PLM	Product Life Cycle Management
PM	Prozessmanager
PMA	Projektmitarbeiter
ppm	parts per million
PRM	Prozessreferenzmodell
PSA	Prozessschnittstellenanalyse
PSA	Prozesssteuerungsausschuss
PSP	Projektstrukturplan
PT	Projektteam
Pt	Personentage
PT	Prozesstakt
PTM	Prozessteammeeting
PV	Prozessverantwortlicher
Pz	Prozess
PzM	Prozessmanagement
Q	Qualität
Q7	7 Qualitätswerkzeuge
QFD	Quality Function Deployment
QK	Qualitätskontrolle
QM	Qualitätsmanagement
QMB	Qualitätsmanagementbeauftragter
QS	Qualitätssicherung
RACI	Responsible, Accountable, Consulted, Informed
RADAR	Results, Approach, Deployment, Assessment and Refinement
RKZ	Risikokennzahl
RPZ	Risikoprioritätszahl

SaaS	Software as a Service
SCC	Sicherheits Certifikat Contraktoren
SCM	Supply Chain Management
SCOR	Supply Chain Operations Reference
SG&A	Selling, General & Administrative
SI	Service Integration
SIPOC	Supplier, Input, Process, Output, Customer
SLA	Service Level Agreement
SLM	Service Level Management
SMART	spezifiziert, messbar, anspruchsvoll/akzeptiert, realistisch, terminbezogen
SO	Service Operations
SPC	Statistische Prozesskontrolle
SPcM	Senior Process Manager
SPICE	Software Process Improvement and Capability Determination
TMS	Teammanagementsystem
TP	Teilprozess
TQM	Total Quality Management
TR	Trefferrate
TS	Technische Spezifikation
USP	Unique Selling Point
UWK	Ursache-Wirkungs-Kette
V.EFB	Verein zur Verleihung des Zertifikates eines Entsorgungsfachbetriebes
VA	Verfahrensanweisung
VDA	Verband der Automobilindustrie
VZ	Verlustzeit
WBS	Work Breakdown Structure
WPM	Wertstromorientiertes Prozessmanagement

Index

Q

R

S

Die Autoren

Univ.-Lekt. Dr. Dipl.-Ing. Karl W. Wagner,

geboren 01.02.1966, studierte Maschinenbau mit der Fachrichtung Betriebswissenschaften an der Technischen Universität Wien und promovierte danach. Von 1992 bis 1996 war er Universitätsassistent am Institut für Managementwissenschaften (IMW) und ist derzeit am selben Institut als Universitätslektor für Prozessmanagement und Projektmanagement tätig. Als geschäftsführender Gesellschafter der Procon Unternehmensberatung (www.procon.at) berät er seit 1996 mit den Schwerpunkten im Management Consulting: Strategie- und Organisationsentwicklung, Qualitäts- und Prozessmanagement und Projektmanagement. Zu den Branchenschwerpunkten zählen Industrie, Automotive, Dienstleister, Logistikdienstleister und projektorientierte Unternehmen.

Seit 1996 ist er Lehrgangsleiter der Prozessmanagementausbildung im Wirtschaftsförderungsinstitut sowie im Rahmen des internationalen Know-how-Transfers der Wirtschaftskammer Österreich mit den Schwerpunkten Organisation und Führung sowie Referent an der Fachhochschule Wien für Unternehmensführung, Universitätslektor an der Technischen Universität Wien und Lektor an der Donau-Universität Krems.

Seit 2003 ist er Vorstand der Gesellschaft für Prozessmanagement (www.prozesse.at) und der Projektmanagement Austria (PMA).

2008: Gewinner des Trainer Award der Wirtschaftskammer Österreich mit dem Lehrgang „Senior Process Manager".

2018: Etablierung des Lehrgangs „DTM – Digital Transfer Management" am CEC der TU-Wien.

Zahlreiche Publikationen und mehrere Buchpublikationen (Performance Excellence, WPM – Wertstromorientiertes Prozessmanagement, Taschenbuch Qualitätsmanagement, QM für kleine und mittlere Unternehmen, Prozess-Assessment gem. ISO 15504 für den Carl Hanser Verlag) runden seine Tätigkeit ab.

Univ. Prof. Dr. Dipl.-Ing. Gerold Patzak,

geboren 23.01.1939, studierte Maschinenbau mit der Fachrichtung Betriebswissenschaften an der Technischen Universität Wien und promovierte 1970. Von 1977 bis 1985 war er Universitätsdozent, und seit 1985 ist er Universitätsprofessor für Systemtechnik und Organisation an der Technischen Universität sowie Leiter der Abteilung Systemtechnik und Methodologie. Von 1996 bis 1998 war er Institutsvorstand am Institut für Betriebswissenschaften, Arbeitswissenschaft und Betriebswirtschaftslehre der Technischen Universität Wien. Seine Lehrtätigkeit erstreckt sich von der Technischen Universität Wien, Wirtschaftsuniversität Wien, Johannes-Kepler-Universität Linz, Donau-Universität Krems sowie in den USA an den Universitäten Georgia Institute of Technology bis zu Virginia Polytechnic Institute and State University und Purdue University auf den Gebieten Systemtheorie und Systemtechnik, Zuverlässigkeitstheorie, Projektmanagement, Arbeitsorganisation, Wahrscheinlichkeitstheorie und Statistik sowie Methodik wissenschaftlichen Arbeitens.

Seit 1993 ist Gerold Patzak Miteigentümer der Beratungsfirma PRIMAS Consulting. Seine Hauptarbeitsgebiete liegen in wissenschaftlichen Projekten auf den Gebieten Unternehmensorganisation, Organisation der Verwaltung, Systemgestaltung, Projektmanagement, Total Quality Management und Benchmarking.

Er ist Gründungsmitglied und Vorstandsmitglied der AFQM, Juror für den AQA sowie Assessor für die Personenzertifizierung zum International Project Manager. Mehrere Publikationen (Systemtechnik, Springer-Verlag; Projektmanagement, Linde Verlag; Qualitätsmanagement im projektorientierten Unternehmen, Vieweg Verlag).